U0283738

国家"973计划"项目成果专著

水泥低能耗制备与高效应用

Energy-saving Manufacture and High-efficient Application of Portland Cement

沈晓冬　等著

中国建材工业出版社

图书在版编目（CIP）数据

水泥低能耗制备与高效应用/沈晓冬等著. —北京：
中国建材工业出版社，2016.1

ISBN 978-7-5160-1237-6

Ⅰ.①水… Ⅱ.①沈… Ⅲ.①水泥-节能-制备-应用
Ⅳ.①TQ172.6

中国版本图书馆 CIP 数据核字（2015）第 123224 号

内 容 简 介

本书针对水泥低能耗制备与高效应用这一重大产业需求，重点围绕高介稳阿利特微结构调控及高胶凝性熟料相匹配、熟料分段形成动力学、离心力场中的粉磨动力学与能量传递和水泥优化复合与结构稳定性四个关键科学问题，全面、系统地总结了我国水泥领域科学工作者近年来在高介稳阿利特微结构和熟料矿物相组成优化、熟料分段烧成动力学及过程控制、水泥粉磨动力学及过程控制、水泥熟料和辅助性胶凝材料优化复合的化学和物理基础、复合水泥浆体组成和结构的演变规律以及水泥基材料的产物与结构稳定性及服役行为等方面的研究工作和成果。

编辑出版该书，旨在为水泥、混凝土行业和企业的发展提供理论指导和技术支持。本书可供无机非金属材料专业的学生以及从事水泥、混凝土生产的工程技术人员和有关科研人员阅读，以及在实际工作中借鉴。

水泥低能耗制备与高效应用

沈晓冬　等著

出版发行：中国建材工业出版社
地　　址：北京市海淀区三里河路 1 号
邮　　编：100044
经　　销：全国各地新华书店
印　　刷：北京雁林吉兆印刷有限公司
开　　本：710mm×1000mm　1/16
印　　张：41
字　　数：798 千字
版　　次：2016 年 1 月第 1 版
印　　次：2016 年 1 月第 1 次
定　　价：268.00 元

本社网址：www.jccbs.com.cn　　微信公众号：zgjcgycbs
本书如出现印装质量问题，由我社网络直销部负责调换。联系电话：(010) 88386906

前　言

水泥混凝土面广量大，是人类社会发展的重要基础材料之一。水泥工业节能减排和混凝土长寿命使用是水泥混凝土基础材料可持续发展面临的重大关键问题。科技部于 2008 年批准立项国家重点基础研究发展计划（"973"计划）"水泥低能耗制备与高效应用的基础研究"项目（编号：2009CB623100），该项目针对水泥生产和应用过程的各个主要环节围绕关键科学问题开展以提高水泥性能和节能减排为主要目标的基础研究，实现水泥科学理论和技术的重大创新，促进水泥工业生产与产品结构调整、提高使用效能、提高能源与资源利用效率。该项目开展六个方面研究工作：（1）高介稳阿利特微结构和熟料矿物相组成与胶凝性的关系。（2）熟料分段形成动力学及过程控制。（3）离心力场中水泥粉磨动力学与颗粒特性。（4）水泥体系各组分优化匹配和胶凝性的发挥。（5）复合水泥浆体组成和结构的演变规律及其与性能的关系。（6）服役条件下水泥基材料的产物与结构稳定性及服役行为。预期在水泥低能耗制备的基础研究方面取得突破性进展，在水泥高效应用的基础研究方面取得重要进展，相关研究成果得到工业应用。

该"973"项目由南京工业大学沈晓冬教授担任首席科学家，中国建筑材料科学研究总院、南京工业大学、清华大学、华南理工大学、同济大学为项目主要参加单位，南京大学、济南大学、郑州大学、北京工业大学、浙江大学、湖南大学、韶关学院、重庆大学、安徽建筑工业学院、哈尔滨工业大学、沈阳建筑大学和河南理工大学为参与单位，共计 160 余名水泥混凝土领域学者参加。五年研究工作取得了重要进展，于 2013 年 11 月通过科技部验收。该项目已发表学术论文406 篇，申请发明专利 38 项、授权专利 28 项，其中 2 项分别获得美国、日本和欧洲发明专利，出版 7 本专著；获国家技术发明奖二等奖 1 项、国家科技进步二等奖 2 项、省部级二等奖 5 项和三等奖 3 项；组织召开 4 次国际学术会议、8 次国内学术会议；培养 21 名博士后、69 名博士研究生、243 名硕士研究生；既有具有自主知识产权的专利成果，也有具有较高研究深度及学术水平的理论性成果。

研究成果中与水泥低能耗制备相关的成果包括：（1）建立了 C_3S 基本结构

单元 9R 模型和原子尺度上晶体结构的表征方法，发现了离子调控规律，发明了阿利特晶体结构的离子调控和热调控方法，实现了阿利特由 M3 型向 M1 型转变，大幅度提高了熟料胶凝性。对 $CaO\text{-}SiO_2\text{-}Al_2O_3\text{-}Fe_2O_3\text{-}SO_3$ 五元熟料体系，发明了硫铝酸钙二次合成方法，实现了高含量阿利特和硫铝酸钙矿物的共存。(2) 研究了熟料分段烧成动力学，开发了一套适合测试和表征微量碳酸盐分解新生物相反应活性的装置，建立了产物活性与煅烧制度的关系，建立了以收缩未反应芯为基础的硅酸二钙固相反应模型，建立了碱、氯、硫的挥发循环及控制机理。(3) 建立了离心力作用下熟料粉磨动力学方程，掌握了节能效率的影响规律。与水泥高效应用相关的成果包括：(1) 建立了硅酸盐水泥熟料和辅助性胶凝材料复合水泥中水泥熟料和辅助性胶凝材料优化匹配的基本理论，实现使用 25% 水泥熟料和 75% 矿渣、粉煤灰、钢渣等辅助性胶凝材料制备了 42.5 强度等级复合水泥。(2) 阐明了复合水泥浆体孔结构特征，建立了复合水泥浆体组成和结构的演变规律，提出了低收缩、较高强、较低熟料用量的复合水泥制备技术，阐明了其作用机理。(3) 提出了低钙体系水化结构稳定性的掺合料掺量限值和基于耐久性的低钙水泥体系稳定性判据，基于由力学损伤引起的裂纹密度与连通度的相关性建立了基于有效介质理论的带微裂纹材料的渗透性理论模型，研发了多因素耦合作用下混凝土耐久性评价试验设备和试验方法，建立了混凝土损伤和寿命预测模型，指导了国家重大工程的设计与评估验收。

本书对"973"计划项目"水泥低能耗制备与高效应用的基础研究"的主要研究成果进行了论著，按照项目所安排的六个课题顺序编章。全书由参加项目研究的课题负责人和部分学术骨干撰写。第一章由沈晓冬、张文生、吕忆农和马素花撰写，第二章由汪澜和考洪涛撰写，第三章由叶旭初撰写，第四章由余其俊、马一平和韦江雄撰写，第五章由邓敏和姚武撰写，第六章由姚燕、王玲和吴浩撰写。每章的第一撰写人为各课题负责人。全书由沈晓冬、马素花负责统稿，沈晓冬负责审核。

由于作者水平有限，书中内容难免有疏漏之处，敬请读者指正。

沈晓冬

2015.8

目　　录

第一章 高介稳阿利特微结构和
熟料矿物相组成优化

围绕"高介稳阿利特微结构调控及高胶凝性熟料相匹配"的关键科学问题，建立高介稳阿利特微结构的表征方法，阐明掺杂效应和冷却速度对高介稳阿利特微结构的影响规律，建立阿利特微结构介稳程度和缺陷形态与其活性的关系，揭示阿利特微结构对其水化活性的影响规律，提出阿利特微结构调控技术。提出高胶凝性熟料相组成匹配优化机理，掺杂物质作用规律和存在状态。

1.1 C₃S晶体结构演变规律与理论模型

1.1.1 C₃S晶体结构原子尺度表征

C_3S具有三种晶系7种晶型，在加热过程中，C_3S将按照方程式（1-1）进行晶型转变。在室温条件下，纯C_3S以T1型形式存在。在工业生产水泥熟料中，由于C_3S中固溶了来自原料或燃料的外来离子，通常被称为阿利特，在室温条件下，其晶型接近于M1型或M3型，或者两者共存。对于C_3S（或阿利特）结构研究已有80年左右的历史，最早可上溯至布拉格对硅酸盐矿物的拓扑结构研究。C_3S晶型结构具有多样性和复杂性，有近百种阿利特结构（主要是点阵结构）见诸各种文献报道，采取的分析手段主要借助于XRD、DTA-TG、光学衍射等技术（单晶衍射方法：R型、M3型、T1型；粉末衍射方法：M1型、T2型、T3型；无M2参数）。本研究则采用XRD粉末衍射法表征了C_3S的晶型，利用高分辨透射电镜在原子尺度上进一步验证了C_3S的晶型，建立了不同晶型C_3S原子尺度上的判据。通过第一性原理计算，利用几何晶体学，构建出C_3S基本结构和多晶型相变的演化规律。

$$T1 \xleftrightarrow{620℃} T2 \xleftrightarrow{920℃} T3 \xleftrightarrow{980℃} M1 \xleftrightarrow{990℃} M2 \xleftrightarrow{1060℃} M3 \xleftrightarrow{1070℃} R \quad (1-1)$$

1.1.1.1 C₃S晶体结构的XRD表征

本研究对C_3S晶型的XRD表征，则采用了粉末衍射法，对样品在2θ为$32°\sim33°$和$51°\sim52°$两个窗口区进行了慢扫，分析结果如图1.1所示。纯C_3S在两个窗口区的衍射图谱显示：在$32°\sim33°$之间是由三个分裂峰组成，在$51°\sim52°$范围内也存在三个明显的分裂峰。两个窗口区衍射峰均是由三斜晶胞产生的三个衍射峰引起的，因此纯C_3S属于三斜结构。对纯C_3S进行全谱慢扫，用T1型的

1

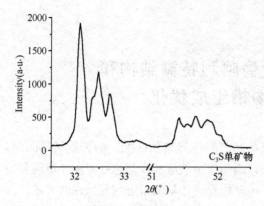

图 1.1 纯 C₃S 在特征窗口区的 XRD 谱

XRD 图谱进行 Le Bial 全谱拟合，结果如图 1.2 所示。纯 C₃S 的 XRD 图谱与 T1 型的 XRD 图谱拟合差值较小，因此实验室合成的纯 C₃S 与 T1 型的 C₃S 很吻合，说明实验室合成的纯 C₃S 是 T1 型。

为了阐明外掺离子对 C₃S 晶型的调控规律，本项目研究了单掺 ZnO、CuO、Li₂O、Na₂O、K₂O、MgO、BaO、Fe₂O₃、Al₂O₃、CaSO₄·2H₂O、CaHPO₅、SrO、SrSO₄ 及 CaF₂ 等化学试剂以及复掺的作用，结果见表 1.1。

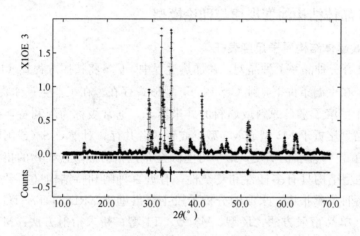

图 1.2 纯 C₃S Le Bail 拟合

根据不同 C₃S 特征窗口区的衍射图谱分析（图 1.3，部分图谱省略），单掺化学试剂制备的 C₃S 晶型与外掺离子种类与掺量的关系为：随着 ZnO 或 CuO 掺入量的增加，C₃S 由对称性较低的 T1 型向对称性较高的 M 型演变，ZnO 掺量较高时能稳定 M1 型的 C₃S。当 Fe₂O₃ 掺杂时，随着 Fe₂O₃ 掺量的增加，C₃S 逐渐向 T3 型转化，C₃S 中 Fe₂O₃ 的掺量为 0.5% 时为 T1 型和 T3 型的混合物；掺量在 1.0%～2.0%Fe₂O₃ 时，能使 C₃S 在常温下呈现 T3 型。当 Al₂O₃ 掺杂，较低掺量掺杂不改变 C₃S 的晶型结构，仅对晶胞参数产生影响，当掺杂掺量达到 1% 时，晶型转变为 T3 型。掺加 CaF₂、CaSO₄·2H₂O 和 CaHPO₄ 时，在 0%～2.0% 的掺量范围内，并不引起 C₃S 晶型的变化，C₃S 仍为 T1 型。SrO 和 SrSO₄ 掺量为 1.5% 时稳定 M 型 C₃S，提高 C₃S 的对称性。当 MgO 掺杂时，随着 MgO

掺量的增加，晶体由 T1 型逐渐转变为 M3 型，高掺量 MgO 易稳定 M3 型，但是 MgO 含量低于 0.5％时，在两个窗口区呈现了非典型的图谱，32°～33°之间的衍射图谱呈现 M 型特征衍射峰，然而在 51°～52°之间衍射峰仍分裂为三个峰，呈现 T 型特征的衍射峰，可能由于多种晶型共存，导致 XRD 不能准确判断其晶型。

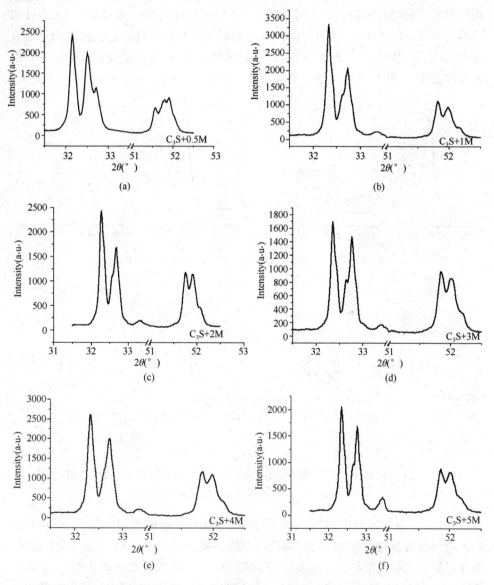

图 1.3　单掺 MgO C$_3$S 的特征窗口区的 XRD 衍射图谱

(a) 0.5％ MgO（质量分数）；(b) 1.0％ MgO（质量分数）；(c) 2.0％ MgO（质量分数）；
(d) 3.0％ MgO（质量分数）；(e) 4.0％ MgO（质量分数）；(f) 5.0％ MgO（质量分数）

对于复掺制备的 C_3S 晶型，图 1.4 表明 MgO 掺量为 0.5％，$CaSO_4 \cdot 2H_2O$ 掺量为 1.0％时，在两个窗口区均呈现 3 个独立的衍射峰，然而在 32°～33°窗口区（$\overline{2}04$）的衍射峰比较弱，有和（024）衍射峰合并的趋势，该样品主要以 T 型阿利特为主，其中夹杂着少量 M 型。当 $CaSO_4 \cdot 2H_2O$ 掺量为 2.0％时，在 32°～33°范围内由原来的三峰合并为双峰，而在 51°～52°范围内仍呈现三峰，表明样品的对称性有所提高，此时 T 型和 M 型阿利特共存。当 $CaSO_4 \cdot 2H_2O$ 掺量为 3.0％～4.0％时，在两个窗口区分别呈现双峰和三峰，表明此时仍然是 T 型和 M 型阿利特共存，但是（$\overline{4}20$）衍射峰向（$2\overline{4}0$）靠近呈现合并的趋势，因此该样品中 M 型 C_3S 的含量有所增加。

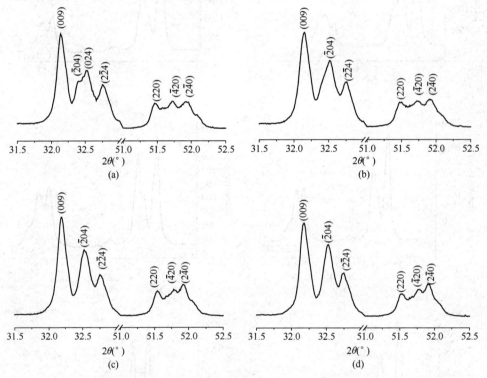

图 1.4　MgO 掺量为 0.5％，掺不同含量 $CaSO_4 \cdot 2H_2O$ 的阿利特指纹区 XRD 图谱
(a) 1.0％；(b) 2.0％；(c) 3.0％；(d) 4.0％

当 MgO 掺量为 1.0％时，随着 $CaSO_4 \cdot 2H_2O$ 掺量的增加，在 32°～33°范围内的峰形呈现双峰，在 51°～52°范围内呈现三峰（图 1.5），但（$\overline{4}20$）和（$2\overline{4}0$）两个衍射峰已经逐渐靠近。主要以 M 晶型为主，其中夹杂着少量 T 型。当 MgO 掺量为 1.5％时，随着 $CaSO_4 \cdot 2H_2O$ 掺量的增加，32°～33°窗口区衍射峰的均为双峰。但当 $CaSO_4 \cdot 2H_2O$ 掺量在 1.0％～2.0％时，51°～52°窗口区衍射峰呈现三峰，但（$\overline{4}20$）和（$2\overline{4}0$）两个衍射峰已经非常接近，因此样品主要以 M 型为

主，其中夹杂着少量 T 型。当 $CaSO_4 \cdot 2H_2O$ 掺量在 $3.0\% \sim 4.0\%$ 时，$(\overline{4}20)$ 和

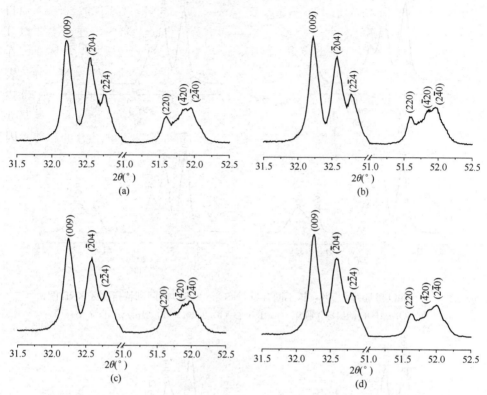

图 1.5　MgO 掺量为 1.0%，掺不同含量 $CaSO_4 \cdot 2H_2O$ 的阿利特指纹区 XRD 图谱

$CaSO_4 \cdot 2H_2O$ 的掺量分别为：(a) 1.0%；(b) 2.0%；(c) 3.0%；(d) 4.0%

$(\overline{2}40)$ 两个衍射峰合并为单峰，衍射峰呈现 M1 型结构特征（图 1.6）。以上实验结果表明：当 MgO 掺量为 0.5% 时，S^{6+} 离子的引入对 C_3S 晶型的影响并不明显；当 MgO 掺量为 1.0%，并引入 S^{6+} 离子时，阿利特以 M 型为主。

图 1.7 反映了共掺 Fe_2O_3 和 Al_2O_3 对 C_3S 晶型的影响。当 Fe_2O_3 和 Al_2O_3 的掺量在 $0.2\% \sim 0.8\%$ 时，在 $32° \sim 33°$ 窗口区衍射峰未发生变化，均呈现双峰，在 $51° \sim 52°$ 窗口区衍射峰呈现三个峰，表明 T 型和 M 型共存。但是，$51° \sim 52°$ 窗口区衍射峰随着 Fe_2O_3 和 Al_2O_3 掺量的增加越来越接近，对称性越来越高。当 Fe_2O_3 和 Al_2O_3 的掺量达 1.2%，$32° \sim 33°$ 窗口区衍射峰合并为单峰，$51° \sim 52°$ 窗口区衍射峰仍呈现三峰，但 (220) 和 $(\overline{2}40)$ 衍射峰强度降低，并具有合并的趋势，样品中还是 T 型和 M 型共存，但 M 型占主导。

图 1.8 反映了复掺 MgO、Fe_2O_3 和 Al_2O_3 对 C_3S 晶型的作用。MgO 掺量为 0.5%，Fe_2O_3 和 Al_2O_3 掺量均在 $0.2\% \sim 0.4\%$ 时，$32° \sim 33°$ 窗口区衍射峰未发生

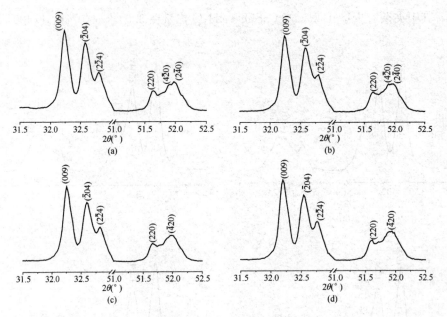

图 1.6　MgO 掺量为 1.5%，掺不同含量 CaSO₄·2H₂O 的阿利特指纹区 XRD 图谱

CaSO₄·2H₂O 的掺量分别为：(a) 1.0%；(b) 2.0%；(c) 3.0%；(d) 4.0%

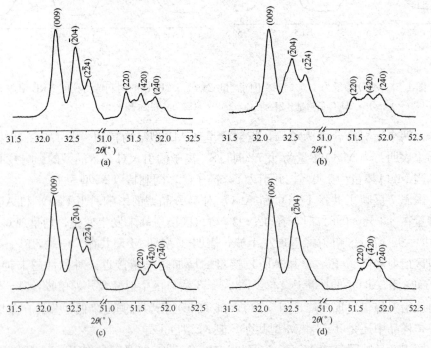

图 1.7　Fe₂O₃ 和 Al₂O₃ 掺杂阿利特的指纹区 XRD 图谱

(a) 0.2% Al₂O₃＋0.2% Fe₂O₃；(b) 0.4% Al₂O₃＋0.4% Fe₂O₃；

(c) 0.8% Al₂O₃＋0.8% Fe₂O₃；(d) 1.2% Al₂O₃＋1.2% Fe₂O₃

变化，均呈现双峰，51°～52°窗口区衍射峰均呈现三个峰，T 型和 M 型共存；Fe_2O_3 和 Al_2O_3 的掺量增加至 0.8%，32°～33°和 51°～52°两个窗口区衍射峰均发生了明显变化。前者合并为单峰，后者由三个峰合并为两个峰，对称性提高，其特征与 M3 型一致。Fe_2O_3 和 Al_2O_3 掺量为 1.2%时，32°～33°窗口区衍射峰没有变化，仍为单峰，51°～52°之间的衍射峰也仍为双峰，但（220）衍射峰强度明显下降，其特征与 M1 型一致。

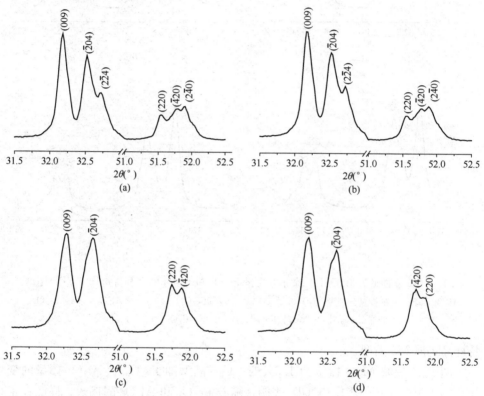

图 1.8　MgO 掺量为 0.5%，掺杂不同含量 Fe_2O_3 和 Al_2O_3 的阿利特指纹区 XRD 图谱
Al_2O_3 和 Fe_2O_3 掺量分别为：（a）0.2%Al_2O_3+0.2%Fe_2O_3；（b）0.4%Al_2O_3+0.4%Fe_2O_3；
（c）0.8%Al_2O_3+0.8%Fe_2O_3；（d）1.2%Al_2O_3+1.2%Fe_2O_3

图 1.9 为 MgO 掺量 1.0%时，Fe_2O_3 和 Al_2O_3 掺量变化对 C_3S 晶型的影响。当 Fe_2O_3 和 Al_2O_3 的掺量均在 0.2%～0.4%之间时，32°～33°的衍射峰未发生改变，但是，在 51°～52°的衍射峰由双峰分裂成三峰，呈现向 T 晶型转换的趋势，M 型和 T 型共存。当 Fe_2O_3 和 Al_2O_3 的掺量为 0.8%时，32.5°～33°窗口区衍射峰的强度产生反转，并有合并 的趋势，51°～52°窗口区衍射峰由三峰合并为双峰，其特征与 M3 型一致。当 Fe_2O_3 和 Al_2O_3 的掺量为 1.2%时，32°～33°窗口区的衍射峰由双峰合并为单峰，51°～52°窗口区的衍射峰未发生变化，此时阿利

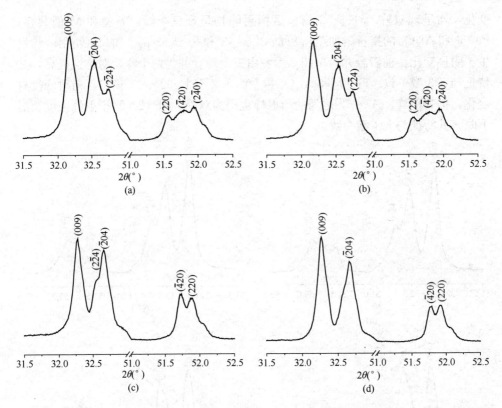

图 1.9　MgO 掺量为 1.0％，掺杂不同含量 Fe_2O_3 和 Al_2O_3 的阿利特指纹区 XRD 图谱

Al_2O_3 和 Fe_2O_3 的掺量分别为：（a）0.2％Al_2O_3＋0.2％Fe_2O_3；（b）0.4％Al_2O_3＋0.4％Fe_2O_3；

（c）0.8％Al_2O_3＋0.8％Fe_2O_3；（d）1.2％Al_2O_3＋1.2％Fe_2O_3

特样品仍属 M3 晶型。

图 1.10 反映 MgO 掺量为 1.5％时，C_3S 晶型随 Fe_2O_3 和 Al_2O_3 掺量的变化。图 1.10（a）～图 1.10（d）表明，随着 Fe_2O_3 和 Al_2O_3 的掺入，样品在指纹区的特征图谱并未发生明显的变化，均呈现出 M3 型特征。

上述结果表明，Mg^{2+}、Al^{3+} 和 Fe^{3+} 离子中，对 C_3S 晶型影响最大的是 Mg^{2+} 离子。Al^{3+} 和 Fe^{3+} 掺量小于 0.4％时，会削弱 Mg^{2+} 离子对阿利特晶型的影响从而在总体上向低对称性转变。而随着 Al^{3+} 和 Fe^{3+} 掺量的进一步增加，阿利特又会向高对称性转变。MgO 含量为 0.5％时，随着 Fe_2O_3 和 Al_2O_3 掺量的增加，先稳定 M3，后稳定 M1。当 MgO 含量≥1.5％时，Al^{3+} 和 Fe^{3+} 离子的引入不会影响阿利特晶型。

图 1.11 显示了复掺碱金属、MgO、Al_2O_3、Fe_2O_3、P_2O_5 和 SO_3 对 C_3S 晶型的影响。C0、C1、C4、C5 及 C6 样品（编号对应 C_3S 的组成见表 1.1）的 XRD 衍射图谱基本相同：在 32°～33°窗口区有 1 个独立峰和 1 个带有明显分叉肩

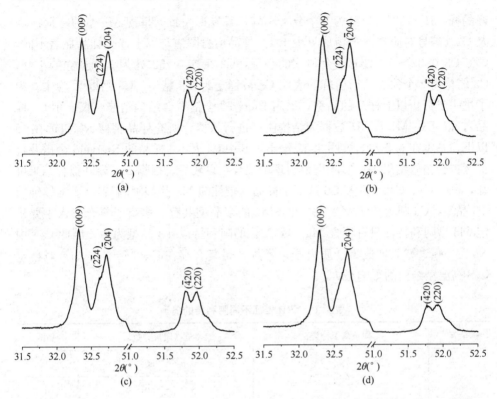

图 1.10　MgO 掺量为 1.5%，掺杂不同含量 Fe₂O₃ 和 Al₂O₃ 的阿利特指纹区 XRD 图谱

Al₂O₃ 和 Fe₂O₃ 的掺量分别为：（a）0.2%Al₂O₃+0.2%Fe₂O₃；（b）0.4%Al₂O₃+0.4%Fe₂O₃；
（c）0.8%Al₂O₃+0.8%Fe₂O₃；（d）1.2%Al₂O₃+1.2%Fe₂O₃

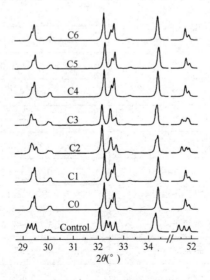

图 1.11　样品的 XRD 图谱

峰的峰，51°～52°窗口区为 2 个分叉小峰，且峰形一致，呈现 M3 型的特征；C2 及 C3（编号对应 C_3S 的组成见表 1.1）样品衍射图谱与以上 5 个样品显著不同，C2、C3 在 32°～33°处有 3 个独立的小峰，C2 在 51°～52°处为 3 个独立的小峰，C3 弱化为 2 个独立的衍射峰，表明 C2 被稳定为 T3 晶型，C3 则以 T 为主。为了进一步分析以上样品的晶型，采用 Rietveld 全谱拟合结构精修（仅显示 C1 样品），以 T3、M1 及 M3 数据为结构模型进行精修，所有样品精修 R_{wp} 值远在 15 以下，基本在 6.5 左右。图 1.12 给出了其中 C1 及 C2 样品的 Rietveld 全谱及特征区拟合精修结果图，实际衍射与理论拟合结果较好。根据 Rietveld 拟合结果可知，C0、C1、C4、C5 及 C6 这 5 个样品为较纯的 M3 晶型阿利特，C2 为较纯的 T3 晶型，C3 则为约 72%T3 和 28%M1 的多晶型共存。多离子复合掺入主要稳定 M3 型阿利特，只有不含 Mg^{2+} 或 Al^{3+} 的阿利特以 T3 晶型为主，因此 C_3S 中 Na^+、Mg^{2+} 等 7 种典型杂质离子以常规含量复合存在时，Mg^{2+} 和 Al^{3+} 对稳定 C_3S 高温型结构的影响最大。

表 1.1　XRD 表征不同阿利特的晶型

掺杂方式	掺杂离子种类	掺量（质量分数）	晶型
单掺	ZnO	0.5%～2.0%	T
		3.0%～6.0%	M1
	CuO	0.5%～3.0%	T→M
	$CaSO_4 \cdot 2H_2O$	0.5%～5.0%	T1
	MgO	0.5%	M1
		1.0%～5.0%	M3
	Fe_2O_3	0.5%～1.0%	T1＋T3
		2.0%	T3
	CaF_2	0.5%～2.0%	T1
	$CaHPO_5$	0.5%～2.0%	T1
	Al_2O_3	0.2%～0.5%	T1
		1.0%	T3
	碱金属离子	1.0%～7.0%	T
	SrO	1.5%	M
	$SrSO_4$	1.5%	M

掺杂方式	掺杂离子种类及掺量（质量分数）	晶型
	0.5% MgO$+$ （$1.0\%\sim4.0\%$）$CaSO_4 \cdot 2H_2O$	T$+$M
	1.0% MgO$+$ （$1.0\%\sim4.0\%$）$CaSO_4 \cdot 2H_2O$	T$+$M
	1.5% MgO$+$ （$1.0\%\sim2.0\%$）$CaSO_4 \cdot 2H_2O$	T$+$M
	1.5% MgO$+$ （$3.0\%\sim4.0\%$）$CaSO_4 \cdot 2H_2O$	M1
	（$0.2\%\sim1.2\%$）Al_2O_3+ （$0.2\%\sim1.2\%$）Fe_2O_3	T$+$M
	0.5%MgO$+$ （$0.2\%\sim0.4\%$）Al_2O_3+ （$0.2\%\sim0.4\%$）Fe_2O_3	T$+$M
	0.5%MgO$+0.8\%Al_2O_3+0.8\%Fe_2O_3$	M3
	0.5%MgO$+1.2\%Al_2O_3+1.2\%Fe_2O_3$	M1
	1.0%MgO$+$ （$0.2\%\sim0.4\%$）Al_2O_3+ （$0.2\%\sim0.4\%$）Fe_2O_3	T$+$M
	1.0%MgO$+$ （$0.8\%\sim1.2\%$）Al_2O_3+ （$0.8\%\sim1.2\%$）Fe_2O_3	M3
	1.5%MgO$+$ （$0.2\%\sim0.4\%$）Al_2O_3+ （$0.2\%\sim0.4\%$）Fe_2O_3	T$+$M1
	1.5%MgO$+$ （$0.8\%\sim1.2\%$）Al_2O_3+ （$0.8\%\sim1.2\%$）Fe_2O_3	M1
复掺	C0：1.1%MgO$+0.1\%Na_2O+0.1\%K_2O+1\%Al_2O_3+0.7\%$ Fe_2O_3+ $0.1\%P_2O_5+0.1\%$ SO_3	M3
	C1：1.1%MgO$+1\%Al_2O_3+0.7\%Fe_2O_3+0.1\%$ $P_2O_5+0.1\%$ SO_3	M3
	C2：$1.1\%Na_2O+0.1\%K_2O+1\%Al_2O_3+0.7\%$ Fe_2O_3+ 0.1% $P_2O_5+0.1\%$ SO_3	T3
	C3：1.1%MgO$+0.1\%Na_2O+0.1\%K_2O+0.7\%$ Fe_2O_3+ 0.1% $P_2O_5+0.1\%$ SO_3	T3$+$M1
	C4：1.1%MgO$+0.1\%Na_2O+0.1\%K_2O+1\%Al_2O_3+$ 0.1% $P_2O_5+0.1\%$ SO_3	M3
	C5：1.1%MgO$+0.1\%Na_2O+0.1\%K_2O+1\%Al_2O_3+$ 0.7% $Fe_2O_3+0.1\%$ SO_3	M3
	C6：1.1%MgO$+0.1\%Na_2O+0.1\%K_2O+1\%Al_2O_3+$ 0.7% $Fe_2O_3+0.1\%$ P_2O_5	M3
	D0：$0.6925\%Na_2O+0.2201\%K_2O+1.05\%$ Fe_2O_3+ 0.3637% $P_2O_5+0.3226\%$ SO_3	T3
	D1$\sim$D4：$0.6925\%Na_2O+0.2201\%K_2O+1.05\%Fe_2O_3+$ $0.3637\%P_2O_5+0.3226\%$ SO_3+ （$0.2\%\sim1.2\%$）Al_2O_3	M3

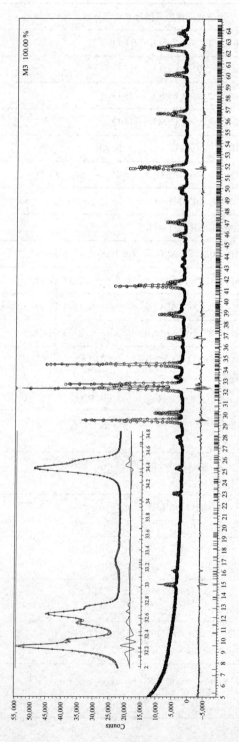

图 1.12 实验所测和用结构数据精修计算的阿利特 XRD 谱

　　基于以上研究结果，详细研究了 Al_2O_3 掺量对典型组成阿利特晶体结构的影响（图 1.13，编号 D0～D4 代表的组成见表 1.1）。根据特征区间 XRD 图谱的特征，D0 样品主要以 T3 型为主，其他所有样品的 XRD 图谱基本相似，呈现 M3 型特征，均在 $32°～33°$ 之间有 3 个分叉的小峰，在 $51°～52°$ 处均为 2 个独立的小峰。通过 Rietveld 全谱拟合结构精修（图省略）表明（表 1.2）：不掺 Al_2O_3 的 D0 为 T3 和 M1 的多晶型共存，仅掺入 0.2% 的 Al_2O_3 就足以稳定阿利特的 M3 晶型，且随 Al_2O_3 掺量增大，阿利特晶型不变，但阿利特晶胞参数随 Al_2O_3 掺量增加基本呈线性变化，且符合 Vegard 固溶体定律（图 1.14）。其中，a 以减小为主[图 1.14(a)]，b、c 及 β 角基本随掺量增加而线性增大[图 1.14(b)～图 1.14(d)]。当 Al_2O_3 掺量达 1% 时，图 1.14 中各曲线均出现了转折点，对于参数 c 及 β 角尤为显著，Al_2O_3 含量继续增加，二者几乎未改变。这说明了 Al_2O_3 在阿利特中的固溶极限为 1%。

表 1.2　样品的晶相组成及精修 R_{wp} 值

样品	矿物组成	R_{wp}
D0	72%T3+28%M1	5.57
D1	M3	5.34
D2	M3	5.69
D3	M3	5.54
D4	M3	5.75

注：R_{wp} 为加权分布因数。

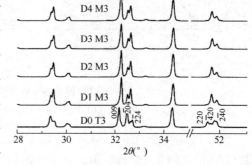

图 1.13　不同掺量 Al_2O_3 样品的 XRD 谱

1.1.1.2　C_3S 晶体结构的 TEM 表征

　　对于 R 型 C_3S，$(\bar{2}04)$、(024) 和 $(2\bar{2}4)$ 的 d 值是相等的，为 2.782 Å。同样 (220)、$(\bar{4}20)$ 和 $(\bar{4}20)$ 的 d 值也相等，为 1.783Å。因此 XRD 图谱中 2θ 角位于 $32°～33°$ 和 $51°～52°$ 处的衍射峰并不会分裂。当 R 型 C_3S 晶胞发生扭曲形成单斜或三斜晶胞时，这些晶面的 d 值将会发生改变。位于这两个角度区间的衍射峰会发生分裂现象。在单斜晶型阿利特中，特征区域的衍射峰分裂成双峰。对于三斜晶型来讲，其扭曲程度更加严重，$(\bar{2}04)$、(024) 和 $(2\bar{2}4)$ 并没有镜面对称关系，(220)、$(\bar{4}20)$ 和 $(2\bar{4}0)$ 也是如此，因而在指纹区的衍射峰分裂成三个峰。

　　为了进一步观察 C_3S 的结构特征并验证 XRD 鉴定的晶型结果，借助 HR-TEM 对掺 0.5%MgO、1.0%MgO、1.5%MgO 和 2.0%MgO 的 C_3S 进行了研究。根据 XRD 分析结果，掺杂 0.5% MgO 的 C_3S 是非均质的，实验中选取不同的晶粒所拍摄得到的 SAED 花样也验证了这一点。

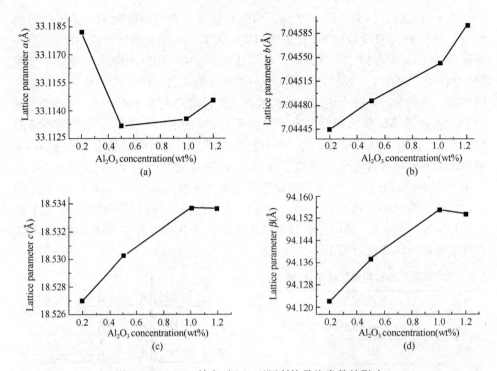

图 1.14　Al_2O_3 掺杂对 M3 型阿利特晶格常数的影响

（a）Parameter a；（b）Parameter b；（c）Parameter c；（d）Parameter β

图 1.15 为掺杂 0.5% MgO 的 C_3S 沿 $[\bar{1}10]$ 晶带轴方向的 SAED 花样和 HRTEM 像。图 1.15（a）中，在基本衍射斑点的周围存在强度较弱的衍射斑点（卫星斑点），将基本衍射斑点指标化以后[图 1.15(b)]，所有的卫星斑点可以用

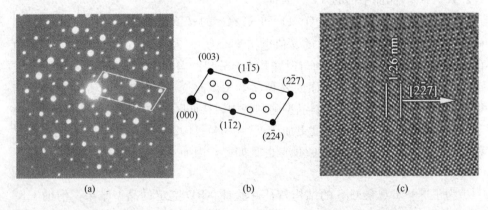

图 1.15　掺杂 0.5%MgO 的 C_3S 沿 $[\bar{1}10]$ 晶带轴方向的测试结果

（a）掺杂 0.5% MgO 阿利特沿 $[\bar{1}1\,0]$ 晶带轴方向的 SAED 花样；（b）基于伪六方亚晶胞标定的示意图；

（c）对应的 HRTEM 实验像。（"●"来自于亚晶胞的衍射斑点，"○"来自于超晶胞的衍射斑点）

线性表达式 $ha^*+kb^*+lc^*\pm m/5.4\,(2a^*-2b^*+7c^*)$ 来表示，其中 $m=\pm1$ 或 ±2，具有非公度调制结构特征，与报道 7 种阿利特晶型中只有 M1 型具有非公度调制结构相符。图 1.15（c）为对应的 HRTEM 像，在 HRTEM 像中，调制结构以波状条纹衬度的形式展现，波状条纹平行于（$2\bar{2}7$），宽度为（$2\bar{2}7$）晶面间距的 5.4 倍，约为 1.26nm。图 1.16 为掺杂 0.5% MgO 的 C_3S 沿 $[\overline{4}41]$ 晶带轴方向的 SAED 花样和 HRTEM 像。所有的卫星斑点坐标可以表示为 $ha^*+kb^*+lc^*\pm1/2\,(a^*+4c^*)$，与报道的 T1 型结构特征一致。图 1.16（c）为对应的 HRTEM 像，然而调制结构的波状条纹衬度并没有像此前 M1 型中观察到的那样明显。但是沿着 $[104]$ 方向的原子偏离平均位置产生了扭曲，扭曲之后形成的新的重复周期正好为（104）晶面间距的 2 倍，约为 0.88nm。尽管 HRTEM 像中所观察到的波状条纹衬度源于调制结构，但是实际观察中，样品的厚度和欠焦量对成像同样起着至关重要的作用。因此在分析 TEM 数据时，要结合 SAED 花样和 HRTEM 像，才不会遗漏结构细节。

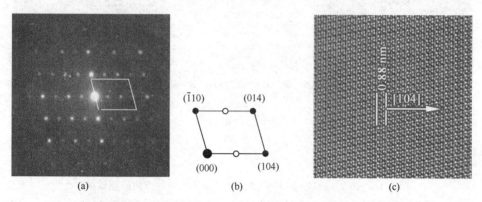

（a） （b） （c）

图 1.16 掺杂 0.5%MgO 的 C_3S 沿 $[\overline{4}40]$ 晶带轴方向的 SAED 花样和 HRTEM 像

（a）掺杂 0.5% MgO 阿利特沿 $[\overline{4}41]$ 晶带轴方向的 SAED 花样；（b）基于伪六方亚晶胞标定的示意图；（c）对应的 HRTEM 实验像

图 1.17 为掺杂 1.0% MgO 阿利特沿 $[100]$ 晶带轴方向的 SAED 花样和 HRTEM 像。SAED 花样中在基本衍射斑点的周围存在卫星斑点[图 1.17(a)]，图 1.17(b)所示为基于伪六方亚晶胞标定的示意图。将基本衍射斑点指标化以后，所有的卫星斑点可以用线性表达式 $ha^*+kb^*+lc^*\pm1/4.5\,(b^*+5c^*)$ 来表示，具有非公度调制结构特征，符合 M1 型。HRTEM 像中[图 1.17(c)]，调制结构以波状条纹衬度的形式展现，波状条纹平行于（015），宽度为（015）晶面间距的 4.5 倍（约 1.73nm）。

图 1.18 为掺杂 1.5%MgO 阿利特沿晶带轴方向的 SAED 花样和 HRTEM 像。SAED 花样中在基本衍射斑点的周围存在卫星斑点[图 1.18(a)]，图 1.18

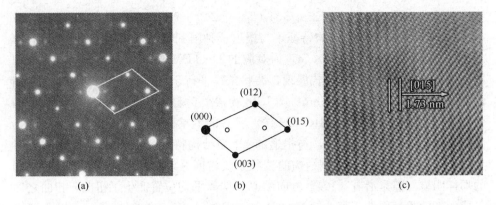

图 1.17　掺杂 1.0％MgO 阿利特沿［100］晶带轴方向的测试结果

（a）掺杂 1.0％ MgO 阿利特沿［100］晶带轴方向的 SAED 花样；（b）基于伪六方亚晶胞标定的示意图；（c）对应的 HRTEM 实验像

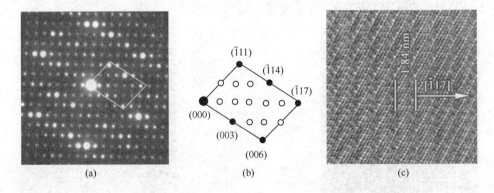

图 1.18　掺杂 1.5％MgO 阿利特沿［$1\bar{1}0$］晶带轴方向的测试结果

（a）掺杂 1.5％ MgO 阿利特沿［$1\bar{1}0$］晶带轴方向的 SAED 花样；

（b）基于伪六方亚晶胞标定的示意图；（c）对应的 HRTEM 实验像

（b）所示为基于伪六方亚晶胞标定的示意图。在中心斑点和（$\bar{1}17$）两个基本反射斑点之间，存在 5 个卫星斑点，表明沿着［$\bar{1}17$］*方向存在 6 倍结构调制，周期为（$\bar{1}17$）晶面间距的 6 倍。由晶体平移对称性特征，所有卫星斑点可以用矢量关系式 $ha^* + kb^* + lc^* \pm 1/6m$（$-a^* + b^* + 7c^*$）来表达，其中，$m = \pm 1$、$\pm 2$ 或 ± 3，具有典型的 M3 型调制结构特征。HRTEM 像中［图 1.18（c）］，调制结构以波状条纹衬度的形式展现，波状条纹平行于（$\bar{1}17$），宽度为（$\bar{1}17$）晶面间距的 6 倍（约 1.84nm），与 SAED 结果一致。在掺杂 2.0％MgO 的阿利特样品中沿［110］晶带轴方向也观察到具有该特征的 SAED 花样（图 1.19），表明当阿利特中 MgO 掺量≥1.5％时，稳定为 M3 型。

实验结果表明，MgO 掺量越高，在室温下阿利特趋向于稳定为高温晶型。同一种样品都具有几种晶型共存的现象。这种样品的不均质现象，是由于生料在

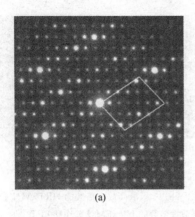

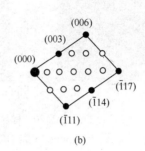

(a)   (b)

图 1.19　掺杂 2.0％MgO 阿利特沿 ［110］晶带轴方向的测试结果

(a) 掺杂 2.0％ MgO 阿利特沿 ［110］晶带轴方向的 SAED 花样；

（b）基于伪六方亚晶胞标定的示意图

煅烧之前不可能完全混合均匀，从而导致 MgO 在样品中的不同区域含量不同而造成的。

　　另外，T1、M1 和 M3 型 C_3S 都具有超结构，而且伪六方结构的亚晶胞参数非常接近。M1 型 C_3S 具有非公度调制结构，其余晶型的超结构体现为公度调制特征。调制结构以卫星斑点的形式出现在电子衍射花样中，并以波状条纹衬度的形式在 HRTEM 像中展现。表 1.3 所示为 MgO 掺杂后 C_3S 的晶型演变规律。

表 1.3　MgO 掺杂对 C_3S 晶型的影响

MgO 掺杂量（质量分数％）	晶型
0.5	T1＋M1
1.0	M1
1.5	M3
2.0	M3

　　为了证明 MgO 和 $CaSO_4 \cdot 2H_2O$ 复掺 C_3S 的多晶型共存，对掺杂 1.0％ MgO 和 4.0％ $CaSO_4 \cdot 2H_2O$ 的样品进行了 HRTEM 分析。图 1.20 (a) 为样品沿晶带轴方向的 HRTEM 像，从图 1.20 (a) 可以看到明显的相界（图中白线所示）。对图 1.20 (a) 中 A 区域和 B 区域分别作快速傅里叶变换（FFT）并将对应区域的 HRTEM 像局部放大得到图 1.20 (b) 和 (c)。图 1.20 (b) 显示该区域具有公度调制结构，波状条纹平行于 $(1\bar{2}3)$，周期为 $(1\bar{2}3)$ 晶面间距的 3 倍，符合 T1 型超结构特征。图 1.20 (c) 显示该区域具有非公度调制结构特征，波状条纹平行于 $(2\bar{2}7)$，周期为 $(2\bar{2}7)$ 晶面间距的 5.4 倍，与 M1 型超结构特征相符。

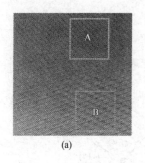  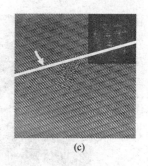

(a) (b) (c)

图 1.20　样品沿 $[\overline{8}\,\overline{1}\,2]$ 晶带轴方向的测试结果

(a) 样品沿 $[\overline{8}\,\overline{1}\,2]$ 晶带轴方向的 HRTEM 实验像；(b) A 区域高放大倍数的 HRTEM 实验像和
FFT（快速傅里叶变换）；(c) B 区域高放大倍数的 HRTEM 实验像和 FFT

1.1.1.3　外掺离子对 C_3S 多晶态演变的作用机制

纯 C_3S 在常温下，保留三斜晶系 T1 型，含有不同种类的元素能稳定不同晶型的 C_3S。根据已有结果，一定温度下，C_3S 晶相结构与组成存在"相图"关系，且不同离子稳定 C_3S 多晶态能力（可以稳定的晶型范围）存在显著差异，但离子固溶稳定 C_3S 多晶态的规律及作用机制尚待查清。本项目对已有研究结果进行了归纳分析，探讨了离子对稳定 C_3S 多晶态的作用规律。

离子对 C_3S 多晶型的稳定主要取决于离子的固溶，外来离子在 C_3S 基质晶体中的固溶与离子半径、电价、极性、配位数、电负性等化学结构参数有关。Ca^{2+} 离子的半径较大，进入氧八面体，Si^{4+} 离子半径较小，进入氧四面体，在制备水泥熟料过程中，源自原燃材料中的各种离子，不可避免地固溶进入 C_3S 形成阿利特，表 1.4 给出了固溶离子的化学结构参数及其在 C_3S 中的固溶取代位置。(1) s 区：碱金属离子与 Si^{4+} 的半径及电价差异较大，除 Li^+ 离子的半径较小可能同时发生 Ca 和 Si 位取代外，Na^+，K^+ 仅发生 Ca 位取代，Na^+ 取代 Ca^{2+} 的同时，伴随以进入间隙位置或形成一些氧空位来实现电荷平衡，K^+ 取代 Ca^{2+} 的同时产生氧空位以实现电荷平衡；碱土金属离子如 Mg^{2+}、Ba^{2+}、Sr^{2+} 的电价与 Ca^{2+} 相同，半径相近，且对应氧化物构型与 CaO 相同，因此主要发生 Ca 位取代，与 C_3S 形成置换型固溶体；(2) p 区：Al^{3+}、S^{6+}、P^{5+}、F^- 等离子，随着电负性的增大取代位置按照 Ca/Si（同时发生 Ca 及 Si 位取代）→Si→O 顺序变化；(3) d 区：Ti、Cr、Mn、Fe 等元素离子电价易变，半径介于 Si^{4+} 和 Ca^{2+} 之间，电负性与 Si 接近，多数在 C_3S 中既可以置换 Ca^{2+}，也可以置换 Si^{4+}。其中，+2价且极性较小的离子一般取代 Ca^{2+}，而 Mn^{4+}、Ti^{4+} 等电价高且极性较高的取代 Si^{4+}，其他电价的离子取代情况较复杂，会产生一定数量的阳离子空位；(4) ds 区：元素 Cu^{2+}、Zn^{2+} 的电价、半径与 Ca^{2+} 接近，主要取代 Ca^{2+}。通过以上分析，将离子电价、半径及电负性考虑在内，引入离子与 Ca^{2+} 离子的结

构差异因子 D，令 $D = Z^* \Delta x^* (R_c - R) / R_c$（其中：$Z$、$R$ 分别为离子的电价及半径；Δx 为其与 Ca 的电负性差；R_c 为 Ca^{2+} 离子半径）。根据表 1.4 中给出的离子的化学结构参数，计算出不同离子的 D 值，并按 D 值由小到大排序（表 1.4），可以发现，离子在 C_3S 中的固溶取代类型随其 D 值呈现较好的递变性关系。对于阳离子而言，随 D 值的逐渐增大，其与 Ca^{2+} 离子的化学结构差异增大，直到 D 值为 0.491 的 Cu^{2+} 离子附近，基本只发生 Ca 位取代，而 D 值继续增大至 0.676 的 Ti^{4+} 离子附近后，由于离子与 Ca^{2+} 离子结构差异过大，而与 Si^{4+} 离子结构更为相近，固溶离子（部分或全部）发生 Si 位取代；对于阴离子，F^- 与 O^{2-} 离子的 D 值均为负且最为相近，结构差异最小，F^- 进入 C_3S 晶格取代 O；据此，可以引用离子的 D 值为判据来估测其在 C_3S 晶格中的固溶取代方式。

表 1.4　阿利特中常见元素离子的化学结构参数及其在 C_3S 中的固溶取代

类型离子取代类型与离子化学结构的关系

离子	离子半径（Pm）	配位数	电负性	取代方式	D^* 值
O^{2-}	140	—	3.44	—	−2.021
F^-	136	—	3.98	F→O	−1.114
Li^+	60	6 *	0.98	Li→Ca/间隙 or	−0.008
Na^+	95	12	0.93	Na→Ca/间隙	−0.003
Ca^{2+}	99	6，8	1	—	0
Sr^{2+}	113	8 *	0.95	Sr→Ca	0.014
K^+	133	12	0.82	K→Ca	0.062
Ba^{2+}	138	12	0.89	Ba→Ca	0.087
Mn^{2+}	80	6	1.55	Mn→Ca	0.211
Mg^{2+}	65	6	1.31	Mg→Ca	0.213
Zn^{2+}	74	4	1.65	Zn→Ca	0.328
Cu^{2+}	72 *	4	1.9	Cu→Ca	0.491
Ti^{4+}	68	6	1.54	Ti→Si	0.676
Cr^{3+}	64	6	1.66	Cr→Ca/Si	0.7
Al^{3+}	50	4，6	1.61	Al→Ca/Si/ hole	0.906
Ga^{3+}	62	6	1.81	—	0.908
Fe^{3+}	60	6	1.83	2Fe→Ca+Si	0.981
Mn^{4+}	52 *	4 *	1.55	Mn→Si	1.044
Si^{4+}	41	4	1.9	—	2.109
P^{5+}	34	4	2.19	P→Si	3.907
S^{6+}	29	4	2.58	S→Si	6.703

不同离子稳定 C_3S 多晶态能力存在显著差异。根据表 1.4 计算出的外来离子与 Ca^{2+} 离子化学结构差异因子 D，结合已有文献对离子固溶稳定 C_3S 多晶态的研究结果，得到了固溶阳离子 D 值与其所能稳定的 C_3S 最高对称晶型的关系图（图 1.21）。离子稳定 C_3S 多晶态范围呈现类似"几"字形分布规律（为便于观察，以虚线连接）。对于具有特定 D 值的离子，"几"字形线上分布的对应晶型是该离子能稳定的 C_3S 的最高对称晶型，位于其以下的其他相对低对称型变体大多可以通过改变该离子的固溶量得以稳定，据此，可通过离子 D 值来估测离子对 C_3S 多晶态的稳定作用。这同时也表明了，外来离子稳定 C_3S 多晶态能力与离子的化学结构参数有关。图中除 Li^+，Na^+ 离子的 D 值小于 0 外，其他所有离子的 D 值均介于 Ca^{2+} 和 Si^{4+} 之间。随着横坐标 D 值的增大，其稳定 C_3S 多晶态的能力也增大，而当 D 值达到 0.676（对应 Ti^{4+} 离子 D 值）左右再继续增大时，固溶离子稳定 C_3S 多晶态能力下降，随着发生 Ca（Si）位取代的离子，与 Ca^{2+}（Si^{4+}）离子化学结构差异增大，离子具有越来越高的稳定 C_3S 多晶态的能力。

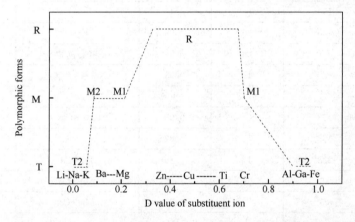

图 1.21　固溶离子 D 值与离子对 C_3S 高温晶型稳定能力的关系

从 C_3S 结构中 Ca^{2+}、O^{2-} 及 $[SiO_4]^{4-}$ 中 Si 原子的位置看，C_3S 不同变体结构只在 $[SiO_4]$ 四面体的取向上存在差异。C_3S 不同变体间的晶相转变均为位移型相变，可通过 $[SiO_4]$ 四面体的取向改变实现。因此，离子固溶稳定 C_3S 高温晶型可能与离子固溶所致的晶格扭曲畸变有关。固溶离子与取代离子结构差异越大，其固溶造成的 C_3S 晶格扭曲变形程度越大，原子位移更加困难，$[SiO_4]$ 四面体的取向改变困难，阻止了冷却过程中更多的晶相转变，具有更高的稳定 C_3S 多晶态的能力；反之亦然。同样地可以理解，对于特定的离子，随其固溶量的增加，晶格扭曲变形程度加大，阻碍原子位移相变的作用增大，可以稳定其稳定能力范围内的 C_3S 的更高对称晶型。C_3S 除 T1 型外的其他高温变体需通过离子的固溶稳定才可在室温下获得，固溶离子与取代离子的结构差异越大，固溶量越高，稳定阿利特越高对称晶型。由此可见，不但可用 D 来估测离子在 C_3S 中的固溶取代类型，还可预测其对 C_3S 多晶态的稳定作用。更进一步地，固溶离子与基体离子的结构差异因子 D，很可能具有普适性，能应用于分析其他固溶体体系。

1.1.1.4　C_3S 多晶型超晶胞与伪六方亚晶胞的转换

（a）M3 型阿利特超晶胞与伪六方亚晶胞的调制关系研究

为了解释 C_3S 超晶胞结构，不少学者引入了伪六方亚晶胞来进行研究，以期找到伪六方亚晶胞和 C_3S 超晶胞之间的关系。基于 M3 型 C_3S（掺 2.0% MgO）XRD 衍射数据进行计算并通过最小二乘法校正误差，得到该样品的伪六方亚晶胞参数为：$a=7.06$ Å，$b=7.06$ Å，$c=24.92$ Å，$\alpha=89.79°$，$\beta=90.04°$，$\gamma=120.14°$，M3 超晶胞参数为：$a=33.083$ Å，$b=7.027$ Å，$c=18.499$ Å，$\beta=90.12°$。

为了进一步研究 M3 型 C_3S 的超结构特征并找出 M3 超晶胞和伪六方亚晶胞之间的取向关系，实验借助 HRTEM 对 M3 样品进行了表征，并基于 Torre 等建立的 M3 超晶胞结构模型模拟了电子衍射花样和高分辨像。实验中拍摄到的 SAED 花样均基于伪六方亚晶胞进行标定（$a=7.06$ Å，$b=7.06$ Å，$c=24.92$ Å，$\alpha=89.79°$，$\beta=90.04°$，$\gamma=120.14°$），模拟得到的相应的电子衍射花样基于 M3 超晶胞标定（$a=33.083$ Å，$b=7.027$ Å，$c=18.499$ Å，$\beta=90.12°$）。

图 1.22（a）为 M3 型 C_3S 沿 $[1\bar{1}0]_H$ 晶带轴拍摄的 SAED 花样，图 1.22（b）为基于伪六方亚晶胞标定的示意图。SAED 花样中，强度高的衍射斑点来源于伪六方亚晶胞结构的衍射，强度低的衍射斑点（卫星斑点）由 M3 超晶胞结构产生。图 1.22（a）中位于中心斑点和 $(\bar{1}17)_H$ 两个基本衍射射斑点之间，存在 5 个卫星斑点，表明沿着 $[\bar{1}17]_H^*$ 方向存在 6 倍调制结构，调制波长为 $(\bar{1}17)_H$

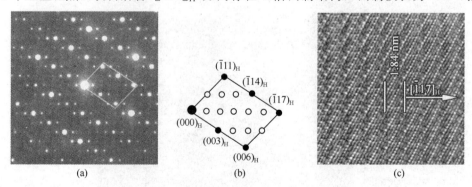

图 1.22　M3 型阿利特沿 $[1\bar{1}0]_H$ 晶带轴方向的测试结果

（a）M3 型阿利特沿 $[1\bar{1}0]_H$ 晶带轴方向的 SAED 花样；（b）基于伪六方亚晶胞标定的示意图；

（c）对应的 HRTEM 实验像（"●" 来自于亚晶胞的衍射斑点，"○" 来自于超晶胞的衍射斑点）

晶面间距的 6 倍。根据晶体平移对称性特征，图 1.22（a）中所有的衍射斑点坐标可以用矢量关系式 $ha^* + kb^* + lc^* \pm 1/6m\ (-a^* + b^* + 7c^*)$ 来表达，其中，$m = 0$、± 1、± 2 和 ± 3，具有 M3 阿利特调制结构特征。HRTEM 像中［图 1.22（c）］调制结构以波状条纹衬度的形式展现，波状条纹平行于 $(\overline{1}17)_H$，宽度为 $(\overline{1}17)_H$ 晶面间距的 6 倍（约 1.84nm），与 SAED 分析结果相符。

为了正确解释实验结果，并确立超晶胞与亚晶胞之间的取向关系，基于 Torre 等建立的 M3 型 C_3S 原子坐标，借助 MacTempas 软件对实验数据进行了模拟计算。若将图 1.22（a）基于 M3 超晶胞指标化，则晶带轴沿 $[010]_{M3}$ 方向，通过计算机模拟计算了该晶带轴方向的电子衍射花样和 HRTEM 像。图 1.23 为沿 $[010]_{M3}$ 晶带轴方向 HRTEM 像随欠焦量和样品厚度的变化情况。其中横轴为欠焦量的变化，变化范围 $-35 \sim -60$nm，步长 5.0nm；纵轴为样品厚度的变化，变化范围 $10 \sim 60$nm，步长 10nm。图 1.23 表明，不同的欠焦量和样品厚度对图像衬度的影响较大，随着欠焦量或样品厚度的变化衬度会发生反转。因此，在实验过程中如果忽视了成像条件而对 HRTEM 像直接进行解释，往往会导致错误。观察图 1.23 中纵横交叉处模拟 HRTEM 像的衬度变化，通过与实验拍摄的 HRTEM 像［图 1.22（c）］对比，发现在欠焦量 $\Delta f = -50$nm、样品厚度 $= 50$nm 时，模拟计算 HRTEM 像的衬度与实验拍摄的 HRTEM 像的衬度接近。将样品厚度设置为 50nm，加速电压设置为 200kV，借助 Single Crystal 软件模拟计算得到了沿 $[010]_{M3}$ 晶带轴方向的电子衍射花样，如图 1.24（a）所示，基于

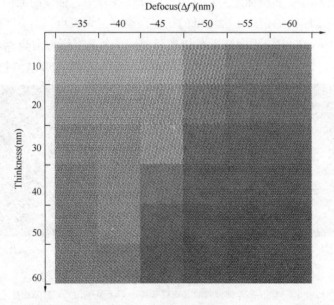

图 1.23　M3 型阿利特沿 $[010]_{M3}$ 晶带轴方向的 HRTEM 像模拟过程

M3 超晶胞标定的示意图如图 1.24（b）所示。经过对比发现，SAED 模拟结果与实验结果完全吻合。图 1.24（c）为欠焦量 $\Delta f = -50\mathrm{nm}$、样品厚度$=50\mathrm{nm}$时沿该晶带轴方向的模拟 HRTEM 像。然而调制结构的波状条纹衬度没有像实验结果那样明显。但仔细观察图 1.24（c）发现，沿着 $[001]_{M3}$ 方向的原子偏离平均位置产生了扭曲，扭曲之后形成的新的重复周期正好为 $(\bar{1}17)_H$ 晶面间距的 6 倍。这也说明了波状条纹衬度的产生不仅取决于试样的调制结构，还和样品的厚度与欠焦量有关。结果表明，$(\bar{1}17)$、$(\bar{1}11)_H$ 和 $(003)_H$ 分别相当于 $(006)_{M3}$、$(402)_{M3}$ 和 $(\bar{2}02)_{M3}$，并且 $[010]_{M3}//[\bar{1}10]_H$。

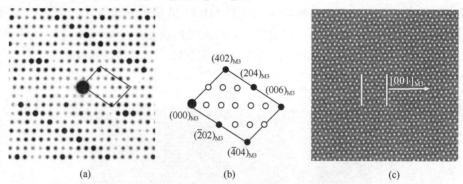

(a)　　　　　　　　(b)　　　　　　　　(c)

图 1.24　M3 型阿利特沿 $[010]_{M3}$ 晶带轴方向的模拟计算结果

（a）M3 型阿利特沿 $[010]_{M3}$ 晶带轴方向的模拟计算 SAED 花样；（b）基于 M3 超晶胞标定的示意图；

（c）相对应的模拟计算 HRTEM 像

图 1.25（a）为 M3 型阿利特沿 $[\bar{1}81]_H$ 晶带轴方向的 SAED 花样，图 1.25（b）为基于伪六方亚晶胞标定的示意图。SAED 花样中，卫星斑点的排列沿着 $[\bar{1}17]_H^*$ 方向，与图 1.22（a）相同。表明该花样中所有的衍射斑点可以通过线

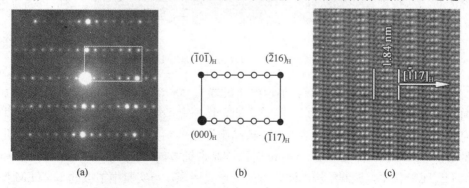

(a)　　　　　　　　(b)　　　　　　　　(c)

图 1.25　M3 型阿利特沿 $[\bar{1}81]_H$ 晶带轴方向的测试结果

（a）M3 型阿利特沿 $[\bar{1}\bar{8}1]_H$ 晶带轴方向的 SAED 花样；（b）基于伪

六方亚晶胞标定的示意图；（c）对应的 HRTEM 实验像

性表达式 $ha^* + kb^* + lc^* \pm m/6 (-a^* + b^* + 7c^*)$ 来表达，其中 $m=0$、± 1、± 2 或 ± 3。图 1.25 (c) 为沿该晶带轴方向的 HRTEM 像，调制结构以波状条纹衬度的形式展现，波状条纹平行于 $(\bar{1}17)_H$，宽度为 $(\bar{1}17)_H$ 晶面间距的 6 倍（约 1.84nm）。

若将图 1.25 (a) 基于 M3 超晶胞指标化，则晶带轴方向沿 $[\bar{1}30]_{M3}$ 方向，因此通过计算机模拟计算了该晶带轴方向的电子衍射花样和 HRTEM 像。图 1.26 为沿 $[\bar{1}30]_{M3}$ 晶带轴方向，HRTEM 像随欠焦量和样品厚度的变化情况。

欠焦量范围 $-35 \sim -60$nm，步长 5.0nm，样品厚度变化范围 $10 \sim 60$nm，步长 10nm。观察图 1.26 中纵横交叉处模拟 HRTEM 像的衬度变化，通过与实验拍摄的 HRTEM 像[图 1.25(c)]对比，发现在欠焦量 $\Delta f = -45$nm、样品厚度＝60nm 时，模拟 HRTEM 像的衬度与实验拍摄的 HRTEM 像的衬度接近。

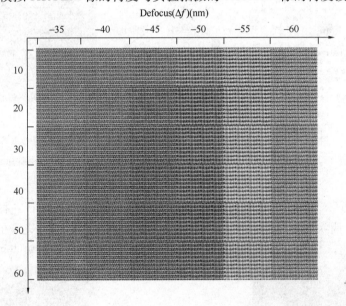

图 1.26　M3 型阿利特沿 $[\bar{1}30]_{M3}$ 晶带轴方向的 HRTEM 像模拟过程

将样品厚度设置为 60nm，加速电压设置为 200kV，模拟得到了沿晶带轴方向的 SAED 花样[图 1.27(a)]。结果表明，模拟电子衍射花样与实验得到的结果完全一致。图 1.27 (b) 为基于 M3 超晶胞标定的示意图，图 1.27 (c) 为欠焦量 $\Delta f = -45$nm、样品厚度＝60nm 时沿该晶带轴方向的模拟 HRTEM 像。在模拟 HRTEM 像中，调制结构以波状衬度的形式展现，与实验中拍摄的 HRTEM 像完全吻合。通过对比，M3 超晶胞和伪六方亚晶胞存在以下取向关系：$(\bar{1}17)_H$、$(\bar{1}0\bar{1})$ 和 $(\bar{2}16)_H$ 分别相当于 $(006)_{M3}$、$(310)_{M3}$ 和 $(316)_{M3}$，并且 $[\bar{1}8\bar{1}]_H // [\bar{1}30]$。

图 1.28 (a) 和 (b) 分别为沿 $[\bar{2}41]_H$ 晶带轴方向的 SAED 花样和基于伪六方

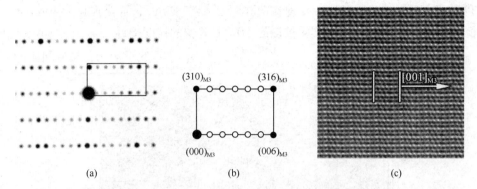

(a)　　　　　　　　(b)　　　　　　　　(c)

图 1.27　M3 型阿利特沿 $[\bar{1}30]_{M3}$ 晶带轴方向的模拟计算结果

(a) M3 型阿利特沿 $[130]_{M3}$ 晶带轴方向的模拟 SAED 花样；(b) 基于 M3 超晶胞标定的示意图；

(c) 对应的模拟计算 HRTEM 像

亚晶胞标定的示意图。在 SAED 花样中，卫星斑点显示沿着 $[\bar{1}1\bar{2}]_H^*$ 方向具有 3 倍调制结构特征，调制波长为 $(\bar{1}1\bar{2})_H$ 晶面间距的 3 倍。根据晶体平移对称性特征，图 1.28（a）中所有的衍射斑点可以用矢量关系式 $ha^* + kb^* + lc^* \pm m/3\ (-a^* + b^* - 2c^*)$ 进行表达，其中 $m = 0$ 或 ± 1。图 1.28（c）为沿该晶带轴方向的 HRTEM 像，调制结构以波状条纹的形式展现，条纹方向平行于 $(\bar{1}1\bar{2})_H$，宽度为 $(\bar{1}1\bar{2})_H$ 晶面间距的 3 倍（约为 1.65nm），与 SAED 分析结果相符。

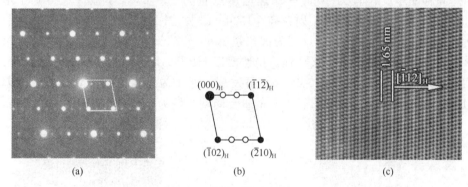

(a)　　　　　　　　(b)　　　　　　　　(c)

图 1.28　M3 型阿利特沿 $[\bar{2}41]_H$ 晶带轴方向的测试结果

(a) M3 型阿利特沿 $[\bar{2}41]_H$ 晶带轴方向的 SAED 花样；(b) 基于伪六方亚晶胞标定的

示意图；(c) 对应的 HRTEM 实验像

若将图 1.28（a）基于 M3 超晶胞指标化，则晶带轴方向沿 $[02\bar{1}]_{M3}$ 方向，因此通过计算机模拟了该晶带轴方向的电子衍射花样和 HRTEM 像。图 1.29 为沿 $[02\bar{1}]_{M3}$ 晶带轴方向，HRTEM 像随欠焦量和样品厚度的变化情况。欠焦量范围 $-35 \sim -60$nm，步长 5.0nm，样品厚度变化范围 $10 \sim 60$nm，步长 10nm。观察图 1.29 中纵横交叉处模拟 HRTEM 像的衬度变化，通过与实验拍摄的 HR-

TEM 像[图 1.28(c)]对比，发现在欠焦量 $\Delta f = -60\text{nm}$、样品厚度 $= 40\text{nm}$ 时，模拟 HRTEM 像的衬度与实验拍摄的 HRTEM 像的衬度接近。

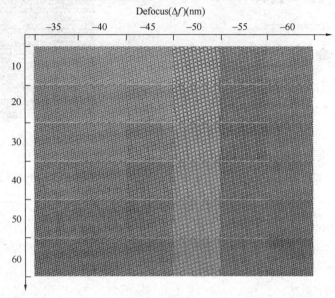

图 1.29　M3 型阿利特沿 $[02\bar{1}]_{M3}$ 晶带轴方向的 HRTEM 像模拟过程

　　将样品厚度设置为 40nm，加速电压设置为 200 kV，模拟计算得到了沿 $[02\bar{1}]_{M3}$ 晶带轴方向的电子衍射花样 [1.30（a）]。图 1.30（b）为基于 M3 超晶胞 标定的示意图，图 1.30（c）为欠焦量 $\Delta f = -60\text{nm}$、样品厚度 $= 40\text{nm}$ 时沿该晶带轴方向的模拟 HRTEM 像。虽然模拟 HRTEM 像中的波状衬度强度不及实验结果，但仔细观察图 1.30（c）可发现，原子像偏离平均位置，造成沿着 $[100]_{M3}$ 方向的周期扩大了 3 倍，新的重复周期正好为 $(\bar{1}1\bar{2})_H$ 晶面间距的 3 倍。

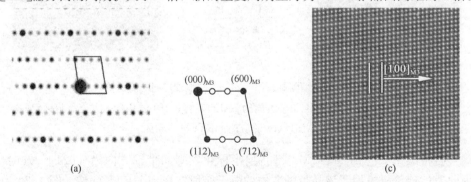

图 1.30　M3 型阿利特沿 $[02\bar{1}]_{M3}$ 晶带轴方向的模拟计算结果

(a) M3 型阿利特沿 $[02\bar{1}]_{M3}$ 晶带轴方向的模拟计算 SAED 花样；(b) 基于 M3 超晶胞标定的示意图；
(c) 对应的模拟计算 HRTEM 像

根据此晶带轴方向的 TEM 实验结果和模拟计算结果，得到 M3 超晶胞和伪六方亚晶胞存在以下取向关系：$(\overline{1}1\overline{2})_H$、$(\overline{2}10)$ 和 $(\overline{1}02)_H$ 分别相当于 $(600)_{M3}$、$(712)_{M3}$ 和 $(112)_{M3}$，并且 $[\overline{2}41]_H$ // $[02\overline{1}]_{M3}$。

无论是 HRTEM 还是 XRD，超结构的存在势必会在衍射图谱中产生额外的强度较弱的衍射斑点或衍射峰。分析结果表明，$(\overline{1}17)_H$、$(\overline{1}1\overline{2})_H$ 和 $(\overline{1}0\overline{1})_H$ 分别相当于 $(006)_{M3}$、$(600)_{M3}$ 和 $(310)_{M3}$。由矢量关系运算可得：

$$(020)_{M3}=(620)_{M3}-(600)_{M3}=2(310)_{M3}-(600)_{M3}=2(\overline{1}0\overline{1})_H-(\overline{1}1\overline{2})_H=(\overline{1}10)_H$$

$$(003)_H=1/3(009)_H=1/3(\overline{1}17)_H-1/3(\overline{1}1\overline{2})_H=1/3(006)_{M3}-1/3(600)_{M3}=$$

$1/3(\overline{6}06)_{M3}=(\overline{2}02)_{M3}$

同理，其他基本晶面的取向关系也可通过矢量关系运算得到，结果见表 1.5。在 HRTEM 表征过程中，通过 SAED 仅找到了一个关于 M3 超晶胞和伪六方亚晶胞之间的基本晶轴取向关系，即：$[010]_{M3}$ // $[\overline{1}10]_H$。究其原因可能和 HRTEM 观察前的制样方式有关，制样时将块状样品置于无水乙醇中碾压破碎制成悬浮液。块状阿利特经碾压破碎后，会产生具有楔形薄边的碎片，然后在电镜下选取楔形薄边处进行观察。然而，晶体在受到压力时，往往会沿着其解理面断裂，这就造成了沿着难解理面断裂的碎片很少，于是在 HRTEM 观察时，往往会得到某一晶带轴方向的 SAED 花样。在本实验中，最容易得到的就是沿 $[010]_{M3}$ 晶带轴方向的 SAED 花样。

表 1.5　M3 超晶胞与伪六方亚晶胞之间的晶面取向关系

M3	H	M3	H
$(600)_{M3}$	$(\overline{1}1\overline{2})_H$	$(\overline{7}32)_{M3}$	$(300)_H$
$(020)_{M3}$	$(\overline{1}10)_H$	$(\overline{7}32)_{M3}$	$(030)_H$
$(006)_{M3}$	$(\overline{1}17)_H$	$(\overline{2}02)_{M3}$	$(003)_H$

尽管 $[100]_{M3}$ 和 $[001]_{M3}$ 与伪六方亚晶胞晶轴方向的取向关系未能从实验中直接确定，但基于晶带定律并结合表 1.5 数据可以对其进行推导。例如：$(600)_{M3}$ 和 $(020)_{M3}$ 同属于 $[001]_{M3}$ 晶带轴，而 $(\overline{1}1\overline{2})_H$ 和 $(110)_H$ 同属于 $[\overline{1}11]_H$ 晶带轴，那么可以得到 $[001]_{M3}$ // $[\overline{1}11]_H$。用同样的方法，M3 超晶胞和伪六方亚晶胞之间所有的基本晶轴取向关系均可通过晶带定律确定，结果见表 1.6。

表 1.6　M3 超晶胞与伪六方亚晶胞之间的晶轴取向关系

M3	H	M3	H
$[100]_{M3}$	$[\overline{7}7\overline{2}]_H$	$[\overline{1}31]_{M3}$	$[100]_H$
$[010]_{M3}$	$[\overline{1}10]_H$	$[\overline{1}31]_{M3}$	$[010]_H$
$[001]_{M3}$	$[\overline{1}11]_H$	$[\overline{2}07]_{M3}$	$[001]_H$

若 $(hkl)_{M3}$ 位于 $[100]_{M3}$ 晶带轴内，根据晶带定律得到：$(hkl)_{M3} \cdot [100]_{M3}$ $=0$，即 $h_{M3}=0$

若 $(hkl)_{M3}$ 与 $(hkl)_{H}$ 等价，那么 $(hkl)_{H}$ 势必位于 $[\overline{7}7\overline{2}]_{H}$ 晶带轴内，根据晶带定律可得：$(hkl)_{H} \cdot [\overline{7}7\overline{2}]_{H}=0$，即 $-7h_{H}+7k_{H}-2l_{H}=0$。

假设存在某一系数 ε，使得 $\varepsilon h_{M3}=-7h_{H}+7k_{H}-2l_{H}$，由表 1.5 可得，$(600)_{M3}$ 相当于 $(\overline{1}1\overline{2})_{H}$，分别代入上式等号两端可得：$6\varepsilon=7+7+4=18$，即 $\varepsilon=3$。

则：$h_{M3}=-7/3h_{H}+7/3k_{H}-2/3l_{H}$

同理得到：$k_{M3}-h_{H}-k_{H}$

$$l_{M3}=-2/3h_{H}+2/3k_{H}+2/3l_{H}$$

写成矩阵形式得到式（1-2），该矩阵与 Groves 等报道的结果有所不同。

$$
\begin{bmatrix} h \\ k \\ l \end{bmatrix}_{M3} =
\begin{bmatrix} -\dfrac{7}{3} & \dfrac{7}{3} & -\dfrac{2}{3} \\ -1 & -1 & 0 \\ -\dfrac{2}{3} & \dfrac{2}{3} & \dfrac{2}{3} \end{bmatrix}
\begin{bmatrix} h \\ k \\ l \end{bmatrix}_{H}
\quad \text{或} \quad
\begin{bmatrix} h \\ k \\ l \end{bmatrix}_{H} =
\begin{bmatrix} -\dfrac{1}{6} & -\dfrac{1}{2} & -\dfrac{1}{6} \\ \dfrac{1}{6} & -\dfrac{1}{2} & \dfrac{1}{6} \\ -\dfrac{1}{3} & 0 & \dfrac{7}{6} \end{bmatrix}
\begin{bmatrix} h \\ k \\ l \end{bmatrix}_{M3}
\tag{1-2}
$$

为了直观地描述 M3 超晶胞和伪六方亚晶胞之间的取向关系，基于 Torre 等确立的 M3 型 C_3S 原子坐标并借助 Crystal Maker 软件构筑了 M3 超晶胞和伪六方亚晶胞的三维取向关系，如图 1.31 所示。结果表明，在 M3 型阿利特中可以

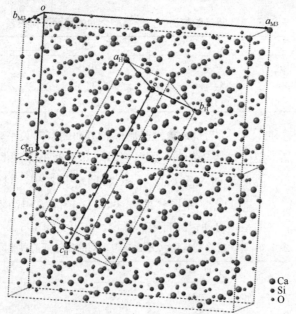

图 1.31　M3 超晶胞与伪六方亚晶胞之间的取向关系

取出伪六方亚晶胞作为其平均结构，并根据上述取向关系堆垛形成 M3 超晶胞。

图 1.32 为 M3 型阿利特沿不同晶带轴方向拍摄得到的 SAED 花样和基于伪六方亚晶胞标定的示意图。图 1.32 表明，沿不同方向得到的 SAED 花样，其表现出来的调制结构特征不同，具体表现在调制结构方向和调制周期不同。

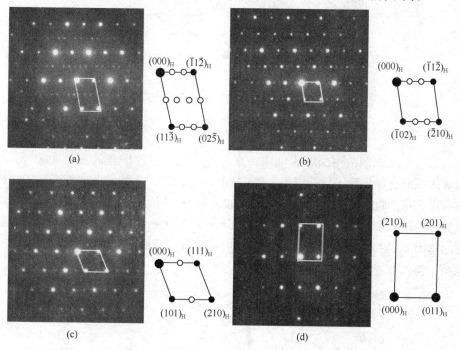

图 1.32　M3 型阿利特沿不同晶带轴方向的 SAED 花样和基于
伪六方亚晶胞标定后相应的示意图

(a) $[125]_H$；(b) $[\overline{2}41]_H$；(c) $[12\overline{1}]_H$；(d) $[\overline{122}]_H$

图 1.33 为 M3 型阿利特 SAED 花样中所有衍射斑点沿伪六方亚晶胞倒易点阵 c^* 轴方向的投影。其中，超结构衍射斑点以"○"表示，平均结构衍射斑点以"●"表示。从图 1.33 中可以看出，超结构衍射斑点的投影位于平行于 $[\overline{1}10]_H^*$ 的直线上。Urabe 认为，倒空间中所有的超结构衍射斑点均可通过最小调制波矢量进行表达。本实验中沿着 $[\overline{1}17]_H^*$ 方向的调制波波长最小。因此，所有的衍射斑点坐标可以表示为 $ha^*+kb^*+lc^*\pm m/6\,(-a^*+b^*+7c^*)$，其中 $m=0,\pm1,\pm2$ 或 ±3。比如对于图 1.32（b），位于 $1/3\,(-a^*+b^*-2c^*)$ 坐标处的卫星斑点可以表示为 $-3c^*+2/6\,(-a^*+b^*+7c^*)$。即：位于 $1/3\,(-a^*+b^*-2c^*)$ 处的卫星斑点可以认为处于 $[003]_H^*$ 和 $[\overline{1}14]_H^*$ 之间三分之一处，此时连接 $[003]_H^*$ 和 $[\overline{1}14]_H^*$ 两衍射斑点的直线平行于最小调制波矢量。因此，M3 型阿利特具有一维公度调制结构，调制波矢量为 $q=-1/6a^*+1/6b^*+7/6c^*$。

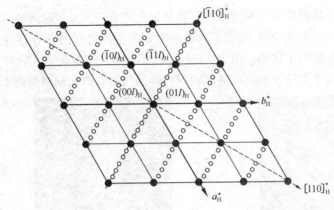

图 1.33　M3 阿利特 SAED 花样中衍射斑点沿伪六方亚晶胞倒易点阵 $c*$ 轴方向投影

关于 C_3S 调制结构的形成机理一直存在争论，多数学者认为是 $[SiO_4]$ 四面体的取向有序导致了这一结果，而 Urabe 等在研究 T1 型 C_3S 时发现，阳离子的有序化扭曲也产生了新的调制周期。如前所述，M3 型存在一维调制结构，调制波方向垂直于 $(\bar{1}17)_H$。为此，借助 Crystal Maker 软件画出了 M3 型阿利特超晶胞沿 b_{M3} 轴方向的投影，如图 1.34 所示，其中虚线为 $(006)_{M3}$ 晶面的投影，相当于伪六方亚晶胞坐标系中的 $(\bar{1}17)_H$。

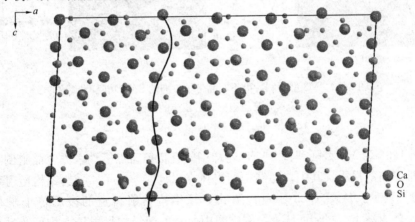

图 1.34　M3 型阿利特沿 b_{M3} 轴方向的结构模型投影图

图 1.35 为 R 型 C_3S 晶胞沿 a_H 轴和 b_H 轴方向扩大两倍后在 $[\bar{1}10]_H$ 方向的结构模型投影图，图中虚线为对应于 M3 坐标系中的晶面。对比图 1.34 和图 1.35 可以发现，在 M3 型阿利特中，Ca^{2+} 离子的平均位置产生了偏移，并形成了沿垂直于 $(\bar{1}17)_H$ 方向 6 倍的调制结构周期（如调制波 i 所示）。而在 R 型 C_3S 中，沿此方向的钙原子列以三列为一组呈周期性排列，位置未发生偏离。

由于 Mg^{2+} 离子的掺杂量很小，因此不足以使 M3 型阿利特产生成分调制。

图 1.34 和图 1.35 表明，这种调制属于结构上的调制。正是由于 Mg^{2+} 离子的掺杂，取代了原本 C_3S 中的部分 Ca^{2+} 离子，引起了晶格内部化学环境的变化，导致了 [SiO_4] 四面体取向的变化。而由于能量关系，[SiO_4] 四面体取向的变化自然会导致 Ca^{2+} 离子偏移原来的位置，最终在结构上形成长周期从而产生调制结构。

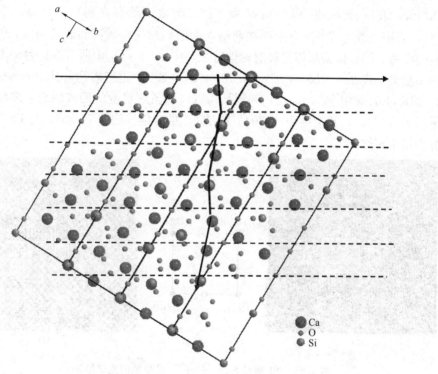

图 1.35　R 型 C_3S 沿 a_H 轴和 b_H 轴方向扩大两倍后沿 $[\overline{1}\,\overline{1}0]_H$ 方向的结构模型投影

（b）T1 型 C_3S 超晶胞与伪六方亚晶胞的调制关系研究

为了揭示 T1 超晶胞与伪六方亚晶胞之间的取向关系，基于 $10°\sim70°$ 之间的 XRD 数据文件并通过最小二乘法校正误差计算得到 T1 型 C_3S 的伪六方亚晶胞参数为：$a=7.07Å$，$b=7.05Å$，$c=25.13Å$，$\alpha=89.69°$，$\beta=90.44°$，$\gamma=119.61°$，T1 超晶胞参数为：$a=11.65$ Å，$b=14.23Å$，$c=13.72Å$，$\alpha=105.56°$，$\beta=90.35°$，$\gamma=90.06°$。将 SAED 花样基于伪六方亚晶胞进行标定，并基于 T1 超晶胞对电子衍射花样进行模拟，可以最终确定两者之间的取向关系。

为了进一步观察 C_3S 的调制结构特征并确立 T1 超晶胞与伪六方亚晶胞之间的三维取向关系，实验借助 HRTEM 对 T1 样品进行了表征，并基于 Golovastikov 等确立的 T1 型 C_3S 原子坐标模拟了 SAED 花样和 HRTEM 像。实验中拍摄到的 SAED 花样均基于伪六方亚晶胞标定（$a=7.07$ Å，$b=7.05$ Å，$c=$

$25.13Å$，$\alpha=89.69°$，$\beta=90.44°$，$\gamma=119.61°$），模拟得到的相应的电子衍射花样基于 T1 超晶胞标定（$a=11.67Å$，$b=14.24Å$，$c=13.72Å$，$\alpha=105.5°$，$\beta=90.33°$，$\gamma=90°$）。

图 1.36（a）为沿 $[10\overline{5}2]_H$ 晶带轴 HRTEM 实验像的快速傅里叶变换图谱（FFT），基于伪六方亚晶胞参数对其进行标定的示意图如图 1.36（b）所示。由图可知，在 $(000)_H$ 和 $(\overline{1}20)_H$ 斑点之间二分之一处存在弱衍射斑点（卫星斑点）。表明沿着 $[\overline{1}20]_H^*$ 方向存在两倍周期的调制结构，调制波长为 $(\overline{1}20)_H$ 晶面间距的 2 倍。根据晶体平移对称性特征，图 1.36（a）中所有的衍射斑点可以用矢量关系式 $ha^*+kb^*+lc^*\pm m/2\,(-a^*+2b^*)$ 进行表达，其中 $m=0$ 或 ± 1。HRTEM 像中[图 1.36(c)]调制结构以波状条纹衬度的形式展现，波状条纹平行于 $(\overline{1}20)_H$，其宽度为 $(\overline{1}20)_H$ 晶面间距的 2 倍（约 0.72nm），与 FFT 图谱分析结果相符。

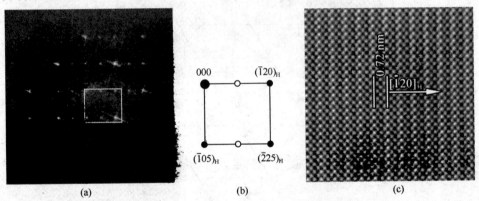

图 1.36　T1 型 C_3S 沿 $[10\overline{5}\overline{2}]$ 晶带轴的测试结果

(a) T1 型 C_3S 沿 $[10\overline{5}\overline{2}]_H$ 晶带轴 HRTEM 像的 FFT 图谱；

(b) 基于伪六方亚晶胞标定的示意图；(c) 对应的 HRTEM 实验像

为了正确解释实验结果，并确立超晶胞与伪六方亚晶胞之间的取向关系，基于 Golovastikov 等确立的 T1 型 C_3S 原子坐标，借助 MacTempas 软件对实验数据进行了模拟。若将图 1.36（a）基于 T1 超晶胞指标化，则晶带轴方向沿 $[\overline{5}4\overline{1}]_{T1}$ 方向，因此通过计算机模拟了该晶带轴方向的电子衍射花样和 HRTEM 像。图 1.37 为 T1 型 C_3S 沿 $[\overline{5}4\overline{1}]_{T1}$ 晶带轴方向的 HRTEM 像随欠焦量和样品厚度的变化情况。其中横轴为欠焦量的变化，变化范围 $-35\sim -60$nm，步长 5nm；纵轴为样品厚度的变化，变化范围 $10\sim 60$nm，步长 10nm。图 1.37 表明，不同的欠焦量和样品厚度对图像衬度的影响较大，随着欠焦量或样品厚度的变化衬度会发生反转。

观察图 1.37 纵横交错处模拟计算 HRTEM 像的衬度变化，通过与实验拍摄的 HRTEM 像［图 1.36(c)］对比，发现在欠焦量 $\Delta f = -40\text{nm}$、样品厚度 =40nm 时，模拟 HRTEM 像的衬度与实验拍摄的 HRTEM 像的衬度接近。将样品厚度设置为 40nm，加速电压设置为 300 kV，借助 Single Crystal 软件模拟得

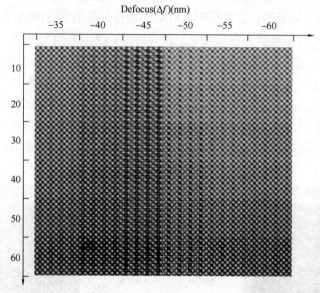

图 1.37　T1 型 C_3S 沿 $[541]_{T1}$ 晶带轴方向的 HRTEM 像模拟过程

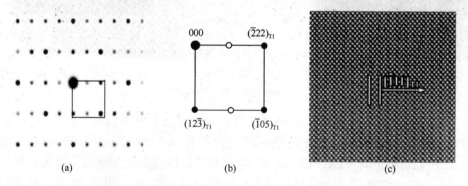

图 1.38　T1 型 C_3S 沿 $[\overline{5}\,\overline{4}\,\overline{1}]_{T1}$ 晶带轴的模拟计算结果

(a) T1 型 C_3S 沿 $[\overline{5}\,\overline{4}\,\overline{1}]_{T1}$ 晶带轴的模拟计算 SAED 花样；(b) 基于 T1 超晶胞标定的示意图；
(c) 对应的模拟计算 HRTEM 像

到 T1 型 C_3S 沿 $[\overline{5}\,\overline{4}\,\overline{1}]_{T1}$ 晶带轴方向的电子衍射花样 ［图 1.38(a)］，基于 T1 超晶胞标定的示意图如图 1.38 (b) 所示。经过对比发现，SAED 模拟结果与实验结果完全吻合。图 1.38 (c) 为欠焦量 $\Delta f = -40\text{nm}$、样品厚度 = 40nm 时沿该晶带轴方向的模拟 HRTEM 像。在模拟 HRTEM 像中，调制结构以波状条纹衬度的形式展现，与实验中拍摄的 HRTEM 像完全吻合。通过对比，表明 T1 超晶

胞和伪六方亚晶胞存在以下取向关系：$(\overline{1}20)_H$、$(\overline{2}25)_H$ 和 $(\overline{1}05)_H$ 分别相当于 $(\overline{2}22)_{T1}$、$(\overline{1}05)_{T1}$ 和 $(1\overline{2}3)_{T1}$，以及 $[\overline{1}052]_H // [541]_{T1}$。

图 1.39（a）所示为样品沿 $[0\overline{1}0]_H$ 晶带轴的 SAED 花样（JEM-2010 UHR 型 TEM 拍摄），基于伪六方亚晶胞参数对其进行标定的示意图如图 1.39（b）所示。如图 1.39（a）所示，在 $(000)_H$ 和 $(10\overline{2})_H$ 斑点之间二分之一处存在弱衍射斑点。表明沿着 $[10\overline{2}]_H^*$ 方向存在两倍周期的调制结构，调制波长为 $(10\overline{2})_H$ 晶面间距的 2 倍。根据晶体平移对称性特征，图 1.39（a）中所有的衍射斑点可以用矢量关系式 $ha^* + kb^* + lc^* \pm m/2\,(a^* - 2c^*)$ 进行表达，其中 $m = 0$ 或 ± 1。HRTEM 像中 [图 1.39（c）] 调制结构以波状条纹衬度的形式展现，条纹方向平行于 $(10\overline{2})_H$，其宽度为 $(10\overline{2})_H$ 晶面间距的 2 倍（约 1.11nm），与 SAED 分析结果相符。

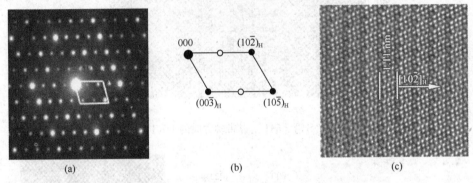

图 1.39　T1 型 C_3S 沿 $[0\overline{1}0]$ 晶带轴方向的测试结果

(a) T1 型 C_3S 沿 $[0\overline{1}0]_H$ 晶带轴方向的实验 SAED 花样；(b) 基于伪六方亚晶胞标定的示意图；
(c) 对应的 HRTEM 实验像

若将图 1.39（a）基于 T1 超晶胞指标化，则晶带轴方向沿 $[1\,\overline{1}1]_{T1}$ 方向，通过计算机模拟该晶带轴方向的电子衍射花样和 HRTEM 像。图 1.40 为沿 $[1\,\overline{1}1]_{T1}$ 晶带轴方向，HRTEM 像随欠焦量和样品厚度的变化情况。欠焦量范围 $-35 \sim -60$nm，步长 5nm，样品厚度变化范围 $10 \sim 60$nm，步长 10nm。观察图 1.40 中纵横交叉处模拟 HRTEM 像的衬度变化，通过与实验拍摄的 HRTEM 像 [图 1.39（c）] 对比，发现在欠焦量 $\Delta f = -55$nm，样品厚度 $= 30$nm 时，模拟 HRTEM 像的衬度与实验拍摄的 HRTEM 像的衬度接近。

将样品厚度设置为 30nm，加速电压设置为 200kV，模拟得到了沿方向的电子衍射花样 [图 1.41（a）]。图 1.41（b）为基于 T1 超晶胞标定的示意图，图 1.41（c）为欠焦量 $\Delta f = -55$nm，样品厚度 $= 30$nm 时沿该晶带轴方向的模拟 HRTEM 像。经过对比发现，模拟 SAED 花样与实验结果完全一致，模拟 HR-TEM 像中调制波方向的原子扭曲周期也与实验结果符合。对比模拟和试验结果

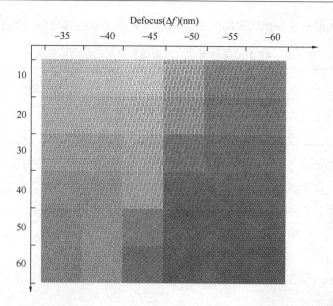

图 1.40　T1 型 C_3S 沿 $[1\overline{11}]_{T1}$ 晶带轴方向的模拟 HRTEM 像过程

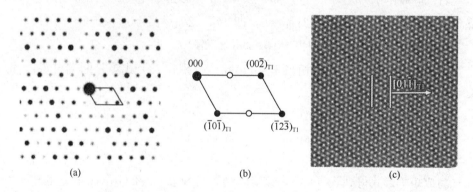

(a)　　　　　　　　　(b)　　　　　　　　　(c)

图 1.41　T1 型 C_3S 沿 $[1\,\overline{1}\,\overline{1}]_{T1}$ 晶带轴的模拟计算结果

(a) T1 型 C_3S 沿 $[1\overline{11}]_{T1}$ 晶带轴的模拟计算 SAED 花样；(b) 基于 T1 超晶胞标定的示意图；

(c) 对应的模拟计算 HRTEM 像

得到相应的取向关系：$(10\overline{2})_H$、$(105)_H$ 和 $(003)_H$ 分别相当于 $(02\overline{2})_{T1}$、$(\overline{12}\overline{3})_{T1}$ 和 $(\overline{10}\overline{1})_{T1}$，以及 $[0\overline{1}0]\;/\!/\;[1\,\overline{11}]_{T1}$。

HRTEM 研究结果表明，$(\overline{2}22)_{T1}$、$(\overline{1}05)_{T1}$、$(02\overline{2})_{T1}$ 和 $(\overline{1}0\overline{1})_{T1}$ 分别相当于 $(\overline{1}20)_H$、$(\overline{2}25)_H$、$(10\overline{2})_H$ 和 $(00\overline{3})_H$，由矢量关系运算得到：

$(006)_{T1}=(\overline{1}05)_{T1}-(\overline{1}0\overline{1})_{T1}=(\overline{2}25)_H-(00\overline{3})_H=(\overline{2}28)_H$

$(300)_H=(30\overline{6})_H-(00\overline{6})_H=3(10\overline{2})_H-2(00\overline{3})_H=3(02\overline{2})_{T1}-2(\overline{1}0\overline{1})_{T1}=$

$(26\overline{4})_{T1}$

同理，其他基本晶面的取向关系也可通过矢量关系运算得到，结果见表 1.7。

表 1.7　T1 型超晶胞与伪六方亚晶胞之间的晶面取向关系

T1	H	T1	H
$(300)_{T1}$	$(1\bar{1}5)_H$	$(26\bar{4})_{T1}$	$(300)_H$
$(060)_{T1}$	$(122)_H$	$(\bar{2}61)_{T1}$	$(030)_H$
$(003)_{T1}$	$(\bar{1}14)_H$	$(101)_{T1}$	$(003)_H$

本项目未能从 HRTEM 结果中直接得到 T1 超晶胞和伪六方亚晶胞 a 轴、b 轴和 c 轴的取向关系，但是，通过晶带定律结合表 1.7 数据计算可以得到各自对应的取向关系。例如：$(300)_{T1}$ 和 $(060)_{T1}$ 同属于 $[001]_{T1}$ 晶带轴，而 $(1\bar{1}5)_H$ 和 $(122)_H$ 同属于 $[\bar{4}11]_H$ 晶带轴，则 $[001]_{T1}$ // $[\bar{4}11]_H$。同理，其他基本晶轴的取向关系也可通过晶带定律计算得到，结果见表 1.8。

若设 $(hkl)_{T1}$ 位于 $[100]_T$ 晶带轴内，根据晶带定律得到：$(hkl)_{T1} \cdot [100]_{T1} = 0$，即 $h_{T1} = 0$

若 $(hkl)_{T1}$ 与 $(hkl)_H$ 等价，那么 $(hkl)_H$ 势必位于 $[2\bar{2}1]_H$ 晶带轴内，根据晶带定律可得：$(hkl)_H \cdot [2\bar{2}1]_H = 0$，即 $2h_H - 2k_H + l_H = 0$

假设存在某一系数 ε，使得 $\varepsilon h_{T1} = 2h_H - 2k_H + l_H$

由表 1.7 可知，$(300)_{T1}$ 相当于 $(1\bar{1}5)_H$，分别代入上式等号两端可得：，即 $3\varepsilon = 2 + 2 + 5 = 9$，即 $\varepsilon = 3$。

则 $h_{T1} = 2/3 h_H - 2/3 k_H + 1/3 l_H$。

同理得到：$k_{T1} = 2h_H + 2k_H$，

$h_{T1} = 4/3 h_H + 1/3 k_H + 1/3 l_H$。

写成矩阵形式得到式（1-3），该矩阵结果与 Sinclair 和 Groves 确立的转换矩阵有所不同。

为了直观地描述 T1 超晶胞和伪六方亚晶胞之间的取向关系，基于表 1.7 和表 1.8 结果以及 Golovastikov 等确立的 T1 型 C_3S 结构模型，利用 Cyrstal Maker 软件构筑了两者取向关系的三维结构模型，如图 1.42 所示。结果表明，在 T1 型 C_3S 中可以取出伪六方亚晶胞作为其平均结构，并根据上述取向关系堆垛形成 T1 超晶胞。

表 1.8　T1 型超晶胞与伪六方亚晶胞之间的晶轴取向关系

T1	H	T1	H
$[100]_{T1}$	$[2\bar{2}1]_H$	$[21\bar{2}]_{T1}$	$[100]_H$
$[010]_{T1}$	$[110]_H$	$[\bar{1}11]_{T1}$	$[010]_H$
$[001]_{T1}$	$[\bar{4}11]_H$	$[514]_{T1}$	$[001]_H$

$$
\begin{bmatrix} h \\ k \\ l \end{bmatrix}_{T1} = \begin{bmatrix} -\dfrac{2}{3} & -\dfrac{2}{3} & \dfrac{1}{3} \\ 2 & 2 & 0 \\ -\dfrac{4}{3} & \dfrac{1}{3} & \dfrac{1}{3} \end{bmatrix} \begin{bmatrix} h \\ k \\ l \end{bmatrix}_{H} \quad \text{或} \quad \begin{bmatrix} h \\ k \\ l \end{bmatrix}_{H} = \begin{bmatrix} \dfrac{1}{3} & \dfrac{1}{6} & -\dfrac{1}{3} \\ -\dfrac{1}{3} & \dfrac{1}{3} & \dfrac{1}{3} \\ \dfrac{5}{3} & \dfrac{1}{3} & \dfrac{4}{3} \end{bmatrix} \begin{bmatrix} h \\ k \\ l \end{bmatrix}_{T1} \tag{1-3}
$$

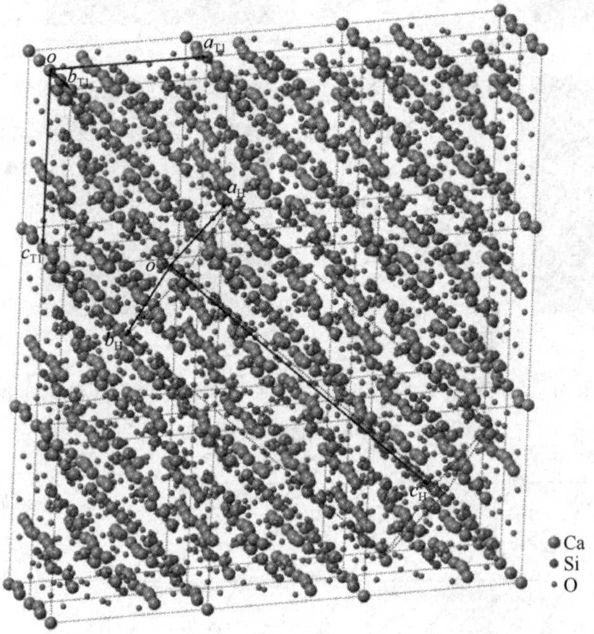

图 1.42　T1 超晶胞和伪六方亚晶胞之间的取向关系

图 1.43 为 T1 型 C_3S 沿不同晶带轴方向拍摄得到的 SAED 花样和基于伪六方亚晶胞标定的示意图。从图中可以看出，沿不同方向得到的 SAED 花样，其表现出来的调制结构特征不同，具体表现在调制结构方向和调制周期不同。

图 1.44 为 T1 型 C_3S 的 SAED 花样中所有衍射斑点沿伪六方亚晶胞倒易点阵 $c*$ 轴方向的投影。其中，超结构衍射斑点以"○"表示，平均结构衍射斑点以"●"表示。从图中可以看出，所有超结构衍射斑点的投影位于平行于 $[120]_H^*$ 的直线上。Urabe 等认为倒空间中所有的超结构衍射斑点均可通过最小调制波矢量进行表达，并发现在 T1 型 C_3S 中的最小值调制波矢量为 $q=1/6$ $(a*+2b*+2c*)$。那么，T1 型 C_3S 所有的衍射斑点坐标可以表示为 $ha*+kb*+lc*\pm m/6\ (a*+2b*+2c*)$，其中 $m=0$，±1，±2 或 ±3。比如对于图 1.43 (b)，位于 $1/2\ (a*+4c*)$ 坐标处的卫星斑点可以表示为 $-b*+c*+3/6\ (a*+2b*+2c*)$。也就是说，位于 $1/2\ (a*+4c*)$ 处的卫星斑点可以认为处于 $[0\bar{1}1]_H^*$ 和 $[113]_H^*$ 之间二分之一处。此时，连接 $[0\bar{1}1]_H^*$ 和 $[113]_H^*$ 两衍射斑

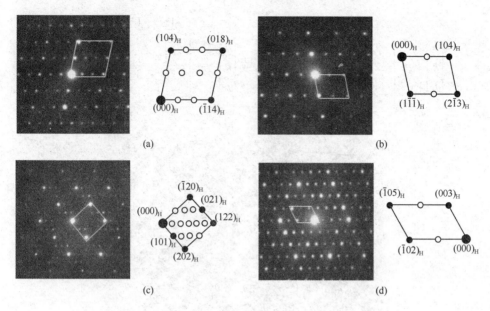

图 1.43　T1 型 C_3S 沿不同晶带轴方向的实验 SAED 花样和
基于伪六方亚晶胞标定后相应的示意图

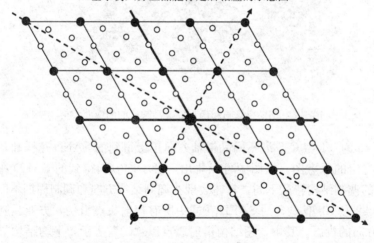

图 1.44　T1 型 C_3S SAED 花样中衍射斑点沿伪六方亚晶胞倒易点阵 $c*$ 轴方向的投影

点的直线平行于最小调制波矢量。

　　Jeffery 认为，伪六方亚晶胞可以认为是高温晶型 R 的扭曲，可以视为各种晶型 C_3S 的平均结构，只不过在不同晶型的 C_3S 中，其扭曲的程度有所差异而已。多数学者认为 C_3S 调制结构由 ［SiO_4］四面体的取向有序产生，而 Urabe 等通过结构模型投影发现，C_3S 内部阳离子位置发生了有序位移，产生了新的调制结构周期。如前所述，T1 型 C_3S 存在一维调制结构，调制波矢量沿着

$[122]_H^*$，即垂直于（122）$_H$。为此，借助 Crystal Maker 软件构筑了 T1 型 C_3S 超晶胞沿 a_{T1} 轴方向扩大 2 倍后沿 a_{T1} 轴方向的投影，如图 1.45 所示。其中虚线为（060）$_{T1}$ 晶面的投影，相当于伪六方亚晶胞坐标系中的（122）$_H$。

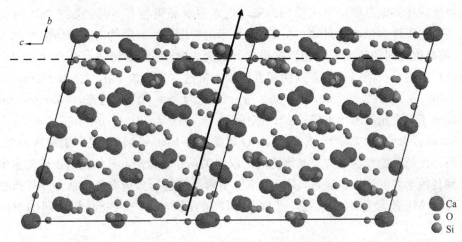

图 1.45　T1 型 C_3S 沿 c_{T1} 轴方向扩大两倍后沿 a_{T1} 轴方向的结构模型投影

图 1.46 为 R 型 C_3S 晶胞沿 a_H 和 b_H 轴方向扩大两倍后沿 $[2\bar{2}1]_H$ 方向的结构模型投影图，图中虚线为对应于 T1 坐标系中的晶面。对比图 1.45 和图 1.46 可以发现，T1 型 C_3S 中，Ca^{2+} 离子位于 $[110]_H$ 方向上（即 b_H 方向）的投影位置发生了扭曲，从而使（122）$_H$ 晶面间距扩大 6 倍以后形成新的重复周期，此时重复周期正好相当于（010）$_{T1}$ 的晶面间距。而在 R 型 C_3S 中，Ca^{2+} 离子沿此方向上的投影位置未发生偏离，因此，没有调制结构。

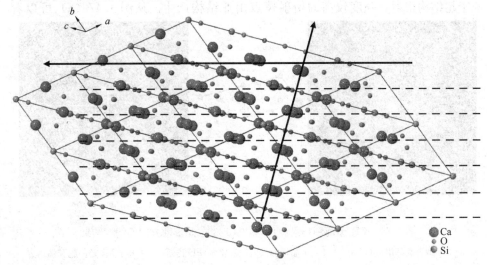

图 1.46　R 型 C_3S 沿 a_H 轴和 b_H 轴方向扩大两倍后沿 $[2\bar{2}1]_H$ 方向的结构模型投影图

（c）M1 型阿利特亚晶胞与超晶胞之间的调制关系研究

C$_3$S 的结构极其复杂，除了高温晶型 R 以外，其余结构均具有调制结构特征。自从 Jeffery 提出伪六方平均结构（空间群 R3m，a＝0.7nm，c＝2.5nm）近似地描述其他晶型的真实结构以来，伪六方亚晶胞与 C$_3$S 超晶胞之间的取向关系引起了许多学者的兴趣。在 TEM 技术的帮助下，有关伪六方亚晶胞和 M3、T1 超晶胞之间的转换矩阵相继被提出。然而，M1 型阿利特一直没有建立起合适的超晶胞，长期以来一直以伪四方结构来描述（空间群 Cm，a＝1.233nm，b＝0.714nm，c＝2.542nm，$α$＝90°，$β$＝89.95°，$γ$＝90°）。近来，Noirfontaine 等提出了一个超晶胞用来描述 M1（空间群 Pn，a＝2.787nm，b＝0.706nm，c＝1.834nm，$β$＝143.306°），并基于 XRD 数据通过 Rietveld 精修提出了结构模型。然而，该超晶胞与伪六方亚晶胞之间的取向关系并未讨论，其结构的正确性也未得到其他学者的证实。通过 TEM 对 M1 型阿利特进行分析表征，结合计算机模拟验证 M1 超晶胞的正确性，并探讨 M1 超晶胞与伪六方亚晶胞之间的取向关系。

为了进一步观察 M1 阿利特的调制结构特征并建立起 M1 超晶胞与伪六方亚晶胞之间的取向关系，利用 TEM 对样品进行了表征。拍摄得到的电子衍射花样分别基于伪六方亚晶胞（a＝7.036Å，b＝7.029Å，c＝24.893Å，$α$＝90.01°，$β$＝89.99°，$γ$＝119.73°）和 M1 超晶胞（a＝27.8737Å，b＝7.0602Å，c＝18.3439Å，$β$＝143.306°）进行标定，以确立取向关系。

图 1.47（a）为样品沿 $[\overline{1}10]_H$／$[\overline{1}33]_M$ 晶带轴方向的 SAED 花样，其标定后的示意图如图 1.47（b）所示。电子衍射花样中的弱衍射斑点（卫星斑点）来源于超结构衍射，强度较高的衍射斑点由亚结构产生。从图 1.47（a）可以看

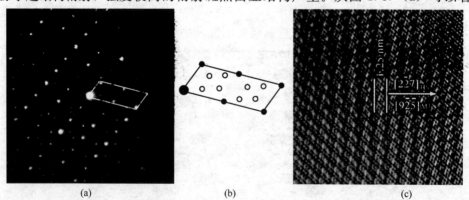

(a)　　　　　　　　(b)　　　　　　　　(c)

图 1.47　M1 型阿利特沿 $[\overline{1}10]_H$／$[\overline{1}33]_M$ 晶带轴方向的测试结果

(a) M1 型阿利特沿 $[\overline{1}10]_H$／$[\overline{1}33]_M$ 晶带轴方向的实验 SAED 花样；(b) 基于 M1 超晶胞和伪六方亚晶胞标定的示意图；(c) 对应于 (a) 的 HRTEM 实验像

出，超结构衍射斑点与亚结构衍射斑点之间没有简单的整数倍周期关系，通过测量倒易基矢的长度，所有的卫星斑点坐标可以表示为：$ha^* + kb^* + lc^* \pm m/5.4$ $(2a_H^* - 2b_H^* + 7c_H^*)$ 或 $ha^* + kb^* + lc^* \pm m/5.4$ $(9a_{M1}^* - 2b_{M1}^* - 5c_{M1}^*)$，其中 $m = \pm1$ 或 ±2，表明 M1 型阿利特存在一维非公度调制结构。图 1.47（c）为对应的 HRTEM 像，调制结构以波状条纹衬度的形式展现，方向平行于 $(2\bar{2}7)_H$/ $(9\ \overline{25})_{M1}$，条纹间距为 1.25nm，约为 $(2\bar{2}7)_H$/ $(9\ \overline{25})_{M1}$ 晶面间距的 5.4 倍。图 1.48（a）为样品沿 $[001]_H$/ $[\bar{4}03]_{M1}$ 晶带轴方向的 SAED 花样，图 1.48（b）为标定后的示意图。沿此晶带轴方向未观察到来自超结构的衍射斑点，HRTEM 像[图 1.48(c)]中也无波状条纹衬度产生，表明沿此晶带轴方向的晶面周期未发生调制。

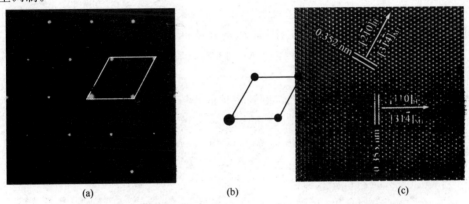

图 1.48　M1 型阿利特沿 $[001]_H$/ $[\bar{4}03]_{M1}$ 晶带轴方向的测试结果

（a）M1 型阿利特沿 $[001]_H$/ $[\bar{4}03]_{M1}$ 晶带轴方向的实验 SAED 花样；（b）基于 M1 超晶胞和伪六方亚晶胞标定的示意图；（c）对应于（a）的 HRTEM 实验像

Noirfontaine 等认为，M1 超晶胞可能的空间群有 Pm，Pn 和 Im 三种。他们基于 XRD 数据并通过 Rietveld 精修的方法测试了分属三种空间群的结构模型，发现 Pn 空间群的残差因子 R 最小，从而认为 M1 属于 Pn 空间群。然而，从消光特征来看，若空间群为 Pm 或 Pn，理应在 $[\bar{4}03]_{M1}$ 晶带轴方向电子衍射花样中出现 $(30\bar{4})_{M1}$ 衍射斑点，而实际拍摄的电子衍射花样中并未出现。若空间群为 Im，则实验结果与之消光特征相符。由于 XRD 数据反映的只是样品的平均结构，而 TEM 能反映出单个晶粒的结构特征，因此认为 M1 应当属于 Im 空间群。

图 1.49 为模拟计算得到的电子衍射花样，其中图 1.49（a）和（b）分别对应于 M1 型阿利特沿 $[\bar{1}\bar{1}0]_H$/ $[1\bar{3}3]_{M1}$ 方向的 SAED 花样，图 1.49（c）和（d）分别对应于 M1 型阿利特沿 $[001]_H$/ $[\bar{4}03]_{M1}$ 方向的 SAED 花样。从图 1.49（a）可以看出，模拟得到的电子衍射花样并无超结构特征，表明 Noirfontaine 等提出

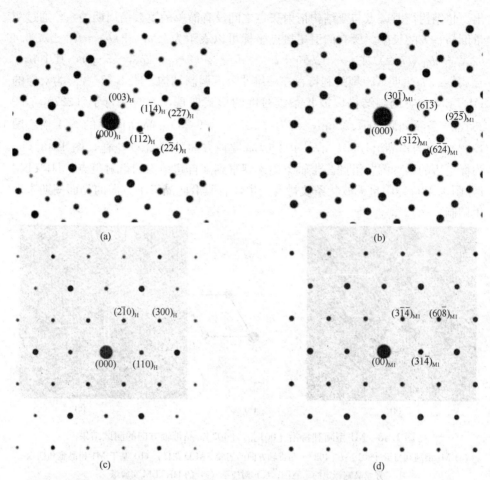

图 1.49　M1 型阿利特基于不同坐标系沿不同晶带轴方向的模拟计算 SAED 花样。
(a) 沿 $[1\overline{1}0]_H$ 晶带轴方向；(b) 沿 $[1\overline{3}3]_{M1}$ 晶带轴方向；(c) 沿 $[001]_H$ 晶带轴方向；
(d) 沿 $[\overline{4}03]_{M1}$ 晶带轴方向

的 M1 超晶胞结构模型忽略了原子位置的有序化特征。其原因可能是由于 X 射线对原子的散射强度低，XRD 图谱中包含的超结构信息很容易被忽视，从而在做结构精修时，没有考虑到原子位置有序化对结构的影响。

以上分析结果表明，$(30\overline{1})_{M1}$、$(3\overline{1}\,\overline{2})$、$(3\,\overline{1}\,\overline{4})_{M1}$ 和 $(31\overline{4})_{M1}$ 分别相当于 $(003)_H$、$(1\overline{1}2)_H$、$(2\overline{1}0)$ 和 $(110)_H$。根据矢量关系得到 $(020)_{M1}=(31\overline{4})_{M1}-(3\overline{1}\,\overline{4})_{M1}=(110)_H-(2\overline{1}0)_H=(1\overline{2}0)_H$。同理，其他基本晶面的取向关系也可以通过矢量关系运算得到，结果见表 1.9。

若欲直接通过电子衍射花样确定 M1 超晶胞和伪六方亚晶胞之间 a 轴、b 轴和 c 轴的取向关系，则必须拍摄得到沿这几个晶带轴方向的电子衍射花样。本实

验中，通过 TEM 仅仅直接得到了一组基本晶向取向关系，即：$[001]_H //$
$[\overline{403}]_{M1}$。然而，通过晶带定律计算可以间接得到其他基本晶向之间的取向关系，
例如：$(600)_{M1}$ 和 $(020)_{M1}$ 同属于 $[001]_{M1}$ 晶带轴，$(\overline{1}08)_H$ 和 $(\overline{1}02)_H$ 同属于 $[8\overline{4}1]_H$
晶带轴，则 $[001]_{M1} // [8\overline{4}1]_H$。同理，其他基本晶向的取向关系也可以通过晶带
定律计算得到，见表 1.10。

表 1.9　M1 型超晶胞与伪六方亚晶胞之间的晶面取向关系

M1	$(600)_{M1}$	$(020)_{M1}$	$(002)_{M1}$	$(60\overline{8})_{M1}$	$(33\overline{4})_{M1}$	$(30\overline{1})_{M1}$
H	$(\overline{1}08)_H$	$(\overline{1}20)_H$	$(\overline{1}02)_H$	$(300)_H$	$(030)_H$	$(003)_H$

表 1.10　M1 超晶胞与伪六方亚晶胞之间的晶轴取向关系

M1	$(100)_{M1}$	$(010)_{M1}$	$(001)_{M1}$	$(\overline{1}33)_{M1}$	$(403)_{M1}$
H	$(211)_H$	$(010)_H$	$(\overline{8}\overline{4}1)_H$	$(100)_H$	$(001)_H$

基于表 1.9 和表 1.10，通过计算并反推自洽确立了 M1 超晶胞与伪六方亚晶
胞之间的转换矩阵，如式（1-4）所示。

$$\begin{bmatrix} h \\ k \\ l \end{bmatrix}_{M1} = \begin{bmatrix} 2 & 1 & 1 \\ 0 & 1 & 0 \\ -8/3 & -4/3 & -1/3 \end{bmatrix} \begin{bmatrix} h \\ k \\ l \end{bmatrix}_H \quad \text{或} \quad \begin{bmatrix} h \\ k \\ l \end{bmatrix}_H = \begin{bmatrix} -1/6 & -1/2 & -1/2 \\ 0 & 1 & 0 \\ 4/3 & 0 & 1 \end{bmatrix} \begin{bmatrix} h \\ k \\ l \end{bmatrix}_{M1}$$

$$(1-4)$$

阿利特的结构极其复杂，其晶型具有 3 种分属 7 种不同的变体。由于各晶型
变体的结构差别很小，很难通过 XRD 直接进行区分。尤其是超结构，在 XRD
图谱中的强度很弱，往往很容易被忽视。因此，通过 XRD 和 TEM 相结合的方
式，对阿利特晶型进行鉴定，克服了以上不足，为正确鉴定阿利特晶型提供了令
人信服的方法。通过以上的研究，采用 SAED 和 HRTEM 技术，不同晶型阿利
特的结构特征列于表 1.11 中，表 1.11 为不同晶型阿利特中的特征调制波矢量及
其波长，通过特征调制波矢量，可以精确地鉴定阿利特晶型。

表 1.11　不同晶型阿利特中的特征调制波矢量及其波长

晶型	特征调制波矢量	特征调制波波长
T1	$1/6(\boldsymbol{a}^* + 2\boldsymbol{b}^* + 2\boldsymbol{c}^*)$	$6 \times d(122)_H = 1.4\text{nm}$
M1	$1/5.4(2\boldsymbol{a}^* - 2\boldsymbol{b}^* + 7\boldsymbol{c}^*)$	$5.4 \times d(2\overline{2}7)_H = 1.26\text{nm}$
M2	$1/5(-\boldsymbol{a}^* + \boldsymbol{b}^* - 5\boldsymbol{c}^*)$	$5 \times d(\overline{1}15)_H = 2.31\text{nm}$
M3	$1/6(-\boldsymbol{a}^* + \boldsymbol{b}^* + 7\boldsymbol{c}*)$	$6 \times d(\overline{1}17)_H = 1.84\text{nm}$

1.1.2　C_3S 晶体结构多型性演化规律

硅酸三钙（Ca_3SiO_5），即 C_3S，经异离子掺杂后所形成的固溶体，被称为阿

利特（Alite），它是水泥熟料的主要矿物组成，决定着水泥熟料的关键性能。C_3S 和阿利特晶型结构的多样性和复杂性，使其成为国际上无机材料结构研究中最富有挑战性的基础问题之一。一般认为，根据温度和所掺杂质的不同，C_3S 共有 7 种晶型：T1-T2-T3（三斜相）、M1-M2-M3（单斜相）和 R（菱方相）。目前，虽已建立了 T1、M1、M3 和 R 晶相的结构模型，但仍存争议，而 T2、T3 和 M2 晶型结构至今还未确定。

在已有的文献基础上，我们根据群表示理论和晶体结构学原理，利用 $Si-O_4$ 四面体和 $O-Ca_6$ 八面体空间最可机联结方式，构建出 C_3S 起始基本亚晶胞（类反钙钛矿结构）。据此，结合已报道的结构模型，综合分析了其中的内在联系，整理出一整套完备的分析 C_3S 结构的方法，将现有的结构模型统一起来，推演出从 R 到 M3、M2、M1、T3、T2、T1 各晶型超晶胞，从而一揽子解决 C_3S 晶体结构及演化规律，进而对上述结构模型进行了理论 XRD 的模拟分析，从静电势、晶格能以及第一性原理计算角度对结构模型进行验证和结构优化，对比文献及相关实验结果，我们完成理论和实验互证的微结构表征。这对实现水泥高胶凝性相优化匹配、提高熟料性能和降低烧成能耗意义重大。

1.1.2.1　9R 结构模型的导出

综合已有的文献，绝大部分研究者认为，C_3S 各晶型之间存在相互关联，它们应该具有一个共同的起始晶胞。另外，由于很难获得 C_3S 或 Alite 的较大单晶体，加之其单晶体中还存在大量孪晶、层错等面缺陷，因此，很难获得标准的衍射图谱，这对求解其晶体结构，带来巨大的挑战。为此，根据衍射图谱中共性的信息，提出存在平均胞或初始胞的假设，但这个初始晶胞究竟起源于什么？它与 C_3S 的多晶型之间存在怎样的关联？

制备 C_3S 的前驱体是由提供 CaO 的碳酸盐矿物（如 $CaCO_3$）和提供 SiO_2 的硅酸盐或黏土类矿物质组成，CaO 与 SiO_2 的摩尔比为 3：1。在烧成过程中，CaO 与 SiO_2 应达到充分混融，即 Ca^{2+}、O^{2-} 与 SiO_4^{4+} 离子能均匀混合，在自由能极小状态时，同种离子相互排斥而远离，异种原子相互吸引而靠近，故正、负离子应交替环绕，使其得以凝聚因而成核结晶；结晶过程中，基于 Ca：Si 的组分比为 3：1，促使 SiO_4^{4+} 四面体尽可能远离，因此只能形成岛状硅酸盐，而不会形成链状、环状、架构状的硅酸盐。

几何晶体学表明，氧化物或复合氧化物晶体结构中，一般都基于阴离子多面体以空间自由能极小的方式，相互拼接形成具有空间平移对称的晶体，这也是硅酸盐矿物晶体结构研究的常用方法，这是因为氧负离子的体积相较于阳离子为大，较小阳离子可以填充于阴离子的间隙中，形成一个以阳离子为中心、阴离子环绕的多面体，而多面体相互之间以阴离子为桥键实现共顶点、共边、共面的相互连接。实际上，也可以由阴离子作为中心的阳离子多面体，实现共顶点、共边、共面的空间相互连接，同样也可以构建晶体结构，这种相同类型的结构，称为前者的反型。例如 Li_2O 中，Li^+ 离子占位与 CaF_2 中的 F^- 相同，而 O^{2-} 离子占位与 Ca^{2+} 离子相同，称 Li_2O 为"反 CaF_2 型"结构。

由此，将 Ca_3SiO5 改写成 $Ca_3^{6+}(SiO_4)^{4-}O^{2-}$，进而改写成 $O^{2-}(SiO_4)^{4-}Ca_3^{6+}$，如果将 O^{2-}、$(SiO_4)^{4-}$、Ca_3^{6+} 离子想象为球形离子，则上式可为 $A^{2-}B^{4-}C_3^{6+}$，只是 $O^{2-}(SiO_4)^{4-}Ca_3^{6+}$ 与常见的钙钛矿 ABO_3 的电荷相反，犹如上边的 Li_2O 与 CaF_2 两者之间的关系，可称为反 ABO_3 型的 $O^{2-}(SiO_4)^{4-}Ca_3^{6+}$。

ABO_3 钙钛矿结构中，离子之间的排列方式是以 $(AO_3)^{4-}$ 作为密堆层（图 1.50），以 ABCABCABC… 在空间密堆，B^{4+} 离子交替填隙于 A、B、C 层间八面体间隙位，形成如图 1.51 所示的钙钛矿结构。在图 1.51 的钙钛矿结构中，我们将晶胞原点与体心做一交换，即将 A、B 离子统一作 $-\frac{1}{2}$ [111] 平移，形成如图 1.52 的等同晶胞，即以 BO_6 八面体为顶点构成的晶胞，A^{2+} 离子处于 12 个氧组成的十四面体中心，这也是常见的 ABO_3 结构的另一种表述。

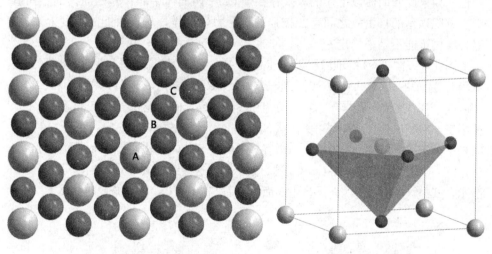

图 1.50 AO_3 密堆层　　　　　　　图 1.51 钙钛矿结构

由此，可将 $O^{2-}(SiO_4)^{4-}Ca_3^{6+}$ 中的 O^{2-}、$(SiO_4)^{4-}$、Ca^{2+} 替代上述 ABO_3 图 1.52 结构中 B^{4+}、A^{2+}、O^{2-} 离子的位置，形成一反 ABO_3 结构（反钙钛矿结构），即以 O 为中心的 $O-Ca_6$ 八面体为顶点、$(SiO_4)^{4-}$ 离子处于 12 个 Ca^{2+} 组成的十四面体中心。

实际上，也可以从合成 C_3S 的原料 CaO 入手，直接构建反钙钛矿结构。CaO 立方胞中 Ca 离子做 FCC 密堆，而 O 离子填充其全部的八面体间隙位（图 1.54）。钙氧八面体离子团替换成为一个 $(SiO_4)^{4-}$ 时，就可以得到反钙钛矿结构（图 1.53）。

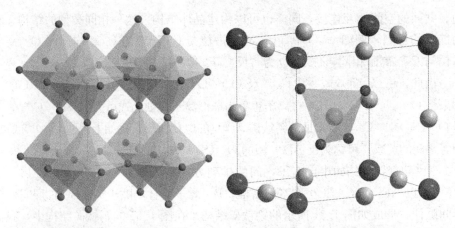

图 1.52 钙钛矿结构等同晶胞   图 1.53 反钙钛矿结构

如果 $(SiO_4)^{4-}$ 离子是球形的话，从几何晶体学和密堆角度来看，形成如图 1.53 的反钙钛矿结构应是合理的。然而，$(SiO_4)^{4-}$ 是一个正四面体，具有各向异性，如果此四面体以上述的方式存在于 Ca 十四面体中心，其四面体的结构氧与立方胞顶角的自由氧之间存在较强的排斥力，这样，从自由能的角度上来说，这种结构可能不是很稳定。

因此，以图 1.53 的堆垛层为基础，对 ABCABC…堆垛序进行调整，即形成一堆垛序为 <u>ABC</u> <u>BCA</u> <u>CAB</u>…时，形成一个 9R 型结构，此时，则共计 2/3 的 $(SiO_4)^{4-}$ 中，其结构氧与自由氧之间相互较为远离，而其他离子的相互配置基本保持不变。这时，其自由能则可大为降低。那么，这种结构较为稳定，并且，在这种结构中，$(SiO_4)^{4-}$ 四面体的每个结构氧基本处于 Si—Ca$_3$ 组成的四面体中心位，当然，Si—O 键为共价键，而 O—Ca 键为离子键，这些结构氧为 sp_3 杂化，如图 1.55 所示，其中，$(SiO_4)^{4-}$ 四面体是正四面体，而 Si—O—Ca$_3$ 则为畸变四面体。

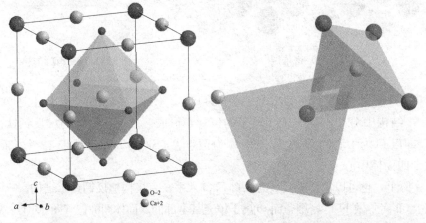

○ O-2
● Ca+2

图 1.54 CaO 结构   图 1.55 SiO$_4$ 四面体与 Si-Ca$_3$ 四面体

上述 9R 型密堆方式中，$(SiO_4)^{4-}$ 四面体处于由相邻 Ca^{2+} 离子层包围的正、反十四面体中，如图 1.56，而自由氧则处于个密堆层之间的 Ca_6 八面体间隙。

从几何晶体学角度，考虑 $(SiO_4)^{4-}$ 四面体较大的空间体积，造成等同离子相邻层的间距与层内间距有所偏离，因而晶体结构的对称性从立方晶系变为三方晶系，由此获得 9R 型晶胞，这一晶胞同 Jeffery 提出的 C_3S-R 型晶胞相一致。

从密堆角度进一步理解 9R 型结构。9R 型结构的基本密堆层为 Ca_3Si 层。Ca_3Si 密堆层按 ABC BCA CAB···构成 9R 型钙硅基本架构[图 1.57(a)]。将图 1.61（a）结构中所有 Ca 八面体间隙填入 O 离子（称为自由氧），得到图 1.57 (b)。将硅原子用硅氧四面体替代，不同晶型硅氧四面体的取向不同取向。硅氧四面体的氧离子称为结构氧，对于 9R 型结构，结构氧处于硅钙四面体间隙位。由此得到了完整的 9R 型结构[图 1.57(c)]。

由此从反钙钛矿结构出发，给出 C_3S 晶体的起始晶胞。据此将推演出 C_3S 各晶型的晶胞，从而一揽子解决 C_3S 晶体结构及演化规律。

1.1.2.2 C_3S 结构演化

在具体分析 C_3S 结构演化规律之前，先对现有的几个典型 C_3S 结构模型作一回顾（几种主要结构模型见表 1.12），并将各个模型用统一的分析方法统合起来，最终提出我们的结构模型。

图 1.56 钙正反十四面体与钙八面体

表 1.12 现有的几种主要的 C_3S 结构模型

时间	作者	晶型
1952	Jeffery	R ($R3m$, $a=7.0$Å, $c=25.0$Å)
1975	Golovastikov	T1 ($P\bar{1}$, $a=11.67$Å, $b=14.24$Å, $c=13.72$Å, $\alpha=105.5°$, $\beta=94.33°$, $\gamma=90°$)
1984	Nishi and Takeéuchi	R ($R3m$, $a=7.1350$Å, $c=25.586$Å)
1985	Il'inets and Malinovskii	R ($R3m$, $a=7.0567$Å, $c=24.974$Å)
1985	Nishi	M3 (Cm, $a=33.083$Å, $b=7.027$Å, $c=18.499$Å, $\beta=94.12°$) <M> ($a=12.242$Å, $b=7.027$Å, $c=9.250$Å, $\beta=116.04°$)
1995	Mumme	<M> (Cm, $a=12.235$Å, $b=7.073$Å, $c=9.298$Å, $\beta=116.31°$)
2002	de la Torre	M3 (Cm, $a=33.1078$Å, $b=7.0355$Å, $c=18.5211$Å, $\beta=94.137°$)
2003	De Noirfontaine	M1 (Pc, $a=27.8736$Å, $b=7.0590$Å, $c=12.2575$Å, $\beta=116.03°$)

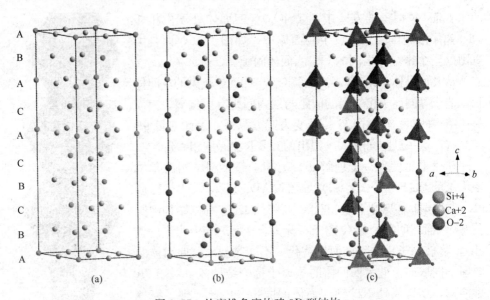

图 1.57　从密堆角度构建 9R 型结构

（a）9R 型钙硅基本架构；（b）自由氧填入钙八面体间隙；（c）9R 结构

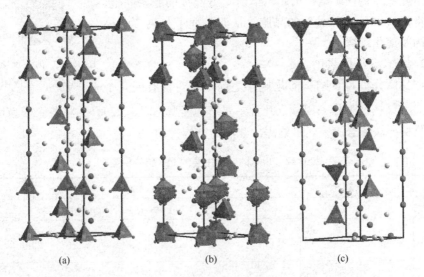

图 1.58　三种已有的 R 型结构模型

（a）Jeffery R 胞；（b）Nishi R 胞；（c）Il′inets R 胞

对于 R 相结构，1950 年代，Jeffery 用旋转晶体法和 Weissenberg 法对纯 C_3S 和 Alite 做了相应研究，忽略不符合菱方对称性的地方，确定了一个 9 层六方赝结构，可作为真实结构的一个近似（和上文推导的 9R 结构基本相同）。之后，Nishi 和 Il′inets 都提出了各自的 R 胞，如图 1.58。三者在晶胞参数上一致：

Jeffery R ($R3m$，$a=7.0$Å，$c=25.0$Å）；Nishi R ($R3m$，$a=7.1350$Å，$c=25.586$Å）；Il'inets R ($R3m$，$a=7.0567$Å，$c=24.974$Å）。相比较而言，主要区别在于结构氧的调制。Jeffery 的 R 胞 SiO_4 四面体全部向上；Il'inets 的 R 胞 SiO_4 四面体两层向上一层向下，依次排列；而 Nishi 的 R 胞则是一种统计分布，图中所示只是可能存在的位置，每个结构氧原子都有各自的占据率。

对于 M 相结构，Nishi 和 Mumme 分别提出了一种 M 相超结构里的平均胞 <M>，可用于描述 M 相结构，两者晶胞参数一致：Nishi 的 <M> ($a=12.242$Å，$b=7.027$Å，$c=9.250$Å，$\beta=116.04°$），Mumme 的 <M> (Cm，$a=12.235$Å，$b=7.073$Å，$c=9.298$Å，$\beta=116.31°$）。结构上 Mumme 的 <M> 胞 SiO_4 四面体两层向上一层向下，依次排列（图 1.59）；Nishi 的 <M> 胞结构氧原子同样有一定的统计分布。

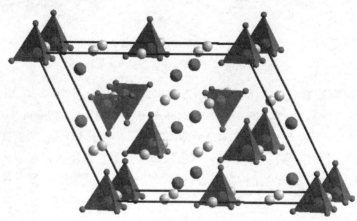

图 1.59 Mumme 的 <M> 胞

如图 1.60，9R 有多种晶胞选取方式，一般有 H 胞形式（底面为菱形，夹角 120°，c 轴垂直于 ab 平面，$Z=9$）和 OH 胞形式（正交胞，与 H 胞的区别为底面选取长方形，$a=\sqrt{3}b$）。实际上，9R 胞的基本重复单元为 3 层结构，如图 1.60 所示，可选取 $c=1/3$ $(c_{OH}-a_{OH})$，所得晶胞参数与 Nishi 提出的 M 平均胞 <M> 一致。于是可将 9R 胞（Jeffery 的六方赝晶格）与 <M> 统一起来。

$$\begin{bmatrix} a_{OH} \\ b_{OH} \\ c_{OH} \end{bmatrix} = \begin{bmatrix} 1 & -1 & 0 \\ 1 & 1 & 0 \\ 0 & 0 & 1 \end{bmatrix} \begin{bmatrix} a_H \\ b_H \\ c_H \end{bmatrix}$$

$$\begin{bmatrix} a_{<M>} \\ b_{<M>} \\ c_{<M>} \end{bmatrix} = \begin{bmatrix} 1 & 0 & 0 \\ 0 & 1 & 0 \\ -1/3 & 0 & 1/3 \end{bmatrix} \begin{bmatrix} a_{OH} \\ b_{OH} \\ c_{OH} \end{bmatrix}$$

(1-5)

49

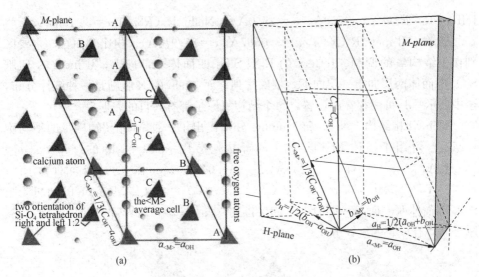

图 1.60　9R 胞与<M>胞的关系

(a) 9R 胞的 M 平面图；(b) 晶胞参数关系

　　M3 结构模型有代表性的主要有 2 种（图 1.61 和图 1.62），Nishi 的 M3（Cm，$a=33.083$Å，$b=7.027$Å，$c=18.499$Å，$\beta=94.12°$）和 de la Torre 的 M3（Cm，$a=33.1078$Å，$b=7.0355$Å，$c=18.5211$Å，$\beta=94.137°$），两者在晶胞参数上基本一致，具体结构上，Si、Ca、自由氧离子位置相差不大，但结构氧原子有较大的区别。Nishi 的 M3 结构是一种统计平均结构，每种原子都有各自一定的占据率。

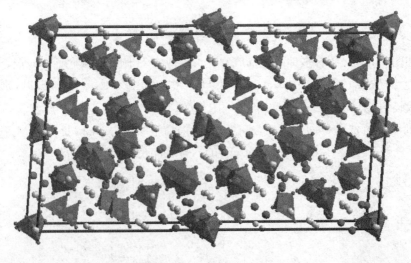

图 1.61　Nishi 的 M3 胞

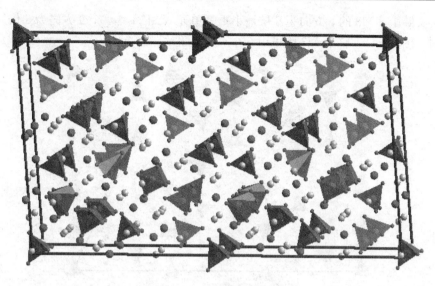

图 1.62　de la Torre 的 M3 胞

M3 结构和<M>在晶胞参数上的关系大致可表述为：

$$\begin{bmatrix} a_{<M3>} \\ b_{<M3>} \\ c_{<M3>} \end{bmatrix} = \begin{bmatrix} 3 & 0 & 2 \\ 0 & 1 & 0 \\ 0 & 0 & -2 \end{bmatrix} \begin{bmatrix} a_{<M>} \\ b_{<M>} \\ c_{<M>} \end{bmatrix} = \begin{bmatrix} 7/3 & 0 & 2/3 \\ 0 & 1 & 0 \\ 2/3 & 0 & -2/3 \end{bmatrix} \begin{bmatrix} a_{<OH>} \\ b_{<OH>} \\ c_{<OH>} \end{bmatrix} \qquad (1\text{-}6)$$

如果用赝正交 OH 胞的形式表示，如图 1.63 所示（实际上，M3 胞在 c_{OH} 方向上为 18 层结构，图中只画出 9 层）。

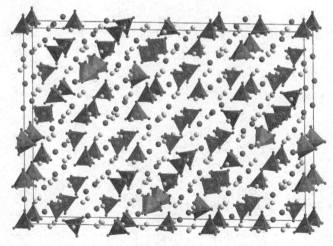

图 1.63　de la Torre M3 赝正交 OH 胞

实际上，M3 的 c 方向为 6 层最小重复单元（2 倍 $c_{<M>}$），a 方向为 3 倍周期调制（图 1.64），整个 M3 胞可由 6 个<M>平均胞组合而成。

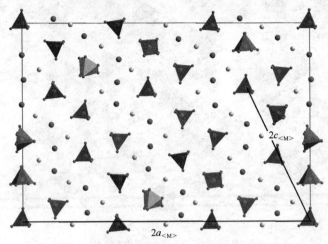

图 1.64 de la Torre M3 胞 M-plane

2003 年，De Noirfontaine 提出了一种 M1 胞（Pc，$a = 27.8736Å$，$b = 7.0590Å$，$c = 12.2575Å$，$\beta = 116.03°$），如果将其 a、c 选取方式交换，其实就是<M>在 c 方向 3 倍调制，可看成 3 个<M>平均胞组合而成。其基矢关系大致为：

$$\begin{bmatrix} a_{M1(N)} \\ b_{M1(N)} \\ c_{M1(N)} \end{bmatrix} = \begin{bmatrix} 0 & 0 & -3 \\ 0 & 1 & 0 \\ 1 & 0 & 0 \end{bmatrix} \begin{bmatrix} a_{<M>} \\ b_{<M>} \\ c_{<M>} \end{bmatrix} \tag{1-7}$$

1975 年，基于 Weissenberg 法，Golovastikov 给出了 T1 晶胞参数（本文将其命名为 G 胞，见图 1.65）（空间群 $P\bar{1}$，$a = 11.67Å$，$b = 14.24Å$，$c = 13.72Å$，$\alpha = 105.5°$，$\beta = 94.33°$，$\gamma = 90°$）。

G 胞与<M>关系为：

$$\begin{bmatrix} a_G \\ b_G \\ c_G \end{bmatrix} = \begin{bmatrix} -1/3 & 1 & 1 \\ -1 & -1 & 0 \\ 2/3 & -1 & 1 \end{bmatrix} \begin{bmatrix} a_{<M>} \\ b_{<M>} \\ c_{<M>} \end{bmatrix} \tag{1-8}$$

为了和 Jeffery 的 R 胞、Nishi 的<M>平均胞加以比较，可做一简单的矩阵变换，现将基矢 $a_{G'}$、$b_{G'}$ 取在密堆面上（H 面），

$$\begin{bmatrix} a_{G'} \\ b_{G'} \\ c_{G'} \end{bmatrix} = \begin{bmatrix} -1 & -2 & 1 \\ 1 & -1 & -1 \\ 1 & 1 & 0 \end{bmatrix} \begin{bmatrix} a_G \\ b_G \\ c_G \end{bmatrix} = \begin{bmatrix} 3 & 0 & 0 \\ 0 & 3 & 0 \\ -4/3 & 0 & 1 \end{bmatrix} \begin{bmatrix} a_{<M>} \\ b_{<M>} \\ c_{<M>} \end{bmatrix} \tag{1-9}$$

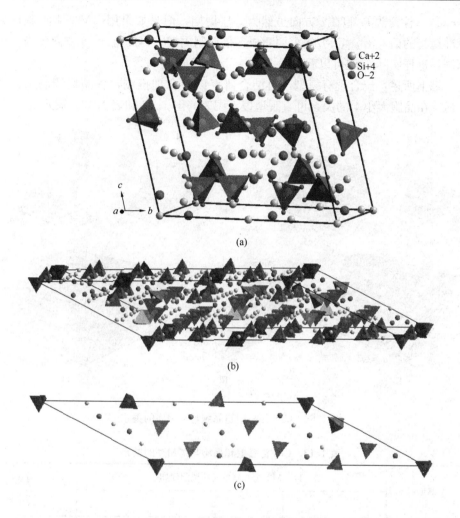

Ca+2
Si+4
O−2

图 1.65 Golovastikov T1 相结构

(a) G 胞；(b) G′ 胞；(c) G′ 胞 M-plane

即得到图示中基矢为参量的晶胞，命名为 G′ 胞（$a=36.9940$Å，$b=21.1414$ Å，$c=18.4110$Å，$\alpha=90.34°$，$\beta=152.85°$，$\gamma=89.65°$）。

De Noirfontaine et al. 曾经通过一个 <T> 平均胞描述 G 胞，他的 <T> 选取方式为：

$$\begin{pmatrix} a_{<T>} \\ b_{<T>} \\ c_{<T>} \end{pmatrix} = \begin{pmatrix} 1 & 0 & 1 \\ 0 & 1 & 0 \\ 0 & 0 & 1 \end{pmatrix} \begin{pmatrix} a_{<M>} \\ b_{<M>} \\ c_{<M>} \end{pmatrix} \tag{1-10}$$

为了统一描述，本课题依然采用 <M> 描述 G 胞。$c_{G'}$ 的取向：$c_{Gl}=-4/3a_{<M>}$

$+c_{<M>}$。注意到 G′胞在 c 方向虽然为 3 层周期，但是如果用<M>平均胞作为标准衡量的话，沿 $c_{<M>}$ 方向需要看成 3 倍调制周期。再加上 a、b 方向各为 3 倍调制，这样实际 G 胞可以看成由 27 个<M>组成。

综上所述，统合现有模型，再结合研究以及合理推测，各晶型调制结构与<M>在晶胞大小上的关系可直观地以下图表（图 1.66 和表 1.13）展示。

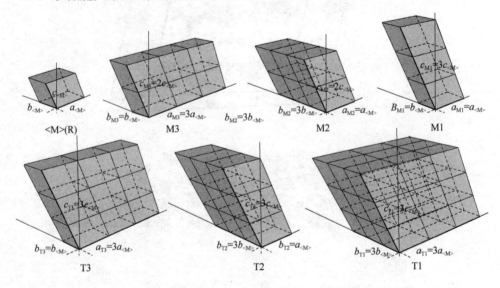

图 1.66　C₃S 各晶型超晶胞与<M>的关系

表 1.13　C₃S 各晶型超晶胞与<M>的关系

晶型	以<M>为基础单元的调制周期			组成该晶型的<M>的个数
	a	b	c	
R	1	1	1	1
M3	3	1	2	6
M2	1	3	2	6
M1	1	1	3	3
T3	3	1	3	9
T2	1	3	3	9
T1	3	3	3	27

至此，有了以上各晶型晶胞关系，就可以从结构氧以及 Ca 原子调制构建完整的结构模型。

1.1.2.3 C₃S各晶型结构模型的设计

SiO₄ 四面体取向调制：C₃S 中 SiO₄ 四面体的取向非常重要，是各晶型在结构上最直观的区别。在 Jeffery 的 9R 相中，SiO₄ 四面体全部向上，但取向依然有两类，从图 1.67 中可直观地看出，每三层有一层取向不同。这是由于堆垛层造成的。由于结构氧原子的 sp_3 杂化，Jeffery 的 9R 相中结构氧全部处于四面体间隙位中，由于不同的堆垛层而产生左右两种取向：比如第一层为 A，若第二层为 B 则向左（Left）；第二层为 C 则向右（Right）。由于 C₃S 堆垛层为 ABCB-CACAB，从而向左与向右两者数量比例为 2:1。

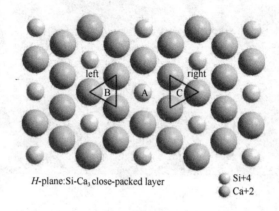

图 1.67　硅氧四面体左右取向

高温相 R 胞由于有三次对称性，硅氧四面体取向必须沿 c_{OH} 方向，可能存在向上（U 方向）和向下（D 方向）两种取向。随着温度的降低，R 胞向 M 胞、T 胞转变，硅氧四面体取向偏离三次轴，出现了 G 方向（图 1.68）。

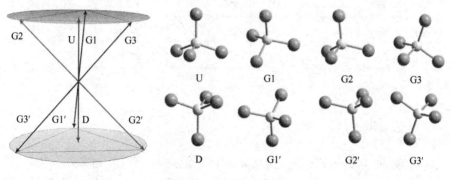

图 1.68　G 方向示意图

先选取 G 方向较为典型的 G 胞，分析一下 G 胞内的 G 方向结构。$c_{G'}$ 方向每三层一周期，将 H 面截取出来如图 1.69。

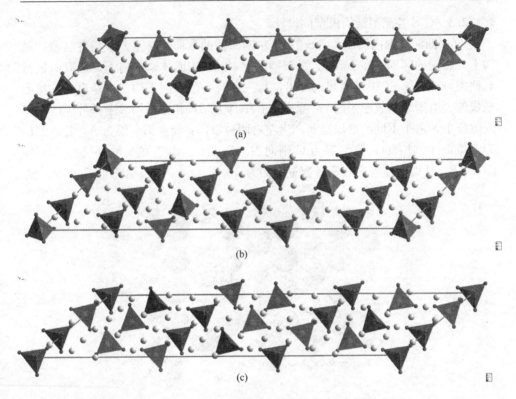

图 1.69 Golovastikov T1 *H*-plane
(a) 第 1 层；(b) 第 2 层；(c) 第 3 层

　　为了更清楚地展示，用 G1、G2、G3……表示偏向上的不同 G 方向，用 G1′、G2′、G3′……表示偏向下的不同 G 方向。示意图如图 1.70 所示。

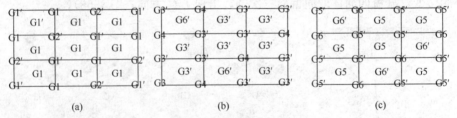

图 1.70 Golovastikov G 胞 G 方向示意图
(a) 第 1 层；(b) 第 2 层；(c) 第 3 层

　　G 胞第一二层硅氧四面体处于 Ca 反十四面体内，第三层硅氧四面体处于 Ca 正十四面体内。G1、G1′、G3、G3′、G5、G5′是原有四面体位置的微调，四个氧原子依然位于四面体间隙位内，偏转角度为 7.766°、170.221°、10.401°、176.608°、5.258°、176.040°。G1 和 G1′、G3 和 G3′近似于相互翻转，而 G5 和

G5′近似于翻转后底座旋转近 60°。G2、G4、G6、G6′旋转角度较大。其中，G2、G4、G6、G6′大致可看成由 G1、G3′、G5、G5′的一个底座氧基本不变（实际上有一个小角度的偏移＜10°，依然处于四面体间隙位中），其他三个氧原子旋转一个较大角度（分别约为 48.948°、52.87°、52.478°、41.777°）。由于 G2、G4 处于钙反十四面体内，这三个氧原子有两个已经转到了八面体间隙位，另一个在四面体间隙位中；G6、G6′处于钙正十四面体内，这三个氧原子全都位于八面体间隙位中。

由此可以对 G 方向进行一个简单的分类。在 C₃S 中，G 方向主要有两大类：一类是偏离三次轴角度不大（10°左右），此类情况是原有取向的微调，或者四个氧原子偏离都不大，或者顶角氧原子偏离不大，底座氧原子再沿三次轴旋转 60°左右到达八面体间隙位；第二类是偏离三次轴角度较大（50°左右），一个底座氧基本不变（实际上有一个小角度的偏移＜10°，依然处于四面体间隙位中），其他三个氧原子旋转一个较大角度（50°左右），这样根据所处的钙十四面体的不同，有两种情况：处于钙反十四面体内，这三个氧原子有两个已经转到了八面体间隙位，另一个在四面体间隙位中；处于钙正十四面体内，这三个氧原子全都位于八面体间隙位中。

下面开始设计 M 相和 T 相的各晶型 G 方向结构模型。相对于 R 胞，M3 胞的 G 方向都属于微调，偏离都不大。除了第一层和第四层外，其余层数保持不变。这样在 a 方向出现了 3 倍调制，c 方向出现了 6 层调制结构。如图 1.71 所示。

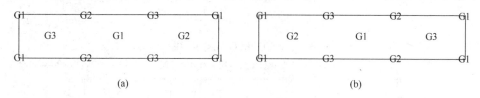

图 1.71　M3 相 G 方向示意图

(a)第 1 层；(a)第 4 层

M2 胞的 G 方向与 M3 胞类似，不过是 b 方向 3 倍调制，a 方向无调制，c 方向 2 倍调制，同样 6 层调制结构。如图 1.72 所示。

M1 胞晶胞选取和 R 胞类似，在 a、b 方向均无调制，但是 c 方向 3 倍调制。由于随着温度进一步降低，偏转角度进一步加大。M3、M2 的 G 方向都属于一类，而 M1 出现了二类 G 方向（图中的 G1′、G2′、G3′）。M1 胞仅在 c 方向 3 倍调制，a、b 方向无调制。如图 1.73 所示。

T 胞的 G 方向出现了倒反。T3 胞为 a、c 方向 3 倍调制（图 1.74），T2 胞为 b、c 方向 3 倍调制（图 1.75），T1 胞为 a、b、c 方向各 3 倍调制（图 1.76）。

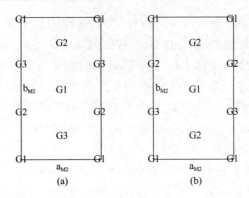

图 1.72 M2 相 G 方向示意图

(a) 第 1 层；(b) 第 4 层

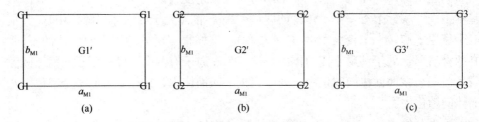

图 1.73 M1 相 G 方向示意图

(a) 第 1 层；(b) 第 4 层；(c) 第 7 层

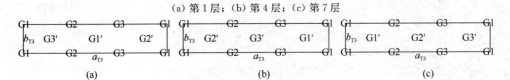

图 1.74 T3 相 G 方向示意图

(a) 第 1 层；(b) 第 4 层；(c) 第 7 层

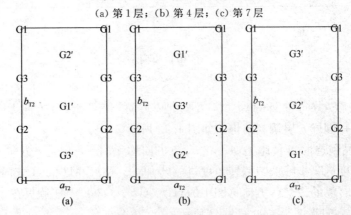

图 1.75 T2 相 G 方向示意图

(a) 第 1 层；(b) 第 4 层；(c) 第 7 层

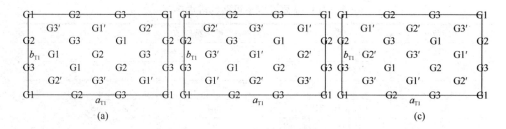

图 1.76　T1 相 G 方向示意图

(a) 第 1 层；(b) 第 4 层；(c) 第 7 层

Ca 离子调制：C_3S 中，Ca 离子主要以八面体和十四面体两种方式存在，其中十四面体又分为正、反两类。正、反十四面体的差异是由于堆垛层不同造成，比如连续三层为 ABC 堆垛则为十四面体，连续三层为 ACA 堆垛则为反十四面体。由于 C_3S 堆垛层为 ABC、BCA、CAB，从而正、反十四面体数量比例为1:2。钙八面体内含自由氧，而十四面体内含硅氧四面体。如图 1.77 所示。

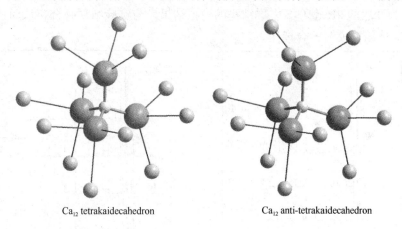

Ca$_{12}$ tetrakaidecahedron　　　　　　Ca$_{12}$ anti-tetrakaidecahedron

图 1.77　Ca 八面体（左）及 Ca 正反十四面体（右）

实际上，由于硅氧四面体 G 方向的存在，Ca 十四面体所处势场分布不均匀，产生十四面体的畸变，进一步带动八面体联动调制，从而形成一系列的 Ca 调制波。这在高分辨电子显微镜研究中，获得广泛证实。

1.1.2.4　XRD 模拟

不同堆垛层结构的 XRD 模拟：水泥在实际生产过程之中，由于烧成过程的复杂性，产物晶体中存在大量缺陷，很容易形成堆垛层不同，从而造成多型性。根据晶体学群理论，可以将不同系列堆垛方式列出，表 1.14 就列出了 9 层及以下所有可能的堆垛序列。其中部分系列可能只作为堆垛层错形式存在。

表 1.14　9 层及以下可能的堆垛序列

层数	堆垛结构
2	AB
3	ABC
4	ABCB
5	ABACB, ABCAB
6	ABCACB, ABCBCB
7	ABCACAB, ABCACAC
8	ABCABCAB, ABCACACB, ABCACBCB, ABCBCBAB, ABCBCBCB
9	ABCBCACAB, ABCBCBCAC, ABCBCBCBC

　　以 C_3S 堆垛层作为基础，可以编写一个简单的小程序，实现硅氧四面体上下取向可任意调节，且能初步自动判别输入的层数、堆垛层、硅氧四面体方向是否合理，直接输出不同堆垛层的 C_3S 的可能多型 cif 文件。由此得出的 cif 文件，再经由 Mercury 进行 XRD 模拟，可得到假设多型结构的 XRD 图谱（图 1.78）。堆垛层为 9 层的 9R 型 C_3S 多层结构的模拟结果，与实验结果吻合，从而证实上述 9R 晶体结构模型的合理性。

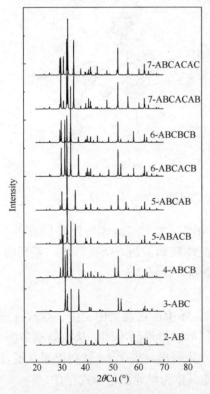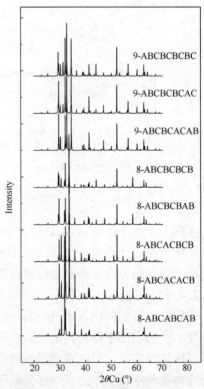

图 1.78　不同堆垛层 XRD 模拟

关于 C_3S 和 Alite 的不同晶相的实验 XRD 衍射图样已有大量的报道，但是由于之前部分 C_3S 多型的结构模型尚未定义，且指标化也不明确，还需要相关的理论计算的补充。

C_3S 各晶相的 XRD 图谱非常接近，在水泥熟料中，更是和许多其他相的峰相重合，对晶相的表征和区分造成了很大的困难。这些衍射图谱不仅依赖于 C_3S 的晶型，还和掺杂的异质离子有关。

Bigare 利用高温 XRD，确定了除 M3 外六种晶型的 XRD 衍射峰的差别。如图 1.79 所示，随着合成温度的不同，纯 C_3S 发生了不同的相变，表现在 XRD

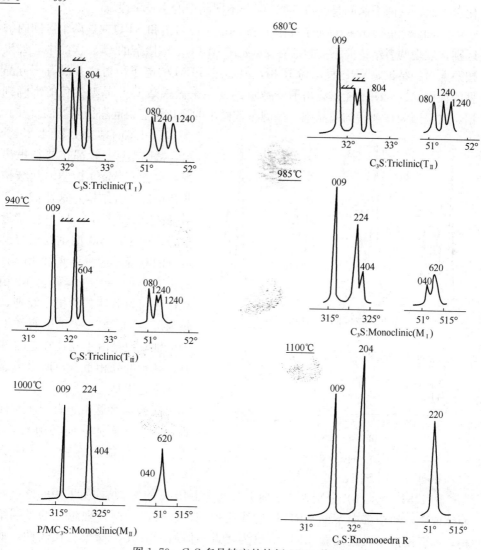

图 1.79　C_3S 多晶转变的特征 XRD 谱

上则为在 2θ 为 $31°\sim33°$、$51°\sim52°$ 两个区间内衍射峰数量的变化。T1 在 $31°\sim$ $33°$ 内有四个衍射峰，而 T2 和 T3 虽然也是四个峰，但其中 [444] 和 [$\bar{4}44$]（注意，由于之前 C3S 结构模型的混乱，这个指标化是不准确的，这里依然采用和文献相同的说法，只是为了区分不同衍射峰方便），衍射峰越来越接近，到 T3 时已经基本合并到一起了。到 M1 和 M2，已经演化为 3 个峰，并且有进一步合并的趋势。R 相在该区间就只剩两个峰了。在 $51°\sim52°$ 区间，总体来说，情况类似，T 相三峰，M 相双峰，R 相单峰。这些区别主要是由于超结构的存在，一个是晶格缺陷，另一个原因是晶胞畸变造成对称性的破坏而使衍射峰数量发生变化。因此，这两个区间是通过 XRD 区分不同晶型的主要手段。

Sinclair 和 Groves 对比了掺杂 C3S 的电子衍射谱和 XRD 在这两个区间内的区别，发现两者结论并不一致。在 ZnO 或 Al_2O_3+F 掺杂的 C3S 样品中，如果按照上面的结论，XRD 显示为 R 相，但通过 TEM 的电子衍射谱并没有三方晶型的证据。这说明不能仅凭衍射峰数量的变化来做掺杂 C3S 晶型变化的准确判据，这是因为掺杂后的超晶胞，晶胞参数微小的变化可能引起弱衍射峰的合并。

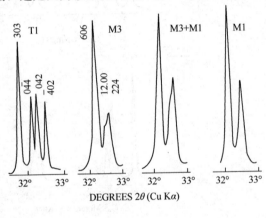

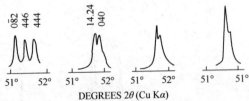

图 1.80　部分 XRD 衍射图样

Taylor 的结果如图 1.80 所示。M1 晶型一般都在熟料里出现，常含有 MgO 掺杂，其结构非常接近六方结构，这造成了衍射峰在 $51.7°$（2θ CuK_α）已接近单峰，相比较 M3 型则为很容易区分的双峰，这一结果和 Bigare 的略有不同，但总体而言 M 相在该区间为双峰、T 相三峰则是较为可靠的。$32°\sim33°$ 也有类似的区别，但是由于往往在这里和其他杂相的峰相重合，所以可靠性并不是很高。

高温相 R 胞由于有三次对称性，硅氧四面体取向必须沿 c_{OH} 方向，只可能存在向上（U 方向）和向下（D 方向）两种取向。

图 1.81（a）（b）分别为全部向上（此为 Jeffery 的 9R 结构所采用的硅氧四面体取向）和全部向下的 XRD 衍射线模拟图，代表的是两种理想化的极端结构，前者模拟结果跟实验 XRD 值更为接近，但后者有几个峰很有代表性，如 $41.3°$ 和 $34.5°$。因此真实结构可能是两者的组合。

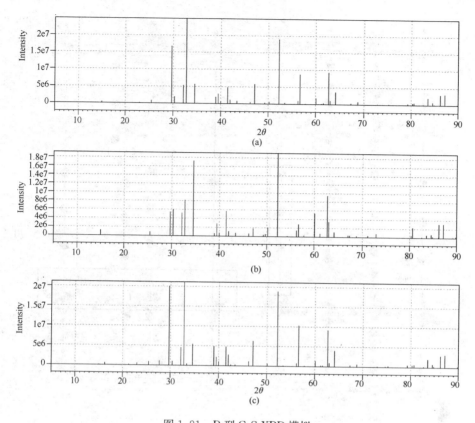

图 1.81　R 型 C$_3$S XRD 模拟

（a）硅氧四面体全部向上；（b）硅氧四面体全部向下；（c）1/3 硅氧四面体向下

　　由于 9R 型 C$_3$S 结构模型中，自由氧在 c_{OH} 方向以 3 个成串的形式存在，这样，若硅氧四面体全部向上，成串自由氧对于其下的硅氧四面体顶角结构氧产生强大的库仑排斥，如图 1.82（a）方框内所示（若硅氧四面体全部向下可以有类似的结果，不再赘述）。一个可以考虑的降低自由能的方案为成串自由氧下面的这层硅氧四面体反转为向下，其他层取向依然为向上，形成如图 1.82（b）的结构，实际上，这也就是 Il'inets 和 Mumme 的硅氧四面体取向方案。该结构 XRD 模拟图为如图 1.81（c），整体与图 1.81（a）相差不大，由于单层硅氧四面体的反转，出现了一些原本没有的小峰以及少量衍射峰的强度发生了变化。

　　仔细研究图 1.82（b），就会发现一个问题。取向向下的硅氧四面体顶角氧原子和在 c_{OH} 方向与其正对的取向向上的硅氧四面体的顶角氧原子之间距离仅为 2.37Å（硅氧四面体内 O—O 键长约为 2.6Å），这会产生较大的库仑排斥能，因此，这种结构能量较高。若要降低自由能，解决的方案有：1）Si、Ca 以及自由氧原子的联动调制；2）硅氧四面体偏离三次轴，即产生 G 方向。

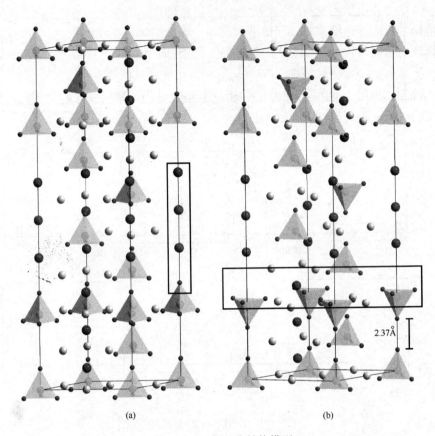

(a)   (b)

图 1.82　R 型基本结构模型

另一个问题是氧原子密度问题。如图 1.82（b）方框内，这两层之间，由于硅氧四面体底座相对，如图 1.83 为正常的 O 原子分布示意图，但是如果按上所

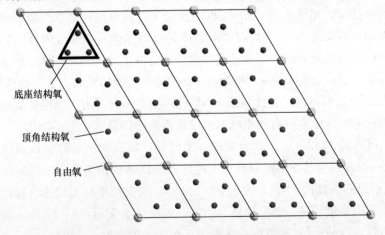

图 1.83　R 型单层 O 原子分布示意图

述，其单个顶角结构氧就应由三个底座结构氧代替，使得该层氧原子密度远大于其他层。从能量角度来看，同样不太合理。可能的解决方案为：1）层内硅氧四面体取向不同，比如同层之间既有向上的也有向下的；2）硅氧四面体的 G 方向。上述两个问题也就是后面 M 相、T 相演化的内在驱动力。

首先，相比于 R 相，M 相和 T 相最明显的变化是晶胞参数的变化，尤其是角度的改变。为此研究了不同夹角的调制对 XRD 的影响，如图 1.85 所示，列出

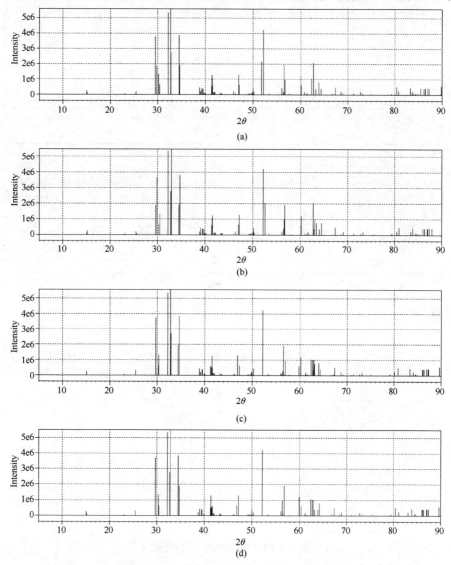

图 1.84　不同夹角调制的 XRD 图谱（一）

（a）$\alpha=90.00°$，$\beta=90.00°$，$\gamma=119.50°$；（b）$\alpha=90.00°$，$\beta=90.00°$，$\gamma=120.50°$；

（c）$\alpha=90.00°$，$\beta=89.50°$，$\gamma=120.00°$；（d）$\alpha=90.00°$，$\beta=90.50°$，$\gamma=120.00°$；

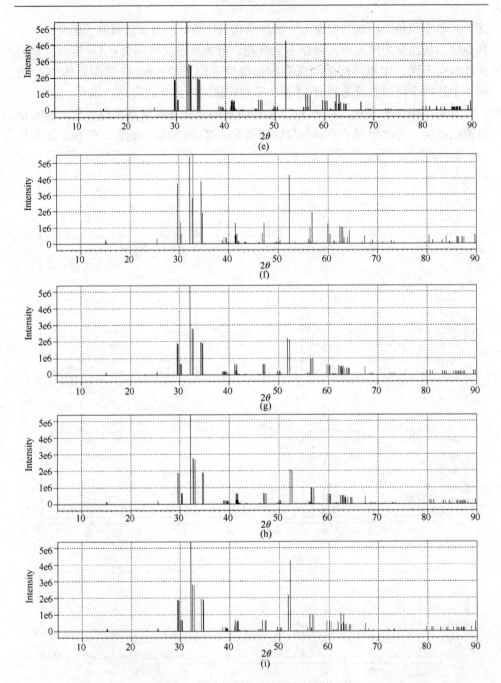

图 1.84　不同夹角调制的 XRD 图谱（二）

(e) $\alpha=89.50°$，$\beta=89.50°$，$\gamma=120.00°$；(f) $\alpha=90.50°$，$\beta=89.50°$，$\gamma=120.00°$；

(g) $\alpha=90.00°$，$\beta=89.50°$，$\gamma=119.50°$；(h) $\alpha=90.00°$，$\beta=89.50°$，$\gamma=120.50°$；

(i) $\alpha=89.50°$，$\beta=89.50°$，$\gamma=119.50°$；

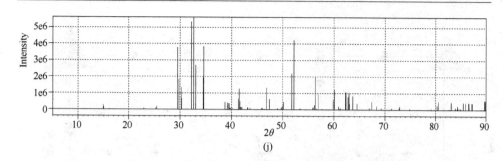

图 1.84　不同夹角调制的 XRD 图谱（三）

(j) αd＝89.50°，β＝90.50°，γ＝119.50°

了以 R 相 H 胞为基础，改变其夹角所引起的变化。夹角的改变对于对称性的破坏是显而易见的，出现大量的衍射峰的分裂也是可以预见的。对于 C_3S 而言，主要关注特征角度 51°～53°区间内的变化。

图 1.84（a）和（b）是 γ 角度的增减变化对比实验结果，和 M1、M2 的变化极为相似，都是劈裂为两个峰，而峰的强度不同。而角度的增减实际上反映的是在不同方向上的调制，具体来说，就是在 a、b 方向上形成了不同的调制结构。而 β 和 γ 联动变化则引起该双峰强度相仿，形成可明显区分的两个峰，和 M3 的变化趋势类似。但是 T 相三峰并未出现，这表明 T 相结构必然存在内部的超结构。

上述夹角的调制只是表明一个变化趋势，存在非常大的局限性，很显然，内部超结构调制是非常必要的。前文已经详述了硅氧四面体的调制方式，在模拟这一部分，为了清晰地展示我们的思路，我们由易入难，从最简单的调制着手，分析这些调制对 XRD 的影响。下面给出两种可能的同层硅氧四面体取向不同的调制方式（图 1.85）。这两类堆垛层类似，都是每个硅氧四面体周围有 6 个取向相反的硅氧四面体，如楔子般嵌入其内，从几何角度来说是最有利的排布方式。

图 1.86 展示的是这两类堆垛层对 XRD 的影响。从图中我们得到一个相对满意的趋势，尤其是 2 型堆垛层，和 M 相已经非常接近（52°附近的双峰，32.5°附近的三峰），再结合夹角的改变，32.8°的峰继续劈裂，有向 T 相演化的趋势。

结构氧一般为 sp_3 杂化，填入四面体间隙位中，但是实际晶体内，填入八面体间隙位可能是没法避免的，尤其是在低温相中，这就是前文所述两类 G 方向的原型。图 1.87 就展示了这类调制对 XRD 的影响。结合角度的调制，和 T 相的 XRD 特征已非常接近。

按照上述思路，经过反复摸索尝试，最后得到了以上确立的结构模型。其 XRD 模拟图（图 1.88）。R 相结构和实验值很接近，M 相和 T 相结构通过微调晶胞参数 α、β、γ 也能得到和实验值在特定窗口内类似的结果。至此，完成了所述结构模型的 XRD 的验证，理论结果和实验结果符合较好。

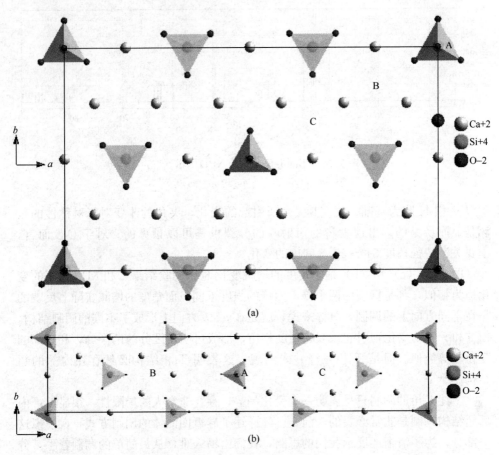

图 1.85　同层硅氧四面体取向不同的调制方式
(a) 1 型堆垛层；(b) 2 型堆垛层

由于 C_3S 纯相样品难以合成，对于这一整套理论工作的实验验证尚不是非常完善，比如最直接的验证方法 XRD 的精修，所采用的样品往往是 Alite，而非纯相，对于 C_3S 结构模型的验证缺乏最直接有力的证据。未来随着实验条件的改善，高温测量技术（某些纯相 C_3S 只在高温存在）的进步，如果能合成质量更高的样品，对于理论验证将大为有利。

1.1.2.5　静电能角度解释 G 方向的成因

回顾 9R 结构硅氧四面体所处的环境。上述表明：c_{OH} 方向上自由氧以三个成串的形式存在，对于正对其下的硅氧四面体顶角结构氧产生较大的库仑排斥。如图 1.89 所示，为了以示区别，自由氧用大球表示。考虑最近临原子，该层硅氧四面体实际上处于自由氧大四面体之内。为了看清楚物理本质，同时简化计算，选取最简单的模型（图 1.90），计算其静电能。

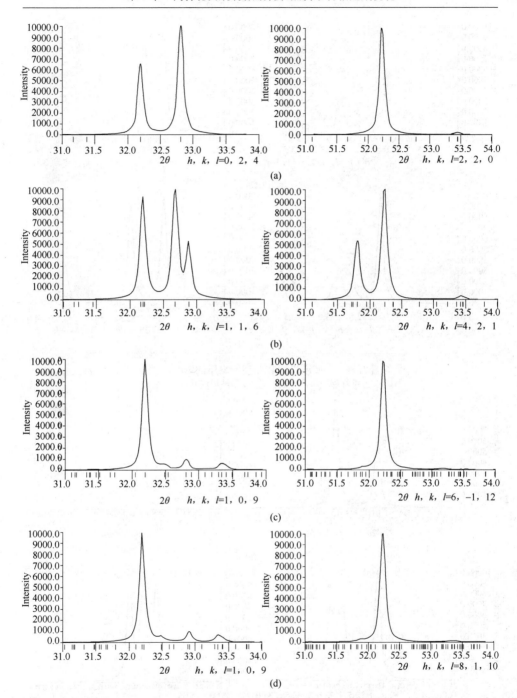

图 1.86　1 型堆垛层和 2 型堆垛层的影响（一）

（a）R－层内相同；（b）R 相基础上 γ＝119.5°；（c）1 型堆垛层－层内不同；

（d）1 型堆垛层基础上 γ＝89.5°；

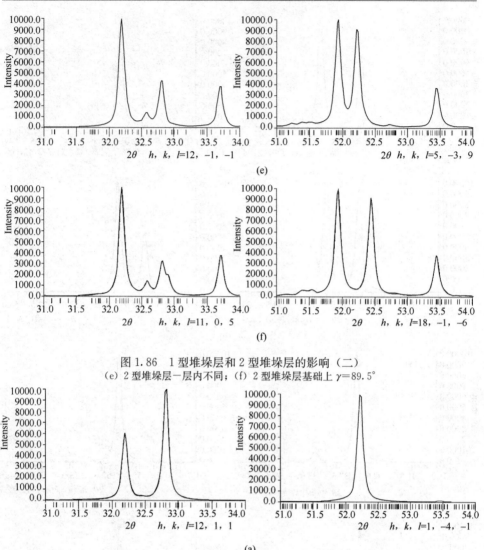

图 1.86　1 型堆垛层和 2 型堆垛层的影响（二）

（e）2 型堆垛层一层内不同；（f）2 型堆垛层基础上 $\gamma = 89.5°$

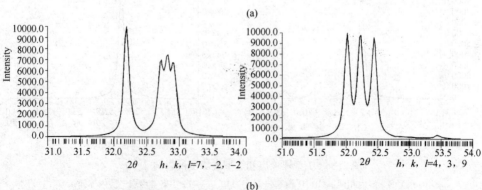

图 1.87　硅氧四面体八面体间隙位调制（一）

（a）每层三分之一八面体间隙位；（b）$\gamma = 89.5°$；

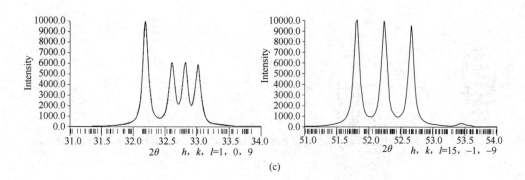

(c)

图 1.87 硅氧四面体八面体间隙位调制（二）

(c) γ＝89°

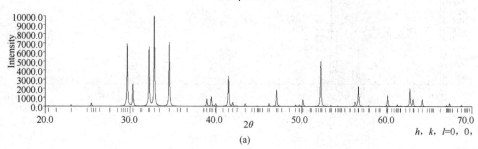

(a)

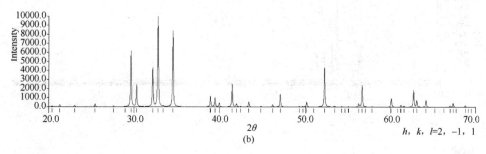

(b)

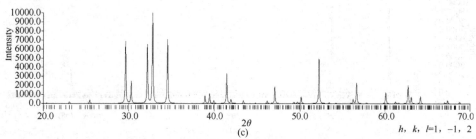

(c)

图 1.88 C₃S各晶型理论 XRD 计算图谱（一）

（a）9R；（b）M1；（c）M2；

71

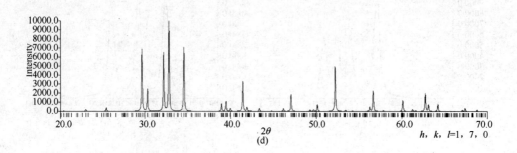

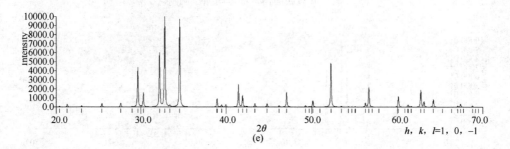

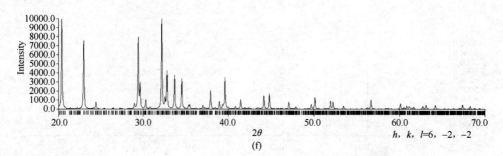

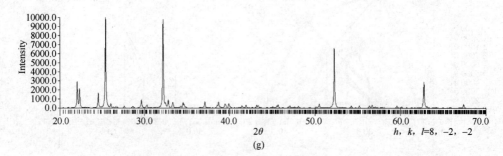

图 1.88 C_3S 各晶型理论 XRD 计算图谱（二）

(d) M3；(e) T1 (f) T2；(g) T3

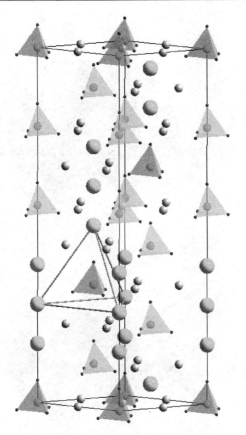

图 1.89　自由氧大四面体套结构氧小四面体

首先是底平面旋转，旋转轴为 c_{OH}。在仅考虑最近邻原子的作用下，可以简化为图 1.91，其结果是一目了然的。由于 $c=\sqrt{a^2+b^2-2ab\cos\gamma}$（$0°\leqslant\gamma\leqslant60°$），$a$，$b$ 固定（$b>2a$），显然当 $\gamma=60°$ 时，c 有最大值。底座氧沿 c_{OH} 旋转 $60°$，其实就是从四面体间隙位旋转到八面体间隙位，其次是三维旋转。设中心的小四面体绕 x 轴旋转 α 角度，再绕 y 轴旋转 β 角度，然后绕 z 轴旋转 γ 角度（图 1.90）。作出势能与 α 和 β（$-\pi$，π）的关系图如图 1.92（因为我们只关心势能低点，为了图 1.92 看起来方便，将势能轴翻转，也就是图上越高表示势能越低）所示。

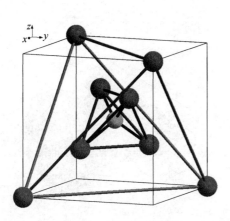

图 1.90　简化计算模型

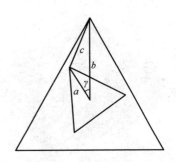

图 1.91　平面旋转示意

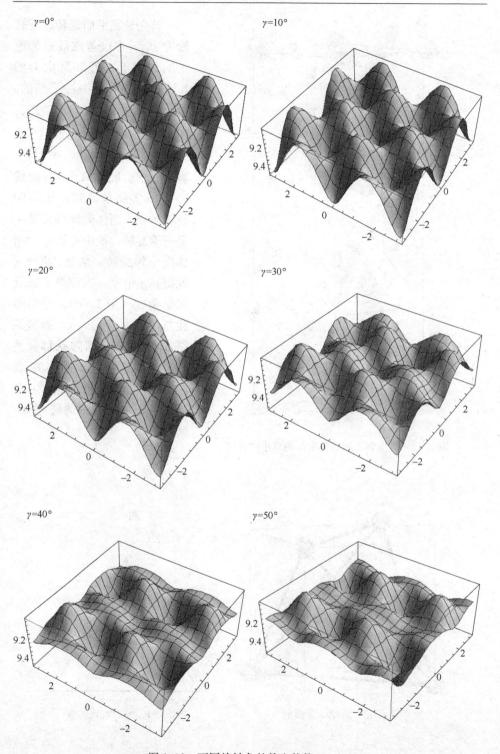

图 1.92　不同旋转角的静电势能（一）

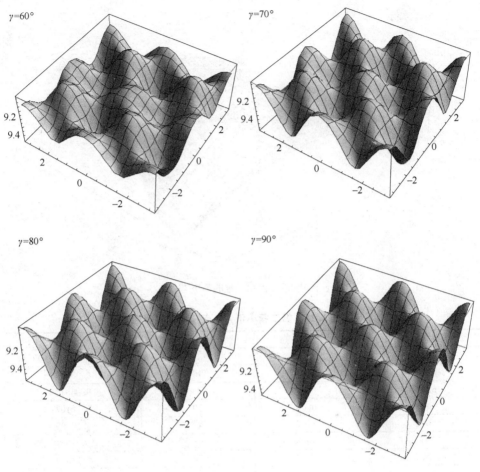

图 1.92 不同旋转角的静电势能（二）

以 $\gamma=40°$ 时为例，α 和 β 取值为 $[-90°，90°]$，如图 1.93 所示。图中 A、B 点为最小值，C、D 点为第二极小值。

表 1.15 $\gamma=40°$ 时的极小值

编号	α（°）	β（°）	γ（°）	相对势能	点的性质	随 γ 增大的变化趋势	
A	-40	-90	40	9.02641	最小值（平凡解）	$(0,90)\rightarrow(90,90)$	由棱中心向边角扩散，极值始终为最小值
B	40	90	40			$(0,-90)\rightarrow$ $(-90,-90)$	
C	61.1	-17.6	40	9.17999	第二极小值	$(90,0)\rightarrow(0,0)$	由棱中心向中心挤压，极值先变大后变小
D	-61.1	17.6	40			$(-90,0)\rightarrow$ $(0,0)$	

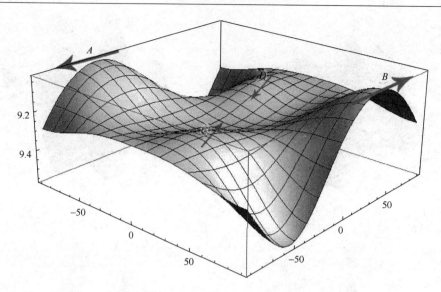

图 1.93　γ=40°时的静电势能

表 1.16　第二极小值（*C* 点）变化趋势

α（°）	β（°）	γ（°）	相对势能
90	0	0	9.02641（最小）
89.98	0	10	9.03676
89.97	−0.01	20	9.06814
89.9	−0.02	30	9.12107
61.1	−17.6	40	9.17999
45	−19.5	45	9.18824（最大）
28.9	−17.6	50	9.17999
0	0	90	9.02641（最小）

所谓 G 方向就是能量的第二极小值，是一种亚稳态。由于 C₃S 形成过程的复杂性，不同晶型对应的第二极小值不同，即产生不同的 G 方向。而 G 方向的角度问题，不同的作者给出过不同的答案。Golovastikov 认为约为 80°45′，Dunstetter 则认为约为 75.87°。注意到硅氧四面体中，O—Si—O 键角为 70.53°，即偏转 70.53°硅氧四面体中的所有原子又回到了原有位置，F. Dunstetter 提到的偏转 74.87°实际上与偏转 4.34°是等价的。又根据刚性模型计算（也就是各个原子间距有最小值，比如 O—O 键长最小取 2.6Å），G 向可以偏转的最大角度为 10°。

1.1.2.6　第一性原理计算 C₃S 结构能计算及结构优化

对于 3R 模型（类反钙钛矿结构）的结构优化和第一性原理计算：在提出的 3R 模型（类反钙钛矿结构）中，氧四面体中氧与氧之间的距离来自于 SiO₂ 晶体的实验数据，即 2.6mm。而在实际的 3R 模型中，由于自由氧以及钙离子的影响，必然会导致氧四面体的变形，从而使得结构氧的坐标失准，没有正好落在其平衡位置。DFT（discrete fourier transform，离散傅里叶变换）计算结果也很好地说明了这一点，见表 1.17。

表 1.17 C₃S-3R 初始模型受力

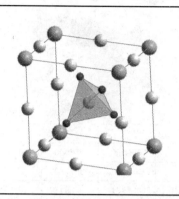

原子	力（Ry/Bohr）		
O	−0.02547	−0.02706	−0.02887
O	−0.26562	0.14536	0.15508
O	0.16121	−0.25631	0.15508
O	0.16121	0.17131	−0.24575
O	−0.13525	−0.14372	−0.15333
Si	0.007294	0.007751	0.008269
Ca	0.051004	0.025949	0.027683
Ca	0.022805	0.052485	0.027683
Ca	0.022805	0.024234	0.054164

上表列出了通过 DFT 计算得到的 3R 模型每个原子受力的情况，发现 4 个结构氧的受力比其他原子的受力要大上一个数量级。这很好地证明了上文的观点。

为了准确地计算总能量，要对氧四面体的位置进行优化。为了使结果很快收敛，先固定了原子坐标相对准确的其他原子，结果见表 1.18。

表 1.18 氧四面体优化后受力

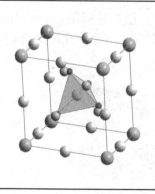

原子	力		
O	−0.03903	−0.04148	−0.04425
O	−0.0002	−0.00041	−0.00044
O	−0.0004	−0.00023	−0.00044
O	−0.0004	−0.00042	−0.00025
O	−0.00012	−0.00012	−0.00013
Si	−0.00128	−0.00136	−0.00145
Ca	0.03657	0.004654	0.004966
Ca	0.002427	0.036787	0.004968
Ca	0.002429	0.002578	0.037028

从受力上来看，氧原子受力已经很小了，为了让所有的原子都受力很小，即处在它们各自的平衡位置，需要对全原子坐标进行优化。优化前后坐标比较见表 1.19。

从表 1.19 可知，原子坐标优化前后主要有两大差异：由于自由氧对于结构氧的压迫，硅原子，氧四面体，以及围绕硅原子的钙十四面体相对于自由氧都有一个沿着 [111] 轴的平移，同时保持了结构的三次对称轴，因此优化过的结果仍然满足棱方向的前提。钙原子沿垂直 [111] 轴方向有一定收缩，对该结构进行自洽求解，得到了 C₃S-3R 模型的总能量。

$$E_{3R} = -395.24Ry \tag{1-11}$$

表 1.19 C₃S-3R 模型结构优化前后比较

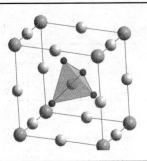 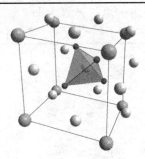

原子	分形坐标			原子	分形坐标		
O	0.0000	0.0000	0.0000	O	0.0000	0.0000	0.0000
O	0.3532	0.6918	0.6918	O	0.3943	0.7780	0.7781
O	0.6918	0.3532	0.6918	O	0.7781	0.3943	0.7781
O	0.6918	0.6918	0.3532	O	0.7781	0.7783	0.3944
O	0.3082	0.3082	0.3082	O	0.3795	0.3794	0.3793
Si	0.5000	0.5000	0.5000	Si	0.5931	0.5931	0.5930
Ca	0.5000	0.5000	0.0000	Ca	0.6103	0.1076	0.1076
Ca	0.0000	0.5000	0.0000	Ca	0.1075	0.6104	0.1077
Ca	0.0000	0.0000	0.5000	Ca	0.1077	0.1078	0.6104

对于 9R 模型的结构优化和第一性原理计算：继续计算了 9R 模型的能量。为了容易表示，对于 9R 模型，没有用棱方胞来计算，而是用比较接近立方胞的 M 胞来计算。

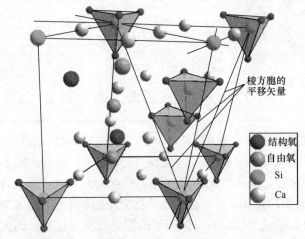

图 1.94 C₃S-9R 模型 M 胞和棱方胞比较

第一步仍然是优化结构。观察每个原子的受力，可以发现受力都比较小，这可能是因为在构造 9R 模型的过程中，避开了自由氧对于结构氧的压迫，从而使得氧四面体的结构数据和二氧化硅中的比较接近。

表 1.20　C_3S-9R 初始模型原子受力情况

原子	力（Ry/Bohr）		
Ca	1.12E-04	9.68E-02	8.13E-03
Ca	−8.38E-02	−4.84E-02	8.04E-03
Ca	8.39E-02	−4.83E-02	8.14E-03
Ca	−1.53E-04	−9.77E-02	−8.62E-03
Ca	8.46E-02	4.91E-02	−8.65E-03
Ca	−8.46E-02	4.89E-02	−8.71E-03
Ca	−6.79E-04	−4.40E-04	7.33E-03
Ca	8.69E-04	−4.91E-04	7.31E-03
Ca	6.76E-05	9.28E-04	7.38E-03
O	5.96E-04	3.68E-04	−5.40E-02
O	−6.02E-02	3.51E-02	3.37E-02
O	3.96E-04	−7.05E-02	3.40E-02
O	5.97E-02	3.44E-02	3.31E-02
O	−8.53E-06	2.75E-05	1.04E-02
O	−1.05E-04	1.55E-04	−1.21E-01
O	1.62E-04	7.13E-02	2.18E-02
O	−6.36E-02	−3.66E-02	2.18E-02
O	6.14E-02	−3.51E-02	2.16E-02
O	−1.67E-04	−2.10E-04	3.27E-02
O	1.44E-04	−1.64E-05	−1.13E-01
O	5.18E-05	7.05E-02	2.24E-02
O	−6.33E-02	−3.64E-02	2.29E-02
O	6.06E-02	−3.48E-02	2.21E-02
O	−2.02E-05	1.72E-05	−3.13E-02
Si	2.64E-04	9.04E-04	−1.01E-02
Si	1.73E-03	−6.72E-05	2.37E-02
Si	2.14E-03	4.61E-04	8.43E-03

优化后的结构也和原结构没有太大变化，下表是优化前和优化后的原子坐标对比。然后由该结构计算了晶体总能量。

$$E_{9R} = -1186.43Ry \tag{1-12}$$

表 1.21 C_3S-9R 模型结构优化前后原子坐标比较

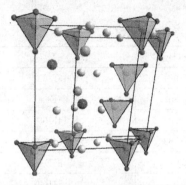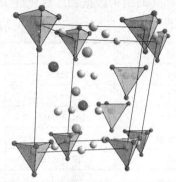

原子	分形坐标			原子	分形坐标		
Ca	0.5000	0.0000	0.0000	Ca	0.5152	0.0305	0.0004
Ca	0.0000	0.5000	0.0000	Ca	0.9696	0.4848	0.0003
Ca	0.5000	0.5000	0.0000	Ca	0.5152	0.4847	0.0004
Ca	0.6111	0.5555	0.3333	Ca	0.5927	0.5238	0.3378
Ca	0.1111	0.0555	0.3333	Ca	0.1377	0.0689	0.3379
Ca	0.6111	0.0555	0.3333	Ca	0.5927	0.0689	0.3378
Ca	0.5555	0.2778	0.6667	Ca	0.5533	0.2767	0.6675
Ca	0.0555	0.2778	0.6667	Ca	0.0560	0.2766	0.6676
Ca	0.0555	0.7778	0.6667	Ca	0.0560	0.7794	0.6677
O	0.1295	0.0648	0.8062	O	0.1218	0.0610	0.8180
O	0.8287	0.1041	0.0674	O	0.8218	0.1023	0.0761
O	0.8287	0.7246	0.0674	O	0.8218	0.7195	0.0761
O	0.2079	0.1040	0.0674	O	0.2042	0.1021	0.0763
O	0.5556	0.2778	0.1667	O	0.5511	0.2756	0.1730
O	0.2449	0.6225	0.1324	O	0.2519	0.6259	0.1221
O	0.1956	0.7882	0.3967	O	0.1974	0.7880	0.3925
O	0.8149	0.4074	0.3965	O	0.8189	0.4095	0.3922
O	0.1956	0.4075	0.3966	O	0.1974	0.4095	0.3925
O	0.3333	0.1667	0.5000	O	0.3218	0.1609	0.5166
O	0.6888	0.8444	0.4666	O	0.6970	0.8485	0.4540
O	0.6405	0.0110	0.7297	O	0.6473	0.0149	0.7206
O	0.2592	0.6296	0.7297	O	0.2645	0.6323	0.7209
O	0.6405	0.6296	0.7297	O	0.6473	0.6324	0.7206
O	0.7778	0.3889	0.8333	O	0.7802	0.3901	0.8299
Si	0.0000	0.0000	0.0000	Si	0.9914	0.9957	0.0131
Si	0.1111	0.5556	0.3333	Si	0.1188	0.5594	0.3214
Si	0.5555	0.7778	0.6667	Si	0.5648	0.7824	0.6529

对于 M 相模型的结构优化和第一性原理计算：对 M 相模型进行结构优化和总能量计算。首先是模型①，即相应的氧四面体反转来抵抗结构氧对自由氧的压迫。表 1.22 是结构优化前后的对比。

表 1.22　C_3S-M 相模型 1 优化前后原子坐标比较

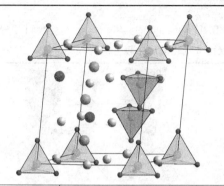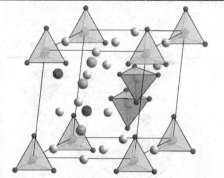

原子	分形坐标			原子	分形坐标		
Ca	0.5000	0.0000	0.0000	Ca	0.5111	0.0094	−0.0127
Ca	0.0000	0.5000	0.0000	Ca	0.0032	0.5016	−0.0128
Ca	0.5000	0.5000	0.0000	Ca	0.5111	0.5017	−0.0127
Ca	0.6111	0.5555	0.3333	Ca	0.5928	0.5355	0.3496
Ca	1.1111	1.0555	0.3333	Ca	1.1154	1.0577	0.3496
Ca	0.6111	1.0555	0.3333	Ca	0.5928	1.0574	0.3496
Ca	0.5555	0.2778	0.6667	Ca	0.5399	0.2699	0.6856
Ca	1.0555	0.2778	0.6667	Ca	1.0447	0.2698	0.6857
Ca	1.0555	0.7778	0.6667	Ca	1.0447	0.7750	0.6857
O	−0.1274	−0.0637	0.1911	O	0.1207	−0.0603	0.1796
O	0.1663	−0.1026	−0.0637	O	0.1835	−0.0989	−0.0843
O	0.1663	0.2688	−0.0637	O	0.1836	0.2825	−0.0844
O	−0.2051	−0.1026	−0.0637	O	0.1978	−0.0989	−0.0845
O	0.5556	0.2778	0.1667	O	0.5524	0.2762	0.1711
O	1.2385	0.6192	0.1423	O	1.2411	0.6206	0.1377
O	1.1924	0.7819	0.3970	O	1.1925	0.7880	0.4025
O	0.8211	0.4105	0.3970	O	0.8087	0.4043	0.4024
O	1.1924	0.4105	0.3970	O	1.1925	0.4044	0.4025
O	0.3333	0.1667	0.5000	O	0.2967	0.1483	0.5554
O	0.6829	0.8415	0.4756	O	0.6910	0.8455	0.4641
O	0.6369	1.0042	0.7304	O	0.6535	1.0208	0.7147
O	0.2655	0.6327	0.7304	O	0.2649	0.6324	0.7146
O	0.6369	0.6327	0.7304	O	0.6535	0.6326	0.7147
O	0.7778	0.3889	0.8333	O	0.7688	0.3844	0.8466
Si	0.0000	0.0000	0.0000	Si	0.0095	0.0047	−0.0143
Si	1.1111	0.5556	0.3333	Si	1.1095	0.5547	0.3352
Si	0.5555	0.7778	0.6667	Si	0.5611	0.7805	0.6590

由该结构计算得到总能量为：

$$E_{M(1)} = -1186.37 \text{Ry} \tag{1-13}$$

下面计算模型②，即相应的氧四面体做微小的旋转，使得结构氧和自由氧错开。
因为不知道旋转的角度，猜测为 6°左右。优化前后结构坐标见表 1.23。计算得到 C_3S-M 相模型 2 总能量为：

$$E_{M(2)} = -1186.47 \text{Ry} \tag{1-14}$$

表 1.23　C_3S-M 相结构模型 2 优化前后比较

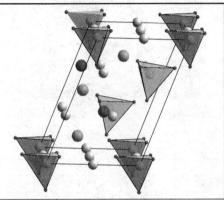 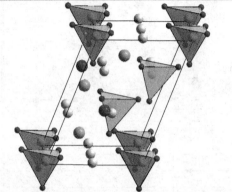

原子	分形坐标			原子	分形坐标		
Ca	0.5000	0.0000	0.0000	Ca	0.5017	0.0211	0.0128
Ca	0.0000	0.5000	0.0000	Ca	−0.0434	0.4761	0.0115
Ca	0.5000	0.5000	0.0000	Ca	0.5030	0.4769	0.0125
Ca	0.6111	0.5555	0.3333	Ca	0.5800	0.5149	0.3507
Ca	1.1111	1.0555	0.3333	Ca	1.1258	1.0608	0.3486
Ca	0.6111	1.0555	0.3333	Ca	0.5811	1.0610	0.3494
Ca	0.5555	0.2778	0.6667	Ca	0.5389	0.2664	0.6807
Ca	1.0555	0.2778	0.6667	Ca	1.0416	0.2656	0.6797
Ca	1.0555	0.7778	0.6667	Ca	1.0425	0.7692	0.6782
O	−0.0023	−0.0529	0.8480	O	0.1068	0.0484	0.8296
O	0.7620	1.0600	0.1512	O	0.8096	1.0937	0.0868
O	0.7739	0.6951	0.1348	O	0.8088	0.7106	0.0894
O	1.1215	1.0536	0.1675	O	1.1929	1.0949	0.0864
O	0.5556	0.2778	0.1667	O	0.5391	0.2673	0.1849
O	1.2385	0.6192	0.1423	O	1.2370	0.6155	0.1333
O	1.1924	0.7819	0.3970	O	1.1868	0.7805	0.4020
O	0.8211	0.4105	0.3970	O	0.8061	0.4008	0.4056
O	1.1924	0.4105	0.3970	O	1.1857	0.4014	0.4034
O	0.3333	0.1667	0.5000	O	0.3084	0.1517	0.5283
O	0.6829	0.8415	0.4756	O	0.6848	0.8405	0.4661
O	0.6369	1.0042	0.7304	O	0.6315	1.0038	0.7341
O	0.2655	0.6327	0.7304	O	0.2509	0.6218	0.7316
O	0.6369	0.6327	0.7304	O	0.6330	0.6224	0.7328
O	0.7778	0.3889	0.8333	O	0.7664	0.3805	0.8416
Si	0.0000	0.0000	0.0000	Si	−0.0214	−0.0135	0.0245
Si	1.1111	0.5556	0.3333	Si	1.1063	0.5507	0.3325
Si	0.5555	0.7778	0.6667	Si	0.5509	0.7726	0.6650

1.1.3 C₃S晶体结构表征技术的应用

基于以上表征技术的建立，本课题利用XRD粉末衍射表征技术对部分水泥厂生产的熟料中阿利特的晶型进行了鉴定，不同水泥厂生产的熟料的化学组成及物理性能见表1.24，熟料中阿利特特征窗口区的XRD衍射图谱见图1.95。MgO含量小于1％时（红色和绿色），阿利特指纹区的衍射峰偏左，38°左右的衍射峰和60.7°左右的衍射峰的双峰分裂不明显，阿利特呈现M1型特征。当MgO含量大于1％时，阿利特指纹区的衍射峰偏右，上述两个特征峰呈明显的双峰，阿利特呈M3型特征，淮海中联水泥有限公司生产的水泥熟料中阿利特主要以M3型存在，熟料中MgO的含量较高。这些结果与Taylor等人的研究结果一致。熟料中MgO含量较高时，阿利特主要以M3型存在。结合表1.24中熟料的物理性能，阿利特以M3型存在的硅酸盐水泥熟料在水化龄期为3d和28d时，其抗压强度基本低于以M1型阿利特为主的硅酸盐水泥熟料。因此可通过调整硅酸盐水泥熟料中阿利特的晶型技术提高硅酸盐水泥熟料的胶凝性，同时不需增加水泥熟料的能耗；在制得相同强度水泥的前提条件下，可提高水泥中混合材的掺入量，减少水泥熟料的使用量，达到降低水泥工业的能耗。

表1.24 部分水泥厂生产的水泥熟料的化学成分、矿物组成和力学性能

								熟料各项性能平均化指标比较		
公司	loss	SiO_2	Al_2O_3	Fe_2O_3	CaO	MgO	SO_3	C_3S晶型	抗压，3d	抗压，28d
昌江	0.23	20.92	5.47	3.59	64.61	2.42	1.08	M3	34.25	53.20
曹溪	0.41	21.60	5.42	3.71	65.37	2.13	0.45	M3	28.50	54.50
富川	0.25	21.56	5.09	3.25	64.34	4.07	0.72	M3	30.40	49.80
福龙	0.47	22.03	4.64	3.47	63.87	3.58	0.33	M3	23.40	50.00
武宣	0.12	21.20	5.48	3.47	64.46	4.35	0.29	M3	29.10	51.20
田阳	1.59	21.57	5.73	4.24	63.94	0.83	0.90	M1	36.90	62.05
南宁	0.48	21.74	5.80	3.99	66.73	0.60	0.10	M1	34.30	60.10
鹤林1号线	0.14	21.16	4.41	3.12	65.53	2.51	0.66	M1/M3	35.36	58.79
鹤林2号线	0.14	21.36	5.06	3.33	65.27	2.30	0.60	M1/M3	33.28	59.29
徐州中联	0.45	21.90	5.15	3.33	64.81	2.52	—	M3	29.26	57.73
兰亭	0.39	21.38	4.50	3.21	63.74	4.96	—	M3	30.49	52.51
金隅	0.41	21.60	5.21	3.45	64.50	2.62	—	M3	29.80	57.80

1.1.4 C₃S晶体结构相变动力学

纯C₃S在降温过程中会发生晶型转变。Thompson等也发现Alite在800℃下热处理会使其晶型由M型转变为T型。Juilland等在650℃下对alite进行热处理，其晶型由M3型转变为T1型。因此Alite的晶型可以通过热处理来进行调控。

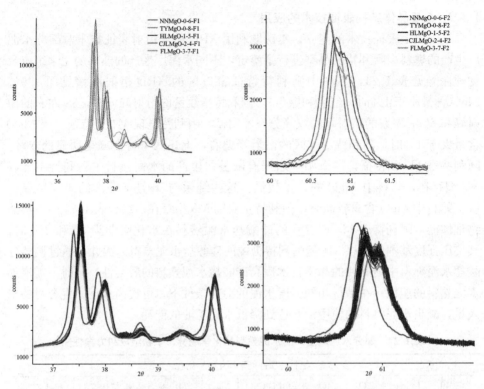

图 1.95　不同水泥厂生产的熟料中阿利特特征窗口区的 XRD 衍射图谱

对 0.5％和 2.0％MgO 掺杂的 C_3S 进行热处理，其 XRD 图谱如图 1.96 所示。通过 XRD 粉末衍射分析可知，未热处理前掺 0.5％MgO 的 C_3S 为 T1 型，掺 2.0％MgO 的 C_3S 为 M3 型。经过不同煅烧温度和不同保温时间热处 理后，T1 型的 C_3S 晶型几乎没有变化，还是以 T1 型为主。而对于掺 2.0％ MgO 的

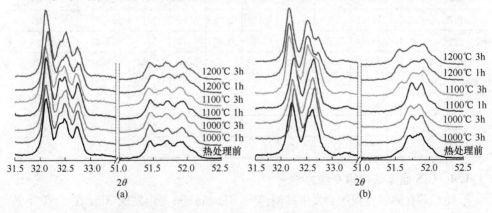

图 1.96　T1 型和 M3 型 C_3S 热处理前后 XRD 图谱

(a) MgO 掺量 0.5％；(b) MgO 掺量 2.0％

C_3S，热处理后其 XRD 衍射峰发生明显变化，1100 ℃热处理 3 h 后的样品，51°～52.5°的衍射峰由三重峰转变为双重峰，而且 31.5°～33.5°的双重峰有明显的分裂趋势，这说明 alite 的晶型由单斜转变为三斜（或者单斜和三斜的混合）；1 200 ℃热处理 1 h 和 3 h 的样品，31.5°～33.5°的衍射峰进一步分裂，很明显地转变为三斜晶型。因此 C_3S 的晶型转变并不是瞬间发生的，而与时间和温度有密切的关系。

热处理过程中 C_3S 晶型的转变与样品中 MgO 的偏析有很大的关系。MgO 的偏析是由于其在 C_3S 中的固溶量随温度下降而减少引起的。在 1420 ℃时，C_3S 能固溶 1.5% 的 MgO，而要固溶 2.0% 的 MgO，则温度需高于 1550 ℃。因此当 2.0% MgO 掺杂的 C_3S 在较低温度下热处理时，必然会有 MgO 的偏析发生。MgO 偏析后，C_3S 晶粒中固溶的 MgO 含量降低，从而导致晶型的转变。

以上研究结果表明，C_3S 晶型转变与热处理温度、保温时间密切相关。基于此，本专题研究了 M3 型 C_3S 的晶型转变动力学，利用 XRD 粉末衍射峰，结合 Rietveld 精修技术和 GSAS 软件计算了不同煅烧温度和不同保温时间条件下样品中不同晶型 C_3S 及其他矿相的含量，结果见表 1.25。在相同的热处理温度下，M3 型 C_3S 随着保温时间的延长逐渐向 T1 型转变；热处理温度的提高也会促进其晶型的转变，同时也会促进 C_3S 的分解。根据表 1.25 的结果，建立了 M3 型 C_3S 的晶型转变动力学方程，如图 1.97 所示。在不同煅烧温度下，M3 型 C_3S 的晶型转变动力学方程均符合一阶指数衰减变化，其 R2 和残差平方和都比较理想。对 M3 型 C_3S 含量的变化进行一阶指数衰减拟合，其结果如下：

表 1.25　不同样品中各矿相含量

样品	M3（%）	T1（%）	C_2S（%）	f-MgO（%）	R_{wp}（%）
900-0min	93.83	4.38	0.94	0.84	10.17
900-20min	79.61	18.88	1.05	0.47	8.99
900-40min	77.03	21.16	0.76	1.04	9.16
900-60min	76.95	21.43	0.95	0.67	9.23
900-90min	71.76	26.75	0.99	0.50	8.93
900-2h	67.18	31.78	0.51	0.53	8.72
900-4h	64.75	33.61	0.71	0.93	8.90
1000-0min	87.79	10.98	0.74	0.48	9.27
1000-20min	71.66	27.19	0.50	0.64	8.88
1000-40min	68.54	30.06	0.52	0.88	9.02
1000-60min	63.66	35.19	0.50	0.64	8.88
1000-90min	58.54	39.26	1.51	0.69	8.53
1000-2h	52.40	45.61	0.75	1.24	9.83
1000-4h	47.93	49.43	1.20	1.44	10.18

续表

样品	M3（%）	T1（%）	C_2S（%）	f-MgO（%）	R_{wp}（%）
1100-0min	79.79	18.51	0.74	0.96	9.22
1100-20min	59.40	37.39	2.39	0.82	8.24
1100-40min	55.33	42.93	0.55	1.19	8.58
1100-60min	51.56	44.90	2.48	1.06	9.10
1100-90min	49.20	48.93	0.76	1.11	9.98
1100-2h	44.11	53.93	0.78	1.19	9.60
1100-4h	42.46	55.23	0.83	1.48	9.55
1200-0min	62.37	33.40	3.49	0.74	8.84
1200-20min	52.07	46.29	0.76	0.88	9.81
1200-40min	49.77	46.17	3.04	1.02	9.55
1200-60min	48.62	49.50	0.87	1.01	9.63
1200-90min	49.07	48.86	0.75	1.33	9.58
1200-2h	48.35	47.33	3.31	1.02	10.18
1200-4h	46.81	50.85	1.03	1.31	9.97

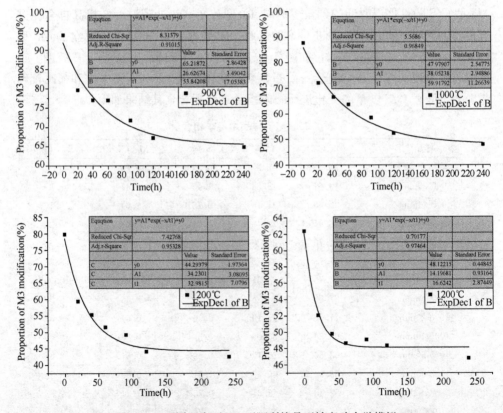

图 1.97　不同温度下 M3 型阿利特晶型转变动力学模拟

1.2 不同结构 C_3S 的水化活性

研究了不同晶型 C_3S 的水化活性和胶凝性。通过水化放热速率（图 1.98）和累计放热量的测定表明不同晶型 C_3S，累计水化放热量不同，累计 48h 的水化放热量分别为：$H_{M1}=193J/g$，$H_{M3}=109$ J/g 和 $H_{T1}=116$ J/g，在 C_3S 的水化减速期，M1 型水化放热速率明显要高于 M3 型和 T1 型，而 M3 型和 T1 型在整个水化期间，水化放热速率基本相近，说明两者遵循相同的水化放热动力学。累计水化放热量的顺序为：$H_{M1}>H_{M3}\approx H_{T1}$，因此高温态的阿利特晶型对称性提高，其水化活性提高。同时其水化活性与其力学性能存在较好的一致性（图 1.99）。不同结构 C_3S 的力学性能的顺序为：$G_{M1}>G_{M3}\approx G_{T1}$，$G_{M1}=KG_{M3}$，水化 1d、3d 和 28d，其 K 值分别为：10.7、7.8 和 1.3。

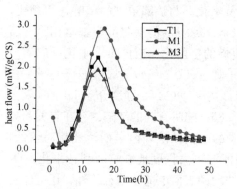

图 1.98 不同晶型 C_3S 的水化放热速率 　　　图 1.99 不同晶型 C_3S 的力学性能

尽管以上研究结果表明了 C_3S 的晶型和水化活性的关系，但是 C_3S 的活性是否仅取决于其晶型？有关文献已报道 C_3S 的水化活性主要是取决于 C_3S 的缺陷和溶液的饱和度。为此本课题也做了大量的研究工作。比较了掺相同离子，取得相同晶型 C_3S 的水化活性。图 1.100 显示了掺不同离子 C_3S 晶体结构与其水化活性。相同晶型的 C_3S，其水化放热速率也存在明显的差异。这证明 C_3S 的活性不仅仅取决于 C_3S 的晶型，还可能取决于 C_3S 的晶体缺陷。掺入离子种类和掺入量的不同，引起 C_3S 晶体缺陷种类和密度的变化，导致了

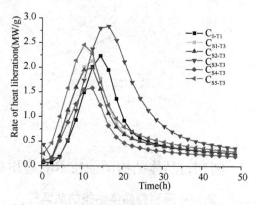

图 1.100 不同石膏掺量的 C_3S 水化放热曲线

水化活性的不同。

从能量转移角度上看，冷却过程中储存的能量最终通过水化反应转化为化学反应热能，热释光强度反映了物质储存的能量，因此物质的热释光强度应与水化反应热能具有一致性。而以上研究表明：热释光性能反映缺陷的性质。通过对D0~D4样品水化放热的研究（图1.101）分析，相同晶型的D1~D3样品，尽管晶型一致，但其水化活性存在较大差异，随 Al_2O_3 的掺入，阿利特早期水化反应放热峰、诱导期及主水化反应放热峰等水化反应动力学特征均发生了显著改变。在早期水化反应过程中，Al_2O_3 加速了阿利特的早期水化反应。结合热释光性能的研究，这是由于 Al_2O_3 固溶形成缺陷使得活性反应点数目增加所致。阿利特的水化反应起始于质子化过程，理论上，不同缺陷对质子化过程产生不同的影响，进而对水化反应动力学过程产生不同影响，如 Al^{3+} 取代 Si^{4+} 形成的空穴捕获中心应更利于质子化过程而促进阿利特水化。与缺陷浓度的影响作用相比，缺陷类型对阿利特水化特征的影响更大：1）D1 及 D3 的缺陷类型基本相同（热释光曲线相似），二者较长的诱导期、较缓慢的主水化反应放热等水化反应动力学过程特征也相似，同时，由于 D3 缺陷［对应 TL（144）］浓度显著高于 D1，其早期水化反应速率也明显高于 D1；2）D2 的 TL（144）强度介于 D1 及 D3 之间，早期活性比 D1 及 D3 高，可能与 TL（85）陷阱有关的缺陷的存在有关，另外，D0 虽然具有较多的与 TL（172）有关的电荷缺陷，但早期活性相对较低，这些似乎说明了与浅陷阱能级有关的缺陷能够更大程度地影响阿利特水化。D4强烈的早期水化反应放热峰除了与其较高浓度的表面电荷缺陷有关外，还可能受到该样品中少量 C_3A 的影响。

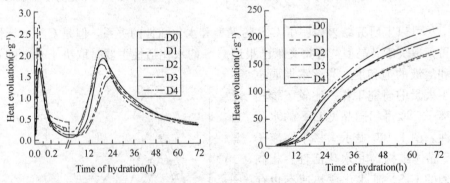

图 1.101　样品的水化放热速率和累计放热量

1.3　阿利特晶体结构调控技术的应用

1.3.1　熟料中阿利特晶体结构的热调控

阿利特作为水泥熟料介稳相，在 1250℃ 以下具有分解成 C_2S 的趋势，阿利特生长环境不同,其结晶形态和固溶离子的种类均有不同。因此在低温受热条件下,阿利特分解的温度也会不同。林宗寿等研究发现对于普通水泥熟料 C_3S 的最佳分解温度为 $1000\sim1200℃$。Tenório 等研究发现 $1000℃$ 保温 $30\ min$ 会导致约 20% 纯 C_3S 分解,分解速度决定于冷却速度。$1200℃$ 时,有铁相存在的阿利特的分解速度和冷却速度无关。Fe_2O_3 的存在对阿利特表面的 C_2S 和 CaO 的成核产生了催化作用,从而加速了 C_3S 的分解。在纯 C_3S 中加入 0.8% 的 Fe_2O_3,阿利特的分解量高达 48%。Tenório 等研究了 Al_2O_3 对纯 C_3S 分解的影响,C_3S 以 $0.5\ ℃/min$ 冷却速度降温至 $870℃$ 时,C_3S 几乎分解完全;当冷却速度为 $10.0\ ℃/min$ 降温至 $870℃$ 时,C_3S 分解量不到 20%(相对 C_3S 总量)。在 $1200\sim960℃$ 时,以较快的冷却速度,Al_2O_3 的存在,能减缓 C_3S 分解。Stanék 等对工业熟料在 $800℃$ 下保温并快速冷却,使水泥熟料中 C_3S 固溶体从 $M3$ 型向 $M1$ 型转化,水泥强度提高 10% 左右。

本课题主要通过热调控研究熟料中阿利特多晶型的形成,以及与水泥熟料性能之间的关系。以工业生产的熟料为研究对象,通过不同的热处理制度实现对 C_3S 矿相多晶型的调控,确定 C_3S 多晶型与水泥熟料胶凝性的关系。选用淮海中联有限公司生产的工业熟料为原料,分别对不同形态的熟料进行热处理,选取不同的煅烧制度调控水泥熟料中主要胶凝相 C_3S 矿相的晶型,优化水泥熟料性能,探讨热调控制度对水泥熟料晶型和性能的影响。

将原工业熟料粉磨至一定细度,作为基准样品,编号为 Hz 组。将熟料粉末在自制钢模($\phi25mm\times40mm$)中一定压力下压制成型,编号为 Hp。选取热调控温度分别为:$1000℃$,$1100℃$,$1200℃$,$1300℃$;保温时间分别为 1h 和 3h;冷却制度为随炉缓冷。将所有样品磨细,并全部过 $0.080\ mm$ 方孔筛,置于干燥器中备用。

依据熟料粉末热调控实验结果,有选择性地选取了温度和保温时间对原块状工业熟料进行热调控编号为 Hb。选择温度分别为:$1000℃$,$1100℃$,$1200℃$,$1300℃$;保温时间分别为 1h 和 3h。具体实验安排和样品编号见表 1.26。

表 1.26　实验煅烧制度与试样编号

温度（℃）	1h		3h	
	Hp	Hb	Hp	Hb
1000	Hp_{101}	—	Hp_{103}	Hb_{103}
1100	Hp_{111}	Hb_{111}	Hp_{113}	Hb_{113}
1200	Hp_{121}	—	Hp_{123}	Hb_{123}
1300	Hp_{131}	Hb_{131}	Hp_{133}	Hb_{133}

对淮海中联水泥有限公司工业水泥熟料的 Hp 组样品的进行了净浆强度试验,不同龄期试样净浆抗压强度结果见表 1.27。

表 1.27 试样 Hp 组试样净浆抗压强度 （MPa）

编号	1d	3d	28d
$P_{II52.5}$	46.5	69.5	93.0
Hz_{000}	48.5	55.6	88.6
Hp_{101}	36.3	58.5	105.0
Hp_{111}	41.8	57.3	92.9
Hp_{121}	48.8	64.6	87.1
Hp_{131}	46.8	65.2	90.5
Hp_{103}	25.0	39.6	94.9
Hp_{113}	25.5	43.4	81.4
Hp_{123}	48.1	68.9	92.7
Hp_{133}	43.2	63.6	87.5

注：Hp_{133}—淮海水泥熟料粉末 1300℃保温 3 小时，其他依次类推。

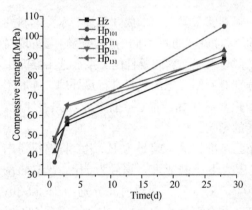

图 1.102 保温 1h 不同温度下 Hp 组试样强度

图 1.102 显示了在不同温度下保温 1h 对 Hp 组工业熟料强度性能的影响，不同煅烧温度对工业熟料强度性能有显著影响。早期水化 1d 时，不同温度下 Hp 组样品抗压强度比基准组 Hz 还要略低，而随着水化反应的进行，不同煅烧温度下 Hp 组样品 3d 抗压强度均高于基准组 Hz。水化至 28d 时，Hp 组样品抗压强度变化趋势与 3d 样品变化趋势略有区别，Hp_{101} 样品 28d 抗压强度增长幅度最大，28d 抗压强度达 105 MPa，比基准样 Hz 提高了 15％，也比 $P_{II52.5}$ 水泥浆体 28d 抗压强度高出 12 MPa。由此说明，对工业熟料热调控处理可以显著改善硅酸盐水泥熟料性能。

图 1.103 显示了不同煅烧温度下保温 3h 对工业熟料 Hp 组试样抗压强度的影响，保温 3h 不同温度下 Hp 组试样不同龄期抗压强度变化趋势各有差异。水化 1d 时浆体抗压强度变化趋势与保温 1h 样品变化趋势相同。随着熟料水化反应的进行，Hp_{123} 和 Hp_{133} 样品 3d 抗压强度大幅

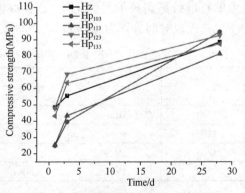

图 1.103 保温 3h 不同温度下 Hp 组
试样抗压强度

度提高，高于 Hz 组基准组样品，Hp$_{123}$ 样品抗压强度达 68MPa，水化至 28d 时，Hp$_{103}$ 样品抗压强度增长幅度最大，其强度超过 Hz 组参比样品的抗压强度。

1200～1350℃时硅酸盐水泥熟料体系中 C$_2$S、C$_3$A 和 C$_4$AF 大量形成并达到其最大值，同时液相开始出现，C$_3$S 矿相开始形成阶段。所以将 1200℃作为温度研究分界点，将热调控温度分为高温段（高于 1200℃）和低温段（低于1200℃）来分析讨论。

如图 1.104 所示为在 1000℃和 1100℃低温热处理不同保温时间后对 Hp 组样品性能的影响。在早期水化 1d 时，低温煅烧保温 1h 和 3h 样品抗压强度均低于对比样品 Hz 抗压强度，随着水化反应至 3d 时，热调控样品抗压强度相对于1d 强度增长幅度均比基准样品 Hz 大，此时，Hp$_{101}$ 样品浆体抗压强度最大。随着水化反应的进行，28d 样品抗压强度大幅度提高，尤其是样品 Hp$_{101}$，Hp$_{101}$ 样品浆体 28d 抗压强度达到 105MPa。Hp$_{101}$、Hp$_{103}$ 和 Hp$_{111}$、Hp$_{113}$ 样品 28d 抗压强度分别为：405.0 MPa、92.9 MPa、94.9 MPa、81.4 MPa。可以看出：保温时间 1h 在低温热调控样品抗压强度增长幅度更加显著。由此说明：在本组实验条件下，保温 1h 对硅酸盐水泥熟料样品强度性能有显著改善。延长保温时间不利于提高水泥强度性能。结合图 1.105 可知，1200℃、1300℃下保温 1h 和 3h 对工业硅酸盐水泥熟料在 1d、3d 和 28d 各龄期强度性能无显著影响。说明在高温段煅烧温度下，热调控工业熟料主要受煅烧温度影响，而保温时间对热调控工业熟料性能影响为次要因素。

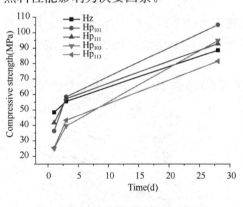

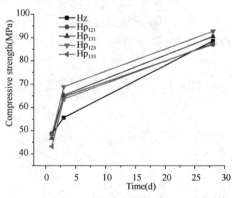

图 1.104　低温段不同保温时间下
Hp 组抗压强度

图 1.105　高温段不同保温时间下
Hp 组抗压强度

综上所述：热调控处理工业熟料实验中，煅烧温度为主要影响因素，在低温段煅烧能有效改善水泥熟料性能。保温时间过长对工业熟料不利，易导致熟料中阿利特矿物分解严重；而在较高温度下保温，易引起熟料中阿利特矿相分解或者阿利特转变为低活性晶型，导致熟料强度性能下降。

基于前文对淮海水泥有限公司工业熟料 Hp 组样品实验结果，为了突显煅烧温度的显著影响，扩大煅烧温度间隔研究热调控对 Hb 组工业熟料性能的影响，选取 1100℃ 和 1300℃ 煅烧温度进行比较，并对工业熟料 Hb 组试样进行了 20mm×20mm×20mm 净浆抗压强度实验，1d、3d 和 28d 不同龄期抗压强度结果见表 1.28。

表 1.28　试样 Hb 组试样净浆抗压强度 （MPa）

编号	1d	3d	28d
Hz	48.5	55.6	88.6
Hb_{111}	49.3	68.9	107.0
Hb_{131}	46.7	61.9	95.9
Hb_{113}	59.1	76.3	97.1
Hb_{133}	38.2	58.2	82.2

注：Hb_{133}—淮海水泥块状熟料 1300℃ 保温 3h，其他依次类推。

图 1.106 给出了保温 1h 不同煅烧温度对工业块状熟料强度性能的影响。热调控块状工业熟料显著提高样品的强度性能，低温 1100℃ 下热调控块状熟料性能的改善比在高温段 1300℃ 效果更佳。早期水化 1d 时，样品 Hb_{111} 和 Hb_{131} 抗压强度与对比组样品 Hz 接近，但水化至 3d 时，块状熟料在 1100℃ 下煅烧后熟料的抗压强度显著提高，尤其是 Hb_{111} 样品 3d 抗压强度比基准样 Hz 提高了 13MPa。随着水化反应的进行，块状熟料热调控后 28d 抗压强度仍能平稳增长，Hb_{111} 样品 28d 抗压强度达到 107 MPa，比对比组样品 Hz 提高了约 19MPa。可以得出：在保温 1h 条件下，1100℃、1300℃ 温度下热调控处理能显著改善工业水泥熟料的强度性能。

如图 1.107 所示为不同热处理温度保温 3h 条件下对工业块状熟料强度性能

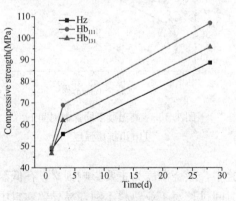

图 1.106　不同煅烧温度保温 1h 下
Hb 组抗压强度

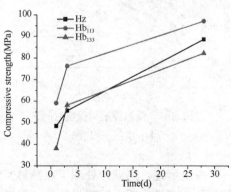

图 1.107　不同温度煅烧保温 3h 下
Hb 组抗压强度

的影响。在 1100℃、1300℃ 两种煅烧温度下保温 3h 对工业块状熟料强度性能的影响有很大差异。早期水化 1d 时，块状样品 Hb_{113} 抗压强度显著高于对比组样品 Hz，超出约 10MPa。而 1300℃ 煅烧保温 3h 时，Hb_{133} 样品 1d 抗压强度低于对比组样品 Hz。随着水化反应的进行，3d 和 28d 块状样品 Hb_{113} 抗压强度持续增长，抗压强度均比对比组样品 Hz 高。而 Hb_{133} 样品 3d 抗压强度和对比组样品 Hz 接近，28d 抗压强度又低于对比组样品 Hz。由此可以看出：在高温段热处理不利于调控工业块状熟料强度发挥，尤其是保温时间过长容易导致熟料中阿利特矿物分解。只有在适当的热调控制度下可提高工业块状熟料的强度性能。

图 1.108 显示了 1100℃ 煅烧温度下不同保温时间对工业块状熟料强度性能的影响。在 1100℃ 保温 1h 和保温 3h 均能有效提高硅酸盐水泥熟料性能。水化 1d 时，样品 Hb_{111} 和 Hb_{113} 抗压强度均高于对比组样品 Hz，水化至 3d 时，样品 Hb_{111} 和 Hb_{113} 抗压强度增长幅度均比对比组样品 Hz 大。随着水化反应的进行，Hb_{111} 和 Hb_{113} 样品 28d 抗压强度持续增长，尤其是 Hb_{111} 样品。由此可知：在 1100℃ 煅烧条件下，保温 1h 能显著提高工业块状熟料强度性能，保温时间过长产生的不利影响，可能是由于其间熟料中矿物发生分解所致。

综上所述：采取合适煅烧制度调控工业块状熟料能显著提高熟料抗压强度，在 1100℃ 下保温 1h 能改善工业块状熟料抗压强度，28d 抗压强度比基准样品高出约 19MPa，提高约 20%。进一步优化煅烧制度可大幅度提高熟料性能，为工业生产高胶凝性硅酸盐水泥熟料奠定理论基础。

为了进一步比较热调控对熟料存在形态的影响，比较了不同温度和不同保温时间调控两种形态熟料性能的影响，如图 1.109 所示。对 1100℃ 保温 1h 粉末成型和块状熟料的抗压强度进行了比较，样品 Hp_{111} 早期 1d 抗压强度低于对比组 Hz，Hb_{111} 样品 1d 抗压强度略高于对比组 Hz。在早期水化过程中，热调控对块

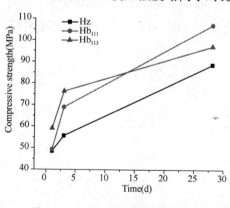

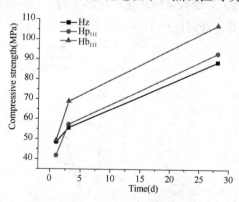

图 1.108　1100℃不同时间 Hb 组　　　图 1.109　1100℃保温 1h 下不同
　　　　抗压强度　　　　　　　　　　　　　形态熟料抗压强度

状熟料的抗压强度有明显改善。随着水化反应的进行，粉末成型 Hp_{111} 和块状熟料 Hb_{111} 样品 3d 抗压强度大幅度提高，增加幅度高于对比组 Hz，Hb_{111} 样品 3d 抗压强度高于 Hp_{111}。水化至 28d 时，Hp_{111} 和 Hb_{111} 样品 28d 抗压强度平稳提高，二者均高于对比组 Hz 抗压强度，Hb_{111} 样品 28d 抗压强度比 Hp_{111} 高出 14MPa。由此可以说明：1100℃煅烧保温 1h 热调控制度下，对提高工业不同形态熟料的性能有显著差异，对块状熟料的性能改善优于对粉末成型熟料，可能是由于块状熟料的矿物结构致密，有利于熟料在受热过程热传递和热吸收，促进熟料中矿物相晶体结构优化，改善熟料性能。

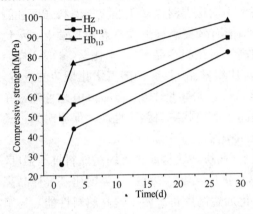

图 1.110　1100℃保温 3h 熟料的抗压强度

比较研究了低温段 1100℃保温 3h 热调控工业粉末成型和块状熟料抗压强度的影响，如图 1.110 所示。在水化龄期 1d、3d 和 28d 样品 Hp_{113} 抗压强度均低于对比组 Hz，而 Hb_{111} 在各个龄期的抗压强度均高于对比组 Hz。显然，热调控块状熟料的性能改善效果明显大于粉末成型熟料。表明：在 1100℃保温 3h 的热调控制度下，有利于工业块状熟料强度性能提高。

分析比较高温段 1300℃保温 1h 热调控工业粉末成型和块状熟料的抗压强度，如图 1.111 所示。在水化早期 1d 时，粉末成型工业熟料样品 Hp_{131} 和块状熟料 Hb_{131} 抗压强度均与对比组样品 Hz 接近，随着浆体水化反应的进行，Hp_{131} 样品 3d 抗压强度得到大幅度提升，高于 Hb_{131} 和对比组 Hz 的 3d 抗压强度，而水化至 28d 时，Hb_{131} 抗压强度迅速增长，

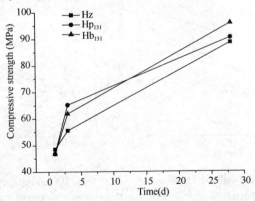

图 1.111　1300℃保温 1h 熟料的抗压强度

提高幅度大于 Hp_{131} 样品，Hb_{131} 样品 28d 抗压强度高出 Hp_{131} 样品 5MPa。由此可以看出：高温段 1300℃保温 1h 的热调控对粉状成型工业熟料能提高其水化早期抗压强度，但水化后期抗压强度提高缓慢，有利于提高块状工业熟料后期抗压强度。

综上分析：热调控处理对不同形态的工业熟料抗压强度影响存在显著差异。热调控对块状熟料的性能改善效果优于粉末成型熟料。通过热处理调控工业熟料来提高硅酸盐水泥熟料性能时，优先选择块状熟料。在本章节试验条件下，块状工业熟料最佳热调控制度为 1100℃煅烧温度保温 1h。可能是由于块状熟料矿相结构致密，有利于熟料在受热过程热传递和热吸收，促进矿物晶体结构优化，从而改善硅酸盐水泥熟料性能。进一步系统研究煅烧制度调控硅酸盐水泥熟料性能，为生产高胶凝性硅酸盐水泥熟料提供理论基础。

为了研究热调控对提高高胶凝性硅酸盐水泥熟料性能的形成机制，对热调控熟料进行 $f\text{-CaO}$ 含量分析，结果见表 1.29。在熟料形成过程中，游离氧化钙含量是衡量固相反应完全程度的一个重要标志。熟料中 $f\text{-CaO}$ 来源主要有两种：(1) 碳酸钙分解尚未化合的氧化钙，一般聚集成堆分布；(2) 已形成的阿利特分解而得到 $f\text{-CaO}$，这种 $f\text{-CaO}$ 晶粒细小。如反应式所示：$C_3S \rightarrow C_2S + f\text{-CaO}$。$C_3S$ 矿物分解也可以通过下式来计算：$d = 4.07 \times (C_t - C_0)$。其中：$C_t$ 为试样中 $f\text{-CaO}$ 含量，C_0 为基准试样中 $f\text{-CaO}$ 含量，d 为分解的 C_3S 占样品总质量分数。热调控工业熟料中 C_3S 分解量见表 1.29。

表 1.29　热调控熟料样品中 $f\text{-CaO}$ 含量（%）

编号	$f\text{-CaO}$	已分解 C_3S
Hz	0.16	0.00
Hp_{101}	1.98	7.41
Hp_{111}	1.96	7.33
Hp_{121}	1.73	6.39
Hp_{131}	0.16	0.00
Hp_{103}	4.69	18.44
Hp_{113}	4.90	19.29
Hp_{123}	1.18	4.15
Hp_{133}	0.16	0.00
Hb_{111}	0.16	0.00
Hb_{113}	0.37	0.85
Hb_{131}	0.16	0.00
Hb_{133}	0.20	0.16

从表 1.29 可得到：原工业熟料中 $f\text{-CaO}$ 较低，只有 0.16%。工业粉状成型熟料通过热调控样品中 $f\text{-CaO}$ 含量有所变化。工业粉状成型熟料在 1000～

1100℃低温段热处理下保温 3h 时 Hp_{103}、Hp_{113} 样品的 f-CaO 含量较大，这和林宗寿等研究结论吻合，C_3S 分解量也达到最大，由于大量 C_3S 分解，导致强度降低。保温时间越长，C_3S 分解越严重。在 1200℃ 下保温 1h 和 3h 时，热调控后熟料中 f-CaO 约为 1%～2%，在 1300℃ 下保温 1h 和 3h 时，熟料中 f-CaO 的含量均较低，只有 0.16%。而块状工业熟料在 1100℃ 和 1300℃ 温度煅烧后保温 1h 和 3h 后，样品中的 f-CaO 的含量也较低，均小于 0.4%。由此可以说明：不同形态的熟料有着不同的热稳定性。

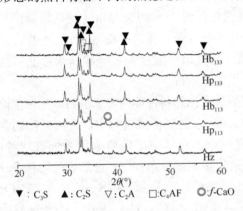

图 1.112　热调控熟料样品 XRD 图谱

▼：C_3S　▲：C_2S　▽：C_2A　□：C_4AF　◎：f-CaO

进一步研究热调控工业熟料对硅酸盐水泥熟料矿物组成的变化。选取样品 Hz、Hp_{113}、Hb_{113}、Hp_{133} 和 Hb_{133} 作 X 射线衍射物相分析，如图 1.112 所示。样品衍射峰反映了各熟料所形成的是典型硅酸盐水泥熟料矿物，主要特征峰有：C_3S、C_2S、C_3A、C_4AF 以及 f-CaO 特征峰。与参比样相比，热调控工业熟料样品没有形成新矿相。

Hp 组试样在 1100℃ 保温 3h 后，从图谱中可以观察到明显的 f-CaO 特征峰，同时，Hp_{113} 样品中 C_3S 矿物特征峰减弱，说明 Hp_{113} 试样中 C_3S 已经发生分解反应，这和 f-CaO 结果吻合。这也进一步佐证了 Hp_{113} 试样强度变低的原因，与林宗寿等结论相一致。其他三个试样中无明显可见的 f-CaO 特征峰。

工业熟料经过 1300℃ 热调控后，Hp_{133}、Hb_{133} 组试样的 C_3A 特征峰增强，可能是因为熟料在随炉冷却过程中发生了 L（液相）$+C_3S \rightarrow C_2S + C_3A$ 的转溶反应。从而导致最终试样中 C_3S 含量降低，这也进一步说明了高温段热调控后熟料试样水化强度较差的原因。

为了进一步认识热调控对工业水泥熟料中主要矿相 C_3S 晶体结构的影响，对热调控熟料进行 2θ 在 $31.5°～33°$ 和 $51°～52.5°$ 指纹区慢扫，扫描速度为 0.5 °/min。样品衍射峰峰形随热调控制度的变化如图 1.113 所示。

从图 1.113 可以看出：2θ 在 $31.5°～33.5°$ 区域中，参比样品

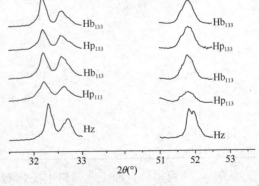

图 1.113　试样中 C_3S 试样 XRD 图谱

Hz 样品中 C_3S 衍射峰在 32.62°处存在肩峰，2θ 在 51°～52.5°区间有明显的双峰存在；而热调控熟料样品中 C_3S 峰在 32.62°处的肩峰消失，32.5°峰低角度位移偏移，2θ 在 51°～52°区间转变为单峰。由此说明：热调控对工业水泥熟料晶型产生了显著影响。结合 XRD 图谱的峰形可以判断出：Hz 组中阿利特主要以 M3型，热处理后熟料向 M1 型转变，这一变化必将影响样品的强度性能。

为了研究热调控对工业硅酸盐水泥熟料水化性能的影响，选取了一系列样品进行了水化放热速率测定，如图 1.114 至图 1.116 所示。

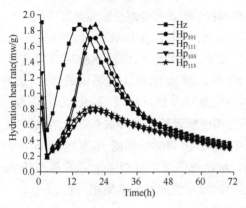

图 1.114　Hp 组试样水化放热曲线　　　　图 1.115　Hb 组试样水化放热曲线

图 1.114 所示为粉末成型工业熟料在低温段不同保温时间下的水化放热曲线。从放热曲线总体上来看，热调控处理后 Hp 组熟料的水化放热峰均向右偏移，延迟熟料的水化活性。说明热调控处理影响了工业熟料中矿物 C_3S 的晶体结构，引起了 C_3S 水化活性变化。样品 Hp_{103} 和 Hp_{113} 的水化放热峰较低，说明延长保温时间熟料样品的水化放热速率较低，是由于 C_3S 含量降低而引起的。热处理调控可能导致熟料中 C_3S 矿物的分解，保温时间越长，C_3S 矿物的分解量越大。

1100℃不同保温时间下块状工业熟料水化放热峰曲线如图 1.115 所示。样品 Hb_{111} 水化放热峰与对比组

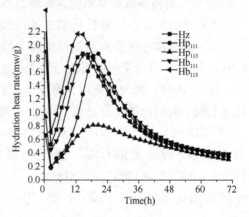

图 1.116　Hp、Hb 组试样水化放热曲线

样品 Hz 水化放热峰较为近似，说明热调控对块状工业熟料早期水化无突出影响。而保温 3h 样品 Hb_{113} 在早期水化放热速率较大，最大放热速率达 2.2MW/

g，提高了 Hb$_{113}$ 早期水化活性，Hb$_{113}$ 样品 1d 和 3d 抗压强度也较高。Hb$_{113}$ 样品水化放热峰的增强可能是热处理对 C$_3$S 晶型产生影响，进而影响了 C$_3$S 水化活性；也可能是热处理使得 C$_3$S 含量增高而引起的。

比较了两种工业熟料形态粉状成型 Hp 和块状 Hb 组在 1100℃不同保温时间样品水化放热曲线，如图 1.116 所示。比较 Hp 和 Hb 组水化放热速率，可以看出 Hp 组达到最大水化放热速率时间均比参比样品延迟，而块状样品 Hb 组达到最大水化放热速率与参比样品最大放热速率提前。从图 1.116 中也可以得出：块状形态工业熟料比粉状成型工业熟料更适宜通过热调控手段提高硅酸盐水泥熟料性能。

计算了粉状成型 Hp 和块状 Hb 组样品水化 72h 累计放热量，结果见表 1.30。粉状成型熟料 Hp 组试样在早期水化累计放热量均较低。粉状成型熟料 Hp 组试样在低温段 1000～1100℃保温 3h 时，3d 水化累计放热量最低，仅为 130J/g，保温 1h 的 Hp$_{101}$ 和 Hp$_{111}$ 样品的水化累计放热量也较低，约为 190J/g。由此表明：粉状成型熟料 Hp 组试样随着保温时间延长可能导致 C$_3$S 分解反应加剧，熟料 C$_3$S 的含量显著下降。而块状熟料样品在 1100℃保温 1h、3h 最终试样的水化累计放热量均大于参照组试样 Hz，水化热的增加可能由于 C$_3$S 晶型转变或 C$_3$S、C$_3$A 含量的增加所致。这与试样早期水化强度性能结果相一致。

表 1.30　样品水化 3d 累计放热量（J/g）

编号	Hz	Hp$_{101}$	Hp$_{103}$	Hp$_{111}$	Hp$_{113}$	Hb$_{111}$	Hb$_{113}$
水化热	226.51	184.19	127.71	199.58	134.20	233.41	242.41

1.3.2　SO$_3$ 对高镁硅酸盐水泥熟料胶凝性调控

利用水泥厂提供的原材料制备了硅酸盐水泥熟料，分析了煅烧温度和 SO$_3$ 的掺入量对高镁硅酸盐水泥熟料中阿利特晶型的影响，原材料的化学成分见表 1.31。表 1.31 显示采用的石灰石均为低品位石灰石。石灰石中白云石含量比较高，这是 MgO 的来源，同时含有少量的石英。试验室利用大西石进行配料，配料方案和生料的化学成分见表 1.32。在所配制的生料中掺入（生料计算）SO$_3$ 1%（SXD_1），2%（SXD_2），未掺 SO$_3$ 的编号为 SXD_0。将配好的生料成型后（先烧成高温的样品，然后低温）烧成。煅烧温度分别为：1250℃，1300℃，1350℃，1400℃（SXD_0_1400 未煅烧和 SXD_1_1400 已经烧过），保温 60min，取出风冷。编号：如 SXD_0_1250；SXD_1_1250；

表 1.31　水泥厂各种原材料的化学成分

名称	细度	LOI	SiO$_2$	Al$_2$O$_3$	Fe$_2$O$_3$	CaO	MgO
熟料	3.5	1.64	20.60	4.75	3.02	63.23	4.03
杭州石灰石	10.9	41.59	3.95	0.58	1.31	49.97	1.22

续表

名称	细度	LOI	SiO_2	Al_2O_3	Fe_2O_3	CaO	MgO
阮村石灰石	10.0	34.92	14.52	2.85	3.11	40.90	1.72
大西石灰石	9.5	40.51	7.71	1.02	1.20	44.19	3.84
铜渣	9.8	−1.63	34.83	10.07	37.99	11.56	5.50
砂岩	10.9	2.70	82.64	5.21	3.87	2.38	0.73

表 1.32　大西石配料方案和生料的化学成分　　　　　　　$w(\%)$

组分	LOI	SiO_2	Al_2O_3	Fe_2O_3	CaO	MgO	石灰石	铜渣	砂岩	粉煤灰
生料	35.16	12.72	3.41	1.89	41.15	3.98	91.20	1.94	1.13	5.73
KH	SM	IM	C_3S	C_2S	C_3A	C_4AF				
0.98	2.4	1.8	67.39	5.78	8.95	8.88				

在生料中加入少量 SO_3（$<1.0\%$）不会对熟料和矿物产生较大的影响，但是当掺入量较高（$>2.0\%$）时，会明显阻碍熟料矿物的形成，尤其是阻碍阿利特的形成。当 SO_3 掺量为 2% 时，阿利特含量明显下降，$f\text{-CaO}$ 含量的变化相对较小（图 1.117 和图 1.118），而对于掺量为 1% 时，熟料中 C_3S 含量和 $f\text{-CaO}$ 较空白样（SO_3，0%）变化不大。

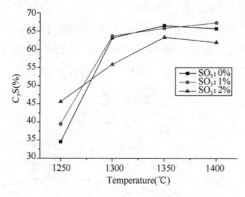

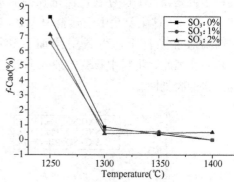

图 1.117　SXD 样品 C_3S 对温度的变化图　　图 1.118　SXD 样品 $f\text{-CaO}$ 含量对温度的变化图

在 C_3S 和 $f\text{-CaO}$ 对 SO_3 掺量和温度的等值线图中可以更加清楚的得到熟料矿物含量的变化情况，如图 1.119 和图 1.120 所示。当 SO_3 掺量大于 1% 时，C_3S 含量快速下降。同时可以发现，熟料的烧成温度最低可以为 $1300℃$，C_3S 含量在烧成温度高于 $1300℃$ 时已经达到正常熟料的含量（约 55%），同时 $f\text{-CaO}$ 的含量已经降到 1% 以下。说明该熟料体系易烧性好，这可能是由于较高的 MgO

含量所致。

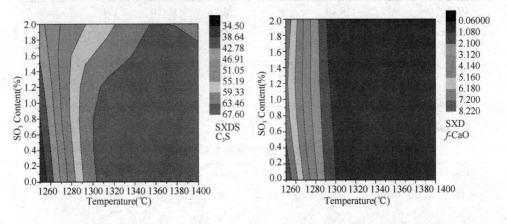

图 1.119　C_3S 含量对 SO_3 和温度的
等值线

图 1.120　$f\text{-}CaO$ 含量对 SO_3 和温度的
等值线

　　在研究 SO_3 和煅烧温度对硅酸盐水泥熟料矿物组成的基础上，分析了 SO_3 含量和煅烧温度对熟料中阿利特晶型的影响。煅烧温度为 1350℃ 时，未掺 SO_3 的硅酸盐水泥熟料中阿利特为 M3 型，掺入一定量的 SO_3 后，熟料中阿利特向 M1 型转变（图 1.121）。在低温煅烧制度下，即使生料中不掺加石膏，熟料中阿利特主要是以 M1 型存在，但是在高温煅烧制度下，阿利特主要以 M3 型存在（图 1.122），这主要是由于熟料中 MgO 含量较高，稳定了高温态 M3 型阿利特。在高温煅烧条件下，生料中掺加石膏可稳定 M1 型阿利特（图 1.123 和图 1.124）。因此，生料中石膏的掺入可稳定正常煅烧状态下 M1 型阿利特，提高水泥熟料的胶凝性。

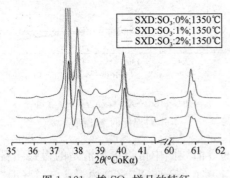

图 1.121　掺 SO_3 样品的特征
窗口区的 XRD 图

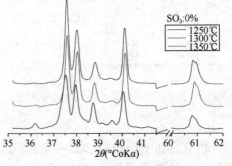

图 1.122　不加 SO_3 样品的特征
窗口区的 XRD 图

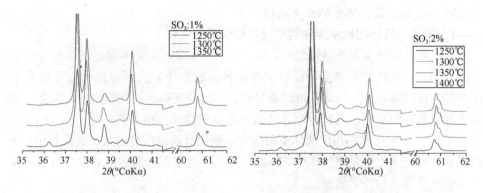

图 1.123　掺 1.0%SO₃ 样品的 XRD 图　　图 1.124　掺 2.0%SO₃ 样品的 XRD 图

1.4　水泥熟料矿相组成优化及应用

近几十年来对水泥熟料的研究几乎都在 C_3S-C_2S-$C_4A_3\bar{S}$ 三个主要相形成的系统中。根据矿物 C_3S-C_2S-$C_4A_3\bar{S}$ 三者之间的比例，水泥熟料被分为：硅酸盐水泥熟料，贝利特-硫铝酸盐水泥熟料，硫铝酸盐水泥熟料和阿利特-硫铝酸盐水泥熟料（图 1.125）。硅酸盐水泥熟料主要是以硅酸盐矿物阿利特和贝利特为主，阿利特含量在 50%～70%，贝利特含量在 10%～20% 时是硅酸盐水泥熟料，然而贝利特为主时则成为贝利特水泥熟料；贝利特-硫铝酸盐水泥熟料主要是以贝利特和硫铝酸钙矿物为主，一般贝利特含量为 50%～60%，硫铝酸钙含量为 20%～30%；硫铝酸盐水泥熟料也是以贝利特和硫铝酸钙矿物为主，但它们的含量比例发生了变化，硫铝酸盐含量为 55%～75%，贝利特含量为 15%～30%；阿利特-硫铝酸盐水泥熟料主要是以阿利特为主，其含量为 50%～70%，贝利特含量为 5%～15%，硫铝酸钙含量为 5%～10%。本课题主要是研究了硅酸盐体

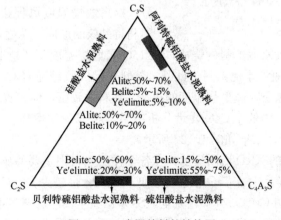

图 1.125　水泥熟料的结构图

101

系和阿利特-硫铝酸盐体系的水泥熟料。

1.4.1 高阿利特硅酸盐水泥熟料中阿利特含量的优化

在通常硅酸盐水泥熟料体系中，C_3S 是水泥强度的主要来源，其含量一般为 50％～60％。提高 C_3S 含量可提高水泥熟料的胶凝性，从而可以大幅度提高水泥中混合材的掺入量。为此，可以通过调整率值改变熟料的化学组成，优化硅酸盐水泥熟料矿相匹配。突破传统硅酸盐水泥熟料组成范围，开展高 C_3S（C_3S 含量大于 65％）水泥熟料相组成体系的研究，确定高胶凝性硅酸盐水泥熟料中 C_3S 的最佳含量，优化水泥熟料相组成匹配，为高性能水泥熟料组成的设计与制备技术提供指导意义和科学依据。

突破传统硅酸盐水泥熟料组成范围，C_3S 含量须在 65％以上，为增加水泥中混合材的掺入量提供条件。选择设计硅酸盐相含量为 80％，其中 C_3S 含量分别占 65％（C1），70％（C2），75％（C3），80％（C4）。中间相组成设计共为 20％，C_3A 相含量为 8％，铁相固溶体为 12％。采用石灰石，黏土、钢渣、粉煤灰、石膏工业原料根据矿物组成设计进行配料。

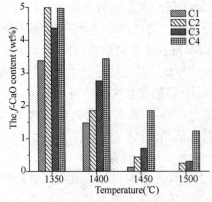

图 1.126　不同煅烧温度下 f-CaO 的含量

熟料样品中的 f-CaO 含量从 C1 到 C4 样品逐渐增加（图 1.126）。四组熟料样品中除 C4 外 f-CaO 含量在 1450℃煅烧下明显低于 1％。C1 熟料样品在甘油乙醇加热萃取下未变红，即 C1 熟料样品中在 1500℃煅烧温度下几乎没有 f-CaO。表明：煅烧温度对高胶凝性硅酸盐水泥熟料中的 f-CaO 含量有很大影响。因此，在不掺加矿化剂的条件下，高 C_3S 含量高胶凝水泥熟料必须在较高温度下反应才充分，提高煅烧温度可促进 CaO 的溶解和阿利特晶核的形成。总之，煅烧温度越高越有利于高胶凝性水泥熟料的烧成，在 1500℃煅烧温度下才能制备出 C_3S 含量高于 70％的高胶凝性水泥熟料。此外，熟料样品的收缩随着 C_3S 含量增加而变大。从熟料外观来看，随煅烧温度的提高，熟料块致密，体积收缩大。

基于熟料样品中的 f-CaO 含量分析结果，对 1500℃煅烧温度下四组熟料样品进行 XRD 分析，结果如图 1.127 所示。

由熟料样品的 XRD 谱图显示：在各个样品熟料中主要的矿物是 C_3S，C_2S，C_3A 和 C_4AF，样品中 f-CaO 衍射峰较低，说明含量较少。$CaCO_3$ 和 SiO_2 衍射峰未检测到，说明 $CaCO_3$ 分解较完全，SiO_2 已完全反应。熟料中 C_3S 和 C_2S 矿相的衍射峰 C_3S（$d=0.176nm$）的衍射峰为非重叠峰看出，从熟料样品从 C1 到

C4 中 C_3S（$d=0.176$ nm）的衍射
峰相对强度逐渐增加，说明在
1500℃煅烧温度下制得的熟料样品
与设计熟料中 C_3S 含量变化趋势相
一致。借助 XRD 的 K 值法（QXRD）
测定熟料中 C_3S 的含量，以 $\alpha\text{-}Al_2O_3$
为内标物，并结合 Bogue 法进行比
较。QXRD 测定法得到熟料中 C_3S
含量分别为 60.1%，68.7%，72.9%
和 78.1%。熟料样品中 C_3S 含量从
C1 到 C4 逐渐增加，与上述结论一
致。通过熟料组分的化学分析进行

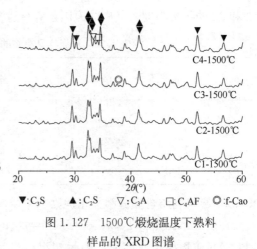

图 1.127　1500℃煅烧温度下熟料
样品的 XRD 图谱

Bogue 法计算 C_3S 含量，C_3S 含量分别为 63.5%，70.4%，76.7% 和 78.4%。
QXRD 测定法与 Bogue 计算值较为接近。两者误差最大值为 5%。在本试验条件
下，可制备出 C_3S 含量高达 78% 的高胶凝性硅酸盐水泥熟料。

　　在制备高阿利特含量硅酸盐水泥熟料的基础上，研究了矿相组成与熟料胶
凝性的关系。为了避免熟料样品的粒度对其胶凝性的影响，本试验严格控制了熟
料的粒度分布，粒度分布如图 1.128 所示。按照国家标准方法测定了 C1 组样品
的标准稠度为 0.29，则选取 W/C 为 0.29 的水灰比测定了 1500℃煅烧温度下的
四组水泥浆体的强度，性能测定方法按照国家标准进行测量，结果见表 1.33。
水泥的净浆抗压强度表明水泥的 28d 抗压强度主要取决于熟料中阿利特的含量，
但是并非呈线性关系。熟料中阿利特含量在 75% 左右时，熟料的 28d 抗压强度
达极限值。水泥熟料的早期抗压强度随着阿利特含量的增加而减少，尤其体现在

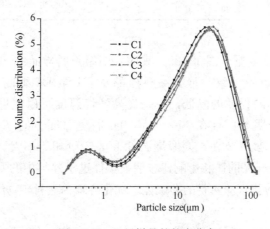

图 1.128　C 组样品的粒度分布

1d 和 3d 的抗压强度。其中的原因还有待进一步的研究。

表 1.33　水泥样品净浆的抗压强度（MPa）

sample	water cement ratio	compressive strength（MPa）			
		1d	3d	7d	28d
C1		19.7	47.3	74.1	89.9
C2	0.29	16.4	43.0	75.0	91.9
C3		16.5	37.6	72.9	97.5
C4		7.7	27.0	54.8	64.3

1.4.2　高阿利特含量硅酸盐水泥熟料中中间相含量的优化

在研究水泥熟料中 C_3S 矿相最佳含量的基础上，优化水泥熟料中间相 C_3A 和 C_4AF 矿物相组成匹配，中间相组成设计为 20%，调节两组分之间的比例，建立熟料相组成与熟料性能之间的关系。基于确定硅酸盐水泥熟料最佳含量的试验基础上，依据试验结果中的最佳 C_3S 含量，开展熟料矿相优化匹配试验。选择设计高胶凝性硅酸盐水泥熟料中 C_3S 含量为 75%，C_2S 含量 5%。中间相 C_3A 含量与铁相固溶体含量组成设计为 20%，调节两组分之间的比例，按照设计水泥生料的矿物组成确定生料率值进行配料。根据设计的矿相组成进行配制生料，采用原料同上，熟料制备方法同上。生料化学分析及率值控制见表 4.2。

表 1.34　优化组生料化学分析及率值（%）

sample	loss	SiO_2	Al_2O_3	Fe_2O_3	CaO	KH	SM	IM
D1	35.29	13.05	3.05	2.54	42.90	1.01	2.33	1.2
D2	35.08	12.86	3.57	2.51	43.54	1.02	2.12	1.42
D3	34.63.	13.04	3.46	1.98	43.25	1.01	2.39	1.75
D4	35.68	13.20	3.68	1.12	43.82	1.01	2.75	3.28

注：M（match）。

熟料中 f-CaO 含量（图 1.129）表明：四组熟料样品中 f-CaO 含量在不同煅烧温度下变化趋势一致，对于熟料样品从 D1 至 D4 组随着煅烧温度升高 f-CaO 含量均有不同程度的降低，说明提高煅烧温度可以促进熟料的烧成。其中，D3 样品尤其明显，且在 1400～1500℃煅烧温度下的 f-CaO 含量均低于 1%。值得注意的是，D2 在不同煅烧温度下 f-CaO 相差不大。由此说明：煅烧温度对 D3 组熟料样品的矿相影响比较明显，促进了熟料中的 C_3S 的形成，明显改善了高胶凝硅酸盐水泥熟料的易烧性。优化合理的熟料矿物组成有利于熟料矿相的形成。

基于上述熟料中 f-CaO 含量分析结果，样品 D2、D3 不同程度地影响了高

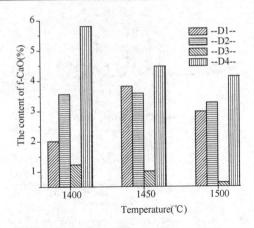

图 1.129　熟料中 f-CaO 随煅烧温度的变化

胶凝性硅酸盐水泥熟料的烧成。选取样品 D2 与 D3 样品进行了差热分析，研究了熟料的形成特性，其差热曲线如图 1.130 所示。根据图谱中烧制过程的谱线，煅烧过程中所发生的一系列热效应与物理化学变化的对应关系大致可推断为：在 600~800℃ 之间的吸热峰是由于 $CaCO_3$ 的分解所产生的吸热峰，而在 1300℃ 左右的吸热峰是液相形成和阿利特晶体形成所产生的吸热峰。由图 1.130 可见，样品 D2 和 D3 样品中的 $CaCO_3$ 的起始分解温度分别是 774℃ 和 776℃，几乎是一致的。样品 D2 和 D3 出现液相的温度和 C_3S 的形成温度分别为 1333℃ 和 1332℃，只降低了 1℃。由此可知：不同配比的配料方案对煅烧过程中热效应与物理化学变化影响不大。但从谱线中的第二个吸收峰的强度来看，D3 样品吸收的热量明显比 D2 样品多，由此说明，D3 在较高的煅烧温度下进行烧成。

借助 XRD 对试样的矿相组成进行了分析研究，选取了 D2、D3 组样品分别在不同煅烧温度下进行 XRD 分析，以及优化矿相组成四组熟料在 1500℃ 煅烧温度下进行物相分析。XRD 图谱分析如图 1.131~图 1.133 所示。

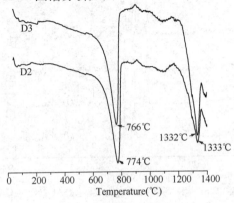

图 1.130　样品 D2、D3 的 DSC 曲线

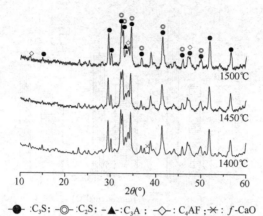

图 1.131　不同温度煅烧下 D2 熟料 XRD 图谱

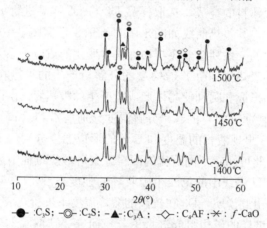

图 1.132　不同温度煅烧下 D3 熟料 XRD 图谱

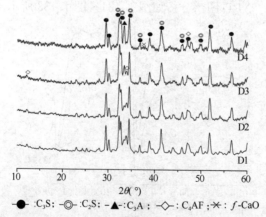

图 1.133　1500℃煅烧温度下的熟料 XRD 图谱

从图 1.131 和图 1.132XRD 衍射峰可见：XRD 衍射峰反映出熟料所形成的均是普通的硅酸盐水泥熟料矿物，主要特征峰有：C_3S 的特征峰（$d=0.303nm$，$0.261nm$，$0.176nm$，$0.163nm$），C_2S 的特征峰（$d=0.277nm$，$0.274nm$，$0.261nm$，$0.218nm$），C_3A 的特征峰（$d=0.268nm$，$0.191nm$），C_4AF 的特征峰（$d=0.264nm$，$0.149nm$）及 $f\text{-}CaO$ 的特征峰（$d=0.240nm$），并未有新的矿物相形成。$f\text{-}CaO$ 的衍射峰均随煅烧温度的升高而降低，而在较高煅烧温度下 1500℃所得熟料中 $f\text{-}CaO$ 的衍射峰明显微弱，甚至已经难以辨认，图谱中的大部分衍射峰为 C_3S 矿物的特征峰。值得注意的是：图 1.131 中 D2 熟料样品中的 $f\text{-}CaO$ 在 1400℃时的衍射峰仍然可见，在更高的温度下 $f\text{-}CaO$ 的衍射峰比较微弱，而图 1.132 中 $f\text{-}CaO$ 的衍射峰均明显微弱，说明 D3 在各个煅烧温度下 $f\text{-}CaO$ 吸收较好，$f\text{-}CaO$ 含量较低。

在硅酸盐水泥熟料体系中，C_3S 矿物在 XRD 图上衍射峰多为重叠峰，很难区分开，但阿利特在 0.176nm 处的衍射峰为非重叠峰，从图 1.133 中可以看出在各个煅烧温度下，该衍射峰强度较高，说明阿利特在体系中的含量较多，与试验设计相符合。图 1.131 显示：在各个煅烧温度下，0.268nm 处的 C_3A 衍射峰较 0.264nm 处的 C_4AF 明显微弱，这与设计 D2 样品成分有关。同理，在图 1.132 中，在各个煅烧温度下，C_3A 衍射峰强度均比 C_4AF 的衍射峰强，恰体现出了 D2 和 D3 生料配料设计的区别。在图 1.133 中，四组熟料样品中 C_3S 矿物在 0.176 nm 的衍射峰强度相似，均具有较强的衍射强度，熟料样品中 C_3S 含量较高。而且可以看出，0.268nm 处 C_3A 衍射峰与 0.264nm 处 C_4AF 衍射峰的强度有明显变化趋势，即从 D1 到 D4 样品中，C_3A/C_4AF 的含量之比呈递增趋势，与试验配料设计理念一致。

通过以上分析可知：高胶凝性硅酸盐水泥熟料易烧性较差，需在较高的煅烧温度下烧成，这与理论相一致。高胶凝性硅酸盐水泥熟料在 1500℃、保温 30min 条件下烧制而成，C_3S 矿物大量形成，而且 M3 样品中 $f\text{-}CaO$ 吸收较完全，证明了高胶凝性硅酸盐水泥熟料已形成。

制得熟料样品的粒度分析如图 1.134 所示。按照国家标准方法制得水泥，以 0.26 水灰比测定了 1500℃煅烧温度下 D 组水泥浆体抗压强度，性能测定方法按照国家标准方法进行测量，结果如图 1.135 所示。从图 1.135 可以看出：样品 D1 在早期 1d 和 3d 龄期的抗压强度较高，而后期抗压强度增长不显著。样品 D3 在水化后期 7d 和 28d

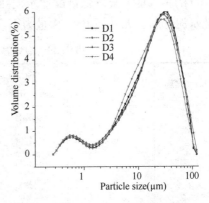

图 1.134　D 组样品的粒度分布

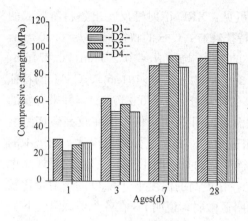

图 1.135　D 组水泥样品净浆的抗压强度

抗压强度较好，水化 7d 水泥浆体抗压强度达到 90 MPa 以上，28d 抗压强度达到 105 MPa，这可能是由于其 f-CaO 吸收较完全，熟料矿物形成较好，这与以上结论一致。由此说明：硅酸盐水泥熟料矿物相的匹配关系影响了熟料的形成，进而促进了硅酸盐水泥抗压强度性能的提高。

综上所述：C_3A 与 C_4AF 矿相是填充水泥熟料阿利特和贝利特之间的中间相，是煅烧熟料过程中的液相，液相对熟料中 C_3S、C_2S 矿相的形成起重要作用。在高胶凝水泥熟料中的液相达到合理匹配含量时，可有效改善熟料质量，提高水泥胶凝性能。本试验研究得到硅酸盐水泥熟料中最佳 C_3A 与 C_4AF 矿相匹配约为 1∶1。硅酸盐水泥熟料矿物相的匹配关系综合影响了熟料的形成，进而决定了水泥的强度性能。

1.4.3　硅酸盐水泥熟料形成热力学及动力学研究

（a）BaO

设计高阿利特水泥熟料的组成为 KH、SM、IM 分别为 0.92、2.5、1.5。BaO 在水泥熟料中的掺量为 0、0.5%、1.5%、2.5% 和 3.5%。分别在 1350℃、1400℃、1450℃ 煅烧，保温 90min，升温速率为 5℃/min，均外掺 0.6% 的 CaF_2。水泥中石膏掺量 5%，水灰比为 0.32。由熟料中 f-CaO 含量和抗压强度（表 1.35）可知：低温煅烧制度下，BaO 能够促进硅酸盐水泥熟料中 f-CaO 的吸收，在高温煅烧制度下，随着 BaO 含量的增加，熟料中 f-CaO 含量升高，因此 BaO 的引入能明显降低硅酸盐水泥熟料煅烧温度 50℃，即可在 1400℃ 制得硅酸盐水泥熟料。尤其当 BaO 掺量为 1.5% 时，水泥各龄期强度最高。

表 1.35　煅烧温度对水泥物理性能的影响

煅烧温度	BaO（质量分数%）	f-CaO（质量分数%）	抗压强度（MPa）		
			3d	7d	28d
	0	8.17	27.1	48.2	90.2
	0.5	4.98	29.9	50.8	93.3
1350℃	1.5	2.17	35.4	58.5	104.5
	2.5	2.47	29.9	54.4	101.8
	3.5	2.68	27.3	52.2	98.3

续表

煅烧温度	BaO（质量分数%）	f-CaO（质量分数%）	抗压强度（MPa）		
			3d	7d	28d
1400℃	0	4.86	30.1	53.8	95.0
	0.5	2.28	34.4	58.6	98.0
	1.5	1.01	41.9	73.7	110.4
	2.5	1.46	37.6	62.7	102.9
	3.5	1.62	35.8	59.3	99.6
1450℃	0	1.28	38.1	65.9	102.6
	0.5	2.16	36.4	62.9	98.9
	1.5	3.25	34.9	60.9	98.8
	2.5	4.57	35.0	58.2	96.0
	3.5	4.79	32.6	55.6	89.0

　　图 1.136 和图 1.137 分别是未掺 BaO 和掺入 BaO 水泥熟料的岩相照片，可以看出未掺 BaO 水泥熟料中 A 矿多为不规则的板状，其含量较多，且晶界比较清晰，尺寸较小，发育不完整。掺入 BaO 水泥熟料中 A 矿多呈板状，尺寸较大，大小不均，尺寸均匀性较低，在 A 矿内部有 B 矿和中间相等颗粒包裹物，其断面呈麻面状，结晶较差，部分 C_3S 有分解现象，矿物发育不完整。说明在较高烧成温度下，掺入 BaO 对改善生料的易烧性不利。

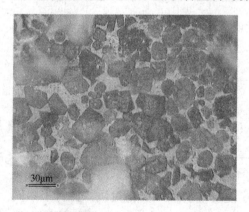
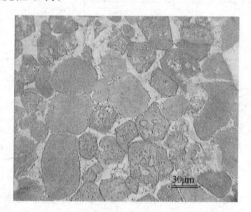

图 1.136　未掺 BaO 水泥熟料岩相照片　　　　图 1.137　掺入 BaO 水泥熟料岩相照片

　　通过对 CaO 转化率的测定，换算出阿利特形成率，进行动力学的研究。将质量分数分别为 0、0.5% 和 1.5% 的 BaO 分别掺入到组成为 KH、SM、IM 为 0.92、2.5、1.5 的熟料中，分别在 1350℃ 和 1400℃ 下煅烧，保温时间分别为 0、30、60、90、120 和 150min。测定各熟料试样的 f-CaO，通过计算得到不同保温时间和不同 BaO 掺量下试样中的 f-CaO 的百分含量。根据 f-CaO 含量即可计算出掺杂不同 BaO 量的试样在不同煅烧条件下的阿利特形成率，结果见表1.36。各熟料试样中阿利特形成率见表1.37。可以看出，在相同 BaO 掺量和煅烧温度下，阿利特的形成率 α 随着保温时间的延长均显著提高；在相同保温时间和煅烧温度下，阿利特的形成率 α 随 BaO 掺量的增加而提高。

表 1.36　1350℃和1400℃煅烧温度下熟料的 f-CaO 含量（质量分数%）

BaO（质量分数%）	1350℃下保温时间（min）					
	0	30	60	90	120	150
0	14.56	11.68	10.25	9.45	8.52	7.44
1.0	10.45	6.88	5.75	4.96	4.01	3.25
1.5	6.96	4.58	3.42	2.17	1.85	1.25
BaO（质量分数%）	1400℃下保温时间（min）					
	0	30	60	90	120	150
0	8.55	6.24	5.56	4.86	3.54	3.01
1.0	6.02	4.23	3.12	2.28	1.96	1.53
1.5	4.20	2.14	1.53	1.12	1.01	0.76

表 1.37　1350℃和1400℃煅烧温度下 C_3S 形成率

BaO（质量分数%）	1350℃下保温时间（min）					
	0	30	60	90	120	150
0	0.091	0.275	0.368	0.412	0.464	0.537
1.0	0.352	0.578	0.645	0.694	0.758	0.814
1.5	0.564	0.728	0.781	0.863	0.884	0.921
BaO（质量分数%）	1400℃下保温时间（min）					
	0	30	60	90	120	150
0	0.471	0.616	0.658	0.705	0.776	0.818
1.0	0.628	0.734	0.804	0.868	0.884	0.914
1.5	0.738	0.874	0.902	0.934	0.962	0.981

图1.138是阿利特的形成率与反应时间的关系曲线。从图1.138可以看出，在0～60min 范围内，阿利特的形成率 α 随反应时间 t 变化很快，且对于不同 BaO 掺量及煅烧温度，曲线的形式都有很大的变化。在0～60min 是生成阿利特反应的初期，晶核析出，掺杂对这一阶段的反应动力学参数有很大影响，随后掺杂对于晶核生长的动力学参数也有很大影响，从图1.138上看，在60～150min 的温度范围内，所有试样的 $f(a)$ 相对于时间 t 的曲线趋于直线，符合金斯特林格方程的特征。因此，可以初步断定在反应进行到60～150min 后，主要是由扩散速度控制的。

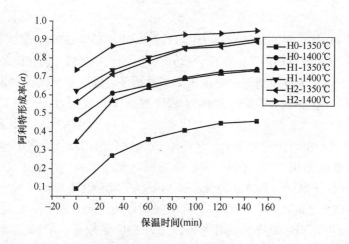

图 1.138　阿利特的形成率

　　空白样和掺有 BaO 生料样数据处理结果见表 1.38，可以看出，阿利特形成机制与三维球型对称扩散动力学模型拟合的结果表现出较大的相关系数。表明空白试样及掺杂 1.0% 和 1.5% 的 BaO 的高阿利特硅酸盐水泥熟料形成反应均满足金斯特林格扩散动力学方程 $f(a)1-2a/3-(1-a)^{2/3}=K_Tt$，反应速率主要受扩散速率来控制，这与上述推断一致；空白试样及掺杂 1.0% 和 1.5% 的 BaO 的试样，各温度下的反应速率常数分别为 $(2.6913\sim6.5009)\times10^{-5}s^{-1}$、$(7.1819\sim8.8034)\times10^{-5}s^{-1}$ 和 $(9.9329\sim11.0212)\times10^{-5}s^{-1}$，表明熟料体系中掺杂 BaO，可以使阿利特矿物形成的速率常数增大。掺有 1.0% 和 1.5% 的 BaO 试样的反应形成活化能分别为 276.42kJ/mol 和 212.53kJ/mol，与空白试样的阿利特反应形成活化能 340.34kJ/mol 相比，分别降低了 63.92kJ/mol 和 127.81kJ/mol，说明掺杂 BaO 可降低熟料形成反应的表观活化能，且随着掺量增加，降低越多。反应势垒的降低有利于液相中 C_2S 和 CaO 的结合，从而可加快阿利特的形成速率。同时，掺杂 BaO 的高阿利特硅酸盐水泥熟料的最佳煅烧温度是 1400℃。

表 1.38　试样数据处理结果

试样	烧成温度 （℃）	与模型的 相关系数 R	K （$\times10^{-5}s^{-1}$）	$\ln K$	$1/T$ （$\times10^{-4}K^{-1}$）	E_a （kJ/mol）
未掺 BaO	1350	0.99	2.6913	−10.5229	6.16	340.34
	1400	0.98	6.5009	−9.6410	5.98	
1.0% BaO	1350	0.97	7.1819	−9.5414	6.16	276.42
	1400	0.97	8.8034	−9.3378	5.98	
1.5% BaO	1350	0.96	9.9329	−9.2171	6.16	212.53
	1400	0.97	11.0212	−9.1131	5.98	

(b) SrO

设计高阿利特水泥熟料的组成为：KH＝0.92，SM＝2.5，IM＝1.5。外掺0.6%CaF$_2$。以水泥试样的 28d 抗压强度作为主要评价指标。正交试验方案见表1.39。以抗压强度为评价指标，根据正交试验结果，选取正交试验中强度最高的 B3 和 B8 试样（验证试验中编号分别为 YB3 和 YB8）及经过正交试验分析得到的最优方案 Y1 和 Y2 方案做进一步的研究。表 1.40 为正交试验验证试验结果。从表 1.40 可以看出，优选方案水泥熟料的 f-CaO 含量均较低，在 1450℃煅烧时 f-CaO 含量更低。1d 和 3d 抗压强度最高试样是 Y1 和 YB3，其煅烧温度为 1350℃；28d 抗压强度最高试样为 Y2 和 YB8，其煅烧温度为 1450℃。由于本试验中的水泥 C$_3$S 含量较高，拟将 28d 抗压强度作为主要评价指标。进一步比较 Y2 和 YB8 可见，YB8 试样保温时间短，掺入 SrO 量较少，所以选择 YB8 方案作为最佳方案。此时煅烧温度为 1450℃，保温时间 60min，SrO 掺量为 0.5% 时，该方案水泥试样的早期强度和后期强度都较高。

表 1.39   正交试验方案

编号	煅烧温度 （℃）	保温时间 （min）	氧化锶掺量 （%）
B1	1350（1）	30（1）	0.5（1）
B2	1350（1）	60（2）	1（2）
B3	1350（1）	90（3）	1.5（3）
B4	1400（2）	30（1）	1（2）
B5	1400（2）	60（2）	1.5（3）
B6	1400（2）	90（3）	0.5（1）
B7	1450（3）	30（1）	1.5（3）
B8	1450（3）	60（2）	0.5（1）
B9	1450（3）	90（3）	1（2）

表 1.40   正交试验验证试验结果

编号	煅烧温度 （℃）	保温时间 （min）	SrO 掺量 （%）	f-CaO （%）	抗压强度（MPa）		
					1d	3d	28d
Y1	1350	90	0.5	0.52	39.1	73.6	130.1
YB3	1350	90	1.5	0.42	38.4	72.1	133.2
Y2	1450	90	1.5	0.16	35.8	70.8	145.6
YB8	1450	60	0.5	0.21	36.5	71.2	143.7

(c) SrSO$_4$

采用熟料组成为：SM＝2.5，IM＝1.5，KH＝0.92。外掺 0.6%CaF$_2$。正

交试验方案见表1.41。以水泥试样的1d、3d和28d抗压强度为评价指标。根据正交试验直观分析得到优选方案 S3、S8，同时，根据正交试验计算分析得优选方案 YS1、YS2，优选方案验证结果见表1.42。分析表1.42确定 S8 试样为最好方案，即煅烧温度为1450℃、保温时间60min、$SrSO_4$ 掺量0.5％。

表 1.41　正交试验方案设计

编号	煅烧温度（℃）	保温时间（min）	$SrSO_4$ 掺量（％）
S1	1350（1）	30（1）	0.5（1）
S2	1350（1）	60（2）	1.0（2）
S3	1350（1）	90（3）	1.5（3）
S4	1400（2）	30（1）	1.0（2）
S5	1400（2）	60（2）	1.5（3）
S6	1400（2）	90（3）	0.5（1）
S7	1450（3）	30（1）	1.5（3）
S8	1450（3）	60（2）	0.5（1）
S9	1450（3）	90（3）	1.0（2）

表 1.42　正交试验验证试验结果

编号	煅烧温度（℃）	保温时间（min）	$SrSO_4$ 掺量（％）	f-CaO（％）	抗压强度（MPa）		
					1d	3d	28d
S3	1350	90	1.5	0.35	26.3	59.7	139.5
YS1	1350	90	1.0	0.39	25.4	57.2	138.1
S8	1450	60	0.5	0.19	24.8	59.1	158.3
YS2	1450	60	1.0	0.21	22.6	58.3	152.7

对力学性能较好的熟料试样进行了 XRD 分析，如图 1.139 所示。由图

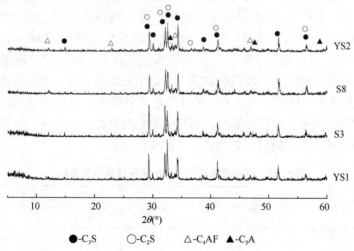

图 1.139　水泥熟料的 XRD 分析

1.139 可看出，熟料矿物主要有 C_3S、C_2S、C_4AF 及少量的 C_3A，其中 C_3S 和 C_2S 的衍射峰最强，说明 C_3S 和 C_2S 在熟料中相对含量较多或结晶程度较好。比较 S8 和 S3 的 C_3S 和 C_2S 的衍射峰，S3 的衍射峰在 XRD 谱为 $2\theta=29°\sim30°$高于 S8 的衍射峰，但 S3 的衍射峰出现重叠现象，为 C_3S 和 C_2S 的衍射峰的叠加，因此 S8 熟料中 C_3S 的含量较多，结晶程度较好。C_3S 矿物的生成说明实际熟料矿物组成与设计组成基本一致。

通过正交试验初步确定了阿利特-硫铝酸锶钙水泥熟料的组成及煅烧温度，在此基础上应用热力学原理对阿利特-硫铝酸锶钙水泥熟料的组成设计进行热力学分析。熟料矿物的匹配与优化能否实现与熟料高温矿相反应的热力学趋势有关，因此，可以应用材料热力学的基本原理计算阿利特-硫铝酸锶钙水泥熟料矿相体系的反应趋势，达到优选熟料组成，实现材料设计的目的。以 100g 熟料为计算基准，将熟料矿物的质量换算成摩尔数，再计算所需原料的摩尔数，采用 Φ 函数法计算该组成条件下的吉布斯自由能，进而判断其反应发生的趋势，指导优选熟料组成。

表 1.43 为不同组成熟料的反应标准吉布斯自由能。从表 1.43 可以看出，在掺有 CaF_2 的 A 组试样中，在石灰饱和系数和硅率不变的条件下，随着熟料铝率的增加，标准反应吉布斯自由能增加，但是增加的幅度很小，即铝率越小，反应趋势越大，考虑到新型干法工艺的要求，选择 A2 组成的率值作为较为适宜的组成。B 组是固定铝率和石灰饱和系数，可以看到，硅率越高，反映趋势越大，但生产上硅率要求不能太高，否则窑的煅烧很困难，所以选择 B2 为较理想的组成。C 组是固定铝率和硅率，改变石灰饱和系数值，可以看到，随着石灰饱和系数的增加，反应的吉布斯自由能先降低后升高，取最低值 C3 组成作为较理想的组成。A2、B2 和 C3 均有相同的率值组成，即在阿利特－硫铝酸锶钙熟料中，当硫铝酸钡钙的设计含量为 9％时，与之复合的硅酸盐水泥熟料的组成为铝率 1.5，硅率 2.5，石灰饱和系数 0.92。在该组成条件下，阿利特－硫铝酸锶钙熟料反应吉布斯自由能较小，反应趋势较大。以上分析是在固定硫铝酸锶钙设计含量为 9％的条件下，优选了与之复合的硅酸盐熟料组成。以此为基础，然后固定硅酸盐水泥熟料组成，改变硫铝酸锶钙与硅酸盐熟料的设计比例，根据试验测得的力学性能和反应吉布斯自由能做进一步研究探讨。

表 1.43 不同组成熟料的反应标准吉布斯自由能

编号	铝率 p	硅率 n	KH	反应吉布斯自由能 $(J \cdot mol^{-1})$	
				不含氟	含氟
A1	1.2	2.5	0.92	−26067.777	−30006.106
A2	1.5	2.5	0.92	−25842.526	−29755.996

编号	铝率 p	硅率 n	KH	反应吉布斯自由能（J·mol^{-1}）	
				不含氟	含氟
A3	1.8	2.5	0.92	-25669.400	-29563.600
A4	2.0	2.5	0.92	-25573.399	-29456.996
B1	1.5	2.2	0.92	-25073.537	-28887.567
B2	1.5	2.5	0.92	-25842.526	-29755.996
B3	1.5	2.7	0.92	-26283.885	-30254.198
B4	1.5	2.9	0.92	-26664.716	-30684.312
C1	1.5	2.5	0.84	-25182.500	-27671.105
C2	1.5	2.5	0.88	-23768.718	-26759.827
C3	1.5	2.5	0.92	-25842.526	-29755.996
C4	1.5	2.5	0.94	-21765.764	-25468.782

　　表 1.44 是当硫铝酸锶钙含量不同时熟料的反应标准吉布斯自由能，从表 1.44 可以看出，随硫铝酸锶钙设计含量的增加，反应的吉布斯自由能逐渐增加，也就是说反应发生的趋势越来越小，经过计算当含钡矿物的设计含量在 14% 时，其反应的吉布斯自由能为 -2260.29 J·mol^{-1}，当含钡矿物的设计含量在 15% 时，其反应的吉布斯自由能大于 0 J·mol^{-1}。根据热力学原理，反应的标准吉布斯自由能大于 0 J·mol^{-1} 意味着反应不能进行，也就是说在硅酸盐水泥熟料的铝率为 1.5、硅率为 2.5 和石灰饱和系数为 0.92 时，与之复合的含锶矿物设计含量不宜超过 14%。

表 1.44　硫铝酸锶钙矿物含量对熟料吉布斯自由能的影响

编号	硫铝酸锶钙含量 （质量分数%）	P·C 熟料含量 （质量分数%）	吉布斯自由能 （J·mol^{-1}）
G0	0	100	-54172.598
G1	4	96	-39340.44
G2	6	94	-31924.41
G3	8	92	-24508.38
G4	10	90	-17092.35
G5	12	88	-9676.32
G6	14	86	-2260.29

　　(d) $BaSO_4$

　　以高阿利特水泥熟料为基本组成，掺入少量 $BaSO_4$，在熟料中形成少量的硫铝酸钡钙矿物。选定率值和硫铝酸钡钙矿物含量作为影响因素，设计正交试验，试验方案见表 1.45，以各龄期强度值为判断依据。由正交试验直观分析得到优选方案 A1 和 A7 试样，同时经过正交试验计算分析得到优选方案 Y1 和 Y2。另外，选择与这 4 组方案组成相同的未掺杂试样（空白试样）作为参比试样，分别记为 KA1、KA7、KY1、KY2 进行对比研究（其中 KA1 和 KY1 相同，合为一组）。优选方案及试验结果见表 1.46。

表 1.45　正交试验方案

编号	硅率（n）	铝率（p）	石灰饱和系数（k）	$C_{2.75}B_{1.25}A_3\bar{S}$（%）
A1	2.3（1）	1.4（1）	0.90（1）	2.0（1）
A2	2.5（2）	1.4（1）	0.92（2）	4.0（2）
A3	2.7（3）	1.4（1）	0.94（3）	6.0（3）
A4	2.3（1）	1.5（2）	0.92（2）	6.0（3）
A5	2.5（2）	1.5（2）	0.94（3）	2.0（1）
A6	2.7（3）	1.5（2）	0.90（1）	4.0（2）
A7	2.3（1）	1.6（3）	0.94（3）	4.0（2）
A8	2.5（2）	1.6（3）	0.90（1）	6.0（3）
A9	2.7（3）	1.6（3）	0.92（2）	2.0（1）

表 1.46　优选方案及性能

编号	煅烧温度（℃）	因素				细度（%）	（f-CaO）（质量分数%）	抗压强度（MPa）		
		SM	IM	KH	硫铝酸钡钙（%）			3d	7d	28d
A1	1380	2.3	1.4	0.90	2.0	0.17	1.02	40.8	77.8	108.8
A7	1380	2.3	1.6	0.94	4.0	0.81	0.98	36.1	68.5	108.0
Y1	1380	2.3	1.4	0.90	4.0	0.63	1.09	33.6	63.8	99.1
Y2	1380	2.3	1.4	0.94	4.0	0.48	1.13	45.3	79.4	108.5
KA1	1450	2.3	1.4	0.90		0.34	1.34	28.8	46.3	85.2
KA7	1450	2.3	1.6	0.94		0.30	1.23	35.5	64.2	91.3
KY2	1450	2.3	1.4	0.94		0.08	1.26	37.1	70.4	102.3

注：Y1 和 Y2 为需验证的优方案。

从表 1.46 可以看出，优选方案水泥熟料的 f-CaO 含量均较低。A1、A7、Y1 和 Y2 水泥试样的力学性能均比各自的空白试样要好，说明掺杂 $BaSO_4$ 并引入硫铝酸钡钙矿物可以提高高阿利特水泥的性能。Y2 为最佳组成方案，其硅率 2.3、铝率 1.4、石灰石饱和系数 0.94、硫铝酸钡钙矿物引入量为 4%；其煅烧温度为 1380℃，该水泥熟料矿物组成为：$C_{2.75}Ba_{1.25}A_3\bar{S}$-4.0%、$C_3S$-65.8%、

C_2S-10.9%、C_3A-7.7%、C_4AF-11.7%。

图1.140和图1.141分别为Y2和KY2熟料试样经1%NH_4Cl水溶液浸蚀后的岩相照片。从图1.140可以看出：Y2熟料中A矿含量为65%～70%，轮廓清晰，多为不规则的板状；B矿的含量为8%～10%，其表面带有明显的交叉双晶纹，侵蚀后呈蓝色，粒度在20～40μm之间。从图1.141可以看出：KY2熟料中A矿多呈板状颗粒出现，轮廓不太规则，A矿内部有B矿、中间相等颗粒包裹物，其断面呈麻面状。A矿含量50%～55%。B矿呈较小的圆粒状，表面没有双晶纹，侵蚀后呈棕色，B矿含量15%～20%。进一步分析图1.140和图1.141可以发现，在Y2熟料中B矿呈现出明显的交叉双晶纹，经1%NH_4Cl水溶液浸蚀后呈蓝色，与A矿颜色相近。而在KY2熟料中的B矿在上述浸蚀剂条件下呈浅棕色。由此可以推测掺杂硫酸钡对B矿结构活化起到一定作用。

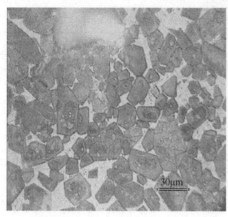 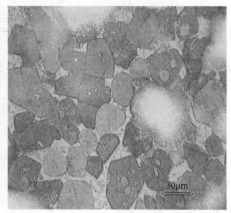

图1.140　Y2水泥熟料的岩相照片　　图1.141　KY2水泥熟料的岩相照片

通过正交试验初步确定了阿利特-硫铝酸钡钙水泥熟料的组成及煅烧温度，在此基础上应用热力学原理对阿利特-硫铝酸钡钙水泥熟料的组成设计进行热力学分析。熟料矿物的匹配与优化能否实现与熟料高温矿相反应的热力学趋势有关，因此，可以应用材料热力学的基本原理计算阿利特-硫铝酸钡钙水泥熟料矿相体系的反应趋势，达到优选熟料组成，实现材料设计的目的。以100g熟料为计算基准，将熟料矿物的质量换算成摩尔数，再计算所需原料的摩尔数；采用Φ函数法计算该组成条件下的吉布斯自由能，进而判断其反应发生的趋势，指导熟料优选组成。

表1.47为不同组成熟料的反应标准吉布斯自由能。从表1.47可以看出，在掺有CaF_2的A组试样中，且在石灰饱和系数和硅率不变的条件下，随着熟料铝率的增加，标准反应吉布斯自由能增加，但是增加的幅度很小，即铝率越小，反应趋势越大，考虑到新型干法工艺的要求，选择A2组成的率值作为较为适宜的

组成。B 组是固定铝率和石灰饱和系数，可以看到，硅率越高，反应趋势越大，但生产上硅率要求不能太高，否则窑的煅烧很困难，所以选择 B2 为较理想的组成。C 组是固定铝率和硅率，改变石灰饱和系数值，可以看到，随着石灰饱和系数的增加，反应的吉布斯自由能先降低后升高，取最低值 C3 组成作为较理想的组成。A2、B2 和 C3 均有相同的率值组成，即在阿利特-硫铝酸钡钙熟料中，当硫铝酸钡钙的设计含量为 6% 时，与之复合的硅酸盐水泥熟料的组成为铝率 1.5，硅率 2.5，石灰饱和系数 0.92。在该组成条件下，阿利特-硫铝酸钡钙熟料反应吉布斯自由能较小，反应趋势较大。以上分析是在固定硫铝酸钡钙设计含量为 6% 的条件下，优选了与之复合的硅酸盐熟料组成。以此为基础，然后固定硅酸盐水泥熟料组成，改变硫铝酸钡钙与硅酸盐熟料的设计比例，根据试验测得的力学性能和反应吉布斯自由能做进一步研究探讨。

表 1.47　不同组成熟料的反应标准吉布斯自由能

编号	p	n	KH	反应吉布斯自由能（J·mol^{-1}）	
				不含氟	含氟
A1	1.2	2.5	0.92	−26067.777	−30006.106
A2	1.5	2.5	0.92	−25842.526	−29755.996
A3	1.8	2.5	0.92	−25669.400	−29563.600
A4	2.0	2.5	0.92	−25573.399	−29456.996
B1	1.5	2.2	0.92	−25073.537	−28887.567
B2	1.5	2.5	0.92	−25842.526	−29755.996
B3	1.5	2.7	0.92	−26283.885	−30254.198
B4	1.5	2.9	0.92	−26664.716	−30684.312
C1	1.5	2.5	0.84	−25182.500	−27671.105
C2	1.5	2.5	0.88	−23768.718	−26759.827
C3	1.5	2.5	0.92	−25842.526	−29755.996
C4	1.5	2.5	0.94	−21765.764	−25468.782

　　表 1.48 是当硫铝酸钡钙含量不同时熟料的反应标准吉布斯自由能和物理性能，从表 1.48 可以看出，随硫铝酸钡钙设计含量的增加，反应的吉布斯自由能逐渐增加，也就是说反应发生的趋势越来越小，经过计算当含钡矿物的设计含量在 12% 时其反应的吉布斯自由能为 −1646.485J·mol^{-1}，当含钡矿物的设计含量在 13% 时其反应的吉布斯自由能为 3023.916J·mol^{-1}。根据热力学原理，反应的标准吉布斯自由能大于 0 意味着反应难于进行，也就是说在硅酸盐水泥熟料的铝率为 1.5、硅率为 2.5 和石灰饱和系数为 0.92 时，与之复合的含钡矿物设计含量不宜超过 12%。

表 1.48　硫铝酸钡钙矿物含量对吉布斯自由能的影响

编号	硫铝酸钡钙含量 （质量分数%）	P・C熟料含量 （质量分数%）	吉布斯自由能 （J・mol^{-1}）
G0	0	100	−54172.598
G1	4	96	−39135.907
G2	6	94	−29755.996
G3	8	92	−20376.840
G4	10	90	−11020.665
G5	12	88	−1646.485

　　除了研究 $BaSO_4$、$SrSO_4$ 对高阿利特水泥熟料结构和性能的影响，同时本专题还研究了 $BaSO_4$ 对高贝利特水泥性能的影响，采用了热力学数据对该水泥熟料进行了组成优化，并研究了 CaF_2 对贝利特-硫铝酸钡钙水泥熟料形成动力学的影响。

1.4.4　阿利特-硫铝酸盐体系水泥熟料

　　随着人们对建筑工程质量要求的不断提高，作为主要建筑材料之一的传统硅酸盐水泥的某些性能越来越不能满足工程的要求，例如其早期力学性能偏低、水泥混凝土的耐久性和稳定性等都有待进一步提高。为了进一步改善硅酸盐水泥的性能，本项目将具有突出快硬早强和水化微膨胀的矿物-硫铝酸钡钙或硫铝酸锶钙引入到硅酸盐水泥熟料体系中，通过掺杂技术和改变热历史等手段，改变熟料形成热力学和动力学，调控熟料中矿物相比例，确定硅酸盐水泥熟料的石灰饱和系数、硅率、铝率及掺杂新相的控制参数。在掺杂 $BaSO_4$、$SrSO_4$ 条件下，获得高性能低能耗熟料矿相体系和制备技术。

1.4.4.1　阿利特-硫铝酸钡钙体系水泥熟料

　　本文采用率值和煅烧温度作为正交试验的因素，试验方案见表 1.49。在阿利特—硫铝酸钡钙水泥熟料中，硫铝酸钡钙矿物的设计含量为 6.0%，硅酸盐水泥熟料为 94.0%，同时矿物体系中外掺有 1.5% CaF_2 作为矿化剂，促进阿利特较低温度下形成。

表 1.49　正交试验方案

编号	铝率 p	硅率 n	石灰饱和系数 k	煅烧温度（℃）
1F	1.0 (1)	2.0 (1)	0.84 (1)	1350 (1)
2F	1.0 (1)	2.2 (2)	0.88 (2)	1380 (2)
3F	1.0 (1)	2.5 (3)	0.92 (3)	1410 (3)
4F	1.2 (2)	2.0 (1)	0.88 (2)	1410 (3)
5F	1.2 (2)	2.2 (2)	0.92 (3)	1350 (1)
6F	1.2 (2)	2.5 (3)	0.84 (1)	1380 (2)
7F	1.5 (3)	2.0 (1)	0.92 (3)	1380 (2)
8F	1.5 (3)	2.2 (2)	0.84 (1)	1410 (3)
9F	1.5 (3)	2.5 (3)	0.88 (2)	1350 (1)

正交试验结果见 1.50，从表 1.50 可以看出各试样 f-CaO 的含量均较低，熟料没有出现"生烧"现象，说明阿利特-硫铝酸钡钙复合矿相体系在 1400℃ 以下可以烧成。正交试验分析表明，优选熟料组成方案为：硅率为 2.5，铝率为 1.5，石灰饱和系数为 0.92。优选熟料的煅烧温度为 1350℃ 或 1380℃。为了进一步验证正交试验的最佳组成关系，确定最佳煅烧温度，进行了如下试验，试验方案及结果见表 1.51。

表 1.50　水泥的物理性能

编号	细度（%）	f-CaO（质量分数%）	抗压强度（MPa）		
			1d	3d	28d
1F/1G	1.0/1.0	0.14/0.12	7.4/7.5	21.9/31.0	74.0/108.0
2F/2G	2.0/1.6	0.04/0.08	3.5/8.2	25.5/29.4	80.5/94.4
3F/3G	0.1/5.0	0.08/0.20	5.9/7.0	34.3/16.5	106.3/84.6
4F/4G	3.0/2.8	0.04/0.12	5.0/9.2	31.7/35.5	103.2/119.1
5F/5G	4.4/2.0	0.15/0.12	12.3/8.7	49.0/27.0	106.6/103.2
6F/6G	5.0/1.6	0.03/0.16	4.9/4.9	30.0/16.2	87.5/83.3
7F/7G	2.4/4.0	0.04/0.28	9.4/6.2	40.7/14.8	91.7/92.6
8F/8G	1.6/1.0	0.26/0.56	7.8/7.7	27.7/31.0	93.1/108.5
9F/9G	4.8/1.2	0.08/0.40	8.8/7.8	36.7/23.5	100.8/115.0

表 1.51　优选方案及试验结果

编号	铝率 p	硅率 n	饱和系数 k	煅烧温度（℃）	细度（%）	f-CaO（质量分数%）	抗压强度（MPa）		
							1d	3d	28d
Y1	1.5	2.5	0.92	1350	3.0	0.3	17.1	56.0	111.5
Y2	1.5	2.5	0.92	1380	1.0	0.3	20.6	59.9	113.3
YG	1.5	2.5	0.92	1450	1.0	0.4	16.5	54.9	115.0

注：Y1 和 Y2 为需验证的优方案，YG 为与 Y1 和 Y2 相同组成的硅酸盐水泥。

从表 1.51 可以看出，三个方案的 f-CaO 含量和表 1.50 的熟料一样都比较低。Y1 和 Y2 的早期力学性能都要高于 YG 的早期力学性能，比较 Y1 和 Y2 之间力学性能可以看出，Y2 熟料的力学性能要高于 Y1，特别是早期强度有所提高，说明该体系的最佳烧成温度为 1380℃。验证分析的结果表明，优选方案熟料性能要优于正交试验中其他熟料，所以采用正交试验直观分析方法达到了优选熟料组成的目的。结合熟料 XRD 和 SEM-EDS 的分析，对 Y1 及 Y2 熟料作进一步的研究和探讨。

图 1.142 是 Y1 和 Y2 熟料试样的 XRD 分析。从图 1.142 可以看出，Y1 和 Y2 熟料均出现较为明显的硫铝酸钡钙衍射峰，说明熟料中形成了一定量的硫铝

酸钡钙矿物。对比 Y1 和 Y2 熟料的 XRD 图可以看出，Y2 熟料中硫铝酸钡钙衍射峰的相对强度比 Y1 的要高，结合表 1.51 的抗压强度性能数据可以看出，Y2 试样的 1d 强度和 3d 强度均高于 Y1 试样，这可能是因为 Y2 熟料中生成的含钡矿物要高于 Y1 熟料，在 3d 龄期内 Y2 熟料充分发挥了含钡矿物优良的早强性能，所以 1d 和 3d 强度都比 Y1 及硅酸盐水泥的强度高。

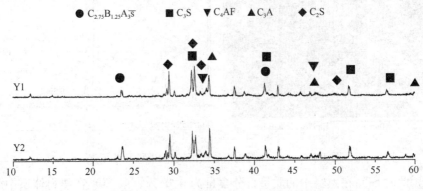

图 1.142　Y1、Y2 熟料的 XRD 分析

图 1.143 和图 1.144 是 Y2 熟料试样的扫描电镜及能谱分析。图 1.143 中 1 点、2 点结晶较为规则、呈柱状的晶体，经能谱分析确定为阿利特矿物。通过图 1.144 能明显观察到硫铝酸钡钙矿物的存在，说明硫铝酸钡钙矿物能够与硅酸盐熟料矿相体系进行复合与共存。

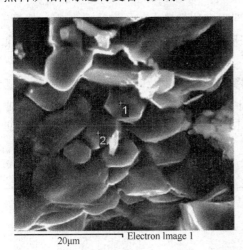
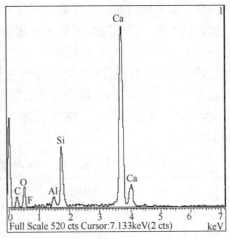

图 1.143　Y2 熟料硅酸盐矿物 SEM-EDS 分析

以优选熟料的组成为基础，即组成为 94% 的硅酸盐水泥熟料和 6% 硫铝酸钡钙矿物，其中硅酸盐水泥熟料铝率为 1.5、硅率为 2.5 和石灰饱和系数为

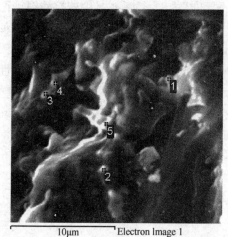
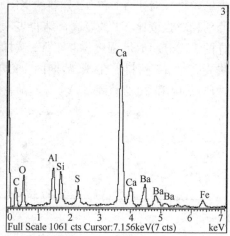

图 1.144　Y2 熟料硫铝酸钡钙矿物 SEM-EDS 分析

0.92，此时 SO_3 在熟料中的质量百分含量为 0.64%。以 SO_3 在熟料体系中的理论含量为基准，过量 20%～350% 安排试验，CaF_2 外掺 1.5%，烧成温度为 1380℃，保温 1h。试验方案及结果见表 1.52。

在表 1.52 中，gs0 是按照理论计算得出的 SO_3 含量，在 gs1 至 gs8 中 SO_3 分别过量 20% 至 350%。从表 1.52 可以看出，相对于未过掺 SO_3 的熟料，水泥力学性能有所提高，但提高的幅度不是很大。随着 SO_3 过掺量的增加，熟料早期力学性能有所增加，在过量 50% 时早期强度达到最大值，继续提高 SO_3 掺量，强度开始下降，但下降幅度较为平缓。所以选择 gs2 为 SO_3 最佳过量值，即熟料中 SO_3 过掺 50% 时效果最好。

选择 gs2 熟料进行研究，其 SO_3 过掺量为 50%，此时 BaO 在熟料中的质量组成为 1.53%。在 BaO 理论含量的基础上过量 20%、50%、80% 及 110% 安排试验，CaF_2 外掺 1.5%，烧成温度为 1380℃，保温 1h，试验方案及结果见表 1.53。

表 1.52　SO_3 掺量对熟料性能的影响

编号	SO_3 含量（%）	过量百分数（%）	f-CaO（%）	细度（%）	抗压强度（MPa）		
					1d	3d	28d
gs0	0.64	0	0.30	1.0	20.6	59.9	113.3
gs1	0.77	20	0.05	3.2	18.1	61.5	120.5
gs2	0.96	50	0.03	1.9	22.0	63.4	118.6
gs3	1.15	80	0.03	2.6	18.0	59.1	100.0
gs4	1.34	110	0.02	4.6	20.1	59.9	106.9

编号	SO₃ 含量（%）	过量百分数（%）	f-CaO（%）	细度（%）	抗压强度（MPa）		
					1d	3d	28d
gs5	1.73	170	0.30	1.0	21.3	60.4	111.1
gs6	2.11	230	0.05	3.2	21.1	57.5	115.5
gs7	2.50	290	0.03	1.9	20.9	58.6	118.7
gs8	2.88	350	0.03	2.6	18.0	56.9	120.8

从表 1.53 可以看出，当 BaO 过量 50% 时，此时 BaO 在体系中的含量为 2.28%，即编号为 Bs2，该熟料力学性能较没有过掺的熟料有所提高，继续增加 BaO 掺量，熟料的力学性能开始下降，下降的规律比较明显。因为 BaO 中钡元素是一种半径很大的重金属元素，当提供适量的钡弥补固溶消耗量时，对硫铝酸钡钙矿物的足量形成是有利的，若掺量过多，过量的钡可能在熟料体系中以游离形式出现，对熟料的力学性能产生不利影响。

表 1.53 BaO 掺量对水泥性能的影响

编号	BaO（%）	过量百分数（%）	f-CaO（%）	细度（%）	抗压强度（MPa）		
					1d	3d	28d
Bs0	1.53	0	0.03	1.9	22.0	63.4	118.6
Bs1	1.83	20	0.30	3.4	16.7	56.3	100.9
Bs2	2.28	50	0.15	2.9	24.3	65.3	120.4
Bs3	2.72	80	0.08	3.6	22.4	63.1	111.3
Bs4	3.16	110	0.08	4.0	18.9	53.4	106.6

在过掺 SO₃ 和 BaO 的基础上，改变 CaF₂ 的掺量，研究 CaF₂ 掺量对熟料力学性能的影响。试验以 Bs2 熟料组成为基础，掺入不同量的 CaF₂，试验方案及结果见表 1.54。

表 1.54 CaF₂ 对水泥性能的影响

编号	CaF₂ 掺量（%）	f-CaO（%）	细度（%）	抗压强度（MPa）		
				1d	3d	28d
F1	0.2	0.04	2.8	16.7	55.8	113.3
F2	0.6	0.03	2.9	27.7	70.6	119.0
F3	1.0	0.03	3.6	20.6	58.4	109.5
F4	1.5	0.15	2.9	24.3	65.3	120.4
F5	2.0	0.02	3.2	10.9	49.8	106.2

从表 1.54 可以看出，各试样的 f-CaO 含量都较低，熟料固相反应进行得较

为充分。掺加 CaF_2 的目的之一是促进高温型矿物阿利特的快速形成，CaF_2 的掺加量在 0.6% 时体系中 f-CaO 的含量就已经很低，早期强度达到最高，再增加 CaF_2 掺量的意义不是很大，同时增加 CaF_2 掺量还会对阿利特矿物的早期水硬性发挥产生不利影响，生产上熟料中太高含量的 CaF_2 会大大损伤和腐蚀窑的耐火材料。所以本文尽量压低 CaF_2 在体系中的掺加量。根据水泥力学性能的分析，选择 CaF_2 在熟料中的适宜掺入量为 0.6%（外掺）。

1.4.4.2 阿利特-硫铝酸锶钙体系水泥熟料

本试验将硅酸盐水泥熟料与硫铝酸锶钙矿物进行复合，制备阿利特-硫铝酸锶钙水泥熟料，其中硅酸盐水泥熟料组成为：硅率 2.5，铝率 1.5，石灰饱和系数 0.92，设计硫铝酸锶钙矿物引入量为 0%、3%、6%、9%、12%，研究硫铝酸钡钙在硅酸盐水泥熟料中最佳引入量。测定各熟料试样的 f-CaO 含量及 1d、3d、28d 龄期净浆小试体抗压强度，并与硅酸盐水泥（山东水泥厂 52.5 级普通硅酸盐水泥，标记为 PC）的强度进行比较。水泥物理性能见表 1.55。从表 1.55 可以看出，熟料中 f-CaO 的含量均较低，各组熟料烧成状况相对较好；随着引入 $Ca_{1.5}Sr_{2.5}A_3\bar{S}$ 矿物含量的增加，该水泥的力学性能先增加后减小，当 $Ca_{1.5}Sr_{2.5}A_3\bar{S}$ 矿物含量为 9.0%（D 试样）时，阿利特-硫铝酸锶钙水泥的力学性能最高，其 1d、3d、28d 抗压强度分别达到了 30.5、63.2 和 122.2MPa。

表 1.55　水泥试样的物理性能（煅烧温度为 1380℃）

编号	硫铝酸锶钙（%）	细度（%）	f-CaO（%）	抗压强度（MPa）		
				1d	3d	28d
A	0	0.33	0.564	17.3	42.3	104.6
B	3	0.39	0.976	19.5	49.6	108.6
C	6	0.56	0.650	25.4	56.0	112.8
D	9	0.54	0.583	30.5	63.2	122.2
E	12	0.88	0.793	18.2	56.1	105.5
PC	—	0.39	0.602	19.9	43.0	89.1

图 1.145 是阿利特-硫铝酸锶钙水泥熟料的 XRD 分析图谱。由图 1.145 可以看出，该熟料矿物组成为 C_3S、C_2S、C_4AF、C_3A 和 $Ca_{1.5}Sr_{2.5}A_3\bar{S}$，这五种熟料矿物可以共存于同一水泥熟料矿物体系中。

图 1.146 是 D 试样水泥熟料在反光显微镜下经 1%NH_4Cl 水溶液侵蚀后的岩相照片。从图 1.146 可以看出，A 矿（阿利特矿）体发育良好，轮廓比较清晰和完整，形状多为规则的六角板状，尺寸 15～40μm，含量约为 50%～60%，分布较为均匀。B 矿（贝利特矿）呈不规则的圆粒状，表面带有不太明显的交叉双晶纹，分布不均匀，呈棕色或棕黄色，粒度尺寸为 15～30μm，含量约为 15%。

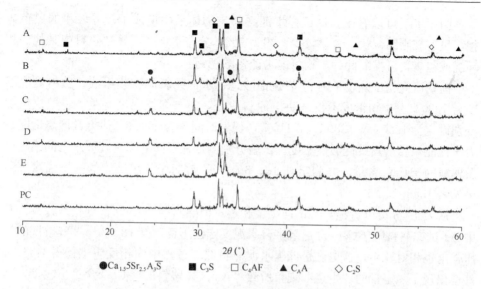

●Ca$_{1.5}$Sr$_{2.5}$A$_3\overline{S}$　■C$_3$S　□C$_4$AF　▲C$_A$A　◇C$_2$S

图 1.145　水泥熟料的 XRD 图谱

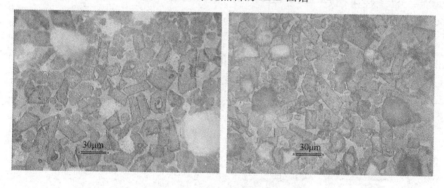

图 1.146　D 试样水泥熟料的岩相照片（1％NH$_4$Cl 侵蚀）

图 1.147 是 D 试样水泥熟料在反光显微镜下经蒸馏水侵蚀后的岩相照片。

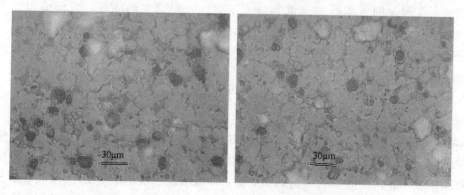

图 1.147　D 试样水泥熟料的岩相照片（蒸馏水侵蚀）

图 1.147 可以看出，D 试样水泥熟料矿物体系中形成了尺寸较小的黑色矿相，呈不规则圆粒状，含量较少，约为 9％，分布不均齐，并被熟料中其他矿相环绕或包裹，可推断此种矿物可能为硫铝酸锶钙。

前期研究初步确定了阿利特-硫铝酸锶钙水泥熟料的矿物组成，熟料煅烧温度为 1380℃。矿物组成不仅取决于原料成分，还与煅烧温度有关，将煅烧温度分别设定为 1350℃，1380℃，1410℃，保温时间均为 60min。研究其煅烧情况及力学性能，找出其最佳煅烧温度。试验分别测定在不同煅烧制度下水泥的细度以及熟料的 f-CaO 含量，并测定其 1d、3d、28d 龄期净浆小试体的抗压强度，结果见表 1.56。

从表 1.56 可以看出，各试样细度相近，但熟料的 f-CaO 含量相差较大。其中 A1 试样熟料中 f-CaO 含量最多，水泥安定性不良，其 1d、3d、28d 龄期的抗压强度也相对较小，这也许是该组水泥熟料煅烧过程中固相反应进行得不完全，甚至出现了一定量的"生烧"现象所致。A2 试样熟料的 f-CaO 含量也较多，其 1d、3d、28d 龄期的抗压强度比 A3 试样小，这也许是在水泥熟料煅烧过程中固相反应进行得不够好，以及温度过高（1410℃）导致水泥熟料"过烧"或 $Ca_{1.5}Sr_{2.5}A_3\bar{S}$ 矿物在较高烧成温度下发生缓慢分解所致。相比而言，A3 试样 1d、3d、28d 龄期的抗压强度值最大，力学性能最好，熟料的 f-CaO 含量也最少。

表 1.56 水泥试样的物理性能

编号	烧成温度（℃）	细度（%）	f-CaO（%）	抗压强度（MPa）		
				1d	3d	28d
A1	1350	0.352	0.993	22.9	63.7	114.0
A2	1380	0.469	0.783	28.2	66.7	120.5
A3	1410	0.585	1.021	15.9	55.3	103.8

通过以上分析可知，当 $Ca_{1.5}Sr_{2.5}A_3\bar{S}$ 矿物引入量为 9％时，随着烧成温度的增加，该水泥的力学性能（主要是抗压强度）先增加后降低，当烧成温度为 1380℃时，阿利特-硫铝酸锶钙水泥的 1d、3d、28d 龄期净浆小试体的抗压强度分别达到了 28.2 MPa、66.7 MPa、120.5MPa，因此，阿利特-硫铝酸锶钙水泥最佳烧成温度为 1380℃。

以优选熟料组成为基础，计算出 SO_3 在熟料中质量百分含量为 0.97％。以 SO_3 在熟料体系中的理论含量为基准，并过量 20％至 110％安排试验，同时 CaF_2 外掺 0.6％，SrO 过掺 50％，烧成温度为 1380℃，保温 1h。试验方案及结果见表 1.57。从表 1.57 可以看出，随着 SO_3 过掺量的增加，熟料早期力学性能有所增加，并在过量 50％时达到最大值，对应水泥净浆小试块 1d、3d 及 28d 抗压强度分别达 30.5MPa、63.1MPa 和 120.2MPa。继续提高 SO_3 掺量，强度开始下降，但下降幅度较为平缓。故初步确定熟料中 SO_3 适宜过掺量为 50％。

表 1.57　SO_3 掺量对熟料性能的影响

编号	过量百分数 (%)	SO_3 (%)	f-CaO (%)	细度 (%)	抗压强度（MPa）		
					1d	3d	28d
s0	0	0.97	0.49	0.28	22.4	52.7	94.0
s1	20	1.16	0.31	0.25	23.8	59.1	95.7
s2	50	1.45	0.38	0.54	30.5	63.1	120.2
s3	80	1.74	0.38	0.35	26.9	60.0	111.5
s4	110	2.02	0.37	0.34	24.6	58.5	106.4

以 S2 熟料为基础进行研究。并在 SrO 理论含量基础上过掺 50％、80％、110％及 140％，同时 CaF_2 外掺 0.6％，烧成温度为 1380℃，保温 1h。试验方案及结果见表 1.58。从表 1.58 可以看出，随着 SrO 过掺量的增加，水泥的力学性能明显增强，并在 80％时达到最高，继续增加 SrO 过掺量，水泥力学性能开始下降且趋势明显。观察编号 Sr2 对应的水泥力学性能发现其早期强度较高，后期增进率也较稳定，对应水泥净浆小试体的 1d、3d 和 28d 抗压强度分别达到 32.8MPa、66.8MPa 和 126.4MPa，展现了良好的力学性能。这可能是因为适当过量的锶可以弥补其在其他熟料矿物中的固溶消耗量，对硫铝酸锶钙矿物的充分形成是有利的。但当掺量过多，SrO 可能在熟料体系中以游离形式出现，反而对熟料的力学性能产生不利影响。

表 1.58　SrO 掺量对水泥性能的影响

编号	过量百分数 (%)	SrO (%)	f-CaO (%)	细度 (%)	抗压强度（MPa）		
					1d	3d	28d
Sr0	0	3.18	0.71	0.61	23.5	57.0	96.2
Sr1	50	4.70	0.58	1.09	29.9	62.4	118.5
Sr2	80	5.59	0.86	0.59	32.8	66.8	126.4
Sr3	110	6.46	1.18	0.47	28.4	58.7	106.3
Sr4	140	7.31	1.39	0.34	25.6	54.5	102.1

当 SO_3 和 SrO 分别过掺 50％与 80％时，即以 Sr2 熟料组成为基础，研究 CaF_2 掺量对熟料煅烧和性能的影响。试验方案及结果见表 1.59。可以看出，在 CaF_2 外掺 0％及 0.3％时烧成熟料试样的 f-CaO 的含量较高，而当其掺量大于 0.6％时各试样的 f-CaO 含量均较低，说明熟料固相反应进行得较为充分。从表 1.59 还可以看出，当 CaF_2 掺量为 0.9％时，其各龄期强度最高，但仅比 CaF_2 掺量为 0.6％时的强度略高。故本研究选择 0.6％为 CaF_2 在熟料中最佳掺量。

表 1.59　CaF₂ 对水泥性能的影响

编号	CaF₂ 掺量 (%)	f-CaO (%)	细度 (%)	抗压强度 (MPa)		
				1d	3d	28d
F0	0	2.73	0.62	18.6	48.3	104.8
F1	0.3	1.26	0.94	23.5	56.5	106.2
F2	0.6	0.86	0.79	32.8	67.7	126.4
F3	0.9	0.63	0.76	33.7	69.3	128.5
F4	1.2	0.29	0.43	28.2	51.4	116.3

1.4.4.3　阿利特-硫铝酸钙体系水泥熟料

制备阿利特-硫铝酸钙体系水泥熟料主要的关键科学问题是阿利特与硫铝酸钙矿物的共存，因为阿利特在 1450℃ 形成，而硫铝酸钙矿物在 1350℃ 开始大量分解，从热力学角度来说，两者难以共存，为了实现两者的共存，前人通过在生料中掺加矿化剂（如 CaF2、CuO、ZnO 等）降低阿利特的形成温度，实现了两者的共存，但是熟料中阿利特含量较低，难以得到提高。熟料中由于引入了少量的硫铝酸钙，水泥的早期强度得到了大幅度提高，但是由于阿利特含量较低，限制了水泥的后期强度，水泥熟料的早期和后期强度得不到匹配发展。针对这个问题，本课题提出了新的技术途径（图 1.148），在实现两者的基础上，提高熟料中阿利特含量，即通过调控冷却过程中该体系水泥熟料的形成化学，在制备高阿利特含量硅酸盐水泥熟料的基础上，实现两者的共存。在升温过程中，其工艺过程与硅酸盐水泥熟料的制备工艺相同，随着温度的升高原料通过吸热经过脱水，分解等一系列物理化学过程；当温度升至 1000℃ 左右时，原料分解的氧化物通过放热发生固相反应，形成贝利特（C₂S）、硫铝酸钙矿物和其他的铝酸盐、铁铝酸盐等过渡相；温度升至 1250℃ 左右时，部分中间相熔融形成液相，阿利特通过液相开始生成，同时硫铝酸钙矿物也会发生分解，形成 C₃A 和 CaSO₄，部

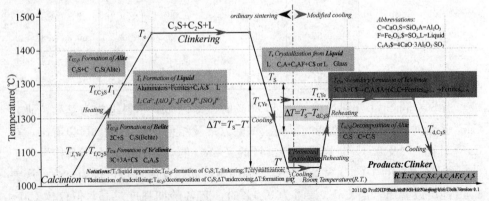

图 1.148　阿利特-硫铝酸盐体系水泥熟料形成化学及工艺模型图

分 $CaSO_4$ 发生分解产生 SO_3 挥发；温度升至 1450℃时，大量的阿利特形成，硫铝酸钙矿物分解结束，制备高阿利特的硅酸盐水泥熟料；在冷却过程中，液相发生析晶，部分 C_3A、铁相固溶体和 $CaSO_4$ 以及其他硫酸盐矿物会析晶出来。本课题试图在冷却中使析晶出的 C_3A 与 $CaSO_4$ 发生反应，再次形成硫铝酸钙矿物，实现高含量阿利特硅酸盐水泥熟料中引入适量的硫铝酸钙矿物。为此，本课题展开了一系列的研究。

（1）煅烧过程中阿利特形成的作用因素

使用化学纯试剂，按表 1.60 进行配料设计。各个因子的取值及烧成制度见表 1.61。基于试验设计矩阵得到的矿物含量见表 1.62。

表 1.60　空白样品的化学组成、Bogue 法计算得到的矿物含量与配料参数

SiO_2	Al_2O_3	Fe_2O_3	CaO	KH*	SM	IM	C_3S	C_2S	C_3A	C_4AF
23.4	5.57	3.1	67.93	0.88	2.2	1.4	53.6	21.8	8.21	12.41

表 1.61　各个因子的取值与代码的对应关系

Notation	Factor	Low level		Intermediate level		High level	
		Coded	Actual	Coded	Actual	Coded	Actual
M	MgO content（%）	−1	0	0	2	1	4
S	SO_3 content（%）	−1	0	0	1.5	1	3
T	Temperature（℃）	−1	1450	0	1500	1	1550
t	Time（min）	−1	30	0	75	1	120

表 1.62　基于试验设计得到的矿物含量与各因子代码

Run No.	Factors				Phase compositions（%）				
	M	S	T	t	C_3S	C_2S	C_4AF	C_3A	f-CaO
1	0	0	0	0	51.5	28.3	14.1	2.9	2.4
2	1	−1	−1	−1	49.8	27.1	11.3	7	2.5
3	−1	1	1	−1	32.4	41.1	11.1	10.4	5
4	1	1	1	1	53.6	25.5	12.4	4.5	1.9
5	0	−1	0	0	56.9	23.9	13.7	3.4	0.7
6	0	1	0	0	50.2	29.7	14.1	3.1	1.7
7	−1	1	1	1	49.3	28	11	10.5	1.1
8	−1	1	−1	1	16.9	52.4	12.2	11.2	7.3
9	1	−1	1	1	57.7	23.5	11.8	3.5	0.5
10	0	0	0	−1	47.6	31.4	14.1	3.5	3.3
11	0	0	0	0	51.1	29.7	13.3	2.9	2

续表

Run No.	Factors				Phase compositions（%）				
	M	S	T	t	C_3S	C_2S	C_4AF	C_3A	f-CaO
12	0	0	1	0	56.8	23.7	14.7	2.9	1.2
13	0	0	0	0	50.8	29.9	13.6	2.8	2.1
14	1	1	−1	1	46.4	31.7	13.1	4.9	1.4
15	0	0	0	0	57.6	24.2	13.7	2.4	1.4
16	−1	−1	1	1	54.6	23	10.2	11.7	0.5
17	0	0	0	0	54.6	25.6	14.6	2.8	1.5
18	0	0	−1	0	47.3	32.4	13.5	3.1	2.6
19	−1	−1	1	−1	55.5	22.6	9.9	11.4	0.5
20	1	1	1	−1	40	34.8	13.4	6.4	2.4
21	1	1	1	1	48.8	28.7	13.3	4.9	0.8
22	−1	−1	−1	1	54.9	22.8	9.8	11.7	0.6
23	−1	0	0	0	36.4	35.3	10.5	13.7	4
24	−1	−1	−1	−1	54.7	22.6	8.4	12.2	1.2
25	1	−1	1	−1	56.9	22.8	12.6	5.1	0.8
26	0	0	0	1	54.6	27.2	13.7	2.2	1.3
27	1	1	1	−1	44.9	32.1	13.5	5.6	1.6
28	0	0	0	0	55.9	26	13.6	2.6	1.1
29	−1	1	−1	−1	3.2	61.6	10.5	13	10.1
30	0	0	0	0	55.8	27.1	13.1	2.2	1.1
31	1	−1	−1	0	56.9	23.5	12.2	4.3	0.7

对试验结果进行初步方差分析，结果表明对于不同矿物而言，影响其含量的主要因子不同。去除影响不明显的因子，对优选后的模型进行分析，结果见表1.63。C_3S的含量主要控制因子为 MgO、SO_3 的含量和烧成温度。SO_3 对 C_3S 的形成影响最大，主要是阻碍了其形成（t 值为负）；MgO 的影响其次，主要是有利于其形成；温度的升高也有利于 C_3S 的形成。SO_3、温度与 MgO 含量对 C_3S 的形成有交互作用（图1.149，图1.150）。对于中间相 C_4AF 而言，SO_3 和 MgO 对其含量的影响是独立的（图1.151），图中的等值线为直线。较大的掺杂量有利于 C_4AF 的形成。

表 1.63　优选因子后的方差分析

Terms	C_3S		C_2S		C_4AF		C_3A		f-CaO	
	t	p	t	p	t	p	t	p	t	p
MgO	3.14	0.004	−3.071	0.005	3.583	0.001	−4.715	0	−3.241	0.003
SO_3	−5.354	0	6.598	0	2.225	0.034			4.252	0

续表

Terms	C_3S		C_2S		C_4AF		C_3A		$f\text{-}CaO$	
	t	p	t	p	t	p	t	p	t	p
Temperature	2.793	0.01	−3.271	0.003					−3.012	0.006
MgO×SO₃	2.624	0.015	−3.363	0.002					−3.661	0.001
SO₃×Temperature	2.073	0.049	−2.54	0.018						
R^2		69.70%		76.50%		38.85%		43.39%		66.26%
R^2_{adj}		63.60%		71.80%		34.48%		41.44%		61.07%
Linear		0		0		0.001		0		0
Interaction		0.01		0.001						0.001

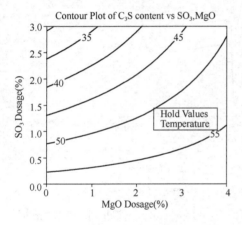

图 1.149　SO₃、MgO 对 C₃S 含量的
　　　　交互作用

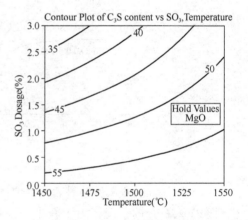

图 1.150　SO₃、温度对 C₃S 含量的
　　　　交互作用

DSC 分析从化学反应热效应的角度对 MgO、SO₃ 掺杂对熟料矿物的形成进

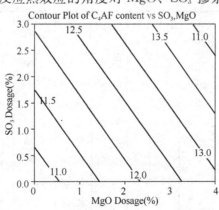

图 1.151　SO₃、MgO 对 C₄AF 含量作用

行了研究（图 1.152）。通过比较 $1300\,℃$ 左右的吸热峰，可以发现 SO_3 的掺入不利于降低液相的形成温度，然而 MgO 则可以降低液相的形成温度。这进一步证实了以上的研究结果。因此在 MgO 含量很低的情况下，仅通过掺入 SO_3，不可能通过降低液相的形成温度促进阿利特的形成。相反如果仅是 MgO，则可降低液相的形成温度促进阿利特的形成。所以对于阿利特-硫铝酸盐体系水泥熟料的制备，生料中需还有一定量的 MgO 或其他氧化物，否则不利于高含量阿利特的形成。

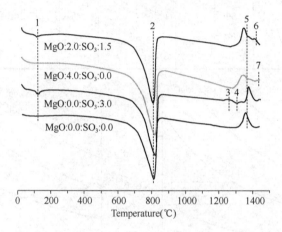

图 1.152　特定掺量 MgO、SO_3 样品的 DSC 图

以上理论分析和试验结果表明，要制备高含量阿利特的硅酸盐水泥熟料，在生料中引入石膏的情况下，生料中需要含有适量的 MgO，促进阿利特的形成。因此系统研究了 MgO、SO_3 的复合对硅酸盐水泥熟料中矿物相组成的影响，矿物组成见表 1.64。

表 1.64　不同样品中矿物组成

Labels	Temperature	Time	MgO dosage	SO_3 dosage	C_3S	C_2S	C_4AF	C_3A	f-CaO	f-MgO
M0S00	1500	60	0.0	0.0	55.32	25.96	2.00	15.11	0.77	0.85
M2S00	1500	60	2.0	0.0	61.17	19.87	14.38	2.90	0.39	1.25
M2S15	1500	60	2.0	1.5	64.12	19.30	10.31	4.51	0.83	0.91
M2S30	1500	60	2.0	3.0	50.29	37.26	2.88	7.49	0.52	1.08
M2S40	1500	60	2.0	4.0	41.74	42.02	1.56	11.42	0.46	1.46
M4S00	1500	100	4.0	0.0	60.41	21.80	6.40	6.80	0.00	1.77
M4S15	1500	100	4.0	1.5	62.26	24.24	6.36	5.29	0.00	1.85
M4S30	1500	80	4.0	3.0	56.10	30.56	4.14	6.78	0.00	2.42
M4S40	1500	80	4.0	4.0	49.14	30.47	8.85	7.15	0.33	2.67

Labels	Temperature	Time	MgO dosage	SO₃ dosage	C₃S	C₂S	C₄AF	C₃A	f-CaO	f-MgO
M6S00	1500	60	6.0	0.0	59.30	20.91	8.82	7.29	0.17	3.51
M6S15	1500	60	6.0	1.5	61.01	21.16	8.55	5.14	0.29	3.85
M6S30	1500	60	6.0	3.0	50.85	27.79	9.43	6.10	0.73	4.45
M6S40	1500	60	6.0	4.0	45.82	30.74	8.49	8.20	0.86	4.25

煅烧温度 1500℃，少量的 MgO 对阿利特的形成有利，MgO 含量较高时，仍会影响阿利特的形成，但是，如果 MgO 含量较高时，生料中引入少量的 SO₃ 可促进阿利特的形成，过量的 SO₃ 仍不利于阿利特的形成。MgO 含量一定时，熟料中阿利特含量随着 SO₃ 含量的增加发生变化，生料中 SO₃ 最佳含量为 1.5%，低于 1.5% 时，随着 SO₃ 含量的增加，熟料中阿利特含量增加，超过 1.5% 时，熟料中阿利特的含量随着 SO₃ 含量的增加而显著降低。因此要制备这样一种水泥熟料，生料中 SO₃ 的含量不应高于 1.5%。

（2）冷却过程中水泥熟料的形成化学

冷却过程中不同热处理温度下熟料的 XRD 图谱见图 1.153、图 1.154、图 1.158 和图 1.159。二次热处理制度为升温速率 10℃/min，升至指定温度 1000～1300℃，保温 0～6h。

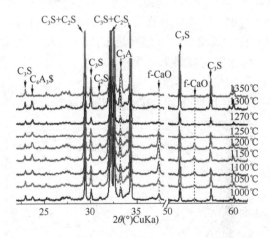

图 1.153　不同热处理温度下试样的 XRD

对于熟料中阿利特在冷却过程中的变化，根据 XRD 的衍射峰强度初步可知：随着温度的升高，1200℃ 之前，C₃S 不断分解，反应方程式为：$C_3S \rightarrow C_2S + f\text{-}CaO$，使得 f-CaO 含量不断增加，衍射峰不断增强。到达 1250℃ 时，C₂S 开始吸收 C₃S 分解的产生的 f-CaO，再次形成 C₃S。在升温至 1150℃ 时，熟料

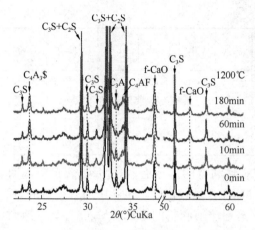

图 1.154　1200℃处理不同时间的 XRD

中的 C_3S 分解情况较为严重，但是在保温 10min 后，C_3S 衍射峰有所增强，f-CaO 衍射峰强度减弱。但是随着时间的延长，C_3S 又开始减弱，C_3S 又继续分解。这主要是由 C_3S 形成及分解动力学控制。1200℃时，随着时间延长，C_3S 产生分解，但是到 60min，C_3S 的衍射峰强度有所增加，消耗部分 C_2S 及 f-CaO，但是时间延长还是会使 C_3S 分解。1250℃时，随着保温时间的延长，C_3S 已经开始形成，衍射峰增强。在低于 1250℃，C_3S 分解产生的 f-CaO 在 1250℃保温 60min 后，f-CaO 衍射峰减弱很多，含量已经低至 0.44%，到 180min，C_3S 又分解，f-CaO 衍射峰也由此增强。1270℃，随着时间的延长，C_3S 的衍射峰不断增强，含量不断增加，C_2S 及 f-CaO 则不断减少，并且保温时间延长至 180min 时，C_3S 仍没有发生分解。

　　由于在冷却过程中 C_3S 会发生分解，并且在不同温度下，C_3S 分解的速度不同，为此系统研究了 C_3S 的分解动力学。C_3S 的分解与煅烧温度，保温时间之间的关系如图 1.155 所示。C_3S 分解速度最快是在 1050～1150℃之间。并且建立了 C_3S 分解动力学方程，其动力学方程满足 Jander 方程（图 1.156），在 1050～1150℃之间，C_3S 分解速度常数最大，根据 $\ln k$ 对 $1/T$ 作图，得 C_3S 分解活化能为 436.12kJ/mol（图 1.157）。

　　对于冷却过程中铝酸盐矿物和硫酸盐矿物的变化：1150℃之前，$C_4A_3\bar{S}$ 的

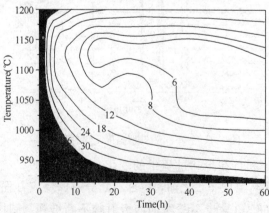

图 1.155　C_3S 含量随时间和温度的变化

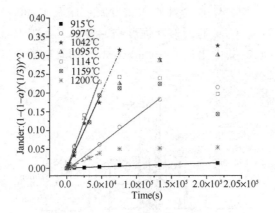

图 1.156　C_3S 分解动力学拟合方程

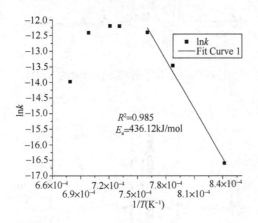

图 1.157　分解动力学常数 $\ln k$ 对 $1/T$ 作图

衍射峰强度增加趋势不明显，1150℃时衍射峰开始增强，C_3A 与 $C\overline{S}$ 反应生成 $C_4A_3\overline{S}$，反应方程式为：$3C_3A + C\overline{S} \rightarrow C_4A_3\overline{S} + 5f\text{-}CaO$。在 1250℃ 时，其中的 Ca-无水钾镁钒几乎消耗完毕，其中的 SO_3 能参与形成 $C_4A_3\overline{S}$。到 1300℃ 时，$C_4A_3\overline{S}$ 的衍射峰达到最高值，之后随着温度升高，$C_4A_3\overline{S}$ 发生分解，再次生成 C_3A 与 $C\overline{S}$，到 1350℃时，几乎已经看不到 $C_4A_3\overline{S}$ 的衍射峰了。与 $C_4A_3\overline{S}$ 的变化趋势相反，Ca-无水钾镁钒随着 $C_4A_3\overline{S}$ 的分解，衍射峰逐渐增强。随着 $C_4A_3\overline{S}$ 的二次形成，C_3A 不断减少，而 C_4AF 衍射峰也不断增强。在升温至 1150℃时，保温 10min 后，$C_4A_3\overline{S}$ 的衍射峰有所增强。但是随着时间的延长，$C_4A_3\overline{S}$ 的衍射峰继续增强。在低于 1250℃，60min 时，$C_4A_3\overline{S}$ 在衍射峰达到此温度下的最高值，含量为 6.11%，但是随着时间延长，$C_4A_3\overline{S}$ 开始分解，衍射峰减弱，C_3A 衍射峰增强，含量增加。1270℃，$C_4A_3\overline{S}$ 的衍射峰不断增强，180min 含量较高，

达到 4.33%。1300℃时，$C_4A_3\overline{S}$开始大量分解，保温 10min，从衍射峰上几乎看不到这种矿物相了。C_3A 的衍射峰强度高，含量多。在 1350℃时，$C_4A_3\overline{S}$几乎已经分解完毕，同时其中出现 Ca-langbeinite，而且随着时间的延长，硫酸盐的衍射峰愈加明显。

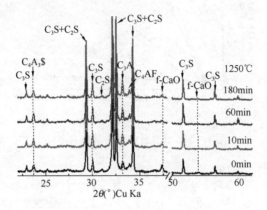

图 1.158　1250℃处理不同时间的 XRD

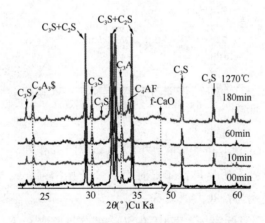

图 1.159　1270℃处理不同时间的 XRD

　　熟料的岩相分析表明：在空白样中 [图 1.160（a），（b），（c）] 阿利特形态良好，颗粒尺寸较大，颗粒边缘较清晰，还有圆形的贝利特及中间相，中间相成分均匀。而在 1250℃处理 1h 的样品 [图 1.160（d），（e），（f）] 中，可以看出阿利特与贝利特的边缘腐蚀严重，阿利特颗粒尺寸偏小，并且在中间相中出现分布不均匀的黑点，这可能是 $C_4A_3\overline{S}$ 的形成导致的。

　　通过以上分析表明：在冷却过程中硫铝酸钙的形成是通过液相中析晶出的 C_3A 和 $CaSO_4$ 矿物发生反应形成的。为此需满足该矿物反应的首要条件为：（1）要有析晶的 C_3A 和 $CaSO_4$；（2）C_3A 和 $CaSO_4$ 析晶必须要冷却至过冷度以下，

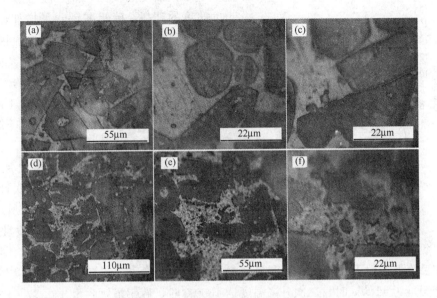

图 1.160 空白样与在 1250℃ 处理 1h 的样品

以便 C_3A 和 $CaSO_4$ 大量的析晶；（3）要实现 C_3A 和 $CaSO_4$ 的反应，需要有一定的反应温度。因此，本课题围绕冷却过程中硫铝酸钙矿物二次形成的影响因素，开展了一系列的研究。

本课题研究了过冷度和煅烧温度对硫铝酸钙矿物二次形成的影响。图 1.161 为冷却过程中，在不同的温度下保温 1h 熟料中硫铝酸钙矿物的含量。图 1.161 的结果基本符合以上 XRD 分析的结果。过冷温度在 1050～1100℃ 为较佳温度，过冷温度越低，由于硫铝酸钙矿物形成热力学的原因，形成的硫铝酸钙矿物的含量越低；过冷温度越高，越接近液相形成温度，硫铝酸钙矿物也形成得越少，这主要与反应物 C_3A 和 $CaSO_4$ 有关，过冷温度越高，形成的 C_3A 和 $CaSO_4$ 越少，从而影响硫铝酸钙矿物二次形成动力学。因此，本课题确定过冷温度在 1100℃ 时，煅烧温度与硫铝酸钙矿物形成的关系，其结果如图 1.162 所示。在冷却过程中，当熟料在过冷温度 1100℃ 下保温 1h 再升温至目标温度后，熟料中硫铝酸钙矿物含量明显得到

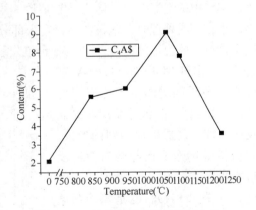

图 1.161 冷却过程中硫铝酸钙含量
随温度的变化

137

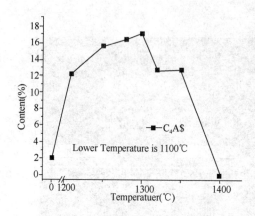

图 1.162　过冷温度 1100℃下保温 1h，
硫铝酸钙含量随二次升温温度的变化

了大幅度的提高，并且随着煅烧温度的升高，硫铝酸钙含量增加，煅烧温度达 1300℃时，熟料中硫铝酸钙矿物含量达到最大值，超过 1300℃，由于硫铝酸钙矿物的二次分解，导致硫铝酸钙矿物含量下降，1350℃后，硫铝酸钙含量急剧下降，其分解动力学发生明显的变化。

本文也研究了过冷温度为 800℃时，硫铝酸钙矿物随二次升温温度的变化，结果如图 1.64 所示。熟料中硫铝酸钙矿物含量的变化规律与过冷温度为 1100℃一致，即先增加后降低。但不同的是硫铝酸钙矿物含量在 1150℃左右时就达到了约 17%，过冷温度为 1100℃时，二次升温温度达 1300℃时，硫铝酸钙含量才达 17%。因此过冷温度降低，可促进硫铝酸钙矿物的二次形成，降低其形成温度。另外通过两次不同过冷温度条件下，硫铝酸钙矿物含量随二次升温温度的变化可知，为了促使硫铝酸钙矿物的形成，二次升温较佳温度范围为 1150～1300℃。在此基础上，确定二次升温温度在 1210℃时，硫铝酸钙矿物含量随过冷温度的变化（图 1.163），过冷温度为 850～1050℃范围较为合适，此时形成的硫铝酸钙矿物含量较高，可达到 17%左右。但是无论煅烧温度还是过冷温度如何改变，经二次处理的熟料中硫铝酸钙含量均比同温度下一次处理所得的硫铝酸钙的量高。这主要是由于在一次处理时，熟料中还存在着部分液相，使得生成 $C_4A_3\bar{S}$ 的反应不能完全进行，即边结晶，边反应，从而使其反应速率也不高。然而经过过冷之后在升温的处理过程使得 C_3A 和 $CaSO_4$ 在较低的温度下可以很好结晶，析出的量得到提高，提高反应速度，促进硫铝酸钙的形成。与硫铝酸钙形成或分解对应的反应物或产物 CaO 也会发生相应的变化（图 1.164）。但是当冷却温度在 1150℃时，二次煅烧温度为 1210℃时，$f\text{-}CaO$ 的量最高，这主要是由于 $C_3S \rightarrow C_2S + C$ 反应的存在，C_3S 在该温度段分解最快，

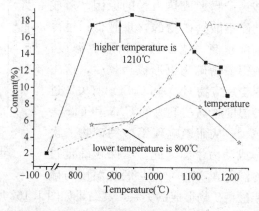

图 1.163　不同温度制度下 $C_4A_3\bar{S}$ 比较

使游离钙的量也增加。

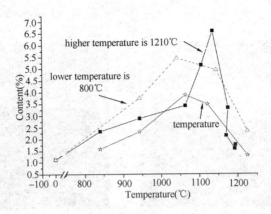

图 1.164　不同温度制度下 f-CaO 的比较

对于硫铝酸钙矿物，根据以上的研究和分析可概述为：在升温过程中 1300℃时，硫铝酸钙矿物发生大量分解，分解反应方程式如（1）。而在冷却过程中，温度越低，析晶的 C_3A 和 $CaSO_4$ 会增加，较佳的冷却温度为 850～1050℃，同时析晶的 C_3A 和 $CaSO_4$ 会发生化学反应二次生成硫铝酸钙矿物，反应方程式如（2）。另外二次升温会促进硫铝酸钙矿的形成，较佳的煅烧温度在 1250℃ 左右。

$$3CaO \cdot Al_2O_3 \cdot CaSO_4 + 6CaO \longrightarrow 3(3CaO \cdot Al_2O_3) + CaSO_4 \quad (1\text{-}15)$$
$$3CaO \cdot Al_2O_3 \cdot CaSO_4 + 5CaO \longrightarrow 3(3CaO \cdot Al_2O_3) + SO_3 \quad (1\text{-}16)$$

另外，本课题也开展了 $C_4A_3\overline{S}$ 二次形成动力学研究，硫铝酸钙、C_3A 和 f-CaO等含量随时间的变化如图 1.165 所示。在 1150℃之前，$C_4A_3\overline{S}$ 主要是以形成为主，形成速率要远远大于分解速率，但是当温度达到 1200℃之后，$C_4A_3\overline{S}$ 的最佳保温时间应低于 60min，保温时间大于 60min 时，$C_4A_3\overline{S}$ 的分解速率大于形成速率，不利于 $C_4A_3\overline{S}$ 的二次形成。温度达到 1300℃后，$C_4A_3\overline{S}$ 的分解速率加大，不利于 $C_4A_3\overline{S}$ 的形成，尤其是温度达到 1350℃时。另外根据图 1.165 的结果，拟合了 $C_4A_3\overline{S}$ 二次形成动力学方程，其结果满足 Jander 方程（图 1.166），并且二次反应主要为固相反应，根据 Arrhenius 方程，计算了 $C_4A_3\overline{S}$ 的形成活化能为 230.83kJ/mol，近似为其分解活化能的两倍。

在以上研究和理论分析的基础上，试验室利用石灰石，粉煤灰，砂岩和石膏制备了该体系的水泥熟料，其煅烧工艺是升温过程中在 1450℃下保温 30min，冷却至室温进行过冷，然后升温至 1250℃保温 60min 制得水泥熟料，并与 1450℃下保温 30min，冷却至室温制得的水泥熟料和水泥企业生产的水泥熟料进行比较。

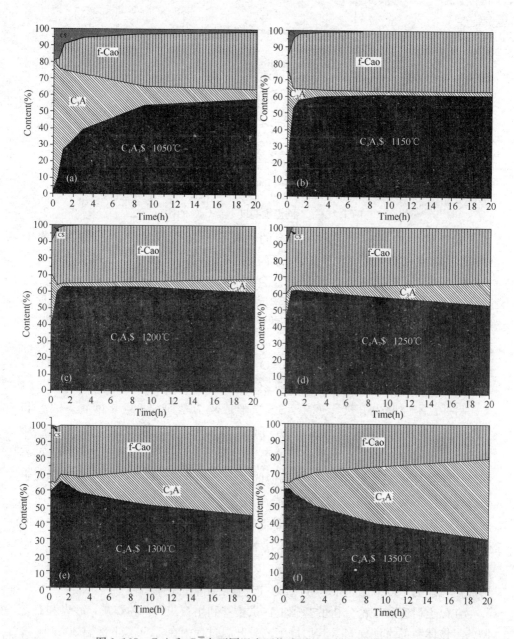

图 1.165 C_3A 和 $C\overline{S}$ 在不同温度下烧成时的矿物含量的面积图

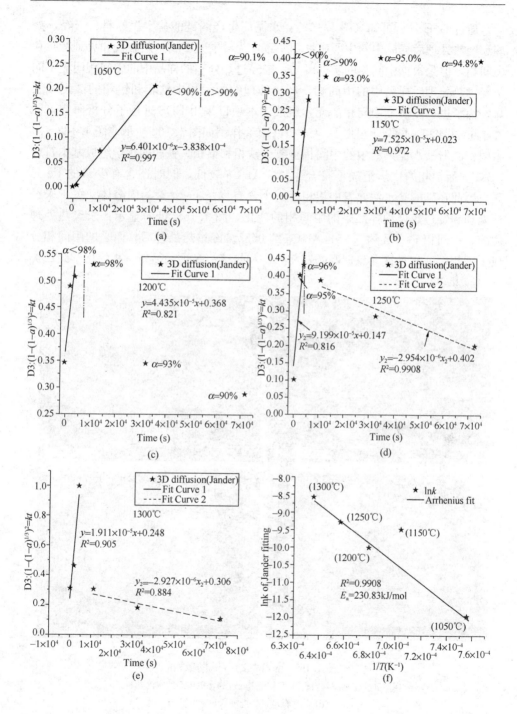

图 1.166

(a)，(b)，(c)，(d) 和 (e) 为 Jander 拟图，(f) 为 Arrhenius 拟合图

通过 BSE 分析可知（图 1.167）：水泥厂生产的硅酸盐水泥熟料、未经热处理和经热处理后样品中的主要矿物相一致，为硅酸盐矿物（阿利特和贝利特）和中间相。但是根据中间相的灰度可知：未经过热处理的样品中的中间相明显不同于经过热处理后样品中的中间相。经热处理的中间相中铁相和铝相的区别较明显。为了进一步研究中间相的元素组成，本项目采用 EDS 进行了分析研究，计算了 Fe/Ca 和 Al/Ca，根据 Fe/Ca 和 Al/Ca 作图如图 1.168 所示。图 1.168（a）表明：硅酸盐水泥熟料中的中间相主要为铁相和铝相。铁相的化学组成基本符合 C_4AF，而铝相的化学组成不符合 C_3A，Al/Ca 较低，同时还含有少量的 Fe 元素。因此在硅酸盐水泥熟料中铝相是一个含有少量 Fe 元素的固溶体。关于未经热处理和经过热处理样品中的中间相的变化，图 1.168（b）显示：未经热处理之前，中间相 Fe/Ca 约 0.25，Al/Ca 约 0.55。经过热处理后，原来的中间相分成了三相，一相是铁含量偏高的铁相，一相是硫铝酸钙，另外一相的化学组成类

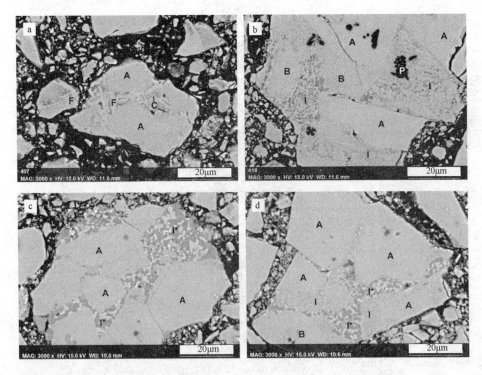

图 1.167　各样品的 BSE 图像

（a）硅酸盐水泥熟料；（b）未经热处理的含硫体系的水泥熟料；

（c）、（d）b 熟料经过热处理后得到的熟料

A—阿利特；B—贝利特；F—铁相；P—方镁石；

I—未经过热处理样品中的混合中间相；I*—经过热处理后样品中的混合中间相

似于未经热处理的中间相，但是很明显其含量大幅度的降低。

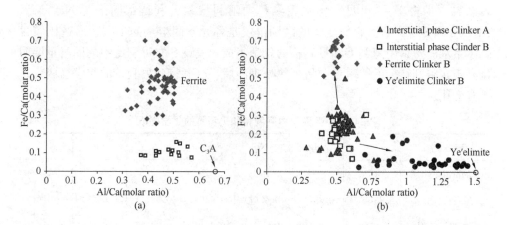

图 1.168　各样品中间相的组成

（a）硅酸盐水泥熟料；（b）未经过热处理和经过热处理后样品中的中间相的组成

Clinker A—未经热处理的熟料；Clinker B—经热处理的熟料

为了研究熟料中 S 元素的分布，首先借助 Mapping 技术找到 S 元素的位置，然后采用 EDS 进行元素分析，计算了 S/Ca，（K+Na）/Ca。为了比较热处理前和热处理后的硫铝酸钙的形成情况，对 S/Ca 和 Al/Ca 作图，如图 1.169（a）所示。热处理前，S 没有形成硫铝酸钙矿物，热处理后，熟料中形成了硫铝酸钙。图 1.169（b）显示了（K+Na）/Ca 对 S/Ca 的关系，热处理前后，一部分 S 形成了钙明矾（$2CaSO_4 \cdot K_2SO_4$），并且其含量几乎没有变化。

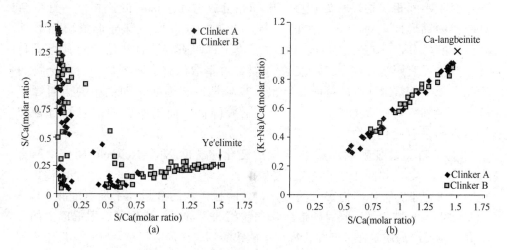

图 1.169　热处理前后样品的元素分布

（a）热处理前样品的元素分布；（b）热处理后样品的元素分布

对于阿利特和贝利特的化学组成，也采用同样的方法进行了分析，其结果见表1.65。由表1.65可见：各水泥熟料中阿利特和贝利特都固溶了 Na、Mg、Al、Fe 和 S 等元素。它们之间的区别仅仅是各元素固溶量的不同。通过比较含硫体系水泥熟料中阿利特和贝利特的化学组成，发现 S 在贝利特中的固溶量要明显高于在阿利特中的固溶量。另外热处理前后，阿利特和贝利特的化学组成几乎没有变化。

表 1. 65　各熟料中阿利特和贝利特的化学组成

熟料/矿相	Ca	Mg	Na	Si	Al	Fe	S
普通硅酸盐水泥							
阿利特(96)[a]	2.86(10)[b]	0.08(1)	0.02(1)	0.92(5)	0.08(4)	0.05(3)	0.01(1)
贝利特 (51)	1.97(3)	0.03(2)	0.02(1)	0.89(7)	0.07(3)	0.04(1)	0.01(2)
空白样熟料							
阿利特(57)	2.88(7)	0.09(2)	0.01(1)	0.89(3)	0.09(2)	0.03(2)	0.02(1)
贝利特 (25)	1.95(6)	0.04(2)	0.01(1)	0.79(2)	0.11(3)	0.04(1)	0.07(3)
新熟料							
阿利特(40)	2.93(7)	0.06(1)	0.01(1)	0.90(2)	0.08(1)	0.03(1)	0.02(1)
贝利特(22)	1.94(4)	0.03(2)	0.01(1)	0.80(3)	0.09(1)	0.03(1)	0.07(3)

由以上分析可知：对于硅酸盐矿物，热处理对其化学组成几乎没有影响，对于中间相矿物，热处理会使中间相分成铁元素偏高的铁相，并且也会有硫铝酸钙形成；对于 S 元素的分布，除了热处理后一部分形成硫铝酸钙外，还有一分部 S 在一次烧成过程中形成了钙明矾，并且热处理对其组成和含量几乎没有影响。图 1.170 是各熟料经过萃取溶解了硅酸盐相后剩余物的 XRD 图谱。从 XRD 图谱可明显看出：热处理后硫铝酸钙和铁相的衍射峰强度明显增加，对应的 $CaSO_4$ 和 C_3A 衍射峰降低，而钙明矾的衍射峰位置和强度几乎没有变化。

为了精确表征熟料中矿物含量的变化，借助 XRD-Reitveld 精修，结合 High Score Plus 软件计算了熟料中矿物的含量，结果见表1.66。表1.66清楚地反映了热处理前后各矿物含量的变化，硅酸盐矿物的含量几乎没有变化，C_3A 和 $CaSO_4$ 含量减少了，同时硫铝酸钙和铁相的含量明显增加了。根据以上的分析和化学反应的质量守恒定律，提出了硫铝酸钙二次形成机制，其化学反应方程式如下：

$$XC_3A_{1-y}F_y + aC\overline{S} \longrightarrow aC_4A_3\overline{S} + YC_4A_{2-z}F_z + bC \qquad (1\text{-}17)$$

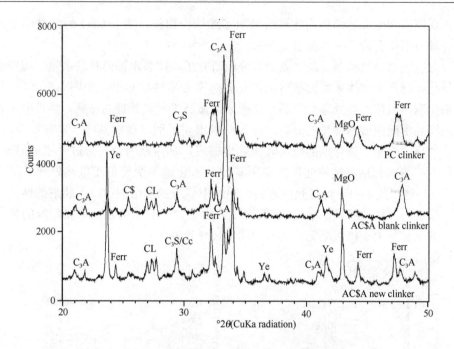

图 1.170　熟料经过萃取硅酸盐相后剩余物质的 XRD 图

表 1.66　各熟料中矿物 Reitveld 定量分析结果（质量分数％）

样品	C_3S	C_2S	硫铝酸钙	C_3A	铁相	氧化钙	MgO	$CaSO_4$	Ca钾镁钒	未分配
clinker A	55.9	9.7	0.8	8.0	3.0	0.7	1.1	0.8	2.0	18.1
clinker B	57.1	9.6	3.6	2.6	4.4	0.8	1.7	—	2.2	16.6
ΔM	+1.6	−0.1	+2.8	−5.4	+1.4	+0.1	+0.6	−0.8	+0.2	−1.5

根据以上化学反应方程式，理论计算了消耗 5.4％的 C_3A，对应的其他反应物及生成物的含量，并且和 Reitveld 定量分析的结果进行了比较，如图 1.171 所

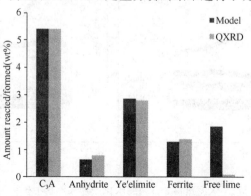

图 1.171　反应物和生成物的理论计算结果与实际结果

示。反应物和生成物的理论计算结果和实践结合相符，除了 CaO 的含量偏差较大，其原因还有待进一步的研究分析。

在以上水泥熟料制备的基础上，分析研究了该体系水泥熟料的水化。利用水化量热仪测量了该体系水泥熟料的水化放热率和累计放热量，如图 1.172 所示。在水化诱导前期，热处理的样品水化速率明显高于未热处理的样品，并且由于热处理样品中硫铝酸钙含量的提高，在该阶段出现了明显的放热峰。诱导期阶段，经热处理的样品，诱导期的持续时间明显缩短，具体原因还有待进一步的研究。但是在 C_3S 水化期，经热处理样品中 C_3S 的水化速率明显低于未热处理样品中的 C_3S，这可能是由于经过热处理后，熟料中 C_3S 的缺陷减少或者缺陷的性质发生了改变。经热处理样品水化 1d 的累计放热量大于未经热处理水泥熟料的放热量，这主要是由于硫铝酸钙矿物含量的增加导致的。

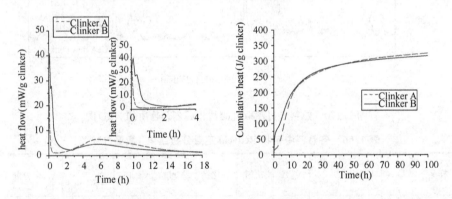

图 1.172　未经热处理和经热处理水泥熟料的水化放热曲线

通过对这两者水泥熟料 24h 内的原位水化（图 1.173）研究发现，由于经过

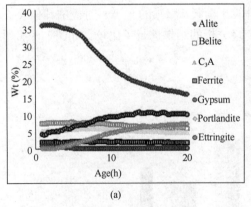

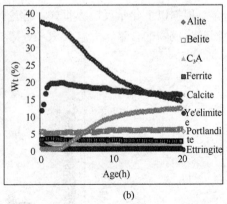

图 1.173　水泥熟料 24h 内的水化产物和熟料中矿物的含量

(a) 未经热处理水泥熟料；(b) 经热处理水泥熟料

水化产物 Aft，并且经热处理后样品水化时，Aft 的形成速度要明显高于未经热处理的样品，未经热处理样品中形成 Aft 主要是来自于熟料中的铝酸钙矿物和 $CaSO_4$ 反应形成的。由此可知：硫铝酸钙的水化速率要明显高于 C_3A 的水化速率。经热处理样品水化约 1h，Aft 含量达到极限值，随后随着水化时间的延长，其含量稍有降低，这主要是由于熟料中缺少 $CaSO_4$，形成的 Aft 逐渐向水化单硫型的硫铝酸钙（AFm）转变，而未经热处理样品中含有较多的硫酸盐，因此在水化 24h 内没有形成 AFm。阿利特水化反应动力学基本相似，在 24h 以内，大量的阿利特发生了水化反应，生产了相对应的 $Ca(OH)_2$，水化 10h 后，经热处理样品中 $Ca(OH)_2$ 的含量要明显高于未经热处理样品中 $Ca(OH)_2$ 含量，这主要是因为未经热处理样品中 C_3A 水化时会消耗一部分的 $Ca(OH)_2$，这进一步证明了 C_3A 水化速率低于硫铝酸钙的水化速率。对于贝利特，由于贝利特水化速度较慢，因此在水化 24h 以内，贝利特的含量基本没有变化。

根据两样品水化浆体微结构（图 1.174）可以看出：水化 10h，大量的水化产物 C-S-H 凝胶形成，一部分凝胶向周围扩散，一部分凝胶在阿利特的颗粒表

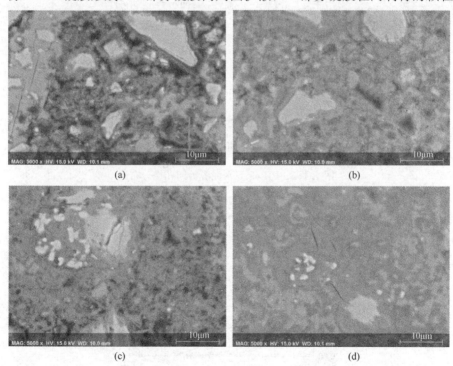

图 1.174　未经热处理和经热处理熟料水化 10h 和 3d 的微观结构图
(a) 未经热处理，水化 10h；(b) 热处理，水化 10h；
(c) 未经热处理，水化 3d；(d) 热处理，水化 3d

面形成。铁相基本没有发生水化反应。水化 3d 时，大部分阿利特已水化，但是由于贝利特和铁相水化速度较慢，仍有一部分贝利特和铁相存在。在相同的水化龄期下，经热处理样品浆体的结构较致密，孔较少，这主要是由于经热处理样品中含有较多的硫铝酸钙水化生成了具有微膨胀性能的 Aft 导致的。

根据以上的研究结果可以得知：含硫铝酸钙矿物的水泥熟料在相同龄期的条件下，浆体结构较不含或含量较少的水泥熟料浆体结构致密。为了进一步验证研究结果，本课题由以上制得的水泥熟料制备了水泥，并与 52.5 水泥比较了在相同水化龄期条件下，浆体的孔径分布和累计孔隙率，结果如图 1.175～图 1.177 所示。由孔径分布可以看出，在相同的水化龄期条件下，含硫铝酸钙矿物的水泥浆体的孔径变小，尤其是水化 1d 和 28d。水化 3d，28d 和 60d，含硫铝酸钙矿物水泥浆体中的孔径分布较宽。另外在相同水化龄期下，含硫铝酸钙矿物水泥浆体的累计孔体积明显低于 52.5 水泥浆体累计孔体积。

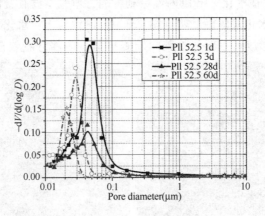

图 1.175　PII 52.5 水泥各龄期孔径分布

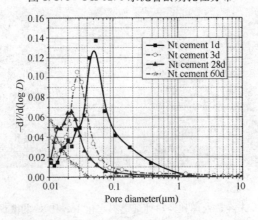

图 1.176　Nt 水泥各龄期孔径分布

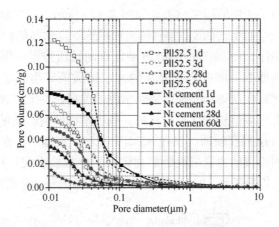

图 1.177　PII 52.5 和 Nt 水泥累计孔体积

对于该体系水泥的力学性能，本课题根据国家标准方法测试了该体系水泥的抗压强度，并与 52.5 水泥进行了比较，结果如图 1.178 所示。在水化早期 1d 和 3d 时，该体系水泥的抗压强度明显要高于 52.5 水泥。水泥 1d 和 3d 抗压强度分别达到 30MPa 和 40MPa 以上。52.5 水泥 1d 抗压强度不到 20MPa，3d 强度约 35MPa。但是当水化 28d 时，该体系水泥的抗压强度明显低于 52.5 水泥，这可能主要还是与水泥中阿利特含量及其晶体结构有关。含硫铝酸钙矿物的硅酸盐水泥熟料，由于硫铝酸钙矿物水化速率较快，导致该体系水泥凝结硬化快，难以成型，为了延缓水泥的凝结硬化时间，在该体系中掺入了少量的柠檬酸，尽管控制了水泥的凝结硬化，但是从力学强度上可以明显看出，缓凝剂的加入降低了该体系水泥的力学性能，因此对于该体系水泥的凝结硬化还有待进一步的研究。

对于含硫铝酸钙矿物的硅酸盐水泥，有研究表明：该体系的水泥能激发粉煤灰、矿渣等辅助性胶凝材料的活性，从而提高辅助性胶凝材料在水泥中的掺入

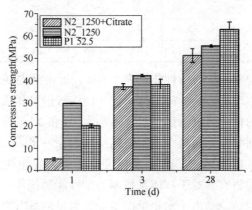

图 1.178　水泥不同龄期的抗压强度

量。本课题也得到了相同的研究结果，如图 1.179 所示。在含硫铝酸钙矿物硅酸盐水泥熟料和水泥企业生产的水泥熟料中分别掺入了 40% 的粉煤灰，根据国家标准方法测定了 1d、3d、28d 和 180d 等龄期下的抗压强度。研究结果显示：在相同的水化龄期条件下，掺 40% 粉煤灰的含硫铝酸钙矿物硅酸盐水泥的抗压强度明显较高。因此，在制得相同强度等级水泥的前提条件下，含硫铝酸钙矿物的硅酸盐水泥熟料中可多掺辅助性胶凝材料，减少水泥熟料的用量。但是，该体系水泥熟料 28d 的抗压强度较低，仅在 55MPa 左右，根据以上推测的原因，本课题制备了不同矿物组成的含硫铝酸钙矿物体系的硅酸盐水泥熟料，煅烧工艺为：冷却至室温然后二次升温至 1250℃ 保温 1h，样品的编号及矿物组成见表 1.67。

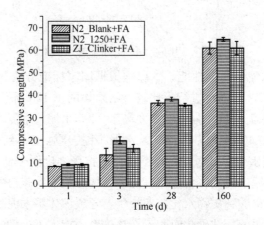

图 1.179　掺 40% 粉煤灰水泥不同龄期的抗压强度

表 1.67　水泥熟料的矿物组成

Samples	C_3S	C_2S	C_3A	C_4AF	f-CaO	MgO	Yeelimite	$C\bar{S}$
ZJ _ clinker	65.51	13.55	8.66	12.28	0.00	0.00	0.00	0.00
YL-1250-1	55.45	22.68	3.98	6.00	0.57	4.62	4.77	1.94
YM-1250-1	59.15	16.58	3.34	7.34	0.64	5.00	6.83	1.65
YH-1250-1	55.65	18.70	3.78	6.16	1.62	4.84	7.45 (9.0)	1.81

结合该体系水泥熟料的力学性能（表 1.68），可得到的结论与以上的研究结果一致，即：含硫铝酸钙矿物的硅酸盐水泥 1d 和 3d 的抗压强度明显高于水泥厂生产的硅酸盐水泥的抗压强度。但是该体系水泥 1d 和 3d 的抗压强度与硫铝酸钙矿物的含量不成线性关系，熟料中硫铝酸钙矿物含量在 6.0% 左右较佳。同时该体系水泥的 28d 的抗压强度与 C_3S 的含量也呈现了无规律性，其具体的决定性因素还有待进一步的研究。对于该体系早期力学性能的优势，以上通过微观结构和孔的分析，得到的结论是由于水化早期生成了大量的具有膨胀性能的 Aft。

表 1.68　水泥不同龄期的抗压强度 (MPa)

Sample	1d	3d	28d
ZJ _ clinker	16.18	29.40	49.58
YL-1250-1	27.38	42.90	60.85
YM-1250-1	30.15	39.68	57.18
YH-1250-1	29.15	39.55	53.03

　　为了进一步证明该材料的膨胀性能，测定了该体系水泥的膨胀率，并与水泥厂生产的硅酸盐水泥进行了比较，结果如图 1.180 所示。在相同水化龄期下，含硫铝酸钙矿物的硅酸盐水泥的膨胀率均比硅酸盐水泥的膨胀率高，这进一步证明了该体系水泥早期强度较高主要是由于产生了大量的 Aft，降低了孔径和累计孔隙率，使水泥浆体结构致密。另外，该体系水泥的膨胀率与硫铝酸钙矿物的含量成正比关系，硫铝酸钙矿物含量越高，其膨胀率越大。但是如果膨胀率过大，可能会导致在塑性阶段引入微裂缝，降低水泥的力学性能，导致水泥 1d、3d 和 28d 的抗压强度降低。

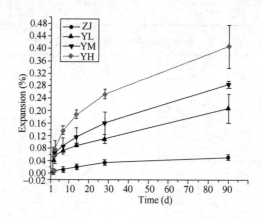

图 1.180　水泥水化不同龄期的膨胀率

1.4.5　相组成优化技术应用

　　对于本文研发的矿物组成优化技术，主要在云南宣威宇恒水泥有限公司、上海水泥厂、徐州中联水泥有限公司、镇江鹤林水泥厂等企业进行了试生产。例如云南宣威宇恒水泥有限公司日产 1500t 的回转窑利用工业废渣（铜渣和磷渣）、石灰石和砂岩作为水泥原料，根据控制参数 KH＝0.95～0.98，SM＝2.4～2.7，IM＝1.1～1.7（KH 为石灰饱和系数，SM 为硅率，IM 为铝率）进行配料，铜渣和磷渣的化学成分见表 1.69。利用工业废渣中含有少量的稀有元素，一方面降低了液相出现的温度和液相黏度，促进了阿利特的形成，提高了硅酸盐水泥熟料中阿利特含量；另一方面磷渣中含有微量的 P 元素，能稳定熟料中 β-C_2S，阻

止冷却过程中向 γ-C_2S 转变，防止了熟料的粉化。另外，根据该厂生产的水泥熟料中矿物组成也可看出（表 1.70），熟料中中间相 C_3A 和 C_4AF 的比例接近 1：1，以上的研究结果表明，C_3A/C_4AF 为 1：1 时，在正常的煅烧温度下制备阿利特含量高达 75% 的硅酸盐水泥熟料，所以 C_3A/C_4AF 为 1：1 时也可提高熟料中阿利特的含量。结合水泥熟料的矿物组成及力学性能（表 1.70），硅酸盐水泥熟料中阿利特矿物含量较高，达到 65% 左右，我国目前大多数水泥厂生产的水泥熟料中阿利特含量一般在 55%～60%，所以通过调整水泥熟料的生产工艺，大幅度提高了熟料中阿利特的含量；另外该水泥厂生产的硅酸盐水泥熟料的 3d 和 28d 抗压强度较高，3d 强度可达 35MPa，28d 强度可达 65MPa 以上，实现了本项目的预期目标，并且在生产同标号的水泥前提条件下，可提高水泥中混合材的掺入量。

表 1.69　铜渣和磷渣的化学成分（质量分数%）

原料	SiO_2	Al_2O_3	Fe_2O_3	MgO	CaO	K_2O	TiO_2	SO_3	P_2O_5	MnO	ZnO	BaO	CuO
铜渣	26.4	9.0	38.7	2.2	11.8	0.6	0.9	0.9	0.2	1.6	4.8	0.2	0.2
磷渣	39.3	4.1	0.8	1.9	48.1	0.5	0.1	0.3	1.6	0.0	0.0	0.0	0.0

表 1.70　水泥熟料的矿物组成及力学性能

样品	C_3S	C_2S	C_3A	C_4AF	MgO	f-CaO	抗压强度（MPa）	
	（质量分数%）						3d	28d
A	65.03	12.76	7.55	10.64	1.32	1.45	35.9	66.7
B	63.83	13.86	7.84	10.49	1.30	1.43	35.6	68.1
C	63.60	14.48	7.89	10.55	1.28	1.14	39.1	68.3
D	66.19	11.57	7.50	9.57	1.85	1.59	37.3	65.6
E	66.39	11.53	6.82	8.75	1.86	1.42	33.0	65.4
F	67.26	11.40	7.12	9.72	1.25	1.60	35.6	68.1

第二章 熟料分段烧成动力学及过程控制

围绕"熟料分段烧成动力学"的关键科学问题，提出原料矿物分解及反应活性的表征方法，阐明固相反应的放热效应自维持反应机理，定量描述高温熔体的性质及其随温度场变化的规律，确定悬浮态及堆积态下，强化煅烧的微观机理，建立最佳能量配置理论，实现熟料低能耗制备过程计算机模拟。

2.1 熟料形成过程的热力学与动力学理论

水泥熟料是由钙质原料、硅铝质原料混合物经高温煅烧形成的硅酸盐矿物为主的多相组成烧结体。在高温热力学条件下，物料中的化学组分经过扩散分解反应、固相反应、液相烧结等多个主控反应过程，最终形成以硅酸三钙（C_3S）为主的水泥熟料矿物相。

热力学研究表明生料中碳酸盐矿物分解是强吸热反应，需要热量约为1642kJ/kg，大于水泥熟料形成的理论净热耗。长期以来水泥窑炉技术的发展主要是围绕着加速碳酸盐矿物分解这一反应过程，包括早期回转窑中的各种换热设备、立波尔窑的加热机、预热器窑的旋风筒或立筒。预分解窑的分解炉和预热器的组合，从热力学和反应动力学两个方面较好地适应了碳酸盐矿物分解反应的要求，这不仅大大降低了水泥熟料烧成热耗，同时也为窑炉单机产量的提高创造了条件。

水泥熟料形成过程中的固相反应，包括一系列中间反应过程。固相反应在800℃左右就开始进行；在1100～1200℃则有大量的铝酸三钙（C_3A）和铁铝酸四钙（C_4AF）形成，硅酸二钙（C_2S）也达到最大量。固相反应是水泥熟料形成的关键环节，固相反应生成的 C_3A 和 C_4AF 是熟料主矿物 C_3S 形成的熔剂矿物，固相反应生成的 C_2S 则是 C_3S 形成的反应物。

液相烧结是水泥熟料形成的最后反应过程。通过液相烧结由 C_2S 吸收钙离子（Ca^{2+}），最终形成熟料的主要矿物 C_3S。由于液相的出现，液相烧结反应有较快的反应速率。但是，水泥熟料是多组分、多离子的混合体，各组分、各离子对液相性质有较大影响，进而也会影响到硅酸三钙的形成。

碱、氯、硫是存在于水泥生料和燃料中的微量元素，其存在会影响水泥熟料煅烧的动力学过程，如加速液相生成和影响液相黏度。同时，碱、氯、硫在窑炉内的高温区挥发，并在低温区冷凝，形成了窑炉内部的循环，可能在窑炉管道内壁或下料部位形成结皮、堵塞，影响窑炉的正常运行。

　　水泥熟料形成过程的热力学与动力学理论较为全面地阐述了熟料形成过程的反应机理及热熔的变化，为预分解窑技术的研发提供了理论支持，但仍有一些方面需要进行更深入的研究，包括生料碳酸盐矿物分解的新生物相的反应活性、强化煅烧条件下的固相反应及其热交换机制、快速升温条件（非平衡条件）下液相烧结及熟料形成热力学与动力学过程，以及碱、氯、硫的挥发循环及控制机理等。只有进一步研究和弄清有关熟料形成过程热力学与动力学反应过程，才能为高能效窑炉技术的创新研发和实际应用提供新的发展思路和研究方向。

2.1.1　生料矿物分解热力学与动力学理论

　　针对碳酸盐矿物分解特性，研究选取不同粒径范围的碳酸盐矿物样品，进行不同反应条件（温度、CO_2 浓度、升温速率）的非连续变温试验，通过大量的热重分解曲线发现碳酸盐矿物分解的分阶段特征（图 2.1）。

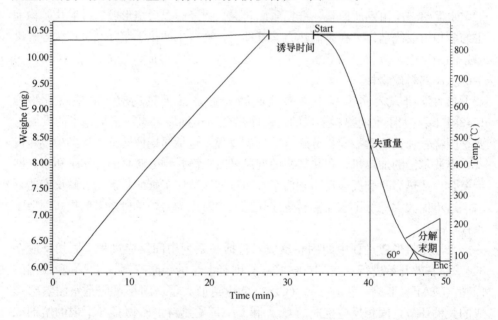

图 2.1　碳酸盐矿物在 20％浓度 CO_2 气氛下以 30℃/min 升温速率升至 850℃恒温

　　由图 2.1 可见，碳酸盐矿物分解反应存在"诱导期"和"分解期"，同时在"分解期"末端存在一个明显的减速阶段，即"分解末期"。相应地，反应时间应分为"诱导期时间"和"分解期时间"两部分，即：反应时间＝诱导期时间＋分解期时间。诱导期：在某些反应条件下升温到指定温度时，由于热阻等因素的影响，碳酸盐矿物还没有发生分解，需要经历一段时间恒温"酝酿"产生大量高于势垒的活化分子后，分解才能发生。分解期：碳酸盐矿物大量分解的阶段，其末期出现不同长度的较平缓曲线。"诱导期时间"和"分解期时间"会对碳酸盐矿物分解新生物相的反应活性产生影响，"分解末期"对于入窑生料温度及碳酸盐分解率也有重要影响。

基于上述分析，研究了不同 CO_2 浓度下的碳酸盐矿物分解反应进程，并研究了升温速率、温度和 CO_2 浓度、颗粒粒径对"诱导期"时间和"分解期"时间的影响，如图 2.2 至图 2.5 所示。

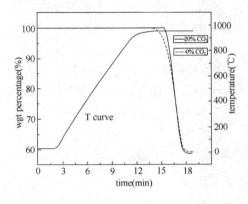

图 2.2　不同 CO_2 浓度下反应进程的对比

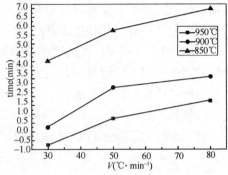

图 2.3　升温速率对"诱导期时间"的影响

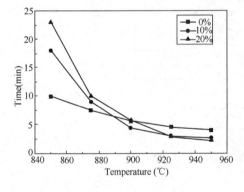

图 2.4　温度和 CO_2 浓度对"分解期"的影响

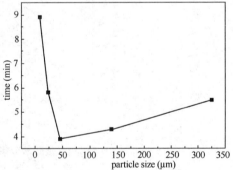

图 2.5　颗粒尺寸对"诱导期"的影响

由图 2.2 可知，0％和 20％CO_2 浓度下，两者反应时间几乎相同，但反应过程存在明显差异：相对于前者，后者"诱导期"时间较长，但"分解期"时间较短。碳酸盐矿物初始分解产生的活性 CaO 极易与环境中的 CO_2 发生逆反应又生成碳酸钙，因此"诱导期"时间随 CO_2 浓度增大而延长；而对于堆积态下的碳酸盐分解反应，当温度较高时，环境中 CO_2 浓度对反应速度影响很小，因此反应时间并不会随 CO_2 浓度提高而有显著变化。

由图 2.3 可见，温度越高，"诱导期"时间越短；对于同一温度下的分解反应，"诱导期"时间随升温速率的提高而延长，但随着温度升高，该效应越不明显。反应温度影响颗粒内部的能态，温度越高，越有助于分解反应进行，因此"诱导期"时间越短。同一温度下，升温速率越高，颗粒温度的延迟效应越明显，因此"诱导期"时间越长，而当温度提高后，延迟效应影响变小。

由图 2.4 可知，温度越高，"分解期"时间越短；在低温区（$T<830℃$），"分解期"时间随 CO_2 浓度的提高而延长，而当 $T\geqslant925℃$ 时，由于温度占主导作用，同一温度下反应时间几乎相同，当 CO_2 浓度增加时，"诱导期"时间延长，从而使"分解期"时间缩短。

由图 2.5 可知，在一定反应条件下，当碳酸盐矿物粒径为 $45\mu m$ 时，碳酸盐分解的"诱导期"时间最短。当颗粒尺寸较大时，其具有较大的传热和传质阻力，因此"诱导期"时间变长；当颗粒尺寸过小时，颗粒间易团聚，同样造成较大的传热和传质阻力。

进一步研究了温度和 CO_2 浓度对"分解末期"的影响，如图 2.6 和图 2.7 所示。

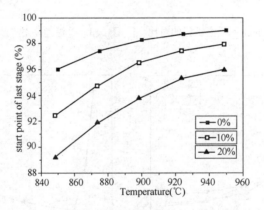

图 2.6　碳酸盐分解末期起始点变化图

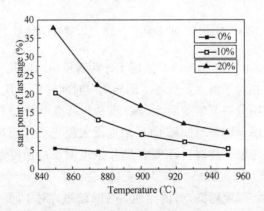

图 2.7　分解末期占分解时间比重

由图 2.6 可知，随着温度升高，分解末期起始点延后，这有助于增加碳酸盐矿物在进入反应末期前有更高的分解率；而 CO_2 浓度的增加使分解末期起始点提前。结合图 2.7 可见，CO_2 浓度的增加显著提高了分解末期占整个分解时间的比重，不过这种趋势随着温度的增高而减小。

对试验数据进行回归分析，得到碳酸盐矿物最佳分解率 α 的参考式：

$$\alpha = 0.03198a - 0.0648b + 67.2751 \tag{2-1}$$

式中，α——最佳出炉分解率（%）；a——煅烧温度（℃）；b——CO_2 浓度（%）。

由上式可知，在 CO_2 浓度一定时，碳酸盐矿物最佳分解率随煅烧温度的提高而增大。

除此，课题还对实际水泥生产企业入分解炉热生料及热生料与煤粉的混合物（即混合料）进行了不同气氛下的热力学与动力学研究，其中气氛分别选取纯 O_2、混合气氛 1（50% O_2 与 50% CO_2）、纯 CO_2 气氛，试验中载气流量为 30mL/min，温度范围为 30~1200℃，升温速率为 20℃/min。

表 2.1 列出了根据不同反应机理得到的相关系数。由表可知，在 O_2 气氛下，根据相界面反应机理 R_2 所得 $|r|$ 值较大，线性相关性较显著，拟合结果较好；而随着气流中 CO_2 分压的增加，根据成核与生长反应机理 A_1 拟合的结果较好。分析认为，反应过程同时受相界面反应机理和成核与生长反应机理控制。当反应气氛改变时，两种反应机理分别占据了主导地位。即在 O_2 气氛下，相界面反应机理 R_2 起主要作用；混合气氛下，两种机理共同起作用；在 CO_2 气氛下，成核与生长反应机理 A_1 起主要作用。

表 2.1 不同气氛下混合料的相关系数 $|r|$ 值

样品	生料			混合料		
反应机理	O_2	50%O_2 50%CO_2	CO_2	O_2	50%O_2 50%CO_2	CO_2
A_1	0.97053	0.98005	0.98428	0.97053	0.98005	0.99050
$A_{1.5}$	0.99691	0.97945	0.98396	0.99691	0.97945	0.99026
R_2	0.99937	0.97184	0.96410	0.99937	0.97184	0.97608
R_3	0.99889	0.97897	0.97178	0.99889	0.97897	0.98177

根据上述结论，选取不同气氛下最大 $|r|$ 值所对应的反应机理作为理论依据，拟合求解活化能 E 和指前因子 $\ln A$，结果见 2.2。由表可知，反应气氛及煤粉燃烧对生料分解反应的活化能有明显影响。当气氛中 CO_2 的分压增加时，生料分解反应的活化能迅速增大，反应变得难以进行。实际生产中分解炉的操作应

保证生料的分解反应在三次风条件下进行为宜。

表 2.2　生料与混合料的反应动力学参数

气氛	O_2			
样品	$\|r\|$	机理	E	$\ln A$
生料	0.99937	R_2	197.03	16.52
混合料	0.99453	R_2	154.99	11.74
气氛	$50\%O_2 50\%CO_2$			
样品	$\|r\|$	机理	E	$\ln A$
生料	0.97184	R_2	700.89	68.22
混合料	0.99616	R_2	457.65	41.99
气氛	CO_2			
样品	$\|r\|$	机理	E	$\ln A$
生料	0.98428	A_1	960.21	91.46
混合料	0.99050	A_1	806.09	76.57

2.1.2　生料矿物分解新生物相反应活性

课题研发了一套适合测试和表征微量碳酸盐分解新生物相反应活性的装置，并对堆积态和悬浮态下的碳酸盐矿物分解新生物相反应活性进行了研究。

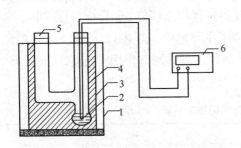

测试和表征微量样品反应活性的装置如图 2.8 所示，其测试原理是利用分解生成的氧化钙在与水反应时放出一定的热量，使反应体系温度升高，而试验已证实氧化钙的反应活性与升温速率相关性较好，所以可以用升温速率表示氧化钙的活性。该装置通过设计专门的加料装置，提高加料的准确性和重现性；由于设计了恒定的对流边界条件，减少了散热误差，提高了微量反应物活性的测试精度。常规的氧化钙活性检测方法所需样品量 75g，而课题设计的活性检测装置仅需 0.5g，就能满足定性检测要求，且灵敏度高，试验过程简单，易操作，成本低，适合科学研究采用。

图 2.8　氧化钙活性测试装置示意图
1—保温桶；2—温度传感器；3—保温层；
4—水化反应器；5—加水口；6—万用表

本测试方法对氧化钙活性的表征定义为：少量样品的测试时，以水化反应时间达到 10s 时检测到的体系温度变化值作为氧化钙样品活性的评价指标。

由于测试过程中加入的蒸馏水控制在 25℃，故氧化钙样品反应起始温度为 25℃，则活性度为反应 10s 后的温升 ΔT，公式如下：

$$\Delta T = T - T_0 (\text{℃}) \tag{2-2}$$

式中　T——反应 10s 热电势所对应的温度（℃）；T_0——反应体系的初始温度，即加入水的温度（℃）。

碳酸盐矿物分解新生物相反应活性研究分为两部分，即堆积态下和悬浮态下分解新生物相活性研究。前者易于试验，是碳酸盐矿物分解产物活性研究的通用方式，但由于实际生产中碳酸盐矿物于分解炉中是在悬浮态下进行分解的，因此后者的研究更有实际意义。

课题研究了煅烧温度、CO_2 浓度、保温时间、升温速率和颗粒粒径对堆积态下碳酸盐分解新生物相活性的影响。为此，首先进行试验确定堆积态研究中不同温度时石灰石分解所需时间。试验时样品量取 1g，平均粒径为 $45\mu m$，置于高温炉内，相隔一定时间取出样品，急冷，利用乙二醇-乙醇法进行氧化钙含量的测定，进而计算分解率。不同温度下的石灰石分解率随时间变化曲线如图 2.9 至图 2.12 所示。

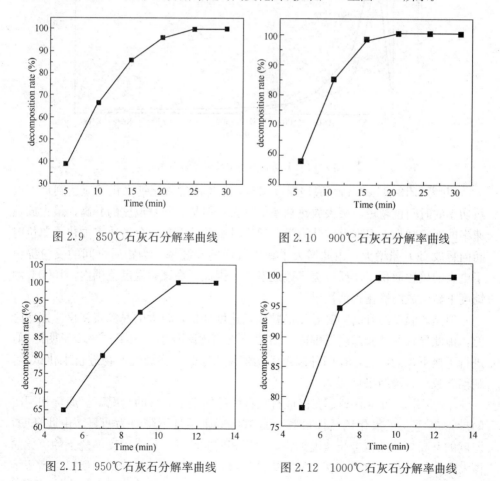

图 2.9　850℃石灰石分解率曲线　　　图 2.10　900℃石灰石分解率曲线

图 2.11　950℃石灰石分解率曲线　　　图 2.12　1000℃石灰石分解率曲线

根据图 2.9 至图 2.12 总结出不同温度下石灰石分解反应完成时间，见表 2.3。

表 2.3　不同温度下石灰石分解时间

煅烧温度（℃）	850	900	950	1000
分解时间（min）	25	15	11	9

根据表 2.3 中的分解时间，选取四种温度下分解反应刚好结束时的煅烧产物样品，进行水化试验，试验结果见图 2.13。

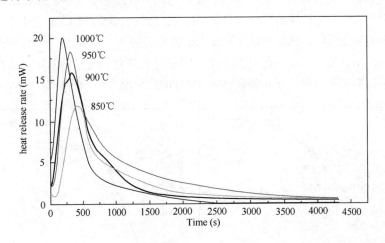

图 2.13　不同温度下氧化钙水化活性

由图 2.13 可以看到，煅烧温度越高，新生成的氧化钙水化反应达到最大放热功率的时间也越短，最大放热功率值越大；但是，随着温度的升高，最大放热速率的增幅减小。根据反应动力学，温度升高致使石灰石分解速率加快，单位时间内释放 CO_2 量增大；由此增大了颗粒表面的孔隙率，为物质之间的反应提供了更大的接触面积，使反应更迅速地发生。因此，在试验温度范围内，1000℃ 煅烧度下新生成的氧化钙活性最高。

但是，温度的升高同时导致晶粒生长速度加快，较大的晶粒将使反应速率降低，由此导致在试验温度范围内，活性的增幅逐渐减小。为了进一步说明问题，进行了接下来的试验，在四种温度下均煅烧 25min，将煅烧产物进行水化试验，观察现象。试验结果见图 2.14。

由图 2.14 可以看到，在保证石灰石样品均完全分解的情况下，煅烧相同时间后，900℃ 下的氧化钙活性最高，而 1000℃ 下活性下降最为明显。由此证明，温度的升高导致晶粒生长速度加快，煅烧相同时间后，较高温度煅烧下的氧化晶体发育更加完整、致密，甚至发生烧结现象，导致活性急剧降低。所以，新型干

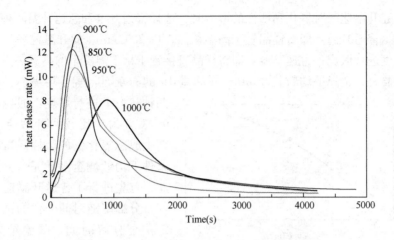

图 2.14　不同温度下保温相同时间的氧化钙活性

法水泥生产中，水泥生料在分解炉内应维持一个适当的煅烧时间，使氧化钙保持较高的反应活性，而后能够更加高效地进行固相反应。

在此基础上，研究了 CO_2 浓度对碳酸盐分解产物氧化钙活性的影响。由于热重仪能够准确定量的通入外输气体，营造不同浓度的 CO_2 气氛，所以采用热重仪进行此部分试验，样品平均粒径 $45\mu m$，样品量 $0.1g$，分别在 0%、10%、20%外输 CO_2 气氛下进行 $900℃$ 的石灰石煅烧，煅烧至完全分解，取出急冷。对煅烧产物进行水化试验，试验结果如图 2.15 所示。

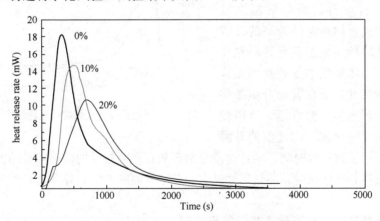

图 2.15　不同 CO_2 浓度下的氧化钙水化活性

由图 2.15 可以看到，随着 CO_2 浓度的升高，氧化钙活性逐渐降低。由于 CO_2 对石灰石分解的抑制作用，在 $900℃$时，浓度较高的 CO_2 气氛下分解需要较长的时间，晶粒因此得到了更长的生长时间，形成较大的晶粒；同时，较长的煅烧时间使颗粒表面孔隙率也减小，最终导致活性的降低。

　　研究升温速率对氧化钙活性的影响时，选择普通升温和急速升温两种状态进行研究。普通升温，即将样品置于高温炉内，以 20℃/min 的升温速率逐渐升至指定温度进行煅烧；急速升温，即将样品直接置于指定温度下的高温炉内进行煅烧。试验时，选择平均粒径 45μm、样品量 1g 的石灰石，置于坩埚内，在上述两种状态下进行煅烧，煅烧温度为 900℃。为了比较两种煅烧制度下新生成态氧化钙的活性，需在两种条件下均煅烧至刚好完全分解。为此，首先进行了普通升温速率下石灰石分解率随时间变化的试验，确定完全分解时间，试验结果如图 2.16 所示。

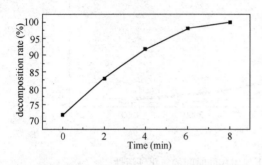

图 2.16　普通升温时石灰石分解率曲线

　　图 2.16 中曲线为高温炉升温至 900℃之后石灰石的分解率随时间变化曲线，可以看到在到达 900℃后 8min，刚好分解完全。取急速升温条件下保温 15min 普通升温条件下恒温至 8min 的两种石灰石煅烧产物进行水化试验，试验结果如图 2.17 所示。

　　从图 2.17 可以看到，急速升温条件下煅烧后新生成的氧化钙活性大于普通升温条件下。急速升温条件下，石灰石起始分解温度较高，分解过程始终保持较高的分解速率，此时新生成态氧化钙晶粒尺寸较小，晶体缺陷浓度较高因而具有较好的活性。而在普通升温条件下，虽然到达指定温度后，经历较短的时间完成分解，但之前的升温

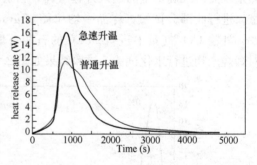

图 2.17　不同升温方式煅烧的氧化钙水化活性

阶段却消耗了较长的时间，而且这段时期石灰石在分解的同时伴随着晶粒的逐渐长大，最终分解结束时，晶粒尺寸已大于急速升温状态下，导致具有相对较低的活性。

　　研究颗粒尺寸对氧化钙活性的影响时，选取 $D_1=9\mu$m、$D_2=24\mu$m、$D_3=45\mu$m、$D_4=140\mu$m、$D_5=325\mu$m 五种粒径进行试验。首先进行了不同粒径石灰石在 900℃时分解率随时间变化的试验，确定不同粒径石灰石的完全分解时间，试验结果如图 2.18 至图 2.21 所示。

　　根据图 2.18 至图 2.21 以及之前测定的 45μm 粒径样品在 900℃时的分解时间，总结出不同粒径下石灰石分解反应完成时间，见表 2.4。

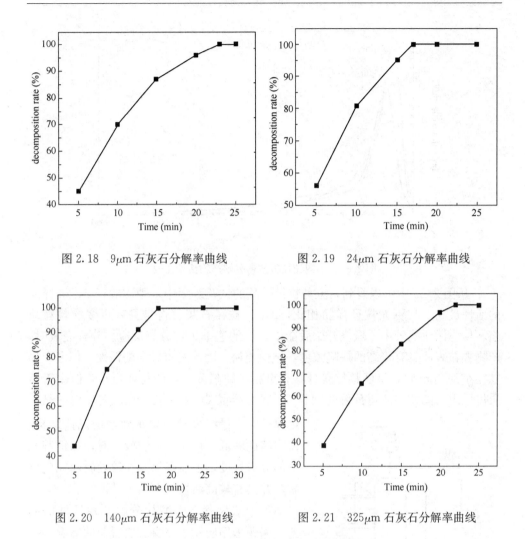

图 2.18　9μm 石灰石分解率曲线　　　　图 2.19　24μm 石灰石分解率曲线

图 2.20　140μm 石灰石分解率曲线　　　图 2.21　325μm 石灰石分解率曲线

表 2.4　不同粒径下石灰石分解时间

颗粒粒径（μm）	9	24	45	140	325
分解时间（min）	23	17	15	18	22

　　表 2.4 中不同粒径的分解时间数据呈现出一定的规律性，45μm 样品分解时间最短，粒径减小和增大时，分解时间均增大。当粒径较大时，由于颗粒内反应物量较多以及产物层较厚而产生传热传质阻力等原因，致使分解所需时间较长；当颗粒过小时，颗粒间空隙较小，并且易发生团聚现象，造成相对较大的传热传质阻力，使得分解时间也相对延长。

　　根据表 2.4 中的试验结果，选取不同粒径样品在 900℃ 下刚好完全分解的煅烧产物，进行水化试验，试验结果如图 2.22 所示。

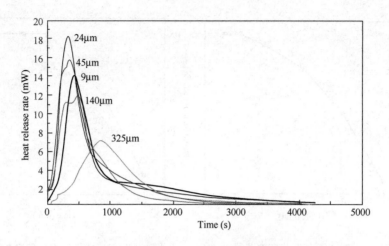

图 2.22　不同粒径碳酸钙分解产物活性比较

从图 2.22 中可以看到，五种粒径样品的试验结果中，平均粒径 24μm 样品的活性最高。与更大粒径样品相比，24μm 粒径石灰石自身具有更多的颗粒缺陷，反应活化能较小，煅烧开始后能以较快的速率进行分解反应。分解完成时，产物颗粒表面具有较高的缺陷浓度，结构疏松，因此具有较高的活性。但是，当粒径小到 9μm 时，虽然颗粒自身具有更高的缺陷浓度，活化能更小，但由于传质传质阻力的作用使得分解时间长于 24μm 样品 6min 左右，在此时期内，晶粒迅速长大，最终发育成更加致密的晶体结构，使得活性降低。可见当颗粒较小时，保证其充分的分散程度，才能确保其在较短时间完成分解，并具有较高活性。

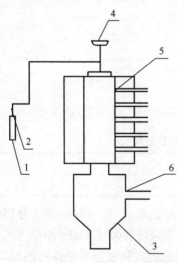

图 2.23　高温一维炉试验系统图
1—空压机；2—转子流量计；
3—收料漏斗；4—电磁振动给料器；
5—沿程测量孔；6—烟气测量孔

关于悬浮态下碳酸盐分解产物活性的研究，课题采用应用于燃煤发电行业的高温一维炉，其试验系统图如图 2.23 所示。

试验中控制给气成分和给气量（标况下）不变，即碳酸盐矿物样品的分解反应气氛和时间相同，在此基础上分别经给料器稳定喂入 900℃、1000℃、1100℃ 和 1200℃ 的一维炉中，产物由收集系统收集检测。

900℃、1000℃、1100℃ 和 1200℃ 的样品分解率分别为 40.4%、66.2%、72.4% 和 82.4%，即反应温度提高 300℃，分解率提高了整整 1 倍。其分解产物的水化放热曲线如图

2.24（a）所示，可知 900℃下分解产物的活性远低于 1200℃下分解产物的活性；考虑两者分解率的差异，按单位氧化钙含量来计算释放的累积水化热，结果如图 2.24（b）所示，可见，1200℃下分解产物氧化钙的水化活性远高于 900℃的水化活性，且前者的累计水化放热是后者的 1.6 倍。

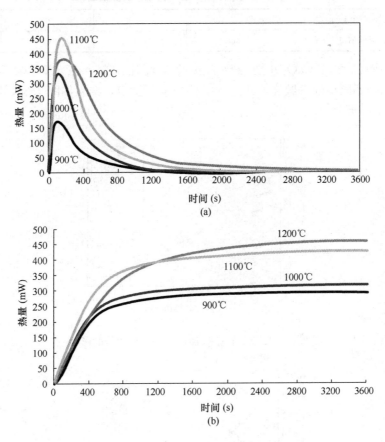

图 2.24　各煅烧温度下碳酸盐矿物分解产物的水化热曲线
（a）各煅烧温度下碳酸盐矿物分解产物的水化放热曲线；
（b）各煅烧温度下碳酸盐矿物分解产物的累计水化热曲线（单位氧化钙含量）

　　通过碳酸盐矿物分解新生物相反应活性的表征及测试的研究，表明在一定范围内温度越高，新生物相的反应活性越高，因此提高分解炉中的煅烧温度，对于加快碳酸盐矿物分解，提高新生物相反应活性都有重要作用。

2.1.3　固相反应热力学与动力学过程

　　针对碳酸盐矿物分解不同反应活性的新生物相，通过进一步研究其后续固相反应，揭示了反应活性越高新生物相参与固相反应的活性也越高，即固相反应速率越快。同时，针对不同煅烧制度下（传统煅烧和强化煅烧）的固相反应，研究揭示了强化煅烧方式下的固相反应速率越快，同时反应表格活化能越低。

通过在 900℃ 下煅烧碳酸盐矿物保温时间分别为 0min、10min、20min 和 30min 得到不同活性的 CaO，各样品活性测定值如表 2.5 所示。

表 2.5　不同煅烧温度下氧化钙活性的测试结果

煅烧时间（min）	0	10	20	30
CaO 的活性值 ΔT（℃）	0	37.18	29.87	20.59

将不同活性的 CaO 分别与砂岩按化学配比配料，在 1250℃、1300℃、1350℃ 三个不同温度下煅烧，并进行 f-CaO 含量测定，结果如图 2.25、图 2.26 和图 2.27 所示。

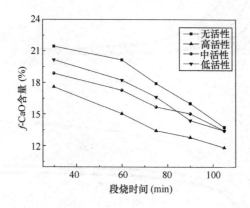

图 2.25　1250℃ 下 CaO 活性对 f-CaO 含量的影响

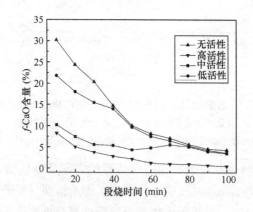

图 2.26　1300℃ 下 CaO 活性对 f-CaO 含量的影响

由图 2.25、图 2.26 和图 2.27 可见，同一煅烧温度下，保温时间越长，f-CaO 含量越低；同一保温时间下，煅烧温度越高，f-CaO 含量越低；同一煅烧温度和保温时间下，活性越高的 CaO 经煅烧后，f-CaO 含量越小，即反应程度

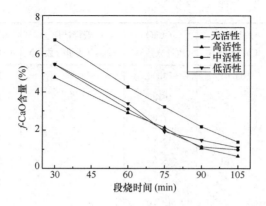

图 2.27　1350℃下 CaO 活性对 f-CaO 含量的影响

越高。活性高的 CaO 更有利于快速煅烧，所以提高新生态 CaO 的活性，可以缩短固相反应时间，从而改善煅烧条件。

综上所述，证明了反应活性越高的 CaO 参与固相反应的活性也越高，固相反应速度也越快。因此，经过分解炉的分解反应后，高活性的 CaO 入窑有助于加速固相反应。

课题还研究了不同煅烧制度下对固相反应的影响。采用传统煅烧方式和强化煅烧方式的试验结果如表 2.6 和表 2.7 所示。

表 2.6　传统煅烧方式的试验结果

温度 （℃）	时间 （min）	灼烧生料 CaO$_\Sigma$（%）	f-CaO （质量分数%）	煅烧试样 Loss（质量分数%）	参与反应 CaO（%）	反应率 （%）
900	10	65.61	58.24	2.05	7.37	11.23
900	20		54.90	0.73	10.71	16.32
900	30		52.70	—	12.91	19.68
900	40		51.10	—	14.51	22.12
950	10	65.61	57.00	1.07	8.61	13.12
950	20		53.52	—	12.09	18.43
950	30		51.50	—	14.11	21.51
950	40		49.70	—	15.91	24.25
1000	10	65.61	55.40	0.35	10.21	15.56
1000	20		51.84	—	13.77	20.99
1000	30		49.70	—	15.91	24.25
1000	40		47.40	—	18.21	27.75

续表

温度 (℃)	时间 (min)	灼烧生料 CaO$_\Sigma$（%）	f-CaO （质量分数%）	煅烧试样 Loss（质量分数%）	参与反应 CaO（%）	反应率 （%）
1050	10	65.61	53.00	—	12.61	19.22
1050	20		49.20	—	16.41	25.01
1050	30		47.00	—	18.61	28.36
1050	40		45.00	—	20.61	31.41
1100	10	65.61	48.80	—	16.81	25.62
1100	20		45.84	—	19.77	30.13
1100	30		42.70	—	22.91	34.92
1100	40		39.30	—	26.31	40.10
1150	10	65.61	43.00	—	22.61	34.46
1150	20		38.00	—	27.61	42.08
1150	30		33.20	—	32.41	49.40
1150	40		28.50	—	37.11	56.56
1200	10	65.61	34.00	—	31.61	48.18
1200	20		28.50	—	37.11	56.56
1200	30		22.40	—	43.21	65.86
1200	40		17.50	—	48.11	73.33
1250	10	65.61	20.00	—	45.61	69.52
1250	20		17.10	—	48.51	73.94
1250	30		14.70	—	50.91	77.59
1250	40		12.60	—	53.01	80.80

表 2.7 强化煅烧方式的试验结果

温度 (℃)	时间 (min)	灼烧生料 CaO$_\Sigma$（%）	f-CaO （质量分数%）	煅烧试样 Loss（质量分数%）	参与反应 CaO（%）	反应率 （%）
900	10	65.61	53.65	2.46	11.96	18.23
900	20		51.80	0.67	13.81	21.05
900	30		49.50	—	16.11	24.55
900	40		47.30	—	18.31	27.91
950	10	65.61	52.50	1.12	13.11	19.98
950	20		50.40	—	15.21	23.18
950	30		48.50	—	17.11	26.08
950	40		46.40	—	19.21	29.28

温度 (℃)	时间 (min)	灼烧生料 CaO_Σ (%)	$f\text{-}CaO$ （质量分数%）	煅烧试样 Loss（质量分数%）	参与反应 CaO（%）	反应率 （%）
1000	10	65.61	50.70	—	14.91	22.73
1000	20		48.60	—	17.01	25.93
1000	30		46.40	—	19.21	29.28
1000	40		44.90	—	20.71	31.57
1050	10	65.61	48.90	—	16.71	25.47
1050	20		46.80	—	18.81	28.67
1050	30		44.40	—	21.21	32.33
1050	40		42.60	—	23.01	35.07
1100	10		45.60	—	20.01	30.50
1100	20	65.61	42.90	—	22.71	34.61
1100	30		40.40	—	25.21	38.42
1100	40		37.10	—	28.51	43.45
1150	10	65.61	40.20	—	25.41	38.73
1150	20		35.80	—	29.81	45.44
1150	30		31.20	—	34.41	52.45
1150	40		26.80	—	38.81	59.15
1200	10	65.61	33.00	—	32.61	49.70
1200	20		27.00	—	38.61	58.85
1200	30		21.16	—	44.45	67.75
1200	40		16.00	—	49.61	75.61
1250	10	65.61	17.40	—	48.21	73.48
1250	20		16.00	—	49.61	75.61
1250	30		14.20	—	51.41	78.36
1250	40		12.40	—	53.21	81.10

注：—表示煅烧试样 Loss 为零。

　　传统煅烧方式即为：在室温条件下把所压试样放入高温炉中，然后以 20℃/min 的升温速度升温到设定温度，然后在该温度下保温一定的时间，为保证煅烧过程中高温炉具有相同的升温速度，升温过程中的初始阶段严格控制高温电炉的输出电流和反馈调节。强化煅烧方式即为：在试样放入高温炉之前，先把高温炉升温到所设定温度，当温度稳定后，迅速打开炉门将试样放入高温炉内，保温一定的时间。

根据表 2.6 和表 2.7，即可得出如图 2.28 所示的不同保温时间下，两种煅烧制度引起的 CaO 转化率随温度的变化情况。

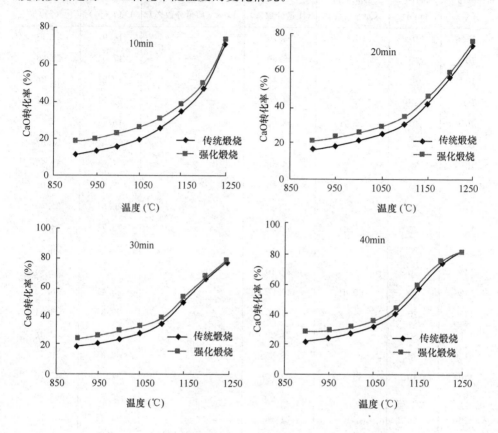

图 2.28　两种煅烧制度下 CaO 转化率随温度变化情况

由图 2.28 可见，各保温时间下，相同温度对应的强化煅烧方式所得试样中 CaO 转化率均高于传统煅烧方式。因此与传统煅烧方式相比，水泥煅烧采用强化煅烧方式中固相反应速率更快，煅烧时间更短。

为此，进一步研究了两种煅烧制度下固相反应的活化能区别。将生料在不同的煅烧温度保温 30min，测得反应转化率，再代入金斯特林格方程和阿伦尼乌斯方程，求得反应动力学参数。试验结果如表 2.8 所示。

表 2.8　两种煅烧制度下固相反应活化能的计算结果

升温制度	煅烧温度（℃）	G（%）	F_T（G）	K_T（$\times 10^5 s^{-1}$）	E_a（kJ/mol）	线性相关系数 R^2
传统煅烧	900	21.51	0.0035	0.196	147.5	0.9825
	950	24.25	0.0057	0.317		

续表

升温制度	煅烧温度（℃）	G（%）	F_T（G）	K_T（×$10^5 s^{-1}$）	E_a（kJ/mol）	线性相关系数 R^2
传统煅烧	1000	28.36	0.0081	0.451	147.5	0.9825
	1050	34.92	0.0136	0.758		
	1100	49.40	0.0205	1.142		
	1150	65.86	0.0356	1.979		
	1200	77.59	0.0656	3.643		
强化煅烧	900	26.08	0.0071	0.392	114.3	0.9744
	950	29.28	0.0096	0.534		
	1000	32.33	0.0142	0.789		
	1050	38.42	0.0194	1.076		
	1100	52.45	0.0278	1.542		
	1150	67.55	0.0378	2.102		
	1200	78.36	0.0725	4.026		

由表 2.8 可见，与传统煅烧方式相比，强化煅烧制度下生料参与固相反应有低的表观活化能，即反应势垒更低，在相同的温度下，其反应速度更快。

2.1.4　固相反应模型及高温自维持机理

固相反应为放热反应，为弄清固相反应自维持机理，研究建立了固相反应的收缩未反应芯模型，如图 2.29 和图 2.30 所示。其中，假设条件为固体反应物——由无数个大小均一的球形微粒组成的大颗粒；每个微粒按照收缩未反应芯模型反应；反应后固体颗粒的结构（孔隙率、微粒大小等）不变。

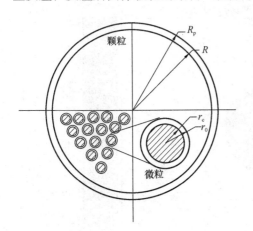

图 2.29　C_2S 料团的固相反应模型

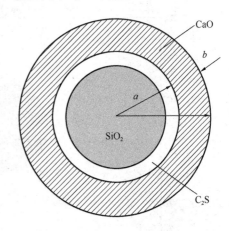

图 2.30　单颗粒固相反应模型

上述模型中球形颗粒 SiO_2 半径 a 与 CaO 层厚度 b 之间存在如下关系：

$$\frac{b}{a} = \sqrt[3]{x+1} + 1 \tag{2-3}$$

式中，x 为 CaO 和 SiO_2 的体积比。如果碳酸盐矿物和砂岩质量比为 4.09：1 配料，按照密度的估算，则 CaO 和 SiO_2 的体积比 x 为 1.39：1，可以得到 $b/a = 0.34$。模拟计算均以这个值为基础。

由于固相反应生成硅酸二钙为放热反应，释放的热量有助于加速固相反应速度。利用 MATLAB 中 Pdetool 的模型，对粒径为 $80\mu m$ 颗粒在 1100℃、1200℃ 和 1300℃ 时反应 30min 的情况进行模拟，模拟结果如图 2.31、图 2.32 和图 2.33 所示。

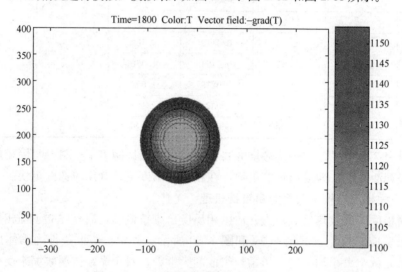

图 2.31　1100℃综合模型内部温度分布图

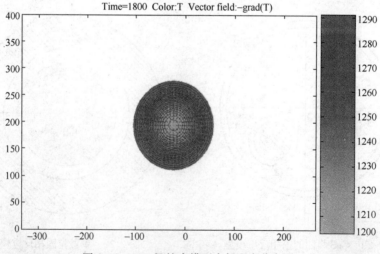

图 2.32　1200℃综合模型内部温度分布图

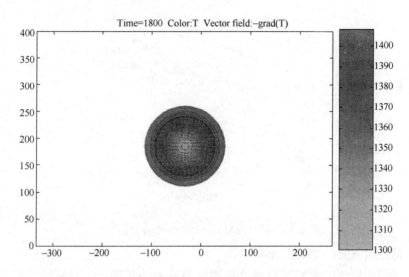

图 2.33　1300℃综合模型内部温度分布图

由图 2.31、图 2.32 和图 2.33 可知，由于自温升机制，当颗粒固相反应时间为 30min 时，颗粒有明显温升，最外层温度最高，向中心处依次递减。且反应温度越高，颗粒内部的温升效果越明显，即反应温度越高，固相反应程度越高。

当反应温度为 1200℃时，在不同的反应时间下，颗粒内部温度的变化情况，如图 2.34 所示；不同煅烧温度下距颗粒中心 $r/R = 0.08$ 处的温度变化情况如图 2.35 所示。

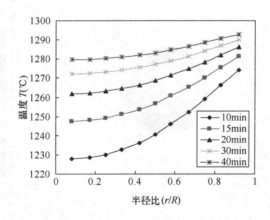

图 2.34　1200℃综合模型内部温度图

由图 2.34 可知，越靠近颗粒表面，其温度越高；随着保温时间的增长，该趋势越不明显。由图 2.35 可知，反应温度越高，距中心 $r/R = 0.08$ 处的温度越

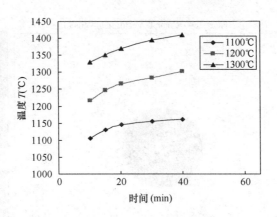

图 2.35　综合模型 $r/R=0.08$ 中心处温度图

高，且随保温时间的增长而升高。

在对固相反应形成 C_2S 自温升机理模拟研究的基础上，对不同反应温度下 SiO_2 的转化率（以扩散进综合模型 Ca^{2+} 物质量占颗粒附着层总 CaO 量表示）进行模拟研究。根据 MATLAB 中 Pdetool 模型对粒径为 $80\mu m$ 颗粒在 1100℃、1200℃和1300℃反应 30min 时 Ca^{2+} 的浓度分布情况进行模拟，不同煅烧温度下综合模型内部钙离子浓度（$mol/\mu m^3$）分布情况分别如图 2.36、图 2.37 和图 2.38 所示。

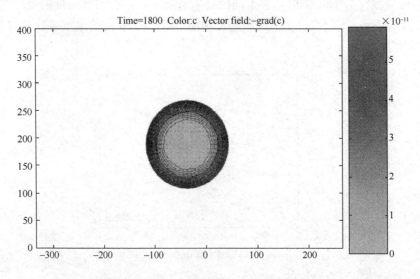

图 2.36　1100℃模型内部 Ca^{2+} 浓度分布图

由图 2.36、图 2.37 和图 2.38 可知，靠近综合模型表面处由于首先发生固相反应，因而此处 Ca^{2+} 浓度比较大，越往中心 Ca^{2+} 浓度越小；当反应时间为

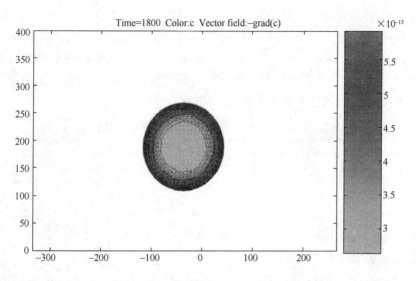

图 2.37　1200℃模型内部 Ca^{2+} 浓度分布图

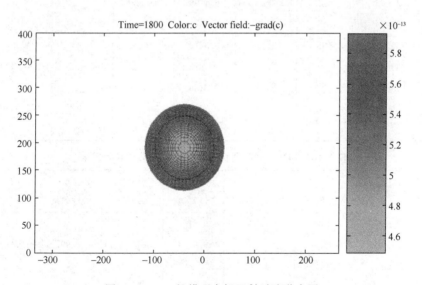

图 2.38　1300℃模型内部 Ca^{2+} 浓度分布图

30min 时，反应温度越高，综合模型内部 Ca^{2+} 浓度越高。且随着反应温度增高，颗粒内部的 Ca^{2+} 浓度越趋于平衡，即 SiO_2 转化率越高，反应程度越高。

　　通过上述研究，固相反应模型及放热效应自维持机理得以成功创建和阐明。

2.1.5　液相烧结反应动力学

　　在研究了生料分解和固相反应动力学的基础上，课题对不同铝率下的液相反应动力学进行了研究，同时基于不同预烧液相量，进行了液相反应动力学参数和烧结点等研究。

按熟料率值 $KH=0.92$、$SM=2.3$，IM 分别取值为 1.2、1.5、1.8、2.1 配制生料试样，将试样放入升温速度为 20℃/min 的高温炉内，分别加热到 1400℃、1430℃、1460℃保温 25min、30min、35min，快速冷却后测试 f-CaO 含量和烧失量，然后利用金斯特林格方程计算阿利特形成的速率常数 K 和反应活化能 E_a。试验结果如表 2.9 至表 2.12 所示。

表 2.9　1400℃时阿利特形成反应速率常数 K 计算表

IM	$t_{保温}$	f-CaO （质量分数%）	Loss （质量分数%）	G (10^{-1})	$f(G)$ (10^{-3})	$f(G)/t$ 线性关系	K (10^{-5})
	25min	1.21	2.61	9.3107	211.11		
1.2	30min	1.20	2.44	9.3496	214.96	0.98	1.9183
	35min	1.09	2.15	9.4223	222.61		
	25min	1.36	2.65	9.2857	208.80		
1.5	30min	1.31	2.45	9.3318	213.21	0.99	1.8333
	35min	1.21	2.20	9.4004	219.80		
	25min	1.48	2.66	9.2671	207.06		
1.8	30min	1.35	2.45	9.3273	212.78	0.98	1.8001
	35min	1.22	2.29	9.3806	217.86		
	25min	1.77	2.72	9.2126	202.12		
2.1	30min	1.66	2.53	9.2676	207.11	0.99	1.7500
	35min	1.59	2.30	9.3296	212.62		

表 2.10　1430℃时阿利特形成反应速率常数 K 计算表

IM	$t_{保温}$	f-CaO （质量分数%）	Loss （质量分数%）	G (10^{-1})	$f(G)$ (10^{-3})	$f(G)/t$ 线性关系	K (10^{-5})
	25min	0.79	1.62	9.5706	239.34		
1.2	30min	0.72	1.46	9.6144	244.90	0.99	2.6548
	35min	0.62	1.15	9.6897	255.27		
	25min	0.97	1.68	9.5355	235.08		
1.5	30min	0.87	1.47	9.5915	241.96	0.99	2.5217
	35min	0.76	1.23	9.6540	250.21		
	25min	1.22	1.64	9.5070	231.75		
1.8	30min	1.04	1.49	9.5629	238.39	0.99	2.4780
	35min	0.85	1.30	9.6274	246.61		
	25min	1.30	1.79	9.4666	227.19		
2.1	30min	1.28	1.53	9.5198	233.24	0.98	2.4116
	35min	1.23	1.22	9.5892	241.66		

表 2.11 1460℃时阿利特形成反应速率常数 K 计算表

IM	$t_{保温}$	f-CaO (质量分数%)	Loss (质量分数%)	G (10^{-1})	$f(G)$ (10^{-3})	$f(G)/t$ 线性关系	K (10^{-5})
1.2	25min	0.60	0.64	9.7891	271.06		
	30min	0.56	0.39	9.8479	282.08	0.97	3.3800
	35min	0.50	0.19	9.8887	291.34		
1.5	25min	0.73	0.67	9.7659	267.10		
	30min	0.65	0.45	9.8200	276.65	0.98	3.2367
	35min	0.57	0.25	9.8691	286.52		
1.8	25min	0.84	0.66	9.7520	264.83		
	30min	0.66	0.46	9.8165	276.00	0.94	3.2100
	35min	0.61	0.28	9.8566	284.09		
2.1	25min	1.18	0.71	9.6927	255.72		
	30min	1.07	0.50	9.7490	264.35	0.97	3.1667
	35min	1.01	0.23	9.8058	274.72		

表 2.12 阿利特形成反应活化能 E_a 计算表

IM	煅烧温度（℃）	K (10^{-5})	$\ln K$	$1/T$ (10^{-4})	E_a (kJ/mol)
1.2	1400	1.9183	10.8615	5.9773	
	1430	2.6548	10.5366	5.8720	227.72
	1460	3.3800	10.2951	5.7703	
1.5	1400	1.8333	10.9068	5.9773	
	1430	2.5217	10.5880	5.8720	228.51
	1460	3.2367	10.3384	5.7703	
1.8	1400	1.8001	10.9251	5.9773	
	1430	2.4780	10.6055	5.8720	232.49
	1460	3.2100	10.3467	5.7703	
2.1	1400	1.7500	10.9533	5.9773	
	1430	2.4116	10.6326	5.8720	238.30
	1460	3.1667	10.3602	5.7703	

由表 2.9、表 2.10 和表 2.11 可见，在相同煅烧温度下，阿利特形成的反应速率 K 随 IM 的增大而减小，在相同率值下，煅烧温度越高，反应速率 K 越大。由表 2.12 可看出，相同 KH 和 SM 下，阿利特形成的表观活化能随 IM 的增加而逐渐增大，即 IM 越高，阿利特形成越困难，这是由于 Al_2O_3 可增大液相黏度，进而加大液相烧结难度。

采用预烧不同含量的液相量组分的方式制备出液相量不同的熟料，煅烧至 1360℃、1380℃ 和 1400℃，并分别保温 15min、30min 和 45min，检测熟料的 f-CaO 含量和烧失量，并计算熟料形成反应率（G）、熟料形成反应速率常数

（K）及表观活化能（E_a）等动力学参数，同时借助 X 射线衍射分析仪（XRD）、扫描电子显微镜（SEM）、烧结点测试等方法研究液相量对熟料形成的影响。预烧的液相量占总液相量的百分比分别为 0％、60％、75％和 100％。试验结果如图 2.39 和图 2.40 所示。

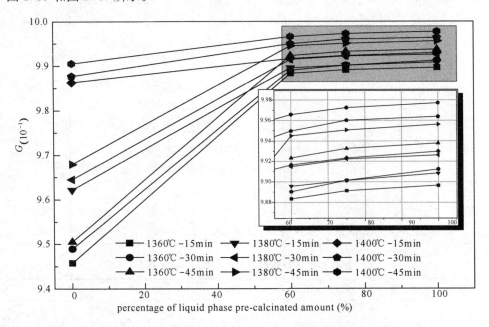

图 2.39　预烧液相量对熟料形成反应率 G 的影响

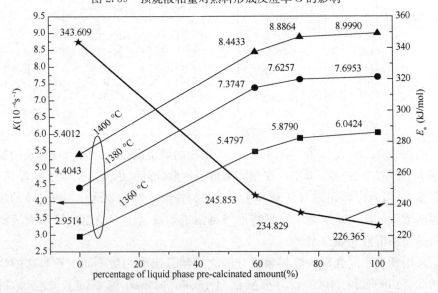

图 2.40　预烧液相量对熟料形成反应速率常数 K 和表观活化能 E_a 的影响

由图 2.39 和图 2.40 可见，相同煅烧温度和保温时间下，预烧液相量越大，熟料形成反应率越高，且预烧液相量由 0% 增加到 60% 时，变化最明显；相同预烧液相量和保温时间下，煅烧温度越高，熟料形成反应率越高；熟料形成表观活化能随预烧液相量增加而下降，且当液相量由 0% 增加到 60% 下降最明显；同一煅烧温度下，预烧液相量越大，熟料形成反应速率常数越高，即熟料形成反应速度越快。

除此，还对掺杂 Mg^{2+}、SiO_2 等预烧液相量的熟料进行了研究，结果如下。

关于预烧液相量中掺杂 MgO。在熟料煅烧过程中，适量的 MgO 会增加液相量，降低液相黏度和表面张力，提高熟料形成反应速率常数，降低表观活化能，促进熟料矿物的形成，过量则会起阻碍的相反作用。同时，含 Mg 液的液相量也会随液相中 MgO 含量的不同而对熟料形成产生不一样的影响。

(1) 当液相中 MgO 的质量分数由 0% 增加至 1.2%，液相全部产生的熟料的 G 是先增大后减少，在 MgO 的质量分数为 1.0% 处取得极值，而液相部分产生的熟料（液相产生量为 60%~75% 左右）的 G 是逐渐增大的。

(2) 当 MgO 的质量分数由 0% 增加至 1.0%，在 1360℃、1380℃、1400℃ 时，液相全部产生的熟料的 K 分别增大了 29.4%、10.8%、18.0%，E_a 降低了 23.6%，熟料主要矿物的衍射峰变得逐渐尖锐，矿物晶粒尺寸逐渐增大；液相预烧量为 75% 的熟料的 K 分别增大了 15.9%、2.4%、8.4%，E_a 降低了 16.5%；液相预烧量为 60% 的熟料的 K 分别增大了 14.0%、4.9%、5.2%，E_a 降低了 18.7%。当 MgO 的质量分数由 1.0% 增加至 1.2%，在 1360℃、1380℃、1400℃ 时，液相全部产生的熟料的 K 分别降低了 24.9%、9.9%、17.2%，E_a 增加了 32.4%，熟料矿物出现溶化的迹象；液相预烧量为 75% 的熟料的 K 分别降低了 8.2%、5.5%、3.1%，E_a 增加了 15.7%；液相预烧量为 60% 的熟料的 K 分别降低了 6.6%、3.7%、2.0%，E_a 增加了 13.7%。

(3) 液相中 MgO 的质量分数为 0.8%、1.0% 的熟料的 G 和 K 均是逐渐增大，E_a 降低。在 1360℃、1380℃、1400℃ 时，液相中 MgO 的质量分数为 0.8% 的熟料的 K 分别增大了 13.7%、10.6%、10.6%，E_a 降低了 7.7%；液相中 MgO 的质量分数为 1.0% 的熟料的 K 分别增大了 25.2%、10.2%、19.4%，E_a 降低了 13.7%。

(4) 液相中 MgO 的质量分数为 1.2% 的熟料的 G 和 K 却是先增大后减少，E_a 先降低后增加，在液相量为 75% 处取得极值。

关于预烧液相量中掺杂 SiO_2。随着液相中 SiO_2 的质量分数由 0% 增加至 8%，液相完全产生的熟料的 G 是先增大后降低，而液相部分产生（液相产生量为 60%~75%）的熟料的 G 逐渐增大；随着液相中 SiO_2 的质量分数由 0% 增加至 6%，在 1360℃、1380℃、1400℃ 时，液相产生量为 100% 的熟料的 K 分别增大了 14.1%、4.2%、6.1%，E_a 降低了 17.2%，矿物晶粒发育逐渐变好；同时，液相预烧量为 75% 的熟料的 K 分别增大了 9.9%、6.2%、3.2%，E_a 降低了 12.2%；液相预烧量为 60% 的熟料的 K 分别增大了 8.5%、6.5%、2.2%，E_a 降低了 14.0%。随着液相中 SiO_2 的质量分数由 6% 增加至 8%，在 1360℃、1380℃、1400℃ 时，液相产生量为 100% 的熟料的 K 分别降低了 13.3%、15.0%、7.8%，E_a 增加了 15.1%，矿物晶体发育相对变差，液相预烧量为 75% 的熟料的 K 分别降低了 2.3%、1.8%、1.3%，E_a 增加了 2.7%，液相预烧量为 60% 的熟料的 K 分别降低了 3.7%、3.0%、1.5%，E_a 增加了 6.0%；随着液相量从 0% 增加至 100%，液相中 SiO_2 的质量分数为 4%、6% 的熟料的 G 和 K 均是逐渐增大，E_a 逐渐降低。在 1360℃、1380℃、1400℃ 时，液相中 SiO_2 的质量分数为 4% 的熟料的 K 分别增大了 118.9%、78.7%、71.3%，E_a 降低了 40.6%，液相中 SiO_2 的质量分数为 6% 的熟料的 K 分别增大了 133.7%、82.0%、79.7%，E_a 降低了 46.3%；随着液相量从 0% 增加至 100%，液相中 SiO_2 的质量分数为 8% 的熟料的 G 和 K 是先增加后降低，E_a 是先降低后增大，在 1360℃、1380℃、1400℃时，液相量从 0% 增加至 75% 的熟料的 K 分别增大了 114.1%、64.0%、81.9%，E_a 降低了 38.5%；液相量由 75% 增加至 100% 的熟料的 K 分别降低了 5.3%、5.7%、4.1%，E_a 增大了 3.5%。

为进一步表征预烧液相量对熟料烧成的影响，对不同预烧液相量的熟料（C_0、C_{60}、C_{75}、C_{100}）在 SJY 影像式烧结点试验仪下进行了拍摄，结果如图 2.41 所示。

由图 2.41 可见，预烧液相量越大的熟料其始熔温度 T_m 和半球温度 T_h 越低，说明预烧液相量的增加可以降低熟料烧结温度，有利于烧结过程的开始和完成。

对不同预烧液相量于 1400℃ 下保温 45min 的熟料进行了 XRD 和 SEM 分析，结果如图 2.42 和图 2.43 所示。

由图 2.42 和图 2.43 可知，预烧液相量增加时，熟料主要矿物的衍射峰变得逐渐尖锐，峰强逐渐增强；在 1400℃ 保温 45min 时，常规煅烧的熟料矿物晶粒还未成型，但是利用预烧液相配制的熟料其矿物发育良好、晶界清晰、晶体完整。这说明熟料中液相量增加可以促进 C_3S 的快速形成和生长。

2.1.6 碱、氯、硫的挥发循环及控制

在确定生料碳酸盐分解反应特性、固相反应热力学与动力学和液相烧结动力学后，发现提高生料入窑活性，可加速后续固相反应和液相反应，从而缓解，其至消除生料入窑后的缓慢升温过程。提高生料入窑活性的重要途径是提高入窑温度，即增强分解炉热力强度。然而，这伴随着生料中碱、氯、硫挥发特性的改变，即分解炉等部位结皮情况的变化，因此课题分析了碱、氯、硫的挥发特性，

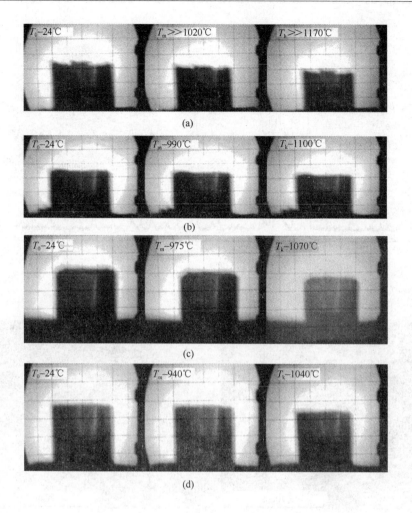

图 2.41 不同预烧液相量的熟料在特征温度下的 HTM 照片

(a) 特征温度下的试样 C_0；(b) 特征温度下的试样 C_{60}；

(c) 特征温度下的试样 C_{75}；(d) 特征温度下的试样 C_{100}

并研究了其控制途径和方法。

课题通过 HSC Chemistry 软件进行模拟，根据吉布斯自由能最小原理，计算了 500～1400℃ 范围内碱（钾、钠）、氯、硫的平衡组分和挥发率。

研究假设各物质处于理想状态，只考虑挥发组分的挥发特性及其互相反应情况。利用 HSC 软件模拟水泥窑系统从 1400℃ 降到 500℃ 的碱、氯、硫变化情况，计算挥发组分的量随温度的变化。经过平衡组成计算和模拟分析，所得结果如图 2.44 所示。

由图 2.44 可知，在约 600℃ 时 KCl 开始挥发，700℃ 时 NaCl 开始挥发，

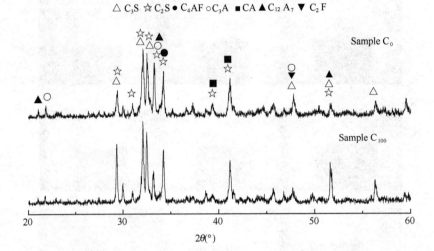

图 2.42　不同预烧液相量下熟料的 XRD 图谱

图 2.43　不同预烧液相量下熟料的 SEM 照片

（a）未加预烧制液相煅烧得到的熟料；（b）利用预烧制液相煅烧得到的熟料

$1100℃$ 时 SO_2 开始挥发，$1200℃$ 以后 K_2SO_4、Na_2SO_4 开始挥发；K_2O、Na_2O、Cl^-、SO_3 在 $1400℃$ 时的挥发率分别为：0.806、0.524、0.995、0.594。故碱、氯、硫的挥发顺序为 $Cl^->K_2O>Na_2O>SO_3$。

　　基于预分解窑系统结皮堵塞最频繁的区域为窑尾烟室和末级预热器的情况，取模拟温度点为 $650℃$、$750℃$、$850℃$、$900℃$、$1050℃$，分别对应次级预热器最低温度、末级预热器最低温度、末级预热器出口温度、分解窑出口温度及窑尾烟气温度。取硫碱比为 0.5、1、2、3，初始条件简化为以 K 代替碱，不考虑 Na，K_2CO_3 的含量为 $1mol$，氯的初始值为（K_2O+SO_3）/10。经模拟计算，结

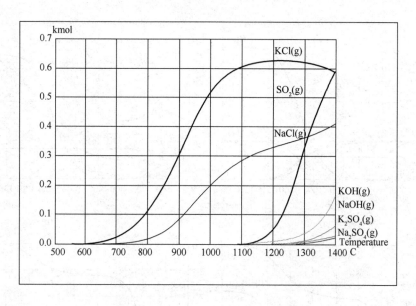

图 2.44　碱、氯、硫随温度变化情况

果如图 2.45 所示。

　　由图 2.45 可知，硫碱比不变时，温度越高，碱、氯、硫挥发率越大，但各自变化趋势有所差异。以硫碱比 1 为例，碱在 900℃开始挥发，1000～1200℃下挥发速度最为显著；氯 550℃开始挥发，750℃之后基本完全挥发；硫 600℃开始挥发，1000～1150℃挥发速度较大。随硫碱比的增大，碱起始挥发温度降低，最大挥发量变小，氯起始挥发温度增加，硫起始挥发温度基本不变，挥发速率最大区域变为 600～800℃。

　　将硫碱比对硫挥发率的影响用图 2.46 表示，对碱挥发率的影响用图 2.47 表示。

　　由图 2.46 和图 2.47 可知，温度越高硫和碱的挥发性均越大；在硫碱比＜1.1 时 900～1050℃下硫的挥发率之差最大，当硫碱比＞1.1 时，650～750℃下硫的挥发率之差最大，即此时当温度为 750℃时硫的挥发率已十分显著；与此相类似，当硫碱比＜1.3 时，900～1050℃下碱的挥发率之差最大，当硫碱比＞1.3 时，650～850℃下碱的挥发率之差最大，即此时当温度为 850℃时碱的挥发率已十分显著。

　　综上所述，当窑尾温度增大后，碱、氯、硫的挥发率均增大，当硫碱比＞1.1 时，低温区（650～750℃）硫挥发量显著增大，当硫碱比＞1.3 时，低温区（650～850℃）下碱挥发量最大，因此可通过适当提高硫碱比使碱、硫的大部分挥发向低温区转移，从而改善窑尾烟室和末级预热器结皮堵塞情况。

　　在硫碱比为 1 的基础上，模拟了氯碱比分别为 0.05、0.1、0.2、0.5 情况下

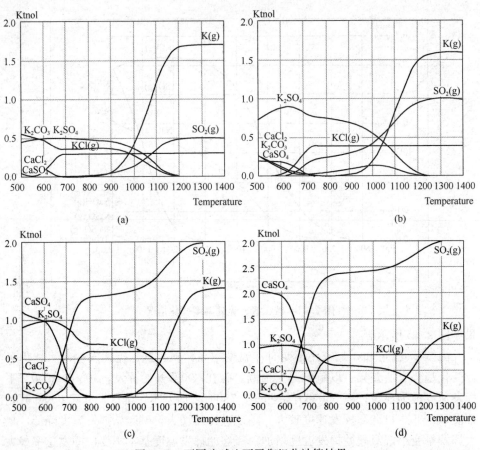

图 2.45 不同硫碱比下平衡组分计算结果

（a）硫碱比为 0.5；（b）硫碱比为 1；（c）硫碱比为 2；（d）硫碱比为 3

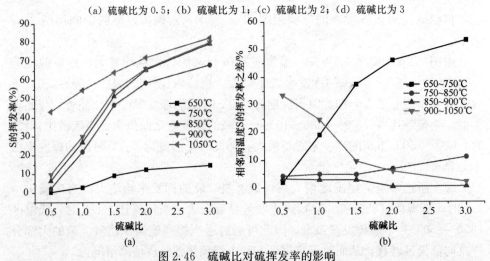

图 2.46 硫碱比对硫挥发率的影响

（a）不同温度下硫挥发率变化；（b）相邻两温度硫挥发率之差

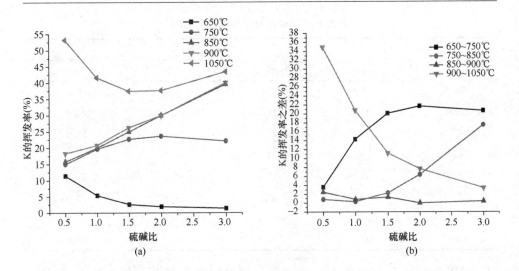

图 2.47　硫碱比对挥发率的影响

（a）不同温度下碱挥发率变化；（b）相邻两温度碱挥发率之差

对碱、氯、硫的挥发循环影响，结果如图 2.48、表 2.13 和表 2.14 所示。

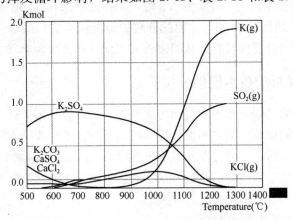

图 2.48　氯碱比为 0.05 时碱氯硫平衡组分计算结果

表 2.13　氯碱比对碱挥发率的影响

温度	氯碱比			
	0.05	0.1	0.2	0.5
650	2.5	3.8	5.4	7.9
750	5.0	10.0	19.7	44.6
850	5.3	10.3	20.0	50.1
900	6.1	11.1	20.8	50.4
1050	30.9	34.4	41.6	63.9
1100	51.8	54.6	60.2	77.2
1200	92.0	92.5	94.0	97.5
1300	99.5	99.5	99.5	99.9

表 2.14　氯碱比对硫挥发率的影响

温度（℃）	氯碱比			
	0.05	0.1	0.2	0.5
650℃	2.4	2.6	2.9	3.4
750℃	11.4	14.5	22.0	43.8
850℃	17.5	20.3	27.1	52.3
900℃	20.9	23.7	30.0	53.7
1050℃	48.0	50.2	54.7	70.5
1100℃	64.1	65.9	69.7	82.0
1200℃	94.2	94.7	95.7	98.2
1300℃	99.7	99.7	99.8	99.9

由图 2.48、表 2.13 和表 2.14 可知，氯碱比为 0.05 时，氯在 600～700℃，硫在 1000～1150℃，碱在 1000～1200℃下挥发率最大，这与图 2.32 所得结论一致；随氯碱比的增大，低温区碱（650～750℃）的碱和硫挥发率逐渐增大，如 750℃时，当氯碱比由 0.05 增加到 0.5 时，碱挥发率由 5.0% 增加到 44.6%，硫挥发率由 11.4% 增加到 43.8%。因此分解炉温度提高后，适当增加氯碱比有助于碱和硫的挥发向低温区转移，从而改善窑尾烟室和末级预热器结皮堵塞情况。

2.2　熟料煅烧窑炉技术模拟分析

基于熟料形成过程的热力学与动力学理论，熟料煅烧窑炉技术模拟研究通过对现有预分解窑的现场检测和模拟分析，提出现有技术的改进方向和思路；通过回转窑技术模拟分析，研究窑炉中能量配置及温度场分布对熟料煅烧过程的影响，提出预烧成技术回转窑的改进方案；通过窑炉技术设计及模拟分析，确定高负荷分解炉的结构参数和优化运行参数。

2.2.1　预分解窑技术理论研究分析

预分解窑技术是现代水泥生产普遍应用的技术。与立波尔窑技术和预热器窑技术相比，预分解窑技术通过在预热器和回转窑中间设置分解炉，大大减轻了窑的热负荷，使单机窑产量大幅度提高。但是预分解技术回转窑中仍存在堆积态传热，存在回转窑窑尾部分生料传热及反应热量需求与热量供给之间的矛盾，即新的"热瓶颈"，进一步降低熟料烧成热耗和提高单机窑产量受到了限制。因此对预分解窑技术及其"热瓶颈"进行研究分析，有助于为窑炉技术改造提供思路和方向。

课题对目前国内几十条新型干法回转窑生产线进行了实地调查，甚至热平衡测试，经过总结，着重考察了影响预分解窑生料入窑活性的重要参数，如表

2.15 所示。

表 2.15　现有预分解窑生产参数情况

水泥生产线	设计产能（t/d）	分解炉型式、规格	分解炉出口温度（℃）	回转窑尺寸（m×m）	窑尾烟室温度（℃）
A1	5000	在线管道式分解炉 Φ6.6×30m 5 级旋风筒	860	Φ4.7×74	1102
A2	5000	NST-I 型 Φ7.5×35m 4 级旋风筒	898	Φ4.8×72	1194
A3	5000	在线式 TT FΦ7.6m 5 级旋风筒	899	Φ4.8×72	1185
A4	5000	在线式 TT FΦ7.6m 5 级旋风筒	880	Φ4.8×72	1030
B1	5000	TDFΦ7.7m 4 级旋风筒	910	Φ4.8×72	1150
C1	5000	TTF 分解炉 Φ7.7m 5 级旋风筒	875	Φ4.8×72	—
C2	5000	TTF 分解炉 Φ7.7m 5 级旋风筒	875	Φ4.8×72	1180
C3	5000	TTF 分解炉 Φ7.7m 5 级旋风筒	890	Φ5×60	1321
D1	3000	TDF Φ6.1×24.09m 4 级旋风筒	910	Φ4.3×64	1104
D2	2500	TSD Φ5.6×20.123m 5 级旋风筒	862	Φ4×60	991
E1	2500	TDF 分解炉 Φ5.6m 5 级旋风筒	860	Φ4×60	1125
E2	2500	TDF 分解炉 Φ5.6m 5 级旋风筒	880	Φ4×60	1130
F1	1000	RF 分解炉 Φ3.8×22m 5 级旋风筒	885	Φ3.3×50	1035

　　由表 2.15 可知，现有预分解窑分解炉出口温度多在 860～910℃，考虑最末级旋风筒的气固分离和散热，生料入窑温度很难超过 900℃。而之前的研究表明，提高生料入窑温度，可以显著增强其反应活性，加快后续固液相反应，消除回转窑内生料缓慢升温的"热瓶颈"。因此，从该角度讲，现有分解炉的煅烧效

果并非最佳状况，有进一步改善和提高的空间。

同时，现有预分解窑的窑尾烟室温度多在 1000～1200℃，与长径比为 12 的 C3 生产线相比，长径比为 15 的回转窑窑尾温度明显偏低，即长径比为 15 的回转窑内由于存在较长物料缓慢升温的过渡带，使该阶段传热效率偏低，导致其能量配置不合理。因此，从该角度将，在增强分解炉煅烧功能的同时，缩短回转窑长径比有助于优化预分解窑的能量配置。

在此基础上，模拟分析整个窑系统在喂煤量不变的情况下，改变窑头窑尾喂煤比例对生料入窑温度和入窑分解率的影响，得到如下表 2.16 和图 2.49 所示结果。

表 2.16　窑尾不同加煤比例下生料入窑温度及分解率模拟计算分析

窑尾喂煤比（%）	60	64	68	72	75	78	80
生料入窑温度（℃）	831	835	845	864	930	998	1043
入窑分解率（%）	92.3	95.2	98.1	100	100	100	100

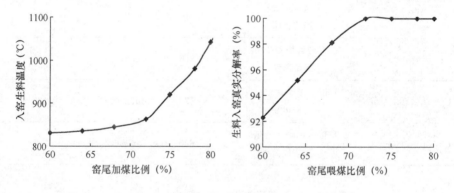

图 2.49　入窑生料随喂煤比例的变化

（a）生料入窑温度随喂煤比例的变化；（b）生料入窑分解率随喂煤比例的变化

由图 2.49 可知，随着窑尾系统喂煤比例的增加，生料入窑分解率迅速增加，当窑尾加煤比例增加到 72%，生料即可完全分解，但此过程中生料入窑温度却增加缓慢。当窑尾加煤比例为 72% 时，入窑生料温度仅为 864℃。其原因在于，在窑尾喂煤比例达到 72% 前，由于碳酸盐尚未完全分解，煤粉放出的热量绝大部分用于碳酸盐矿物分解吸热，故此过程生料入窑温度增长缓慢。而当窑尾喂煤比例超过 72% 时，生料的入窑温度迅速提高。理论计算可知当窑尾喂煤比例增加到 80% 时，生料的入窑温度可高达 1043℃。

生料入窑温度和分解率的增加，可减轻回转窑热负荷，增加熟料产量。假定系统熟料烧成热耗不变，以日产 2800t 熟料生产线为例，模拟计算当窑尾喂煤比例在 60% 基准上增加时，系统熟料产量变化情况。模拟计算结果如表 2.17 和图 2.50 所示。

表 2.17 窑尾不同喂煤比例下烧成系统熟料产量

喂煤（%）	62	64	68	72	75	78	80
产量（t/d）	2947	3111	3500	4000	4480	5091	5600
提产（%）	5.3	11.1	25.0	42.9	60.0	81.8	100

由表 2.17 和图 2.50 可知，在系统热耗不变的情况下，随着窑尾喂煤比例的增加，熟料产量有了大幅度的提升，且提升幅度越来越大。当窑尾喂煤比例增加 12%～20%时，熟料产量可望提产42.86%～100%。

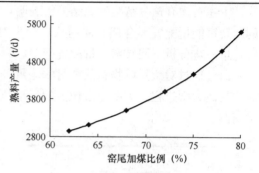

图 2.50 窑尾不同喂煤比例下预烧成系统熟料产量

除产量的提升外，随着窑尾喂煤比例的增加，窑系统的烧成热耗也会降低。在回转窑规格不变的情况下，随着产量大幅度提高，单位熟料对应的回转窑单位表面积散热损失将会减少；虽然窑尾系统由于喂煤量增加，设备尺寸有所增大，使其表面散热量有一定程度的增加，但窑尾散热量较回转窑散热量很小，故总体上单位熟料散热损失将降低，单位熟料热耗将减少，将导致出窑废气量降低，进而进一步降低单位熟料热耗。根据上述关系模拟计算了窑尾喂煤比例对整个烧成系统热耗的影响，结果如表 2.18 和图 2.51 所示。

表 2.18 窑尾喂煤比例对烧成系统热耗的影响

喂煤（%）	62	64	68	72	75	78	80
热耗（kJ/kg-cl）	3248	3235	3209	3182	3163	3143	3130
降低（%）	0.41	0.81	1.62	2.43	3.04	3.65	4.05

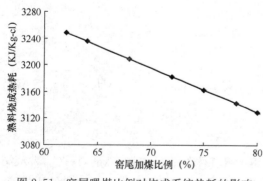

图 2.51 窑尾喂煤比例对烧成系统热耗的影响

由表 2.18 和图 2.51 可知，窑尾喂煤比例对水泥熟料烧成热耗有较为明显的影响，随着窑尾喂煤比例的增加，系统烧成热耗呈逐渐下降趋势，当窑尾喂煤比例比原系统增加 12%～20%时，熟料烧成热耗可降低2.43%～4.05%。

上述模拟计算结果充分表明，适当提高窑尾喂煤比例，增加分解炉的煅烧效果，可以明显改善整个窑系统的能量配置，使生料入窑温度和入窑分解率显著提高，并伴随窑产量、烧成热耗的降低。当然，上述结果只是在理论上得以证明，对于热效率、表明散热等问题，尚未考虑进去。

2.2.2 回转窑模拟分析

上述对现有预分解窑的总结分析表明，长径比为 15 的回转窑较长径比为 13 的回转窑能量配置不合理。课题从理论上对不同长径比的回转窑进行了模拟分析，进一步分析了回转窑能量配置问题。

研究通过对微元段物料及窑衬的能量、质量守恒计算，研究并模拟分析了窑炉内的热力学过程，阐明了窑炉内的温度场分布。图 2.52 是回转窑微元内能量平衡图。

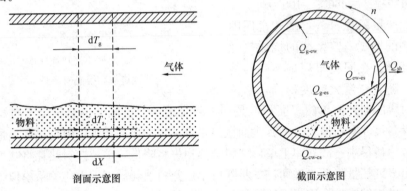

剖面示意图　　　　　　　　　　　　截面示意图

图 2.52　回转窑微元内能量平衡图

沿回转窑的长度方向任截取一个小圆柱段，作为平衡计算的微元控制体。对该微区控制体进行能量平衡，即可建立回转窑的微分数学模型。窑内传热包括了气体与物料的辐射和对流换热，气体与裸露壁面的辐射和对流换热，被覆盖壁面与物料的复合换热等。

烟气能量平衡方程：

$$\sum M_{gi}C_{pgi}\frac{\mathrm{d}T_g}{\mathrm{d}x} = Q_{g\text{-}ew} + Q_{g\text{-}es} + \sum n_i \Delta H_g \tag{2-4}$$

物料能量平衡方程：

$$\sum M_{sj}C_{psj}\frac{\mathrm{d}T_s}{\mathrm{d}x} = Q_{g\text{-}es} + Q_{ew\text{-}es} + Q_{cw\text{-}cs} + \sum n_j \Delta H_s \tag{2-5}$$

窑筒体能量平衡方程：

$$Q_{sh} = Q_{g\text{-}ew} + Q_{es\text{-}ew} + Q_{cs\text{-}cw} \tag{2-6}$$

式中，i 表示气体的组分；M_{gi} 表示第 i 组气体的质量流量（kg/s）；C_{pgi} 表示第 i 组气体的比热[J/(kg·K)]；j 表示物料的组分；M_{sj} 表示第 j 组物料的质量流量

（kg/s）；C_{psj} 表示第 j 组物料的比热[J/(kg·K)]；$Q_{g\text{-}ew}$ 表示气体与外露壁面的传热量（W/m）；$Q_{g\text{-}es}$ 表示气体与物料表面的传热量（W/m）；$Q_{ew\text{-}es}$ 表示一外露壁面与物料表面间的传热量（W/m）；$Q_{cw\text{-}cs}$ 表示被物料覆盖壁面与物料间的传热量（W/m）；Q_{sh} 表示环境热损失（W/m）；ΔH_g 表示气相间的反应热（J/mol）；ΔH_s 表示固相间的反应热（J/mol）。

利用所建立的模型对 $\Phi 4.8 \times 72m$ 预分解窑（产量5200t/d）的回转窑进行温度分布模拟计算，计算出烟气、物料和窑内壁温度分布。计算模拟的回转窑基本参数见表2.19。

表 2.19 窑内温度分布模拟参数表

序号	名称	代号	数值	单位
1	空气过剩系数	α	1.2	
2	回转窑长度	L_D	72	m
3	回转窑外径	D_0	4.8	m
4	有效直径	D_i	4.4	m
5	喷煤管插入深度	L_R	4	m
6	99%的燃料燃尽长度	L_i	24	m
7	熟料的质量流	M_a	60.185	kg/s
8	入窑生料表观分解率	ψ	90	%
9	环境温度	T_{WU}	20	℃
10	物料黑度	ε_S	0.95	
11	气体黑度	ε_g	0.24	
12	窑衬黑度	ε_w	0.95	
13	回转窑转速	n	4	r/min
14	窑中气体含尘量	g_f	0.2	kg 粉尘/kg 气体
15	物料自然休止角	β	35	°
16	入窑物料温度	T_s	850	℃
17	出窑烟气温度	T_g	1050	℃

回转窑温度分布计算方法如下：根据建立的模型和参数，将该回转窑分成19个 $\Delta y = 4m$ 的微元控制体。以窑尾处控制体作为分析对象开始分析，窑尾处烟气温度和物料进口温度可由温度传感器测得，测得烟气出口温度为1050℃，物料进口温度为850℃，求出该控制体窑内壁和筒体外表面温度，以及烟气进口

端和物料出口端温度。所列能量平衡方程为四元非线性方程组，利用 Excel 表格里的规划求解工具求解此非线性方程组的解。

经过计算得到回转窑内烟气、物料和窑衬温度分布如图 2.53 所示。

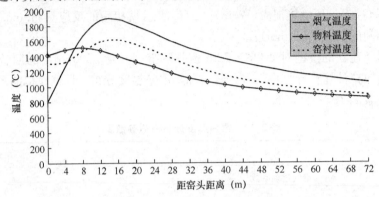

图 2.53　烟气、物料、窑内壁外表面沿窑长方向温度分布

由图 2.53 可知，入窑物料从窑尾至窑头大致经历分解带、过渡带、烧成带和冷却带 4 个过程。距窑头约 72～56m 是分解带，该区段物料入窑后温度上升缓慢，这是由剩余碳酸盐矿物分解吸热和传热速度慢引起的；距窑头约 56～24m 是过渡带，碳酸盐矿物完全分解，物料发生一系列放热反应，物料温度上升较快；距窑头约 24～4m 是烧成带，物料温度在 1250℃以上，最高为 1510℃左右，有利于 C_3S 的形成；距窑头约 4～0m 是冷却带，熟料温度高于烟气温度，热量由熟料传给烟气，使烟气温度升高，熟料温度降低。

由以上分析可知，入窑物料入窑后，由于升温缓慢，导致未分解的碳酸盐分解过程减缓，同时造成已分解的高活性 CaO "失活"，化学反应能力降低。因此物料入窑后的分解带和部分过渡带是预分解窑工艺的"热瓶颈"，会造成熟料煅烧热耗的增加和煅烧时间的延长。

进一步分析了与预分解窑煅烧制度不同结构窑型的温度分布情况。结合实际水泥回转窑的生产状况，得出了长径比（L/D）为 15 的普通回转窑和长径比（L/D）为 7.5 回转窑的温度分布，如图 2.54 所示。

由图 2.54 可知，与现有预分解窑相比，长径比更小的回转窑有更高的温升梯度，其达到烧成带温度的区域更长，且物料入窑后无分解带，同时保留了高活性的 CaO，有助于提升后续的固液相反应速度，过渡带长度也大大缩短，物料直接进行固相反应，放出的热量使其温度迅速升高，从而大大提高了固相反应速度，并降低熟料煅烧热耗。

2.2.3　新型 RSP 分解炉技术研究和模拟设计

针对课题在鲁南中联水泥有限公司 2# 生产线实施的技术改造，以改造后的

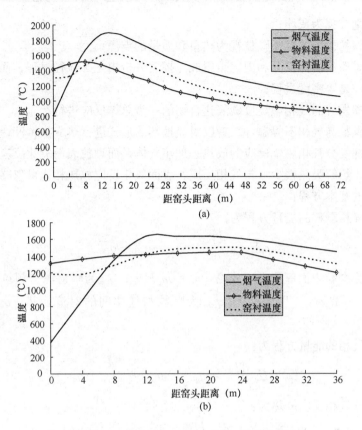

图 2.54　不同长径比回转窑的轴向温度分布图

(a) $L/D=15$；(b) $L/D=7.5$

RSP 分解炉为模拟对象，应用 CFD 技术模拟了 RSP 炉的速度分布、压力分布、温度分布、气体流线、煤粉颗粒轨迹、生料颗粒轨迹和 CO_2 质量分数分布，在此基础上比较了窑尾喂煤比例、窑炉进风量及进风方式对分解炉煅烧效果的影响。通过以上模拟研究，初步确定了改造后 RSP 型分解炉的结构参数和优化运行参数。

在模拟之前，需要确定煤粉燃烧和碳酸盐反应的反应模型，同时由于两者在反应的时候存在传热、传质的耦合，因此需考虑两者的耦合模型。

1）煤粉燃烧反应模型的建立

假设条件如下：

（1）颗粒群是均匀搅拌的系统，即认为颗粒群内气相和固相的物性参数分别是均匀的；

（2）在对流加热条件下，颗粒群通过气相与周围环境进行对流换热。而在辐射加热条件下，只考虑煤粉对辐射的吸收和发射，不计散射，气体对辐射是透明

193

的，煤粉则被视为灰体；

（3）颗粒群内的煤粉颗粒视为热量和质量的点源；

（4）煤粉仅由挥发分和固定碳组成。挥发分析出是等粒径过程，而颗粒表面的氧化反应是等密度过程；

（5）挥发分的气相燃烧按碳氢化合物的一步总体反应进行；

（6）颗粒与气相不等温，二者以对流换热的形式进行热交换，$Nu=2$；

（7）挥发分气相燃烧反应的放热去加热气体，而颗粒表面氧化反应的放热则加热颗粒。热解吸热很少，与气相反应、表面氧化反应放热相比可忽略不计。

模型的基本方程：

（1）煤粉颗粒的能量方程为：

$$\rho_p V_p C_p \frac{\mathrm{d}T_p}{\mathrm{d}t} = q_{pr} + q_{rad} - q_{conv} \tag{2-7}$$

式中，q_{pr} 为颗粒表面氧化反应放热，$q_{pr} = m_c HV_c$；q_{rad} 为辐射源与颗粒间的辐射换热，$q_{rad} = \pi d_p^2 \varepsilon \varpi_0 (T_B^4 - T_p^4)$；$q_{conv}$ 为颗粒与气体间的对流换热，$q_{conv} = \alpha \pi d_p^2 (T_p - T_g)$。

（2）气相的能量方程为：

$$\rho_g V_c C_g \frac{\mathrm{d}T_g}{\mathrm{d}t} = q_{gr} + N q_{conv} + N q_p + q_c \tag{2-8}$$

挥发分气相反应放热为：

$$q_{gr} = \rho_g V_c (m_{gryI} HV_{VI} + m_{gryII} + HV_{VII}) \tag{2-9}$$

其中，挥发分燃烧速度为：

$$m_{gryI} = A_1 \exp(-E_1/RuT_g) Y_{VI}^{-0.3} Y_{O_2}^{1.3} \tag{2-10}$$

$$m_{gryII} = A_2 \exp(-E_2/RuT_g) Y_{VII}^{-0.3} Y_{O_2}^{1.85} \tag{2-11}$$

由固相转变为气相所携带的热量为：

$$q_p = (m_v + m_c) C_p (T_p + T_a) \tag{2-12}$$

环境与气相间的对流换热为：

$$q_c = h \pi d_c^2 (T_c - T_g) \tag{2-13}$$

（3）辅助方程

表面多相氧化反应为等密度过程，有：

$$\frac{\mathrm{d}(d_p)}{\mathrm{d}t} = -\frac{2m_c}{\rho_p \pi d_p^2} \tag{2-14}$$

反应过程是等粒径进行的，则：

$$\frac{\mathrm{d}(d_p)}{\mathrm{d}t} = -\frac{6m_V}{\pi d_p^3} \tag{2-15}$$

气量的变化为：

$$\rho_g V_c \frac{dY_{O_2}}{dt} = -Nm_c \frac{M_{O_2}}{M_c} - \rho_g V_c \left(\frac{2M_{O_2}}{M_{VI}} m_{gryI} + \frac{7.5M_{O_2}}{M_{VII}} m_{gryII} \right) \quad (2-16)$$

挥发分质量方程为：

$$\begin{cases} \rho_g V_c \dfrac{dY_{vI}}{dt} = m_{vI} N - \rho_g V_c m_{gryI} \\[2mm] \rho_g V_c \dfrac{dY_{vII}}{dt} = m_{vII} N - \rho_g V_c m_{gryII} \end{cases} \quad (2-17)$$

联立上述方程，采用四阶 Runge-Kutta 法，即可利用基本工况参数、各物性常数和化学反应动力学常数求解煤粉燃烧过程中的各状态参数，并确定着火时间及着火温度。

2）石灰石分解反应模型的建立

根据分解炉的容积与加入生料量所占有体积，分析认为分解炉内为稀相，生料颗粒在炉内能充分分散；经对入炉生料颗粒进行孔径测试和 SEM 观察，因入炉生料具有一定的分解率，表明入炉生料颗粒存在一定气孔以及由于热震性引起的裂纹；生料颗粒入炉后，对其传热计算毕渥准数 B_i（$B_i = \alpha R/\lambda$）大小，表明在不到 0.1s 的时间内，颗粒中心部分的温度从初始温度上升到与环境温度相差不到 1℃，其升温速率约为 10^4℃/s。分析认为石灰石分解反应采用整体-局部孔径反应模型，而非移动截面模型。

分解反应首先在孔隙内表面发生并扩展，颗粒内每一半径处的反应表面积相应扩大。如图 2.55 所示，在反应面和孔隙间有生成物层 CaO 产生。随着反应的进行，相邻反应表面必然会出现交叉重叠现象，并导致部分反应表面积的减少。假设孔隙为圆柱孔形，C_i 为反应表面处的 CO_2 浓度，局部热解率与浓度 C_i 呈相反方向变化关系，即有：

$$\frac{dr}{dt} = K_s \left(1 - \frac{C_i}{C_E} \right) \quad (2-18)$$

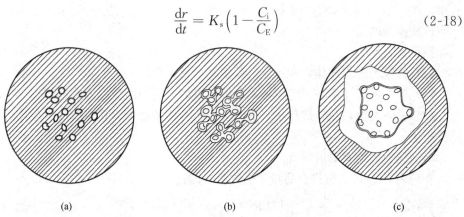

(a)　　　　　　　　　(b)　　　　　　　　　(c)

图 2.55　局部孔径区域反应面积的变化

实际过程中存在交叉重叠现象，此时分别有反应表面积 S 及包覆体积 V。Avrami 研究后认为，从统计平均意义上讲，实际体系中包覆体积的增加只是非重叠体系的一部分，且比例为 $(1-V)$，即：

$$dV = (1-V) \cdot dV_E \qquad (2\text{-}19)$$

单位时间内热解生成的固体体积为 V_H：

$$V_H = S \cdot K_s \left(1 - \frac{C_i}{C_E}\right) \qquad (2\text{-}20)$$

又：

$$\frac{d\alpha}{dt} = \frac{V_H}{1-\varepsilon_0} \qquad (2\text{-}21)$$

得到局部分解反应速率为：

$$\frac{d\alpha}{dt} = \frac{K_s S_0 (1-\alpha)\left(1 - \frac{C_i}{C_E}\right)\sqrt{\frac{\ln[A(1-\alpha)]}{\ln A}}}{A} \qquad (2\text{-}22)$$

考虑到生成物层的影响，上式中 C_i 还不能直接得到。设生成物层平均厚度为 H，生成物与反应物摩尔体积比为 Z，则

$$H = \frac{2ZA\sqrt{-\ln A}}{S_0}\left(\sqrt{-\ln[A(1-\alpha)]} - \sqrt{-\ln A}\right) \qquad (2\text{-}23)$$

$$\frac{dH}{dt} = Z \cdot K_s\left(1 - \frac{C_i}{C_E}\right) \qquad (2\text{-}24)$$

最终得到局部分解反应速率的最终表达式：

$$\frac{d\alpha}{dt} = \frac{K_s S_0 (1-\alpha)\left(1 - \frac{C}{C_E}\right)\sqrt{\frac{\ln[A(1-\alpha)]}{\ln A}}}{A\left[1 + \frac{\beta Z\sqrt{-\ln A}}{C_E}\left(\sqrt{-\ln[A(1-\alpha)]} - \sqrt{-\ln A}\right)\right]} \qquad (2\text{-}25)$$

式中，$A = 1-\alpha$，$\beta = 2K_s\rho\,(1-\varepsilon_0)\,/MD_P S_0$。

传质模型的建立

假设：

（1）颗粒为理想球体，在反应过程中其形状不变；

（2）颗粒的尺寸不变，即不考虑分解时可能出现的微量收缩或膨胀；

（3）石灰石颗粒呈轻烧状态，这时生成物的体积密度、孔隙率等参数接近理论分析值；

（4）颗粒内没有温度梯度。

颗粒内 CO_2 传质应符合质量平衡方程，即：

$$\frac{1}{R^2} \cdot \frac{\partial}{\partial R}\left(D_e R^2 \frac{\partial C}{\partial R}\right) = -\frac{\rho(1-\varepsilon_0)}{M}\frac{d\alpha}{dt} \qquad (2\text{-}26)$$

边界条件按轴对称考虑：

球心处：

$$\frac{\partial C}{\partial R} = 0, R = 0 \tag{2-27}$$

外径处：

$$D_e \cdot \frac{\partial C}{\partial R} = k_m(C_b - C) \tag{2-28}$$

3）煤粉燃烧与石灰石分解耦合过程模型的建立

分解炉内煤粉燃烧放出的热量主要是用于碳酸钙分解和生料、煤粉以及气体的升温，根据热量平衡有：

$$H_g \cdot S_c \cdot t = q \cdot e + C_m M_m(T^0 - T_m) + C_c M_c(T_c - T^0) + C_f M_f(T^0 - T_f) \tag{2-29}$$

式中，$H_g = q \cdot [7910 \cdot (2/\Phi - 1) + 2340 \cdot (2 - 2/\Phi)]$

燃烧反应速率 q 和石灰石分解率 e 由前面建立的煤粉燃烧模型和石灰石分解模型得到。

炉内二氧化碳分压等于煤粉燃烧产生二氧化碳量加上石灰石分解产生二氧化碳量与炉内总气体量的比值。炉内总气体量等于燃烧产生的烟气量、分解产生的二氧化碳量与水分蒸发的气体量三者之和（不考虑分解炉的漏风）。

上述方程经整理可得到关于 q、e、T、t 的方程组，即：

$$\begin{cases} q = q(T) \\ e = e(T,t) \\ T = T(q,e,t) \end{cases} \tag{2-30}$$

这个方程组相应地可化为 $A^{(n)}X = Y$ 的形式，在给定 t 的情况下，结合分解炉的实际参数进行编程，采取高斯消去法即可求解。

依据煤粉燃烧、石灰石分解的动力学方程、试验测定的反应动力学参数以及分解炉实际运行检测数据，即可对分解炉内煤粉燃烧和生料分解的耦合反应进行模拟。

以鲁南中联水泥有限公司 2♯窑用 RSP 型分解炉为模拟对象，边界条件根据其实际生产的工况参数确定，如表 2.20 所示。RSP 分解炉物理模型网格划分如图 2.56 所示。

表 2.20　模型进出口边界条件

选项	速度 (m/s)	温度 (K)	水力直径 (m)	压力 (Pa)	物料量 (kg/s)	粒度分布 (μm)
送煤风入口	2.33	327	0.752	—	—	—
三次风入口	15.34	1188	1.339	—	—	—
窑气入口	40.00	1302	1.500	—	—	—
压力出口	—	1145	3.600	−1710	—	—
生料	—	1065	—	—	40.00	10~100
煤粉	—	327	—	—	2.73	1~80

应用 CFD 技术，分别模拟了 RSP 分解炉的速度场、压力场、温度场、气体流线、

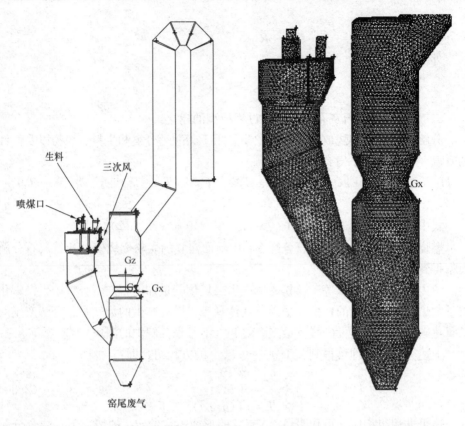

图 2.56　模型外形尺寸及网格划分

煤粉颗粒轨迹、生料颗粒轨迹及 CO_2 质量分数分布场，如图 2.57 至图 2.63 所示。

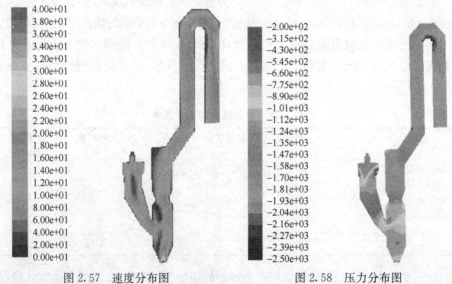

图 2.57　速度分布图　　　　　图 2.58　压力分布图

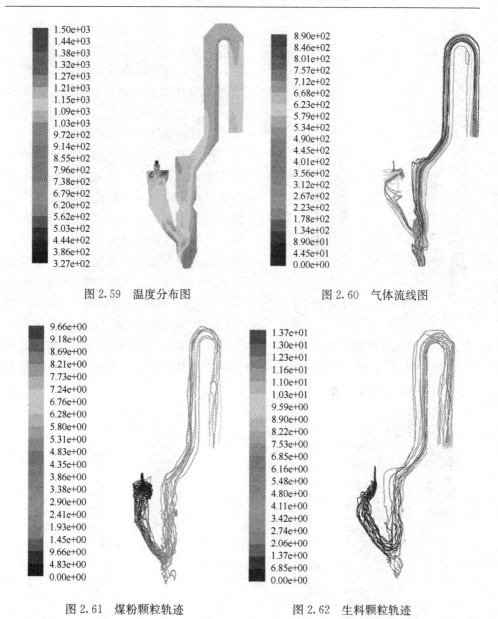

图 2.59 温度分布图   图 2.60 气体流线图

图 2.61 煤粉颗粒轨迹   图 2.62 生料颗粒轨迹

由图 2.57 至图 2.63 可知，炉内气流速度变化不明显，只在预燃室蜗壳处和窑尾烟气入口处气流速度较大；从气流进口到分解炉出口，炉内负压逐渐增大；煤粉喷入分解炉预燃室之后，在三次风温作用下，煤粉迅速燃烧，炉内温度升高，但生料分解抑制了炉内温度的继续升高；煤粉与生料颗粒跟随气流而运动，煤粉颗粒在分解炉内的平均停留时间为 7.84s，而生料的平均停留时间则为 10.95s；预燃室的三次风入口区域、窑尾烟气入口区域、MC 室顶部以及鹅颈管

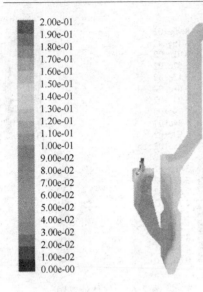

图 2.63 CO_2 质量分数分布

CO_2 浓度较高，这是由煤粉迅速燃烧和生料大量分解引起的。

总之，鲁南中联水泥有限公司 2＃生产线的 RSP 型分解炉炉容较大，煤粉及生料颗粒停留时间较长，炉内温度较均匀，是比较优异的分解炉炉型。

图 2.64 至图 2.67 表明当窑尾喂煤比例由 60％增加到 70％过程中，RSP 型分解炉内温度分布情况及 CO_2 浓度变化情况。由于模拟中没有考虑分解炉表面散热，没有考虑燃烧与分解的耦合反应，没有调整窑尾废气量及温度、三次风量及温度的变化，因此模拟结果与生产实际有差别，如窑尾喂煤为 60％时，图 2.64 表明炉内最高温为 1900K

（1627℃），出口气体温度为 1335K（1062℃），与实际生产偏差较大。但是，可以根据温度和 CO_2 浓度的变化情况，来说明喂煤比例变化对分解炉内碳酸盐分解和物料入窑温度的影响。

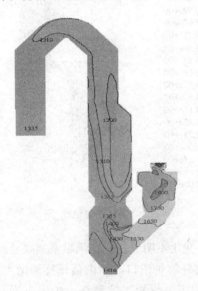
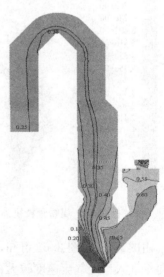

图 2.64　窑尾喂煤比例 60％时温度和 CO_2 浓度分布图

表 2.21 表示了在不考虑生料分解的情况下，当窑尾喂煤比例由 60％增加到 70％过程中，分解炉内温度和 CO_2 浓度的变化情况。图 2.68 是根据表 2.21 结

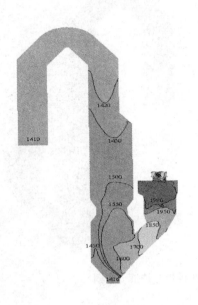
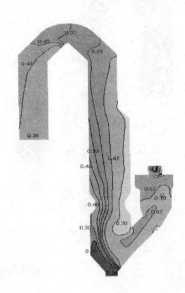

图 2.65　窑尾喂煤比例 64％时温度和 CO_2 浓度分布图

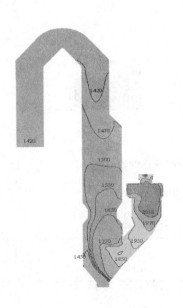
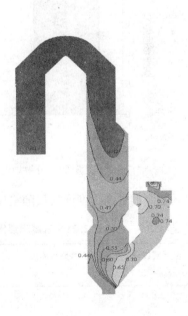

图 2.66　窑尾喂煤比例 68％时温度和 CO_2 浓度分布图

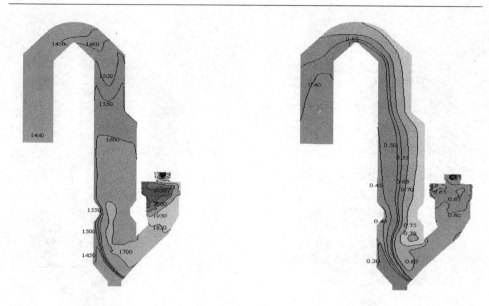

图 2.67　窑尾喂煤比例 70％时温度和 CO_2 浓度分布图

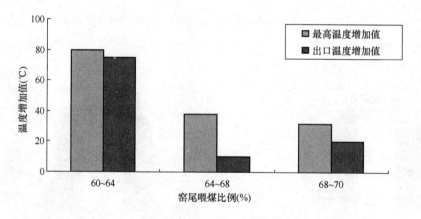

图 2.68　分解炉温度的增加值随窑尾喂煤比例的变化

果，绘制的炉内温度增加值随窑尾喂煤比例的柱状图。

表 2.21　窑尾喂煤比例对分解炉温度和 CO_2 浓度的影响

窑尾喂煤比例 （％）	炉内最高温度 （K）	炉出口处温度 （K）	最高 CO_2 浓度 （％）	出口 CO_2 浓度 （％）
60	1900	1335	65	35
64	1980	1410	70	38
68	2018	1420	74	41
70	2050	1440	78	45

由表 2.21 和图 2.68 可知，当窑尾喂煤比例由 60% 增加到 70% 时，炉内最高温度增加 150℃，出口温度增加 105℃，CO_2 最高浓度增加 13%，出口浓度增加 10%。由于炉内最高温度的变化会对结皮堵塞产生影响，温度越高，结皮堵塞倾向性越大；而炉出口温度基本与出炉生料温度相同，这直接影响入窑生料温度及其活性；CO_2 最高浓度和出口 CO_2 浓度表征了炉内碳酸盐分解率的大小。因此，当窑尾喂煤比例越高时，分解炉内最高温度、炉出口温度、最高 CO_2 浓度和炉出口 CO_2 浓度均增大，但当窑尾喂煤比例由 64% 增加到 70% 时，炉出口温度的增加值要远低于炉内最高温度的增加值，这会造成生料入窑温度稍有提高的同时，分解炉内较严重的结皮堵塞现象，从而"得不偿失"。因此，在一定范围内适当增加分解炉喂煤比例可在不引起结皮堵塞现象的同时，最大程度的提高生料入窑活性。

在确定合适喂煤比例的基础上，模拟分析了进风方式和进风量对 RSP 分解炉内温度场的影响，如 SB 室是否进风，以及入窑烟气与三次风量之比等。

由图 2.69 可见，RSP 型分解炉中温度较高的区域主要为：SB 及 SC 室顶部旋流区、窑尾烟气入口区和 MC 室上部区域；较 SB 进风情况，SB 不进风情况使 SB 室及 SC 室顶部旋流区温度升高，但是分解炉出口温度却有所下降；三次风量的改变主要影响 SC 室顶部旋流区温度分布，增加三次风量，此区域温度显著增加。因此，预烧成技术应处理好进风量的情况，使生料在分解炉内最大程度分解的前提下，提高生料出分解炉温度，并保证分解炉内最高温度不至于对生产设备安全运行有影响。

除了进风量外，进风方式对分解炉的影响也较大。基于 DD 分解炉、TDF 分解炉和 RSP 型分解炉的不同，课题模拟分析比较了三者气体流场和颗粒运动轨迹的不同。三者的结构示意图如图 2.70 所示。

对于 DD 分解炉，三次风为双径向进风，出口也为双径向出风，炉内形成双喷腾效应；TDF 分解炉则是只留下单侧的三次进风口及与之相对的炉出口，其中进口为径向进口，出口为切向出口；RSP 分解炉中生料伴随三次风从侧面切向进入旋流预燃室，出口也为切向出口。模拟的进出口边界条件如表 2.15 所示。模拟气体流场结果如图 2.71 所示，颗粒运动轨迹结果如图 2.72 所示。

由图 2.71 和图 2.72 可见，进风方式的不同会对分解炉内的气体流场及颗粒运动轨迹产生很大影响，DD 分解炉和 TDF 分解炉强调炉内的喷腾作用，而切向进风的 RSP 型分解炉喷旋作用均较明显，从而有助于生料和煤粉的充分混合。除此，DD 分解炉、TDF 分解炉和 RSP 型分解炉的颗粒平均停留时间比分别为 1.46、1.89、2.54，证实物料在 RSP 型分解炉中停留时间较长，从而有助于煤粉的充分燃烧和碳酸盐的完全分解，并有利于固相反应的发生。

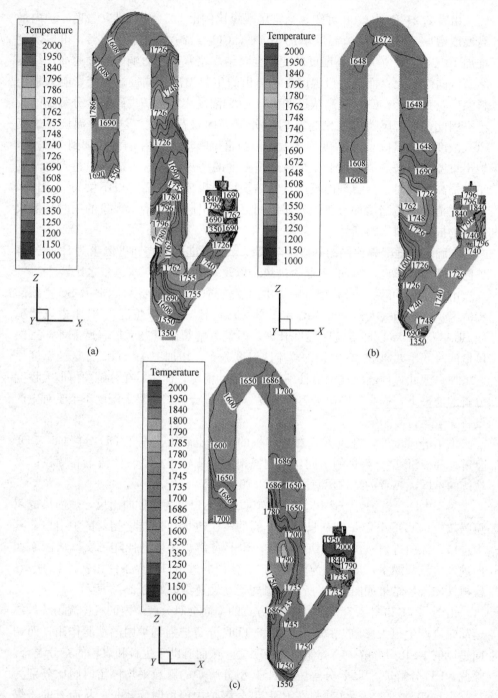

图 2.69 进风量对 RSP 分解炉温度分布的影响

（a）风量比为 37∶63（SB 室进风）；（b）风量比为 37∶63（SB 室不进风）；（c）风量比为 30∶70

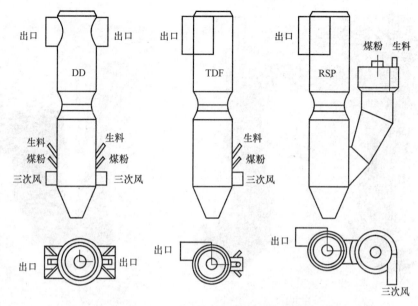

图 2.70 不同分解炉的结构示意图

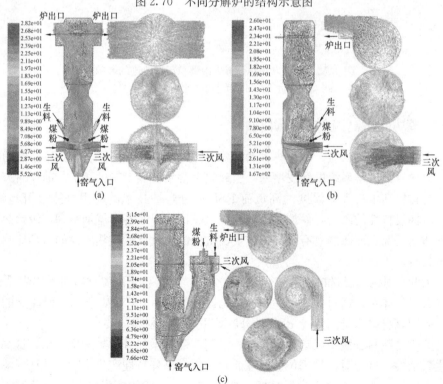

图 2.71 进风方式对分解炉内气体流场的影响
（a）双径向进风；（b）单径向进风；（c）割向进风

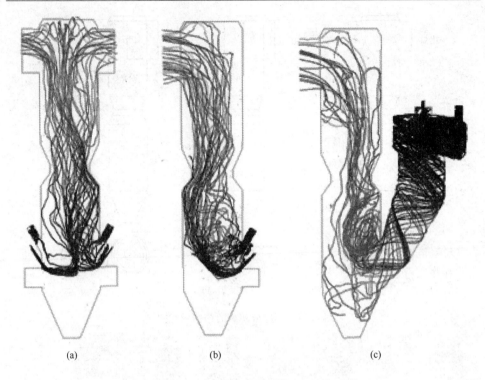

(a)　　　　　　　　　　　(b)　　　　　　　　　　　(c)

图 2.72　进风方式对分解炉内颗粒运动轨迹的影响

（a）双径向进风；（b）单径向进风；（c）切向进风

2.3　多功能耐高温材料的研制

水泥生产中碱、氯、硫等挥发性组分在窑系统中内会进行挥发和凝聚的循环，会导致水泥窑系统的结皮堵塞，引起整个窑系统热工制度紊乱。前期研究表明，旨在提高生料入窑温度的高负荷 RSP 型分解炉技术的应用可能会引起碱、氯、硫挥发特性的改变，而控制硫碱比和氯碱比可以改善窑尾烟室和末级预热器结皮堵塞情况；而研制具有优异抗结皮、抗侵蚀、优良的抗热震性的多功能耐高温更具有适用意义。

为此，对耐高温材料体系进行了研究分析，确定该耐高温材料属镁铝尖晶石-堇青石材料体系，通过试验研究，成功制备该材料，并对其进了系列性能的检测，表明该材料满足高负荷 RSP 型分解炉用耐高温材料的要求。

鉴于"熟料分段烧成动力学及过程控制"强调增强分解炉煅烧效果，提高入窑生料活性，这会对窑尾部位碱、氯、硫的挥发循环特性产生影响，从而影响窑尾结皮特性。在上述内容中，已经完成了碱、氯、硫的挥发循环特性及控制研究，同时，鉴于分解炉煅烧效果的增强，课题研发了新型耐高温抗结皮材料。

目前，新型干法水泥回转窑窑尾系统的温度为 800～1000℃。结皮一般由水

泥原燃料中挥发性组分富集引
起。在一些特殊情况下，如 RSP
分解炉的预燃室，结皮也可能会
由煤粉中的低熔点组分引起。结
皮的机理是低熔组分形成硫酸盐
液相或硅酸盐液相，液相将窑料
黏附在耐火材料表面。随后，黏
附物吸收越来越多的挥发性组

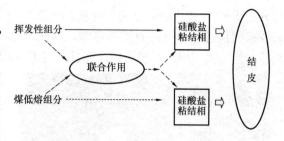

图 2.73　窑尾系统结皮机理

分，发生物理化学反应形成坚实的结皮，如下图 2.73 所示。

可见，用于窑尾结皮部位的耐火材料应满足以下要求：首先，窑尾结皮部位
使用的耐火材料应不易黏附窑料，也不易为窑料所侵蚀；其次，要求耐火材料应
具备良好的抗热震性；最后，抗结皮耐火材料应具有良好的常规工艺性能、施工
性能和使用性能。

现有耐火材料主要是耐碱粘土质耐火材料和 Al_2O_3-SiO_2-SiC 质耐火材料。
其中，耐碱黏土质耐火材料主要有陶瓷原料制成，其性能可由图 2.74 所示的
K_2O-Al_2O_3-SiO_2 三元相图解释。

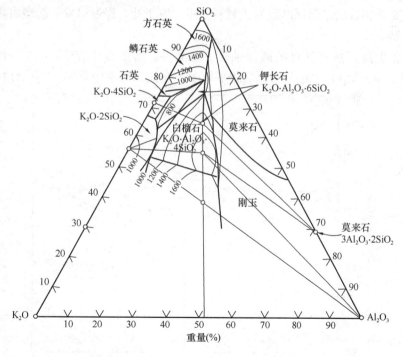

图 2.74　K_2O-Al_2O_3-SiO_2 三元相图

如图 2.74 所示，耐碱黏土质耐火材料位于钾长石-莫来石-SiO_2 相区的高硅

部分。当 K_2O 侵入后,迅速形成高黏度液相,封堵砖面气孔,延缓了侵蚀,从而使耐火材料具有较长的使用寿命。因此,温度升高后耐碱砖中液相的黏度变小,不但失去了屏蔽保护作用,而且变得十分易于黏附窑料。

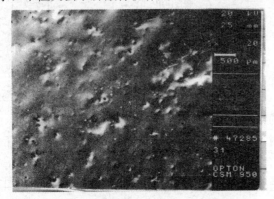

图 2.75　碳化硅耐火材料表面的高 SiO_2 釉面层

OAl_2O_3-SiO_2-SiC 耐火材料是在高铝质耐火材料中添加碳化硅制成的。该材料依靠碳化硅的高导热性获得良好的抗热震性,依靠碳化硅氧化形成高 SiO_2 釉面层封堵砖面气孔,延缓侵蚀,从而具有一定的耐侵蚀、抗结皮性能。但是,随温度升高,高 SiO_2 釉面层的黏度也会变小,屏蔽保护作用也会迅速削弱。碳化硅耐火材料表面的釉面层如图 2.75 所示。

因此,随窑尾温度升高,现有耐碱粘土质耐火材料和 Al_2O_3-SiO_2-SiC 质耐火材料无法很好满足窑尾高温耐火材料要求。鉴于此,课题研发了新型耐高温抗结皮材料。

镁铝尖晶石具有优良的耐侵蚀性、耐磨性、熔点高（2135℃）等特性。图 2.66 是 MgO-Al_2O_3 二组分系统的相平衡图。在此二元系中形成一个化合物——

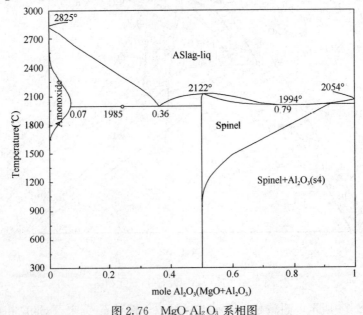

图 2.76　MgO-Al_2O_3 系相图

镁铝尖晶石 MgO·Al₂O₃（MA），其熔点为 2105℃。此二元系可划分成：MgO-MA 与 MA-Al₂O₃ 两个分系，其低共熔温度分别为 1995℃ 和 1925℃。MA 与 MgO、Al₂O₃ 之间彼此都能部分互溶，形成有限固溶体。从下图可看出最大固溶度发生在低共熔温度。镁铝尖晶石优良的高温性能，使其成为耐火材料中重要的组成部分。

董青石陶瓷具有低的热膨胀系数、高的化学稳定性和抗热震性，以及一定的机械强度。董青石属环状结构硅酸盐，结构中有较大空隙。当质点受热时，可向空隙处振动，故董青石材料具有热膨胀系数小和热震稳定性优异的特点。通过改进制备工艺和添加第二相来促进董青石烧结，提高董青石含量，并研究工艺改进和添加第二相在降低其热膨胀系数，提高耐热冲击性。

研究确定该耐高温材料为镁铝尖晶石-董青石材料体系，图 2.77 为 MgO-Al₂O₃-SiO₂ 系相图，根据该相图即可对镁铝尖晶石-董青石耐火材料进行分析。

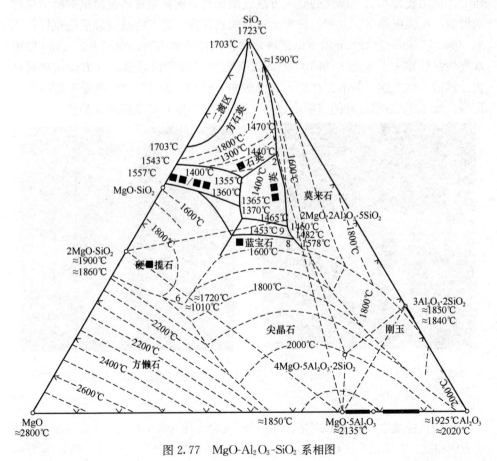

图 2.77　MgO-Al₂O₃-SiO₂ 系相图

　　根据窑尾系统用高温耐火材料要求，由图2.77分析可知，该镁铝尖晶石-堇青石耐火材料的主要原料是镁铝尖晶石$MgO \cdot Al_2O_3$，并以氧化镁微粉、硅灰和氧化铝微粉为结合剂。常温下，依靠MgO的水化和$Mg(OH)_2$于硅灰的反应，形成$MgO\text{-}SiO_2\text{-}H_2O$系水化物，获得良好的凝结、硬化性能和较高的干燥强度。中温下，脱水的水化物、残余的MgO、硅灰和氧化铝微粉发生反应烧结，避免了中温强度的下降。高温下，MgO、Al_2O_3和SiO_2充分反应，形成堇青石和镁铝尖晶石。由于堇青石的具有的低热膨胀性能，使耐火材料获得了良好的抗热震性。

　　结合以上理论分析，通过试验研究确定了该耐高温材料体系以镁铝尖晶石浇注料为主，结合剂以氧化镁微粉、硅灰和氧化铝微粉为主，且其平衡组成位于镁铝尖晶石（MA）和堇青石（$M_2A_2S_5$）的连线附近。最终获得材料的整体化学组成为MgO 27.6％，$Al_2O_3$70.1％，$SiO_2$2.3％。该耐高温材料包括堇青石-镁铝尖晶石抗结皮浇注料和镁铝尖晶石-堇青石抗结皮砖。

　　耐高温材料的性能检测包括耐压强度、抗折强度、抗结皮性和抗热震性等。研究用抗结皮性和抗热震性的检测方法。耐火材料的抗结皮通过测试三明治试样的劈裂抗拉强度测试。其中，三明治试样的制作方法是：将热处理后的试样加工成40mm×40mm×19mm的方形试块，同种试样两两相对，中间夹入2mm厚由水泥生料外掺10％K_2SO_4和10％$CaSO_4$配制的结皮料层，制成立方体结皮料试块。然后，将上述三明治试样送入高温炉内，经过1200℃×6h热处理后冷却至室温。图2.78是制备好的三明治试样，图2.79是劈裂抗压强度试验机。

图2.78　经1200℃×3h热处理后　　　　　　图2.79　劈裂抗拉试验
　　　　制备的三明治试样

　　劈裂抗拉强度的测试原理是：在一个立方体上下表面的中心线上，如果加上两个方向相反、力量相等的线载时，其垂直对称面上就会产生均匀分布的拉应力σ，

其计算公式为

$$\sigma = \frac{2P}{L^2} \qquad\qquad (2\text{-}31)$$

式中，σ 为劈裂抗拉强度，MPa；P 为破坏试体的压力，N；L 为立方体边长，mm。

抗热震性的测试。目前，普遍采用《GB/T 376.1—1995》测试耐火材料的热震稳定性。其方法为，将长×宽×高＝230mm×114mm×65mm 的试样的一段插入 1100℃的炉内，在 5min 内使炉温恢复 1100℃，保温 15min，将试样的热端浸入流动水中 3min，取出后在空气中晾干 5min，再检查试样热端的面积是否破损达到 50%以上。如满足损坏条件，记下损坏发生的次数。如未满足条件，将试样继续试验。该方法的主要缺点是测试结果的离散型大。此外，一次检测的试样少、测试的时间长，不便用来开发高抗热震的耐火材料。

在水泥窑中，耐火材料的损毁是一个渐进的过程，窑衬所经受的热震远远没有水冷试验那样苛刻，所以风冷更符合实际情况。故研究采用自主开发的强制风冷法来评价耐火材料的抗热震性。将试样制作标准尺寸 150mm×25mm×25mm，并在 1200℃下进行烧结。将烧结后冷却好的试样放在垫砖上，将垫砖连同试样一起放入 1100℃的电炉，当电炉温度到达 1100℃后保温 15min，然后用铁钳拖出垫砖，将垫

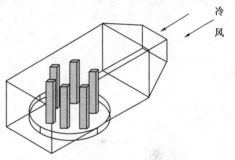

图 2.80　抗热震风冷试验装置

砖放在铁锹上取出，将垫砖上的试样放入特制的风箱中进行冷却，风冷装置如图 2.80 所示，冷却到试样表面温度小于 80℃，大约需要 5min，冷却好后再将试样放在垫砖上，将试样重新放入电炉中。重复 10 次，测的试样的抗折强度，并和没有进行热震疲劳试验试样的抗折强度进行对比，计算出热震强度保持率。

$$热震强度保持率 = \frac{热震后抗折强度}{热震前抗折强度} \times 100\%$$

试样经过一定次数的风冷之后，取出测试抗折强度，将强度值和未经过热震试样的强度比较，根据强度的损失情况判定材料的抗热震性。由此，采用新方法后测试误差大幅减少，测试效率明显提高，具备了比较准确地检测高抗热震耐火材料抗热震性指标的试验条件。

堇青石-镁铝尖晶石抗结皮浇注料性能检测。抗结皮浇注料主要用于窑尾系统中 800～1200℃的不规则部位。表 2.22 列出了具有代表性的 4 组配方，各组配方经配料、混合、成形、潮湿养护制得 40mm×40mm×160mm 的条形试块，

经过110℃、1100℃和1400℃热处理后测得该材料的物理性能，见表2.23。

表2.22　镁铝尖晶石-堇青石抗结皮浇注料配方

配方	5～3mm 电熔MA	3～1mm 电熔MA	1～0mm 电熔MA	1～0mm 堇青石	0.088mm 电熔MA	0.010mm 电熔MA	0.010mm 电熔 镁砂	硅灰	α氧化 铝微粉	总和
1	0	500	200	0	180	53	12	25	30	1000
2	0	500	200	0	180	30	20	20	50	1000
3	178	362	160	0	174	3	28	23	71	1000
4	178	362	100	60	174	4	28	23	71	1000

表2.23　镁铝尖晶石-堇青石抗结皮浇注料性能

配方	110℃× 24h耐压 强度 （MPa）	110℃× 24h抗折 强度 （MPa）	1100℃× 3h耐压 强度 （MPa）	1100℃× 3h抗折 强度 （MPa）	1100℃线 变化率 （%）	1400℃× 3h耐压 强度 （MPa）	1400℃× 3h抗折 强度 （MPa）	1400℃线 变化率 （%）
1	12.59	2.94	129.38	30.29	0.10	107.00	28.69	−0.40
2	30.06	5.86	112.78	27.45	0.10	148.76	30.51	−0.75
3	62.63	8.15	127.07	22.38	−0.05	138.13	29.67	0.57
4	68.67	10.59	138.62	17.60	−0.07	132.97	13.14	0.03

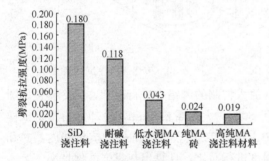

图2.81　不同材料的抗结皮性对比

由表2.23可知，经过110℃、1100℃和1400℃热处理后，3号、4号镁铝尖晶石-堇青石抗结皮浇注料具有合适的耐压强度、抗折强度和烧后线变化性能，可以满足现场服役的基本要求。

此外，镁铝尖晶石-堇青石浇注料具有优异的抗结皮性能，图2.81显示了不同耐火材料抗结皮性的测试结果；添加不同含量的堇青石对浇注料的抗热震性有较大影响，如图2.82所示。

由图2.81可知，高纯镁铝尖晶石浇注料的抗结皮最好，高纯镁铝尖晶石砖次之，低水泥结合镁铝尖晶石浇注料又次之，现有耐碱浇注料和的SiC浇注料抗结皮性都很差。由图2.82可知，仅有原位堇青石时，1100℃下经10次风冷后浇注料剩余抗折强度只有60%；加入6%的堇青石，同样条件下抗折强度保持率提高到90%；加入12%时堇青石时抗折强度保持率均值接近100%，说明材料基本上没有受到热震损伤，因此浇注料可通过控制堇青石含量开调整其抗热震性。

综上所述，镁铝尖晶石-堇青石抗结皮耐火材料具有优良抗热震性、抗结皮性与良好机械强度和足够的耐高温性，使之成为水泥窑炉中温度为 1000～1200℃ 部位的优秀的耐火浇注料。

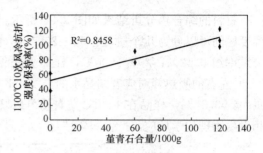

图 2.82　抗结皮浇注料中堇青石对热震性的影响

镁铝尖晶石-堇青石抗结皮砖性能检测。镁铝尖晶石-堇青石抗结皮砖主要用于水泥窑尾系统中 800～1200℃ 的规则部位的耐火窑衬。镁铝尖晶石-堇青石定型耐火制品是镁铝尖晶石－堇青石浇注料衍生产品。两种耐火材料主要差别在于定型材料采用有机物质作暂时性结合剂，采用硅灰作为永久结合剂。在烧结中，镁铝尖晶石和硅灰发生固相反应，形成堇青石结合相，使耐火材料获得良好的物理性能。为进一步提高抗热震性，该材料也需要额外添加预合成堇青石。图 2.83 显示了添加预合成堇青石对材料性能的影响。

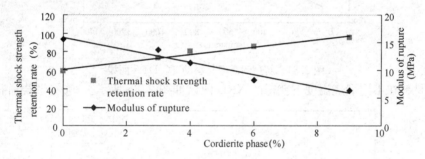

图 2.83　堇青石掺量对镁铝尖晶石-堇青石制品抗折强度和热震强度保持率的影响

由图 2.83 可知，预合成堇青石掺量为 4％ 时，可以使 1100℃ 强制风冷后材料的抗折强度保持率维持在 80％。同时，保证材料具有 10MPa 左右的抗折强度。从而，使材料具有优良的抗热震性和可以接受的强度性能。

除此，课题对开发的新型耐高温抗结皮材料进行了微观分析。选取化学成分在设计范围内的一组新型耐高温材料 MA* 浇注料，其结合相组成见表 2.24。在此基础上，对其进行综合热分析、XRD 衍射和扫描电镜分析等。

表 2.24　MA* 浇注料的结合相组成

配方	0.088mm 镁铝尖晶石	0.010mm 镁铝尖晶石	氧化镁微粉	硅灰	氧化铝微粉	堇青石	总和
A	174	4	28	23	71	0	300

　　材料的综合热分析结果如图 2.84 所示。由图 2.84 可知，从 50～1300℃的温度区间可以分为几个阶段：50～200℃，样品中吸附水的挥发引起轻微失重，失重率约 0.12%；200～500℃，样品失去结晶水或层间水，失重率约 1.1%，300℃左右的吸热峰对应着结晶水的蒸发；400～1300℃，样品质量减小缓慢，失重率约 0.34%，样品在 1200℃左右均可以观察到一个明显的放热峰，对应结合相发生物理化学反应，产生陶瓷结合。

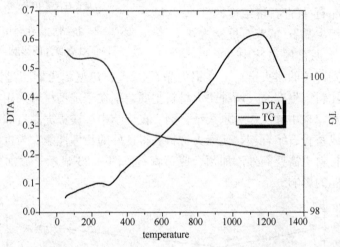

图 2.84　新型耐高温材料的 TG-DTA 曲线

材料在不同煅烧温度下获得的 XRD 图谱如图 2.85 所示。300℃煅烧所得样

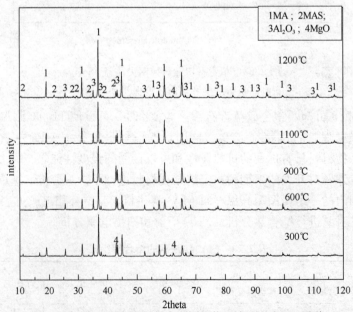

图 2.85　新型耐高温材料在不同煅烧温度下的 XRD 图谱

品由镁铝尖晶石（MA，JCPDS：21-1152）、Al_2O_3（JCPDS：10-0173）、MgO（JCPDS：45-0946）三相组成；随着煅烧温度的升高，样品中 MgO 和 Al_2O_3 的衍射峰逐渐减弱，当温度升至 1200℃时，能够明显观察到堇青石（MAS，JCPDS：13-0294）的衍射峰，样品由镁铝尖晶石、堇青石、Al_2O_3 和极少量 MgO 四相组成。因此，可以说明样品中的 MgO 与 Al_2O_3 随着温度升高开始发生反应，逐渐形成堇青石，并且在1200℃发生明显结晶，这与差热-热重反应结果是一致的。

由 XRD 分析可知，样品在 300℃下所得矿相组成为镁铝尖晶石、Al_2O_3、MgO，未观察到含 Si 化合物的衍射峰，可能原因是原料中的 MgO 水化后与 SiO_2 发生酸碱中和反应，形成了非晶态的 $MgSiO_3$，因此进一步对 300℃下所得样品进行了 SEM 和能谱分析，如图 2.86 所示。其中，左上角图片为样品在 2000 倍下的背散射电子图像，有图中各点的能谱分析可知，a 处含有 Mg、Al、

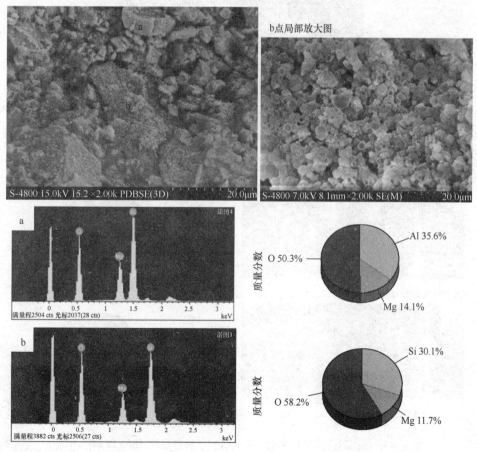

图 2.86 新型耐高温材料在300℃下煅烧所得样品的 SEM 和 EDS 分析

O 三种元素，根据元素含量计算可估计其成分为 MA，而 b 处含有大量 Si 元素，根据它与 O、Mg 的比例估算可推测此处的物质主要为 $MgSiO_3$ 和 SiO_2，通过局部放大照片可以明显观察到该处含有两种物质形貌，包括直径为 $0.1\sim0.5\mu m$ 的微球状颗粒和疏松的多孔颗粒。此外，通过该样品的表征结果也可以分析抗结皮复合镁铝尖晶石浇注料低温性能提高的原因和机理，即在低温下原料中的活性 MgO 与 SiO_2 发生反应，形成水化硅酸镁，从而增强了材料的常温强度。

图 2.87 是样品在 1200℃ 下煅烧所得样品的 SEM 和 EDS 分析，其中 a 处主要成分为镁铝尖晶石，b 处含有 Mg、Al、Si、O 四种元素，按其质量比可推测其矿相为堇青石，这一结果与 XRD 结果是一致的。堇青石的形成有利于材料抗热震性和高温强度的提高，因此，进一步证明了复合镁铝尖晶石浇注料优异的抗热震性和耐高温性来自于堇青石相的生成。

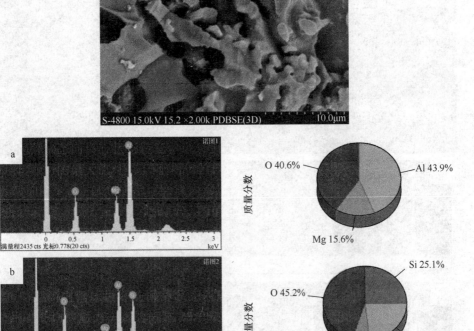

图 2.87　新型耐高温材料在 1200℃ 下煅烧所得样品的 SEM 和 EDS 分析

2.4 新型 RSP 分解炉的工程设计及示范应用

基于"熟料分段烧成动力学及控制"的理论依据及前期研究成果，对鲁南中联水泥有限公司 2 号生产线进行了改造，采取了诸多措施，包括开发了带预燃室的分解炉，增强分解炉煅烧功能、使用新型耐高温抗结皮材料等。

鲁南中联水泥有限公司 2 号回转窑生产线始建于 20 世纪 80 年代，是我国最早自行开发设计、主机设备全部国内制造的国家"七五"重点建设项目，为中国水泥工业的技术和装备的发展做出过重要的贡献，但鉴于当时的工艺和装备制造水平以及环保标准要求的局限性，与目前相同规模的生产线相比，技术、工艺和装备已经严重落伍。主要体现在如下几个方面：

（1）熟料热耗高。2 号回转窑的预热分解系统采用的是四级预热器带 RSP 分解炉，预热器出口气体温度高达 400℃，熟料热耗高达3966kJ/kg（948kcal/kg），折合标准煤耗 135kg/t。

（2）预热器系统阻力高造成熟料电耗高。预热器采用的是老式高阻力旋风预热器，出口阻力高达 5800Pa。熟料烧成电耗高达 37.8kWh/t，熟料综合电耗达 81kWh/t。

（3）熟料制造成本高，产品市场竞争力不足由于熟料的热耗、电耗高以及设备的产能利用率低，熟料的制造成本高达 198.18 元/吨，随着原材料及能源资源价格的提升，产品市场竞争力不足，熟料生产处于亏损状态。

为此，结合前期研究工作成果，对 2 号窑生产线进行改造，改造预期设计产能为 2800t/d，即示范应用"熟料分段烧成动力学及控制"相关研究成果。

预热器和分解炉的改造。根据现有实际情况，对于预热器与分解炉改造采用研究开发的新技术，该项技改工程设计采用 RSP 型分解炉及 2-1-1-1-1 组合的预热器系统，使预热分解系统结构简单紧凑。各级预热器规格为 C1：2-ϕ5000mm，C2：1-ϕ6700mm，C3：1-ϕ6950mm，C4：1-ϕ6950mm，C5：1-ϕ7250mm，分解炉采用 RSP 型分解炉，其中 SC：ϕ4500mm，MC：ϕ5750×23500mm，鹅颈管 ϕ4200mm。预热器采用具有高分离效率的"三心"大蜗壳的新型高效低阻型旋风预热器，降低预热器系统阻力，使得 C1 出口的气流阻力降至 5500Pa 左右，出口废气温度降到 330℃以下。预热器及分解炉形式如图 2.88 所示。

改造后的 RSP 型分解炉由旋流燃烧的预燃室，喷腾燃烧的混合室以及进一步满足煤粉继续燃烧和生料分解的鹅颈管组成。燃烧室规格为 ϕ4500mm，采用单侧 270°旋式进风口，燃烧室旋流入口速度为 25m/s 左右，大大降低了进风口气流阻力。中心直喷的喷煤管、切向进入的高温预燃风和携带生料切向进入的助燃风，三股气流的分布，宛如一个三通道的喷煤管。轴向的煤粉输送风、切向的预燃风和携带生料的助燃风类比三通道喷煤管的一次风、旋转内风和直流外风。系统可以通过预燃风量的调节和喷煤管的空间位置变化，有效地控制火焰的发火

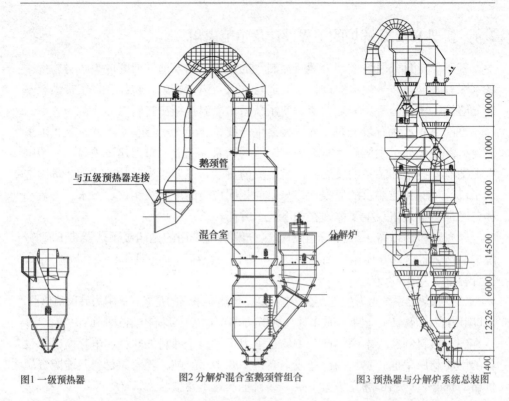

图1 一级预热器　　　　　　　图2 分解炉混合室鹅颈管组合　　　　　图3 预热器与分解炉系统总装图

图 2.88　预热器及分解炉形式

和燃烧，从而很好地适应煤质的变化。生料由切向风携入燃烧室，在离心力的作用下，沿耐火砖壁面分布。燃烧室中心燃烧区因为生料量小，煤粉在高速旋转的预燃风的作用下，高度分散，在高温、粉尘浓度低的纯空气中，发火早、燃烧快。而周边生料富集的保护性料幕，则成为耐火砖的有效保护屏障，大大延长了耐火砖的使用寿命。这种宛如三通道喷煤管的燃烧系统，有别于其他分解炉系统的另一个要点是：系统除了输送煤粉的一次风外，预燃风与助燃风，均为来自篦式冷却机的高温纯空气，使系统表现出更高的热利用率。

混合室采用圆形结构，气流运转更流畅，耐火砖更结实坚固。轴向直喷入的窑风和携带旋转余威的炉风，在此以喷腾、旋流的形式交汇，进一步强化了煤粉的燃烧和气固的湍流混合和热交换。改造后的 RSP 型分解炉采用更大体积的混合室作为分解炉的主要燃烧区域，完成煤粉的燃烧和生料的分解，混合室的外形尺寸是 $\phi 5750 \times 23500mm$，有效容积达 $516m^3$，为进一步强化喷腾燃烧过程中气流和粉体的充分混合，在混合室的中部还设计有一个缩口，将混合室分为上下两个区域，在延长粉状物料（煤粉与生料）停留时间的同时，再次强制气固相的混合，使气流在上升过程中携带粉料分布更均匀，燃烧更充分；RSP 型分解炉的比较重大的改进是增加了联结混合室与最后一级旋风筒的鹅颈管，鹅颈管的设置在不提高五级旋风筒空间高度的前提下，进一步增加了分解炉的有效容积，延长了煤粉燃烧和生料分解的停留时间。综合考虑预燃室、旋流燃烧室、喷腾混合室及鹅颈管的均衡合理配置，在不加大窑尾主框架尺寸的情况下，设计合理的炉子容积，使煤粉在此有充足的燃烧空间。整个分解炉系统气体停留时间约 5s，物料停留时间 22s 以上。系统对于低热值、低挥发分，高灰分的低品位燃煤也有很好的适应性，从而能够有效降低燃煤成本。分解炉及窑尾上升烟道的高温区采用了新型耐高温抗结皮材料，保证了窑炉的正常稳定运行。

回转窑改造。原窑中的传动电机为 $2 \times 125kW$，回转窑最高转速为 3.2r/min。通过更换窑减速机内部齿轮，改变其速比，提高其传动功率，改变小齿轮，实现回转窑的提速，改造后回转窑转速达到 4.5r/min。窑的转速提高为提产创造了条件。窑的传动电机改为 $2 \times 160kW$。原三次风管直径为 $\phi2200mm$，布置形式呈 V 字形。按扩大的生产能力平衡，通风截面偏小。此次改造三次风管改造为一字形，改造后风管直径为 $\phi2500mm$。

窑头系统改造。窑系统改造后，熟料产能具备 3000t/d 以上的生产能力，原熟料冷却机篦床面积仅 $46.8m^2$，远远不能满足要求。根据现场的车间布置情况，利用原有篦冷机基础，将篦冷机更换为 $2.7 \times 9.24/3.3 \times 13.2$ 床有效面积为 $68.2m^2$。同时更换篦冷机冷却风机。

除此，还针对原生产线粉尘排放浓度高、原料和煤粉粉磨电耗高等现象进行了改造，改造后的 2 号窑窑尾系统如图 2.89 所示。

图 2.89 改造后的 2 号窑窑尾系统

该项目改造于 2010 年 8 月 18 日点火投产，经过 1 个月的调试，系统运行正常，达到改造预期目标，到目前为止，已稳定运行四年多。生产线自投产后就表现十分顺畅平稳高效，易于操作控制，系统产量高，消耗低，质量优良。回转窑系统投料量稳定运行在 211t/h，折合日产熟料 3248t/d；熟料 3 天强度30.8MPa，28 天强度 61.3MPa，立升重大于 1300g/L；窑尾喂煤比例最高可达70%，折合熟料热耗 779kcal/kg-cl；熟料烧成电耗 57.36kWh/t；熟料游离钙<1.5%。

其主要技术经济指标见表 2.25。

表 2.25　主要技术经济指标

序号	内容		改造前	改造后	增减（%）
1	生料系统生产能力（t/h）		71.6×2	210	39.7
2	生料的粉磨电耗（kWh/t）		22.44	11.9	−46.97
3	煤粉制备磨系统生产能力（t/h）		14	19	35.71
4	煤粉制备磨系统电耗（kWh/t）		45.7	36.08	−21.05
5	烧成系统生产能力	（t/h）	84.5	135.33	60.2
		（t/d）	2,028	3248	60.2
6	熟料的烧成电耗（kWh/t）		37.87	32.75	−13.52
7	熟料的综合电耗（kWh/t）		81	57.36	−29.19
8	熟料的热耗	（kJ/kg）	3,966	3259	−17.9
		（kcal/kg）	949	779	−17.9
9	熟料实物煤耗（kg/t）		180	127.24	−29.3
10	熟料标准煤耗（kg/t）		135.6	111.29	−17.9
11	窑尾收尘器排放浓度（mg/Nm³）		150	<30	−80
12	煤磨收尘器排放浓度（mg/Nm³）		100	<30	−70

由表 2.25 可知，通过对原生产线进行技术改造，根据"熟料分段烧成动力学及过程控制"的思路，强化分解炉煅烧功能，大大减轻了回转窑的热负荷，在此基础上，提高窑转速达 4.2r/min，使窑生产能力达 3248t/d，增加 60.2%；由于预烧成系统具有单位熟料散热小、出预热器废气温度低、熟料煅烧理论能耗低等优势，在高镁配料的情况下，单位熟料烧成热耗降低到 779kcal，与改造前相比降低幅度达 17.9%。除此，具有熟料煅烧质量稳定，熟料烧成电耗低等优势。

本次改造是在原有窑尾系统为四级预热器的基础上进行的，采用五级新型高效低阻型旋风预热器加强了物料的换热，并采用"熟料分段烧成动力学及过程控制"思路指导下的 RSP 型分解炉加强了物料的预烧，并采用第三代箅冷机加强了烧成后熟料的冷却，由此通过几方面途径的努力实现了大大降低熟料烧成热耗和提高熟料产质量的效果。

采用五级新型高效低阻型旋风预热器和第三代篦冷机技术产生的效益可估算为由改造前的 135.6kgce/tcl 降低到全国 2000～4000t/d 规模熟料生产线平均熟料综合煤耗 118kgce/tcl（数据来自《建材工业节能减排技术指南》），降低比例为 13.0%。

而采用"熟料分段烧成动力学及过程控制指导"指导下的 RSP 型分解炉技术产生的效益可估算为由全国 2000～4000t/d 规模熟料生产线平均熟料综合煤耗 118kgce/tcl 降低到 111.33kgce/tcl，在改造前基础上降低比例为 17.9%，在 118kgce/tcl 基础上降低 5.7%，即每吨熟料节约能耗 196401kJ，节约标煤 6.67kg；折合为每公斤熟料节约能耗 195kJ，同时分解炉单位容积产量由改造前的 2.65t/m^3 提高到 6.30t/m^3，提高了 146%，回转窑单位容积产量也提高了 60.2%；考虑 RSP 分解炉（三代）的有效容积生产能力为 5.7t/m^3（数据来自《建材工业节能减排技术指南》），则分解炉单位容积产量实际提高了 10.5%，同时考虑国内 5000t/d 生产线回转窑规格为 $\phi 4.8 \times 72$m，其有效容积为 1302m^3，实际成产能力在 5200～5800t/d，则其单位容积产量为 3.99～4.30t/m^3，而改造后的该生产线回转窑单位容积产量为 5.32t/m^3，单位容积产量较国内水平提高了 23.7%～33.3%。

在此基础上，进行了鲁南中联水泥有限公司 2 号生产线热平衡测试。课题于 2012 年 10 月委托国家建筑材料工业建筑材料节能评价检测中心对鲁南 2 号生产线进行了热平衡测试。鉴于篇幅有限，只对物料平衡、热量平衡情况及最终标定情况进行展示。

依据测定窑尾粉尘量和盘库数据，选取生熟料折合比为 1.56，标定期间生料实际投料量为 211154kg/h，总喂煤量经热平衡反求校正为 17220kg/h。

热平衡测试所得的物料平衡表和热量平衡表见表 2.26 和表 2.27 所示，最终评价结果为：鲁南中联水泥有限公司二期新型干法水泥（熟料）生产线，测试期间实际产量达到 3248.52t/d；现场能效测试的结果，熟料标煤耗为 111.33kgce/t，水泥窑热效率为 54.51%，该窑热效率在同等规模中处于较高水平；主要的热量支出按比例由大到小依次为：熟料形成热、出预热器废气带走热、篦冷机入高温发电风带走热、系统表面散热、熟料带走热、篦冷机入低温发电风带走热、机械不完全燃烧热。其中：

（1）熟料形成热由熟料带的化学成分决定，不同企业的熟料化学成分相差不大，因此熟料形成热的数值相差较。本厂熟料形成热占支出总热量的 53.02%。

（2）出预热器废气温度 329℃，风量 1.9169kg/kgcl，风量在同等规模中偏小。

（3）篦冷机入窑头发电风温度 383℃，带走热占支出总热量的 12.43%，比例较大，是构成热耗的重要组成之一。

（4）篦冷机风量 2.3245kJ/kgcl，风量偏小，出篦冷机熟料温度 208℃，温度偏高，带走热量占支出总热量的 5.08%。

表 2.26 物料平衡表

收入物料					支出物料				
序号	符号	项目	单位 （kg/kgcl）	百分比 （%）	序号	符号	项目	单位 （kg/kgcl）	百分比 （%）
1	m_r	燃料消耗量	0.1272	2.71	1	m_{sh}	出篦冷机熟料量	0.9892	21.11
2	m_s	生料消耗量	1.5600	33.28	2	m_f	预热器出口废气量	1.9169	40.90
3	m_{lk}	入窑一次风量	0.0507	1.08	3	m_{fh}	预热器出口飞灰量	0.0985	2.10
4	m_{yk}	窑送煤风量	0.0201	0.43	4	m_{gfdf}	篦冷机入高温发电风量	1.0593	22.60
5	m_{lF}	炉送煤风量	0.0430	0.92	5	m_{dfdf}	篦冷机入低温发电风量	0.3985	8.50
6	m_{Lk}	入篦冷机风量	2.3245	49.60	6	m_{mmf}	篦冷机入煤磨发电风量	0.1418	3.03
7	m_{ZS}	系统漏风量	0.5613	11.98	7	m_{gfdfh}	篦冷机入高温发电飞灰量	0.0074	0.16
8		合计	4.6868	100.00	8	m_{dfdfh}	篦冷机入低温发电飞灰量	0.0028	0.06
					9	m_{mmfh}	篦冷机入煤磨飞灰量	0.0007	0.01
					10		其他	0.0717	1.53
					11		合计	4.6868	100.00

表 2.27 热量平衡表

收入热量					支出热量				
序号	符号	项目	单位 （kJ/kg）	百分比 （%）	序号	符号	项目	单位 （kJ/kg）	百分比 （%）
1	Q_{rR}	燃料燃烧热	3258.8640	97.27	1	Q_{sh}	熟料形成热	1776.5662	53.02
2	Q_r	燃料显热	11.2143	0.33	2	Q_{Lsh}	熟料带走热	170.1582	5.08
3	Q_s	生料显热	16.7021	0.50	3	Q_{ss}	蒸发生料中的水分耗热	3.7128	0.11
4	Q_{lk}	一次风显热	1.0165	0.03	4	Q_f	出预热器废气带走热	655.7545	19.57
5	Q_{Yk}	窑送煤风显热	1.5113	0.05	5	Q_{fh}	出预热器飞灰带走热	28.8483	0.86
6	Q_{lF}	炉送煤风显热	3.2385	0.10	6	Q_{gfdh}	篦冷机入高温 发电风带走热	416.6167	12.43
7	Q_{lk}	冷却风显热	46.6347	1039	7	Q_{dfdh}	篦冷机入低温 发电风带走热	104.9644	3.13
8	Q_{LOK}	系统漏风显热	11.2606	0.34	8	Q_{mmf}	篦冷机入煤磨 风带走热	44.5858	1.33
9	Q_{ZS}	系统总收入热	3350.4420	100.00	9	Q_{gfdfh}	篦冷机入高温 发电飞灰带走热	2.5202	0.08

续表

收入热量					支出热量				
序号	符号	项目	单位 (kJ/kg)	百分比 (%)	序号	符号	项目	单位 (kJ/kg)	百分比 (%)
					10	Q_{dfdfh}	箅冷机入低温发电 飞灰带走热	0.6160	0.02
					11	Q_{mmfh}	箅冷机入煤磨 飞灰带走热	0.1876	0.01
					12	Q_B	系统表面散热	264.4490	7.89
					13	Q_{hb}	化学不完全燃烧热	3.4610	0.10
						Q_{jb}	机械不完全燃烧热	44.0362	1.31
							其他	−166.0349	−4.96
					14	Q_{ZC}	合计	3350.4420	100.00

窑的热效率 η 热 $=Q_{sh}$ (Q_{rR}) $=1776.5662/3258.8640=54.51\%$

第三章　水泥粉磨动力学及过程控制

围绕"离心力场中的粉磨动力学与能量传递"的关键科学问题，建立和应用高离心力场和小能量振动破碎原理，建立高效的水泥粉磨系统，研制出新型的水泥助磨剂，最大限度地降低水泥粉体粉磨能耗，水泥粉磨系统电耗在现有基础上降低15%。

3.1　离心力场中粉磨过程的节能机理分析

卧式行星磨内钢球冲击粉磨过程本质是碰撞动力学问题，符合动力学相似三原则，即几何相似、运动相似和动力相似，且动力相似与运动相似互为充分必要条件。

卧式行星磨磨筒内的钢球运动，可以看作是在以磨筒中心处的公转离心加速度为牵连加速度的惯性坐标系中的相对运动，该坐标系中磨筒内的一个典型研磨体的受力如图3.1所示（忽略重力影响）。

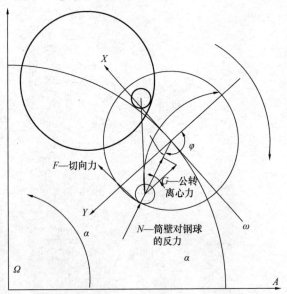

图3.1　惯性坐标系磨筒内钢球的受力

3.1.1　研磨体相对运动的基本方程

随着磨筒的自转运动，磨筒内研磨体作相对圆周运动，满足动力学方程：

$$N + G\cos\varphi = mr(\Omega - \omega)^2 \tag{3-1}$$

$$G = mR\Omega^2 = mzg \tag{3-2}$$

式中，m 为研磨体的质量；Ω 为公转角速度；z 为行星因子；g 为重力加速度；ω 为磨筒自转相对角速度；N 为磨筒壁面对研磨体的反力；R 为行星磨筒中心的公转半径；r 为行星磨筒的自转半径。

研磨体开始抛落时，切向力 $F=0$，$N=0$，即：

$$\cos\varphi = \frac{r(\Omega - \omega)^2}{R\Omega^2} = \frac{r(\Omega - \omega)^2}{zg} \tag{3-3}$$

式（1）是磨筒内研磨体相对运动的基本方程式，从式（3-3）可以看出：研磨体脱离角与磨筒的有效内径、相对自转角速度、公转半径、公转角速度有关，与研磨体自身的质量无关。

3.1.2　磨筒内研磨体相对运动的抛落轨迹

式（3-3）对磨筒内任意层的研磨体均成立，唯一的差异是研磨体在磨筒内的半径 r 不同，式（3-3）实际是代表了磨筒内研磨体抛落时脱离位置的轨迹曲线（图 3.2 中黑弧线）方程式。

设

$$2\rho = \frac{zg}{(\Omega - \omega)^2} \tag{3-4}$$

方程（1）变为：

$$r^2 (\Omega - \omega)^2 = zgr\cos\alpha \tag{3-5}$$

或

$$r^2 = 2\rho r\cos\alpha \tag{3-6}$$

令变换：

$$x = r\sin\alpha \tag{3-7}$$

$$y = r\cos\alpha \tag{3-8}$$

则：

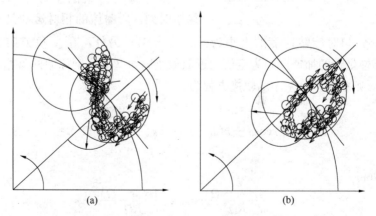

图 3.2　研磨体与磨筒壁的碰撞过程示意图

（a）研磨体与筒壁碰撞的实际运动；（b）研磨体与筒壁碰撞的近似相对运动

$$x^2 + y^2 = 2\rho y \tag{3-9}$$

得：

$$x^2 + (y - \rho)^2 = \rho^2 \tag{3-10}$$

方程（3-10）表示磨筒内研磨体抛落时脱离位置的轨迹曲线是一个经过磨筒圆心的圆上的一段弧线，其圆心在磨筒与公转中心的连线上，半径为 ρ。

3.1.3 撞击时间

研磨体达到脱落条件抛落后，在绝对坐标中观察，实际是在空间作直线自由飞行运动，自由飞行一段时间 t_2 后，必然会与作公转运动的行星磨筒壁形成冲击粉碎 [图 3.2（a）]，完成一次粉碎周期。现有研究的数学模型可以理论上求出 t_2 值，但是，必须是要求解一个关于 t_2 的复杂超越方程组（3-11）。

$$v^2 t_2^2 + 2(x_1 v_x + y_1 v_y)t_2 - 2[x_1 r_d \cos(\phi_1 + \Omega t_2) + y_1 r_d \sin(\phi_1 + \Omega t_2)]$$
$$- 2t_2[v_x r_d \cos(\phi_1 + \Omega t_2) + v_y r_d \sin(\phi_1 + \Omega t_2)] + (2x_1 x_{c1} + y_1 y_{c1}) = 0$$
$$\tag{3-11}$$

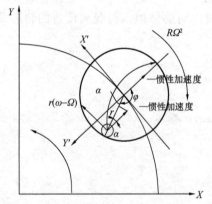

图 3.3 单一钢球的抛落相对轨迹

其在实际应用中极不方便，而且，行星磨筒内研磨体与磨筒之间发生的相对运动的物理概念也不清晰。为此，本文拟对研磨体的实际脱离——壁面碰撞冲击过程进行简化，即当研磨体从脱离点抛出后，考虑到 t_2 的实际值较小，可以假定在 t_2 的瞬间内，行星磨筒"不产生公转运动"，研磨体在行星磨筒内抛落后发生的相对运动是由相对于磨筒的旋转运动和在磨筒中心惯性加速度的叠加组成 [图 3.2（b）]，即：相对瞬间固定的坐标系（X'，Y'），抛落时刻，研磨体的相对运动是沿磨筒壁的纯旋转，相对旋转速度的大小为：r（$\omega - \Omega$）；另外，在 y' 负方向上存在以 $R\Omega^2$（惯性坐标的加速度）为定值的近似加速运动（单一钢球的抛落相对轨迹见图 3.3），则相对坐标系中的轨迹方程为：

$$x' = -r\sin\alpha + r(\omega - \Omega)\cos\alpha t_2 \tag{3-12}$$

$$y' = r\cos\alpha + r(\omega - \Omega)\sin\alpha t_2 - 1/2(R\Omega^2)t_2^2 \tag{3-13}$$

因为

$$x'^2 + y'^2 = r^2$$

求解得：

$$t_2 = \frac{4r(\omega - \Omega)}{R\Omega^2}\sin\alpha = \frac{4r(\omega - \Omega)}{R\Omega^2}\sin\varphi \tag{3-14}$$

$$\cos\varphi = -\frac{r(\omega - \Omega)^2}{R\Omega^2} \tag{3-15}$$

本文采用相对运动的研究思路对碰撞时间（t_2）的简化结果，与完全理论解得到的真实碰撞时间的误差分析如图 3.4 所示。即：$r=20\text{mm}$，$R=65\text{mm}$，$\Omega=800\text{r/min}$。从图 3.4 中可以看出，在有实际意义（$\omega/\Omega<$ 临界转速 1.6）的区段内，最大相对误差小于 8% 左右，本文认为，式（3-11）提供的碰撞时间方法在工业应用的分析中更有价值。

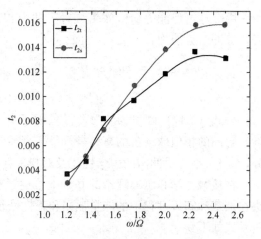

图 3.4　本研究理论解与数值解的比较

3.1.4　等冲击能作用等粉磨效果

为了验证冲击力大可以提高粉磨的能量利用率的假说，本研究中设计了如图 3.5 所示的简单冲击粉碎装置。

表 3.1 是三个不同的模拟冲击球径（15mm，20mm，25mm），冲击体的配重基本相同（976.1g，976.7g，976.7g），通过调节不同的冲落高度（改变冲击力、应力），设定总冲击次数，确保总冲击势能（冲击能）基本接近，取消冲击失败的计数，采用 200 目的筛余量和比表面积判断粉碎效果。从表 3.1 可以看出：无论是改变钢球冲落高度还是改变球径，200 目的筛余量和比表面积值都是非常接近的，即使存在差异也可能是由试验误差造成的。因此，本文认为：等冲击能作用，必有相同的粉碎效果。同时，也证明了有关文献的三种解释都存在问题，有待于进一步的研究。

图 3.5　冲击粉碎装置

表 3.1　冲击试验数据

球径	冲落高度（cm）	90	75	60	45	30
15mm	总冲击能（kg·m²/s²）	2152.3	2511.0	2582.8	2582.8	2152.3
	200 目筛余（%）	26.7	28.1	27.4	29.7	29.8
	比表面积（cm²/g）	180.2	169.4	182.7	188.9	182.7
20mm	总冲击能（kg·m²/s²）	2152.6	2512.6	2584.4	2584.4	2153.6
	200 目筛余（%）	27.7	28.4	29.4	30.8	27.6
	比表面积（cm²/g）	192.9	205.8	197.5	203.8	201.3
25mm	总冲击能（kg·m²/s²）	2297.2	2560.3	2584.4	2512.6	2584.4
	200 目筛余（%）	26.8	27.9	26.9	29.4	27.9
	比表面积（cm²/g）	197.8	194.6	200.1	189.8	186.0

由等冲击势能等粉磨效果，对于动力相似的球磨机和行星磨的单个磨筒而言，等冲击势能为：

$$m_{球} gh_{球} = m_{行}(zg)h_{行} \quad 或 \quad \frac{4}{3}\pi R^3 gh_{球} = \frac{4}{3}\pi r^3(zg)h_{行} \quad (3-16)$$

$$(R/r)^4 = z \quad R/r = z^{1/4} \quad (3-17)$$

公式（3-17）科学意义为：行星因子为 z 的行星磨，粉磨效果（产能、质量）等同的相似球磨机的直径是行星磨直径的 $z^{1/4}$ 倍。

3.1.4.1　小能量冲击的力学性能及对粉碎耗能的影响

在接触力学和压痕理论的基础上，通过加载-卸载曲线的关系，我们得到压头在加载和卸载过程中的能量耗损和弹性恢复能与材料的硬度、模量比值的解析关系式如下：

$$r_e = 5.888 \cdot \lambda/(1 + 3.356 \cdot \lambda) \quad (3-18)$$

$$r_d = 1 - r_e = (1 - 2.532\lambda)/(1 + 3.356\lambda) \quad (3-19)$$

式中，$\lambda = H/E_r$ 是硬度与接触模量的比值，$r_d = \dfrac{\Delta W}{W_t}$ 是压痕过程的能量耗散与总外加能的比值，即能量耗散率，$r_e = \dfrac{W_e}{W_t}$ 是弹性恢复能与总外加能的比值。而接触模量与弹性模量的关系可以由常规的接触理论得到

$$\frac{1}{E_r} = \frac{1-v^2}{E} + \frac{1-v_i^2}{E_i} \quad (3-20)$$

其中，E 和 v 是样品的弹性模量和泊松比，本文取水泥熟料的泊松比为 0.3，水泥生料的泊松比为 0.2；E_i 和 v_i 是压头的相应参数，通常为已知量。从式（3-20）可知，只要得到硬度和弹性模量，就可以求出能量耗散率。将水泥熟料和几种不同的生料石块的力学性能试验数据列于表 3.2。

表 3.2　干法窑水泥熟料和几种生料的基本参数

Parameters	Dry process kiln cement clinker	Raw material 1#	Raw material 2#
Vickers Hardness (GPa)	5.191	1.469	5.611
Elastic Modulus E (GPa)	41.36	50.69	46.56
Compressive Strength σ_p (MPa)	19.2	84.5	108.7
H/σ_p	270.36	17.38	51.62
E_r	43.72	50.47	46.53
H/E_r	0.119	0.029	0.121
R_d	0.50	0.84	0.49
R_e	0.50	0.16	0.51

从表 3.2 中可以看出，结果表明熟料具有较高的硬度，生料中不同的石料有不同的硬度，有的硬度低于熟料，也有的高于熟料，但是弹性模量均高于熟料的模量。熟料具有较高的硬度-模量比使得它的接触变形弹性恢复能大于耗散能。硬度和弹性模量的比值越大，接触变形中的弹性恢复能也越大，同时压痕的能量耗散越小。硬度高使它难以粉磨和细化，这作为预测熟料的细化粉磨耗能大于生料的原因之一。熟料具有较高较低的强度和弹性模量，水泥熟料的弯曲强度和压缩强度均低于生料，低强度使它容易破碎和破裂，这也就是说，硬度和强度的比值越大，破碎容易但粉磨耗能越多。它暗示着一个可能性：物料强度下降并不一定能在粉碎过程中节能。固体材料的弹性恢复以及能量耗散能力等特性与材料的基本力学性能有较大相关性，将在本文第三章详述。

3.1.4.2　K_{IC}^2/E 比值对物料粉碎耗能的影响

当弹性模量、强度和硬度等力学性能已知以后，可通过使用这些参数来评价水泥物料的破碎难易程度。首先材料的脆性跟极限应变成反比，而极限拉伸应变可以通过拉伸强度和弹性模量来表征，即

$$\varepsilon_f = \sigma_f / E \tag{3-21}$$

材料抗冲击阻力 R 可以用材料的过程区尺寸和极限应变来表示，即

$$R_{IM} = A \cdot \left(\frac{K_{IC}}{\sigma_f}\right)^2 \cdot \frac{\sigma_f}{E} \tag{3-22}$$

材料的脆性 B 可以有多种表示，我们曾用抗冲击阻力的倒数来表示，即

$$B = 1/R_{IM} \tag{3-23}$$

抗冲击破坏能力可以用一个冲击模量参数 IM 来表征，它是冲击阻力和强度的乘积：

$$IM = R_{IM} \cdot \sigma_f = AK_{IC}^2/E \tag{3-24}$$

其中，A 是常数，与样品尺寸和形状等因素有关，为便于比较，我们设它为 1。K_{IC} 是材料的断裂韧性，E 是弹性模量。

基于水泥的生料和熟料的断裂韧性，弹性模量等力学性能的试验研究，探讨水泥熟料的破碎阻力与断裂韧性的平方和弹性模量的比值之关系，认为这是熟料细化粉磨耗能多的主要原因之一，物料的 K_{IC}^2/E 比值直接影响到破碎的方式和难易程度。根据前几节的理论基础和试验结果，熟料的强度应用三点弯曲测得，本文先利用 K_{IC}^2/E 对材料的断裂破碎难易程度有一定影响，以此来评价和说明水泥物料的破碎难易程度。利用公式（3-21）～（3-24）计算水泥物料的抗冲击阻力 R_{IM} 以及 K_{IC}^2/E，结果见表 3.3。

表 3.3　水泥物料的力学性能、R_{IM} 及 K_{IC}^2/E

Parameters	Dry process kiln cement clinker	Raw material 1#	Raw material 2#
Bending Strength σ_b （MPa）	7.5	26.3	34.6
Elastic Modulus E （GPa）	41.36	50.69	46.56
Limit Tensile Strain ε_f （%）	0.018	0.052	0.074
Facture Toughness K_{IC} （MPa·m$^{1/2}$）	0.817	0.856	0.819
K_{IC}/E	1.98E-05	1.69E-05	1.76E-05
K_{IC}/σ_b	0.1089	0.0325	0.0237
R_{IM}	2.15E-06	5.50E-07	4.16E-07
B	3.04E+5	1.68E+6	2.19E+6
K_{IC}^2/E	16.26	14.59	14.44

　　从试验结果来看，熟料抗压强度虽然低，从本质上来说，就是生料石块的脆性大于熟料，因此扩展速度更快，扩展阻力更小，这也是有利于破碎和粉碎的一个重要因素。就像一个尼龙球，硬度和强度以及弹性模量都不高，但是用挤压或捶打的方式破碎极为困难。实际上，只有脆性材料才可以通过冲击、压缩或振动等方式达到破碎的效果。因此，实际上材料越脆越好破碎。而材料的脆性是跟其力学性能有关的。

　　已有文献中列出了几种物料的相对易磨性，其中干法回转窑熟料为 0.94，湿法回转窑熟料为 1.00，立窑熟料为 1.12，石灰石为 1.50。从表 3.3、图 3.6 和图 3.7 中可以看出，K_{IC}^2/E 和 R_{IM} 的变化趋势是一样的，没有强度 σ 的参与，也可以评价水泥物料的相对抗冲击破坏能力，进而也反映了其难易粉碎，相对易磨性等性能。因此，物料的 K_{IC}^2/E 比值直接影响到破碎的方式和难易程度，这是熟料细化粉磨耗能多的主要原因。

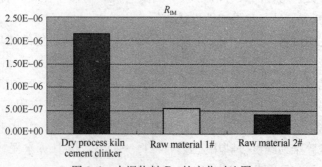

图 3.6　水泥物料 R_{IM} 的变化对比图

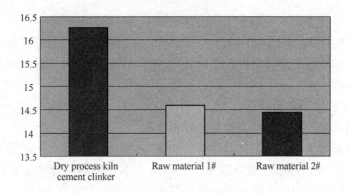

图 3.7　水泥物料 K_{IC}^2/E 的变化对比图

3.1.4.3　冲击载荷赋能模式下物料的应力响应及破碎效应

为获得钢球对水泥熟料冲击过程中的力的变化历程，试验设计的冲击钢球头结构如图 3.8 所示。首先将一个钢球对称

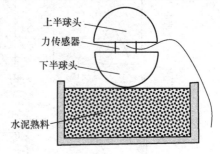

切成两个半球，其中力传感器夹于两个半钢球之间并相互固定为一整体。当钢球头以一定的速度冲击水泥物料时，其也受到水泥物料给予的一个反向的大小相同的作用力，在该力作用下，下半球头会产生一入射应力脉冲波，由于该冲击系统满足一维应力试验条件，应力波将以一定速度向前传播到力传感器和上半球头。由力传感

图 3.8　冲击球头

器的应变测量装置，即可获得所需的应变脉冲信号。冲击试验装置如图 3.9 所

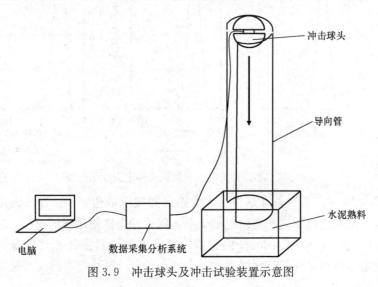

图 3.9　冲击球头及冲击试验装置示意图

示，冲击球头（球头直径略小于导向管内径）沿着切口导向管（切口的目的是便于力传感器连接线与球头随同坠落）下落冲击水泥熟料，力传感器获得的冲击信号经数据采集系统处理，最后经电脑软件分析，即可得到冲击过程中冲击力随时间的变化曲线。

3.1.4.4 试验结果与分析

（1）钢球冲击高度对冲击作用过程影响

冲击球头质量确定后，其被赋予的能量与冲击高度呈正比，试验选择冲击球头总质量为 100g，冲击高度分别为 5～55cm 对水泥熟料进行冲击，获得的各种冲击高度下的冲击力随时间变化曲线见图 3.10。

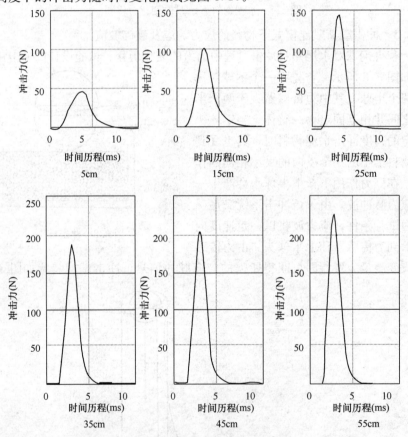

图 3.10　不同冲击高度下的球头冲击力变化历程

由图 3.10 可以看出，在球头与水泥熟料的碰撞最初阶段，冲击力由 0 开始逐渐增大，水泥物料随之产生位移和变形。随着冲击碰撞过程的持续，冲击力变化率迅速增大，并在很短的时间内达到峰值（水泥物料主要在这一过程破碎）。其后，冲击力由迅速变低到缓慢变化直至减小为 0。随着冲击高度（速度）的增大，冲击力曲线的高度逐渐增加，顶部变尖，但底部宽度变化不大。也就是说，当冲击速度增大时，球头冲击力峰值（最大冲击力）增大，但冲击时间大致相同，说明随着冲击速度的增大冲击力的变化速率也在增大。冲击力变化速率增大对一些对应变速率敏感的物料粉碎效果更好。

图3.11为冲击高度（能量）与最大冲击力之间的关系，由图中可以看出，冲击能量与最大冲击力并不呈线性关系，随着冲击高度增大，球头冲击力增加幅度呈变缓趋势。

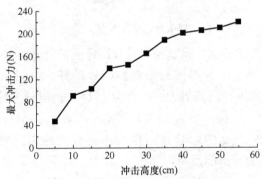

图3.11　球头冲击高度与最大冲击力关系

（2）冲击球质量对冲击作用过程影响

当冲击高度一定时，球头的冲击能量与其质量呈正比。为确定相同冲击速度（高度）作用下冲击球头质量对冲击力的影响，试验选择了不同冲击质量的球头在等高度（15cm）下分对水泥熟料进行冲击，获得的各种冲击力变化曲线如图3.12所示。

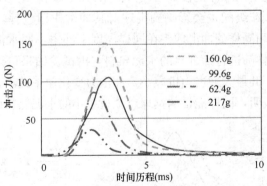

图3.12　不同质量球头的冲击力变化历程

试验结果表明，随着球头质量的增大，其冲击力也增大。质量大的冲击球头对水泥熟料作用时间有所增大，冲击力变化速率也变大。图3.13给出了球头冲击质量和最大冲击力之间的关系，由图中可以看出两者基本呈线性关系。

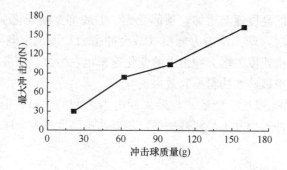

图 3.13　球头冲击质量与最大冲击力关系

这里可以做个对比分析，也就是说具有同样能量的研磨球，是大质量低速冲击还是小质量高速冲击哪种形式对物料粉碎效果好？由图 3.13 可知，质量为 160g 的球在 15cm 高度冲击其最大冲击力为 154N，此时球头的能量为：

$$w = mgh = 0.16 \times 9.8 \times 0.15 = 0.235 (J) \tag{3-25}$$

从图 3.11 找出 100g 的球获得同样大小的最大冲击力对应的冲击高度为 28cm，此时冲击球的冲击能量为：

$$w = mgh = 0.1 \times 9.8 \times 0.28 = 0.27 (J) \tag{3-26}$$

由上面对比计算，可以得出如下结论：由筒体赋予给钢球的能量，大质量低速率冲击比小质量高速冲击对物料冲击作用效果更好，具有更好的能量使用效率。但反过来说，并不是意味着钢球质量越大越好，良好的研磨体级配也是提高粉磨效率的重要因素之一。

（3）物料颗粒级配对冲击作用过程影响

前面试验研究了钢球冲击参数对冲击作用力的影响。但是，即使在同样冲击条件下，物料的颗粒级配也会影响到钢球对其冲击作用过程，进而影响粉磨效果。图 3.14 分别用同样的冲击球头在同样高度下冲击不同水泥熟料颗粒直径段（预先通过标准分样筛进行筛分）的水泥熟料，由试验结果可以看出，随着熟料颗粒直径的减小，其最大冲击力也减小，冲击力变化速率减小，但冲击时间变化不大。试验结果表明，同样能量的钢球对颗粒越小的水泥熟料研磨效果越低，体

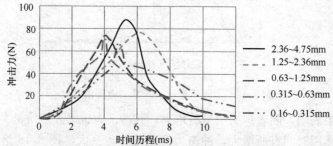

图 3.14　不同颗粒级配下的冲击力变化历程

现了颗粒越小的物料越难以研磨。因而，采用分级研磨对提高研磨效率，降低能耗是非常有必要的。

（4）水泥熟料堆积密度对冲击作用过程影响

通过改变水泥熟料的堆积密度（松散或被压实），用同质量的钢球在同高度下冲击水泥熟料，得到的力的时间变化曲线如图 3.15 所示。由图 3.15 可以明显看出，同样冲击条件下，钢球作用于松散的水泥熟料的最大冲击力和冲击力变化速率都远低于冲击在堆积密实的水泥熟料上。这主要是当钢球冲击到松散的水泥熟料上时，水泥熟料因冲击作用产生的相对位移消耗了大量的能量。试验结果说明了被压实的物料其被粉碎效果更好，但从实

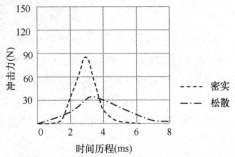

图 3.15　不同水泥物料堆积松散
状态下的冲击力变化历程

际粉磨过程来看，物料一般以自然堆积密度被研磨，并不存在物料被压实状态，也很难在实际过程中做到这一点。

3.1.5　粉磨过程动力学相似与节能分析

分析方程（3-3）～（3-11），比较传统球磨机中研磨体的运动规律，可以看出：传统球磨机仅是相当于 $z=1$ 的特殊情况，即卧式行星磨与传统球磨机中研磨体的运动规律完全相似，从而证明了卧式行星磨与传统球磨机在动力学上也是完全相似，根据力学相似理论原理可知，动力相似情况下，满足相似条件的一系列磨，所有的相似准数相等。

3.1.5.1　冲击应力相似分析

定义冲击应力相似准数：

$$\text{冲击应力准数 YEu} = \frac{\text{钢球对物料瞬间最大打击应力 } p_{\max}}{mv^2/2(\sim \text{冲击势能})} = \text{无量纲准数}$$

$$(3-27)$$

由撞击动力学赫兹理论：刚性球撞击塑性物体的冲击力：

$$F = \frac{2\sqrt{LE}}{3(1-\mu^2)}\left[\frac{15mv^2(1-\mu^2)}{8E\sqrt{L}}\right]^{\frac{3}{5}} = \frac{2L^{\frac{1}{5}}E^{\frac{2}{5}}}{3}\left[\frac{15mgh(1-\mu^2)^{\frac{1}{3}}}{16}\right]^{\frac{3}{5}} \quad (3-28)$$

式中，L 为等效冲击直径（代表传统球磨机中的特征长度）；E、μ 为分别为钢球、物料的综合弹性模量、泊松比。

F 用量纲表示：$F \sim L^{\frac{1}{5}}(L^3 gL)^{\frac{3}{5}} = g^{3/5}L^{13/5}$

钢球压入物料的直径 a 为（量纲表示）：$\delta \sim g^{2/5}L^{7/5}$；$a^2 \sim L\delta \sim g^{2/5}L^{12/5}$

钢球压入物料产生的打击应力（量纲表示）：$p_{\max} \sim F/a^2 \sim g^{1/5}R^{1/5}$

由传统球磨机与行星因子为 z 的行星磨冲击应力相似准数相等，得：

$$\text{冲击应力准数 } YEu_{球磨机} = \text{冲击应力准数 } YEu_{行星磨}$$

或

$$p_{\max球磨} \sim (F/a^2)_{球磨} \sim (g^{1/5}R^{1/5}) = p_{\max行星磨} \sim (F/a^2)_{行星磨} \sim ((zg)^{1/5}r^{1/5})$$

得：
$$\lambda_{应力} = R/r = z \tag{3-29}$$

式（3-29）的科学含义有两种解释：其一，在相同冲击势能作用下，行星因子为 z 的行星磨中钢球的冲击应力相当于相似球磨机的 z 倍（在相同的直径下），这与通用常识是吻合的，说明了本文采用相似理论分析是正确的；其二是在相同冲击势能作用下，行星因子为 z、磨筒直径为 1 的行星磨的钢球冲击应力相当于直径为 z 倍传统球磨机中的钢球冲击应力。可见，行星磨的破碎能力强于粉碎能力。

3.1.5.2 行星磨的节能效率分析

定义功率相似准数：$YEv = N/0.5\rho_粉\,v_R^2 v_R L^2$ $\qquad(3-30)$

式中，N 为磨筒上的输入轴功率；$\rho_粉$ 为输出磨筒的粉体产品的特征密度；v_R 为输出磨筒的粉体产品的特征流速。

其中，功率的量纲表示为：

$$N_{球磨功率} \infty \eta_球 \; \rho_{钢球+物料} R^2 LR n_球 \; g; N_{行星磨功率} \infty \eta_行 \; \rho_{钢球+物料} r^2 lr n_行 \; zg$$

η 为功率系数；$\rho_{钢球+物料}$ 为全体研磨体的当量密度；n 为转速（r/min）。

由传统球磨机与行星因子为 z 的行星磨功率相似准数相等，得：

$$\text{功率相似准数 } YE_{v球磨机} = \text{功率相似准数 } YE_{v行星磨} \tag{3-31}$$

或

$$\frac{\eta_球}{\eta_行} = \frac{R^2 v_r^3 n_球}{r^2 v_R^3 z n_行}$$

等粉磨效果，即表示从磨机内输出的粉体体积流量相同，即：

用量纲表示：
$$\frac{v_r}{v_R} = \left(\frac{R}{r}\right) \tag{3-32}$$

由行星磨、球磨机各自的临界转速可知：

$$n_行 / n_球 = z^{5/8}$$

$$\frac{\eta_球}{\eta_行} = \frac{R^2 v_r^3 n_球}{r^2 v_R^3 z n_行} = z^{1/2} z^{3/2} / z\left(\frac{n_球}{n_行}\right) = z^{3/8} \tag{3-33}$$

式（3-33）的科学意义：获得相同粉磨效果的情况下，普通球磨机的能耗是行星因子为 z 的行星磨机的能耗的 $z^{3/8}$ 倍。即表示行星磨与球磨机相比，可以节能 $(z^{3/8}-1)/z^{3/8}$。

3.2 粉磨过程中研磨体运动规律的模拟研究

3.2.1 衬板尺度影响钢球运动规律

根据模型规格尺寸生成模型后，确定模型输入参数，本模拟试验确定的输入参数如表 3.4 所示，编辑控制命令流。下面的模拟研究，均假定公转运动为 10 个圆周运动。虽然，卧式行星磨一般有三到四个磨筒围绕主轴对称分布，但是，由于所有磨筒内的运动状态是相似的，故仅需对其中一个磨筒进行模拟研究计算。自转与公转的转向相反，磨筒自转与公转的旋转方式如图 3.16 所示。

表 3.4 行星磨离散元模型计算参数表

T 法向刚度	切向刚度	摩擦系数		法向阻尼	切向阻尼	钢球密度
		球-筒	球-球			
4.0×10^5 N/m	3.0×10^5 N/m	0.3	0.15	0.3	0.3	7.85g/cm³

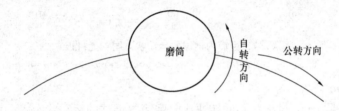

图 3.16 行星磨磨筒旋转示意图

磨筒内钢球与钢球接触的法向力绝对值的平均值称为平均接触力 F_{mcf}；钢球与钢球或筒壁碰撞时，钢球所具有的动能称为冲击能；单位质量钢球的冲击能称为比冲击能；采用平均接触力、冲击能或比冲击能等参数，可以判断磨筒内钢球的运动状态，理论预测出最适宜粉磨的钢球抛落状态。

3.2.1.1 磨筒内钢球的运动状态图

采用的磨筒是二号筒，磨筒直径 89mm，钢球级配为 $\phi12$mm×85（600g），密度为 7.85g/cm³，此时磨球的绝对填充率为 15%，磨筒公转速设定为 300r/min，公转半径为 140mm，分无衬板和有衬板两种情况，衬板高度用 δ 表示，单位是 mm，无衬板时 $\delta=0$，模拟不同自转公转比 r 时钢球的运动状态。所有的状态图都是磨筒运动到公转圆盘最下部的时候的状态。

（1）无衬板

图 3.17 是磨筒内不安装衬板、不同转速比时磨筒内钢球的运动状态图，其中黑色短箭头是磨筒内钢球的速度矢量。从图中可以看出磨筒内钢球的运动状态变化规律：在转速比为 1～2 时，磨筒内钢球主要处于泻落状态，在转速比 3～4 时逐渐形成抛落状态，当转速比 r 达到 6（自转速：1800r/min）时，磨球完全处于离心状态。比较图 3.17 可知：转速比 r 为 4 时磨筒内钢球的抛落点最高，抛落状态最好。

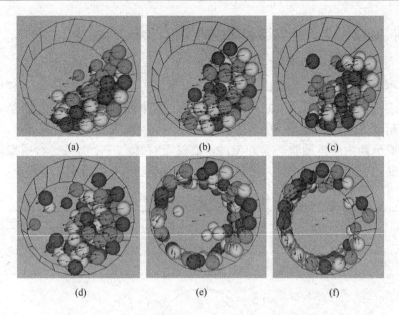

图 3.17　磨筒内钢球的运动状态图（无衬板）

（a）$r=1$；（b）$r=2$；（c）$r=3$；（d）$r=4$；（e）$r=5$；（f）$r=6$

（2）1mm 衬板

图 3.18 是 1mm 衬板、不同转速比时磨筒内钢球的运动状态图，从图中可以看出磨筒内钢球的运动状态变化规律：在转速比为 0.5～2 时，磨筒内钢球主要处于泻落状态，在转速比 3～3.5 时逐渐形成抛落状态，当转速比 r 达到 4（自

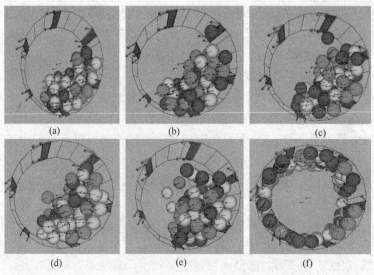

图 3.18　磨筒内钢球的运动状态图（1mm 衬板）

（a）$r=1$；（b）$r=2$；（c）$r=2.5$；（d）$r=3$；（e）$r=3.5$；（f）$r=4$

转速：1200r/min）时，磨球完全处于离心状态。比较图3.18可以看出：转速比 r 为3.5时磨筒内钢球的抛落状态最好。

（3）3mm衬板

图3.19是衬板高度是3mm时，磨筒内钢球的运动状态图。跟不加衬板的情况相比，有了根本性的改变，在自转公转速度比是0.5时属于泻落状态，转速比是1.5时（自转速：450r/min）形成了最佳的抛落状态，转速比是2的时候，最外层的磨球开始有离心的迹象了，但不明显，转速比达到3的时候就完全处于离心状态了，说明离心的临界转速比在2～3之间。可见，磨筒内加了衬板之后，可以明显的改变磨筒球体相对滑动的状况。

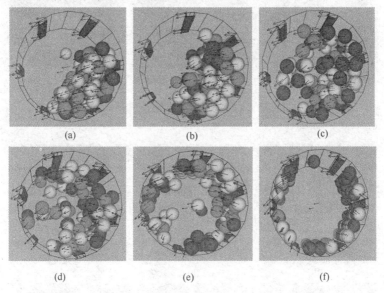

图3.19　磨筒内钢球的运动状态图（3mm衬板）
(a) $r=0.5$；(b) $r=1$；(c) $r=1.5$；(d) $r=2$；(e) $r=2.5$；(f) $r=3$

（4）5mm衬板

图3.20是衬板高度是5mm时，磨筒内钢球的运动状态图。转速比 r 是0.5时属于泻落状态，转速比在1～1.5之间时是抛落状态，转速比1.5时钢球已经倾向于离心了，转速比是2～3的时候，磨筒内的钢球就逐渐处于离心状态了。

（5）7mm衬板

图3.21是衬板高度是7mm时，磨筒内钢球的运动状态。转速比在0.5～1之间时是抛落状态，最佳的抛落状态时在转速比 r 为1（自转速：300r/min）的时候，转速比是1.5～3的时候，磨筒内的钢球逐渐处于离心状态了。

从图3.17～图3.21这五组图可以发现一些规律，无衬板时，钢球的最佳抛落状态对应的转速比 r 最大为4（自转速：1200r/min），加了衬板之后钢球最佳

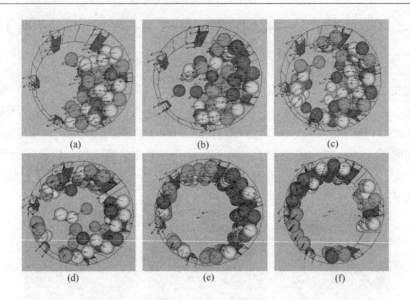

图 3.20　磨筒内钢球的运动状态图（5mm 衬板）

（a）$r=0.5$；（b）$r=1$；（c）$r=1.5$；（d）$r=2$；（e）$r=2.5$；（f）$r=3$

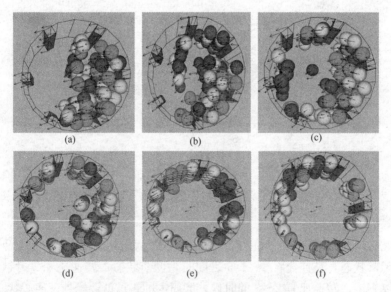

图 3.21　磨筒内钢球的运动状态图（7mm 衬板）

（a）$r=0.5$；（b）$r=1$；（c）$r=1.5$；（d）$r=2$；（e）$r=2.5$；（f）$r=3$

抛落状态对应的转速比逐渐变小，1mm 衬板时最佳抛落状态时 r 为 3.5（自转速：1050r/min），衬板高度 3mm 转速比 r 是 1.5（自转速：450r/min）时对应的抛落状态最好，钢球的散开度最大，抛落最均匀；随着衬板高度的增加，5mm 衬板和 7mm 衬板时钢球的最佳抛落状态在转速比为 1（自转速：300r/

min)，虽然磨筒内钢球最好的抛落状态对应的转速比略微提前，磨筒内钢球的抛落状态也差些，钢球抛落的散开度和均匀性都不如 3mm 衬板时的情况。

根据以上的抛落状态图可以得出初步的结论：衬板对钢球的运动状态有明显的影响，加了衬板之后避免了钢球与磨筒的相对滑动，使得钢球更加容易形成抛落状态；衬板过低不足以避免钢球与磨筒的相对滑动，衬板高度为 3mm 时就已经有效避免这种滑动了，此时钢球的抛落状态最佳，衬板高度进一步增加，不仅压缩了磨筒的空间，而且钢球的抛落状态也欠佳。

3.2.1.2　磨筒内钢球的平均接触力

自转公转比 $r=1.5$、公转速度为 300r/min 时，平均接触力 F_{mcf} 随时间的变化规律如图 3.22 所示：(a) $\delta=0$、(b) $\delta=3$、(c) $\delta=5$、(d) $\delta=7$。

从图中可以看出，$\delta=0$ 时，平均接触力 F_{mcf} 的波动范围大概是 0~18N，$\delta=3$ 时 F_{mcf} 的波动范围大概是 2~30N，$\delta=5$ 时 F_{mcf} 的波动范围大概是 2~24N，$\delta=7$ 时 F_{mcf} 的波动范围大概是 2~21N。显然无衬板时，F_{mcf} 的波动范围最小，均值也最小，说明磨筒内的磨球运动比较单调、简单，最不剧烈；$\delta=3$ 时，F_{mcf} 的波动范围最大，均值也最大，说明这种状态下磨球运动最为复杂，运动最为剧烈；$\delta=5$ 和 $\delta=7$ 时的波动范围差不多，均值也相差不大，前者比后者略大，说明磨球运动的复杂程度也差不多，前者略复杂于后者。

无衬板时磨筒内钢球的平均接触力 F_{mcf} 随转速比的变化规律如图 3.23（a）所示。可以看出，无衬板时，磨筒内钢球的 F_{mcf} 值是先增大后减小，转速比为 4 时 F_{mcf} 的值最大。结合图 3.22~图 3.24 可知，随着转速比的增大，磨筒内钢球从泻落状态向抛落状态转变，F_{mcf} 的值逐渐增大，直至达到最佳抛落状态。随着转速比的进一步增大，钢球从抛落状态向离心状态转变，F_{mcf} 的值逐渐减小，由此可以推断，磨筒内钢球平均接触力的最大值对应于钢球的最佳抛落状态。

磨筒内衬板高度是 1mm 时如图 3.23（b）所示，磨筒内钢球最好的抛落状态对应的转速比 r 是 3.5（自转转速 1050r/min），此时 F_{mcf} 的值是 13.02N，与无衬板时相比，磨筒内的钢球最好的抛落状态对应的转速比 r 从 4 提前到 3.5，即自转转速从 1200r/min 降到 1050r/min，说明衬板高度太低，对磨筒内钢球抛落状态的影响不明显。

如图 3.24 所示 3mm 衬板时磨筒内钢球最好的抛落状态对应的转速比 r 是 1.5（自转转速 450r/min），此时平均接触力 F_{mcf} 的值是 13.26N。加衬板之后，磨筒内钢球最好的抛落状态对应的转速比 r 从 4 减小为 1.5，自转转速从 1200r/min 降为 450r/min，而 F_{mcf} 的值从 10.22N 增加到 13.26N，说明无衬板时磨筒内钢球与磨筒的相对滑动非常严重，衬板可以有效避免这种滑动，使磨筒内钢球容易形成最有利的抛落粉碎状态；5mm 和 7mm 衬板时磨筒内钢球最好的抛落状态对应的转速比 r 是 1（自转转速 300r/min），此时 F_{mcf} 的值分别是 10.98N

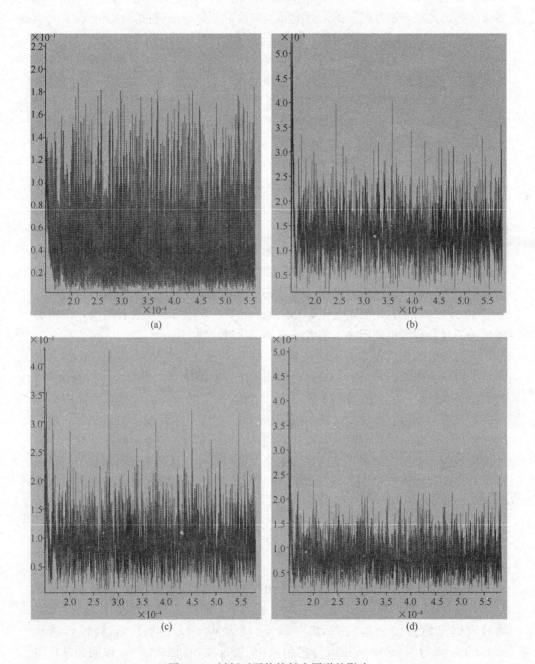

图 3.22　衬板对平均接触力图谱的影响

（a）$\delta=0$；（b）$\delta=3$；（c）$\delta=5$；（d）$\delta=7$

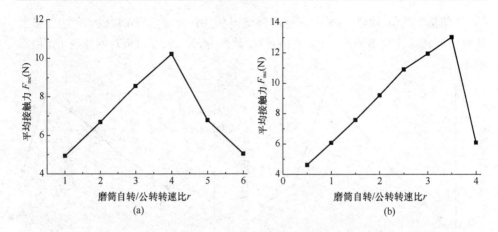

图 3.23　磨筒自转/公转转速比对平均接触力的影响

(a) $\delta=0$；(b) $\delta=1$

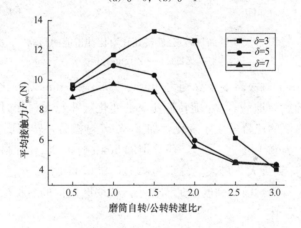

图 3.24　磨筒自转/公转转速比对平均接触力的影响

和 9.76N。

　　所以加衬板后，磨筒内钢球可以在较低转速比 r 下得到最大的平均接触力 F_{mcf}，衬板高度太高或者太低钢球的 F_{mcf} 都不佳，衬板高度太低，难以有效改变钢球与磨筒的相对滑动，衬板高度太高，容易使钢球趋向离心状态，都不能取得较大的 F_{mcf}，所以，对于不同规格的磨筒、钢球、运动状态，磨筒衬板高度的选择存在最佳值，在本文研究的特殊情况下，3mm 衬板可以使钢球的 F_{mcf} 达到最大值，即为最佳值。

3.2.1.3　磨筒内钢球的比冲击能

　　无衬板和 1mm 衬板时磨筒内钢球的比冲击能 E_M 随转速比的变化规律如图 3.25 所示。这两种情况磨筒内钢球的 E_M 都是先增大后减小，无衬板情况转速比为 4 时 E_M 的值最大为 0.127J/(s·g)；加了 1mm 衬板后，在转速比为 3.5 时

E_M 的值最大为 $0.134J/(s \cdot g)$。这两种情况相比,加了 1mm 衬板 E_M 达到最大值对应的转速比略微减小,E_M 的值稍微增加,可见 1mm 衬板对钢球的 E_M 值影响不大。

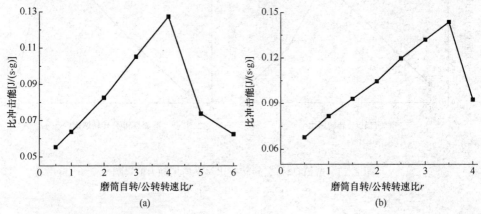

图 3.25　磨筒自转/公转转速比对比冲击能的影响

(a) 无衬板;(b) 1mm 衬板

图 3.26 给出了衬板高度 δ 分别为 3mm、5mm 和 7mm 时,比冲击能 E_M 随转速比 r 变化的规律曲线,E_M 随转速比 r 的变化规律与无衬板时基本一致,只是数值大小、峰值的位置发生了变化,加了 3mm 衬板后,转速比在 1.5 时,E_M 的值达到最大,为 $0.146J/(s \cdot g)$,而分别加 5mm 衬板和 7mm 衬板后,在转速比为 1 时,E_M 达到最大,最大值分别为 0.125 和 $0.118J/(s \cdot g)$。E_M 的最大值对应的转速比 r 值随衬板的高度增加而减小,说明磨筒内的衬板尺度明显影响磨筒内的钢球的 E_M 值。

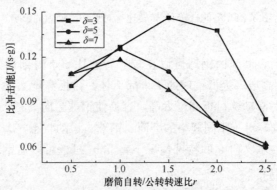

图 3.26　磨筒自转/公转转速比对比冲击能的影响

在此仅给出了衬板高度对钢球的抛落状态、平均接触力和比冲击能的影响规律,研究结果表明:这三种规律的变化趋势完全一致。在本试验条件下,衬板高度 3mm 最佳，此时最佳转速比为 1.5（自转速的 450r/min），钢球的抛落状态最佳，平均接触力和比冲击能也较大，最有利于实际的粉磨。

3.2.2　衬板数量对钢球运动规律的影响

上部分主要讨论了衬板尺度对钢球运动规律的影响，得出衬板高度为 3mm 时最佳，本部分就衬板问题做进一步的研究，主要研究衬板数量 n 对钢球运动规律的影响。试验所用磨筒是二号筒，钢球级配为 $\phi12mm \times 85$（600g），密度为 7.85g/cm³，此时磨球的绝对填充率为 15%，磨筒公转速设定为 300r/min，公转半径为 140mm 衬板高度为 3mm，研究衬板数量 n 分别为 2、4、6、8 和 10 时对磨筒内钢球运动规律的影响。

3.2.2.1　磨筒内钢球的运动状态图

根据上一部分的结论，平均接触力 F_{mcf} 最大时，钢球的抛落状态最佳，所以根据图 3.27 可知，转速比 r 为 1.5 和 2 时磨筒内钢球 F_{mcf} 的值较大，所以限于篇幅仅比较在转速比 r 为 1.5 和 2 时不同衬板数量 n 磨筒内钢球的抛落状态图，如图 3.27 所示。

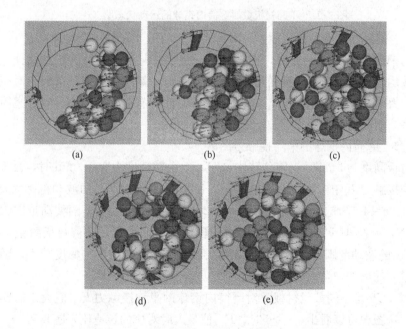

图 3.27　不同衬板数时磨筒内钢球的运动状态图（$r=1.5$）

（a）$n=2$；（b）$n=4$；（c）$n=6$；（d）$n=8$；（e）$n=10$

从图 3.27 中可以看出，$n=2$ 或 4 时，钢球的最佳抛落状态是在转速比 r 为 2 的情况下，并且可以看出钢球的抛落状态欠佳，钢球抛落不够均匀，处于抛落

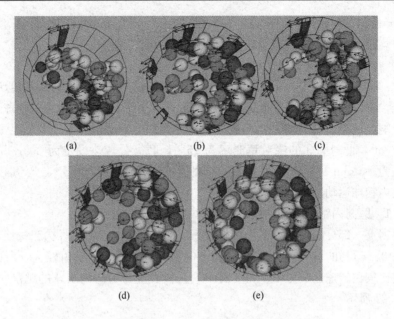

图 3.27　不同衬板数时磨筒内钢球的运动状态图（r=2）

(a) $n=2$；(b) $n=4$；(c) $n=6$；(d) $n=8$；(e) $n=10$

状态的钢球也偏少；$n=6$ 时，在转速比 r 是 1.5 时钢球的抛落状态最佳，抛落状态最均匀；衬板数量继续增加，$n=8$ 或 10 时，钢球的最佳抛落状态对应的转速比 r 为 1.5，钢球的抛落状态并没有变好，而且有离心的趋势，同时磨筒内衬板过多，磨筒有效粉磨空间被压缩。

3.2.2.2　磨筒内钢球的平均接触力图谱

衬板高度为 3mm，自转公转比 $r=1.5$，公转速度为 300r/min 时，衬板数量对平均接触力 F_{mcf} 图谱的影响如图 3.28 所示。$n=2$ 时 F_{mcf} 的波动范围大概是 2～22N，$n=4$ 时 F_{mcf} 的波动范围大概是 2～26N，$n=6$ 时 F_{mcf} 的波动范围大概是 2～30N，$n=8$ 时 F_{mcf} 的波动范围大概是 2～33N。可见，随着衬板数量 n 的增加，F_{mcf} 的波动范围是逐渐增大的，衬板数量 n 较少时增大的幅度较大，随着衬板数量 n 的增加，增大的幅度逐渐变小。

图 3.29 是不同数量衬板 n 对磨筒内钢球的平均接触力 F_{mcf} 值大小的影响规律图。从图中可以看出，$n\geqslant 6$ 时，F_{mcf} 值最大时对应的转速比 r 是 1.5，$n=6$、8 和 10 时 F_{mcf} 的值分别是 13.26N、12.77N、11.59N；$n=2$ 或 4 时，F_{mcf} 值最大时对应的转速比 r 是 2.0，此时 F_{mcf} 的值分别是 12.39N 和 13.82N。

通过图 3.29 可以明显看出：随着衬板数量的增加钢球平均接触力 F_{mcf} 的变化趋势，衬板数量太少或太多，钢球的 F_{mcf} 均明显要小，如 $n=2$ 比 $n=4$ 时的小，$n=8$ 或 10 比 $n=6$ 时钢球的 F_{mcf} 要小，所以可以确定衬板数量的最佳值在四

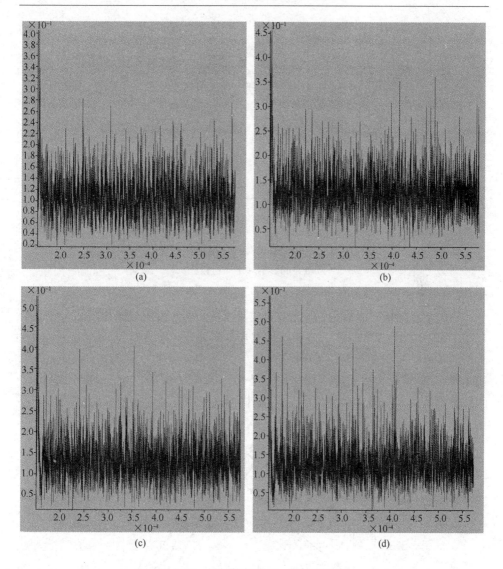

图 3.28 衬板数量对 F_{mcf} 图谱的影响

(a) $n=2$；(b) $n=4$；(c) $n=6$；(d) $n=8$

根和六根两者之间。

分析衬板数量分别为四根和六根时的 F_{mcf}，四根衬板 F_{mcf} 值最大时（13.82N）对应的转速比 r 是 2.0（自转转速：600r/min）；六根衬板 F_{mcf} 值最大时（13.26N）对应的转速比 r 是 1.5（自转转速：450r/min）。虽然前者 F_{mcf} 的最大值略大于后者，但是达到最大值时前者自转转速是 600r/min，而后者自转转速只有 450r/min，综合考虑，本文认为衬板数量取六根更合适。

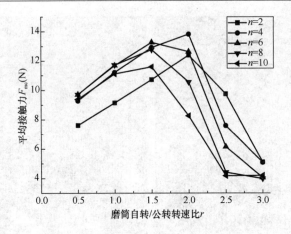

图 3.29 磨筒自转/公转转速比对平均
接触力的影响（不同衬板数）

3.2.2.3 磨筒内钢球的比冲击能

不同数量衬板对磨筒内钢球的比冲击能 E_M 大小的影响规律如图 3.30 所示。从图中可以看出，$n \geqslant 6$ 时，E_M 最大时对应的转速比 r 是 1.5（自转转速是 450r/min），$n = 6$、8 和 10 时 E_M 的值分别是 0.146、0.144 和 0.135J/(s·g)；$n = 2$ 或 4 时，E_M 值最大时对应的转速比 r 是 2.0（自转转速是 600r/min），此时 E_M 的值分别是 0.140 和 0.149J/(s·g)。同样可以很明显地看出衬板数量最佳值是在四根和六根两者之间。

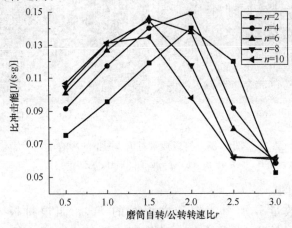

图 3.30 磨筒自转/公转转速比对比冲击能的影响（不同衬板数）

四根衬板 E_M 值最大时[0.149J/(s·g)]对应的转速比 r 是 2.0，此时的自转转速为 600r/min；六根衬板 E_M 值最大时[0.146J/(s·g)]对应的转速比 r 是 1.5，此时的自转转速为 450r/min。四根衬板与六根衬板的情况相比，虽然前者

E_M 的最大值大于后者，但是达到最大值时前者自转转速是 600r/min，而后者自转转速只有 450r/min，所以从 E_M 的角度考虑，六根衬板的条件要好于四根衬板。

综合分析衬板数量对平均接触力 F_{mcf} 及比冲击能 E_M 的影响可知，衬板数量太少磨筒内的钢球难以形成较好的抛落状态，并且 F_{mcf} 和 E_M 达到最大时的自转转速也要高些，当衬板数量 $n=6$ 时，钢球的抛落状态达到最好，F_{mcf} 和 E_M 也较大，随着衬板的继续增加，F_{mcf} 和 E_M 的值明显开始变小，钢球的抛落状态也开始变差，另外衬板太多也势必会使磨筒的容积变小，故在本试验条件下，六根衬板最为合适。

3.3 影响能量传递的粉磨效率试验与数模回归研究

3.3.1 粉磨过程试验研究

3.3.1.1 试验原料和方法

试验研究所用的水泥熟料来自于某水泥厂的正常水泥熟料，水泥熟料的密度为 $3.128g/cm^3$，其化学组成见表 3.5，试验原料需要先用 8411 型电动振筛机对熟料颗粒进行分级，如 4～5 目、5～6 目、6～8 目、8～10 目、10～12 目、12～16 目等。为了避免进料粒度对粉磨有影响，所有试验的进料粒度均取 6～8 目（2.36～3.35mm）物料。

表 3.5 水泥熟料的化学组成

名称	CaO	SiO_2	Al_2O_3	Fe_2O_3	MgO	K_2O	Na_2O	SO_3	其他
含量（%）	64.8	21.31	4.98	3.51	2.34	0.724	0.232	0.34	1.764

粉磨后得到粉体的粒度用泰勒筛经 10～20min 筛分后测定，筛具筛孔分别为 8 目、10 目、12 目、30 目、40 目、50 目、60 目、100 目、150 目、190 目，为了方便作图，把 190 目（$80\mu m$）下的粉体的筛子孔径设为 0mm，筛分后用天平称量，天平感量为 0.1g。

3.3.1.2 试验设备

试验过程中的主要设备为小型多功能卧式行星球磨机，其结构见图 3.31。其他设备包括计量天平和 8411 型电动振筛机。

3.3.1.3 试验参数

主要研究卧式行星球磨机各参数对水泥熟料粉磨的影响，参数设置为：磨筒自转与公转的转向相反，磨筒有效直径为 89mm，深度为 78mm，公转半径 140mm。磨筒内周向均匀分布六根钢质衬板，宽度为 7mm，厚度为 3mm，与磨筒的连接方式为无螺栓连接，即衬板镶嵌在磨筒内部，磨筒内的研磨体是密度为 $7.85g/cm^3$ 的钢球，直径为 12mm。进料粒径为 6～8 目，粉磨时间为 3min。下

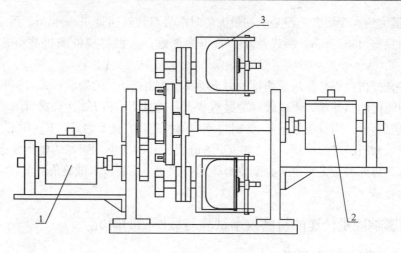

图 3.31　多功能卧式行星球磨机结构

1—自转电机；2—公转电机；3—磨筒

面试验过程中参数如有变化，在文中会有详细说明，其他参数在各试验中有相应设定，如磨筒公转、磨筒自转与公转速度比等。

3.3.2　衬板对水泥熟料粉磨的影响

磨筒自转公转转速比设定为 1.5，公转转速为 300r/min，钢球质量 600g，熟料质量 150g，料球质量比为 1∶4，衬板对水泥熟料粉磨的影响如图 3.32 所示。从图中可以看出，无衬板时粒径 $\phi0.2$mm 以下的熟料颗粒最少，3mm 衬板时最多，随着衬板高度的增加，$\phi0.2$mm 以下的熟料颗粒开始减少，但是都多于无衬板时的情况。随着衬板高度的增加，大颗粒熟料量正好相反，8 目以上（大于 2.36mm 的颗粒）的筛余百分数分别为 19.49％、7.04％、7.66％和 8.77％，无衬板时的大颗粒量明显多于有衬板时的情况。

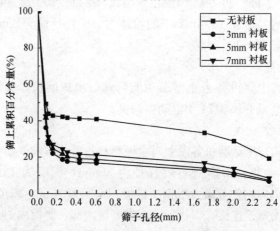

图 3.32　磨筒衬板高度对水泥熟料粉磨的影响

成品粉体产率的变化规律如图 3.33 所示，随着衬板高度的增加成品粉体产率依次为 51.23％、63.36％、57.99％和 56.39％，加 3mm 衬板时成品粉体产率最大，衬板高度大于 3mm 后，成品粉体产率逐渐下降。

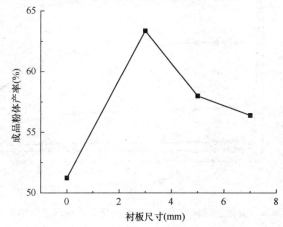

图 3.33　磨筒衬板高度对成品粉体产率的影响

粉磨试验结果与离散元模拟结果相比较后可以发现，两者一致，在第三章中关于衬板尺度的离散元模拟得出的结论同样是 3mm 衬板时，钢球的抛落状态最佳，钢球的平均接触力和比冲击能最大，与粉磨试验相符，因此可以得出结论，在本试验条件下，衬板高度在 3mm 时最佳。

3.3.2.1　公转转速对水泥熟料粉磨的影响

本节试验一共做了两组平行试验，磨筒自转公转转速比设定为 1.5，公转转速为 300r/min，料球质量比为 1∶8，填球率为 5％时，钢球质量 190g，熟料质量 23.75g；填球率为 10％时，钢球质量 381g，熟料质量 47.6g。在填球率分别为 5％和 10％的条件下，公转转速对水泥熟料粉磨的影响如图 3.34 和 3.35 所示。

从图 3.34 可以看出，填球率为 5％时，公转转速对粉磨粒径影响较大，随着公转转速的提高，粒径 φ0.2mm 以下的熟料颗粒大幅度增加，公转转速达到 300r/min 时，粒径大于 φ0.2mm 的熟料颗粒非常少，提高公转转速的同时离心加速度也在快速增加，说明提高离心加速度可以大幅度提高卧式行星磨的粉磨能力。随着公转转速的增加，大颗粒熟料逐渐减少，公转转速为 100r/min 和 300r/min 时，8 目以上的筛余百分数分别为 59.23％和 0.35％。

图 3.35 是一组平行试验，填球率为 10％，公转转速对粉磨粒径影响规律与图 3.34 一致，公转转速为 100r/min 和 300r/min 时，8 目以上的筛余百分数分别为 67.09％和 2％。

公转转速对成品粉体产率的影响，如图 3.36 所示，随着公转转速的增加，

251

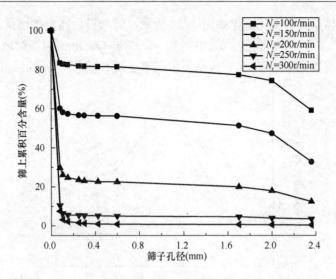

图 3.34 磨筒公转转速对水泥熟料粉磨的影响（填球率 5%）

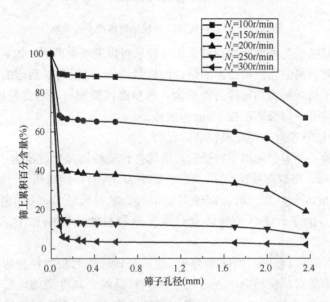

图 3.35 磨筒公转转速对水泥熟料粉磨的影响（填球率 10%）

成品粉体产率逐渐增加，开始增加幅度较快，当产率增加到 70% 以后，增加幅度又变慢。另外可以看出：填球率 5% 时的成品粉体产率一直大于 10% 的情况，说明填球率对卧式行星磨粉磨能力影响较大，在后文中将会详细介绍。

离散元模拟得到的结果是，随着公转转速的增加平均接触力和比冲击能一直是快速增大的，但实际粉磨过程中，当成品粉体产量超过 50% 后，对钢球的缓冲作用开始逐渐明显，故成品粉体产率增加趋势开始变慢。

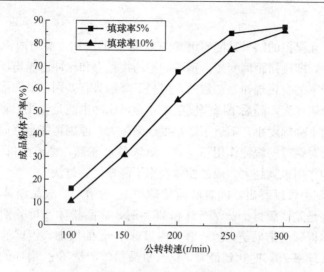

图 3.36　磨筒公转转速对成品粉体产率的影响

3.3.2.2　填球率对水泥熟料粉磨的影响

上一节已经提到磨筒填球率将会对卧式行星磨粉磨有影响，本节将详细研究磨筒填球率对水泥熟料粉磨的影响。磨筒自转公转转速比设定为 1.5，公转转速为 300r/min，料球质量比为 1∶8。从图 3.37 中可以看出，随着磨筒填球率 η_b 的增加，粒径 $\phi 0.2mm$ 以下的熟料颗粒逐渐减少，大颗粒物料逐渐增加，η_b 为 5％和 25％时，8 目以上的筛余百分数分别为 0.35％和 15.97％。

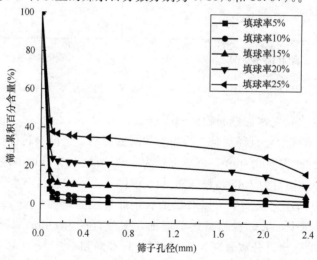

图 3.37　磨筒填球率对水泥熟料粉磨的影响

从图 3.38 可以看出，随着磨筒填球率 η_b 的增加，成品粉体产率逐渐下降，下降速度是先慢后快，η_b 为 5％和 25％时，成品粉体产率分别为 87.5％

和 55.5%。

颗粒离散元模拟的结果是随着磨筒填球率 η_b 的增加，磨筒内钢球与钢球的碰撞空间变小，即碰撞距离变短，钢球的平均接触力和比冲击能均逐渐下降，这和成品粉体产率的变化规律是一致的，但是下降趋势有差别，平均接触力下降趋势是开始下降幅度大，随后下降幅度越来越小，比冲击能是直线下降，而成品粉体产率是开始下降幅度小，随后下降幅度越来越大。原因可能是磨筒内粉体量不同，使得细粉对钢球的缓冲作用不一致，填球率 η_b 越高，磨筒内粉体产量越大，对钢球的缓冲作用也就越大，成品粉体产率下降速度就越快。

从图 3.39 中可以看出，随着磨筒填球率 η_b 的增加，成品粉体产量逐渐上升，上升速度是先快后慢，η_b 为 5% 和 25% 时，成品粉体产量分别为 62.3g 和 198.2g。模拟得到的结果是，随着磨筒内填球率 η_b 的增加，钢球的总冲击能逐渐增加，在填球率 25% 时达到最大，这与成品粉体产量随 η_b 增加的变化规律是一致。

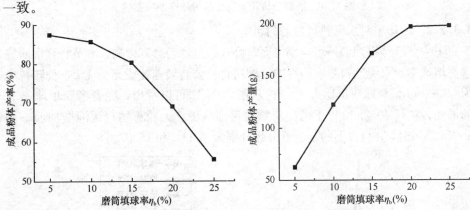

图 3.38　磨筒填球率对成品粉体产率的影响　　图 3.39　磨筒填球率对成品粉体产量的影响

3.3.2.3　钢球直径对水泥熟料粉磨的影响

本节主要研究钢球直径对卧式行星磨粉磨的影响，磨筒自转公转转速比设定为 1.5，公转转速为 300r/min，钢球直径为 8~20mm，以 2mm 的幅度增加，钢球质量为 600g，物料为 150g，料球质量比为 1:4。钢球直径对水泥熟料粉磨的影响如图 3.40 所示，从图中可以看出随着钢球直径的增加，$\phi0.2mm$ 以上的大颗粒熟料逐渐减少，大颗粒物料逐渐增加，钢球直径为 8mm、16mm 和 20mm 时，8 目以上的筛余百分数分别为 34.87%、1.22% 和 0.07%。

图 3.41 中随着钢球直径的增加成品粉体产率先增加后减小，成品粉体产率在钢球直径为 16mm 是最大，为 70.18%。钢球直径为 8mm 和 20mm 时，成品粉体产率分别为 32.13% 和 64.11%。

随着磨筒内钢球直径的增加，钢球平均接触力逐渐增大，钢球直径较小时，

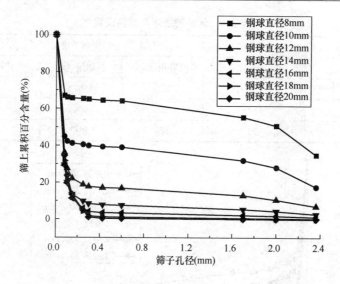

图 3.40　磨筒内钢球直径对水泥熟料粉磨的影响

钢球的冲击力不足，粉磨得到的成品粉体产率较少，大颗粒物料较多。钢球直径为 16mm 时成品粉体产率最高，钢球直径大于 16mm 时，虽然因为冲击力增大，大颗粒熟料继续减少，但是熟料颗粒直径小于 $80\mu m$ 的成品粉体产率 也 下降，介 于 $\phi80\mu m$ 和 $\phi0.2mm$ 之间的中细颗粒继续增加，原因是钢球总质量不变，钢球直径增加导致钢球数量变少，钢球与钢球的碰撞次数下降，对

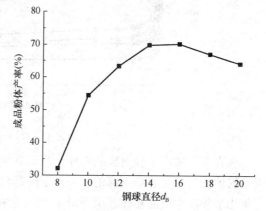

图 3.41　磨筒内钢球直径对成品粉体产率的影响

中细粉进一步研磨不利，所以钢球直径和钢球数量这两个因素相互制约，同时对粉磨产生影响。在本试验条件下，钢球直径为 16mm 最佳，得到的成品粉体产率最大。

3.3.2.4　磨筒半径对水泥熟料粉磨的影响

磨筒自转公转转速比设定为 1.5，公转转速为 300r/min，钢球直径为 12mm，料球质量比为 1∶4，试验的磨筒内装球和装料参数如表 3.6 所示。

从图 3.42 中可以看出，随着磨筒半径的增大，$\phi0.2mm$ 以下的熟料颗粒是逐渐减少的，其中 1 号筒和 2 号筒的细粉含量相差不大，但是 3 号筒的细粉含量下降幅度较大。

表 3.6　试验的装球与装料设置

磨筒号	磨筒半径（mm）	每个磨筒		
		有效容积（cm³）	装球量（g）	装料量（g）
1	32	250	298.4	74.6
2	44.5	485	600	150
3	56	778	916	229

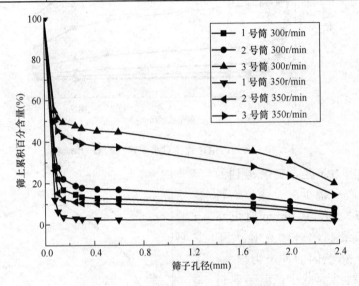

图 3.42　磨筒半径对熟料粉磨的影响

　　从表 3.7 磨筒半径对成品粉体产率的影响可以看出，随着磨筒半径的增大，成品粉体的产率是逐渐下降的，而且下降趋势很明显，尤其是 3 号筒的成品粉体产率比 1 号筒的成品粉体产率下降了 40% 左右。前面颗粒离散元模拟的结果是，随着磨筒半径的增大，钢球的平均接触力和比冲击能都是逐渐增大的，但是，平均接触力波动范围逐渐缩小，成品粉体产率下降。本研究认为：磨筒半径增大，平均接触力波动范围逐渐缩小，钢球的运动剧烈程度变弱，再者，磨筒内物料增多，细粉总量增大，对钢球碰撞过程的缓冲作用变得明显，造成成品粉体产率下降，也就是说能量利用率下降。

表 3.7　磨筒半径对成品粉体产率的影响

磨筒	1号筒	2号筒	3号筒
成品粉体产率—公转转速 300r/min（%）	69.08	63.36	43.68
成品粉体产率—公转转速 350r/min（%）	86.15	72.11	48.22

3.3.2.5　公转半径对水泥熟料粉磨的影响

　　因为试验条件限制，公转半径变化只能改变三个值，本试验做两组平行试验公转速度为 200r/min 和 300r/min，本次试验取磨筒自转与公转转速比为 1.5，物料粒径为 5~6 目，公转半径在 110、140、170mm 之间变化。

从图 3.43 中可以看出，公转转速分别为 200r/min 和 300r/min 时，随着公转半径的增大，大于 ϕ0.2mm 的大颗粒熟料是逐渐减小的，但是变化幅度整体来说都不大，表 3.8 所示是成品粉体产率随着公转半径的增大成品粉体产率是逐渐增加的，增加幅度同样较小。

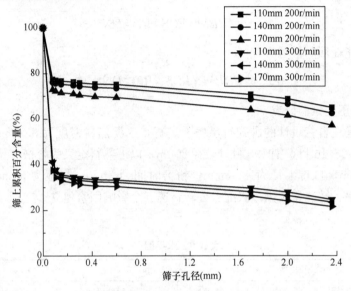

图 3.43　磨筒公转半径对熟料粉磨的影响

表 3.8　不同公转半径下的粉体产率

公转半径（mm）	110	140	170
成品粉体产率—公转转速 200r/min（%）	21.58	22.93	26.56
成品粉体产率—公转转速 300r/min（%）	57.27	58.04	61.07

颗粒离散元模拟的结果显示，随着公转半径的增大，钢球的平均接触力和比冲击能均是缓慢增加的，粉磨试验所得到的成品粉体产率也是略有增加的，模拟和试验结果趋势上相一致。

3.3.3　数学模型回归研究

系统拟用 10 个参数为研究对象。

决定性参数：钢球质量平均径 D，行星效应 z，自转、公转的转速比 R_{cs}，料球比 R_{BM}，填充率 R_F，粉磨物料平均粒径 d_F，粉磨物料质量 m_1，磨机空载功率 P_1；

非决定性参数：合格产品产量 m_2，粉磨总功率 P_2。

由上述参数构成的粉磨过程的一般函数式为：

$$F(D, z, R_{cs}, R_F, R_{BM}, d_F, m_1, m_2, P_1, P_2) = 0 \qquad (3-34)$$

求解过程从略。得：$\pi_1 = D/d_F$，$\pi_2 = P_2/P_1$，$\pi_3 = m_2/m_1$，$\pi_4 = R_{cs}$，$\pi_5 = R_F$，$\pi_6 = R_{BM}$，$\pi_7 = z$。

根据相似原理第三定理，可得：

粉磨产量回归模型方程

$$AG = e^k RBM^{z_1} RCS^{z_2} RF^{z_3} DN^{z_4} z^{z_5} \qquad (3-35)$$

粉磨能耗回归模型方程

$$EF = e^l RBM^{w_1} RCS^{w_2} RF^{w_3} DN^{w_4} z^{w_5} \qquad (3-36)$$

3.3.3.1 正交试验研究

试验是在自行设计的卧式行星磨上进行，水泥熟料密度为 3.128g/cm^3，进料粒径为 $12\sim16$ 目，把 190 目（粒径 $80\mu\text{m}$）以下熟料定义为合格产品，公转半径为 140mm，自转半径为 44.5mm，粉磨时间为 3min，衬板为 3mm，以料球比、填充率、转速比及钢球级配、公转转速五个影响因素建立 L_{25}（5^5）正交表，见表 3.9。

表 3.9　水平因子

水平	因素				
	料球比	填充率（%）	转速比	钢球级配	公转转速（r/min）
1	0.3	15	1.5	$\phi20:\phi16:\phi12=2:5:3$	150
2	0.4	20	2	$\phi20:\phi16:\phi12=1:6:3$	200
3	0.5	25	2.5	$\phi16:\phi12:\phi10=5:3:2$	250
4	0.6	30	3	$\phi16:\phi12:\phi10=5:4:1$	300
5	0.7	35	3.5	$\phi16:\phi10=5:5$	100

不同公转转速对应的行星效应见表 3.10。

表 3.10　不同公转转速的行星效应

公转转速（r/min）	100	150	200	250	300
行星效应 z	1.57	3.52	6.26	9.78	14.09

3.3.3.2 正交试验结果

正交试验结果见表 3.11。对正交试验结果进行方差分析，分析料球比、填充率、转速比、钢球级配和公转转速分别对产品合格率、能量利用率及单位产量能耗的影响，分别见表 3.12、表 3.13 和表 3.14。

表11　正交试验结果

序号	产品合格率（%）	能量利用率（%）	单位产量能耗（J/g）
1	0.54	2.34	54.01
2	0.72	3.21	83.25
3	0.67	3.68	161.52
4	0.73	2.98	198.03
5	0.07	1.35	146.61
6	0.92	3.69	222.24
7	0.24	1.73	61.65
8	0.35	1.97	89.52
9	0.22	1.68	163.61
10	0.7	4.12	48.12
11	0.67	2.63	97.01
12	0.68	2.81	133.84
13	0.44	1.85	210.08
14	0.15	1.71	31.7
15	0.47	2.79	59.48
16	0.21	1.38	77.17
17	0.15	1.32	152.29
18	0.52	4.14	34.8
19	0.71	3.46	63.09
20	0.74	3.34	94.33
21	0.34	1.41	196.35
22	0.88	3.69	80.13
23	0.14	1.89	38.31
24	0.3	2.32	44.11
25	0.26	1.97	82.93

由表 3.12 可知，公转转速和转速比对产品合格率有高度显著的影响（$p<$ 0.05），公转转速的影响程度最大，其次是转速比；随着公转转速的增加，能显著提高卧式行星磨的粉磨能力。钢球对物料的冲击力和冲击频率也随之增大，则物料越易被破碎；公转转速的变化，转速比也随之变化，钢球运动速度也随之越大，则钢球对钢球、钢球对物料、钢球对筒壁的冲击力越大且冲击频率越大，被粉碎的物料越多，因此公转转速、转速比对产品合格率的影响较为明显；料球比、填充率和钢球级配对产品合格率有显著的影响（$0.05<p<0.5$）。随着填充

率和料球比的增大，单位时间内钢球与物料、钢球与筒壁的碰撞频率就越大，且物料增多，被破碎的物料量越多，则产品的合格率提高；大直径钢球越多，物料越容易被粉碎，则产品的合格率越大，小钢球可以使物料进一步细化。

表 3.12   产品合格率的方差分析

因素影响	总的方量	自由度	均方差	F 检验的值	概率
料球比	0.064617	4	0.016154	5.46733	0.064332
填充率	0.066030	4	0.016508	5.58695	0.062146
转速比	0.382442	4	0.095610	32.35912	0.002642
钢球级配	0.030484	4	0.007621	2.57934	0.190548
公转转速	1.015983	4	0.253996	85.96422	0.000394
残差	0.011819	4	0.002955		

表 3.13 为各因素对能量利用率影响的方差分析，料球比、钢球级配和填充率对能量利用率基本没有影响（$p > 0.5$），转速比和公转转速对能量利用率有高度显著的影响（$p < 0.05$）。因为随着公转转速和转速比的增大，钢球与物料、钢球与筒壁以及钢球间的冲击与研磨作用也随之增加，则大量物料被破碎，能耗增加。且由此产生的声能和热能也随之增加，导致粉磨总能耗也越来越大。

表 3.13   能量利用率的方差分析

因素影响	总的方量	自由度	均方差	F 检验的值	概率
料球比	0.934313	4	0.233578	0.794880	0.585337
填充率	0.667164	4	0.166791	0.567599	0.701631
转速比	9.153579	4	2.288395	7.787535	0.035902
钢球级配	0.168102	4	0.042026	0.143015	0.956952
公转转速	8.416212	4	2.104053	7.160210	0.041372
残率	1.175414	4	0.293853		

表 3.14 是单位产量能耗的方差分析，从表中可见，转速比和公转转速对单位产量能耗的影响是高度显著的（$p < 0.05$），其中转速比的影响最大，料球比、填充率和钢球级配对能量利用率有显著的影响（$0.05 < p < 0.5$）。由 F 值可知，对单位产量能耗的影响程度从高到低依次是转速比、公转转速、料球比、填充率和钢球级配。因为公转转速和转速比越大，钢球的粉磨作用越大，被破碎的物料随之增大；磨机粉磨的总能耗越大，单位产量能耗也随之增大。

表 3.14　单位产量能耗的方差分析

因素影响	总的方量	自由度	均方差	F 检验的值	概率
料球比	7056.66	4	1764.16	4.83852	0.077958
填充率	4890.78	4	1222.69	3.35345	0.134051
转速比	41127.75	4	10281.94	28.19994	0.003438
钢球级配	4871.07	4	1217.77	3.33994	0.134811
公转转速	26580.45	4	6645.11	18.22534	0.007835
残差	1458.43	4	364.61	——	——

结合三个表来看，转速比和公转转速对产品合格率、能量利用率和单位产量能耗都有高度显著的影响。料球比对产品合格率和对单位产量能耗的影响显著，而对能量利用率基本没有影响。钢球级配和填充率对产品合格率和单位产量能耗有显著的影响，而对能量利用率基本没有影响。

不考虑行星效应和考虑行星效应两种情况下，对产品合格率、能量利用率和单位产量能耗影响程度进行分析对比，结果见表 3.15。

表 3.15　方差分析对比结果

试验条件	影响程度		
	产品合格率	能量利用率	单位产量能耗
不考虑行星效应	转速比、料球比、填充率、钢球级配	转速比、填充率、料球比、钢球级配	转速比、填充率、料球比、钢球级配
考虑行星效应	公转转速、转速比、填充率、料球比、钢球级配	转速比、公转转速、料球比、填充率、钢球级配	转速比、公转转速、料球比、填充率、钢球级配

由于受公转转速的影响，各参数对产品合格率、能量利用率和单位产量能耗的影响发生了变化。而转速比受公转转速的影响，因此，公转转速对提高卧式行星磨粉磨能力起着决定性的作用。

如图 3.44 所示，使信噪比极大化，产品合格率就越大，料球比的最佳值是0.3，填充率的最佳值为 15% 或 20%，转速比的最佳值是 2，钢球级配的最佳值为 $\phi16 : \phi10 = 5 : 5$，公转转速的最佳值是 300r/min。

关于能量利用率的信噪比极大化，从图 3.45 可知，转速比的最佳值为 1.5，公转转速的最佳值是 300r/min，填充率、料球比和钢球级配没有任何取值点可以使效应大于平均信噪比的 2 倍标准差可知，这三因素对能量利用率基本没有影响，因此可以忽略。

图 3.46 为单位产量能耗的信噪比分析，转速比的最佳取值为 1.5，公转转

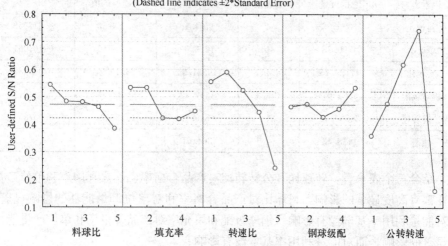

图 3.44　产品合格率的信噪比分析

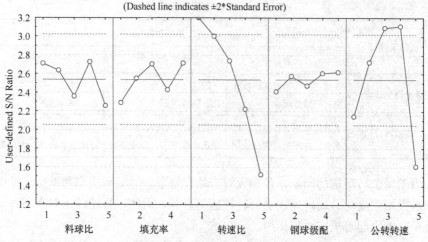

图 3.45　能量利用率的信噪比分析

速的最佳值为 $100r/min$，填充率的最佳值为 35%，料球比的最佳值为 0.6，钢球级配没有任何取值点可以使效应大于平均信噪比的 2 倍标准差，结合表 3.8 可知，此因素对能量利用率基本没有影响，因此可以忽略。

结合图 3.44 至图 3.46，不考虑行星效应和考虑行星效应两种情况下，各因素对产品合格率、能量利用率和单位产量能耗信噪比进行分析对比，结果见表 3.16。

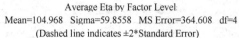

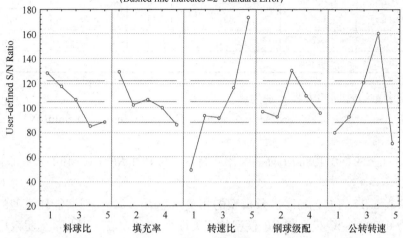

图 3.46 单位产量能耗的信噪比分析

表 3.16 信噪比分析结果对比

因素	产品合格率		能量利用率		单位产量能耗	
	不考虑行星效应	考虑行星效应	不考虑行星效应	考虑行星效应	不考虑行星效应	考虑行星效应
料球比	0.3	0.3	—	—	进一步考察	0.6
填充率	15%	15%或20%	25%		20%	35%
转速比	1.5	2	2	1.5	1.5	1.5
钢球级配	$\phi16:\phi12:\phi10=5:4:1$	$\phi16:\phi10=5:5$	—	—	—	—
公转转速		300		300		100

3.3.3.3 数学模型回归方程

将模型方程（18）、（19）取对数线性化，则

$$\ln AG = k + z_1 \ln RBM + z_2 \ln RCS + z_3 \ln RF + z_4 \ln DN + z_5 \ln z \quad (3\text{-}37)$$
$$\ln EF = l + w_1 \ln RBM + w_2 \ln RCS + w_3 \ln RF + w_4 \ln DN + w_5 \ln z \quad (3\text{-}38)$$

应用数学分析软件对试验结果进行多重线性回归，分析结果见表 3.17 和表 3.18。

表 3.17 模型统计检验

	AG	EF
相关系数 R	0.916	0.908
F 值	19.913	17.924
P 值	<0.000	<0.000

263

表 3.18 模型参数

k	z_1	z_2	z_3	z_4	z_5
-3.09	-0.295	-0.869	-0.448	0.35	0.7
l	w_1	w_2	w_3	w_4	w_5
0.252	-0.198	-0.789	0.134	0.34	0.299

则多重线性回归方程分别为：

$$\ln AG = -3.09 - 0.295\ln RBM - 0.869\ln RCS - 0.448\ln RF + 0.35\ln DN + 0.7\ln z$$
$$\text{(3-39)}$$

$$\ln EF = 0.252 - 0.198\ln RBM - 0.789\ln RCS + 0.134\ln RF + 0.34\ln DN + 0.299\ln z$$
$$\text{(3-40)}$$

从表 3.17 可知，粉磨产量模型的相关系数为 0.916，粉磨能耗模型的相关系数为 0.908，AG 模型和 EF 模型的相关性为 90% 左右。因此，行星效应是卧式行星磨粉磨过程的主要因素，可显著提高卧式行星磨的粉磨能力。

3.3.3.4 试验验证

试验原料采用 12～16 目水泥熟料，190 目以下熟料定义为合格产品，粉磨时间为 3min，衬板厚度为 3mm，公转半径为 140mm，自转半径为 44.5mm，其余各参数见表 3.19。

表 3.19 试验参数

序号	转速比	填充率（%）	料球比	钢球级配	公转转速
1	1.5	30	0.7	$\phi 8$	300
2	2.5	20	0.5	$\phi 12$	250
3	2	15	0.3	$\phi 16$	200
4	3	10	0.6	$\phi 20$	150
5	3.5	20	0.4	$\phi 10$	100

图 3.47 和图 3.48 分别为合格产品产量和粉磨总功率的理论预测值和试验实测值的比较。从图中可以看出：两者的相对误差在 10% 以内，表明此模型精确度较高，理论值基本可以反映试验值。

3.3.4 行星磨中水泥熟料的粉磨动力学研究

（1）试验原料

试验采用的水泥熟料粒级为 $-3.35mm + 2.36mm$。试验用研磨体为 $\phi 10mm$、$\phi 16mm$ 和 $\phi 20mm$ 的钢球。

（2）试验方法

试验采用自制卧式行星球磨机。试验中分别称量一定量、粒级为 $-3.35mm$

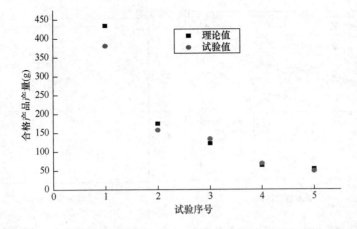

图 3.47　合格产品产量理论预测值和试验实测值比较

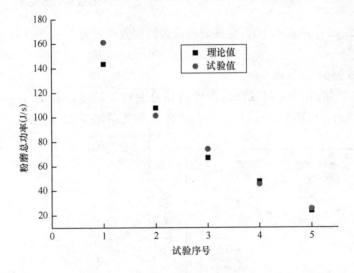

图 3.48　粉磨总功率理论预测值和试验实测值比较

+2.36mm 的水泥熟料加入磨机的三个磨筒中进行粉磨，时间确定为 0.5、1、2、3 和 4min，粉磨完毕，取出全部物料于振动套筛中进行筛分处理。利用能量测量仪测定消耗的能量。

3.3.4.1　不同研磨体尺寸下粉磨功耗定律

试验中选用 $\phi10mm$、$\phi16mm$ 和 $\phi20mm$ 的钢球作为研磨体，在物料填充率为 0.10 时进行粉磨研究。

图 3.49 为 $\phi10mm$ 钢球粉碎物料所得产物的筛分曲线，通过对曲线拟合分析得到 0.5～4min 的粒度模数 K 分别为 2.897、2.611、2.263、0.097 和 0.079，在 lg-lg 坐标中绘制能耗与粒度模数的关系，如图 3.50 所示。

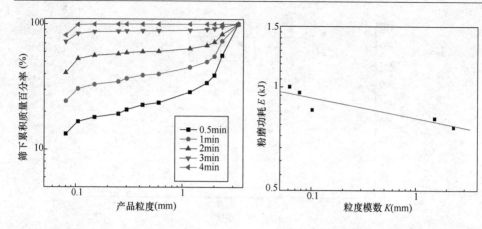

图 3.49　行星磨中 φ10mm 钢球粉磨产物的　　图 3.50　行星磨中 φ10mm 钢球粉磨功耗与
　　　　　筛分曲线　　　　　　　　　　　　　　　　　粒度模数的关系

对图 3.50 中的 E-K 关系曲线处理得到回归方程式为：

$$\lg E = -0.1714 - 0.0808\lg K \tag{3-41}$$

计算得到 n 值为 1.0808。

图 3.51 为 φ16mm 钢球粉磨产物的筛分曲线，粒度模数 K 分别为 2.752、2.235、0.141、0.078 和 0.063。K 与功耗 E 的关系如图 3.52 所示。

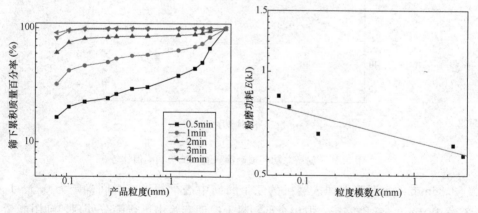

图 3.51　行星磨中 φ16mm 钢球粉磨　　　　图 3.52　φ16mm 钢球粉磨功耗与粒度
　　　　　产物筛分曲线　　　　　　　　　　　　　　　模数的关系

图 3.52 中 E-K 的关系曲线可以按照线性回归的方法处理，得到回归方程式为：

$$\lg E = -0.202 - 0.0835\lg K \tag{3-42}$$

计算求得 n 值为 1.0835。

通过对图 3.53 中 φ20mm 钢球粉磨产物的筛分曲线的拟合分析，得到 0.5～

4min 的粒度模数 K 分别为 2.300、1.680、0.173、0.160 和 0.084，K 与功耗 E 的关系如图 3.54 所示。

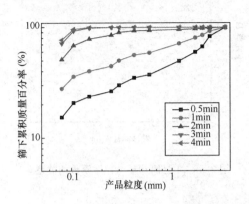

图 3.53　行星磨中 ϕ20mm 钢球粉磨　　　图 3.54　ϕ20mm 钢球粉磨功耗与粒度
　　　　　产物筛分曲线　　　　　　　　　　　　　　模数的关系

对 E-K 的关系曲线按照线性回归的方法处理，可以得到回归方程式为：

$$\lg E = -0.1266 - 0.0744 \lg K \tag{3-43}$$

由式（27）可以计算得到 n 值为 1.0744。

不同研磨体尺寸下粉碎功定律参数见表 3.20。列维斯定律的表示形式为

$$dE = -c\frac{dx}{x^{1.0796}}。$$

表 3.20　不同研磨体大小得出的粉碎功定律参数

研磨体尺寸	ϕ10mm	ϕ16mm	ϕ20mm
a	0.0808	0.0835	0.0744
n	1.0808	1.0835	1.0744
A	0.6739	0.6281	0.7471

对不同研磨体尺寸下粉磨功耗定律的研究可以看出：拟合分析得到的 n 值介于 1～1.5 之间，行星磨中不同研磨体尺寸下粉磨物料的过程是裂纹粉碎模型与体积粉碎模型的综合，在粉磨过程中，n 值更接近于 1，是以体积粉碎模型占主导地位。

3.3.4.2　不同尺寸磨筒中粉磨功耗定律的研究

试验中分别采用 1、2、3 号磨筒进行粉磨，研磨体采用 ϕ20mm 钢球在物料填充率为 0.08 时进行研究。

拟合分析图 3.55 中使用 1 号磨筒粉碎产物的筛分曲线得到的粒度模数 K 值分别为 2.659、1.960、0.160、0.078 和 0.049。图 3.56 为 K 与功耗 E 的关系。

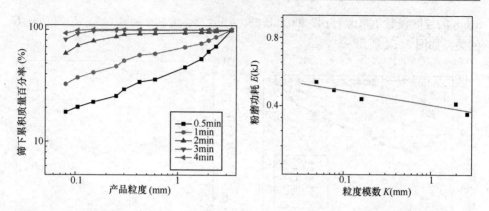

图 3.55　行星磨 1 号筒中粉磨产物筛分曲线　　图 3.56　1 号筒功耗与粒度模数的关系

对 E-K 的关系曲线进行线性回归处理，可以得到回归方程式为：

$$\lg E = -0.3920 - 0.0618\lg K \qquad (3-44)$$

由式（3-44）求得的 n 值为 1.0618，处于 1～1.5 之间。

图 3.57 为 3 号磨筒中粉碎产物的筛分曲线，拟合得到的 K 值分别为 2.203、0.988、0.099、0.0873 和 0.0726，其与功耗 E 的关系如图 3.58 所示。

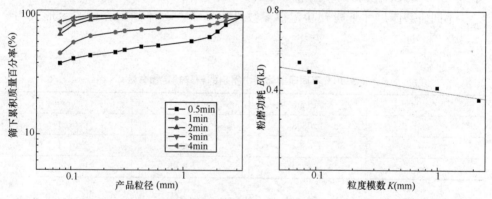

图 3.57　行星磨 3 号筒中粉磨产物筛分曲线　　图 3.58　3 号筒功耗与粒度模数的关系

对图 3.58 中 E-K 的关系曲线进行线性回归，得到回归方程式（3-45），其中，n 值为 1.0695。

$$\lg E = -0.4010 - 0.0695\lg K \qquad (3-45)$$

表 3.21 为不同尺寸磨筒中粉碎功定律参数。列维斯定律中 n 值取三种磨筒的平均值，可表示为 $dE = -c\dfrac{dx}{x^{1.0686}}$。

表 3. 21　不同尺寸磨筒中得出的粉碎功定律参数

磨筒	1 号筒	2 号筒	3 号筒
a	0.0618	0.0744	0.0695
n	1.0618	1.0744	1.0695
A	0.4055	0.7471	0.3972

磨筒尺寸对 n 值影响不大，对所研究粒级的水泥熟料的粉碎为体积粉碎模型。

3. 3. 4. 3　不同物料填充率下粉磨功耗定律的研究

试验中采用物料填充率 f_c 分别为 0.07、0.08、0.09、0.1 和 0.12，研磨体采用 $\phi 20\mathrm{mm}$ 钢球。图 3.59 为物料填充率为 0.07 时研磨产物的筛分曲线。通过拟合分析求得的粒度模数 K 值分别为 2.371、0.985、0.100、0.075 和 0.051，K 与功耗 E 的关系如图 3.60 所示。

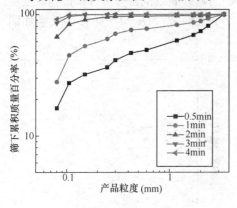

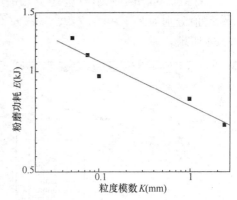

图 3.59　行星磨中填充率 0.07 时粉磨产物　　图 3.60　物料填充率为 0.07 时功耗与粒度
　　　　　　筛分曲线　　　　　　　　　　　　　　　　模数的关系

图 3.60 中 $E\text{-}K$ 的关系近似线性关系，按照线性回归的方法处理得到回归方程式为：

$$\lg E = -0.1027 - 0.1333\lg K \qquad (3\text{-}46)$$

由式（3-46）可求得 n 值为 1.1333，介于 1～1.5 之间。

f_c 为 0.09 时，产物的筛分曲线如图 3.61 所示，拟合得到粒度模数 K 值，分别为 2.402、1.542、0.130、0.088 和 0.074，K 与功耗 E 的关系如图 3.62 所示。

对图 3.62 中的 $E\text{-}K$ 的关系曲线按照线性回归的方法处理可以得到回归方程式（3-47），求得的 n 值为 1.0675。

$$\lg E = -0.0154 - 0.0675\lg K \qquad (3\text{-}47)$$

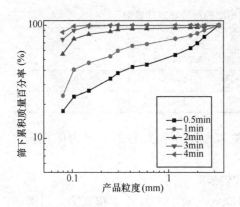

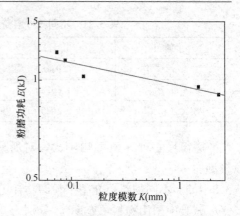

图 3.61 行星磨中填充率 0.09 时粉磨
产物筛分曲线

图 3.62 物料填充率为 0.09 时功耗与
粒度模数的关系

对图 3.63 中填充率为 0.10 时粉磨产物的筛分曲线拟合分析可以得到粒度模数 K 值分别为 2.679、1.749、0.164、0.094 和 0.077，K 与功耗 E 的关系如图 3.64 所示。

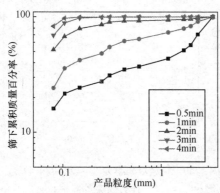

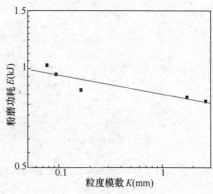

图 3.63 行星磨中填充率 0.10 时粉磨产物
筛分曲线

图 3.64 物料填充率为 0.10 时功耗与
粒度模数的关系

图 3.64 中，E-K 的关系近似线性关系，按照线性回归的方法处理可以得到回归方程式为：

$$\lg E = -0.0778 - 0.0577 \lg K \tag{3-48}$$

式（3-48）中 n 值为 1.0577，即 n 值在 1~1.5 之间。

f_c 为 0.12 时，产物的筛分曲线如图 3.65 所示，通过拟合分析求出的粒度模数 K 值分别为 2.516、1.854、0.228、0.102 和 0.087，K 与功耗 E 的关系如图 3.66 所示。

对图 3.66 中 E-K 的关系曲线进行回归分析，得到回归方程式（3-49），其

中 n 值为 1.0542。

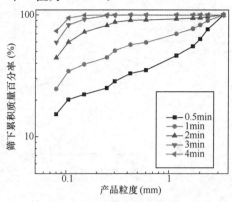

图 3.65 行星磨中物料填充率为 0.12 时
粉磨产物筛分曲线

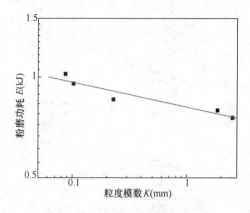

图 3.66 物料填充率为 0.12 时功耗与
粒度模数的关系

$$\lg E = -0.0893 - 0.0542 \lg K \qquad (3\text{-}49)$$

物料填充率对粉碎功定律参数具有一定的影响，结果见表 3.22。列维斯定律的表示形式为 $dE = -c\dfrac{dx}{x^{1.0814}}$。

表 3.22 不同物料填充率条件下的粉碎功定律参数

物料填充率	$f_c = 0.07$	$f_c = 0.08$	$f_c = 0.09$	$f_c = 0.10$	$f_c = 0.12$
a	0.1333	0.0744	0.0675	0.0577	0.0542
n	1.1333	1.0744	1.0675	1.0577	1.0542
A	0.7894	0.7471	0.9651	0.8360	0.8141

由上述不同物料填充率下的粉磨功定律方程可知：n 值在 $1\sim2$ 之间，随着物料填充率的增加，a 值呈减少趋势，即粉碎过程更倾向于体积粉碎模型。在物料填充率为 0.07 时，n 值为 1.1333；而填充率为 0.12 时，n 值为 1.0542。填充率小时，随粉磨时间的增加颗粒减小，与较高填充率相比向 Rittinger 提出的表面积粉碎模型过渡。

3.3.4.4 不同研磨体填充系数下的粉磨功耗定律

采用 $\phi20$mm 钢球，料球比 0.08 不变，改变物料和研磨体的质量来改变研磨体填充系数。

图 3.67 为研磨体填充系数为 0.22 时的产物筛分曲线，通过拟合分析求出的粒度模数 K 值分别为 2.555、1.535、0.094、0.070 和 0.013，K 与功耗 E 的关系如图 3.68 所示。

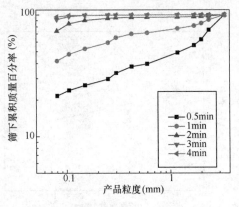

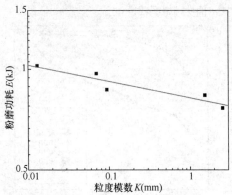

图 3.67　行星磨中研磨体填充系数为　　　　图 3.68　研磨体填充系数为 0.22 时功耗
0.22 时粉磨产物筛分曲线　　　　　　　　　与粒度模数的关系

研究图 3.68 可以发现，$E\text{-}K$ 的关系近似线性关系，按照线性回归的方法处理可以得到回归方程式为：

$$\lg E = -0.0851 - 0.0489gK \tag{3-50}$$

由式（3-50）求得的 n 值为 1.0489，即该粉磨过程接近于体积粉碎模型。

研磨体填充系数为 0.24 时的产物筛分曲线如图 3.69 所示，通过拟合求出粒度模数 K 值分别为 2.476、1.558、0.093、0.072 和 0.018，K 与功耗 E 的关系如图 3.70 所示。

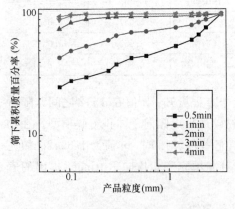

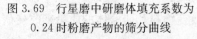

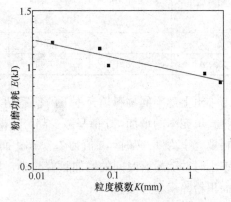

图 3.69　行星磨中研磨体填充系数为　　　　图 3.70　研磨体填充系数为 0.24 时
0.24 时粉磨产物的筛分曲线　　　　　　　　功耗与粒度模数的关系

采用回归分析方法处理图 3.70 中的 $E\text{-}K$ 关系曲线，得到回归方程式（3-51），求得 n 值为 1.0512，介于 1～1.5 之间。

$$\lg E = -0.0138 - 0.0512\lg K \tag{3-51}$$

图 3.71 为研磨体填充系数为 0.26 时的产物筛分曲线，通过对筛分曲线的拟合分析求出粒度模数 K 值分别为 2.463、1.665、0.094、0.072 和 0.051。图 3.72 为粒度模数 K 与功耗 E 的关系。

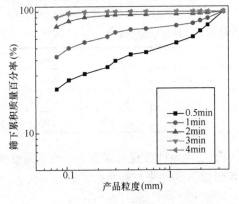

图 3.71 行星磨中研磨体填充系数为 0.26 时粉磨产物筛分曲线

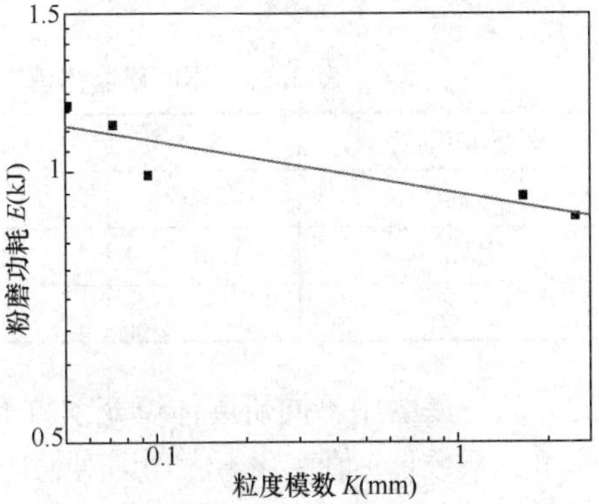

图 3.72 研磨体填充系数为 0.26 时功耗与粒度模数的关系

图 3.72 中 E-K 的关系近似线性关系，按照线性回归的方法处理可以得到回归方程式为：

$$\lg E = -0.0241 - 0.0579 \lg K \tag{3-52}$$

求得的 n 值为 1.0579，n 值处于 1~1.5 之间。

图 3.73 为研磨体填充系数为 0.30 时的产物筛分曲线，拟合得到粒度模数 K 值分别为 2.337、1.515、0.102、0.077 和 0.062，K 与功耗 E 的关系如图 3.74 所示。

对图 3.74 中的 E-K 的关系曲线回归处理得到回归方程式（3-53），其中 n 值为 1.0591。

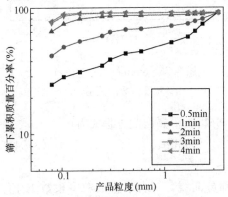

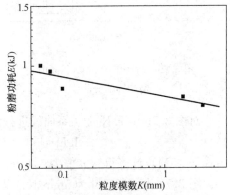

图 3.73 行星磨中研磨体填充系数为 0.30 时粉磨产物筛分曲线

图 3.74 研磨体填充系数为 0.30 时功耗与粒度模数的关系

$$\lg E = -0.0907 - 0.0591\lg K \qquad (3\text{-}53)$$

表 3.23 为不同研磨体填充系数下的粉碎功定律参数。表示为列维斯定律的

形式为 $\mathrm{d}E = -c\dfrac{\mathrm{d}x}{x^{1.0583}}$。

表 3.23 不同研磨体填充系数条件下的粉碎功定律参数

研磨体填充系数	0.20	0.22	0.24	0.26	0.30
a	0.0744	0.0489	0.0512	0.0579	0.0591
n	1.0744	1.0489	1.0512	1.0579	1.0591
A	0.7471	0.8221	0.9687	0.9460	0.8115

从行星磨中不同研磨体填充系数下的粉磨功耗定律方程可以看出：改变研磨体填充系数，n 值变化不大，即对粉碎过程研磨体的冲击与粉磨形式改变不大。

3.3.4.5　不同尺寸衬条下粉磨功耗定律的研究

试验选用 $\phi20\mathrm{mm}$ 钢球，在物料填充率为 0.08 时进行粉磨，试验中使用的衬条尺寸分别为 3mm、5mm 和 7mm。

衬条尺寸为 3mm 时的产物筛分曲线如图 3.75 所示，对曲线进行拟合分析求出的粒度模数 K 值分别为 2.481、2.225、0.150、0.078 和 0.047，K 与功耗 E 的关系如图 3.76 所示。

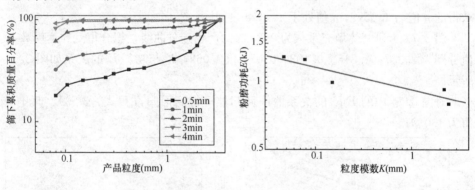

图 3.75　行星磨中 3mm 衬条时　　　　　图 3.76　3mm 衬条时功耗与
粉磨产物筛分曲线　　　　　　　　　粒度模数的关系

对图 3.76 中 E-K 的关系曲线进行回归分析，得到回归方程式为：

$$\lg E = -0.0318 - 0.1006\lg K \qquad (3\text{-}54)$$

由式（3-54），计算得到 n 值为 1.1006。

图 3.77 为衬条尺寸为 5mm 时产物的筛分曲线，拟合求得的粒度模数 K 值分别为 0.363、0.252、0.124、0.093 和 0.086，K 与功耗 E 的关系如图 3.78 所示。

续表

粉碎比	粉碎时间（min）				
	0.5	1	2	3	4
$f_c=0.09$	3.19	14.24	39.65	53.87	62.07
$f_c=0.10$	1.77	10.77	37.08	49.22	59.48
$f_c=0.12^*$	2.05	9.71	32.08	42.61	52.87

　　填充率的影响表明，料球比越小粉碎比越大，即单位时间的冲击次数越多。粉碎比相对越大。

表 3.28　不同研磨体填充系数的粉碎比

粉碎比	粉碎时间（min）				
	0.5	1	2	3	4
0.20	2.36	9.52	36.60	50.98	54.90
0.22	2.25	22.66	52.87	64.89	67.98
0.24	3.16	26.19	53.87	63.44	67.98
0.26	3.44	27.45	53.87	63.44	64.89
0.30	3.89	29.13	50.09	59.48	60.74

　　研磨体填充系数对粉碎比具有较大的影响，即磨机单位容积中研磨体和物料所占体积对粉碎比具有影响，所占比例太低冲击粉碎次数较少，不利于粉碎，太高冲击粉碎力度不够，不能使物料发生粉碎。本研究中研磨体填充系数在 0.22～0.26 对粉碎比的提高最有利。

表 3.29　不同衬条尺寸的粉碎比

粉碎比	粉碎时间（min）				
	0.5	1	2	3	4
0mm	2.36	9.52	36.60	50.98	54.90
3mm	1.64	10.05	43.92	59.48	66.40
5mm	11.37	23.79	33.99	47.58	52.87
7mm	1.42	3.10	40.21	57.10	63.44

　　从目前的研究来看，衬条尺寸为 5mm 时，粉碎初期（0.5～1min）有利于提高水泥熟料的粉碎比；衬条尺寸为 3mm 和 7mm 时，在粉碎的后期（3～4min）粉碎比较高。

3.3.4.7　球磨机和行星磨中物料形貌比较

　　在球磨机中使用 ϕ20mm 钢球分别粉磨水泥熟料和矿渣，用 ϕ20×20mm 钢锻粉磨水泥熟料。在行星磨中，分别使用 ϕ16mm 钢球、ϕ20mm 钢球和 ϕ20×20mm 钢锻粉磨水泥熟料，用 ϕ10mm 钢球粉磨矿渣。在相同粉磨时间的条件下，取出适量的样品，比较球磨机和行星磨中研磨体形状、大小对水泥熟料和矿渣粉磨产品形貌的影响，结果如图 3.81 所示。

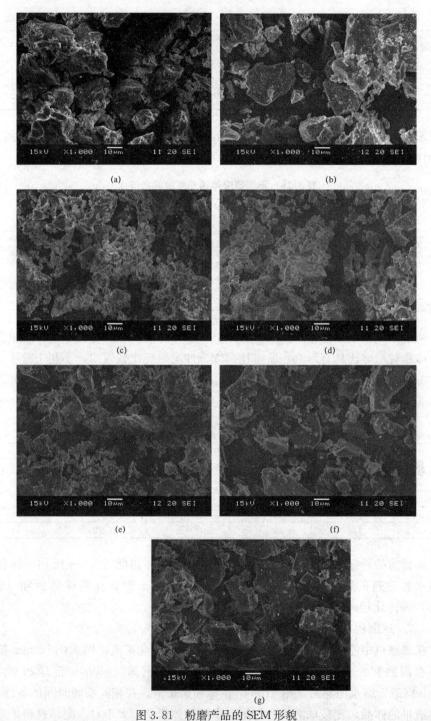

图 3.81　粉磨产品的 SEM 形貌

（a）球磨机中 φ20mm 钢球粉磨水泥熟料；（b）球磨机中 φ20×20mm 钢锻粉磨水泥熟料；（c）行星磨中 φ16mm 钢球粉磨水泥熟料；（d）行星磨中 φ20mm 钢球粉磨水泥熟料；（e）行星磨中 φ20×20mm 钢锻粉磨水泥熟料；（f）行星磨中 φ10mm 钢球粉磨矿渣；（g）球磨机中 φ20mm 钢球粉磨矿渣

水泥熟料颗粒形貌对水泥性能的影响较为复杂。从图片中可以明显看出，在球磨机和行星磨中，粉磨相同时间的水泥熟料，行星磨中产品较球磨机中细得多，并且行星磨中产品棱角更多，颗粒大多为多角形，球磨机中产品球形度更好，为近似圆形或椭圆形，同时，行星磨中粉磨矿渣的棱角也是非常明显的。进一步说明了行星磨中研磨体对物料的冲击作用明显高于球磨机。

3.4　粉磨水泥颗粒特性对水泥性能的影响规律

3.4.1　闭路粉磨的试验模拟

（1）经预破碎的入磨物料——取 2kg 熟料破碎至小于 5mm，筛除小于 3mm 颗粒后入标准试验小磨粉磨，全部通过 0.9mm 方孔筛后混匀；

（2）粉磨——取 50g 物料，用多头玛瑙研钵研磨 5min；

（3）选粉和分流——用负压筛析仪筛除小于 $45\mu m$ 颗粒，大于 $45\mu m$ 颗粒返回（以 $45\mu m$ 作为分割粒径）；

（4）循环粉磨——用筛余物和初始物料配足 50g 后再用多头玛瑙研钵研磨 5min。如此反复 4 次以模拟闭路粉磨条件下的粗物料循环。

模拟条件下得到的不同循环次数、不同的粉磨时间后回粉的粒度变化结果见表 3.30 和图 3.82。

表 3.30　在闭路粉磨工艺条件下，初始粉磨过程中回粉的粒度变化规律

循环研磨次数	研磨时间（min）	$45\mu m$ 筛余（%）	$45\mu m$ 筛余增加幅度（%）
预破碎	0	15.98	—
初始粉磨	5	10.97	−5.01
第一次循环	5	17.64	6.67
第二次循环	5	22.43	4.79
第三次循环	5	24.78	2.35

从结果看出，当经预破碎的物料入磨后，在磨机研磨介质的研磨作用下，物料中的粗颗粒含量大幅度下降。但经过粗物料的第一次循环后，经过相同时间的研磨后，物料中的粗颗粒含量大幅度提高，表明物料的易磨性显著下降；在接下来的循环中，粗颗粒含量虽也增多，但增加幅度却逐渐降低直至平衡。

此试验的结果表明，在闭路粉磨工艺中，经选粉机分选出的回粉循环粉磨降低了物料的易磨性。而循环物料易磨性降低的原因，是由于难磨物料在粗颗粒中的富集。在硅酸盐水泥熟料中，存在 C_3S、C_2S、C_3A、C_4AF 四种矿物，但这四种矿物的易磨性不同。C_3S 易磨性好、C_2S 易磨性差，而 C_3A、C_4AF 居中。图 3.83 为全熟料与 1 次、4 次循环粗颗粒的 XRD 图谱。从中可以看出，在循环粗

颗粒中，C_3S 的含量显著降低，而 C_2S 的含量显著增加。

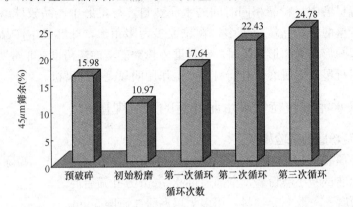

图 3.82　在闭路粉磨工艺条件下，初始粉磨过程中回粉的粒度变化规律

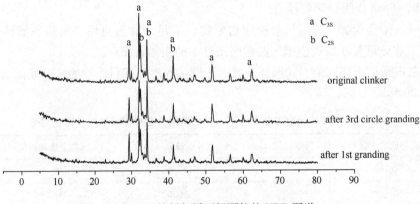

图 3.83　熟料与循环粗颗粒的 XRD 图谱

　　可见，在闭路粉磨工艺中，由于难磨物料在粗颗粒中的富集，造成回粉的易磨性下降。

3.4.2　难磨、易磨物料在粗细粉中的两极分化对颗粒分布的影响

3.4.2.1　水泥配料

　　在水泥的常用组分材料中，以矿渣、粉煤灰、石灰石应用最广泛。且根据资料，三者的易磨性与硅酸盐水泥熟料存在差异，其中矿渣的易磨性较差，但在水泥生产中用量最多；粉煤灰的易磨性好于矿渣，用量也基本次于矿渣；中硬石灰石的易磨性最好，用量也最少，但其是增加水泥中微粉的主要组分。

　　因此，根据这些特点以及 GB 175 对矿渣硅酸盐水泥和复合硅酸盐水泥组分的规定，进行了不同组分水泥的配料，见表 3.31。为了比较不同混合材料混合粉磨对水泥颗粒组成、性能的影响，各配料方案的熟料用量相同，石膏以外掺的方式加入。

表 3.31　不同水泥组分的配料方案

编号	熟料（%）	矿渣（%）	粉煤灰（%）	石灰石（%）	石膏（外加）（%）
WY1	60	40	—	—	6
WY2	60	32	8	—	6
WY3	60	32	—	8	6
WY4	60	32	4	4	6
WY5	60	26	10	4	6

水泥样品制备采用 $\phi500\times500$ 化验室标准小磨进行粉磨。粉磨时间相同，为 35min，为了防止物料因过粉磨出现团聚而影响参数的测定，粉磨时加入 0.003% 的二乙二醇助磨。

3.4.2.2　不同物料对水泥颗粒群参数的影响

表 3.32 为不同物料对水泥颗粒群参数的影响。

从表 3.32 的结果看出，在相同的粉磨条件下，不同的物料对水泥颗粒群的分布的影响如下：

（1）从 $80\mu m$、$45\mu m$ 筛余看出，采用不同的物料进行配料，水泥的 $80\mu m$ 筛余相差不多，但 $45\mu m$ 筛余存在微小的差别。

表 3.32　不同物料对水泥颗粒群参数的影响

编号	筛余（%）		比表面积（m²/kg）	特征参数		颗粒分布（累计筛余）（%）					
	$80\mu m$	$45\mu m$		X'	n	$3\mu m$	$8\mu m$	$16\mu m$	$32\mu m$	$46.1\mu m$	$80\mu m$
WY1	1.8	8.4	349	25.21	1.23	86.94	80.10	60.98	30.89	16.64	1.57
WY2	1.4	6.5	369	22.65	1.20	85.35	77.43	56.53	26.22	13.10	1.20
WY3	2.1	9.4	369	22.45	1.07	81.91	74.46	55.78	26.73	12.64	0.70
WY4	1.8	7.6	397	21.87	1.09	83.28	74.22	55.05	25.31	11.74	0.50
WY5	1.6	6.7	408	21.45	1.20	84.54	76.25	55.36	23.72	10.83	0.27

如 WY3 的筛余最大，$80\mu m$ 和 $45\mu m$ 分别为 2.1% 和 9.4%；WY1 的筛余次之，$80\mu m$ 和 $45\mu m$ 分别为 1.8% 和 8.4%；WY2 的筛余最小，$80\mu m$ 和 $45\mu m$ 分别为 1.4% 和 6.5%。这其中，WY3 的混合材料为矿渣和石灰石，WY1 的混合材料为矿渣，WY2 的混合材料为矿渣和粉煤灰。

同时，也可看出，即使降低矿渣的用量，水泥中的粗颗粒含量也不会出现大幅度的降低。

（2）从比表面积结果看出，采用粉煤灰、石灰石替代矿渣后，能大幅度提高水泥的比表面积，也就是提高水泥中的细颗粒含量（忽略粉煤灰中的碳对比表面积测试结果的影响）。

同时也可以看出，在粉煤灰和石灰石单独等量代替矿渣时（WY2 和 WY3），两者对比表面积的作用相同，表明此时两者均为相对软的物料，在矿渣和熟料较硬物料的作用下实现了细化，虽然两者的性质不同。

但当将两者等量复掺时，选择性粉磨的效果更加突出，水泥的比表面积陡增 $30m^2/kg$，增加幅度远远大于两者单独替代矿渣的增加幅度。

而将粉煤灰含量提高后（WY5），虽然水泥的比表面积增加，但增加的幅度不多，其为粉煤灰的大量使用，降低了水泥的微粉含量导致（见颗粒组成分析）。

（3）从水泥颗粒分布的特征参数来看，不同物料对于特征参数的影响比较大。

仅使用矿渣的水泥，特征粒径为 $25.21\mu m$，在五个配料中最大；同时，仅使用矿渣的水泥颗粒分布最窄，均匀性指数为 1.23，在五个配料中也最大。

用粉煤灰、石灰石部分替代矿渣，能够显著降低水泥的特征粒径，从 $25.21\mu m$ 降到 $22\mu m$ 左右，但不同的替代材料对均匀性指数（颗粒分布宽窄）的影响明显不同。

虽然粉煤灰和石灰石都能拓宽水泥的颗粒分布，但石灰石的作用效果明显好于粉煤灰。使用石灰石的 WY3、WY4 的均匀性指数分别为 1.07、1.09，而大量使用粉煤灰的 WY2、WY5 的均匀性指数都为 1.20。即使 WY5 的粉煤灰、石灰石用量达到了 14%，它的颗粒分布也没有变宽。这表明，粉煤灰粉磨到一定程度，由于玻璃微珠的致密结构，很难进一步细化，以达到拓宽水泥颗粒分布的效果。

（4）从颗粒分布来看，不同物料对水泥的颗粒分布产生不同的影响。

首先，使用粉煤灰和石灰石代替矿渣后，能够显著降低水泥的粉磨细度，$8\mu m \sim 46.1\mu m$ 各粒级筛余比纯矿渣配料的水泥降低 3%～5%，$3\mu m$ 筛余因物料不同降低的幅度不同。

其次，石灰石和粉煤灰的作用有所不同。石灰石能够显著增加水泥中的微粉含量，粉煤灰虽然也能增加微粉的含量，但显著的作用是降低水泥的平均粒径。同时，只有粒径小于 $8\mu m$ 时，使用粉煤灰和使用石灰石的区别才开始显著显现。使用大量粉煤灰样品（WY2、WY5）的 $3\mu m$、$8\mu m$ 筛余基本一致，而使用石灰石的样品的筛余明显降低，特别是单独使用 8% 石灰石的 WY3，$3\mu m$ 筛余最低，为 81.91%。这是因为当粉煤灰粉磨到一定细度时，由于玻璃微珠的致密结构，阻碍了粉煤灰的进一步细化。

再次，对于增加水泥中的微粉含量和拓宽水泥颗粒分布来讲，石灰石和粉煤灰联合使用的效果好于两者单独使用（见 WY2 和 WY3）。

从以上分析可以得出：

（1）粉煤灰、石灰石部分替代矿渣后能够显著降低水泥的特征粒径，促进水泥的整体粒度下降；

（2）粉煤灰、石灰石部分替代矿渣后能使水泥颗粒分布变宽；

（3）粉煤灰不能显著增加水泥中微粉含量，而石灰石可以显著增加水泥中微粉含量；

（4）混合材料的复掺对于改善水泥颗粒分布的效果优于单掺或双掺。

以上结果表明，由于易磨性不同的组分物料在粗、细粉中的两极分布，导致在混合粉磨过程中发生选择性粉磨现象，易磨物料在充分研磨作用下变得更细，而难磨性物料在易磨性物料的阻碍下不能进一步细化，使粉磨产物细颗粒和粗颗粒都增加，粒度分布变宽，均匀性指数降低。因此，在水泥生产实践中，应合理利用这种相互作用以改善整体粉磨过程，使粉磨产品的颗粒分布更趋合理。

3.4.2.3 不同物料共同粉磨对水泥性能的影响

利用不同物料粉磨制备的水泥样品物理性能见表 3.33。

从表 3.33 的使用性能来看，即使 WY2～WY5 的比表面积比 WY1 提高了 20～60m²/kg，但水泥的标准稠度用水量仅提高了 0.2%～0.6%，基本没有变化。同时也可以看出，初始 Marsh 时间基本没有变化，仅延长 1s 多；但 60min Marsh 时间却延长了约 3s，导致水泥浆体的经时损失由 WY1 的负损失变为正损失。

从表中的力学性能来看，WY2、WY3 和 WY4 样品中虽然使用了 8% 的早期活性低的粉煤灰，甚至非活性石灰石，但他们的 3d、7d 强度与 WY1 相当。而 WY5 由于使用了 14% 的低活性的粉煤灰和非活性石灰石，所以强度不能尽快发挥，但仅比 WY1 低 1～2MPa。只有在 28d 龄期时，由于水泥中组分的活性不同，水泥的强度才表现出比较大的差异。

表 3.33 不同物料粉磨制备的水泥样品物理性能

编号	标准稠度用水量（%）	与减水剂相容性			抗压强度（MPa）		
		Marsh 时间（s）		经时损失（%）	3d	7d	28d
		初始	60min				
WY1	27.0	17.6	16.9	−3.98	16.08	27.76	51.71
WY2	27.0	18.9	19.0	0.53	16.75	27.38	49.95
WY3	27.3	18.4	19.1	3.80	16.75	27.23	46.41
WY4	27.2	19.3	19.8	2.59	16.71	27.52	49.54
WY5	27.6	18.8	19.8	5.32	15.04	25.39	46.86

对于水泥性能的变化，除了组分原因起微小作用外（粉煤灰、石灰石的量很少），主要的原因是由于水泥颗粒组成的变化导致。

由于水泥颗粒分布的变宽，使水泥颗粒向紧密堆积方向发展。而水泥颗粒的紧密堆积程度，或水泥的颗粒分布宽窄，显著影响水泥的物理性能，比较突出的就是水泥需水量的变化。而在水泥需水量中，水泥物理用水量超过了总用水量的90％，化学结合水不足10％。因此，标准稠度用水量在很大程度上反映了水泥颗粒的堆积紧密程度。

而表3.33的结果表明，虽然水泥比表面积的提高增加了包覆水泥颗粒水膜的物理用水量，但总体来讲由于粉煤灰、石灰石的替代拓宽了水泥的颗粒分布，增加了颗粒堆积密度，又减少了颗粒空隙填充用水量，使水泥的标准稠度用水量保持基本不变。

在流变力学性能上，Marsh时间反映了浆体的黏度、屈服应力，特别是主要反映了浆体的黏度。初始Marsh时间的延长，表明石灰石、粉煤灰替代矿渣后水泥浆体的黏聚性提高，但由于颗粒堆积程度提高而导致的颗粒间隙用水量的降低，初始Marsh时间没有出现大幅度的延长，即水泥浆体的黏度没有大幅度提高。而60min Marsh时间的延长和经时损失的逆向转变，表明由于颗粒的堆积密度提高、水泥颗粒间的距离缩短以及水泥特征粒径的降低，为水泥的水化、水化产物的搭接、结构的形成创造了条件，进一步提高了水泥浆体的黏聚性。

而早期力学性能的表现，也是由于石灰石、粉煤灰替代矿渣后，水泥颗粒分布的改善所造成。这可以通过水泥初始硬化浆体的结构来验证。

对不同物料共同粉磨，并对初始硬化水泥浆体的电导率进行了测试，结果如图3.84所示。从图中结果看出，在水泥的硬化初期，水泥硬化浆体的电导率依次减小的次序为WY1、WY3、WY4、WY2、WY5。在不考虑水泥组分的情况下，表明WY1浆体的孔隙率最大，WY5的孔隙率最小。表明粉煤灰、石灰石的掺入在提高水泥微粉颗粒群含量的同时，提高了水泥浆体的堆积紧密性，使水泥的早期强度能够很好地发挥。但由于组分的不同，导致电导率与强度的变化关系不一致，如WY3、WY2、WY5的电导率随粉煤灰掺量的增加而降低；同时，WY3、WY4的电导率基本一致。

可见，粉煤灰、石灰石部分替代矿渣后能够显著降低水泥的特征粒径，促进

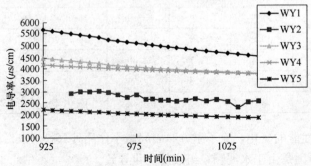

图3.84　不同物料共同粉磨对初始硬化水泥浆体的电导率

水泥的整体粒度下降，使水泥颗粒分布变宽，而石灰石可以显著增加水泥中微粉含量。

3.4.2.4　提高混合水泥中的粗、细颗粒含量对水泥宏观性能的影响

粗粉：为矿渣粉生产回粉，在矿粉生产线取样。

矿渣微粉：和粗粉同一矿渣，经试验室小磨细磨。

水泥：为琉璃河普通 42.5 水泥。

各样品的颗粒群参数见表 3.34。

表 3.34　配料用样品颗粒群参数

	粗粉	矿渣微粉	水泥
比表面积（m²/kg）	158	513	383
80μm 筛余（%）	4.3	0.8	0
45μm 筛余（%）	29.8	3.2	2.1

粗粉的水平为 0%、10%、20%、30%、40%，微粉的水平为 0%、15%、20%、25%。共配制了 25 个不同颗粒群组成的水泥样品，水泥样品的配比和参数见表 3.35。

从表 3.35 的参数来看，随着粗粉用量的增加，混合水泥的 $80\mu m$、$45\mu m$ 筛余增加，水泥的比表面积下降。同时，随微粉用量的增加，混合水泥中的细颗粒含量增加。随着矿渣粗粉用量的增加，混合水泥的 $80\mu m$、$45\mu m$ 筛余增加，$80\mu m$ 筛余从 0 增加到 1.9%，$45\mu m$ 筛余从 2.1% 增加到 13.5%。同时，随矿渣微粉用量的增加，混合水泥中的细颗粒含量增加。另外，由于采用粗粉和微粉配料，拓宽了水泥的颗粒分布范围，均匀性指数从 1.11 下降到 0.93。

对混合水泥样品进行了水泥标准稠度用水量、净浆流动性（Marsh 时间）和力学性能等宏观性能进行了测试，测试结果见表 3.36。

从表 3.36 看出，在不同的颗粒群下，水泥表现出不同的性能。随着粗粉用量的增加，水泥的标准稠度用水量降低，水泥净浆流动性提高（Marsh 时间减小）。即使混合水泥中的微粉含量增加（ZS2、ZS12、ZS17），水泥的使用性能也优于原水泥（ZS1）。但如果仅提高微粉的量而不提高粗粉的量，水泥的使用性能恶化（见编号 ZS6、ZS11、ZS16、ZS21）。

在力学性能上，只掺加微粉的混合水泥（ZS6、ZS11、ZS16、ZS21）的强度，与原水泥相当，特别是 ZS11，从 3d 开始到 28d，其强度性能与原水泥保持绝对的一致（ZS11 中掺有 10% 的矿渣微粉）。就是 ZS6、ZS16、ZS21，由于掺加的矿粉量大，除造成 3d 强度比原水泥低外，7d、28d 也与原水泥保持一致。这充分体现了微粉的填充效应对水泥性能的作用。

对试验数据的正交试验分析见表 3.37、表 3.38、图 3.85 和图 3.86。

从表 3.37 和图 3.85 的结果看出，随着矿渣粗粉用量水平的提高，水泥的标准稠度用水量、浆体 Marsh 时间逐渐降低，水泥的使用性能得到改善。但同时，水泥强度也随粗粉用量的增加而基本线性下降。

从表 3.38 和图 3.86 的结果看出，随着矿渣微粉用量水平的提高，水泥的标准稠度用水量、浆体 Marsh 时间基本保持同一水平，没有太大变化。但水泥强度却随矿渣微粉用量的增加而提高。

结果表明，提高水泥中的粗颗粒含量是改善水泥使用性能的最有效途径，而提高水泥颗粒中的微细粉含量是提高水泥力学性能的最有效途径。

表 3.35 混合水泥的颗粒群参数

编号	配比（%）			筛余（%）			S m²/kg	累计筛余含量（%）及特征参数								
	矿渣粗粉	矿渣微粉	LLH水泥	80μm	45μm			3μm	8μm	16μm	32μm	45μm	80μm	n	X', μm	$X'n$
ZS1	0	0	100	0.0	2.1		383	87.37	67.40	44.57	16.32	5.97	0.00	1.11	18.60	20.58
ZS2	10	25	65	0.6	5.1		391	85.86	66.63	45.84	19.95	9.47	1.34	1.01	19.62	19.88
ZS3	20	10	70	0.9	7.8		351	87.85	70.52	51.17	25.06	13.48	2.68	1.01	22.98	23.20
ZS4	30	15	55	1.4	10.6		335	88.07	72.00	54.30	29.20	17.04	3.96	0.98	25.32	24.76
ZS5	40	20	40	1.9	13.4		319	88.29	73.43	57.33	33.23	20.50	5.19	0.95	27.75	26.45
ZS6	0	25	75	0.2	2.4		416	85.16	64.47	42.03	15.41	5.66	0.00	1.05	17.49	18.35
ZS7	10	10	80	0.5	5.0		374	87.17	68.38	47.37	20.53	9.68	1.35	1.05	20.38	21.30
ZS8	20	15	65	1.0	7.8		358	87.40	69.91	50.60	24.80	13.35	2.66	1.00	22.67	22.63
ZS9	30	20	50	1.5	10.6		342	87.64	71.40	53.74	28.94	16.91	3.93	0.97	24.99	24.14
ZS10	40	0	60	1.7	13.2		293	90.05	75.87	59.61	34.31	21.05	5.30	1.01	29.12	29.29
ZS11	0	10	90	0.1	2.2		396	86.47	66.21	43.53	15.95	5.85	0.00	1.08	18.15	19.64
ZS12	10	15	75	0.6	5.0		380	86.72	67.79	46.87	20.34	9.62	1.35	1.03	20.12	20.80
ZS13	20	20	60	1.0	7.9		364	86.97	69.32	50.08	24.58	13.25	2.65	0.99	22.39	22.10
ZS14	30	0	70	1.3	10.4		316	89.40	73.81	55.96	29.95	17.40	4.02	1.02	26.27	26.69
ZS15	40	25	35	1.9	13.5		326	87.86	72.84	56.78	32.97	20.37	5.17	0.94	27.43	25.82
ZS16	0	15	85	0.1	2.3		403	86.03	65.63	43.04	15.77	5.79	0.00	1.07	17.93	19.20
ZS17	10	20	70	0.6	5.1		387	86.28	67.20	46.33	20.12	9.52	1.34	1.02	19.85	20.31
ZS18	20	0	80	0.9	7.6		338	88.74	71.72	52.26	25.51	13.67	2.71	1.03	23.57	24.37
ZS19	30	25	45	1.5	10.7		348	87.21	70.82	53.22	28.73	16.82	3.92	0.95	24.69	23.58
ZS20	40	10	50	1.8	13.3		306	89.16	74.63	58.44	33.74	20.76	5.24	0.98	28.40	27.78
ZS21	0	20	80	0.2	2.3		409	85.59	65.05	42.53	15.59	5.72	0.00	1.06	17.71	18.77

续表

编号	配比（%）			筛余（%）		S m²/kg	累计筛余含量（%）及特征参数								
	矿渣粗粉	矿渣微粉	LLH水泥	80μm	45μm		3μm	8μm	16μm	32μm	45μm	80μm	n	X', μm	X'n
ZS22	10	0	90	0.4	4.9	361	88.06	69.59	48.46	20.98	9.87	1.37	1.07	20.93	22.35
ZS23	20	25	55	1.1	7.9	371	86.54	68.74	49.55	24.36	13.16	2.63	0.98	22.11	21.59
ZS24	30	10	60	1.4	10.5	329	88.51	72.58	54.82	29.42	17.14	3.97	0.99	25.60	25.34
ZS25	40	15	45	1.8	13.3	313	88.72	74.02	57.88	33.48	20.63	5.22	0.97	28.07	27.10

表 3.36　混合水泥的宏观性能

编号	标稠（%）	Marsh 时间（s）		抗压强度（MPa）		
		初始	60min	3d	7d	28d
ZS1	28.4	27.5	25.5	31.50	43.79	61.77
ZS2	27.9	25.5	20.5	25.11	38.04	63.67
ZS3	26.8	23.3	15.7	21.70	33.67	57.34
ZS4	26.3	19.3	13.5	17.47	30.17	56.30
ZS5	26.6	18.3	13.2	12.97	24.29	51.20
ZS6	28.7	27.5	25.9	28.30	42.60	64.47
ZS7	27.9	25.9	18.9	26.71	37.44	59.99
ZS8	27.4	21.6	16	20.58	33.08	60.81
ZS9	27.0	18.6	14.5	16.19	29.35	54.73
ZS10	26.5	19	15.8	16.21	25.69	47.91
ZS11	28.5	28.5	22	31.21	42.63	61.22
ZS12	27.9	25.5	19.7	26.14	38.67	59.66
ZS13	27.5	21.3	16	20.90	33.42	56.80
ZS14	26.6	19.6	13.3	19.64	29.25	50.30
ZS15	26.4	18.6	14.4	11.84	23.72	45.72
ZS16	28.5	30.9	24.8	28.17	40.19	60.33
ZS17	27.5	26.7	21.8	24.29	38.47	58.37
ZS18	26.6	22.3	15.3	23.00	32.83	52.34
ZS19	26.5	21	15.8	15.56	27.06	51.39
ZS20	26.0	20.4	17.5	14.59	24.03	48.02
ZS21	27.9	31.1	26.3	28.94	41.68	61.94
ZS22	27.3	25.1	20.3	27.70	39.09	56.30
ZS23	26.7	23.8	17.5	19.46	32.23	54.39
ZS24	26.2	20.4	14.2	17.56	27.73	50.59
ZS25	26.0	19.6	14.5	12.86	23.84	48.68

表 3.37 粗粉用量对水泥性能的影响

粗粉水平	性　能					
(%)	标稠 (%)	初始	60min	3d 抗压	7d 抗压	28d 抗压
0	141.9	145.5	124.5	166.5	229.4	328.1
10	138.3	128.7	101.2	166.0	227.7	334.0
20	135.0	112.3	80.5	156.6	216.2	332.7
30	132.6	99.1	71.3	152.4	209.6	329.3
40	131.5	95.9	75.4	149.5	202.6	322.5

表 3.38 微粉用量对水泥性能的影响

微粉水平	性　能					
(%)	标稠 (%)	初始	60min	3d 抗压	7d 抗压	28d 抗压
0	135.4	113.5	90.2	148.1	200.7	298.6
10	135.4	118.7	88.3	156.8	210.5	322.2
15	136.0	116.9	88.5	155.1	216.0	335.7
20	136.5	116.0	91.8	163.3	227.2	343.0
25	136.1	116.4	94.1	167.8	231.2	347.1

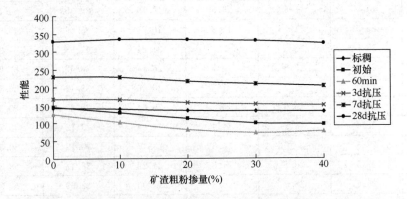

图 3.85　矿渣粗粉用量水平对水泥性能的影响

3.4.2.5　不同粒级颗粒群含量对水泥使用性能的作用及贡献

图 3.87 为标准稠度用水量与不同粒级颗粒群累计筛余的关系。表 3.38 为标准稠度用水量与不同粒级颗粒群累计筛余的回归方程以及相关性系数。

从表 3.39 可以看出，标准稠度用水量与不同粒级颗粒群累计筛余具有良好的相关性，即水泥标准稠度用水量随各粒级颗粒群筛余的增大而降低；反过来，

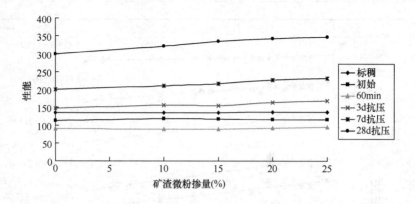

图 3.86 矿渣微粉用量水平对水泥性能的影响

即随各粒级颗粒群含量的增大而增大。按照相关性系数的大小，与标准稠度用水量最为相关的粒级颗粒群顺序为：$32\mu m$、$45\mu m$、$16\mu m$、$80\mu m$、$8\mu m$、$3\mu m$。但影响幅度最大的为 $3\mu m$ 粒级颗粒群，$3\mu m$ 筛余每增加 1%，标准稠度降低 0.87%；其次为 $80\mu m$ 粒级颗粒群，$80\mu m$ 筛余每增加 1%，标准稠度降低 0.48%。

图 3.88 为初始 Marsh 时间与不同粒级颗粒群累计筛余的关系。表 3.40 为初始 Marsh 时间与不同粒级颗粒群累计筛余的回归方程以及相关性系数。

从表 3.40 可以看出，初始 Marsh 时间与不同粒级颗粒群累计筛余具有良好的相关性，即初始 Marsh 时间随各粒级颗粒群筛余的增大而降低，水泥浆体的流动性提高；反过来，即初始 Marsh 时间随各粒级颗粒群含量的增大而增大，水泥浆体的流动性下降。

按照相关性系数的大小，与初始 Marsh 时间最为相关的粒级颗粒群顺序为：$32\mu m$、$80\mu m$、$16\mu m$、$45\mu m$、$8\mu m$、$3\mu m$。但影响幅度最大的为 $3\mu m$ 粒级颗粒群，$3\mu m$ 筛余每增加 1%，初始 Marsh 时间降低 4.16s；其次为 $80\mu m$ 粒级颗粒群，$80\mu m$ 筛余每增加 1%，初始 Marsh 时间降低 2.21s。

表 3.39 标准稠度用水量与不同粒级颗粒群累计筛余的回归方程以及相关性系数

x（各粒级筛余）	y（标准稠度用水量）	R（相关性系数）
$3\mu m$	$y = -0.87x + 103.32$	0.7745
$8\mu m$	$y = -0.29x + 47.5$	0.8986
$16\mu m$	$y = -0.1668x + 35.62$	0.9216
$32\mu m$	$y = -0.1413x + 30.67$	0.9240
$45\mu m$	$y = -0.1691x + 29.42$	0.9227
$80\mu m$	$y = -0.4821x + 28.44$	0.9214

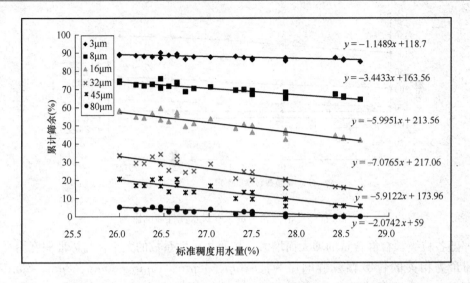

图 3.87 标准稠度用水量与不同粒级颗粒群累计筛余的关系

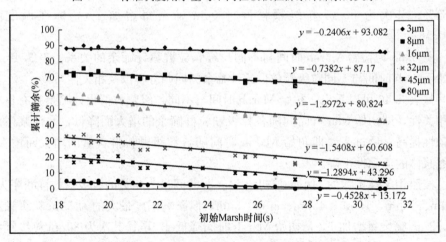

图 3.88 初始 Marsh 时间与不同粒级颗粒群累计筛余的关系

表 3.40 初始 Marsh 时间与不同粒级颗粒群累计筛余的回归方程以及相关性系数

x（各粒级筛余）	y（初始 marsh 时间）	R（相关性系数）
$3\mu m$	$y = -4.156x + 386.87$	0.7629
$8\mu m$	$y = -1.355x + 118.08$	0.906
$16\mu m$	$y = -0.771x + 62.31$	0.9378
$32\mu m$	$y = -0.649x + 39.34$	0.9461
$45\mu m$	$y = -0.7756x + 33.58$	0.8975
$80\mu m$	$y = -2.208x + 29.09$	0.946

3.4.2.6 拓宽水泥颗粒分布对水泥性能的影响

本部研究包含两部分：第一部分为模拟矿渣粉的生产，利用不同颗粒组成的矿粉配制不同参数的混合水泥样品，混合水泥的配比及颗粒参数见表3.41，混合水泥性能见表3.42，其中水泥为普通42.5水泥；第二部分为模拟矿渣水泥的生产，制备成比表面积相同、颗粒分布不同的水泥样品，矿渣水泥的配比见表3.43，水泥的性能见表3.44。其中矿渣水泥的组分为矿渣38%、石灰石12%。

表3.41 混合水泥的配比及参数

| 编号 | 混合水泥配比（%） | | | | 颗粒分布（%） | | | | | | 均匀性系数（n） | 特征粒径（X'）μm |
	矿渣粗粉	矿粉产品	矿渣微粉	普通水泥	3μm	8μm	16μm	32μm	46.1μm	80μm		
KF0	0	50	0	50	91.23	74.69	49.50	17.37	5.66	0.03	1.3408	19.45
KF1	5.0	38.6	6.4	50	90.14	73.33	49.55	19.03	7.43	0.64	1.1887	20.85
KF2	10.0	27.2	12.8	50	89.06	71.98	49.59	20.69	9.21	1.26	1.1116	21.36
KF3	15.0	15.9	19.1	50	87.97	70.62	49.64	22.36	10.98	1.88	1.0478	21.75
KF4	20.0	4.5	25.5	50	86.89	69.27	49.69	24.02	12.75	2.50	0.9914	22.11
KF5	5.0	20.4	24.6	50	87.24	68.70	48.03	18.03	7.34	0.63	1.0985	19.18
KF6	10.0	18.1	21.9	50	87.61	69.66	47.84	20.19	9.16	1.26	1.0675	20.50
KF7	20.0	13.6	16.4	50	88.34	71.59	51.44	24.52	12.80	2.50	1.0338	23.00
KF8	15.0	—	35.0	50	85.45	66.59	46.58	21.49	10.90	1.87	0.9785	20.25
KF9	20.0	—	30.0	50	86.17	68.13	48.82	23.77	12.73	2.50	0.9720	21.67
KF10	22.5	—	27.5	50	86.53	68.90	49.94	24.91	13.64	2.81	0.9704	22.42
KF11	25.0	—	25.0	50	86.90	69.67	51.06	26.06	14.56	3.12	0.9698	23.13
KF12	25.0	—	25.0	50	84.89	70.64	55.61	30.65	17.84	3.49	0.9092	24.74

表3.42 混合水泥的性能

| 编号 | 标准稠度用水量（%） | Marsh 时间（s） | | 抗压强度（MPa） | | |
		初始	60min	3d	7d	28d
KF0	29.80	39.7	29.7	16.93	28.15	55.26
KF1	—	—	—	17.13	29.78	56.86
KF2	—	—	—	18.18	30.15	59.27
KF3	29.00	29.8	22.3	17.17	29.48	56.80
KF4	28.20	26.8	20.4	18.01	31.28	56.67
KF5	28.60	35.2	27.3	19.25	32.43	63.32
KF6	28.60	31.4	25.8	18.88	32.85	60.68
KF7	—	—	—	17.20	29.32	56.79

续表

编号	标准稠度用水量（%）	Marsh 时间（s）		抗压强度（MPa）		
		初始	60min	3d	7d	28d
KF8	28.00	31	24	20.30	34.56	59.64
KF9	27.80	28	20	17.87	30.58	58.37
KF10	—	—	—	17.62	30.36	56.49
KF11	—	—	—	16.54	27.71	53.81
KF12	—	—	—	21.87	36.17	55.43

表 3.43 矿渣水泥参数

编号	比表面积（m²/kg）	筛余（%）		颗粒分布（%）						均匀性系数
		45μm	80μm	3μm	8μm	16μm	32μm	46.1μm	80μm	
S1	336	12.9	1.7	88.28	79.13	59.24	30.47	15.42	0.77	1.2885
S2	336	19.5	9.77	86.49	79.66	63.74	39.26	26.50	11.96	0.9824
S4	336	19.8	8.9	87.13	80.26	64.12	40.19	27.15	11.52	0.9988
S8	336	17.4	6.8	87.19	79.57	62.31	36.39	22.85	8.23	1.0471
S9	336	16.6	5.54	87.62	79.70	61.83	35.67	21.70	6.53	1.0831

　　混合水泥性能与均匀性指数的关系如图 3.89～图 3.91 所示，矿渣水泥抗压强度与均匀性指数的关系如图 3.92 所示。

表 3.44 矿渣水泥性能

编号	抗压强度（MPa）		
	3d	7d	28d
S1	14.36	24.07	43.94
S2	16.66	28.14	46.11
S4	15.40	26.03	45.51
S8	14.79	25.76	45.80
S9	13.60	24.36	45.51

　　从图 3.89 看出，混合水泥的标准稠度用水量与均匀性指数呈近似的线性关系，均匀性指数越小（即颗粒分布越宽），水泥的标准稠度用水量也越小。

　　从图 3.90 看出，混合水泥的 Marsh 时间与均匀性指数也呈近似的线性关系，均匀性指数越小，水泥浆体的 Marsh 时间越短，流动性能提高。

　　从图 3.91 看出，混合水泥的抗压强度与均匀性指数呈线性关系，均匀性指数越小，水泥的抗压强度越高，以 3d、7d 抗压强度最为显著。

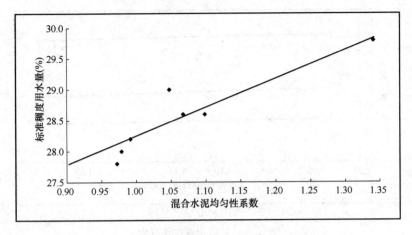

图 3.89　混合水泥标准稠度用水量与均匀性指数的关系

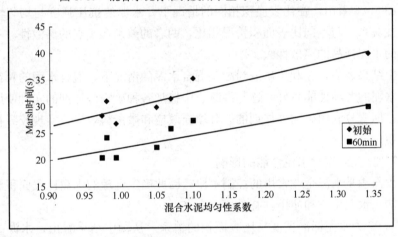

图 3.90　混合水泥浆体 Marsh 时间与均匀性指数的关系

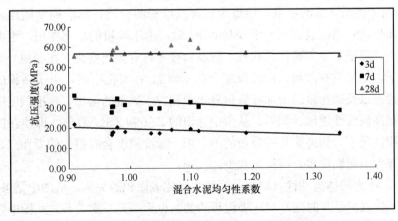

图 3.91　混合水泥抗压强度与均匀性指数的关系

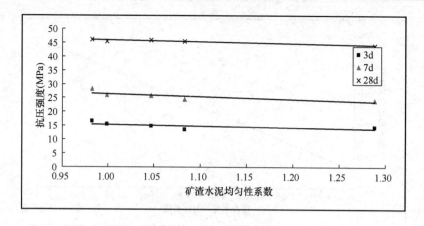

图 3.92　矿渣水泥抗压强度

从图 3.92 看出，在比表面积相同的情况下，水泥的抗压强度与均匀性指数也呈线性关系。与不同比表面积情况相比，两者的差别在于点的离散性。不同比表面积的水泥样品的离散性大。

以上结果表明，在利用矿渣粉配制混合水泥的情况下，混合水泥的颗粒分布越宽，水泥的各项性能越好，这与混凝土中掺加各种矿物外加剂的实际使用效果相一致。即充分利用矿物外加剂的微分填充效应和微集料效应，实现胶凝材料的紧密堆积。

3.4.2.7　比表面积对水泥性能的影响

比表面积是水泥企业常用的控制手段，因此确定合理的水泥比表面积对调整水泥性能、水泥生产和使用具有重要的意义。

图 3.93 为水泥标准稠度与比表面积的关系。从图中结果看出，水泥标准稠度与比表面积为一元三次关系。此关系具有两个拐点：当比表面积小于 $310m^2/kg$ 时，由于微粉含量的不足，导致水泥颗粒堆积的松散，标准稠度随比表面积的降低而提高；当比表面积大于 $390m^2/kg$ 时，由于微粉的填充作用，水泥颗粒堆积紧密，降低了堆积粉体的孔隙，标准稠度不再有大的变化（在颗粒分布合理的情况下，如果只有微粉，标准稠度会急剧增加）；而在中间，由于微粉的填充效果不理想以及微粉量的增加导致包裹水泥颗粒水膜量的增加，标准稠度随比表面积的提高而线性增加。同时，从图中标识的 ZS1 和 ZS17 看出，即使在同样的比表面积情况下，如果颗粒群分布的不合理，标准稠度会有很大的差距（ZS1 的颗粒分布为中间颗粒多，两头颗粒少）。

图 3.94 为浆体流动性（Marsh 时间）与比表面积的关系。从图中结果看出，浆体流动性（Marsh 时间）与比表面积的关系也为一元三次关系。从图中数据点的分布来看，两个拐点的横坐标分别为 $320m^2/kg$ 和 $430m^2/kg$。

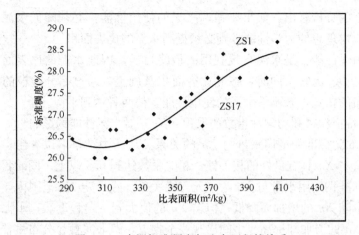

图 3.93　水泥标准稠度与比表面积的关系

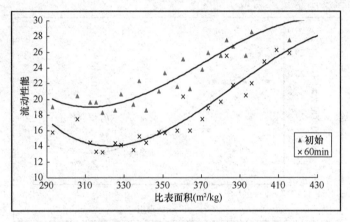

图 3.94　浆体流动性（Marsh 时间）与比表面积的关系

图 3.95 为水泥抗压强度与比表面积的关系。从图中结果看出，水泥抗压强度随比表面积的提高而线性提高。

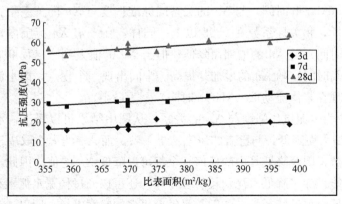

图 3.95　水泥抗压强度与比表面积的关系

从上面的分析看出，如果要强调水泥的使用性能，必须降低水泥的比表面积；而要获得理想的力学性能，则必须提高水泥的比表面积。

提高力学性能，是水泥高效利用的最终目的，因此水泥的比表面积控制在 $380\sim400\text{m}^2/\text{kg}$ 为宜。同时，在此比表面积基础上，通过部分颗粒的粗大化以及颗粒分布的拓宽，来调整水泥的使用性能，使两者达到平衡。

3.4.2.8 特征粒径和均匀性指数的乘积（$\overline{X}n$）对水泥性能的影响

图 3.96 为标准稠度用水量与 $\overline{X}n$ 的关系。从图中结果可以看出，水泥标准稠度用水量与 $\overline{X}n$ 具有良好的相关性，相关系数达到 0.9 以上。同时，也可以看出，水泥标准稠度用水量与 $\overline{X}n$ 为一元三次关系。在一定 $\overline{X}n$ 范围内，水泥标准稠度用水量随 $\overline{X}n$ 的增加而降低；但当 $\overline{X}n$ 的值大到一定程度后，水泥标准稠度用水量随 $\overline{X}n$ 的增加却提高。中间出现一个拐点，即水泥颗粒分布最佳点，体现在水泥标准稠度用水量上为最小。

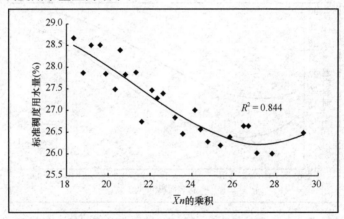

图 3.96　标准稠度用水量与 $\overline{X}n$ 的关系

图 3.97 为浆体流动性（Marsh 时间）与 $\overline{X}n$ 的关系。从图中结果可以看出，浆体流动性（Marsh 时间）与 $\overline{X}n$ 的关系同标准稠度与 $\overline{X}n$ 的关系一致，且具有良好的相关性，相关性系数在 0.93 以上。同样，在一定 $\overline{X}n$ 范围内，浆体流动性（Marsh 时间）随 $\overline{X}n$ 的增加而降低；但当 $\overline{X}n$ 的值大到一定程度后，浆体流动性（Marsh 时间）随 $\overline{X}n$ 的增加却提高。中间出现一个拐点，即水泥颗粒分布最佳点，体现在浆体流动性（Marsh 时间）上为最小。

图 3.98 为水泥抗压强度与 $\overline{X}n$ 的关系。从图中结果可以看出，水泥抗压强度随 $\overline{X}n$ 的增大而降低，与已有的研究结果一致。而 $\overline{X}n$ 的大小取决于特征粒径和均匀性指数，因此降低其中的任何一个都可以降低 $\overline{X}n$ 的值。因此，要提高水泥的力学性能，除了降低水泥颗粒的粒径外，还可以通过拓宽水泥颗粒的分布来实现。而降低水泥的特征粒径，则需要付出更多的粉磨电耗，所以通过降低水泥

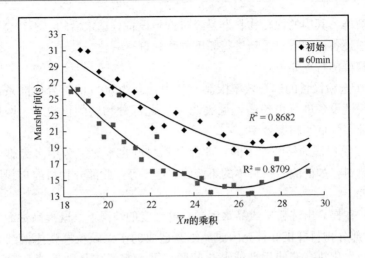

图 3.97　浆体流动性（Marsh 时间）与 $\overline{X}n$ 的关系

颗粒分布的均匀性指数则是一条经济有效的途径。

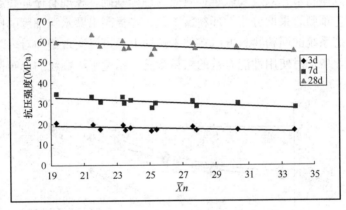

图 3.98　水泥抗压强度与 $\overline{X}n$ 的关系

　　从使用性能来看，获得良好使用性能的 $\overline{X}n$ 为 27；而从力学性能来看，$\overline{X}n$ 越小力学性能越好。

　　从使用性能随 $\overline{X}n$ 增加降低的幅度以及综合粉磨电耗来看，建议 $\overline{X}n$ 控制在 22～24 左右。

3.4.2.9　分流循环粉磨工艺的提出及预期效果

　　根据前面的研究，拓宽水泥的颗粒分布，能够有效地改善水泥的性能；而现有闭路粉磨工艺磨制水泥的颗粒分布却相反，不利于水泥性能的发挥。对于此种现状，在现有的闭路粉磨工艺条件下，通过采取预粉磨、改进磨机结构、调整研磨体、使用助磨剂等技术措施，不能在根本上解决此问题。

　　而在现有的闭路粉磨系统中，经过选粉设备存在两种物料群，即成品物料群和回粉物料群。其中的回粉物料群是经过选粉设备分选之后的、不符合要求的粗粉，经输送设备回到磨机重新进行粉磨的物料群。

此物料群的特点如下：

1. 由于选粉设备的选粉效率限制，其中含有约50％的符合标准条件的物料重新回到粉磨设备进行再粉磨，见表3.45。此部分物料的再粉磨，增加了粉磨设备的负荷，降低了粉磨效率。

2. 由于物料群的易磨性不同，此部分物料群在水泥组分中多为难以粉磨和活性低的物料，如矿渣、熟料中的不溶物、C_2S等。此部分物料的再粉磨，增加了粉磨电耗。

同时，在提高出选粉机成品水泥颗粒群细度的情况下（既提高水泥中的细粉含量），此部分物料群正好补充因成品细磨造成的水泥颗粒群整体偏细而出现的需水量大、水化热高等使用性能恶化问题，平衡水泥成品的性能和粉磨电耗等问题。

因此，以微粉填充效应和微集料效应为理论基础，在现有循环粉磨工艺的基础上进行工艺革新，采取分流循环粉磨工艺，在提高出磨水泥细度的同时，部分利用循环粉磨系统的回粉物料群。在技术预期上，可以实现增加对力学性能有益的微粉含量，增加对使用性能有益的粗粉含量，拓宽水泥颗粒的分布范围，预期效果如图3.99所示。

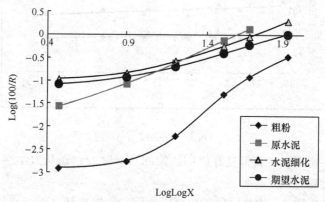

图3.99　预期技术效果图

采用分流循环粉磨工艺，可以达到如下预期技术经济效果：

1. 降低了粉磨装备的负荷，提高了物料的粉磨效率。

2. 减少了部分难磨和活性较低物料的粉磨电耗，并作为微集料进入水泥成品。

3. 提高了易磨和活性物料的研磨几率，提高了水泥产品的整体活性。

4. 优化了水泥的颗粒组成，改善了水泥性能。

5. 在控制水泥产品细度相同的情况下，有望提高水泥强度 3MPa 以上，可以多利用工业废渣 6％以上；在控制水泥强度相同的情况下，有望提高磨机产量 5％～10％。

3.4.2.10　循环分流工艺对粉磨电耗影响的模拟试验分析

按现在水泥生产实际情况，以复合水泥为研究样本，采用复掺混合材技术，进行配料。除了熟料和石膏外，选择难磨的矿渣、易磨的石灰石以及居中的粉煤灰配料。配料方案如下：

PC 水泥：矿渣 10％、粉煤灰 10％、石灰石 10％、石膏 5％、熟料 65％。

PI 水泥：熟料 95％、石膏 5％。

为了避免入磨物料粒度的影响，熟料破碎至 3mm 以下，并用 0.9mm 的筛子筛除粉状物料。

模拟循环分流工艺，应该将初步粉磨的物料过 $45\mu m$ 筛除细粉，留下难磨的粗粉和继续粉磨的物料混合，形成最终的水泥样品。但在试验室中这样做，会增加很大的工作难度，一是无法保证筛上和筛下无损失，从而保证物料的一致性；第二时间过长，会造成物料吸水潮解，影响试验结果。因此，只能近似模拟物料分流后，由于磨内物料负荷的减少和部分难磨物料去除后对粉磨电耗的影响。

按照上述配料，粉磨 5kg 物料 15min，取出 1kg，余回磨继续粉磨至若干分钟停磨（具体见表 3.45），将两种物料混合均匀，测定筛余和比表面积以及强度。

表 3.45　循环分流模拟效果

编号	筛余（%）		比表面积 (m²/kg)	抗压强度（MPa）			粉磨制度	相对施加能量（%）
	$45\mu m$	$80\mu m$		1d	3d	28d		
PC0	6	0.6	410	5.03	17.75	44.59	5kg，粉磨 45min	100.00
PC1	12	3.2	386	4.48	16.69	42.8	5kg，粉磨 15min 后，取出 1kg 粗粉，余回磨继续粉磨至 25 min	77.78
PI0	9.1	1.5	402	11.52	28.49	55.26	5kg，粉磨 45min	100.00
PI1	13.3	4.2	384	11.21	28.05	53.1	5kg，粉磨 15min 后，取出 1kg 粗粉，余回磨继续粉磨至 30min	86.67
备注	1. PC 水泥配料：矿渣 10％、粉煤灰 10％、石灰石 10％、石膏 5％、熟料 65％ 2. PI 水泥配料：熟料 95％、石膏 5％							

试验结果见表 3.45。其中施加能量是指样品质量与受粉磨时间的乘积，而相对施加能量是以空白样品为 100％，模拟样品的相对施加能量是不同粉磨时间

的物料加权平均与空白施加能量的相对比值。

对于 PC 水泥而言，模拟工艺制备水泥样品的细度与模拟前制备水泥样品的细度相比，$45\mu m$、$80\mu m$ 增加，分别相对增加 100% 和 433%；比表面积下降，相对下降 5.85%；而相对施加能量减少 22.22%；水泥胶砂抗压强度 1d、3d、28d 分别下降 10.9%、5.97% 和 4.01%。

对于 PI 水泥而言，模拟工艺制备水泥样品的细度与模拟前制备水泥样品的细度相比，$45\mu m$、$80\mu m$ 增加，分别相对增加 46.2% 和 180%；比表面积下降，相对下降 4.48%；而相对施加能量减少 13.33%；水泥胶砂抗压强度 1d、3d、28d 分别下降 2.69%、1.54% 和 3.91%。

3.5 酰胺多胺聚羧酸水泥助磨剂的制备和性能研究

3.5.1 酰胺多胺聚羧酸水泥助磨剂的制备及表征

通过增加常规聚羧酸中起重要助磨作用的化学基团个数，采用加入酰胺多胺类化合物，与常规聚羧酸的原料进行自由基聚合，从而改进助磨剂化学结构，达到提高粉磨效率的目的。制备方法为：将原料马来酸酐、丙烯酰胺、丙烯酸、烯丙基醚加入到合成反应器中，升温使马来酸酐溶解；按 $0.5\sim2ml/min$ 速率滴加引发剂过硫酸铵水溶液，开始滴加引发剂的同时，将油浴升温至 $60\sim150℃$，反应 $2\sim8h$，冷却至室温，再用 NaOH 水溶液调节 pH 值为 $7\sim8$。酰胺多胺聚羧酸系高分子水泥助磨剂，其分子结构通式如图 3.100 所示，对合成产品进行红外表征如图 3.101 所示。

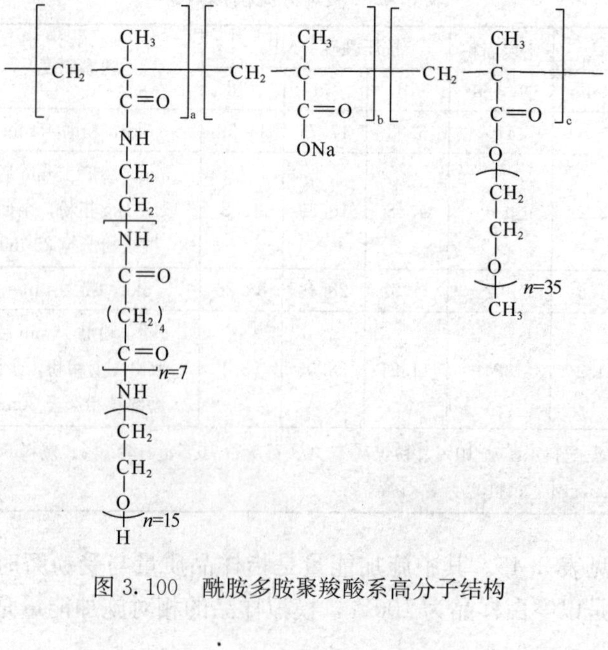

图 3.100　酰胺多胺聚羧酸系高分子结构

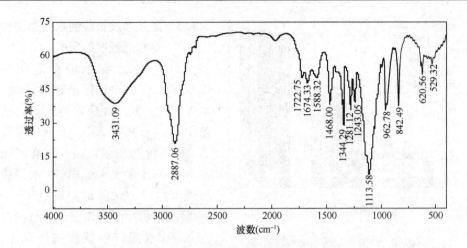

图 3.101 酰胺多胺聚羧酸系高分子红外光谱图

3.5.2 酰胺多胺聚羧酸水泥助磨剂对水泥粉磨的影响

我们通过研究探索，得到 Z1～Z4 四种不同原料组分配比（摩尔比）合成出的酰胺多胺聚羧酸系高分子助磨剂，其粉磨效果的检测条件为：水泥粉磨采用 $\Phi500mm\times500mm$ 标准试验小磨；水泥配比：某水泥厂熟料 95%，天然二水石膏 5%；粉磨质量 3kg；粉磨时间 10min。采用 Microtra 激光粒度分析仪，对粉磨后水泥进行颗粒分布测试，结果表明采用 Z1～Z4 型助磨剂，普遍提高了 3～30μm，<80μm 的粒径含量，表现出较好的粉磨效果，见表 3.46。

表 3.46 掺加酰胺多胺聚羧酸盐助磨剂水泥粒度分布情况

助磨剂	掺量（%）	<1μm	1～3μm	3～30μm	30～80μm	>80μm
空白	0	1.47	7.55	58.79	27.03	5.16
Z1	0.03	2.30	10.33	59.37	24.80	3.20
Z2	0.03	1.64	7.40	63.63	23.13	4.10
Z3	0.03	0.57	4.91	61.07	26.27	7.10
Z4	0.03	2.63	10.06	55.26	26.22	5.83

采用相同的水泥配比，分别加入 4 种 0.03% 掺量的酰胺多胺聚羧酸助磨剂，分别粉磨 15min，20min，30min，检测空白和加入助磨剂后的水泥样品比表面积，比较高分子聚羧酸的助磨性能，检测结果如图 3.102 所示：

结果表明，加入助磨剂，粉磨 15min 和 20min 后，比表面积最大可增加 27～29g/cm³，但是当粉磨时间到达 30min，水泥有过粉磨现象，助磨剂的助磨效果大大降低。

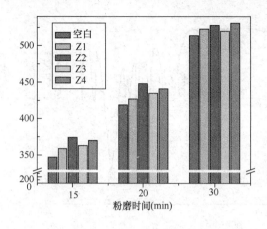

图 3.102　高分子聚羧酸助磨性能图

3.5.3　酰胺多胺聚羧酸水泥助磨剂对水泥强度的影响

Z1～Z4 水泥助磨剂应用在 Φ500mm×500mm 标准试验小磨，水泥配比：某水泥厂熟料 80%，矿渣 10%，石灰石 5%，天然二水石膏 5%；粉磨质量 5kg；粉磨时间 20min；GB/T 17671—1999 水泥胶砂强度检验方法测试。采用 TYA-300B 型微机控制恒加载试验机测试 3d，28d 水泥胶砂抗折抗压强度，结果表明采用 Z1～Z4 型助磨剂对水泥早、后期强度均有普遍增强效果，见表 3.47。

表 3.47　掺加酰胺多胺聚羧酸盐助磨剂水泥强度的试验结果

助磨剂	掺量（%）	3d 抗折强度（MPa）	3d 抗压强度（MPa）	28d 抗折强度（MPa）	28d 抗压强度（MPa）
空白	0	3.7	18.3	6.0	37.8
Z1	0.03	3.8	18.9	6.2	38.2
Z2	0.03	3.9	19.5	6.0	38.3
Z3	0.03	4.0	19.4	6.4	36.6
Z4	0.03	4.0	21.4	6.6	38.7

3.5.4　三乙醇胺和三异丙醇胺对水泥粉磨效率和水化性能的影响

作为常用的水泥助磨剂组成，我们对三乙醇胺和三异丙醇胺进行了以下的研究，进一步揭示 TEA 及 TIPA 对硅酸盐水泥粉磨动力学的影响效果及对硅酸盐水泥水化进程的影响，为高分子复合助磨剂的研究提供一定的理论参考依据。

（1）研究 TEA 及 TIPA 对硅酸盐水泥粉磨动力学的影响包括比表面积和颗粒分布；

（2）研究 TEA 及 TIPA 单体对硅酸盐水泥水化和性能的影响，主要包括强度、水化放热进程等。

3.5.4.1　TEA 和 TIPA 对水泥粉磨效率的影响

选取 TEA 和 TIPA 的掺量为 0、0.03%、0.06%、0.09% 进行粉磨试验，粉磨时间从 20min 到 60min，每隔 5min 取一次样。对所有试样进行比表面积及颗粒分布测试，研究两者对硅酸盐水泥粉磨动力学的影响效果，同时对不同掺量的粉磨能耗进行了比较。水泥比表面积的检测结果如图 3.103 和 3.104 所示，当

TEA 掺量为 0.09% 时，比表面积随粉磨时间增加最显著；在较低掺量下，TI-PA 能够加速水泥比表面积的提高，而较高掺量的 TIPA 不利于水泥比表面积的提高速率。粒度分布检测结果如图 3.105 和图 3.106 所示，TEA 和 TIPA 能够显著改善水泥的粒径分布，提高水泥的比表面积和对水泥强度发展起决定作用的 $3\sim32\mu m$ 区间的颗粒含量，并通过这种方式提高粉磨效率，减少粉磨时间，进而降低粉磨能耗。

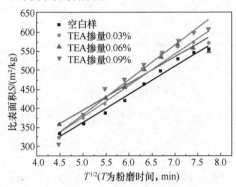

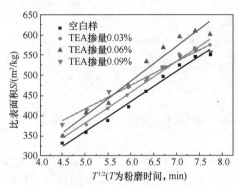

图 3.103　掺 TEA 粉磨的水泥的比表面积与粉磨时间的关系　　　　图 3.104　掺 TIPA 粉磨的水泥的比表面积与粉磨时间的关系

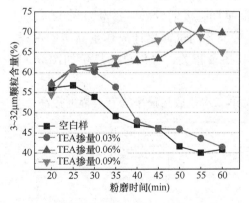

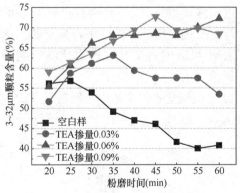

图 3.105　粉磨时间、助磨剂掺量和分布在 $3\sim32\mu m$ 区间的颗粒含量的关系　　　图 3.106　粉磨时间、助磨剂掺量和分布在 $3\sim32\mu m$ 区间的颗粒含量的关系

3.5.4.2　TEA 和 TIPA 对水泥强度的影响

选取 TEA 和 TIPA 的掺量为 0、0.02%、0.04%、0.06%、0.08%，石灰石掺量为 0、5%、10%、15%、20%，对三者进行正交试验，研究两种单体助磨剂对硅酸盐水泥水化及性能的影响。不同掺量的 TEA 和 TIPA 对水泥强度的影响结果如图 3.107 和图 3.108 所示，从结果可以看出，掺加 0.02%TEA 可增

强水泥早期强度,对后期强度基本没有贡献。掺加 0.04%TIPA 对水泥早后期均有显著增强效果。

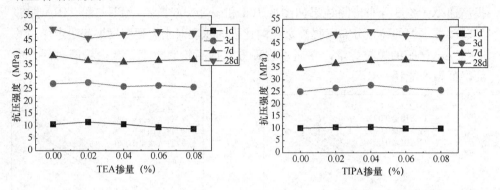

图 3.107　不同掺量 TEA 对水泥强度的影响　　图 3.108　不同掺量 TIPA 对水泥强度的影响

3.5.4.3　TEA 和 TIPA 对水泥水化的影响

硅酸盐水泥中加入不同掺量 TEA,第二水化放热速率峰均有一定幅度增加,对 C_3S 的水化有促进作用,水化放热速率如图 3.109 所示;在水化开始的前 6h,各掺量的 TEA 均使累计放热量有所增加,而且在前 12h,掺量为 0.08% 的 TEA 的试样累计放热量都明显高于其他试样,说明掺量为 0.08% 的 TEA 能够显著促进铝酸盐相的水化,进而促进硅酸盐水泥早期强度的发展,掺量为 0.02% 的试样总放热量与空白样持平,只有掺量为 0.08% 的试样累计放热量高于空白样,表明 TEA 对硅酸盐水泥水化的影响跟其掺量相关,水化总放热量如图 3.110 所示。

硅酸盐水泥中加入不同掺量 TIPA,第二水化放热速率峰有大幅度提高,对

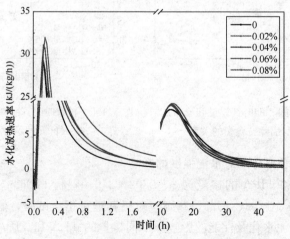

图 3.109　不同掺量 TEA 对水化放热速率的影响

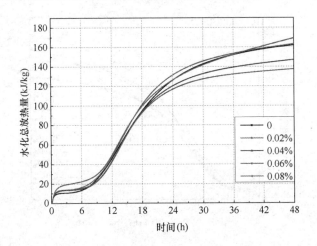

图 3.110 不同掺量 TEA 对水化总放热量的影响

C_3S 的水化有促进作用，有两个加速期，表明二次生成钙矾石，使水泥早期强度提高，水化放热速率如图 3.111 所示；水化总放热量呈现随 TIPA 掺量增加而提高的规律，加入 TIPA 使水泥强度增加，水化总放热量如图 3.112 所示。以上水化放热结果与检测的水泥强度发展相一致。

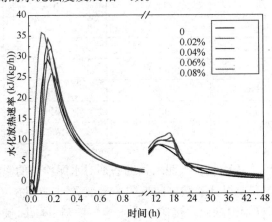

图 3.111 不同掺量 TIPA 对水化放热速率的影响

3.5.5 酰胺多胺聚羧酸复合水泥增强助磨剂的制备和性能研究

3.5.5.1 酰胺多胺聚羧酸复合水泥增强助磨剂配比

由于酰胺多胺聚羧酸不饱和单体原料化学结构的限制，表面活性基团难以达到多元互补，抑制了其综合性能的显著提高，我们采用酰胺多胺聚羧酸为母液，复配加入增强和助磨效果优良的三乙醇胺和三异丙醇胺，以提高助磨剂的综合性能。酰胺多胺聚羧酸复合水泥增强助磨剂具有无毒，无氯，无腐蚀性，不影响水

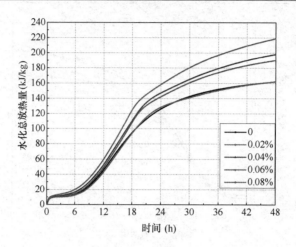

图 3.112 不同掺量 TIPA 对水化总放热量的影响

泥凝结时间，与其他水泥混凝土助剂相容性好，增强和助磨性能优异，高效环保低成本等优点。表 3.48 为酰胺多胺聚羧酸复合水泥增强助磨剂配比。

表 3.48 酰胺多胺聚羧酸复合水泥增强助磨剂配比

型号	Z4	TEA	TIPA	水
AC1	50.9%	10%	0	29.1%
AC2	14.54%	0	30%	55.46%
AC3	50.9%	0	20%	29.1%
AC4	87.3%	0	10%	2.7%
AC5	14.54%	10%	20%	55.46%
AC6	50.9%	10%	10%	29.1%

3.5.5.2 酰胺多胺聚羧酸复合水泥增强助磨剂对水泥粉磨的影响

将 AC1～AC6 和单组分酰胺多胺聚羧酸母液 Z4，应用在 $\Phi500mm\times500mm$ 标准试验小磨，同样水泥配比：浏阳南方水泥厂熟料 95%，天然二水石膏 5%；粉磨质量 5kg；粉磨时间 25min。掺加 AC1～AC6 水泥增强助磨剂和单组分酰胺多胺聚羧酸母液 Z4（掺加助磨剂的固含量百分比相同），对水泥粒度的影响分布情况见表 3.49。结果表明，单组分 Z4 水泥助磨剂增加了 3～32μm 颗粒 5.01%，减少大于 80μm 颗粒 1.68%。AC1～AC6 增强助磨剂增加了 3～32μm 颗粒 6.3%～10.8%，减少大于 80μm 颗粒 1.47%～5.12%，从数据分析，复合助磨剂的助磨性能优与单组分酰胺多胺聚羧酸。空白样品没有被磨细，特征粒径偏大，水泥中粗颗粒较多，水泥颗粒分布较宽；AC1～AC4 号样品的水泥颗粒分布合理，3～32μm 颗粒含量理想。AC5 和 AC6 号水泥样品有轻微过粉磨现象。

表 3.49　酰胺多胺聚羧酸复合水泥增强助磨剂助磨对水泥粒度分布的影响

助磨	掺量	<3	<10	3~32μm	<45	>65	>80	特征
空白	0	2.70	14.99	59.57	77.07	11.39	6.87	33.28
Z4	0.125	2.43	15.36	64.58	80.92	9.25	5.19	29.63
AC1	0.1	2.75	16.29	65.88	83.14	7.17	4.12	29.21
AC2	0.1	3.25	19.32	69.31	85.11	8.96	5.40	28.58
AC3	0.1	2.44	16.02	69.06	85.89	5.72	3.19	27.41
AC4	0.1	2.01	14.66	67.64	85.06	6.62	4.25	29.13
AC5	0.1	1.92	15.12	68.59	89.75	4.63	2.34	25.59
AC6	0.1	1.66	16.15	70.39	90.68	3.34	1.75	24.81

3.5.5.3　酰胺多胺聚羧酸复合水泥增强助磨剂对水泥粉磨的影响

将水泥助磨剂 AC1～AC4 和单组分酰胺多胺聚羧酸母液 Z4，应用在 Φ500mm×500mm 标准试验小磨，水泥配比：浏阳南方水泥厂熟料 80%，矿渣 10%，石灰石 5%，天然二水石膏 5%；粉磨质量 5kg；粉磨时间 25min；GB/T 17671—1999 水泥胶砂强度检验方法测试，采用 TYA—300B 型微机控制恒加载试验机测试 3d，28d 水泥胶砂抗折抗压强度，测试结果如图 3.113 所示。结果表明采用单组分酰胺多胺聚羧酸母液 Z4，水泥 3d 强度增加 2.4MPa，28d 强度增加 3.8MPa，AC1～AC6 复合水泥增强助磨剂表现出比单组分酰胺多胺聚羧酸更好的综合性能，AC2 表现出显著的水泥增强性能，早期强度提高 3.2MPa，后期强度提高 5.7MPa。

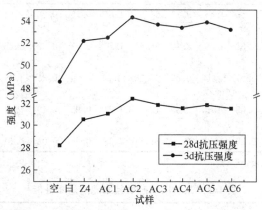

图 3.113　酰胺多胺聚羧酸复合水泥增强助磨剂
对水泥强度的影响

第四章　水泥熟料和辅助性胶凝材料优化复合的化学和物理基础

围绕"水泥优化复合与结构稳定性"的关键科学问题，建立基于性能的水泥组成设计方法，调控水泥中熟料和辅助性胶凝材料的颗粒学参数，高效发挥各组分胶凝性，减少水泥熟料用量，大幅度提高工业废弃物利用率，稳定生产水泥。工业生产水泥，在同等条件下，42.5级水泥中熟料用量减少10%以上。

4.1　水泥熟料与辅助性胶凝材料粒度区间与组成、性能的关系

4.1.1　原材料与试验方法

试验所用原料为：珠江水泥厂生产的 P·Ⅱ 42.5 硅酸盐水泥、硅酸盐水泥熟料，韶关钢铁集团公司生产的粒化高炉矿渣（BFS），珠江电厂生产的二级粉煤灰及济南钢铁集团公司生产的转炉热闷钢渣，其化学组成见表 4.1，所用硅酸盐水泥的基本性能见表 4.2。

表 4.1　试验所用原材料的化学组成

Material	Density (g/cm³)	Chemical composition （质量分数%）										
		SiO_2	Al_2O_3	Fe_2O_3	CaO	MgO	K_2O	Na_2O	SO_3	TiO_2	LOI	Others
Portland cement	3.14	21.86	4.45	2.35	63.51	1.67	0.55	0.26	2.91	0.11	1.89	0.44
Portland cement clinker	3.15	22.52	4.59	2.42	65.47	1.70	0.57	0.27	0.65	0.11	0.84	0.86
BFS	2.90	35.07	12.15	0.32	37.08	11.27	0.49	0.25	1.19	0.74	−0.58	2.02
High calcium fly ash	2.56	49.55	24.55	4.35	12.41	1.54	0.95	0.19	0.91	1.09	3.89	0.57
Steel slag	3.42	12.84	3.59	24.14	41.14	7.33	0.05	0.05	0.61	0.81	7.91	2.53

Note：LOI, Loss on ignition.

表 4.2　试验所用硅酸盐水泥的基本性能

Material	Blaine specific surface area/ (m²·kg⁻¹)	Water requirement for normal consistency	Setting time (min)		Compressive strength (MPa)		Flexural strength (MPa)	
			Initial	Final	3 days	28 days	3 days	28 days
Portland cement	367	0.255	139	235	34.4	56.2	7.2	9.9

将块状原料破碎，使用 $\phi500mm \times 500mm$ 球磨机粉磨至勃氏比表面积（360 ±10） m^2/kg。采用 JFC-20F 气流分级机对粉体物料进行分级，通过改变分级机的转速、加料速度、进气量等参数，将磨细矿渣、钢渣、粉煤灰及硅酸盐水泥分为若干粒度区间。

4.1.2 硅酸盐水泥粒度区间与组成、性能的关系

硅酸盐水泥各粒度区间（P_1 至 P_8）的颗粒分布如图 4.1 和表 4.3 所示。各粒度区间水泥的颗粒分布相对较窄，但相邻区间仍有一定程度的重叠。

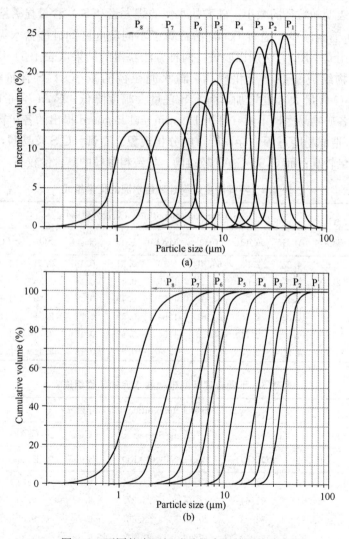

图 4.1 不同粒度区间硅酸盐水泥的颗粒分布

(a) Incremental volume vs. particle size；(b) Cumulative volume vs. particle size

表 4.3　不同粒度区间硅酸盐水泥的颗粒分布参数

Fraction	P₁	P₂	P₃	P₄	P₅	P₆	P₇	P₈
D_{10} （μm）	29.45	22.07	16.81	10.29	6.17	4.03	1.90	0.81
D_{50} （μm）	36.37	28.27	21.48	13.19	8.24	5.61	3.98	1.50
D_{90} （μm）	46.55	35.05	26.84	16.53	11.23	8.11	4.72	2.28

4.1.2.1　化学组成与矿物组成

表 4.4 表明随粒径的减小，硅酸盐水泥的烧失量和 SO_3 含量显著增大，CaO、SiO_2、Fe_2O_3 含量减少。通过 Bogue 法计算了不同粒度区间硅酸盐水泥的矿物组成，同时采用 Q-XRD 方法加以验证。两种方法获得的结果（表 4.5）均表明硅酸盐水泥的矿物组成呈如下变化规律：随水泥粒径的减小，C_3S 含量略有增加，$CaSO_4 \cdot 2H_2O$ 含量大幅度增加，而 C_2S 含量大幅度降低，C_4AF 含量略有降低。其原因在于各矿物易磨性不同（可用 Hornain and Regourd 提出的各矿物的脆性指数来解释），造成粉磨过程中存在严重的分相现象。石膏、C_3S 较易磨，因此，细颗粒中其含量较高；而 C_2S、C_4AF 较难磨，导致粗颗粒中其含量较高。

表 4.4　不同粒度区间硅酸盐水泥的化学组成

D_{50} （μm）	Chemical composition （质量分数%）									
	SiO_2	Al_2O_3	Fe_2O_3	CaO	MgO	K_2O	Na_2O	SO_3	LOI	others
Original cement	21.60	4.35	2.95	63.81	1.76	0.51	0.16	2.06	1.19	1.61
36.37	22.29	4.35	3.08	64.26	1.70	0.47	0.16	1.35	0.57	1.77
21.48	21.84	4.42	2.96	64.04	1.75	0.49	0.14	1.80	1.05	1.51
13.19	21.26	4.35	2.75	63.61	1.80	0.58	0.21	2.51	1.59	1.34
8.24	20.75	4.37	2.71	62.92	1.84	0.52	0.16	2.75	1.95	2.03
3.98	19.20	4.20	2.77	61.60	1.84	0.91	0.15	4.41	3.23	1.69

表 4.5　不同粒度区间硅酸盐水泥的矿物组成

D_{50} （μm）	Mineral composition （质量分数%）						
	C_3S		C_2S		C_3A	C_4AF	$CaSO_4 \cdot 2H_2O$
	Bogue	Q-XRD	Bogue	Q-XRD	Bogue	Bogue	Bogue
Original cement	56.20	52.25	19.61	21.87	6.54	8.97	3.50
36.37	54.64	51.54	22.78	25.27	6.32	9.36	2.30
21.48	55.58	52.23	20.78	23.86	6.71	9.00	3.06
13.19	56.97	52.12	18.06	21.05	6.88	8.36	4.27
8.24	57.28	54.08	16.37	18.33	7.00	8.24	4.68
3.98	59.99	57.16	9.87	12.31	6.45	8.42	7.50

4.1.2.2　水化性能

图4.2表明，随粒径的减小，硅酸盐水泥的需水量呈逐渐增加趋势，但需水量增加幅度与颗粒粒径密切相关。当颗粒粒径大于$10\mu m$时，随粒径减小，标准稠度需水量增加幅度不大；但当颗粒粒径小于$10\mu m$时，随粒径减小，标准稠度需水量大幅度增加。例如：与$D_{50}=36.37\mu m$粒度区间水泥相比，$D_{50}=13.19\mu m$粒度区间水泥的需水量仅增加了11.7%，而$D_{50}=1.50\mu m$粒度区间水泥的需水量增加了143.3%。

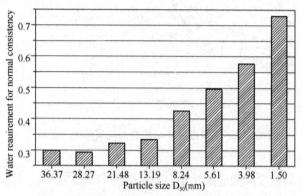

图4.2　不同粒度区间硅酸盐水泥的标准稠度需水量

图4.3表明在诱导期内，各粒度区间水泥的水化程度增加缓慢。在水化加速期内，各粒度区间水泥的水化程度均大幅度增加，且颗粒越细，加速期出现时间越早。不同粒度区间水泥的水化程度差别非常大，细粒度区间水泥的水化程度远高于粗粒度区间水泥的，水化早期尤为明显。粗粒度区间水泥（$D_{50}=36.37\mu m$）的各龄期水化程度均较低（28d水化程度不足60%）；中粒度区间水泥（$D_{50}=8.24\mu m$和$13.19\mu m$）的水化程度较为合理，其早期水化程度较低（5min水化程度仅为5%左右），28d水化程度较高（90%以上）；而细粒度区间水泥（$D_{50}=3.09\mu m$和$1.50\mu m$）的各龄期水化程度非常高，特别是5min水化程度高达18.6%，易导致水泥浆体需水量较大、流变性能和体积稳定性较差等问题。

将不同粒度区间硅酸盐水泥制备成具有标准稠度的浆体，其水化放热速率和水化放热量如图4.4所示。随粒径的减小，水泥浆体的水化放热速率和累计放热量均显著增加。$D_{50}=3.98\mu m$粒度区间水泥浆体的水化放热速率和放热量明显高于其他粒度区间的，水化1d时已经放出了大部分（90%左右）热量。$D_{50}=13.19\mu m$粒度区间水泥浆体的1d放热量仅为$D_{50}=3.98\mu m$区间水泥浆体的50%左右，3d放热量可达$D_{50}=3.98\mu m$区间水泥浆体的90%以上，其水化放热曲线与原水泥浆体的较为相似，说明中粒度区间水泥的水化速率较适宜。而$D_{50}=36.37\mu m$粒度区间水泥浆体的1d和3d放热量仅为$D_{50}=3.98\mu m$区间水泥浆体

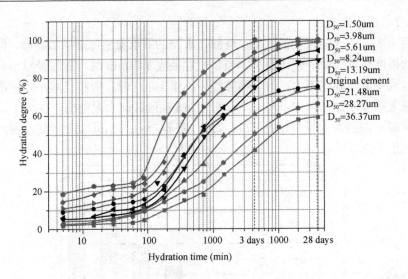

图 4.3　不同粒度区间硅酸盐水泥浆体的水化程度

的 27% 和 42%。

　　图 4.5 为不同粒度区间硅酸盐水泥硬化浆体的 SEM 照片。细粒度区间水泥浆体中，水化 1d 后生成了大量水化产物，但由于其需水量非常大，水化产物不足以填充浆体孔隙，硬化浆体结构较为疏松 [图 4.5（a）]；[图 4.5（d）] 表明水化 3d 后浆体结构未发现明显的致密化，说明细粒度区间水泥浆体早期水化程度高，剩余水泥熟料量较少，水化中、后期生成的水化产物量较少，无法使浆体结构进一步密

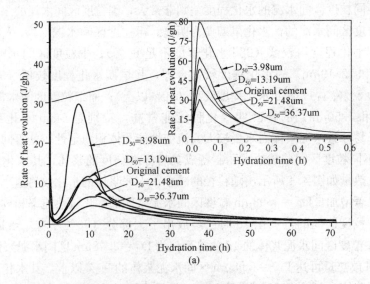

(a)

图 4.4　不同粒度区间硅酸盐水泥浆体的水化放热曲线（一）

(a) Rate of heat evolution

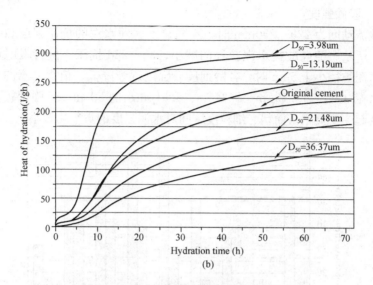

图 4.4　不同粒度区间硅酸盐水泥浆体的水化放热曲线（二）

（b）Cumulative heat of hydration

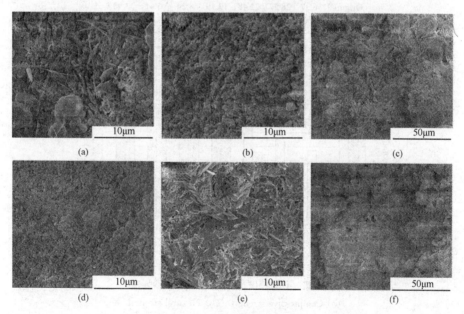

图 4.5　不同粒度区间硅酸盐水泥硬化浆体的 SEM 照片

实。由于中粒度区间水泥的需水量较小、水化速率适中，使其浆体具有较高的密实度。随水化反应的进行，3d 后浆体结构更加致密 ［图 4.5（b）和（e）］。图 ［4.5（c）］表明水化 1d 后，粗粒度区间水泥浆体中水化产物量非常少；水化 3d 后，水化产物虽有一定程度的增加，但浆体结构仍较为疏松 ［图 4.5（f）］。

4.1.2.3 胶砂强度

胶砂流动度为 $220\sim230\mathrm{mm}$ 时，不同粒度区间水泥的抗压强度和抗折强度如图 4.6 所示。随硅酸盐水泥粒径的减小，3d、28d 抗压、抗折强度均显著增加。当水泥粒径小于 $5\mu\mathrm{m}$ 时，各龄期胶砂强度逐渐降低。值得注意的是，中粒度区间水泥（$D_{50}=13.19\mu\mathrm{m}$、$8.24\mu\mathrm{m}$、$5.61\mu\mathrm{m}$）的 3d 和 28d 强度较高，对水泥的强度起主要贡献，而粗、细粒度区间对水泥强度的贡献均较小。

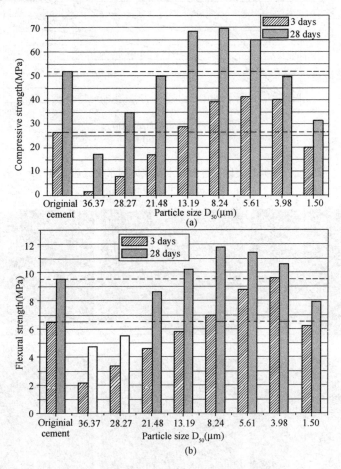

图 4.6 不同粒度硅酸盐水泥的胶砂强度

(a) Compressive strength；(b) Flexural strength

4.1.2.4 讨论

根据各粒度区间硅酸盐水泥的水化活性（需水量、水化程度、水化放热等），可将其大致分为细、中、粗三个粒度区间，各区间特点如下：（1）细粒度区间（$<8\mu\mathrm{m}$）硅酸盐水泥颗粒较为细小，且 C_3S 和 C_3A 含量较高，使其水化过快，早期水化程度过高（3d 水化程度$>80\%$）。虽然水化早期即可生成大量水化产物，但其需水量非常大，水化产物不足以填充浆体孔隙，浆体结构较为疏松。剩余未水化熟料量较少，水化中、后期仅生成少量水化产物，无法使浆体结构进一步致密。因此，细粒度区间硅酸盐水泥的 3d 强度较高，但其 28d 强度非常有限。（2）中粒度区间（8～24μm）硅酸盐水泥的需水量和水化速率较为适中，水泥浆体初始堆积密度较高，水化早期少量水化产物即可使浆体结构较为致密；水化后期大量水化产物填充于浆体孔隙中，浆体结构更为致密。因此，中粒度区间水泥具有较高的 3d 强度和最高的 28d 强度。（3）虽然粗粒度区间（＞24μm）硅酸盐水泥的需水量较低，但其早期和后期水化均较慢，各龄期水化产物量较少，硬化浆体中孔隙无法得到有效填充。所以，该区间水泥各龄期强度均较低。

4.1.3　矿渣粒度区间与组成、性能的关系

　　矿渣各粒度区间的颗粒分布如图 4.7 和表 4.6 所示。

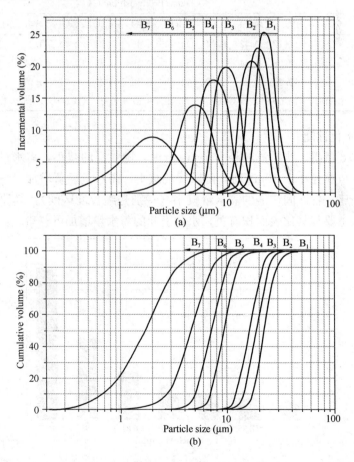

图 4.7　不同粒度区间矿渣的颗粒分布

（a）Incremental volume vs. particle size（b）Cumulative volume vs. particle size

表 4.6　不同粒度区间矿渣的颗粒分布参数

Fraction	B_1	B_2	B_3	B_4	B_5	B_6	B_7
D_{10} （μm）	18.53	14.39	12.57	7.42	5.12	2.80	0.68
D_{50} （μm）	22.27	18.95	16.08	10.89	6.81	4.70	1.67
D_{90} （μm）	29.57	25.03	21.74	13.09	9.17	7.55	3.46
SSA （$m^2 \cdot kg^{-1}$）	707	822	977	1380	1830	2330	4590

4.1.3.1　化学组成

表 4.7 表明各粒度区间矿渣的化学组成没有明显的差异，其原因在于矿渣是由高度均匀的玻璃体组成，粉磨过程中不存在分相问题。

表 4.7　不同粒度区间矿渣的化学组成

D_{50} （μm）	Chemical composition （%）										
	SiO_2	Al_2O_3	Fe_2O_3	CaO	MgO	K_2O	Na_2O	TiO_2	SO_3	LOI	Others
22.27	35.04	12.12	0.42	37.43	11.25	0.49	0.24	0.74	1.18	−1.29	2.38
16.08	34.91	12.06	0.34	37.25	11.23	0.49	0.25	0.75	1.17	−1.19	2.74
6.81	35.72	12.26	0.26	36.56	11.28	0.48	0.25	0.71	1.21	−0.77	2.04
1.67	34.98	12.00	0.24	36.54	11.42	0.51	0.25	0.66	1.48	1.37	0.55

4.1.3.2　水化性能

由图 4.8 可得，当矿渣粒径大于 10μm 时，随粒径的减小，需水量增加非常缓慢；而矿渣粒径小于 10μm 时，随粒径的减小，需水量显著增加。与相同粒度区间水泥相比，各区间矿渣的需水量较小（特别是细粒度区间），其原因在于矿渣的需水量主要与其比表面积有关，水化引起的需水量增加可忽略。

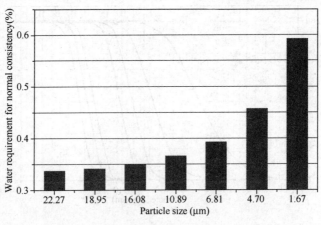

图 4.8　不同粒度区间矿渣的标准稠度需水量

为测定矿渣在水泥浆体中的水化性能，将不同粒度区间矿渣与 10％CaO 混

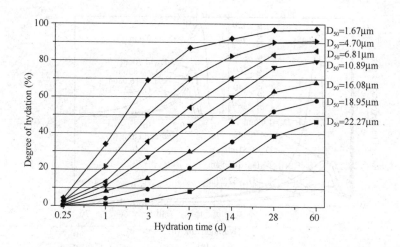

图 4.9 不同粒度区间矿渣浆体（BFS-10%CaO-0.2mol/L NaOH）的水化程度

合均匀，并采用水泥浆体模拟孔溶液拌合为具有标准稠度的浆体，测定了浆体的水化放热和水化程度。由图 4.9 可以看出，不同粒度区间矿渣的水化程度差别非常大，特别是水化早期（$D_{50}=1.67\mu m$ 区间矿渣的 3d 水化程度为 68.9%，为 $D_{50}=22.27\mu m$ 区间矿渣的 20 倍以上）。当矿渣粒径小于 $5\mu m$ 时，其 1d 水化程度可超过 20%，3d 水化程度可超过 50%，28d 水化程度可达 90% 以上，表现出非常好的胶凝性能；当矿渣粒径在 $5\sim10\mu m$ 时，其 1d 和 3d 水化程度分别在 10% 和 30% 左右，28d 水化程度也可达到 80% 左右，表现出良好的胶凝性能；当矿渣粒径在 $10\sim20\mu m$ 范围内时，其 3d 水化程度仅为 10% 左右，28d 水化程度达 50% 左右，表现出一定的胶凝性能；当矿渣粒径 $>20\mu m$ 时，其 3d 水化程度很低，几乎可以忽略，28d 水化程度不足 40%，其胶凝性能未得到有效发挥。因此，粒径对矿渣水化反应的速率和程度影响极为显著。

与硅酸盐水泥水化放热曲线相似，矿渣浆体的放热速率曲线也出现两个峰（图 4.10），但第一放热峰由浆体中 CaO 与水反应引起，第二放热峰则由矿渣水化造成。当矿渣粒径大于 $10\mu m$ 时，各粒度区间矿渣的水化放热速率和放热量相差不大；当矿渣粒径小于 $5\mu m$ 时，随粒径的减小，矿渣浆体的水化速率和水化放热量显著增加。例如，$D_{50}=1.67\mu m$ 粒度区间矿渣的 3d 放热量约为 $D_{50}=22.27\mu m$ 区间矿渣放热量的 5 倍。

图 4.11 为不同粒度区间矿渣浆体的 SEM 照片。细颗粒矿渣水化 3d 后即可生成较多水化产物 [图 4.11 (a)]，水化 28d 后大量水化产物使浆体结构非常致密 [图 4.11 (d)]，说明细颗粒矿渣也具有很好的早期和后期胶凝性能。虽然中粒度区间矿渣浆体中 3d 水化产物较少，但水化 28d 后水化产物显著增多，浆体结构也较为致密 [图 4.11 (b) 和 (e)]。[图 4.11 (c)] 表明水化 3d 后，粗粒

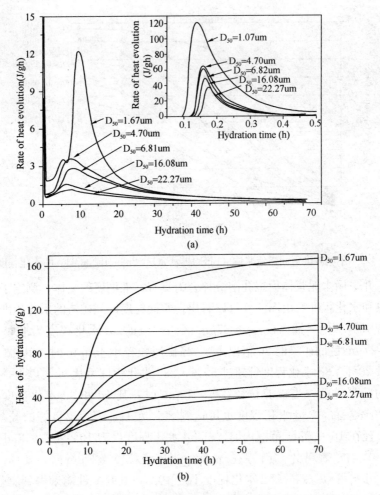

图 4.10　不同粒度区间矿渣浆体（BFS-10％CaO-0.2mol/L
NaOH）的水化放热

(a) Rate of heat evolution；(b) Cumulative heat of hydration

度区间矿渣浆体中水化产物非常少，颗粒仅表面发生水化；水化 28d 后，水化产物数量未见明显增加，浆体中大量孔隙未得到填充，浆体结构较为疏松〔图4.11（f）〕，说明水化 28d 后粗颗粒矿渣的胶凝活性基本未得到发挥。

4.1.3.3　活性指数

不同粒度区间矿渣的活性指数如图 4.12 所示。$D_{50}=1.67\mu m$ 粒度区间矿渣的 3d 抗压活性指数高达 115％，但其 28d 抗压活性指数不高（100％左右），表明细粒度区间矿渣的胶凝性能在水化早期即可很好地发挥，但其后期活性指数有限（与细粒度区间水泥熟料的强度变化规律相似）。$D_{50}=4.70\mu m$ 粒度区间矿渣的 3d 抗压活性指数较高（接近 80％），其 28d 抗压活性指数可达 113.5％，说明

图 4.11　不同粒度区间矿渣浆体（BFS-10%CaO-0.2 mol/L NaOH）的 SEM 照片

(a) Fine fraction（$D_{50}=1.67\mu m$）cured for 3d；(b) Middle size fraction（$D_{50}=6.31\mu m$）cured for 3d；
(c) Coarse fraction（$D_{50}=16.08\mu m$）cured for 3d；(d) Fine fraction（$D_{50}=1.67\mu m$）cured for 28d；
(e) Middle size fraction（$D_{50}=6.31\mu m$）cured for 28d；　(f) Coarse fraction（$D_{50}=16.08\mu m$）
cured for 28d

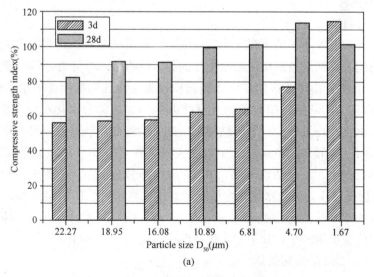

(a)

图 4.12　不同粒度区间矿渣的活性指数（一）

(a) Compressive strength index

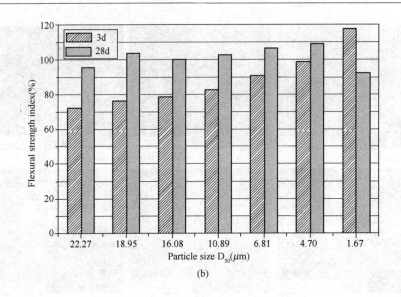

图 4.12　不同粒度区间矿渣的活性指数（二）

(b) Flexural strength index

中粒度区间矿渣表现出较好的早期活性指数和最高后期活性指数。粗粒度区间（＞10μm）矿渣的 3d 抗压活性指数较低，仅为 60％左右，说明该区间矿渣对水泥早期强度贡献较小。所有粒度区间矿渣的 28d 活性指数均相对较高（80％～115％），说明虽然矿渣早期活性指数受其粒度影响较大，但其后期活性指数受粒度影响较小。

4.1.3.4　讨论

由于各粒度区间矿渣不存在化学组成、矿物组成差异，其水化性能仅取决于其粒度或比表面积。按照矿渣的水化性能和活性指数，可分为：（1）细粒度区间矿渣（＜3μm）：由于该区间矿渣比表面积较大，使其标准稠度需水量较大、水化活性很高，其 3d 活性指数很高（超过 100％）。大部分水化反应发生在 3d 之内，后期水化产物量较少，浆体结构无法进一步致密，导致该区间矿渣的 28d 活性指数有限（100％左右）。（2）中粒度区间矿渣（3～10μm）：该区间矿渣标准稠度需水量较小、水化活性较高，其 3d 活性指数较高（＞70％）。该区间矿渣 28d 水化程度较高，大量水化产物填充于浆体孔隙中，浆体结构非常密实，使该区间矿渣的 28d 活性指数最高（＞100％）。（3）粗粒度区间矿渣（＞10μm）：该区间矿渣比表面积较小，其早期水化活性可忽略，后期活性非常低。因此，该区间矿渣 3d 和 28d 活性指数均较低。

4.1.4　粉煤灰粒度区间与组成、性能的关系

各粒度区间粉煤灰（F_1 至 F_8）的颗粒分布如图 4.13 和表 4.8 所示。

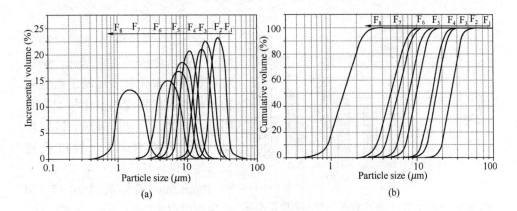

图 4.13　不同粒度区间粉煤灰的颗粒分布

(a) Incremental volume vs. particle size；(b) Cumulative volume vs. particle size

表 4.8　不同粒度区间粉煤灰的颗粒分布参数

Fraction	F_1	F_2	F_3	F_4	F_5	F_6	F_7	F_8
D_{10} (μm)	20.01	14.16	11.48	7.58	5.85	4.38	3.61	0.29
D_{50} (μm)	26.38	17.39	15.8	10.41	8.32	7.43	5.06	1.45
D_{90} (μm)	32.45	22.47	19.98	13.25	11.24	8.72	7.58	0.74

4.1.4.1　化学组成与矿物组成

不同粒度区间粉煤灰的化学组成如表 4.9 所示。随粉煤灰粒径的减小，SiO_2 和 Fe_2O_3 含量明显降低，CaO 含量显著增加。与粗粒度区间相比，细粒度区间粉煤灰的 SO_3、碱（K_2O 和 Na_2O）及碳含量较高，说明在粉磨过程中粉煤灰也存在分相现象。

表 4.9　不同粒度粉煤灰的化学组成

D_{50} (μm)	Chemical composition（%）										
	SiO_2	Al_2O_3	Fe_2O_3	CaO	MgO	K_2O	Na_2O	TiO_2	SO_3	LOI	Others
26.38	50.57	24.71	5.54	11.56	1.61	0.67	0.18	1.09	0.77	2.70	0.60
17.39	49.50	24.66	4.37	12.35	1.55	1.08	0.20	1.09	0.90	3.70	0.60
7.43	44.41	24.09	3.21	14.23	1.53	1.23	0.21	1.08	1.28	8.4	0.33
1.45	41.62	24.09	3.03	15.34	1.50	1.25	0.23	1.09	1.71	10.1	0.04

4.1.4.2　水化性能

不同粒度区间粉煤灰的标准稠度需水量如图 4.14 所示。随颗粒粒径的减小，粉煤灰的标准稠度需水量逐渐增加。当粉煤灰粒径小于 $5\mu m$ 时，其标准稠度需水量大幅度增加，如 $D_{50}=1.45\mu m$ 粒度区间粉煤灰的标准稠度需水量超过了 0.7。可以认为粉煤灰的标准稠度需水量主要取决于其粒径（或比表面积）和碳

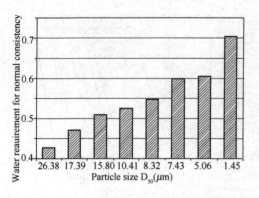

图 4.14　不同粒度区间粉煤灰的标准稠度需水量

含量。

图 4.15 表明随粉煤灰粒径的减小，其水化程度逐渐增加。细颗粒粉煤灰的水化程度远高于粗颗粒粉煤灰的水化程度，水化早期尤为明显。例如：$D_{50}=1.45\mu m$ 区间粉煤灰的 1d 和 28d 水化程度高达 13.8% 和 31.5%，而 $D_{50}=26.38\mu m$ 区间粉煤灰的 1d 和 28d 水化程度仅为 1.29% 和 10.4%。

标准稠度粉煤灰浆体（Fly ash-10%CaO-0.2mol/L NaOH）的水化放热如图 4.16 所示。第一放热峰为浆体中 CaO 与水反应造成的，第二放热峰为粉煤灰火山灰反应产生的，可见粉煤灰的火山灰反应非常微弱。当粉煤灰粒径大于 5μm 时，各粒度区间粉煤灰浆体的水化放热几乎没有差别，粉煤灰浆体的水化放热速率和水化放热量均很小。当粉煤灰粒径小于 5μm（$D_{50}=1.45\mu m$）时，粉煤灰浆体的水化放热速率和放热量显著增加。

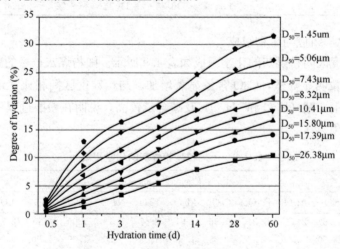

图 4.15　不同粒度区间粉煤灰浆体（Fly ash-10%CaO-0.2
mol/L NaOH）的水化程度

图 4.17（a）表明细颗粒粉煤灰（$D_{50}=1.45\mu m$）水化 3d 后已经发生一定程度的火山灰反应，粉煤灰颗粒表面被较多水化产物覆盖；图 4.17（b）表明中粒度区间粉煤灰（$D_{50}=8.32\mu m$）水化 3d 后仅发生微弱的火山灰反应，仅能观察到粉煤灰表面有腐蚀的痕迹和大量板状 Ca（OH）$_2$ 晶体，水化产物量非常少；粗颗粒粉煤灰（$D_{50}=26.38\mu m$）水化 3d 后表面仍十分光滑，未发现火山灰反应

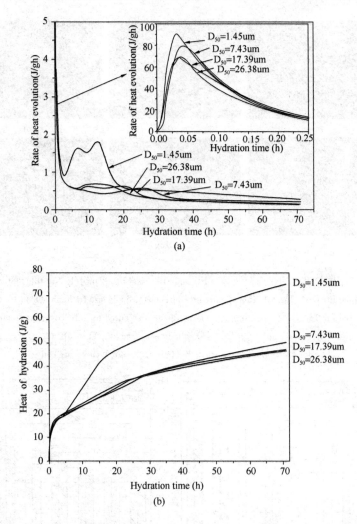

图 4.16　不同粒度区间粉煤灰浆体（Fly ash-10％CaO-0.2 mol/L NaOH）
的水化放热（一）

(a) Rate of heat evolution；(b) Cumulative heat

的痕迹 [图 4.17（c）]。图 4.17（d）、(e) 和（f）表明水化 28d 后，细粒度区间粉煤灰反应程度显著增加，大量水化产物生成；中粒度区间粉煤灰表面形成了一层水化产物；而粗粉煤灰颗粒表面水化产物仍非常少。

4.1.4.3　活性指数

不同粒度区间粉煤灰的活性指数如图 4.18 所示。随粉煤灰粒径的减小，粉煤灰的 3d 和 28d 活性指数大幅度增加。与矿渣相比，粉煤灰的 3d 和 28d 活性指数均较低，当粉煤灰粒径小于 $8\mu m$ 时，其 3d 活性指数才能超过 70％，28d 活性指数接近 90％。

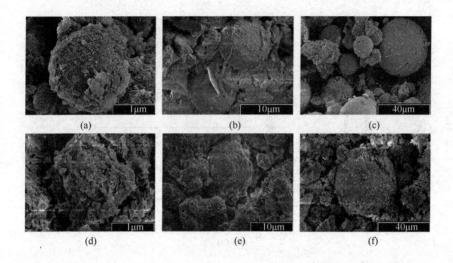

图 4.17 不同粒度区间粉煤灰浆体 (Fly ash-10%CaO-0.2 mol/L NaOH) 的 SEM 照片

(a) Fine fraction ($D_{50} = 1.45 \mu m$) cured for 3d; (b) Middle size fraction ($D_{50} = 10.41 \mu m$) cured for 3d; (c) Coarse fraction ($D_{50} = 26.38 \mu m$) cured for 3d; (d) Fine fraction ($D_{50} = 1.45 \mu m$) cured for 28d; (e) Middle size fraction ($D_{50} = 10.41 \mu m$) cured for 28d; (f) Coarse fraction ($D_{50} = 26.38 \mu m$) cured for 28d

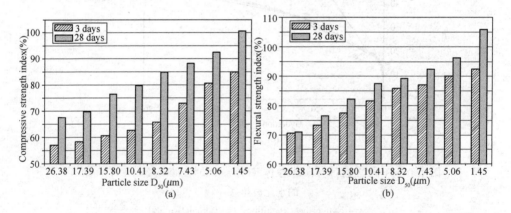

图 4.18 不同粒度区间粉煤灰的活性指数

(a) Compressive strength index; (b) Flexural strength index

4.1.4.4 讨论

在粉磨过程中粉煤灰同样存在分相现象，粗粒度区间粉煤灰中晶体矿物含量较高，细粒度区间粉煤灰中碱、SO_3、碳及玻璃体含量较高。通常认为晶体矿物对粉煤灰活性几乎没有贡献，而玻璃体则被认为是粉煤灰火山灰活性的主要来源，SO_3 和碱可以激发粉煤灰的火山灰反应活性。因此，虽然细粒度区间粉煤灰的碳含量和标准稠度需水量较高，但其各龄期活性指数远高于粗粒度区间粉煤灰的活性指数。小于 $8\mu m$ 的粉煤灰具有较高的 3d 活性指数（70％左右）和良好的 28d 活性指数（80％以上），可用作水泥、混凝土的辅助性胶凝材料。

4.1.5 钢渣粒度区间与组成、性能的关系

钢渣是炼钢过程中产生的废渣，其产量约为粗钢产量的 12％～15％。转炉钢渣的处理工艺如图 4.19 所示。液态钢渣出炉冷却后，经过多级破碎、磁选，尽可能的回收钢渣中的金属铁和富铁相。磁选后钢渣中仍含有 25％左右的 Fe_2O_3，钢渣的矿物组成主要为 C_3S、$\beta\text{-}C_2S$、$2CaO\cdot(Al,Fe)_2O_3$、Ca_2Fe、$CaCO_3$ 和 RO 相（MgO、MnO 和 FeO 的固溶体），仅 C_3S 和 $\beta\text{-}C_2S$ 具有胶凝活性。钢渣中虽含有少量 $f\text{-}CaO$，但其含量较少，XRD 图谱中未识别出。本节研究了不同粒度区间钢渣化学组成、矿物组成、水化性能及活性指数，并在此基础上，采用多级粉磨、磁选的方法，将钢渣分为富铁相和超细尾渣，并开展了利用尾渣制备高性能复合水泥的研究。

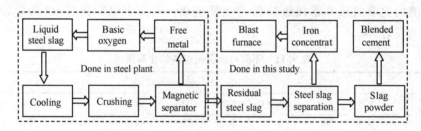

图 4.19 钢渣处理的技术路线图

转炉钢渣经破碎、粉磨后，采用颗粒分级机将钢渣粉分为多个粒度区间（S_1 至 S_5）。各区间钢渣的颗粒分布见图 4.20 和表 4.10。

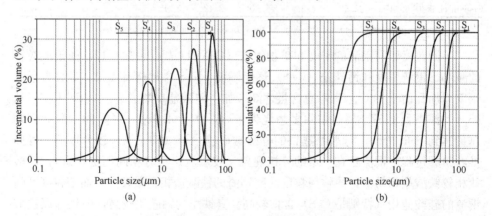

图 4.20 不同粒度区间钢渣的颗粒分布

(a) Incremental volume vs. particle size；(b) Cumulative volume vs. particle size

表 4.10　不同粒度区间钢渣的颗粒分布参数

Size fraction	S_1	S_2	S_3	S_4	S_5
D_{10}（μm）	51.72	25.84	11.59	4.07	0.81
D_{50}（μm）	60.24	30.79	15.17	5.74	1.43
D_{90}（μm）	71.45	37.03	19.82	7.72	2.17

4.1.5.1　化学组成与矿物组成

不同粒度区间钢渣的化学组成见表 4.11。随钢渣粒径的减小，SiO_2、Al_2O_3、CaO 含量逐渐增加，Fe_2O_3 含量显著降低。由于粗粒度区间含有少量 FeO，导致其烧失量为负值。钢渣在露天堆存过程中生成了少量 Ca（OH）$_2$ 和 $CaCO_3$，这些易磨性矿物集中于细粒度区间，使细粒度区间烧失量非常大（如：$D_{50}=1.43\mu m$ 区间钢渣的烧失量高达 11.97%）。为比较钢渣与水泥熟料化学组成的差异，扣除 $D_{50}=1.43\mu m$ 区间钢渣多余的烧失量（其烧失量与硅酸盐水泥熟料的相同），对其化学组成进行了重新计算。计算结果表明，$D_{50}=1.43\mu m$ 区间钢渣的化学组成非常接近熟料的化学组成，但其 Fe_2O_3 和 MgO 含量较高、CaO 含量较低。

表 4.11　不同粒度区间钢渣的化学组成

D_{50}（μm）	Chemical composition（%）								
	CaO	SiO_2	Al_2O_3	MgO	Fe_2O_3	SO_3	MnO	LOI	Others
60.24	38.85	14.03	3.18	9.53	28.48	0.14	2.11	−1.67	5.35
30.79	39.12	14.45	3.31	9.62	26.7	0.15	2.1	−1.35	5.90
15.17	40.56	15.68	4.09	9.86	22.25	0.17	2.07	1.38	3.94
5.74	42.21	16.61	4.86	9.16	17.72	0.23	1.77	2.49	4.95
1.43	44.07	18.09	5.53	7.36	8.64	0.36	0.92	11.97	3.06
1.43*	50.03	20.42	6.20	8.34	9.75	0.41	0.95	0.84	3.06
Cement clinker	65.47	22.52	4.59	1.70	2.42	0.15	—	0.84	2.31

*　loss on ignition is assumed the same as those of cement clinker; -, undetected.

不同粒度区间钢渣的密度和矿物组成（Q-XRD 法）见表 4.12。随钢渣粒径的减小，钢渣密度和钙硅比（C/S）逐渐降低，C_2S 含量略有增加，C_3S 含量大幅度增加。由于 CaO、SiO_2 总含量逐渐增加，硅酸盐矿物总量（C_3S+C_2S）从 35.7% 提高到了 57.8%。扣除多余烧失量后，$D_{50}=1.35\mu m$ 区间的硅酸盐矿物总量达到了 65.0%，与水泥熟料的硅酸盐矿物含量（78.8%）较为接近。可以推断粉磨过程中钢渣存在严重的分相现象（较水泥熟料分相问题更严重），硅酸盐相较铁酸盐相易磨，导致粗粒度区间钢渣的铁酸盐相含量较高，而细粒度区间钢渣的硅酸盐相（特别是 C_3S）含量较高。富铁相的钙硅比较高，但钙多以铁酸钙和铁铝酸钙的形式存在，对钢渣胶凝性能的贡献微弱。虽然细粒度区间钢渣的钙硅比较低，但钙多以硅酸盐的形式存在，使细粒度区间钢渣的 C_2S、C_3S 含量显著增加，其胶凝性能将得到改善。

表 4.12 不同粒度钢渣的密度和矿物组成

D_{50} (μm)	Density ($g \cdot cm^{-3}$)	$CaO+SiO_2$	C/S ratio	C_3S (%)	β-C_2S (%)	$C_3S + \beta$-C_2S (%)
60.24	3.67	52.88	2.77	10.0 ± 0.3	25.6 ± 0.5	35.7 ± 0.7
30.79	3.45	53.57	2.71	13.1 ± 0.4	25.7 ± 0.5	38.8 ± 0.9
15.17	3.26	56.24	2.59	17.4 ± 0.3	26.1 ± 0.6	43.5 ± 0.9
5.74	3.12	58.82	2.54	25.4 ± 0.5	26.9 ± 0.5	51.3 ± 1.0
1.43	2.94	62.16	2.44	30.5 ± 0.7	27.3 ± 0.6	57.8 ± 1.3
1.43*	3.31	69.94	2.44	34.3 ± 0.7	30.7 ± 0.6	65.0 ± 1.3
Cement clinker	3.15	85.37	2.91	62.9 ± 1.1	15.9 ± 0.4	78.8 ± 1.5

* loss on ignition and others are assumed the same as those of cement clinker.

4.1.5.2 水化性能

表 4.13 表明，当钢渣粒径大于 $5\mu m$ 时，随粒径的减小，钢渣的标准稠度需水量增加幅度不大。当钢渣粒径小于 $5\mu m$ 时，随粒径的减小，钢渣的标准稠度需水量显著增加。由于钢渣中含有少量的 f-CaO 和一定量的 f-MgO（10%左右），容易造成水泥安定性不良，因此国家标准中严格规定了用于水泥、混凝土中钢渣的 f-CaO 和 f-MgO 含量。能否将钢渣大宗量地应用于水泥、混凝土领域，解决其安定性问题十分关键。虽然各粒度区间钢渣的沸煮安定性都符合国家标准的要求（雷氏夹膨胀值＜5mm），但当钢渣粒径＞$10\mu m$ 时，其压蒸安定性不合格（膨胀值＜0.5%）。当钢渣粒径＜$10\mu m$ 时，其压蒸膨胀率非常小，说明钢渣粒径的减小有助于解决其安定性问题。

表 4.13 不同粒度钢渣的标准稠度需水量和安定性

D_{50} (μm)	Water requirement for normal consistency	Boiling soundness		Autoclave soundness	
		Chatelier's value (mm)	Passed/Failed	Expansion ratio (%)	Passed/Failed
60.24	0.23	3.5	Passed	1.05	Failed
30.79	0.24	3.0	Passed	0.83	Failed
15.17	0.28	2.5	Passed	0.56	Failed
5.74	0.32	2.0	Passed	0.27	Passed
1.43	0.64	2.0	Passed	0.12	Passed

标准稠度钢渣浆体（Steel slag-0.2 mol/L NaOH）的水化程度如图 4.21 所示。细粒度区间钢渣的水化非常快，早期和后期水化程度均较高，而粗粒度区间钢渣的水化非常慢，早期水化程度可以忽略不计，后期水化程度也很低。例如：$D_{50}=1.43\mu m$ 区间钢渣的 3d、28d 水化程度高达 74.7% 和 99.6%；虽然 $D_{50}=5.74\mu m$ 区间钢渣的早期水化程度较低，但其 28d 水化程度可达 50%以上；粗粒

度区间钢渣（$D_{50}=15.17\mu m$ 和 $D_{50}=30.79\mu m$）的 3d 水化程度不足 10%，28d 水化程度低于 30%。

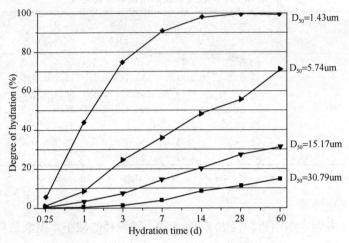

图 4.21　不同粒度区间钢渣浆体（Steel slag-0.2 mol/L NaOH）的水化程度

标准稠度钢渣浆体的水化放热如图 4.22 所示。当钢渣粒径大于 $5\mu m$ 时，水化放热速率及放热量差别较小；当钢渣粒径小于 $5\mu m$ 时，随钢渣粒径的减小，水化放热速率和放热量显著增加。

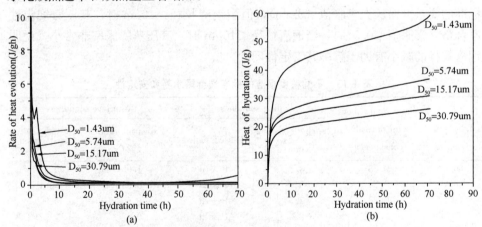

图 4.22　不同粒度钢渣浆体（Steel slag-0.2mol/L NaOH）的水化放热
(a) Rate of heat evolution；(b) Cumulative heat of hydration

图 4.23（a）、（b）和（c）表明养护 3d 后，细粒度区间钢渣（$D_{50}=1.43\mu m$）水化生成较多水化产物，中粒度区间钢渣（$D_{50}=5.74\mu m$）仅发生表面水化，而粗粒度区间钢渣（$D_{50}=15.17\mu m$）未见明显的水化痕迹。水化 28d 后，细粒度区间钢渣的水化生成了大量 C-S-H 凝胶和 Ca（OH）$_2$［图 4.23（d）］，中粒度区

间钢渣生成水化产物也较多［图4.23（e）］，而粗粒度区间钢渣仅发生表面水化，少量水化产物附着于钢渣颗粒表面［图4.23（f）］。

图4.23　不同粒度区间钢渣浆体（Steel slag-0.2mol/L NaOH）的SEM照片

（a）Fine fraction（$D_{50}=1.43\mu m$）cured for 3d；（b）Middle size fraction（$D_{50}=5.74\mu m$）
cured for 3d；（c）Coarse fraction（$D_{50}=15.17\mu m$）cured for 3d；（d）Fine fraction
（$D_{50}=1.43\mu m$）cured for 28d；（e）Middle size fraction（$D_{50}=5.74\mu m$）cured
for 28d；（f）Coarse fraction（$D_{50}=15.17\mu m$）cured for 28d

4.1.5.3　活性指数

由图4.24可以看出，随着钢渣粒径的减小，其3d和28d活性指数显著增加。当钢渣粒径大于$20\mu m$，其3d和28d活性指数均低于80%；当钢渣粒径小于$10\mu m$时，其3d活性指数超过80%，28d活性指数可超过100%。$D_{50}=1.43\mu m$粒度区间钢渣的3d活性指数高达124%，但其28d活性指数仅为110%，

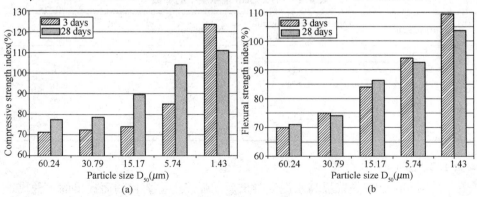

图4.24　不同粒度区间钢渣的活性指数

（a）Compressive strength index；（b）Flexural strength index

说明超细钢渣颗粒虽具有很高的早期活性指数，但其后期活性指数不高，这与熟料、矿渣的强度（活性指数）发展规律一致。

4.1.5.4 讨论

由于富铁相较硅酸盐难磨，导致粗粒度区间钢渣中富铁相含量较高，细粒度区间钢渣中硅酸盐相含量较高。细粒度区间钢渣颗粒细小，且 C_3S、C_2S 含量较高，使其胶凝活性和活性指数较高。当钢渣粒径小于 $3\mu m$ 时，其 3d 和 28d 活性指数均超过 100%（接近甚至超过了矿渣的活性指数），且其安定性问题得到了很好的解决；当钢渣粒径小于 $10\mu m$ 时，其 3d 活性指数超过 80%，28d 活性指数可超过 100%；当钢渣粒径大于 $10\mu m$ 时，其早期水化几乎可以忽略，后期水化程度也较低，各龄期活性指数均低于 90%。因此，$<10\mu m$ 钢渣适宜用于生产复合水泥，且钢渣安定问题得到了很好的解决。

4.2 复合水泥颗粒群的优化匹配

4.2.1 水泥基材料（粉体）常用颗粒级配模型

关于水泥颗粒分布与性能的关系，中外学者和专家做了许多研究工作，在理论和实际应用中取得了许多成果，提出一些堆积模型。几种经典的颗粒堆积模型和水泥基材料常用的颗粒分布理论简介如下。

4.2.1.1 Horsfield 堆积模型

Horsfield 等人根据刚性球体的最紧密堆积理论提出了粉体最紧密堆积模型。假定初次颗粒呈六方最紧密堆积，六面体和四面体孔隙分别由二次和三次颗粒填充。四次和五次颗粒分别填充于初次颗粒与二、三次颗粒间的孔隙，剩余孔隙最终被极小的等径颗粒填充，可达到最小的孔隙率（3.9%）。各级颗粒的粒径比及数量见表 4.14。

表 4.14 Horsfield 堆积模型的参数

Particle grade	Diameter (ratio by first grade particle)	Number of particles	Porosity (%)
First	1.000	—	25.9
Second	0.414	1	20.7
Third	0.225	2	19.0
Fourth	0.177	8	15.8
Fifth	0.116	8	14.9
Sixth	0^+	Countless	3.9

4.2.1.2 S. Tsivilis 分布

S. Tsivilis 分布是以提高水泥混凝土后期强度为主要目的而提出的一种代表性观点。该理论主要考虑了粒度分布对硅酸盐水泥水化性能的影响，并认为：超细颗粒（$<3\mu m$）水化过快（甚至在混凝土浇筑之前完全水化），对提高水泥混

凝土后期强度不利；粗颗粒（>30μm）水化程度较低，同样对提高混凝土后期强度不利。S. Tsivilis 等学者认为硅酸盐水泥中 3～30μm 颗粒对水泥强度起主要作用，其含量应占 65% 以上；≤3μm 颗粒含量应在 10% 以下。也就是说：$Y(30)-Y(3) \geqslant 65\%$ 和 $Y(3) \leqslant 10\%$（$Y(x)$ 为筛孔径为 xμm 时的筛析通过量），解两不等式可得其颗粒分布参数。表 4.15 表明该水泥颗粒分布参数的取值范围较小，颗粒特征粒径 X 为 19.6～24.0μm，均匀性系数 n 为 1.12～1.20。取其平均值作为硅酸盐水泥最佳颗粒级配代表，即 $X=21.8$μm，$n=1.16$，将符合上式的颗粒级配简称 S. Tsivilis 分布。S. Tsivilis 分布的研究对象是硅酸盐水泥，是高性能混凝土的一个组分。符合 S. Tsivilis 分布的硅酸盐水泥 80μm 筛筛余较小（R（80）＝0.9%），但比表面积却不大（$S=352$m²/kg），颗粒分布较窄（集中于3～30μm）。符合 S. Tsivilis 分布的水泥标准稠度需水量较低，浆体孔隙率较高，水化放热较低，早期强度不高但后期强度较高。

表 4.15 S. Tsivilis 颗粒分布

Sample	X (μm)	n	Y (3) (%)	Y (30) -Y (3) (%)	R (80) (%)	S (m²/kg)
1	24.0	1.20	7.9	65.0	1.4	334
2	23.6	1.18	8.4	65.1	1.5	338
3	23.6	1.20	8.1	65.6	1.3	337
4	23.2	1.16	8.9	65.1	1.5	341
5	23.2	1.20	8.2	66.1	1.2	339
6	22.8	1.14	9.4	65.1	1.5	345
7	22.8	1.20	8.4	66.7	1.1	341
8	22.4	1.12	10.0	65.0	1.6	348
9	22.4	1.16	9.3	66.2	1.3	346
10	22.4	1.20	8.6	67.3	1.0	344
11	21.6	1.14	10.0	66.6	1.2	352
12	21.6	1.20	8.9	68.4	0.8	349
13	20.9	1.16	10.0	68.2	0.9	356
14	20.9	1.20	9.3	69.3	0.7	353
15	20.2	1.18	10.0	69.7	0.6	359
16	20.2	1.20	9.6	70.3	0.5	358

Note: S is specific surface area calculated from $S=4104.8/$ ($X^{0.394} \cdot n^{0.195} \cdot 3.1^{1.078}$) (m²/kg), in which 3.1 is the density of Portland cement (g/cm³); R (80) is the residue on 80 μm sieve by percentage.

4.2.1.3 Fuller 分布

为实现混凝土集料的密实堆积，20 世纪 30 年代初 Fuller 和 Thompson 提出了理想筛析曲线，简称 Fuller 分布（图 4.25）。其数学表达式如下：

$$U(x) = 100\left(\frac{x}{D}\right)^{0.5} \tag{4-1}$$

式中：$U(x)$ 为筛析通过量（％）；x 为筛孔尺寸；D 为体系中最大颗粒的粒径。

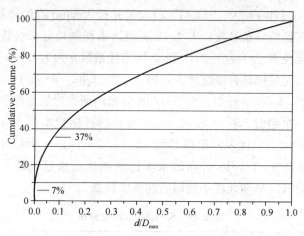

图 4.25　Fuller 分布

　　早期的 Fuller 分布并没有考虑颗粒形状和表面特性的影响，经 A. Hummel 和 K. Wesche 等学者修正后，Fuller 分布表达式如下：

$$U(x) = 100\left(\frac{x}{D}\right)^{m} \tag{4-2}$$

式中：m 为颗粒分布指数，视颗粒形状而定。

　　Ulrich Hinze 等一些学者指出 Fuller 分布也可适用于惰性或低活性胶凝材料体系，对胶凝材料粉体 m 值取 0.4，即：

$$U(x) = 100\left(\frac{x}{D}\right)^{0.4} \tag{4-3}$$

　　德国水泥协会发表的研究报告将式（4-3）用作水泥颗粒分布的理想筛析曲线，并以此对水泥性能进行评价。国外文献习惯将 $0\sim63\mu m$ 颗粒划归为胶凝材料，$0\sim125\mu m$ 为混凝土的细粉部分，$0\sim2000\mu m$ 为混凝土的砂浆部分，按式（4-3）计算的各级颗粒累积含量列于表 4.16。我国习惯将 $80\mu m$ 以下颗粒划归为胶凝材料，$0\sim80\mu m$ 粒度范围的 Fuller 分布如图 4.26 所示。该分布为颗粒的累积体积含量，若加入密度不同的物料应考虑密度的影响。

　　符合 Fuller 分布的水泥，其 $80\mu m$ 筛筛余和比表面积较大，颗粒分布较宽，导致其标准稠度需水量较大，早期强度较高，后期强度较低。使用该水泥时，应加入适量的减水剂，以降低水泥的需水量，实现初始浆体的密堆积。

表 4.16　Fuller 分布对应的颗粒分布

Particle size（μm）	1	2	4	8	10	16	20	24	30	32	40	60	63	80	125
0～63	19.1	25.2	33.2	43.8	47.9	57.8	63.2	68.0	74.3	76.3	83.4	98.1	100	—	—
0～80	17.3	22.9	30.2	39.8	43.5	52.5	57.4	61.9	67.6	69.3	75.8	89.1	90.9	100	—
0～125	14.5	19.1	25.2	33.3	36.4	43.9	48.0	51.7	56.5	57.4	63.6	74.6	76.0	83.7	100

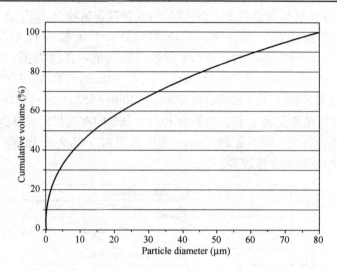

图 4.26　0～80μm 粒度范围的 Fuller 分布

4.2.1.4　Rosin-Rammler-Bennet 分布

大量研究和生产实践表明球磨制备的水泥基本符合 Rosin-Rammler-Bennet（RRB）分布。RRB 分布也是在水泥生产领域应用最为广泛的颗粒级配模型，其表达式如下：

$$R(D) = 100\exp\left[-\left(\frac{D}{D_e}\right)^n\right] \tag{4-4}$$

式中：$R(D)$ 为筛孔径为 D 时的筛余量（％）；D_e 为特征粒径，对应于 $R(D) = 36.79\%$ 时颗粒粒径（μm）；n 为均匀系数，表示粒度分布范围的宽窄。n 越大表示粒度分布越窄。

4.2.1.5　水泥基材料常用堆积模型比较

Horsfield 模型是非连续、刚性球体的紧密堆积模型，各级颗粒粒径与最大颗粒粒径之比为特定值时，可实现粉体的紧密堆积。目前，在水泥基材料领域应用较多的颗粒级配模型为 S. Tsivilis 分布和 Fuller 分布。S. Tsivilis 分布适用于高活性粉体，不仅考虑了颗粒分布对粉体堆积密度的影响，还充分考虑了水泥颗粒水化对浆体需水量、流动性及硬化浆体强度等性能的影响，是较为成功的、适用于硅酸盐水泥的颗粒级配模型。Fuller 分布出发点是实现颗粒的最密实堆积，而没有考虑水泥颗粒水化对水泥浆体和硬化浆体性能的影响，因此，Fuller 分布适用于惰性或低活性颗粒的堆积。

S. Tsivilis 分布和 Fuller 分布的差异可用颗粒分布差值表示，即 $\Delta Y(x) = Y(x) - Y_0(x)$（$Y(x)$ 为 S. Tsivilis 分布函数，$Y_0(x)$ 为 Fuller 分布分布函数），其计算结果如图 4.27 所示。与符合 S. Tsivilis 分布的水泥相比，符合 Fuller 分布的水泥<14.0μm 颗粒含量较多，而>14.0μm 颗粒含量较少。$\Delta Y(x)$ 函数有一个极大值和一个极小值。当 $x = 2.7\mu$m 时，$\Delta Y(x)$ 函数有极小值，其值为 -15.09%；当 $x = 42.2\mu$m 时，$\Delta Y(x)$ 函数有极大值，其值为 18.25%。因此，将颗粒分为：$0\sim2.7\mu$m、$2.7\sim14.0\mu$m、$14.0\sim42.2\mu$m 和 $42.2\sim100.0\mu$m 四个区间，并计算了各区间内 S. Tsivilis 分布和 Fuller 分布对应的颗粒含量及其差值 $\Delta Y(x)$，计算结果见表 4.17。与符合 Fuller 分布的水泥相比，符合 S. Tsivilis 分布的水泥<2.7μm（而不是 14.0μm）超细颗粒和>42.2μm 粗颗粒含量较少，而 $2.7\sim42.2\mu$m 颗粒含量较多。

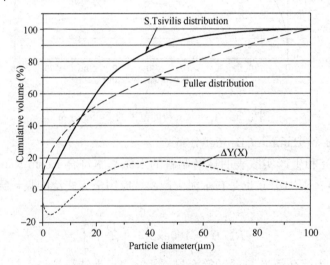

图 4.27　S. Tsivilis 分布和 Fuller 分布的比较

表 4.17　不同区间内 S. Tsivilis 分布与 Fuller 分布对应的颗粒含量（体积）差

Size fraction（μm）	$0\sim2.7$	$2.7\sim14.0$	$14.0\sim42.2$	$42.2\sim100$
$Y(x_2) - Y(x_1)$（%）	8.49	37.10	43.47	10.69
$Y_0(x_2) - Y_0(x_1)$（%）	23.58	21.97	25.27	28.94
$[Y(x_2) - Y(x_1)] - [Y_0(x_2) - Y_0(x_1)]$（%）	-15.09	15.13	18.20	-18.25

综上所述，S. Tsivilis 分布与 Fuller 分布的研究对象和直接目的不同，所以其颗粒分布存在较大差异。S. Tsivilis 分布适用于硅酸盐水泥，而 Fuller 分布适

用于直接配制混凝土的复合胶凝材料或复合水泥。因此，配制符合 Fuller 分布要求的复合水泥时，除采用具有 S. Tsivilis 分布的硅酸盐水泥外，还须掺入超细辅助性胶凝材料和较粗辅助性胶凝材料，使复合水泥的颗粒级配接近 Fuller 分布，以实现紧密堆积。

4.2.2 "区间窄分布，整体宽分布"颗粒级配模型

与硅酸盐水泥及惰性粉体不同，复合水泥既含有高活性颗粒（熟料等），又含有低活性颗粒（钢渣、粉煤灰、炉渣等辅助性胶凝材料），还可能含有惰性颗粒（石灰石、煤矸石等惰性混合材）。因此，上述颗粒堆积模型均难以很好地适用于复合水泥体系。基于紧密堆积理论，本节提出了"区间窄分布，整体宽分布"颗粒级配模型：

（1）按照 Horsfield 模型（间断级配紧密堆积模型）的要求，若胶凝材料颗粒的最大粒径为 $80\mu m$，各级填充粒径应分别为 $33.12\mu m$、$18.00\mu m$、$14.16\mu m$、$9.28\mu m$、$5.80\mu m$ 和 $2.40\mu m$。为便于操作，各级填充粒径简化为 $63\mu m$、$32\mu m$、$16\mu m$、$6\mu m$、$3\mu m$。

（2）按照各级填充粒径，将胶凝材料划分为 5 个区间，分别为 $0\sim4\mu m$、$4\sim8\mu m$、$8\sim24\mu m$、$24\sim45\mu m$、$45\sim80\mu m$。各区间颗粒分布应较窄，且集中于相应填充粒径的周围（图 4.28），以消除小颗粒填充过程中引起的"松动效应"及大颗粒填充过程中造成的"挤开效应"，从而获得较高的堆积密度。

（3）为在不增加颗粒整体细度（比表面积）的前提下实现浆体的密堆积，复合水泥的颗粒分布应接近 Fuller 分布（如图 4.28 所示在 Fuller 分布周围波动）。"区间窄分布，整体宽分布"模型的颗粒分布参数及各区间颗粒含量（由 Fuller 分布计算）见表 4.18。

Powers、Frigione、许仲梓、Sprung 和 Locher 等人研究了颗粒均匀性对胶凝材料水化性能的影响。试验结果一致表明：颗粒分布越窄，水化愈快，强度愈高。因此，"区间窄分布"不仅有利于提高浆体的堆积密度，更有利于各粒度区间胶凝材料水化性能的发挥。

表 4.18 "区间窄分布，整体宽分布"颗粒级配模型的参数

Filling grade	Fifth	Fourth	Third	Second	First
Median size（μm）	3	6	16	32	63
Size range（μm）	<4	4~8	8~24	24~45	45~80
Incremental volume（%）	30.2	9.6	22.0	17.7	20.5
Cumulative volume（%）	30.2	39.8	61.8	79.5	100

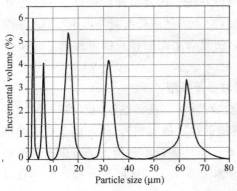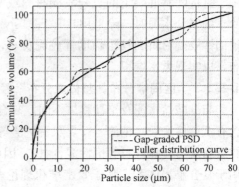

图 4.28 "区间窄分布，整体宽分布"颗粒级配模型示意图

4.2.3 "区间窄分布，整体宽分布"模型的修正

Fuller 分布的前提条件是相邻颗粒间相互接触（干燥粉体体系），且不考虑颗粒间的相互作用。而胶凝材料加水拌和后，颗粒表面立即吸附一层水膜，且由于浆体黏度等因素的影响，胶凝材料浆体中相邻颗粒间存在一定的距离（相邻颗粒未相互接触）。因此，"区间窄分布，整体宽分布"颗粒级配模型中各区间颗粒含量不能按照 Fuller 分布计算。本节根据实际浆体中颗粒间的距离，对颗粒级配模型进行了修正，使该模型可以更好地优化复合水泥初始浆体结构。

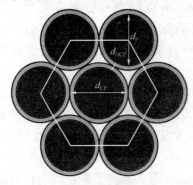

图 4.29 复合颗粒的示意图

4.2.3.1 修正原理

将"颗粒所占空间"（颗粒本身和周围占据的空间）视为复合颗粒（图 4.29），则相邻复合颗粒之间相互接触，满足 Fuller 分布的要求。图 4.29 表明复合颗粒的直径（d_{CP}）为：

$$d_{CP} = d_P + d_{HCP} \tag{4-5}$$

式中：d_P 为固体颗粒直径；d_{HCP} 为颗粒间距（包含颗粒表面水膜）。

基于以上假设，实际浆体中互不接触的固体颗粒分布可转化为相互接触的复合颗粒分布（理想中的干燥粉体，见图 4.30）。若要实现复合颗粒的紧密堆积，则复合颗粒应符合 Fuller 分布的要求。若能求出颗粒间距，便可推导出固体颗粒的最佳颗粒分布。

4.2.3.2 颗粒间距的推导

为计算颗粒间距，本文做出了如下假设：（1）固体颗粒及复合颗粒均为球

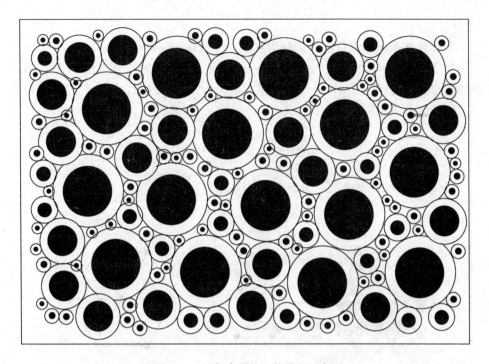

图 4.30 "复合颗粒"的堆积示意图

体；（2）d_{HCP} 的值仅与固体颗粒的粒径及表面性质（取决于胶凝材料的种类）有关。当浆体固含量最大（浆体密度最高）时，颗粒间距最小，浆体最为密实。胶凝材料浆体的最大固含量（φ）可由下式计算：

$$\rho_c \cdot \varphi + \rho_w \cdot (1-\varphi) = \rho_{wet} \ \text{或} \ \varphi = \frac{\rho_{wet} - \rho_w}{\rho_c - \rho_w} \tag{4-6}$$

式中：ρ_w、ρ_c 分别为水、胶凝材料的密度；ρ_{wet} 为胶凝材料浆体的最大密度。

由于"区间窄分布，整体宽分布"颗粒级配模型中各区间颗粒分布较窄，同一区间的颗粒可视为等径球体，其直径 $d_p = D_{50}$。i 区间每个粒度的体积（V_i）为：

$$V_i = \frac{1}{6} \pi d_{pi}^3 \tag{4-7}$$

单位体积浆体（本文为 1cm³）中的颗粒总数 N 可由式（4-8）计算：

$$N_i = \frac{1 \times \varphi_i}{V_i} \tag{4-8}$$

平行于立方体任意面的直线上固体颗粒数为：

$$n_i = N_i^{\frac{1}{3}} \tag{4-9}$$

实际浆体中固体颗粒的堆积较为复杂，一般认为实际浆体中颗粒堆积方式介于简单立方堆积和六方紧密堆积之间，并倾向于六方紧密堆积（图 4.31）。若 i 区间复合颗粒粒径为 d_{CPi}，且颗粒堆积方式为六方紧密堆积，颗粒粒径与单位立方体边长间的关系可表达为：

$$d_{CPi} + \frac{(n_i - 1)}{2}\sqrt{3}d_{CPi} = 1 \tag{4-10}$$

i 区间颗粒间距（d_{HCPi}）可由式（4-11）计算：

$$d_{HCPi} = d_{CPi} - d_{Pi} \tag{4-11}$$

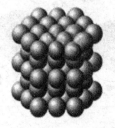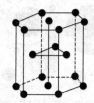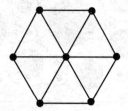

图 4.31　六方紧密堆积示意图

4.2.3.3　颗粒间距的测定

为测定实际浆体中各胶凝材料颗粒间的距离，将水泥熟料、矿渣和粉煤灰进行粉磨，并用 JCF-20F 型分级机进行了分级处理。原材料的化学组成见表 4.19。采用激光粒度分析仪测定了不同粒度胶凝材料的颗粒分布，结果如图 4.32 和表 4.20 所示。鉴于各粒度区间胶凝材料颗粒分布较窄，采用 D_{50} 作为各区间的平均粒径。

表 4.19　试验所用硅酸盐水泥熟料、矿渣、低钙粉煤灰的化学组成

Material	Chemical composition（%）										
	SiO$_2$	Al$_2$O$_3$	Fe$_2$O$_3$	CaO	MgO	K$_2$O	Na$_2$O	SO$_3$	TiO$_2$	LOI	Sum
Cement clinker	21.86	4.45	2.35	63.51	1.67	0.55	0.26	2.91	0.11	1.89	99.56
BFS	35.22	12.15	0.25	37.08	11.25	0.49	0.25	1.19	0.73	−0.36	98.61
Low calcium fly ash	45.43	24.36	9.70	5.23	1.46	0.23	0.36	1.03	0.15	11.88	99.68
Quartz sand	99.16	0.36	0.12	0.18	0.06	0.02	0.01	0.02	0.01	0.02	0.16

Note：LOI, loss on ignition.

采用李氏比重瓶测定了各粒度区间胶凝材料的密度（表 4.20）。按不同水灰

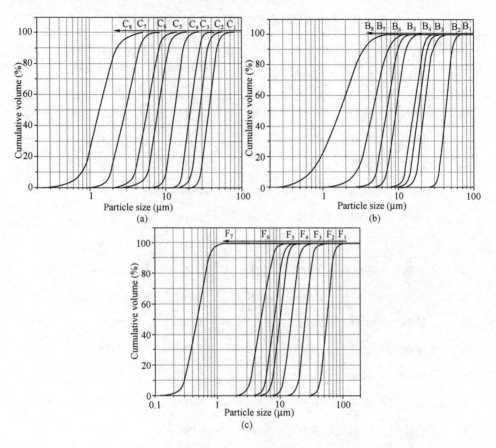

图 4.32　水泥熟料、矿渣、低钙粉煤灰不同粒度区间的颗粒分布

(a) Cement clinker；(b) BFS；(c) Low calcium fly ash

比将各粒度区间胶凝材料与水搅拌成浆体，将新拌浆体倒入模具中并振实，测定浆体的最大密度。按照 4.2.3.2 描述的方法计算浆体中各胶凝材料颗粒间的距离，计算结果见表 4.20，表中 C、B、F 分别表示水泥熟料、矿渣和粉煤灰。对某一种胶凝材料而言，颗粒间距随颗粒粒径的减小而显著减小。例如：当水泥熟料粒径从 $56.61\mu m$ 减小到 $1.50\mu m$，其颗粒间距由 $8.69\mu m$ 减至 $0.53\mu m$，说明颗粒粒径越大，颗粒间距也就越大。

德国水泥工业研究所的研究结果表明：若水泥颗粒为球体，不考虑表面粗糙度和早期水化的影响，根据标准稠度需水量和勃氏比表面积计算颗粒表面的水膜厚度平均为 $0.22\mu m$。结果还表明，颗粒越大为获得足够流动性所需的水膜厚度也越大，颗粒分布越窄所需水膜厚度也越大。如：当 n 值由 0.7 增大至 1.2 时，水膜厚度由 $0.11\mu m$ 增大到 $0.36\mu m$。本文测定的颗粒间距远大于水膜的厚度，说明除水膜外颗粒间存在一定距离。

表 4.20　各胶凝材料区间的颗粒分布参数及颗粒间距

Fraction	D_{10} (μm)	D_{50} (μm)	D_{90} (μm)	Density (g/cm^3)	Maximum wet density (g/cm^3)	Maximum volume concentration of solids (%)	d_{HCP} (μm)
C_1	50.81	56.61	70.83	3.259	2.183	52.39	8.69
C_2	29.45	36.37	46.55	3.252	2.180	52.41	5.59
C_3	22.07	28.27	35.05	3.241	2.149	51.27	4.59
C_4	16.81	21.48	26.84	3.209	2.063	48.08	4.03
C_5	10.29	13.19	16.53	3.159	2.014	46.96	2.60
C_6	6.17	8.24	11.23	3.112	1.944	44.68	1.79
C_7	1.90	3.98	4.72	3.060	1.863	41.90	0.97
C_8	0.81	1.50	2.28	3.021	1.657	32.52	0.53
B_1	35.74	44.84	51.09	2.907	2.053	55.23	5.99
B_2	18.53	22.27	29.57	2.903	2.033	54.28	3.13
B_3	14.39	18.95	25.03	2.901	2.025	53.94	2.71
B_4	12.57	16.08	21.74	2.892	2.010	53.42	2.36
B_5	7.42	9.52	13.09	2.886	1.969	51.39	1.54
B_6	5.12	6.81	9.17	2.884	1.933	49.53	1.20
B_7	2.80	4.72	7.55	2.846	1.861	46.64	0.94
B_8	0.68	1.67	3.46	2.789	1.606	33.86	0.56
F_1	45.26	58.85	61.56	2.562	1.758	48.50	10.80
F_2	20.01	26.38	32.45	2.562	1.726	46.45	5.31
F_3	11.48	15.80	19.98	2.574	1.700	44.47	3.46
F_4	7.58	10.41	13.25	2.582	1.665	42.05	2.52
F_5	5.85	8.32	11.24	2.590	1.641	40.32	2.16
F_6	3.61	5.06	7.58	2.612	1.572	35.51	1.59
F_7	0.29	0.45	0.74	2.614	1.358	22.16	0.78

Note: C, B and F are cement clinker, BFS and low calcium fly ash, respectively. D_{10}, D_{50} and D_{90} are the particle diameters at which the cumulative volume reaches 10%, 50%, and 90%, respectively.

4.2.3.4　模型的修正

为提高水泥浆体的堆积密度，复合颗粒应符合 Fuller 分布的要求，即：

$$U(d_{CP}) = 100\left(\frac{d_{CP}}{D_{CP}}\right)^{0.4} \tag{4-12}$$

式中：$U(d_{CP})$ 为小于 d_{CP}（μm）的颗粒累积含量（%）；D_{CP} 为复合颗粒最大粒径（μm）。

复合颗粒的频率分布函数（$F(d_{CP})$）为：

$$F(d_{CP}) = d[U(d_{CP})] = \frac{40}{D_{CP}}\left(\frac{d_{CP}}{D_{CP}}\right)^{-0.6} \tag{4-13}$$

固体颗粒分布与复合颗粒分布关系可表示为式（4-14）：

$$\frac{\text{Incremental volume of solid particles}}{\text{Incremental volume of composite particles}} = \frac{F(d_P)d(d_P)}{F(d_{CP})d(d_{CP})} = \frac{\frac{\pi}{6}d_P^3}{\frac{\pi}{6}d_{CP}^3} = \left(\frac{d_P}{d_{CP}}\right)^3$$

$$\tag{4-14}$$

式中：$F(d_P)$ 为固体颗粒的频率分布函数。

根据表 4.21 中数据可得，复合颗粒粒径与固体颗粒粒径关系如图 4.33 所示。复合颗粒粒径可表示为：

$$d_{CP} = \lambda d_P + C \tag{4-15}$$

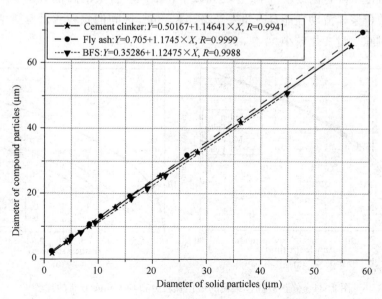

图 4.33　胶凝材料颗粒粒径与复合颗粒粒径的关系

式中：λ 和 C 为常数，且仅与颗粒表面性质（胶凝材料种类）有关。

将式（4-15）及式（4-13）代入式（4-14）可得：

$$F(d_P) = \lambda \left(\frac{d_P}{\lambda d_P + C} \right)^3 F(\lambda d_P + C) \tag{4-16}$$

固体颗粒的最佳分布 $U(d_P)$ 为：

$$U(d_P) = \int_0^{D_P} F(d_P) \mathrm{d}(d_P) \tag{4-17}$$

式中，D_P 为固体颗粒的最大粒径。

经归一化（百分化）处理后，固体颗粒的最佳分布（$\Phi(d_P)$）可表示为：

$$\Phi(d_P) = 100 \cdot \left(\frac{\lambda D_P + C}{D_P} \right)^3 \cdot \left(\frac{d_P}{\lambda d_P + C} \right)^3 \cdot \left(\frac{\lambda d_P + C}{\lambda D_P + C} \right)^{0.4} \tag{4-18}$$

修正前后固体颗粒的最佳分布如图 4.34 所示，图中：MB Fuller、MC Fuller 及 MF Fuller 分别表示按照矿渣、水泥熟料、粉煤灰颗粒间距修正后的 Fuller 分布。与 Fuller 分布相比，修正后各胶凝材料的最佳颗粒分布中，细颗粒含量显著降低，特别是 $<1\mu\mathrm{m}$ 颗粒含量降低了 50% 以上。按照 Fuller、MB Fuller、MC Fuller 及 MF Fuller 计算的"区间窄分布，整体宽分布"颗粒级配模型分别记为 F_0、MF_B、MF_C、MF_F，其各区间颗粒含量见表 4.21。修正后 $<4\mu\mathrm{m}$ 颗粒含量大幅度下降，由 30% 下降至 25% 以下，细颗粒含量的降低对减少水泥的需水量、改善浆体流动性能具有重要意义。$4\sim8\mu\mathrm{m}$ 区间的颗粒含量有所增加，其他区间颗粒含量变化较小。

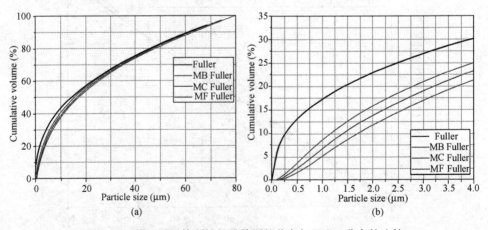

图 4.34　修正后固体颗粒的最佳颗粒分布与 Fuller 分布的比较

(a) Gap-graded PSD in the range of $0\sim80~\mu\mathrm{m}$；(b) Gap-graded PSD in the range of $0\sim4~\mu\mathrm{m}$

表 4.21　修正前后"区间窄分布，整体宽分布"颗粒级配模型的参数

Filling grade		Fifth	Fourth	Third	Second	First
Size range (μm)		<4	4~8	8~24	24~45	45~80
Incremental volume（%）	F_0	30.2	9.6	22.0	17.7	20.5
	MF_B	25.1	11.3	24.0	18.5	21.1
	MF_C	23.4	11.8	24.6	18.8	21.4
	MF_F	21.4	12.3	25.4	19.2	21.7

Note：F_0 is the original gap-graded PSD according to Fuller distribution. MF_B, MF_C and MF_F are gap-graded PSDs according to MC Fuller, MB Fuller and MF Fuller distributions (Fig. 4.34)，respectively.

4.2.4　"区间窄分布，整体宽分布"模型的验证

为验证修正后的"区间窄分布，整体宽分布"颗粒级配模型是否更有利于提高复合水泥浆体的初始堆积密度，达到优化复合水泥初始浆体结构的目的，制备了符合"区间窄分布，整体宽分布"模型的低熟料用量复合水泥（以水泥熟料-矿渣水泥为例），测定了该水泥粉体、浆体及砂浆的基本性能。

4.2.4.1　"区间窄分布，整体宽分布"复合水泥的制备

所用试验原料见 4.2.3.3。将原料破碎、粉磨、分级制得了符合"区间窄分布，整体宽分布"模型的水泥熟料和矿渣粉体。各粒度区间胶凝材料的颗粒分布及分布参数如图 4.35 和表 4.22 所示。由于分级机的分选效率有限，各区间胶凝材料的颗粒分布有一定程度的重叠，但基本上达到"区间窄分布"的要求（均匀性系数 n 为 1.3~1.5）。

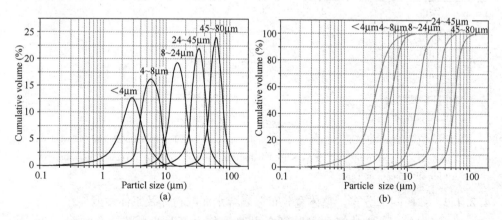

图 4.35　胶凝材料各区间的颗粒分布

(a) Incremental volume vs. particle size；(b) Cumulative volume vs. particle size

表 4.22　各粒度区间的颗粒分布参数

Size fraction（μm）	<4	4～8	8～24	24～45	45～80
D_{10}（μm）	0.69	3.32	9.28	20.52	41.60
D_{50}（μm）	1.51	5.65	15.08	30.75	58.85
D_{90}（μm）	2.87	8.85	21.54	39.29	75.57

按照修正前后"区间窄分布，整体宽分布"模型制备的复合水泥配比见表4.23，表中 GP、GPC、GPB 及 GPF 分别为按照表 4.21 中 F_0、MF_C、MF_B、MF_F 配制的"区间窄分布，整体宽分布"复合水泥（Gap-graded blended cement）。该水泥中水泥熟料仅置于 $8\sim24\mu m$ 区间，其他区间均选用相应细度的矿渣。固定水泥熟料掺量为 25%（体积含量），当 $8\sim24\mu m$ 区间颗粒含量超过 25%，超出部分用相同粒度的矿渣替代；当 $8\sim24\mu m$ 区间颗粒含量低于 25%，则将剩余水泥熟料平均置于最相邻的两个区间，以保证所制备的复合水泥具有相同的熟料掺量和细度。为比较"区间窄分布，整体宽分布"复合水泥的性能，采用混合粉磨的方法制备了硅酸盐水泥和参比水泥（25%水泥熟料－75%BFS），控制其勃氏比表面积为（350±10）m^2/kg 左右（与"区间窄分布，整体宽分布"复合水泥的比表面积相近）。

表 4.23　"区间窄分布，整体宽分布"复合水泥的配比（体积分数）

Filling grade	Fifth	Fourth	Third	Second	First
Fraction（μm）	<4	4～8	8～24	24～45	45～80
Cementitious material	BFS	BFS	Cement clinker	BFS	BFS
GP	30.2	9.6	22.0	17.7	20.5
GPC	25.1	11.3	24.0	18.5	21.1
GPB	23.4	11.8	24.6	18.8	21.4
GPF	21.4	12.3	25.4	19.2	21.7
Reference cement	25% Cement clinker ＋ 75% BFS				
Portland cement	100% Cement clinker				

Note：G_P, G_{PC}, G_{PB} and G_{PF} are gap-graded blended cements with F_0, MF_C, MF_B and MF_F distribution (Table 4.21), respectively. 5% of gypsum dihydrate by mass percentage of cementitious material was added for all cements in Table 4.23.

4.2.4.2　"区间窄分布，整体宽分布"复合水泥的粉体及浆体性能

"区间窄分布，整体宽分布"复合水泥及参比水泥的颗粒分布如图 4.36 所示。参比水泥的颗粒分布基本符合 RRB 分布（硅酸盐水泥与之相近），其频率分

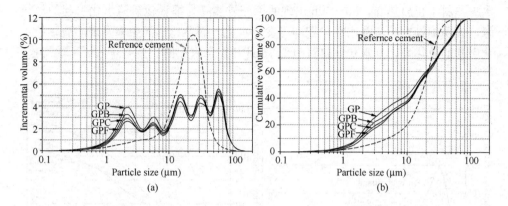

图 4.36　"区间窄分布，整体宽分布"复合水泥的颗粒分布

(a) Incremental volume vs. particle size；(b) Cumulative volume vs. particle size

布为一高而尖锐的峰，表明颗粒分布较集中，粗细颗粒含量均较少。采用"区间窄分布，整体宽分布"模型配制的复合水泥频率分布为五个峰，峰位分别为 $2\sim3\mu m$、$5\sim7\mu m$、$15\sim17\mu m$、$30\sim32\mu m$ 和 $60\sim65\mu m$，基本符合"区间窄分布，整体宽分布"模型的要求，以便实现颗粒的逐级填充。该水泥整体颗粒分布较宽，粗细颗粒均较多，基本符合 Fuller 分布的要求。

　　采用标准稠度需水量及最大固含量的方法表征了复合水泥浆体的堆积密度，结果见表 4.24。与参比水泥相比，"区间窄分布，整体宽分布"复合水泥具有较低的需水量和较高的堆积密度。此外，采用修正模型配制的复合水泥具有更高的堆积密度。例如：GPB复合水泥的最大固含量高达 56.42%，较参比水泥提高了10%，说明采用"区间窄分布，整体宽分布"模型可大幅度提高复合水泥浆体的初始堆积密度。

表 4.24　"区间窄分布，整体宽分布"复合水泥浆体的标准稠度需水量及堆积密度

Cement	GP	GPC	GPB	GPF	Portland cement	Reference cement
Density（g/cm³）	2.916	2.924	2.921	2.924	3.151	2.952
Water requirement for normal consistency	0.325	0.317	0.313	0.322	0.303	0.326
Maximum wet density（g/cm³）	1.972	2.051	2.089	2.029	2.059	1.898
Maximum volume concentration of solids（%）	50.48	54.37	56.42	53.23	49.24	46.00

　　为表征复合水泥的水化进程，采用 TAM-air 型等温量热仪测定了水泥浆体（水灰比为 0.5、温度为 25℃）的水化放热。由图 4.37 可以看出，参比水泥的放热速率曲线与硅酸盐水泥的相似（两个放热峰），但其放热峰值较低，且峰位出现时间滞后。GPB复合水泥放热速率曲线表现为三个放热峰，前两个放热峰为

水泥熟料水化放热峰，30～50h 出现的第三放热峰为细颗粒矿渣水化引起的放热峰，说明细颗粒矿渣在水化早期即可发生水化。而参比水泥中未发现矿渣颗粒水化引起的放热峰，其水化放热量也低于 GPB 复合水泥的。

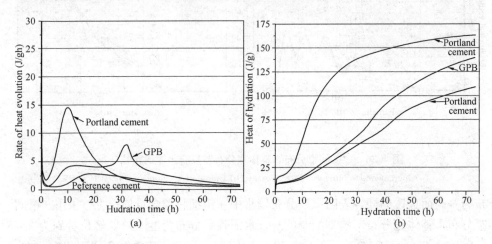

图 4.37　"区间窄分布，整体宽分布"复合水泥、参比水泥及硅酸盐水泥的水化放热
(a) Rate of heat evolution；(b) Cumulative heat of hydration

将具有标准稠度的复合水泥浆体在（20±1）℃水中养护至一定龄期，终止水化后在 65℃下真空干燥，采用 SEM 观察硬化浆体的微观结构。图 4.38（a）、（b）和（c）表明参比水泥养护不同龄期后水化产物数量均较少，浆体结构较疏松、大孔较多。矿渣颗粒与水化产物界限明显，说明矿渣颗粒与水化产物粘接不牢固。硅酸盐水泥水化 1d 后生成了大量水化产物，随水化时间的延长，水化产物数量逐渐增加，但较大熟料颗粒仅发生表面水化，各龄期硬化浆体中毛细孔较多 [图 4.38（d）、（e）和（f）]。虽然 GPB 复合水泥浆体早期水化产物较少，但浆体结构较为密实，且随养护时间的延长，浆体中水化产物逐渐增加，微观结构更加致密（甚至较硅酸盐水泥浆体的致密），矿渣颗粒与周围水化产物粘接较为牢固 [图 4.38（g）、（h）和（i）]。

4.2.4.3　"区间窄分布，整体宽分布"复合水泥的胶砂强度

按照 GB/T 17671—1999 测定的复合水泥胶砂强度见图 4.39。尽管"区间窄分布，整体宽分布"复合水泥的熟料掺量仅为 25%，但其 3d 和 28d 抗压、抗折强度均接近甚至超过了硅酸盐水泥的强度。GPB 复合水泥的 3d、28d 抗压强度分别为 25.4MPa、49.2MPa，较参比水泥分别提高了 75.2% 和 44.7%。

复合水泥的干燥收缩性能参照《水泥胶砂干缩试验方法》（JC/T 603—2004）测定，并将干燥收缩值恒定的试件重新浸泡入水中，测定试件的可逆干燥收缩值。复合水泥干缩率变化如图 4.40 所示，可逆干缩率初始值为干缩的最终值。图 4.40

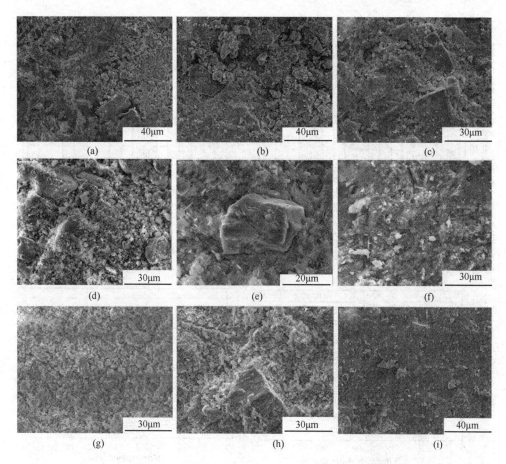

图 4.38　"区间窄分布，整体宽分布"复合水泥硬化浆体的 SEM 照片

（a）Reference cement paste cured for ld；（b）Reference cement paste cured for 3d；（c）Reference cement paste cured for 28d；（d）Portland cement paste cured for 1d；（e）Portland cement paste cured for 3d；（f）Portland cement paste cured for 28d；（g）GPB cement paste cured for ld；（h）GPB cement paste cured for 3d；（i）GPB cement paste cured for 28d

表明复合水泥的干燥收缩主要发生在前 28d，可逆干缩主要发生在浸水后 3d 内。表 4.25 表明硅酸盐水泥和参比水泥的干缩和可逆干缩均较大，而"区间窄分布，整体宽分布"复合水泥的干缩率较低，且其干缩主要为不可逆干缩。

表 4-25　"区间窄分布，整体宽分布"复合水泥砂浆的
干燥收缩和可逆收缩（50% RH、20℃±1℃）

Cement		GP	GPC	GPB	GPF	Portland cement	Reference cement
Drying shrinkage	Total（%）	0.085	0.076	0.072	0.092	0.116	0.120
	Reversible（%）	0.063	0.057	0.056	0.067	0.077	0.084
	Irreversible（%）	0.022	0.019	0.016	0.025	0.039	0.036

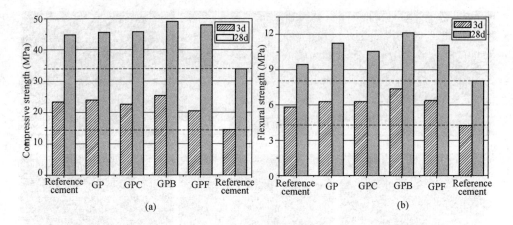

图 4.39　"区间窄分布，整体宽分布"复合水泥的抗压、抗折强度

（a）Compressive strength；（b）Flexural strength

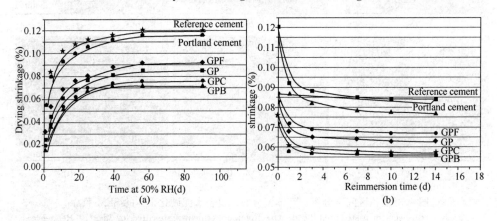

图 4.40　"区间窄分布，整体宽分布"复合水泥砂浆的干燥率变化（50％ RH、20℃± 1℃）

（a）Total drying shrinkage；（b）Reversible shrinkage

4.3　水泥熟料与辅助性胶凝材料的优化匹配原则

　　众所周知，胶凝材料的水化活性由其固有活性和粒度决定。虽然胶凝材料的固有活性无法改变（与其矿物组成、冷却方法等因素有关），但可通过调控胶凝材料粒径的方法调整胶凝材料的水化活性。若根据胶凝材料的固有活性，通过调控胶凝材料的粒度范围，将其水化活性控制在某一范围内，使胶凝材料在水化初期不至于过快水化，又能够在一定时间内高效水化，可达到降低复合水泥需水量、提高硬化浆体性能的目的。目前，普遍认为中粒度区间硅酸盐水泥颗粒的胶凝性较好，但具体粒径范围尚不明确，而对辅助性胶凝材料的使用则更为盲目，已有研究尚未涉及辅助性胶凝材料高效利用的概念。

4.3.1　水泥熟料与辅助性胶凝材料的需水量

由图 4.41 可以看出，细粒度区间水泥熟料的标准稠度需水量超过了 0.7。各粒度区间钢渣、矿渣的需水量均低于水泥熟料。粉煤灰中碳含量较高，且含有部分多孔颗粒，导致各区间粉煤灰的需水量远高于矿渣。超细粒度区间水泥熟料的 5min 水化程度接近 20%（图 4.4），其水化水量约占标准稠度需水量的 15%～20%。与水泥熟料相比，辅助性胶凝材料的活性相对较低，即便是细粒度区间辅助性胶凝材料的水化活性也较低（<4μm 矿渣 24h 后才开始大量水化），其水化消耗水量均非常小。此外，胶凝材料表面性质不同，其表面吸附水膜厚度也不相同，4.2.3.3 已经证实水泥颗粒间距较辅助性胶凝材料的大。所以，采用辅助性胶凝材料（粉煤灰除外）替代水泥熟料可显著降低复合水泥的吸附水量和水化消耗水量。

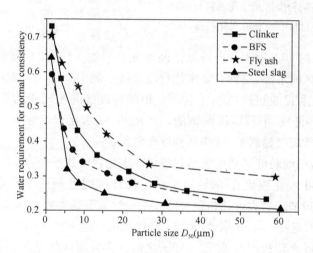

图 4.41　不同粒度区间水泥熟料与辅助性胶凝材料的标准稠度需水量

4.3.2　水泥熟料与辅助性胶凝材料的水化动力学匹配

4.3.2.1　水泥熟料与辅助性胶凝材料的水化程度

为保证水泥浆体具有良好的工作性能和较高的堆积密度，胶凝材料 60min（水泥混凝土拌合、成型期）水化程度不宜过高。为使胶凝材料具有正常的凝结时间，其 60min 水化程度也不能过低。因此，胶凝材料拌合期的水化程度应控制在一定范围内。为充分发挥胶凝材料的胶凝性能，胶凝材料的后期水化程度越高越好。因此，理想的胶凝材料应具有较低的 60min 水化程度、较高的 3d 水化程度和非常高的 28d 水化程度。本节测定了不同粒度区间水泥熟料及辅助性胶凝材料浆体（标准稠度）的 60min、3d 和 28d 水化程度，以表征其水化效能。

图 4.42 表明细粒度区间（<8μm）水泥熟料的 60min 水化程度非常高，特别是<4μm 区间水泥熟料的 60min 水化程度高达 24.4%，是导致细粒度区间水泥熟料需水量较高的最主要原因。中粒度区间（8～24μm）水泥熟料的 60min 水

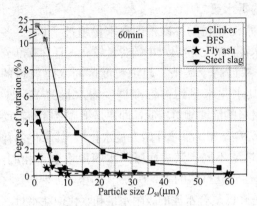

图 4.42　不同粒度区间水泥熟料与辅助性
胶凝材料的 60min 水化程度

化程度较适宜（2%～5%），粗粒度区间（＞24μm）水泥熟料的 60min 水化程度较低。细粒度区间钢渣、矿渣的 60min 水化程度也较为理想，其他区间钢渣、矿渣的 60min 水化程度非常低。各区间低钙粉煤灰的 60min 水化程度均非常低，说明在水化早期其火山灰活性几乎可忽略。

不同粒度区间水泥熟料与辅助性胶凝材料的 3d 水化程度如图 4.43 所示。细粒度区间水泥熟料的 3d 水化程度高达 90% 以上；中粒度区间水泥熟料的 3d 水化程度在 30%～70% 之间；粗粒度区间水泥熟料的 3d 水化程度较低（低于 30%）。细粒度区间钢渣、矿渣的 3d 水化程度也可达 20%～70%，但细粒度区间粉煤灰的 3d 水化程度仍较低（3%～20%）；中粒度区间钢渣、矿渣的 3d 水化程度在 5%～20% 之间；其他区间辅助性胶凝材料的 3d 水化程度非常低。

图 4.44 表明细粒度区间水泥熟料的 28d 水化程度几乎接近 100%；8～24μm 水泥熟料的 28d 水化程度在 80% 以上；粗粒度区间熟料的 28d 水化程度低于 50%，说明养护 28d 后大量熟料颗粒的胶凝活性未得到充分发挥（仅发生表面水化）。＜8μm 矿渣及＜4μm 钢渣的 28d 水化程度可达 80% 以上；中粒度区间钢渣、矿渣的 28d 水化程度在 20%～70% 之间；粗粒度区间钢渣、矿渣的 28d 水化程度较低（20% 以下）。细粒度区间粉煤灰的 28d 水化程度仍较低（10%～

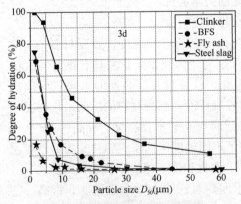

图 4.43　不同粒度区间水泥熟料与
辅助性胶凝材料的 3d 水化程度

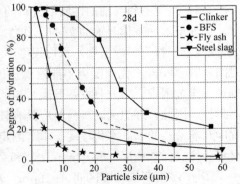

图 4.44　不同粒度区间水泥熟料与
辅助性胶凝材料的 28d 水化程度

30%），>8μm 粉煤灰的 28d 水化程度非常低（小于 10%），这说明低钙粉煤灰的活性较低，粗、细粒度区间粉煤灰的水化程度差别较小，因此，通过超细粉磨提高粉煤灰活性的效果非常有限。

4.3.2.2 水泥熟料与辅助性胶凝材料的水化动力学

经分级处理后，各区间胶凝材料颗粒可视为是等径球体。设胶凝材料颗粒原始半径为 r_0，经 t 时间反应后水化深度为 h，此时反应程度为 α，则胶凝材料颗粒水化程度与反应深度的关系为：

$$\alpha = \frac{\frac{4}{3}\pi r_0^3 - \frac{4}{3}\pi(r_0-h)^3}{\frac{4}{3}\pi r_0^3} = 1 - \left(1 - \frac{h}{r_0}\right)^3 \tag{4-19}$$

即：
$$h = r_0\left[1 - (1-\alpha)^{\frac{1}{3}}\right] \tag{4-20}$$

Taylor 等根据水泥放热速率曲线，将水泥水化分为：初始反应期、诱导期、加速期、减速期和稳定期。在初始反应期（包含诱导期），水泥熟料颗粒遇水立刻发生反应，该阶段反应速率主要受相界面反应速率控制。根据 Jander 方程，水化深度（h）随时间（t）的关系如下：

$$h = a + k_1 \cdot t \tag{4-21}$$

式中，a 为加水瞬间水泥熟料颗粒水化深度；k_1 为初始反应期反应速率常数。

在加速期和减速期，水泥熟料的水化速率较快，反应速率主要受晶核增长速率控制，水化深度可表达为：

$$h = a + k_2 \cdot (t-t_0)^{\frac{1}{2}} \tag{4-22}$$

式中，a 为常数；k_2 为加速、减速期反应速率常数；t_0 为诱导期结束的时间。

在水化稳定期，水泥熟料水化非常缓慢，反应速率主要受扩散速率控制。随水化时间的延长，水化产物层厚度越厚，水化产物堆积越紧密，OH^-、$[SiO_4]^{4-}$ 等离子扩散速率越慢，水泥熟料水化速率也就越低。Kroger 等人认为稳定期内，水化深度与时间的对数呈正比关系，即：

$$h = a + k_3 \cdot \ln(t-t_0) \tag{4-23}$$

式中，a 为常数；k_3 为稳定期反应速率常数；t_0 为诱导期结束的时间。

1. 水泥熟料的水化动力学

根据式（4-20）将不同粒度区间水泥熟料浆体（标准稠度）的水化程度（图4.3）转化为水化深度，并按照式（4-21）、（4-22）和式（4-23）对各反应阶段水泥熟料的水化深度进行曲线拟合，结果如图 4.45 所示，水化反应各阶段的动力学参数见表 4.26。

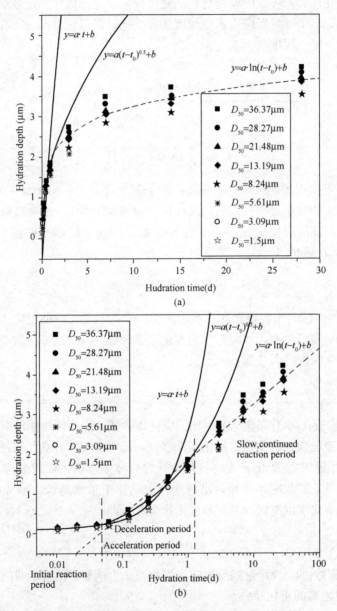

图 4.45　硅酸盐水泥熟料水化深度与水化时间的关系

(a) Hydration depth vs. hydration time；(b) Hydration depth vs. ln$t$

表 4. 26 水泥熟料水化动力学参数

Hydration phase	Initial reaction period	Acceleration period	Deceleration period	Slow, continued reaction period
Time range	0~1.5h	1.5~10h	10~30h	≥30h
Reaction mechanism	Interface reaction	Nucleation and growth		Diffusion
Hydration kinetics function	$y=a \cdot t+b$	$y=a(t-t_0)^{0.5}+b$		$y=a \cdot \ln(t-t_0)+b$
The value of hydration kinetics parameter	$a=2.4458$ $b=0.0966$	$a=1.7953$ $b=0.0266$ $t_0=0.0417$		$a=0.6055$ $b=1.8597$ $t_0=0.0417$
Goodness of fit (R^2)	0.85	0.98		0.92
Hydration depth (μm)	0.097~0.25	0.25~1.99		≥1.99

各反应阶段水泥熟料的水化深度见表 4.27。水泥熟料与水拌合过程 (5min)，其反应深度约为 $0.13\mu m$；诱导期结束时，水化深度为 $0.23\mu m$；减速期结束时，水化深度为 $1.99\mu m$；3d、28d、90d、360d 水化深度分别为 $2.53\mu m$、$3.88\mu m$、$4.58\mu m$ 和 $5.42\mu m$。也就是说，粒径大于 $11\mu m$ 的水泥熟料颗粒无法在 360d 内完全水化。

表 4. 27 各反应阶段水泥熟料的水化深度

Meaning	Blending with water	The end of induction period	The end of acceleration period	The end of deceleration period			
Hydration time	5 min	1.31 h	10 h	30 h	3d	28d	90d	360d
Hydration depth (μm)	0.13	0.23	1.12	1.99	2.53	3.88	4.58	5.42

根据水泥熟料水化各阶段的水化深度和式 (4-19)，可计算出不同粒度水泥熟料各反应阶段的水化程度。图 4.46 表明粒径为 $1.5\mu m$ 的水泥熟料颗粒在初始反应期内水化程度达 60% 以上，在加速期内可完全水化。粒径为 $6\mu m$ 的水泥熟料颗粒在诱导期结束时，水化程度仅为 20% 左右，在减速期结束时水化程度接近 100%。在 360d 内，$>32\mu m$ 的水泥熟料颗粒水化程度不足 60%，表明粗颗粒水泥熟料胶凝性能无法有效发挥。

水泥基材料的强度、耐久性等性能主要取决于其孔隙率。众多水泥化学家认为，水泥的外部水化产物主要在初始反应期、加速期和减速期内生成，而内部水化产物主要在稳定期内生成。虽然内部水化产物（主要是 HD C-S-H）具有较高的本征强度，但其对浆体中孔隙的填充能力较差，而外部水化产物（主要是 LD C-S-H）对孔隙的填充能力较强。在相同水化程度的前提下，生成外

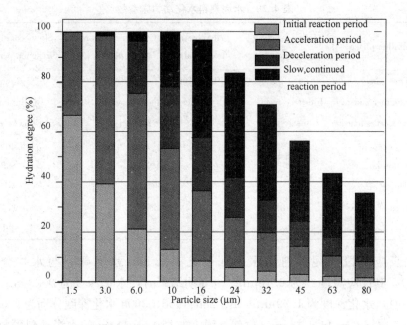

图 4.46　不同粒度水泥熟料各反应阶段的水化程度（养护 360d）

部水化物数量越多，其填充孔隙的能力越强，水泥基材料的性能也就越好。采用减速期结束时水化程度占总水化程度的比例半定量地表征外部水化产物的数量，以表征不同粒度水泥熟料对孔隙的填充能力。图 4.47 表明细粒度区间

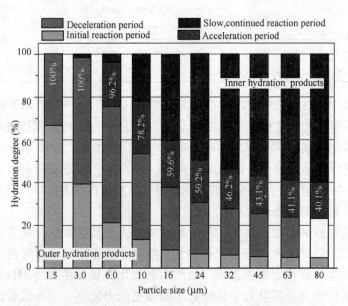

图 4.47　不同粒度水泥熟料生成的外部水化产物量（养护 360d）

水泥熟料的水化产物中外部水化产物所占比例较高，$24\mu m$ 以下水泥熟料水化产物中外部水化产物占 50% 以上，说明其对孔隙填充能力较强，而 $32\mu m$ 以上熟料颗粒生成的水化产物中外部水化产物仅占 40% 左右，表明粗熟料颗粒对孔隙填充能力较弱。

2. 矿渣的水化动力学过程

将矿渣浆体水化程度（图 4.9）按（4-20）式换算成水化深度，采用水泥熟料水化动力学的研究方法，研究了矿渣水化各阶段的反应动力学过程。矿渣的水化可分为：初始反应期、快速反应期（对应于加速期和减速期）和稳定期，分别采用式（4-21）、（4-22）和式（4-23）对三个水化阶段的动力学过程进行拟合，计算结果见图 4.48 和表 4.28。

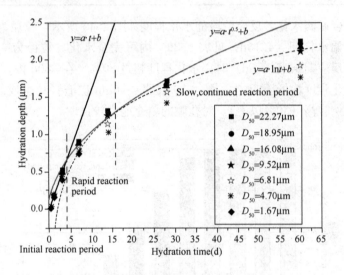

图 4.48　矿渣水化深度与水化时间的关系

表 4.28　矿渣水化动力学参数

Hydration phase	Initial reaction period	Rapid reaction period	Slow, continued reaction period
Reaction mechanism	Interface reaction	Nucleation and growth	Diffusion
Time range	0～4.15d	4.15～15d	≥15d
Hydration kinetics function	$y = a \cdot t + b$	$y = a \cdot t^{0.5} + b$	$y = a \cdot \ln t + b$
The value of hydration kinetics parameter	$a = 0.1581$ $b = 0.001192$	$a = 0.3278$ $b = -0.04188$	$a = 0.6274$ $b = -0.4462$
Goodness of fit (R^2)	0.96	0.92	0.86
Hydration depth (μm)	0.0012～0.66	0.66～1.26	≥1.26

由表 4.29 可知，矿渣颗粒与水反拌合过程（5min），水化深度仅为 0.0017μm；1d、28d 和 360d 的水化深度分别为 0.16、1.64 和 3.25μm。因此，>7μm 的矿渣颗粒在 360d 内无法完全水化。

表 4.29 各反应阶段矿渣的水化深度

Meaning	Blending with water			The end of Initial reaction period	The end of rapid reaction period			
Hydration time	5min	1d	3d	4.15d	15d	28d	90d	360d
Hydration depth（μm）	0.0017	0.16	0.475	0.66	1.26	1.64	2.38	3.25

不同粒度矿渣水化各反应阶段的水化程度如图 4.49 所示，粒径为 1μm 的矿渣颗粒在初始水化期（4.15d，见表 4.29）内可完全水化。粒径为 6μm 的矿渣颗粒在快速反应期结束（15d）时，水化程度超过 80%。在 360d 内，>24μm 的矿渣颗粒水化程度均低于 50%。图 4.50 表明<16μm 矿渣颗粒生成的外部水化产物所占比例较高（50% 以上），对孔隙的填充能力较强。

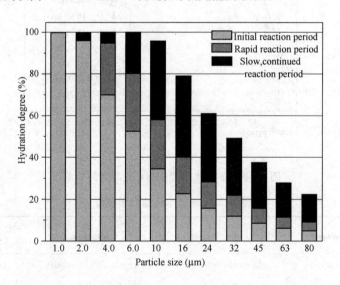

图 4.49 不同粒度矿渣各反应阶段的水化程度（养护 360d）

3. 钢渣的水化动力学过程

将钢渣的水化分为：初始反应期、快速反应期（对应于加速期和减速期）和稳定期。将不同粒度区间钢渣的水化程度（图 4.21）计算成水化深度，分别对三个水化阶段的动力学方程进行了拟合（图 4.51），各阶段的动力学参数见表 4.30。

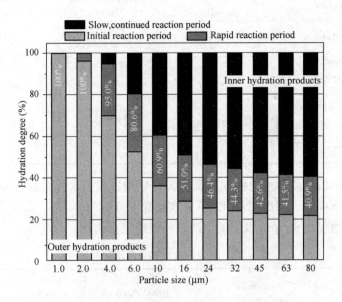

图 4.50 不同粒度矿渣生成的外部水化产物量（养护 360d）

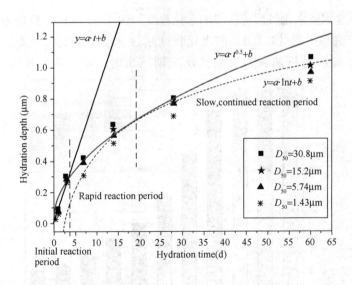

图 4.51 钢渣水化深度与水化时间的关系

表 4.30　钢渣水化动力学参数

Hydration phase	Initial reaction period	Rapid reaction period	Slow, continued reaction period
Reaction mechanism	Interface reaction	Nucleation and growth	Diffusion
Time range	$0\sim3.28d$	$3.28\sim19d$	$\geq 19d$
Hydration kinetics function	$y = a \cdot t + b$	$y = a \cdot t^{0.5} + b$	$y = a \cdot \ln t + b$
The value of hydration kinetics parameter	$a = 0.0829$ $b = 0.004489$	$a = 0.1505$ $b = 0.004876$	$a = 0.3208$ $b = -0.2907$
Goodness of fit (R^2)	0.93	0.96	0.71
Hydration depth (μm)	$0.0045\sim0.28$	$0.28\sim0.66$	≥ 0.66

各反应阶段钢渣的水化深度见表 4.31，钢渣颗粒与水拌合后（5min），其水化深度为 $0.0048\mu m$。1d、28d 和 360d 水化深度分别为 0.087、0.78 和 $1.60\mu m$。也就是说，粒径在 $4.0\mu m$ 以上的钢渣颗粒很难完全水化。

表 4.31　各反应阶段钢渣的水化深度

Meaning	Blending with water			The end of Initial reaction period	The end of rapid reaction period			
Hydration time	5min	1d	3d	3.28d	19d	28d	90d	360d
Hydration depth (μm)	0.0045	0.087	0.253	0.28	0.66	0.78	1.15	1.60

不同粒度钢渣水化各反应阶段的水化程度如图 4.52 所示。粒径为 $1\mu m$ 的钢渣颗粒在初始水化期（4.15d）内水化程度超过 90%，快速水化期内可完全水化。粒径为 $4\mu m$ 的钢渣颗粒在快速反应期结束时，水化程度接近 100%。在

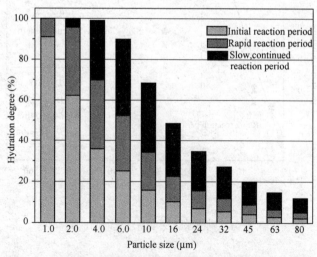

图 4.52　不同粒度钢渣各反应阶段的水化程度（养护 360d）

360d 内，<10μm 的钢渣颗粒水化程度可超过 60％，而>10μm 的钢渣颗粒水化程度不足 50％。图 4.53 表明<10μm 钢渣颗粒生成的外部水化产物所占比例较高（50％以上），对孔隙的填充能力较强。

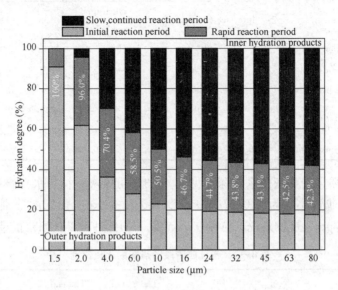

图 4.53　不同粒度钢渣生成的外部水化产物量（养护 360d）

4. 粉煤灰的水化动力学过程

将不同粒度区间粉煤灰的水化程度（图 4.15）计算成水化深度，分别对三个水化阶段的动力学方程进行了拟合（图 4.54），各阶段的动力学参数见表 4.32。

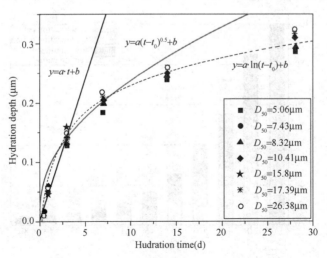

图 4.54　粉煤灰水化深度与水化时间的关系

表 4.32 粉煤灰水化动力学参数

Hydration phase	Initial reaction period	Rapid reaction period	Slow, continued reaction period
Reaction mechanism	Interface reaction	Nucleation and growth	Diffusion
Time range	0～2.98d	2.98～7.83d	≥7.83d
Hydration kinetics function	$y=a \cdot t+b$	$y=a \cdot t^{0.5}+b$	$y=a \cdot \ln t+b$
The value of hydration	$a=0.04765$	$a=0.06845$	$a=0.0675$
kinetics parameter	$b=0.000705$	$b=0.02201$	$b=0.0747$
Goodness of fit（R^2）	0.93	0.87	0.82
Hydration depth（μm）	0.0007～0.1405	0.1405～0.2136	≥0.2136

各反应阶段粉煤灰的水化深度见表 4.33，粉煤灰颗粒与水拌合后（5min），其水化深度非常小，为 0.0007μm。1d、28d 和 360d 水化深度分别为 0.0484、0.30 和 0.47μm。也就是说，粒径在 1μm 以上的低钙粉煤灰颗粒很难完全水化。

表 4.33 各反应阶段粉煤灰的水化深度

Meaning	Blending with water		The end of initial reaction period	The end of rapid reaction period			
Hydration time	5min	1d	2.98d	7.83d	28d	90d	360d
Hydration depth（μm）	0.0007	0.0484	0.1405	0.214	0.30	0.38	0.47

不同粒度粉煤灰水化各反应阶段的水化程度如图 4.55 所示。粒径为 1μm 的

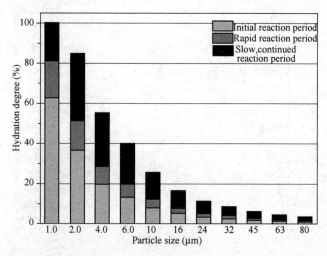

图 4.55 不同粒度粉煤灰各反应阶段的水化程度（养护 360d）

粉煤灰颗粒在初始水化期（约为 3d）内水化程度超过 60％，360d 内几乎可完全水化。粒径为 $4\mu m$ 的粉煤灰颗粒在快速反应期结束时，水化程度接近 20％，360d 内水化程度可超过 50％。而 $>60\mu m$ 的粉煤灰颗粒 360d 水化程度不足 40％。图 4.56 表明粉煤灰颗粒生成的内部水化产物所占比例较高（50％以上），对孔隙的填充能力较弱。

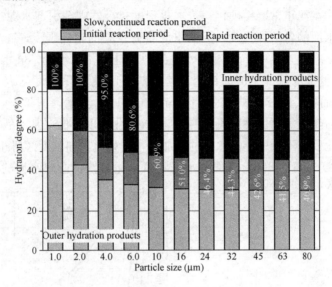

图 4.56　不同粒度粉煤灰生成的外部水化产物量（养护 360d）

4.3.2.3　水泥熟料与辅助性胶凝材料的水化动力学匹配

水泥熟料、矿渣、钢渣、粉煤灰的水化动力学过程均可分为三个阶段，即：初始反应期、快速反应期（包含水泥熟料的加速期和减速期）和稳定期，各阶段水化反应速率分别受相界面反应、晶核成长和扩散反应速度控制，但不同胶凝材料水化各阶段的起始时间和结束时间差别非常大。在初始反应期，胶凝材料颗粒遇水瞬间即水化生成一水化层，该水化层厚度由水化动力学方程式中的 b 值表示。水泥熟料、矿渣、钢渣和粉煤灰初始水化层厚度分别为 0.097、0.0012、0.0045 和 $0.0007\mu m$，说明钢渣与水接触瞬间水化速率高于矿渣，粉煤灰与水的反应非常微弱。在初始反应期和快速反应期内，各胶凝材料的水化速率为：水泥熟料＞矿渣＞钢渣＞粉煤灰。稳定期内，矿渣的水化速率略高于水泥熟料的水化速率，而钢渣和粉煤灰的水化速率较低。与水泥熟料相比，矿渣颗粒表面水化产物包裹层较薄，矿渣本身又为多孔结构，使 OH^-、$[SiO_4]^{4-}$ 等离子扩散速率较高，因此，稳定期内矿渣水化速率高于水泥熟料的水化速率。

不同粒度区间水泥熟料与辅助性胶凝材料的水化程度可由下式计算：

$$\alpha = 1 - \left(\frac{d-2h}{d}\right)^3 \tag{4-24}$$

式中，$a \cdot b + b$ 为初始水化期；$h = a \cdot t^{0.5} + b$ 为快速反应期；$a \cdot \ln t + b$ 为稳定期；

　　普通硅酸盐水泥与水拌和时（5min），水化程度为 8% 左右。若此时水化程度过低，影响水泥正常凝结硬化；若水化程度过高，则会引起水泥需水量大增，从而降低了水泥的各龄期强度。为使水泥具有较高的早期强度，硅酸盐水泥 3d 水化程度为 50% 左右；为高效利用水泥熟料，硅酸盐水泥的 28d 水化程度应超过 70%。硅酸盐水泥、矿渣、钢渣、粉煤灰各龄期水化深度见表 4.34，由式（4-24）计算的各龄期胶凝材料的水化程度如图 4.57 所示。图 4.57（a）表明矿渣、钢渣、粉煤灰等辅助性胶凝材料的 5min 水化程度较低（基本低于 2%），非常早期的水化反应不会引起需水量的增加。与之相比，细粒度区间硅酸盐水泥的 5min 水化程度远高于 8%，该部分水泥颗粒水化过快，造成水泥的标准稠度需

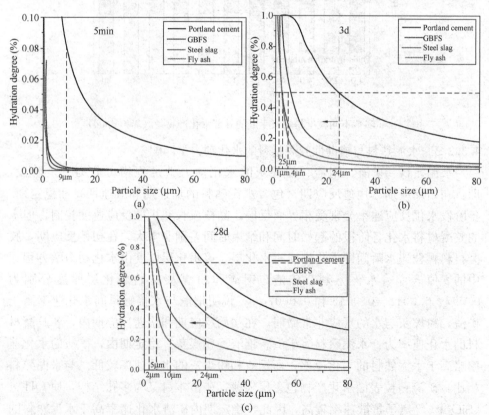

图 4.57　硅酸盐水泥、矿渣、钢渣、粉煤灰各龄期胶凝材料的水化程度

（a）5min（拌合过程）水化程度；（b）3d 水化程度；（c）28d 水化程度

水量显著增加。因此，为避免水泥需水量的增加，应采用 $9\mu m$ 以上的硅酸盐水泥颗粒。图 4.57（b）和（c）表明，小于 $24\mu m$ 的硅酸盐水泥颗粒 3d 和 28d 水化程度分别在 50% 和 70% 以上，$10\mu m$ 以下矿渣颗粒和 $5\mu m$ 以下的钢渣颗粒 28d 水化程度也可超过 70%，具有较好的填充孔隙的能力。

表 4.34 各反应阶段水泥熟料的水化深度

Hydration time	5 min	3d	28d	90d	360d
Portland cement	0.13	2.53	3.88	4.58	5.42
BFS	0.0017	0.475	1.64	2.38	3.25
Steel slag	0.0045	0.253	0.78	1.15	1.60
Low calcium fly ash	0.0007	0.1405	0.30	0.38	0.47

4.3.3 水泥熟料与辅助性胶凝材料的填充能力

胶凝材料浆体主要是由固体颗粒和拌合水组成，胶凝材料的标准稠度需水量越高，则胶凝材料浆体的堆积密度越低，各龄期的孔隙率越高。因此，胶凝材料的标准稠度需水量可认为是其引入孔隙能力的一个指标。众所周知，胶凝材料的水化过程是固相体积膨胀，水化产物逐渐填充浆体中孔隙的过程。所以，胶凝材料的水化程度可视为其填充孔隙能力的一个指标，即：水化程度越高，对孔隙的填充能力越强。因此，胶凝材料的填充能力取决于其引入孔隙和填充孔隙的能力，可量化表征为其水化程度与标准稠度需水量之比（Hydration degree to water requirement）。

水化 60min 各粒度区间胶凝材料的填充能力如图 4.58 所示。虽然细粒度区间（$<8\mu m$）水泥熟料的需水量较大，但由于其早期水化程度非常高，因此 60min 填充能力很高。$8\sim24\mu m$ 区间水泥熟料的 60min 填充能力较强，而粗粒度区间（$>24\mu m$）水泥熟料的 60min 填充能力较低。辅助性胶凝材料的 60min 水化程度非常低，使其 60min 填充能力较低。仅超细粒度区间（$<4\mu m$）钢渣、矿渣的填充能力稍高。

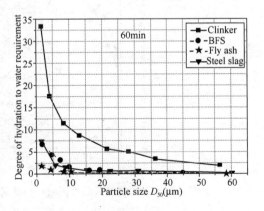

图 4.58 不同粒度区间水泥熟料与辅助性胶凝材料的 60min 填充能力

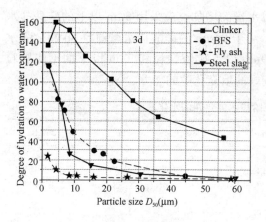

图 4.59　不同粒度区间水泥熟料与
辅助性胶凝材料的 3d 填充能力

图 4.59 表明，随水泥熟料粒径的减小，其 3d 填充能力逐渐增加，但＜4μm 区间水泥熟料的 3d 填充能力较 4～8μm 区间水泥熟料的低，说明对水泥熟料的 3d 填充能力而言，并非熟料越细越好。细粒度区间（＜8μm）钢渣、矿渣也具有较高的 3d 填充能力，中、粗粒度区间的钢渣、矿渣及低钙粉煤灰的 3d 填充能力均较低。

图 4.60 表明，随颗粒粒径的减小，水泥熟料、钢渣、矿渣的 28d 填充能力呈先增加后减小的趋势。粗、细粒度区间水泥熟料的 28d 填充能力均较低，而8～24μm 区间水泥熟料的 28d 填充能力最高。＜16μm 区间矿渣的 28d 填充能力也非常高，适宜用作辅助性胶凝材料，其中 4～8μm 区间矿渣的 28d 填充能力最高（超过该区间水泥熟料的填充能力）。细粒度区间（＜8μm）钢渣的 28d 填充能力也较高，而其他区间钢渣的 28d 填充能力较低。与钢渣、矿渣相比，各粒度区间低钙粉煤灰的 28d 填充能力均较低，其原因在于低钙粉煤灰的 28d 水化程度很低，导致其填充孔隙的能力较差。

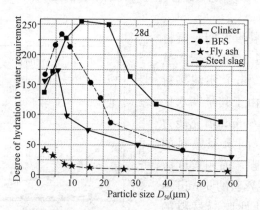

图 4.60　不同粒度区间水泥熟料与辅助性胶凝材料的 28d 填充能力

由上述各图可得，胶凝材料填充能力与粒度关系如图 4.61 所示，基本符合正态分布方程的形式。通过拟合发现胶凝材料填充能力与粒度关系为 GaussMod 方程（Gauss 分布的变形），如式（4-25）和图 4.62 所示。水泥熟料与辅助性胶凝材料 28d 填充能力方程参数如表 4.35 所示。

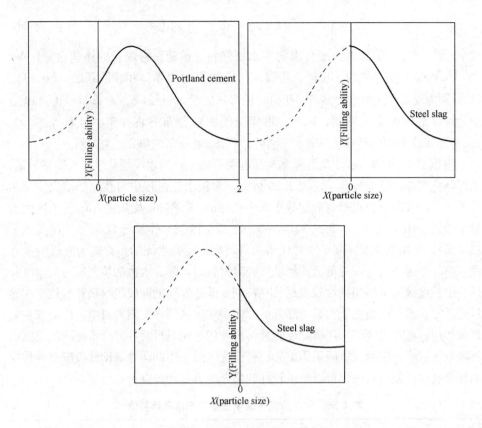

图 4.61　胶凝材料填充能力变化趋势示意图（高斯分布）

$$f(X) = y_0 + \frac{A}{t_0} e^{\frac{1}{2}(\frac{W}{t_0})^2 - \frac{X - X_c}{t_0}} \int_{-\infty}^{Z} \frac{1}{\sqrt{2\pi}} e^{-\frac{y^2}{2}} \mathrm{d}y$$

$$Z = \frac{X - X_c}{W} - \frac{W}{t_0} \qquad\qquad (4\text{-}25)$$

式中，y_0 为基准线（offset），A 为振幅（amplitude）；x_c 为对称轴（center）；W 为半高宽（width）。

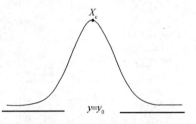

图 4.62　GaussMod 方程示意图

表 4.35　水泥熟料与辅助性胶凝材料的 28d 填充能力 GaussMod 方程的参数值

	R^2	y_0	A	X_c	W	t_0
Portland cement	0.975	88.46	4451.2	11.200	8.388	5.69
GBFS	0.776	67.21	3654.6	9.664	9.554	3.62
Steel slag	0.719	76.94	3176.8	5.701	8.046	2.26
Fly ash	0.926	52.34	1763.2	−23.5	5.231	1.324

因此，复合水泥浆体的孔隙率可由下式计算：

$$\varphi = V_C \cdot \int_0^{D_C} U_C(X) \cdot A_C \cdot f_C(x) \mathrm{d}x + V_B \int_0^{D_B} U_B(x) \cdot A_B \cdot f_B(x) \mathrm{d}x$$

$$+V_F \cdot \int_0^{D_F} U_F(x) \cdot A_F \cdot f_F(x)\mathrm{d}x\cdots \tag{4-26}$$

式中：V_C、V_B、V_F 分别为复合水泥中水泥熟料、矿渣、粉煤灰的体积含量，A_C、A_B、A_F 分别为水泥熟料、矿渣、粉煤灰水化过程中固体体积膨胀系数，D_C、D_B、D_F 分别为复合水泥中水泥熟料、矿渣、粉煤灰的最大粒径，$U_C(x)$、$U_B(x)$、$U_F(x)$ 分别为复合水泥中水泥熟料、矿渣、粉煤灰的颗粒分布方程（频率分布），$f_C(x)$、$f_B(x)$、$f_F(x)$ 分别为复合水泥中水泥熟料、矿渣、粉煤灰的填充能力方程。

根据 Powers 等人提出的孔隙率与强度关系理论，当水泥硬化浆体孔隙率较低，水泥硬化浆体的性能较高。由表 4.36 可知，水泥水化过程中对孔隙的填充主要由细粒度区间胶凝材料贡献（硅酸盐水泥中 $<4\mu m$、$4\sim8\mu m$ 及 $8\sim24\mu m$ 三个区间贡献了接近 80%，而 $24\sim45\mu m$ 和 $45\sim80\mu m$ 两个区间（体积分数 39%）仅贡献了 23.5%）。采用细粒度区间矿渣替代水泥熟料后，复合水泥的填充能力较硅酸盐水泥还高，而采用粉煤灰等低活性辅助性胶凝材料时，复合水泥的填充能力大幅度降低。中粒度区间采用辅助性胶凝材料（特别是低活性辅助性胶凝材料）替代水泥熟料时，复合水泥的填充能力显著降低，说明中粒度区间水泥熟料对填充能力起主要贡献作用；粗粒度区间采用辅助性胶凝材料替代水泥熟料时，复合水泥的填充能力下降幅度较小。细粒度区间采用矿渣、粗粒度区间采用低活性辅助性胶凝材料替代水泥熟料时，复合水泥也可以获得较好的填充能力（70% 以上）。

表 4.36 复合水泥各龄期强度实测值及计算值

Fractions (μm)	<4	4~8	8~24	24~45	45~80	Filling-ability
Content (%)	25	11	25	19	20	%
CCCCC	C	C	C	C	C	
	25.2	14.7	36.6	13.1	10.4	100
GGCCC	G	G	C	C	C	106.7
CCGCC	C	C	G	C	C	76.1
CCCGG	C	C	C	G	G	88.5
GGCGG	G	G	C	G	G	95.2
FFCCC	F	F	C	C	C	66.3
CCFCC	C	C	F	C	C	65.0
CCCFF	C	C	C	F	F	78.4
FFCFF	F	F	C	F	F	44.7
SSCCC	S	S	C	C	C	91.9
CCSCC	C	C	S	C	C	64.4
CCCSS	C	C	C	S	S	85.6
SSCSS	S	S	C	S	S	57.5
LLCCC	L	L	C	C	C	60.2
CCLCC	C	C	L	C	C	63.4
CCCLL	C	C	C	L	L	76.4
LLCLL	L	L	C	L	L	36.6
GGCFF	G	G	C	F	F	88.5
GGCSS	G	G	C	S	S	92.3
GGCLL	G	G	C	L	L	83.1

4.3.4 水泥熟料与辅助性胶凝材料的强度贡献

4.3.4.1 水泥熟料的强度贡献

由于不同粒度区间水泥熟料的需水量差别非常大，无法在固定水灰比下表征各区间水泥熟料的强度贡献。参照 GB/T 17671—1999 测定水泥胶砂强度时，水泥砂浆的流动度在 220～230mm 之间。因此，本节采用固定流动度法测定各粒度区间水泥熟料（外掺 5％二水石膏）的胶砂强度，即：采用调整水量法，将胶砂比为 1：3 的水泥砂浆调至流动度为 220～230mm，参照 GB/T 17671—1999 成型、养护，并测定其各龄期强度。

图 4.63 表明水泥砂浆的抗压、抗折强度随其粒径的减小呈先增加后减小趋势。中粒度区间水泥熟料的各龄期强度较高，粗、细粒度区间水泥熟料的 3d 和 28d 强度均较低。4～8μm 区间水泥熟料的 3d 强度最高，而 8～24μm 区间水泥熟料的 28d 强度最高。

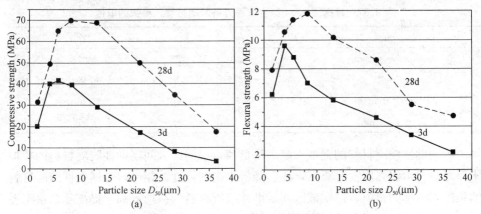

图 4.63 不同粒度区间水泥熟料的胶砂强度（胶砂流动度 210～200mm）

(a) Compressive strength；(b) Flexural strength

各龄期的抗压、抗折强度与粒度的关系符合 GaussMod 方程（图 4.64），方程中各参数值见表 4.37。由上式可得，粒径为 5.55μm 的硅酸盐酸水泥颗粒 3d 抗压强度最高，可达 42.6MPa。10μm 左右的硅酸盐酸水泥颗粒 28d 抗压强度高达 72.0MPa。

4.3.4.2 辅助性胶凝材料的强度贡献

在"区间窄分布，整体宽分布"颗粒级配模型下，表征了各粒度区间辅助性胶凝材料的强度贡献

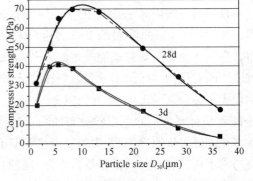

图 4.64 胶凝材料粒度与抗压强度的关系

率。假定硅酸盐水泥及复合水泥的强度等于各粒度区间胶凝材料的强度贡献之和，不考虑各区间胶凝材料的相互影响，复合水泥的强度（S）可表达为：

$$S = (R_i \cdot V_i + \cdots + R_j \cdot V_j) \cdot S_0 \tag{4-27}$$

式中，S_0 为相同颗粒级配的硅酸盐水泥强度；R_i 和 R_j 分别为 i 和 j 区间的强度贡献率；V_i 和 V_j 分别为 i 和 j 区间的体积分数（$R_i \cdot V_i$ 为 i 区间的强度贡献）。

尽管不同粒度区间水泥熟料的强度贡献差别极大，本节将各粒度区间水泥熟料的强度贡献率均设为 100%（作为参考）。辅助性胶凝材料的强度贡献率定义为其强度贡献与相同粒度区间硅酸盐水泥的强度贡献之比。若仅有一区间被辅助性胶凝材料替代，则该区间辅助性胶凝材料的强度贡献率可由式（4-28）计算：

$$R = \left(\frac{S}{S_0} + V - 1 \right) / V \tag{4-28}$$

式中，R 为辅助性胶凝材料的强度贡献率；V 为辅助性胶凝材料的体积分数。

表 4.37 根据图 4.64 拟合方程（各龄期强度）参数的取值

Parameter	R^2	y_0	A	X_c	W	t_0
3d compressive strength	0.994	−12.05	1568.65	1.415	2.296	23.13
28d compressive strength	0.985	−98.97	13160.50	−1.274	6.380	61.34
3d flexural strength	0.754	8.71	269.86	6.565	16.674	0.73
28d flexural strength	0.950	−3.78	827.00	−0.313	4.354	42.50

若辅助性胶凝材料的强度贡献率为负值，说明该区间辅助性胶凝材料的掺加不但对复合水泥强度没有贡献，还会降低水泥的强度。相反，若辅助性胶凝材料的强度贡献率为正值，说明该区间辅助性胶凝材料的掺加有利于提高复合水泥强度。若辅助性胶凝材料的强度贡献率超过 100%，说明其对复合水泥强度的贡献超过相同粒度区间水泥熟料的贡献。尽管本方法仅适用于"区间窄分布，整体宽分布"模型，且做了诸多假设，但辅助性胶凝材料的强度贡献率仍可视为是对其强度贡献的定量表征。

众多研究表明 3～30μm 的水泥熟料颗粒对水泥性能起主要贡献，本文也证实了 8～24 μm 区间熟料的 28d 强度最高。因此，水泥熟料应置于"区间窄分布，整体宽分布"颗粒级配模型的 8～24μm 区间。按照表 4.38 中配比制备了单粒度区间替代的"区间窄分布，整体宽分布"复合水泥，表中：Q、B、F、S 分别代表石英砂（SiO_2 含量 98% 以上）、矿渣、粉煤灰和钢渣。复合水泥（以水泥熟料-矿渣体系为例）的颗粒分布如图 4.65 所示，可见 4 种复合水泥的颗粒分布基本相同，可认为表 4.38 中的复合水泥具有相同的颗粒分布，水泥强度的差异仅与其水化性能有关。根据复合水泥各龄期的胶砂强度，采用上述方法计算了各粒度区间辅助性胶凝材料的强度贡献率。

表 4.38　单粒度区间替代复合水泥的配比及其胶砂强度

Fraction (μm)	<4	4~8	8~24	24~45	45~80	Flexural strength (MPa)		Compressive strength (MPa)	
Content (%)	25	11	25	19	20	3d	28d	3d	28d
CCCCC	C	C	C	C	C	7.7	9.2	31.1	48.0
QCCCC	Q	C	C	C	C	6.5	8.0	26.5	42.9
CQCCC	C	Q		C	C	6.1	8.3	24.4	42.8
CCCQC	C	C		Q	C	5.2	7.5	23.4	37.9
CCCCQ	C	C		C	Q	5.3	7.7	24.9	38.3
BCCCC	B	C	C	C	C	8.6	11.0	38.2	53.4
CBCCC	C	B		C	C	7.6	9.3	32.1	51.0
CCCBC	C	C		B	C	5.4	9.6	24.7	52.0
CCCCB	C	C		C	B	5.9	9.3	25.7	51.2
FCCCC	F	C	C	C	C	4.9	9.8	21.5	46.9
CFCCC	C	F		C	C	5.0	7.9	22.5	43.5
CCCFC	C	C		F	C	4.7	7.5	20.6	38.3
CCCCF	C	C		C	F	4.8	7.4	23.0	40.3
SCCCC	S	C	C	C	C	7.4	9.0	33.9	48.9
CSCCC	C	S		C	C	6.0	8.1	25.7	45.0
CCCSC	C	C		S	C	5.3	7.6	24.2	42.9
CCCCS	C	C		C	S	5.4	7.8	25.1	39.3

Note: 5% of gypsum dihydrate by mass of cementitious material was added for all the cements listed in Table 4.26; Q, C, B, F and S represent quartz sand, cement clinker, BFS, low calcium fly ash and steel slag, respectively.

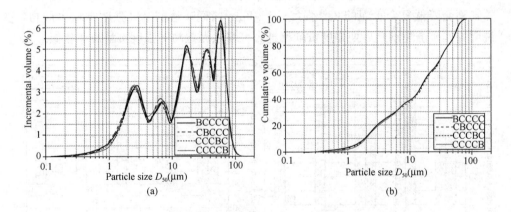

图 4.65　"区间窄分布，整体宽分布"复合水泥的颗粒分布

(a) Incremental volume vs. particle size; (b) Cumulative volume vs. particle size

图 4.66 表明，<4μm 区间石英砂的 3d 和 28d 强度贡献率均为正值（40～60%），而 4～8μm、24～45μm、>45μm 区间石英砂的 3d 强度贡献率均为负值，特别是 4～8μm 区间的 3d 强度贡献率为－95.8%，说明利用该区间石英砂替代

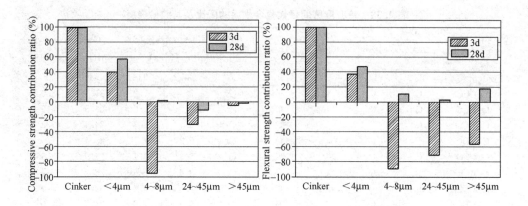

图 4.66　不同粒度区间石英砂的强度贡献率

水泥熟料将会大幅度降低复合水泥的 3d 强度。4～8μm、24～45μm、>45μm 区间石英砂的 28d 强度贡献率几乎为 0，说明粗粒度区间石英砂对复合水泥 28d 强度几乎没有贡献。

图 4.67 表明，<4μm 和 4～8μm 区间矿渣的 3d 强度贡献率均超过 100%，其中<4μm 区间矿渣的 3d 强度贡献率高达 191.3%，说明这两个区间矿渣对水泥强度的贡献较相同粒度区间水泥熟料的高。24～45μm 与>45μm 区间矿渣的 3d 强度贡献率较低（甚至为负值），即掺加较粗矿渣对水泥的 3d 强度几乎没有贡献。各粒度区间矿渣的 28d 强度贡献率均高于 100%，说明采用矿渣替代水泥熟料不会降低复合水泥的 28d 强度。4～8μm 区间矿渣的 28d 强度贡献率最高，说明并非矿渣越细其后期强度贡献率越大（与水泥熟料的强度贡献规律相似）。

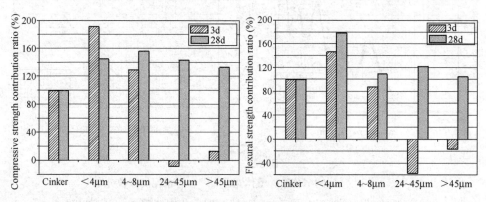

图 4.67　不同粒度区间矿渣的强度贡献率

由图 4.68 可知，仅<4μm 区间低钙粉煤灰的 3d 强度贡献率为正值，其他区间粉煤灰的 3d 强度贡献率均为负值，说明<4μm 区间粉煤灰对水泥的 3d 强

度有贡献，其他区间粉煤灰对复合水泥 3d 强度有不利影响。<4μm 区间粉煤灰的 28d 强度贡献率可达 90.8%，而其他区间粉煤灰的 28d 强度贡献率非常低。

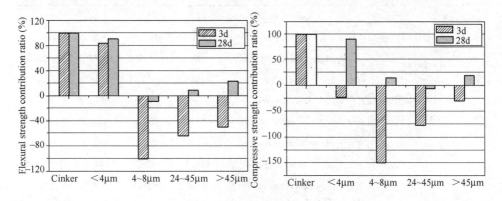

图 4.68　不同粒度区间低钙粉煤灰的强度贡献率

众所周知，虽然钢渣的化学、矿物组成与熟料较为接近，但其水化活性非常低。图 4.69 表明，<4μm 区间钢渣的 3d 和 28d 强度贡献率均超过 100%，说明采用该区间钢渣替代水泥熟料可提高水泥的强度。其他区间钢渣的 3d 强度贡献率为负值，28d 强度贡献率低于 40%，说明掺加粗粒度区间钢渣对复合水泥的早期强度不利，但对复合水泥的后期强度有一定贡献。

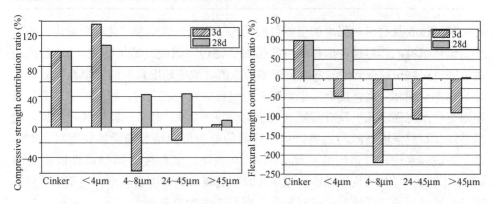

图 4.69　不同粒度区间钢渣的强度贡献率

4.3.4.3　辅助性胶凝材料强度贡献的影响因素

各粒度区间胶凝材料的强度贡献率主要取决于其对水泥浆体的物理填充和水化填充。通常认为磨细石英砂不发生火山灰反应，其对强度的贡献可认为是颗粒"填充"效应（物理填充）的贡献。辅助性胶凝材料的强度贡献率与石英砂强度贡献率的差值则可认为是辅助性胶凝材料的"水化"效应或"火山灰"效应（水化填充）的贡献。各粒度区间辅助性胶凝材料及石英砂的强度贡献率总结于表 4.39。

表 4-39　不同粒度区间石英砂、矿渣、粉煤灰和钢渣的强度贡献率（%）

		Fraction（μm）	<4	4~8	24~45	45~80
Compressive strength contribution ratio	3d	Quartz sand	40.8	−95.8	−30.3	−4.5
		BFS	191.3	129.2	−8.3	13.2
		Low calcium fly ash	−23.5	−151.4	−77.7	−30.2
		Steel slag	136	−57.8	−16.8	3.5
	28d	Quartz sand	57.5	1.5	−10.7	−1.0
		BFS	145	156.8	143.9	133.3
		Low calcium fly ash	90.8	14.8	−6.4	19.8
		Steel slag	107.5	43.2	44.1	9.4
Flexural strength contribution ratio	3d	Quartz sand	37.7	−88.9	−70.9	−55.8
		BFS	146.8	88.2	−57.2	−16.9
		Low calcium fly ash	−45.5	−218.8	−105.1	−88.3
		Steel slag	84.4	−100.7	−64	−49.4
	28d	Quartz sand	47.8	11.1	2.7	18.5
		BFS	178.3	109.9	122.9	105.4
		Low calcium fly ash	126.1	−28.5	2.7	2.2
		Steel slag	91.3	−8.7	8.5	23.9

　　辅助性胶凝材料对强度的贡献可归结为"物理"效应和"化学"效应。石英砂为惰性填料，其对强度的贡献可归结为"物理"效应（即填充效应）。超细粒度区间（<4μm）石英砂的强度贡献率为正值，说明超细颗粒的"填充"效应对复合水泥早期和后期强度有一定贡献，但当颗粒粒径较大时，颗粒的"填充"效应对复合水泥强度几乎没有贡献（甚至对强度有害）。对某一粒度区间而言，辅助性胶凝材料强度贡献与石英砂强度贡献的差值可归结为辅助性胶凝材料"化学"效应（水化）对强度的贡献。图 4.70 表明，细粒度区间辅助性胶凝材料（钢渣、矿渣）的 3d 抗压强度贡献率远高于石英砂的强度贡献率，说明细颗粒辅助性胶凝材料的"活性"效应对复合水泥早期强度贡献较大。45~80μm 区间辅助性胶凝材料的 3d 抗压强度贡献率与石英砂的强度贡献率没有明显差别，强度贡献率均接近 0，表明随胶凝材料粒径的增大，其"活性"效应对水泥早期强度的贡献大幅度减小。石英砂的 28d 强度贡献率与其 3d 强度贡献率相差不大，而辅助性胶凝材料的 28d 强度贡献率远高于其 3d 强度贡献率，说明辅助性胶凝材料的后期强度贡献率主要取决于其"化学"效应（水化填充）。

4.3.4.4　复合水泥强度的计算方法

　　通过上述研究可得到各粒度区间胶凝材料的强度贡献率，既可通过下式计算

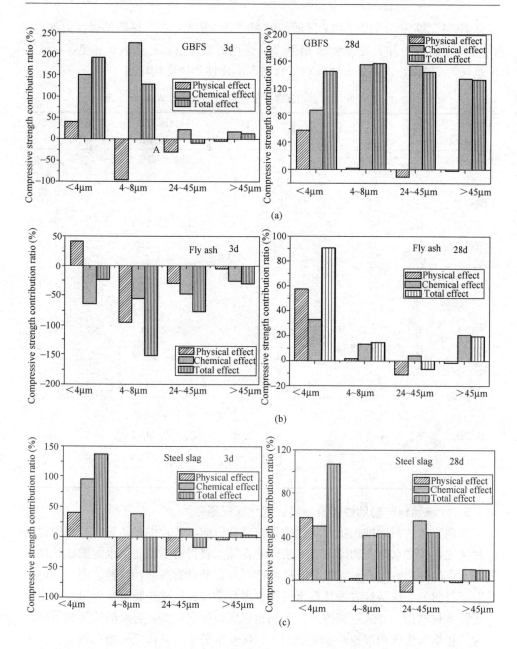

图 4.70 辅助性胶凝材料的强度贡献率

(a) 矿渣的强度贡献率；(b) 粉煤灰的强度贡献率；(c) 钢渣的强度贡献率

或预测复合水泥的强度：

$$S = (R_i \cdot V_i + \cdots + R_j \cdot V_j) \cdot S_0 \tag{4-29}$$

式中，S_0 为相同颗粒级配的硅酸盐水泥强度；R_i 和 R_j 分别为 i 和 j 区间的强度贡献率；V_i 和 V_j 分别为 i 和 j 区间的体积分数（$R_i \cdot V_i$ 为 i 区间的强度贡献）。

由表 4.40 可知，复合水泥 3d 和 28d 强度的实测值和计算值非常接近，最大偏差仅为 2MPa，说明该方法预测复合水泥准确性和精度均较高。

表 4.40　复合水泥各龄期强度实测值及计算值

Fractions (μm)	<4	4~8	8~24	24~45	45~80	3d 抗压强度 (MPa)		28d 抗压强度 (MPa)	
Content(%)	25	11	25	19	20	实测值	计算值	实测值	计算值
CCCCC	C	C	C	C	C	31.1	—	48.0	—
GGCFF	G	G	C	F	F	24.1	22.9	40.8	38.9
GGCLL	G	G		L	L	24.5	23.4	38.7	37.5
GGCSS	G	G		S	S	25.0	24.5	47.1	46.2
GGCGG	G	G		G	G	18.4	19.6	49.2	51.3
(G+F)GCFF	G+F	G		F	F	19.5	18.1	36.7	36.1
FCCFF	F	C		C	F	11.1	13.2	23.2	25.6
FCCCF	F	C		C	F	17.8	18.3	36.3	37.4
GFCFF	G	F		F	F	26.2	25.7	35.5	33.7
GGCSL	G	G		S	L	27.9	27.6	39.4	38.1
LCCCL	L	C		C	L	11.5	11.2	17.8	17.5
GSCFF	G	S		C	F	26.3	26.9	38.1	39.7
SCCSS	S	C		S	S	16.1	14.7	26.0	29.4
SCCSS	S	C		S	S	14.4	15.6	24.7	26.6
FCCCS	F	C		C	S	16.5	17.4	34.6	36.0

4.3.5　水泥熟料与辅助性胶凝材料的优化匹配原则

水泥浆体的初始堆积状对其性能具有显著影响，若水泥浆体具有较高的初始堆积密度，少量水化产物即可填充浆体的孔隙，获得密实的硬化水泥浆体，从而提高水泥的性能。复合水泥既含有低活性颗粒，又含有高活性颗粒，因此，可根据胶凝材料的本征活性安排其在水泥颗粒级配中位置，避免胶凝材料过快水化引起的需水量增加，并通过调控复合水泥整体颗粒分布提高复合水泥浆体初始堆积密度。根据紧密堆积理论，本文提出了"区间窄分布，整体宽分布"模型，通过颗粒的逐级填充实现浆体的密堆积。根据实际浆体中胶凝材料颗粒间距，对颗粒级配模型进行了修正，修正后该模型更有利于较高复合水泥的初始堆积密度，从而优化了复合水泥的初始浆体结构。

为使复合水泥具有较低的需水量和正常的凝结时间，胶凝材料 60min（拌合期）水化程度应控制在合适范围（2%～5%）。为使复合水泥具有较高的早期强度，胶凝材料 3d 水化程度不应过低，应控制在 40％～70％为宜（预留部分胶凝材料后期水化）。为充分发挥胶凝材料的胶凝性能，提高复合水泥的后期强度，胶凝材料的 28d 水化程度应不低于 80％。细粒度区间（<8μm）水泥熟料水化过快，早期水化程度过高，剩余水泥熟料量很少，水化后期生成的少量水化产物无法有效填充浆体孔隙。8～24μm 区间水泥熟料水化较为温和、持续，其 60min 水化程度较低、3d 和 28d 水化程度较高。粗粒度区间水泥熟料水化较慢，各龄期水化程度均较低，胶凝性能未得到充分发挥。细粒度区间辅助性胶凝材料的水化进程也较为理想，水化 3d 后可生成较多水化产物，其 28d 水化程度也较高。中、粗粒度区间辅助性胶凝材料的水化速率非常慢，其早期水化可被忽略，水化后期生成的水化产物也较少。从胶凝材料水化的角度出发，采用辅助性胶凝材料替代细粒度区间水泥熟料有利于调整复合水泥的水化进程。

各粒度区间胶凝材料的填充能力与强度贡献率的变化规律一致表明：并非胶凝材料粒径越小、水化程度越高，其强度贡献率（填充能力）越高。各胶凝材料存在最佳的粒度范围，在该粒度区间内其对水泥强度贡献最大。4～8μm 区间水泥熟料对水泥 3d 强度贡献最大，而 8～24μm 区间熟料对水泥 28d 强度贡献最大。细粒度区间（<8μm）钢渣、矿渣的 3d 和 28d 强度贡献率远高于相同粒度区间水泥熟料的强度贡献率。对粗粒度区间（24～80μm）而言，水泥熟料与辅助性胶凝材料的 3d 和 28d 强度贡献率均较低，说明不论胶凝材料的水化活性有多高，粗粒度区间胶凝材料的比表面积较低，导致其各龄期水化产物较少，早期和后期强度贡献较小。因此，采用辅助性胶凝材料替代粗、细粒度区间水泥熟料，并不会降低复合水泥的强度（甚至有可能提高复合水泥的强度）。

为充分发挥各胶凝材料的胶凝性能，提高复合水泥的强度及耐久性，应综合考虑胶凝材料的需水量、水化程度、填充能力及强度贡献率。利用水泥熟料和辅助性胶凝材料各自特点，通过调整各粒度区间胶凝材料的种类和掺量，调控复合水泥浆体初始堆积状态和水化进程，充分发挥水泥熟料、高活性辅助性胶凝材料的胶凝性能，可制备低熟料用量、高性能复合水泥。为充分发挥各胶凝材料的胶凝性能，降低复合水泥的需水量，提高复合水泥的强度等性能，高活性辅助性胶凝材料（矿渣及高钙灰等）、水泥熟料及低活性辅助性胶凝材料或惰性填料应分别置于细、中和粗粒度区间。

Abdelkader、Ganesh、Papadakis、Benachour、Walter 及 Bentz 等人的研究一致表明，只有在水泥、混凝土中掺加超细辅助性胶凝材料（矿渣、粉煤灰、硅灰等），才能发挥其"填充"效应和"水化"效应，从而改善复合水泥和混凝土的早期强度和耐久性能。因此，Bentz 提出了采用细辅助性胶凝材料和粗水泥制备高性能混凝土的设想，并认为所制备的高性能混凝土可能具有良好的体积稳定性和耐久性。鉴于粗颗粒水泥熟料水化程度较低，对水泥性能的贡献较小，Bentz 采用粗惰性填料颗粒替代粗水泥熟料颗粒制备了复合水泥，并发现该复合水泥具有良好的强度等性能。Bentz 及 Cam 的试验研究表明，在混凝土中掺加粗颗粒惰性填料（石灰石或低钙粉煤灰）不会大幅度降低混凝土的早期强度，且混凝土具有良好的耐久性。上述研究均表明，本文采用"区间窄分布，整体宽分布"模型及将高活性辅助性胶凝材料、水泥熟料和低活性辅助性胶凝材料（或惰性填料）置于复合水泥细、中、粗区间的方法，制备低熟料用量、高性能复合水泥是完全可行的。

4.4 低熟料用量、高性能复合水泥的制备

4.4.1 五区间复合水泥的性能

4.4.1.1 五区间复合水泥的制备

先将水泥熟料与辅助性胶凝材料磨细，通过颗粒分级机制备符合"区间窄分布"要求的各区间胶凝材料（均匀性系数 n 为 1.3～1.5），其颗粒分布如图 4.71 和表 4.41 所示。按照表 4.42 中的配比制备"区间窄分布，整体宽分布"复合水泥（C、B、F、S 分别代表水泥熟料、矿渣、低钙粉煤灰和钢渣）。为充分发挥水泥熟料的胶凝性能，8～24μm 区间全部采用水泥熟料。为比较复合水泥性能，采用混合粉磨的方法制备了硅酸盐水泥和参比水泥（其组成与 BBCFF 完全相同），这两种水泥的比表面积控制在（350±10）m²/kg（接近"区间窄分布，整体宽分布"复合水泥的比表面积）。

表 4.41 不同粒度区间胶凝材料的颗粒分布参数

Fraction（μm）	<4	4～8	8～24	24～45	45～80
D_{10}（μm）	0.69	3.32	9.28	20.52	41.60
D_{50}（μm）	1.51	5.65	15.08	30.75	58.85
D_{90}（μm）	2.87	8.85	21.54	39.29	75.57

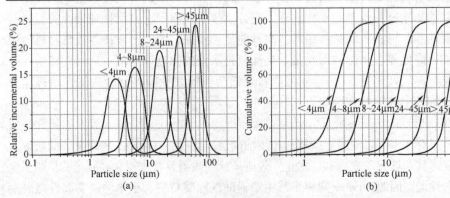

图 4.71　各粒度区间胶凝材料的颗粒分布

(a) Incremental volume vs. particle size；(b) Cumulative volume vs. particle size

表 4.42 五区间复合水泥的配比

Fraction（μm）	<4	4～8	8～24	24～45	45～80
Content（%）	25	11	25	19	20
BBCFF	B	B	C	F	F
BBCSS	B	B		S	S
BBCBB	B	B		B	B
SBCFF	S	B		F	F
BFCFF	B	F		F	F
BSCFF	B	S		F	F
Portland cement			100% Cement clinker		
Reference cement			36% BFS + 25% Cement clinker + 39% Fly ash		

Note：5% of gypsum dihydrate by mass of cementitious material was added for all the cements in Table 4.42；C，B，F and S represent cement clinker，blast furnace slag，low calcium fly ash and steel slag，respectively.

4.4.1.2 五区间复合水泥浆体的堆积密度

五区间复合水泥的标准稠度需水量如图 4.72 所示。由于所用粉煤灰碳含量较高，采用混合粉磨制备的参比水泥标准稠度需水量较高，而五区间复合水泥的标准稠度需水量较低，未掺粉煤灰的五区间复合水泥标准稠度需水量进一步降低，接近硅酸盐水泥的需水量。表 4.43 表明五区间复合水泥浆体的最大固体含量（初始堆积密度）较高，其中 BBCFF 水泥浆体的最大固体含量高达 55.62%，高于硅酸盐水泥和参比水泥的。虽然参比水泥与 BBCFF 水泥的配比完全相同，

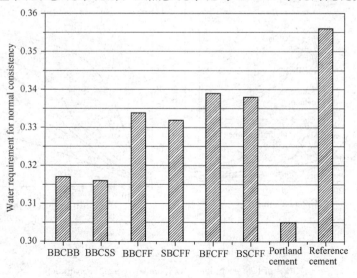

图 4.72 五区间复合水泥的标准稠度需水量

但其最大固体含量仅为 45.40%。

表 4.43　五区间复合水泥的最大固体含量

Cement		BBCFF	BBCSS	BBCBB	SBCFF	BFCFF	BSCFF	Portland cement	Reference cement
Density (g/cm³)		2.816	3.211	2.824	2.841	2.834	2.928	3.150	2.870
Setting time (min)	Initial	135	120	110	150	140	143	95	185
	Finial	190	185	176	210	195	205	151	256
Maximum wet density (g/cm³)		2.010	2.247	2.028	2.010	1.981	2.045	2.056	1.849
Maximum solid volume concentration (%)		55.62	56.42	56.37	54.85	53.48	54.20	49.12	45.40

4.4.1.3　五区间复合水泥的水化性能

图 4.73 表明硅酸盐水泥浆体的水化放热速率曲线存在两个放热峰，参比水泥浆体也呈现出相似的放热速率曲线，但两个放热峰的峰值较小，且第二放热峰出现时间延迟。五区间复合水泥浆体的放热速率曲线呈现三个放热峰（第二与第三放热峰有所重叠）。前两个放热峰为水泥熟料水化引起的，由于复合水泥中熟料掺量较低，导致前两个放热峰值也较小（但仍高于参比水泥）；第三放热峰（30~50h）为细粒度区间矿渣水化引起的，其峰值较第二放热峰值大。与参比水泥相比，五区间复合水泥浆体 10h 放热量没有明显差别 [图 4.73 (b)]。随水化的进行，五区间复合水泥的放热量逐渐增加，其 3d 放热量约为参比水泥的2~2.5 倍。硅酸盐水泥水化放热主要集中在前 24h，而五区间复合水泥浆体早期放热较少，水化放热主要发生在 10h 以后。

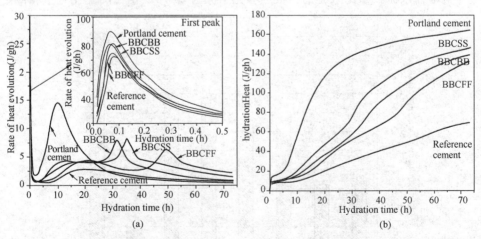

图 4.73　五区间复合水泥的水化放热曲线

(a) Rate of heat evolution；(b) Cumulative heat of hydration

　　硅酸盐水泥、参比水泥及 BBCFF 水泥浆体养护 28d 后的 XRD 图谱如图 4.74 所示。硅酸盐水泥浆体中 C_2S 及 C_3S 的衍射峰较强，说明水化 28d 后尚存在大量未水化的水泥熟料。参比水泥浆体中 C_2S 及 C_3S 的衍射峰较弱，说明参比水泥浆体中也存在部分未水化熟料。BBCFF 水泥浆体中未发现明显的 C_2S 及 C_3S 衍射峰，表明绝大部分熟料已经水化。

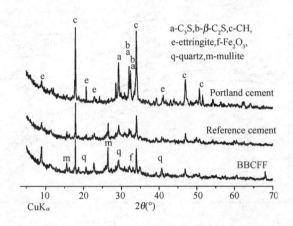

图 4.74　硅酸盐水泥、参比水泥及 BBCFF 水泥浆体养护 28d 后的 XRD 图谱

　　复合水泥浆体的 DTA-TG 曲线如图 4.75 所示，图中 104℃ 吸热峰为 C-S (A) -H 凝胶及 AFt 脱水造成的，而 439℃ 和 709℃ 吸热峰分别对应于 Ca (OH)$_2$ 和 $CaCO_3$ 分解。TG 曲线表明 BBCFF 水泥的 C-S-H 凝胶含量略低于硅酸盐水泥的，但远高于参比水泥的 C-S-H 凝胶含量。

　　图 4.76 （a）、（b）和（c）表明，养护 1d、3d、28d 后参比水泥浆体中水化产物数量均非常少、孔隙较多，且粉煤灰颗粒与水化产物粘结较差。各龄期硅酸盐水泥浆体中水化产物数量较多 ［图 4.76 （d）、（e）、（f）］，水化 3d 后粗颗粒水泥熟料仅发生表面水化，说明粗颗粒水泥熟料的胶凝性能未得到有效发挥。尽管水化 1d 后 BBCFF 水泥浆体中的水化产物数量较少，但浆体结构较为致密 ［图 4.76 （g）］。随水化时间的延长，浆体中水化产物逐渐增多，浆体结构更加致密，甚至比硅酸盐水泥浆体致密 ［图 4.76 （h）、（i）］。此外，BBCFF 水泥浆体中未水化辅助性胶凝材料与水化产物粘结良好。

4.4.1.4　五区间复合水泥的砂浆强度

　　图 4.77 表明参比水泥的 3d 和 28d 强度均较低，而五区间复合水泥的 3d 和 28d 强度均接近甚至超过了硅酸盐水泥的强度（如 BBCBB），说明水泥熟料及辅助性胶凝材料的胶凝性能得到了充分发挥。BBCFF 水泥的 3d 和 28d 抗压强度分别为 24.1MPa 和 43.8MPa，与参比水泥相比分别提高了 113.3％ 和 35.8％。图 4.77 （b）表明五区间复合水泥的抗折强度远高于硅酸盐水泥的强度。例如，

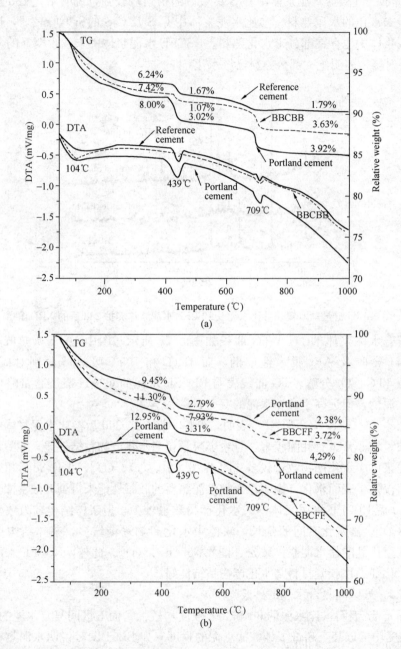

图 4.75　硅酸盐水泥、参比水泥及 BBCFF 水泥浆体养护 28d 后的 DTA-TG 图谱

(a) Cement paste cured for 3 days；(b) Cement paste cured for 28 days

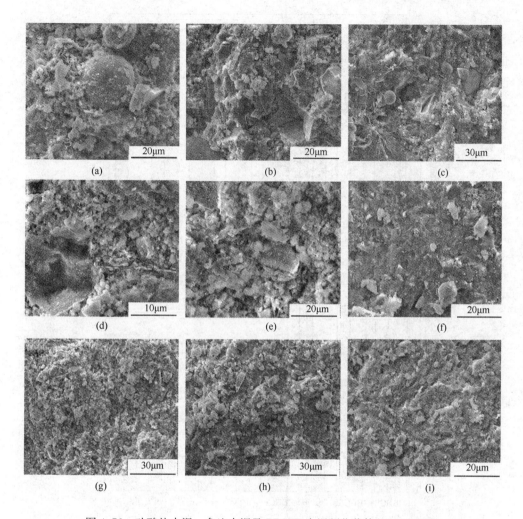

图 4.76　硅酸盐水泥、参比水泥及 BBCFF 水泥硬化浆体的 SEM 照片

（a）Reference cement paste cured for 1d；（b）Reference cement paste cured for 3d；（c）Reference ce-
ment paste cured for 28d；（d）Portland cement paste cured for 1d；（e）Portland cement paste cured for
3d；（f）Portland cement paste cured for 28d；（g）BBCFF cement paste cured for 1d；（h）BBCFF
cement paste cured for 3d；（i）BBCFF cement paste cured for 28d

BBCBB 水泥的 28d 抗折强度超过了 12MPa。

4.4.2　三区间复合水泥的性能

4.4.2.1　"区间窄分布，整体宽分布"模型的简化

　　虽然采用五区间颗粒级配模型可制备熟料掺量仅为 25% 的高性能复合水泥，
但该方法对胶凝材料粒度区间的划分过细，不利于低熟料用量、高性能复合水泥
的工业化生产。为便于工业化生产，将五区间颗粒级配模型简化为三个区间（三

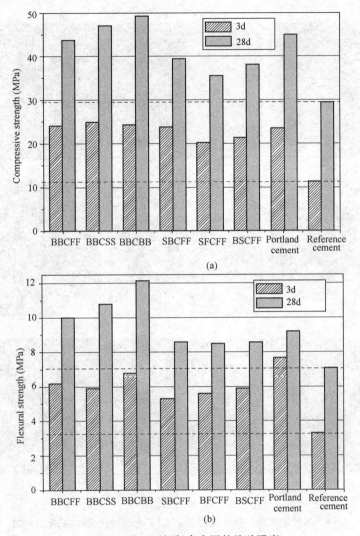

图 4.77 五区间复合水泥的胶砂强度

(a) Compressive strength；(b) Flexural strength

个填充粒级），三区间颗粒级配模型示意图如图 4.78 所示。各级填充粒径分别为 6μm、16μm 和 45μm，胶凝材料颗粒可划分为<8μm、8～32μm 和>32μm，各区间颗粒含量见表 4.44。

表 4.44 三区间"区间窄分布，整体宽分布"模型的各参数值

Filling grade	Third	Second	First
Median size（μm）	6	16	45
Size range（μm）	<8	8～32	>32
Incremental volume（%）	36	25	39
Cumulative volume（%）	36	61	100

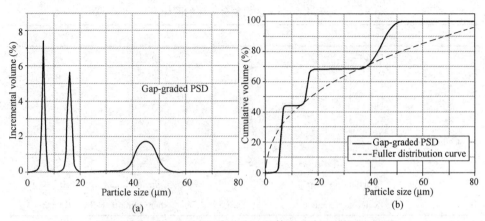

图4.78　三区间"区间窄分布，整体宽分布"模型示意图

(a) Incremental volume vs. particle size；(b) Cumulative volume vs. particle size

4.4.2.2　三区间复合水泥的制备

采用颗粒分级机制备符合三区间颗粒级配模型的各区间胶凝材料（均匀性系数 n 为 1.2 左右），其颗粒分布如图 4.79 和表 4.45 所示。按照表 4.46 中的配比制备三区间复合水泥，其中 $8\sim32\mu m$ 区间采用水泥熟料。参比水泥及硅酸盐水泥采用混合粉磨的方法制得，其比表面积控制在（340 ± 10）m^2/kg（与三区间复合水泥的比表面积相接近）。

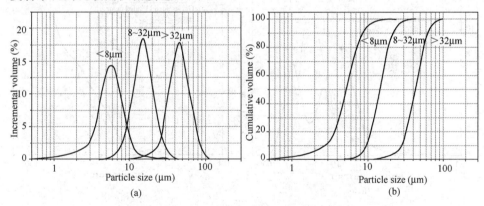

图4.79　不同粒度区间胶凝材料的颗粒分布

(a) Incremental volume vs. particle size；(b) Cumulative volume vs. particle size

表 4.45　不同粒度区间胶凝材料的颗粒分布参数

Fraction（μm）	<8	8～32	>32
D_{10}（μm）	2.63	9.28	28.33
D_{50}（μm）	5.21	15.08	44.21
D_{90}（μm）	8.47	21.54	75.46

Note：D_{10}, D_{50} and D_{90} are the maximum particle diameters when cumulative volume reaches 10%, 50%, and 90%, respectively.

表 4.46   三区间复合水泥的配比

Fraction（μm）	<8	8~32	>32
Content（%）	36	25	39
Cement Id.　BCB	B		B
BCF	B		F
BCS	B	C	S
BCL	B		L
SCS	S		S
Portland cement	100% Cement clinker		
Reference cement	36% BFS + 25% Cement clinker + 39% fly ash		

Note：5% of gypsum dihydrate by mass of cementitious material was added for all cements in Table 4.46；B, C, F, S, and L mean BFS, cement clinker, fly ash, steel slag and limestone, respectively.

4.4.2.3   三区间复合水泥的颗粒分布

图 4.80 表明参比水泥的颗粒分布较窄，粗、细颗粒含量均较少。三区间复合水泥（gap-graded blended cement）颗粒分布为三个峰，其粗、细颗粒含量较多，中粒度区间颗粒含量较少。相邻粒度区间虽有一定程度的重合，但基本上符合三区间模型的要求。

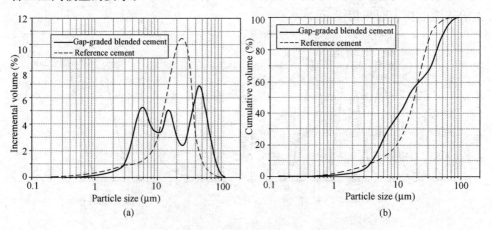

图 4.80   三区间复合水泥的颗粒分布

(a) Incremental volume vs. particle size；(b) Cumulative volume vs. particle size

4.4.2.4   三区间复合水泥浆体的堆积密度

图 4.81 表明三区间复合水泥的标准稠度需水量远低于参比水泥的，而未掺粉煤灰的三区间复合水泥需水量进一步降低，略高于硅酸盐水泥的需水量。表 4.47 表明三区间复合水泥浆体的最大固体含量均高于参比水泥和硅酸盐水泥浆体的。虽然三区间复合水泥的堆积密度比五区间复合水泥的低，但仍大幅度高于

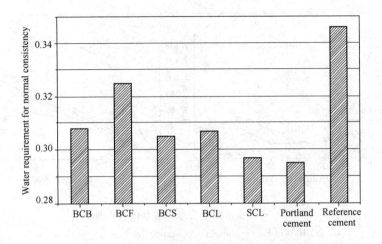

图 4.81　三区间复合水泥的标准稠度需水量

参比水泥浆体的堆积密度。

表 4.47　三区间复合水泥浆体的最大固体含量

Cement Id.		BCB	BCF	BCS	BCL	SCS	Portland cement	Reference cement
Density（g/cm³）		2.95	2.81	3.25	2.87	3.28	3.15	2.83
Setting time （min）	Initial	120	150	128	134	170	95	205
	Finial	185	205	190	195	228	151	273
Maximum wet density（g/cm³）		2.027	1.91	2.205	1.963	2.18	2.008	1.819
Maximum solid volume concentration（%）		52.64	50.17	53.63	51.52	51.75	46.88	44.73

4.4.2.5　三区间复合水泥的水化性能

图 4.82 表明三区间复合水泥放热速率曲线呈现出明显的三个放热峰。与五区间复合水泥相比，三区间复合水泥细粒度区间（$<8\mu m$）矿渣颗粒较粗，导致其第三放热峰出现时间较晚（50～70h 左右），其 3d 放热量也较低。参比水泥的放热速率和放热量均较低，3d 放热量仅为三区间复合水泥的 50% 左右。

图 4.83 表明三区间复合水泥浆体中未发现明显的 C_3S 和 C_2S 衍射峰，说明浆体中未水化水泥熟料量较少，水泥熟料胶凝性能得到了高效发挥，而硅酸盐水泥和参比水泥浆体中存在较多的未水化熟料。图 4.84 表明硅酸盐水泥、参比水泥及 BCF 水泥的水化产物主要是 C-S-H 凝胶和 $Ca(OH)_2$。与参比水泥相比，三区间复合水泥浆体中 C-S-H 凝胶含量较高、$Ca(OH)_2$ 含量较低。

图 4.85（a）、（b）和（c）表明参比水泥各龄期水化产物数量非常少，浆体

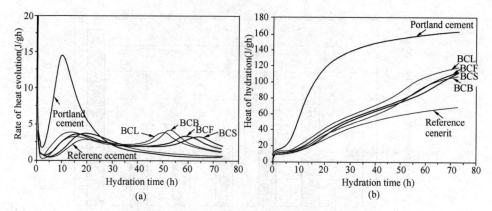

图 4.82　三区间复合水泥的水化放热曲线

(a) Rate of heat evolution；(b) Cumulative heat of hydration

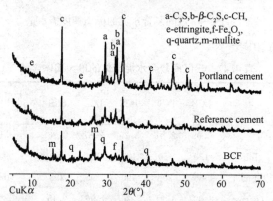

图 4.83　硅酸盐水泥、参比水泥及 BCF 水泥浆体养护 28d 后的 XRD 图谱

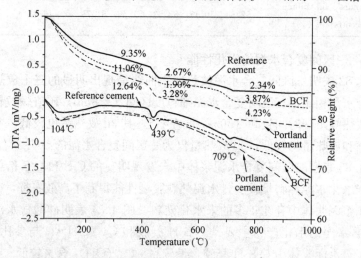

图 4.84　硅酸盐水泥、参比水泥及 BCF 水泥浆体养护 28d 后的 DTA-TG 图谱

结构不密实。未水化辅助性胶凝材料颗粒与周围水化产物存在明显的间隙，表明辅助性胶凝材料与水化产物粘结不牢固。硅酸盐水泥各龄期水化产物数量虽然较多，但浆体中毛细管孔较多［图 4.85（d）、（e）、（f）］。BCF 水泥浆体早期水化产物数量较少，但浆体结构较为密实［图 4.85（g）］。随养护时间的延长，水化产物逐渐增多，浆体结构逐渐密实，浆体中粉煤灰颗粒与周围水化产物粘结良好［图 4.85（h）、（i）］。

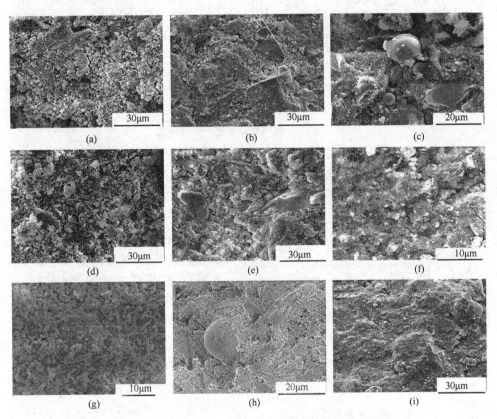

图 4.85 硅酸盐水泥、参比水泥及 BCF 水泥硬化浆体的 SEM 照片

（a）Reference cement paste cured for 1d；（b）Reference cement paste cured for 3d；（c）Reference cement paste cured for 28d；（d）Portland cement paste cured for 1d；（e）Portland cement paste cured for 3d；（f）Portland cement paste cured for 28d；（g）BCF cement paste cured for 1d；（h）BCF cement paste cured for 3d；（i）BCF cement paste cured for 28d

4.4.2.6 三区间复合水泥的砂浆强度

三区间复合水泥的抗压、抗折强度如图 4.86 所示。与五区间复合水泥相比（4.4.1.4），三区间复合水泥各龄期强度虽均有一定程度的降低，但仍远高于参比水泥的强度，略低于硅酸盐水泥的强度。

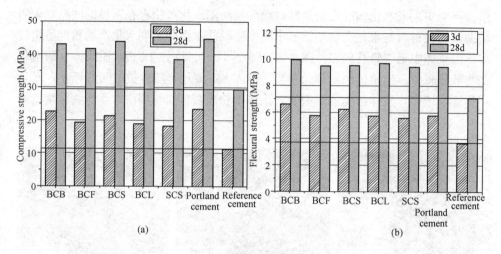

(a)   (b)

图 4.86 三区间复合水泥的胶砂强度

(a) Compressive strength；(b) Flexural strength

4.4.3 低熟料用量、高性能复合水泥的模拟工业化生产

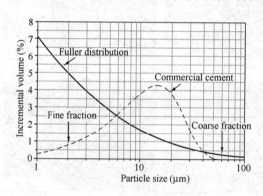

图 4.87 商品水泥与符合 Fuller
分布水泥的颗粒分布

目前，工业上多采用球磨或立磨的方式生产水泥，所制得水泥的颗粒分布基本符合 RRB 分布模型，其特点是颗粒分布相对较窄、中间颗粒含量较高（特别是立磨生产的水泥）。商品硅酸盐水泥（图 4.87 中Commercial cement）与 Fuller 分布对应复合水泥的差别在于其粗、细颗粒含量较少，因此，可采用在商品硅酸盐水泥中掺加粗、细颗粒的方法生产复合水泥。由于水泥熟料多集中于中粒度区间，其胶凝性能可得到较好的发挥。本节通过在商品硅酸盐水泥中掺加细粒度区间

（$<8\mu m$）矿渣和粗粒度区间（$45\sim80\mu m$）辅助性胶凝材料或惰性填料的方法，模拟工业化制备了低熟料用量复合水泥。

4.4.3.1 复合水泥的制备

将 4.4.1.1 中$<8\mu m$、$>45\mu m$ 两个区间的辅助性胶凝材料与硅酸盐水泥按表 4.48 中配比混合均匀，制备了低熟料用量（35% 或 45%）复合水泥。为比较复合水泥的性能，先将矿渣和粉煤灰混合粉磨至比表面积（350 ± 10）m^2/kg，再将混合物与硅酸盐水泥混合均匀，制备了参比水泥。

表 4.48　低熟料用量复合水泥的配比及其基本性能

Fraction (μm)	<8	Portland cement	>45	Density (g/cm³)	Water requirement for normal consistency	Wet density (g/cm³)	Maximum solid volume concentration (%)
Content (%)	30	35	35				
11	B	Portland cement	B	2.98	0.301	2.002	50.75
12	B		F	2.85	0.328	1.898	48.44
13	B		S	3.24	0.276	2.165	51.98
14	B		L	2.90	0.307	1.936	49.21
15	S		S	3.27	0.298	2.103	48.6
Reference 1	30% B—35% Portland cement—35% F (co-grinding)			2.87	0.342	1.824	44.07
Content (%)	25	45	30				
21	B	Portland cement	B	3.01	0.296	2.013	50.31
22	B		F	2.93	0.314	1.924	47.94
23	B		S	3.21	0.268	2.131	51.28
24	B		L	2.96	0.283	1.957	48.75
25	S		S	3.23	0.295	2.073	48.11
Reference 2	25% B—45% Portland cement—30% F (co-grinding)			2.94	0.332	1.864	44.52

Note：5% of gypsum dihydrate by mass of cementitious material was added for all cements in Table 4.48；B, F, S, and L mean BFS, fly ash, steel slag and limestone, respectively.

4.4.3.2　复合水泥的颗粒级配

图 4.88 表明采用混合粉磨制得的参比水泥颗粒分布较窄，颗粒多集中在 $10\sim40\mu m$，而本文制备的复合水泥（First and second series blended cements）粗、细颗粒含量显著增加，其整体分布较宽。因此，通过在硅酸盐水泥中掺加粗、细辅助性胶凝材料的方法，可增加复合水泥中粗、细颗粒含量，使复合水泥的整体分布向 Fuller 分布靠近。

4.4.3.3　复合水泥的堆积密度

低熟料用量复合水泥的标准稠度需水量及其浆体的最大固体含量列于表 4.48。与参比水泥相比，采用本方法制备的复合水泥具有较低的需水量和较高的最大固体含量。但与五区间复合水泥、三区间复合水泥相比，其浆体堆积密度较低，说明该方法对提高复合水泥浆体的堆积密度效果有限。

4.4.3.4　复合水泥的胶砂强度

低熟料用量复合水泥的各龄期强度见表 4.49。水泥熟料掺量为 35% 的参比

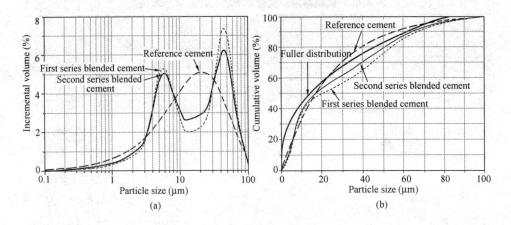

图 4.88　低熟料用量复合水泥的颗粒分布

(a) Incremental volume vs. particle size；(b) Cumulative volume vs. particle size

水泥 3d 和 28d 抗压强度仅为 12.4MPa 和 28.0MPa，而本文制备的复合水泥 3d 抗压强度普遍在 20MPa 以上，28d 抗压强度接近 40MPa。此外，采用该方法制备的复合水泥还具有较高的抗折强度（28d 抗折强度接近甚至超过 10MPa）。当熟料掺量由 35%（1 系列）提高至 45%（2 系列）时，复合水泥的早期强度变化不大，后期强度有所增加。当熟料掺量为 35% 时，复合水泥的性能可满足 32.5R 强度等级复合水泥的要求，且有较多强度富余。当熟料掺量为 45% 时，采用该方法可稳定生产 42.5 强度等级的复合水泥。

表 4.49　低熟料用量复合水泥的胶砂强度

Cement	Flexural strength（MPa）		Compressive strength（MPa）	
	3d	28d	3d	28d
11	5.9	11.5	22.2	41.4
12	6.1	9.3	19.8	38.1
13	6.4	11.3	21.1	39.6
14	6.6	10.7	20.0	36.4
15	5.6	10.4	16.5	33.3
Reference 1	3.1	7.1	12.4	28.0
21	6.1	11.2	22.5	47.2
22	6.2	10.5	22.8	43.5
23	6.4	9.9	23.0	48.4
24	5.8	9.4	22.7	46.3
25	4.4	10.6	20.4	42.8
Reference 2	3.8	8.5	16.1	34.5

4.4.4　复合水泥浆体结构的形成与演变过程

上述研究表明采用五区间或三区间颗粒级配模型可显著提高复合水泥浆体的初始堆积密度，通过高效发挥水泥熟料和矿渣等高活性辅助性胶凝材料的胶凝性能，可制备熟料掺量仅为 25% 的高性能复合水泥。本节研究了参比水泥（Reference cement）、硅酸盐水泥（Portland cement）、五区间（BBCFF）及三区间复合水泥（BCF）浆体结构的形成与演变过程，以期阐明"区间窄分布，整体宽分布"复合水泥性能改善机理。

4.4.4.1　新拌浆体的性能

由表 4.50 可以看出，参比水泥的需水量较大、凝结时间较长，浆体的初始堆积密度（最大固含量）仅为 45.4%。三区间复合水泥的需水量有所降低、凝结时间缩短，浆体的初始堆积密度有所提高（由 45% 提高至 50% 左右）。与三区间复合水泥相比，五区间复合水泥浆体的初始堆积密度进一步提高，凝结时间更为缩短，接近硅酸盐水泥的凝结时间。

表 4.50　硅酸盐水泥、参比水泥及 BBCFF、BCF 水泥浆体的需水量、凝结时间及堆积密度

Cement		Reference cement	Portland cement	BCF	BBCFF
Water requirement for normal consistency		0.346	0.295	0.325	0.334
Specific density（g/cm³）		2.870	3.150	2.81	2.834
Maximum wet density（g/cm³）		1.849	2.056	1.91	1.981
Maximum solid volume concentration（%）		45.40	49.12	50.17	53.48
Setting time（min）	Initial	155	95	122	105
	Final	235	151	179	155

硅酸盐水泥、参比水泥及 BBCFF、BCF 水泥浆体（水胶比为 0.5）的流变性能如图 4.89 所示。硅酸盐水泥浆体几乎没有触变性，参比水泥浆体的触变性也很小，且该两种水泥浆体的黏度较低。三区间复合水泥浆体存在一定的触变性，浆体初始黏度较高，随剪切速率的增加，浆体黏度逐渐降低。五区间复合水泥浆体触变性更大、黏度更高，随剪切速率的增加，浆体黏度大幅度降低。其原因在于：细颗粒填充于粗颗粒形成的孔隙中，颗粒间的接触点数量大幅度增加，使水泥浆体的屈服应力和触变性显著增加。

三区间及五区间复合水泥中细颗粒含量较多（特别是五区间复合水泥），细颗粒填充于粗颗粒形成的孔隙中，浆体初始堆积密度较高、标准稠度需水量较低。细颗粒的填充使颗粒间的接触点数量大幅度增加，水泥浆体的黏度和触变性显著增加。随剪切速率（或剪切力）的增加，水泥浆体的黏度逐渐下降、流变性能显著改善，说明该复合水泥浆体的屈服应力虽然较大，但其流变性仍然较好。因此，该复合水泥及其配制的砂浆、混凝土具有较好的抗离析、泌水性能。

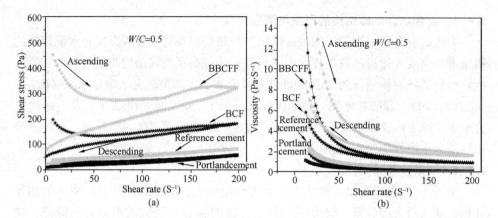

图 4.89　硅酸盐水泥、参比水泥及 BBCFF、BCF 水泥浆体的流变性能

(a) Shear stress vs. shear rate；(b) Viscosity vs. shear rate

4.4.4.2　复合水泥硬化浆体组成与结构

1. 浆体中熟料剩余量

为定量表征硬化浆体中水泥熟料剩余量，配制了不同熟料掺量的复合水泥，测定了复合水泥与 α-Al_2O_3（掺量 15%）混合物的 XRD 图谱（图 4.90）。图 4.91 表明水泥熟料衍射线（$d=2.76\text{Å}$，C_2S 和 C_3S 矿物的重叠峰）强度与熟料含量基本上呈线性关系。

将硬化水泥浆体磨细，与 15% Al_2O_3 混合均匀，测定了试样中剩余熟料的衍射线强度，根据上述线性关系求出浆体中熟料剩余量（图 4.92），并计算了熟料反应程度（图 4.93）。与硅酸盐水泥相比，虽然参比水泥的早期水化程度略高，但 14d 后水化程度相差不大，说明参比水泥和硅酸盐水泥中尚有 30% 熟料未发生水化，熟料胶凝性能未得到充分发挥。三区间复合水泥和五区间复合水泥中熟料剩余很少，熟料水化程度可达 90% 以上，其胶凝性能得到了高效发挥。

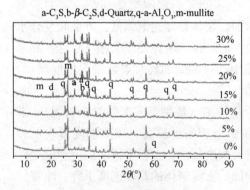

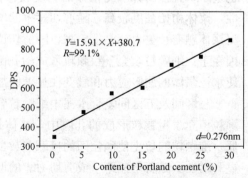

图 4.90　不同熟料掺量
复合水泥的 XRD 图谱

图 4.91　熟料含量与衍射峰
（2.76Å）强度的关系

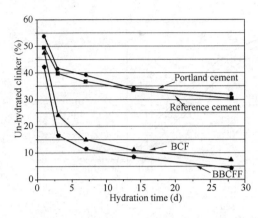

图 4.92　硅酸盐水泥、参比水泥及 BBCFF、
BCF 水泥浆体中剩余熟料量

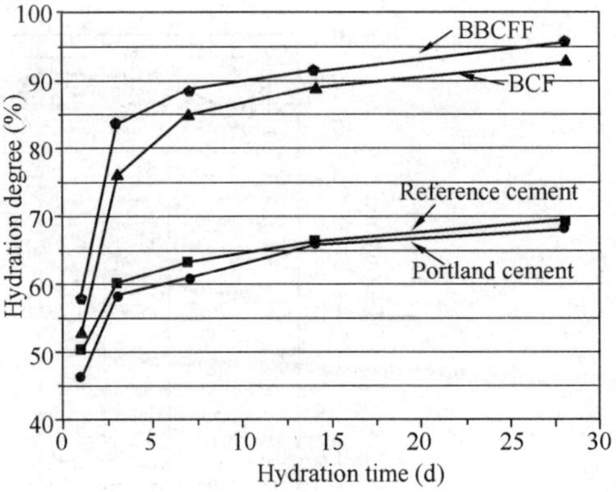

图 4.93　硅酸盐水泥、参比水泥及 BBCFF、
BCF 水泥浆体中熟料的水化程度

2. 浆体中 Ca（OH）$_2$ 剩余量

复合水泥浆体（以 BCF 为例）的差热-热重曲线如图 4.94 所示。100℃左右吸热峰对应于 C-S-H、C-A-H 凝胶及 AFt 失水，430℃ 及 700℃ 左右吸热峰分布对应于 Ca（OH）$_2$ 和 CaCO$_3$ 分解。

为精确表征 Ca(OH)$_2$ 和 CaCO$_3$ 分解的温度范围，对热重曲线进行了微分处理。图 4.95 表明将 40～400℃、400～500℃ 及 650～730℃ 分别定为 C-S-H 凝胶（或 C-A-H、AFt）失水、Ca(OH)$_2$ 和 CaCO$_3$ 分解的温度区间更为合理。为计算矿渣水化程度，本文认为浆体中 Ca(OH)$_2$ 剩余量应为实测 Ca(OH)$_2$ 剩余量与碳化 Ca(OH)$_2$ 量（由 CaCO$_3$ 计算可得）之和，复合水泥浆体中 Ca(OH)$_2$ 理论剩余量如图 4.96 所示。由于参比水泥中水泥熟料掺量和水化程度均较低，使其 Ca(OH)$_2$ 剩余量较少。而五区间复合水泥中细颗粒矿渣水化消耗了较多 Ca(OH)$_2$，导致其 Ca(OH)$_2$ 剩余量也较少。

3. 浆体中矿渣剩余量

由于三区间及五区间复合水泥中粉煤灰均置于粗颗粒区间，本文假定粗粉煤灰不参与火山灰反应，采用 Ca（OH）$_2$ 定量法计算了复合水泥中矿渣的水化程度。首先测定了水泥熟料水化程度与 Ca（OH）$_2$ 生成量的关系，图 4.97 表明水泥熟料完全水化可生成 35.4％（质量分数）的 Ca（OH）$_2$。按照水泥熟料的水化程度即可计算出复合水泥中 Ca（OH）$_2$ 理论生成量（图 4.98）。矿渣水化所消耗的 Ca（OH）$_2$ 量为 Ca（OH）$_2$ 理论生成量减去 Ca（OH）$_2$ 理论剩余量（图 4.99）。

采用热重分析法测定了矿渣－Ca（OH）$_2$ 体系中，矿渣水化程度与消耗 Ca(OH)$_2$ 量的关系，如图 4.100 所示。可见矿渣水化程度与其消耗 Ca(OH)$_2$ 量呈线性关系，单位质量矿渣完全水化需消耗 9.15％（质量分数）的 Ca(OH)$_2$。根

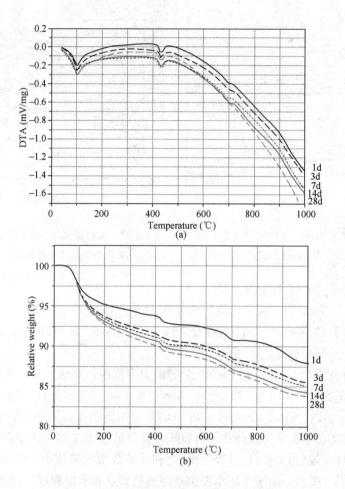

图 4.94　BCF 水泥浆体的差热-热重曲线

(a) DTA curve vs. temperature；(b) TG curve vs. temperature

据 Ca(OH)$_2$ 消耗量计算可得矿渣水化程度如图 4.101 所示，虽然参比水泥与三区间及五区间复合水泥的配比完全相同，但其矿渣水化程度相差甚大。例如：参比水泥中矿渣 28d 水化程度不足 30%，而三区间复合水泥中矿渣 3d 和 28d 水化程度分别为 31.5% 和 72.3%，五区间复合水泥中矿渣 3d 水化程度高达 53.4%，28d 水化程度可达 92.1%。

4. 浆体中凝胶产物含量

采用 40～400℃失重半定量地表征了复合水泥浆体中凝胶产物含量，结果如图 4.102 所示。参比水泥浆体中凝胶产物数量很少，硅酸盐水泥浆体中凝胶产物量最多。"区间窄分布，整体宽分布"复合水泥（特别是五区间复合水泥）浆体中各龄期凝胶产物数量接近硅酸盐水泥浆体中的凝胶产物数量。

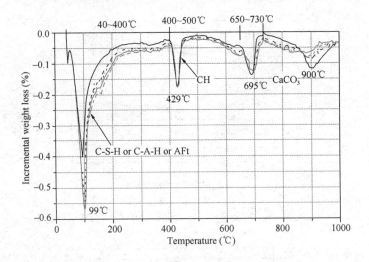

图 4.95 BCF 水泥浆体的差热微分曲线

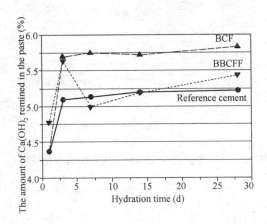

图 4.96 BBCFF、BCF 水泥及参比水泥浆体中 Ca（OH）₂ 理论剩余量

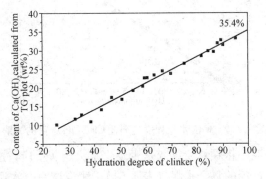

图 4.97 熟料水化程度与 Ca（OH）₂ 生成量的关系

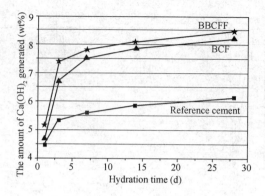

图 4.98　BBCFF、BCF 水泥及参比水泥浆体中 Ca（OH）$_2$ 理论生成量

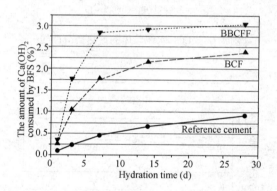

图 4.99　BBCFF、BCF 水泥及参比水泥浆体中矿渣水化消耗 Ca（OH）$_2$ 量

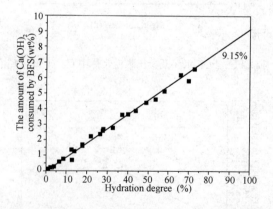

图 4.100　矿渣水化程度与消耗 Ca（OH）$_2$ 量的关系

　　为验证复合水泥中粗颗粒粉煤灰是否发生了火山灰反应，按照五区间颗粒级配模型配制了掺石英粉的复合水泥（表 4.51），测定该复合水泥浆体中凝胶产物失重量。图 4.103 表明复合水泥浆体中凝胶产物数量主要取决于中、细粒度区间

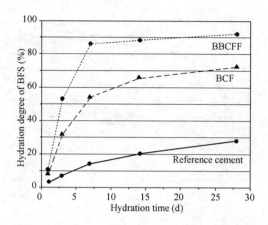

图 4.101　BBCFF、BCF 水泥及参比水泥浆体中矿渣水化程度

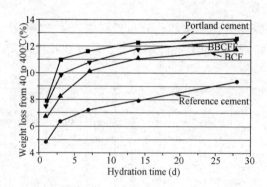

图 4.102　硅酸盐水泥、参比水泥及 BBCFF、BCF 水泥浆体的凝胶产物数量

胶凝材料的种类，粗粒度区间胶凝材料对复合水泥浆体中凝胶产物数量影响非常小，因此忽略粗粒度区间粉煤灰的火山灰反应是合理的。水化 28d 后，BBCFF 水泥中水泥熟料水化提供了不足 60% 的凝胶产物，约有 43% 凝胶产物由细颗粒矿渣水化生成。

表 4.51　掺惰性石英粉的五区间复合水泥配比

Fraction（μm）	<4	4~8	8~24	24~45	45~80
Content（%）	25	11	25	19	20
BBCFF	B	B	C	F	F
BBCQQ	B	B	C	Q	Q
QQCFF	Q	Q	C	F	F
QQCQQ	Q	Q	C	Q	Q

Note：5% of gypsum dihydrate by mass of cementitious material was added for all the cements in Table；

C, B, F and Q represent cement clinker, blast furnace slag, fly ash and quartz sand, respectively.

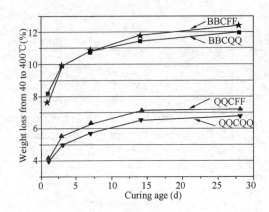

图 4.103　含石英粉的五区间复合水泥凝胶产物数量

5. 孔隙率及孔分布

复合水泥硬化浆体的孔隙率和孔分布分别如表 4.52 和图 4.104 所示。参比水泥浆体各龄期（特别是早期）孔隙率较高，最可几孔径较大，孔隙多以有害大

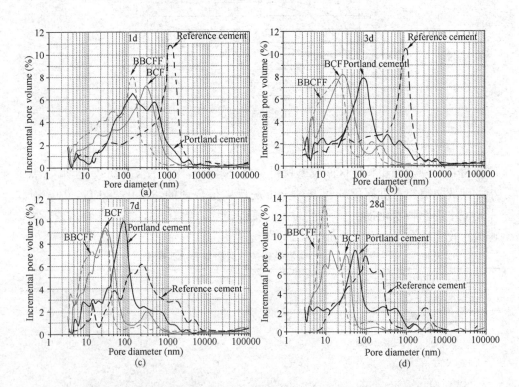

图 4.104　硅酸盐水泥、参比水泥及 BBCFF、BCF 水泥浆体的孔分布

（a）Cured for 1 day；（b）Cured for 3 days；（c）Cured for 7 days；（d）Cured for 28 days

孔（>50nm）的形式存在。虽然硅酸盐水泥浆体孔隙率较小，其最可几孔径较大，毛细管孔含量较高。三区间复合水泥浆体各龄期孔隙率略高于硅酸盐水泥浆体的，但其最可几孔径却小于硅酸盐水泥浆体的孔径。五区间复合水泥浆体各龄期孔隙率进一步降低，最可几孔径也有所减小，且有害大孔较少、无害孔较多（孔隙细化），表明其浆体结构较硅酸盐水泥浆体更为密实。

表 4.52 硅酸盐水泥、参比水泥及 BBCFF、BCF 水泥浆体的孔隙率（体积分数）

Curing age (d)	1	3	7	28
Reference cement	42.71	36.30	30.44	25.55
Portland cement	34.47	27.38	22.57	20.03
BCF	36.90	27.43	24.19	21.05
BBCFF	33.29	25.98	21.98	18.95

4.4.4.3 复合水泥硬化浆体结构演变过程

根据上述硬化浆体各相含量计算了其体积分数，并绘制了水泥浆体组成演变过程（图 4.105）。其中：凝胶产物的体积分数为固相体积分数减去未水化熟料、

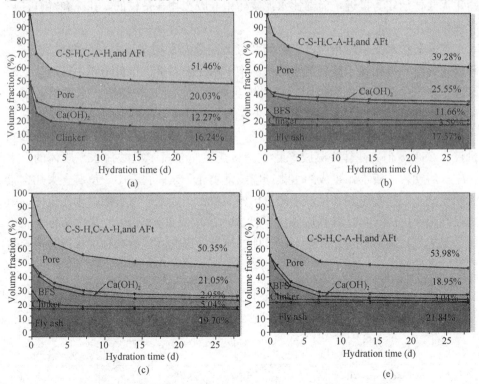

图 4.105 硅酸盐水泥、参比水泥及 BBCFF、BCF 水泥浆体组成

(a) Portland cement paste; (b) Reference cement paste;

(c) BCF cement paste; (d) BBCFF cement paste

矿渣、粉煤灰和 Ca(OH)$_2$ 的体积分数。根据各相对水泥浆体性能的贡献，可分为：凝胶产物(C-S-H、C-A-H 凝胶和 AFt)、孔隙和"微集料"(Ca(OH)$_2$ 和未水化颗粒)(表 4.53)。凝胶产物是水泥浆体强度的来源，而孔隙则对浆体强度发展有不利影响，"微集料"与凝胶产物的界面粘接情况对硬化浆体的强度也具有显著影响。

水化 28d 后，硅酸盐水泥浆体中尚有 16.24％的水泥熟料未发生水化，凝胶产物含量为 51.46％，孔隙率约为 20％。参比水泥浆体孔隙率较高，水化 28d 后尚有较多水泥熟料和矿渣未发生水化(3.59％左右)，凝胶产物含量仅为39.28％，孔隙率高达 25.55％。水化 28d 后，三区间和五区间复合水泥浆体中剩余熟料、矿渣量较少，凝胶产物含量分别为 50.35％和 53.98％，孔隙率分别为 21.05％和 18.95％。BCF 与 BBCFF 水泥浆体中"微集料"含量约为 28％，接近硅酸盐水泥浆体中"微集料"含量，而参比水泥中"微集料"含量高达 35.2％。可见，三区间及五区间复合水泥浆体中凝胶产物、孔隙及"微集料"含量均与硅酸盐水泥浆体的较为接近，而参比水泥浆体中凝胶产物含量较低，孔隙和"微集料"含量较高。

与硅酸盐水泥浆体相比，三区间及五区间复合水泥浆体中剩余熟料量较少，粉煤灰含量几乎相当于硅酸盐水泥浆体中未水化熟料量。也就是说，硅酸盐水泥浆体中未水化熟料可认为被粗颗粒粉煤灰所取代。通过将矿渣、水泥熟料置于细、中粒度区间，BCF 及 BBCFF 水泥浆体中矿渣和水泥熟料的胶凝活性得到了充分发挥(28d 水化程度接近甚至超过 90％)。虽然 BCF 及 BBCFF 水泥中熟料掺量仅为 25％，但其浆体中凝胶产物数量接近甚至超过了硅酸盐水泥浆体的。水化中、后期，矿渣水化生成的水化产物逐渐填充于浆体孔隙中，使有害大孔含量大幅度减小，孔隙逐渐细化，浆体结构较为致密。大量研究表明，水泥浆体的组成及孔隙率(孔分布)是其强度等力学性能的决定因素，而 BCF 及 BBCF 水泥浆体的组成和孔隙率均与硅酸盐水泥浆体的接近，因此其各龄期强度接近甚至超过硅酸水泥的强度。

表 4.53 养护 28d 后硅酸盐水泥、参比水泥及 BBCFF、BCF 水泥浆体组成(体积分数)

| Category | Hydration products | Pore | | "Micro-aggregate" | | | |
Phase	C-S-H、C-A-H gel and AFt	Pore	Clinker	Ca(OH)$_2$	BFS	Fly ash	Sum.
Portland cement	51.46	20.03	16.24	12.27	0	0	28.51
Reference cement	39.28	25.55	3.59	2.35	11.66	17.57	35.17
BCF	50.35	21.05	0.92	2.94	5.04	19.70	28.60
BBCFF	53.98	18.95	0.60	3.04	1.58	21.84	27.06

4.5　复合水泥浆体结构稳定性研究

4.5.1　水泥基材料塑性收缩开裂研究方法的建立

4.5.1.1　水泥砂浆塑性收缩开裂本构方程的学术构思

　　水泥基材料浇注成型后，由于水与水泥基材料的亲润性，水分蒸发时表层材料毛细管中形成凹液面，其凹液面上表面张力的垂直分量形成了对管壁间材料的拉应力，此时材料处于塑性阶段，材料自身的塑性抗拉强度较低，若材料表层毛细管失水收缩产生的拉应力 $\sigma_{毛细管}$ 与材料塑性抗拉强度 $f_{塑}$ 满足式(4-30)：

$$\sigma_{毛细管} > f_{塑} \tag{4-30}$$

则材料表层出现开裂现象。

　　当改变水泥基材料的材料组成以及其所处的环境条件时，一方面可使材料抵抗开裂的塑性抗拉强度发生变化，另一方面也可以使毛细管失水收缩形成的毛细管张力发生变化，从而使 $\sigma_{毛细管}$ 与 $f_{塑}$ 满足式(4-31)：

$$\sigma_{毛细管} \leqslant f_{塑} \tag{4-31}$$

这时材料表层的开裂状况减轻，甚至消失。

　　本项目研究者对水泥砂浆塑性收缩抗裂判据进行了初步的研究。研究表明：毛细管收缩应力应在试件表面发展建立，并根据试件表面实际的毛细管收缩应力应该大于或至少等于塑性抗拉强度时试件才会开裂提出了临界作用深度 h_{cr} 和抗裂指数 K，给出了它的计算公式：

$$K = f_{tp} / \sigma_{毛细管,名义} \tag{4-32}$$

式中，f_{tp} 即为塑性抗拉强度，在此以 $f_{塑}$ 表示；$\sigma_{毛细管,名义}$ 为以毛细管临界作用深度计算的名义收缩应力，以 $\sigma_{毛细管}$ 表示。

　　然而对抗裂判据的研究仅限于基准砂浆以及在基准砂浆基础上影响因素的初步变化，而在实际工程中应用，需要考虑砂浆组成参数以及纤维增强时纤维参数等诸多因素的变化。如果各种因素变化下的塑性收缩开裂判据都通过试验研究获得，试验量将是十分巨大的。且实际工程对将要采用的水泥砂浆材料的塑性开裂与否也存在进行事先判断的需要。鉴于以上原因，笔者认为可通过建立水泥砂浆塑性收缩开裂本构方程来解决，该方程可通过数学手段(如多元回归分析)分别建立多因素与 $f_{塑}$ 和 $\sigma_{毛细管}$ 的函数关系，按式(4-32)的形式进行构建。通过计算本构方程的 $K_{理论}$，并把它与有限次试验积累的抗裂指数样本与其对应的开裂状况得到的分段判据比较来进行，实现水泥砂浆塑性收缩开裂与否的判断。

4.5.1.2　塑性自由收缩量的试验方法

　　采用 $914mm×610mm×19mm$ 的木模，再嵌套一个相同容积但无底的木模框架。为了防止试验时水泥砂浆对木模的干扰，在放置好这套木模后，在其上铺一张足够大的一次性塑料台布，使台布完好地覆盖整个木模。然后搅拌 30kg 基准砂浆，加入约 20g 缓凝剂，拌匀后浇满下层木模，用抹刀抹平，然后用一次性塑料台布对折后（面积仍大于木模面积）铺在表面，再用试验砂浆（配比同上基准砂浆）浇注在塑料台布上，填满上层木模，之后立即用宽度大于木模宽度的已润湿铝板，沿木模长边快速刮平。

按上述方法成型好之后，在试件表面放置两片带刻度的玻璃读数片，两读数片之间的距离约为 335mm，采用自行研制的非接触式显微镜进行观察读数。并打开木模正上方约 1.5m 处的 1000W 碘钨灯，打开位于木模长边端部 150mm 的电风扇，风速约为 5m/s，开始读数，每 15min 读一组数据，一直读到塑性收缩量变化极缓，塑性收缩基本结束为止。在读数期间，保持木模和观察装置固定。因为试验环境和场地的影响，试验的温湿度值会有所变化，整个试验过程，维持温度在(25±3)℃，湿度维持在(70±10)%（下同）。试验装置如图 4.106 所示，显微镜目镜内的读数情况如图 4.107 所示。

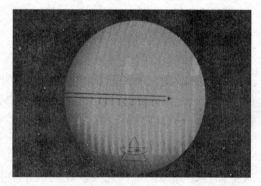

图 4.106　水泥砂浆塑性收缩量的测试装置　　图 4.107　显微镜目镜内视场

4.5.1.3　塑性抗拉强度试验方法

水泥砂浆塑性抗拉强度试验采用自行设计加工的八字形木模，其示意图如图 4.108 所示，塑性抗拉强度试验过程如图 4.109 所示。基准砂浆配比为水泥：砂：水＝1：1：0.5（质量比）。文中水泥砂浆塑性相关试验的稠度最小值为 5.4cm，最大值为大于 14.5cm。

试验时先将两个半模放置于一块稍大些的、表面光滑的木板上，将两个半模拼成八字形，且使接口密合。用胶带于八字模上表面将其粘好，将测试棉线穿于两个半模顶端孔内，且用一小段木棒使棉线拉力可施加于半模上，八字模内涂以机油。

采用测试塑性收缩应力使用的砂浆混合料，在成型收缩应力平板的同时将混

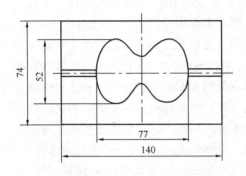 

图 4.108　水泥砂浆塑性抗拉强度试模示意图

合料浇注于八字模内，用刮刀沿八
字模表面快速刮平试件表面。将成
型好的八字模试件放于同配比条件
的平板试件边上，与平板处在同一
环境条件下。

　　当砂浆塑性收缩应力平板试件
开裂时测试八字模试件塑性抗拉强
度。先小心撕开八字模表面的胶带
（注意此时试件是否有明显裂缝，如
有则该试件作废）。将八字模连同底
部木板一起移到测试台面上，固定
八字模的一个半模，在另一半模引
出的棉线上系上砂筐，将砂子匀速

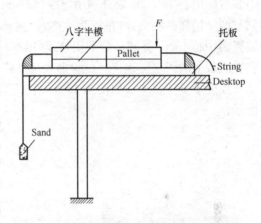

图 4.109　水泥砂浆塑性抗拉
强度试验装置示意图

倒入筐内，当两个半模断裂移动时停止加砂，取下砂筐用感量 5g 的台秤称量砂
子和砂筐的总质量 m_1。然后再将砂筐系在另一半模的棉线上，固定八字模底部
木板，将砂子匀速倒入砂筐，当这一半模移动时取下砂筐，用台秤称量此时砂子
和砂筐的总质量 m_2。用精度 0.02mm 的卡尺测量砂浆断裂面尺寸（注意断裂面应
位于八字模颈部，否则试验数据舍弃），以此计算试件断裂面积 A，以式（4-33）
计算砂浆塑性抗拉强度：

$$f_{塑} = (m_1 - m_2) \times g/A \tag{4-33}$$

　　每组平行试件为六个，剔除一个最大值和一个最小值，以余下的四个试件测
试值的平均值作为此组试件的代表值。

4.5.1.4　水泥砂浆塑性毛细管收缩应力的试验方法

　　塑性收缩应力测定方法是在塑性收缩率测试的平板法的基础上改进而成。在

原有塑性收缩率测定采用的 914 mm×610 mm×19 mm 木模上再嵌套一个同样容积的木模，嵌套好两个木模放置在一个凹形木板中（凹形宽度略长于914 mm），使得嵌套好的木模不能在长边方向随意移动。然后在上面木模前后两个短边方向的边框、距中心 150mm 处各钻两个 5mm 左右的小孔，用于引出导线。试验时先搅拌与试验砂浆配比相同仅多掺加了缓凝剂的水泥砂浆，浇注入下方已铺垫了塑料薄膜的木模内，然后将一块较大塑料薄膜平铺在缓凝砂浆上面，再将同样配比水泥砂浆浇注在塑料薄膜上，让其自由下沉。与此同时，将两个用以传递应力钢筋笼（采用 ϕ4mm 的钢丝制成长 500mm×宽 40mm×高 18mm 的长方体框架，并在其宽度方向分别均匀增加两根同样直径的钢丝，如图 4.110(a) 所示）传力装置放入木模中，其长度方向为木模宽度方向，两钢筋笼间距 500mm。在一个传力装置距中心 150mm 处分别用导线（ϕ20μm 铜丝）引出，穿过木模两端的小孔分别与两个同样的测力计（量程为 100N，测量精度为 0.1N）连接，而在另一个传力装置距中心 15cm 处同样分别用导线（铜丝）引出，穿过木模两端的小孔分别与固定在底板上的固定柱连接。试验前先适度张紧导线，使测力计有一定的读数，保证导线处于受拉状态，如图 4.110(a)、(b) 所示，试件典型开裂状况如图 4.111 所示。

图 4.110(a)　传力装置

图 4.110(b)　塑性毛细管收缩
应力测试装置

随后，立即用已经润湿的铝板沿试模长边快速刮平试件表面。在以上工作完成后立即打开位于试模长边的风速约为 5m/s 的电风扇，并开启位于试模上方约 1.5m 处的 1000W 碘钨灯。每隔一定时间间隔（15min）读取一次测力计的读数，以两个测力计的读数和，按式（4-34）计算塑性收缩应力。

$$\sigma_{毛细管} = \sum P_i/(l \times h) \quad (4\text{-}34)$$

式中，l 取 500mm；h 取 19mm；P_i 为收缩力（N）。

试验时温度为（22 ± 2）℃，相对湿度为（65 ± 5）%。

试验结果的处理方法参见 4.5.1.3 塑性抗拉强度的试验结果处理。

4.5.1.5　塑性收缩开裂本构方程的建立

1. 判断水泥砂浆开裂与否的分段判据

对于所有 108 个样本得到的抗裂指数 K 值进行综合考虑见表 4.54。对于所有开裂的试验样本，K 的最大值为 1.72，最小值为 0.68；对于所有未开裂样本，K 的最大值为 2.80，最小值为 1.38。将

图 4-111　塑性毛细管收缩应力开裂状况图

开裂与未开裂样本的 K 值集合示意绘于图 4.112。

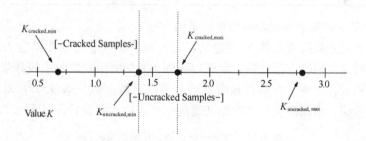

图 4.112　试件开裂判据

由图 4.112 可见，本试验条件下如果任意一次试验的 K 值大于开裂样本的最大值，那么可以认为该试件肯定不开裂；如果 K 值小于未开裂样本的最小值，那么试件肯定开裂；如果 K 值介于未开裂样本最小值和开裂样本最大值之间，则试件有可能开裂，也可能不开裂。这是符合一般逻辑分析判断的。由此可以得到以下本试验条件下水泥砂浆塑性收缩开裂的分段判据：

当 K 值大于 1.72 时，试件不开裂；当 K 值小于 1.38 时，试件开裂；当 K 值介于 1.38 和 1.72 之间时，试件以一定概率开裂。

表 4.54 所有试验样本的 K 值及其对应的开裂情况

K	Crack or not	K	Crack or not	K	Crack or not	K	Crack or not	K	Crack or not
1.05	Crack	1.44	Crack	1.24	Crack	1.09	Crack	1.01	Crack
1.03	Crack	1.64	Not	1.12	Crack	0.98	Crack	1.06	Crack
0.94	Crack	1.43	Not	0.72	Crack	0.94	Crack	0.95	Crack
1.17	Crack	1.08	Crack	1.14	Crack	1.56	Crack	0.68	Crack
1.38	Not	1.22	Crack	1.18	Crack	1.29	Crack	1.11	Crack
1.32	Crack	1.62	Crack	1.04	Crack	1.44	Crack	1.09	Crack
1.53	Not	1.05	Crack	1.72	Crack	1.71	Not	0.96	Crack
1.44	Crack	1.03	Crack	1.04	Crack	1.54	Not	0.82	Crack
1.23	Crack	0.94	Crack	0.87	Crack	1.91	Not	0.74	Crack
1.50	Crack	1.20	Crack	1.46	Crack	1.90	Not	0.86	Crack
1.62	Not	0.90	Crack	1.47	Crack	2.54	Not	0.90	Crack
1.49	Not	1.08	Crack	1.14	Crack	1.41	Crack	1.26	Crack
1.50	Crack	0.92	Crack	1.23	Crack	2.73	Not	1.38	Crack
1.49	Not	0.76	Crack	1.00	Crack	1.89	Not	1.07	Crack
1.49	Not	0.89	Crack	1.50	Crack	1.66	Not	1.04	Crack
1.25	Crack	1.14	Crack	1.19	Crack	1.80	Not	1.27	Crack
1.34	Crack	1.88	Not	1.55	Not	1.02	Crack	1.65	Not
2.80	Not	1.50	Crack	1.49	Not	1.31	Crack	1.31	Crack
1.47	Crack	1.36	Crack	1.46	Crack	1.07	Crack	1.51	Crack
1.60	Crack	1.26	Crack	1.82	Not	1.61	Crack	1.20	Crack
1.61	Crack	1.25	Crack	1.56	Crack	1.36	Crack		
2.14	Not	1.03	Crack	1.49	Crack	1.23	Crack		

2. 抗裂指数关于一元影响因素的本构方程

根据收缩开裂抗裂指数 K 的定义，在得到了塑性毛细管收缩应力以及塑性抗拉强度的线性回归方程之后，就可以得到一元影响因素比对水泥砂浆塑性收缩开裂的本构方程。本文在原有相应试验范围内另取一点见表 4.55，对一元本构方程进行验证，水泥砂浆塑性收缩开裂的一元本构方程及验证见表 4.56。

表 4.55 验证一元本构方程的试验数据

	Value	Tensile strength (MPa)	Shrinkage capillary stress (MPa)
Cement-sand ratio	1.25	0.0386	0.0338
Water-cement ratio	0.525	0.0331	0.0280
Fiber length	15(mm)	0.0374	0.0300
Fibers content	0.5 (kg/m³)	0.0450	0.0250

表 4.55 说明，根据本研究思路构建的水泥砂浆收缩开裂一元本构方程得到了检验；由一元方程理论计算的 K_E 与试验计算得到的 K_T 的误差较小；根据判

断水泥砂浆开裂与否的分段判据，理论得到的开裂情况 C_T 与试验得到的开裂情况 C_E 吻合，获得了一元因素对水泥砂浆收缩开裂情况的预测，上述研究结果实现了研究设想的第一步，并对三元及三元以上本构方程的研究奠定了基础。

表 4.56　水泥砂浆塑性收缩开裂的一元本构方程及验证

	One-element constitutive equation	K_T^*	K_E^*	Error (%)	C_T^*	C_E^*
Cement-sand ratio	$K_{c/s} = \dfrac{f_{塑}}{\sigma_{毛细管}} = \dfrac{-0.00208R_{c/s} + 0.0383}{0.00879R_{c/s} + 0.0227}$	1.06	1.14	7.55	C	C
Water-cement ratio	$K_{W/C} = \dfrac{f_{塑}}{\sigma_{毛细管}} = \dfrac{0.0584 - 0.0481R_{w/c}}{0.0722 - 0.0841R_{w/c}}$	1.18	1.19	0.85	C	C
Fiber length	$K_L = \dfrac{f_{塑}}{\sigma_{毛细管}} = \dfrac{0.0372 + 0.000618L_f}{0.0339 - 0.000687L_f}$	1.96	1.8	8.16	Not	Not
Fiber content	$K_V = \dfrac{f_{塑}}{\sigma_{毛细管}} = \dfrac{0.00379V_f + 0.0359}{-0.00373V_f + 0.0345}$	1.16	1.25	7.76	C	C

注：K_T^*＝理论上计算的 K 值，K_E^*＝试验得到的 K 值，C_T^*＝通过方程理论判断开裂情况，C_E^*＝试验得到实际开裂情况。

3. 抗裂指数关于二元影响因素的本构方程

根据收缩开裂抗裂指数 K 的定义，在得到了塑性毛细管收缩应力以及塑性抗拉强度的线性回归方程之后，就可以按式(4-35)的形式构建环境温度和湿度同时作用时对砂浆塑性收缩开裂的本构方程：

$$K_T - H_R = \frac{f_{塑}}{\sigma_{毛细管}} = \frac{0.0458 + 0.000449T - 0.000273H_R}{0.0378 + 0.000856T - 0.000408H_R} \qquad (4-35)$$

理论上，在给定了环境温度和湿度之后就可以计算出抗裂指数。

下面取 T 为 22℃，H_R 为 71 对该方程进行检验。将 $T=22$，$H_R=71$ 代入式(4-35)计算得 $K_{理论} = 1.31$。通过试验得到 $f_{塑} = 0.0281\text{MPa}$，$\sigma_{毛细管} = 0.0273\text{MPa}$，实际试验得到的抗裂指数 $K_{实际}=1.03$。试验抗裂指数 $K_{实际}$ 与理论抗裂指数 $K_{理论}$ 的相对误差为 21.4%。该相对误差稍微偏大，这可能是由于试验室条件限制，不能够精确控制温度和湿度，特别是扩大温度和湿度的变化区间难以实现，从而使得本构方程误差偏大。

4. 抗裂指数关于三元影响因素的本构方程

根据收缩开裂抗裂指数 K 的定义，在得到了塑性毛细管收缩应力以及塑性抗拉强度的三元线性回归方程之后，就可以按式(4-35)的形式构建灰砂比(水灰比、纤维长度、纤维掺量)、环境温度以及湿度对砂浆塑性收缩开裂的三元本构方程，验证方程的试验数据如表 4.57 所示。

表 4.57　三元本构方程的验证

	Value	Tensile strength (MPa)	Shrinkage capillary stress (MPa)	Temperature (℃)	Humidity (%)
Cement-sand ratio	1.25	0.0386	0.0338	24.0	72.0
Water-cement ratio	0.525	0.0350	0.0295	23.0	81.0
Fiber length	15 (mm)	0.0450	0.0250	23.0	81.0
Fiber content	0.5 (kg/m³)	0.0374	0.0300	23.0	63.0

在水泥砂浆塑性收缩开裂一元本构方程建立的基础上，继续建立了三元本构方程如表4.58所示，并且这些方程都得到了试验的检验，实现了本文的研究设想；由三元方程理论计算的 K_E 与试验计算得到的 K_T 的误差较小；根据判断水泥砂浆开裂与否的分段判据，理论得到的开裂情况 C_T 与试验得到的开裂情况 C_E 吻合，实现了对三元因素对水泥砂浆收缩开裂情况的预测。

表 4.58　水泥砂浆塑性收缩开裂的三元本构方程及验证

	Three-element constitutive equation	K_T^*	K_E^*	Error (%)	C_T^*	C_E^*
Cement-sand ratio-temperature-humidity	$K_{c/s-T-H_R} = \dfrac{f_塑}{\sigma_{毛细管}}$ $= \dfrac{0.0206 - 0.00221R_{c/s} + 0.000536T + 0.0000627H_R}{0.0157 + 0.00877R_{c/s} + 0.000170T + 0.0000393H_R}$	1.04	1.14	8.77	C	C
Water-cement ratio-temperature-humidity	$K_{w/c-T-H_R} = \dfrac{f_塑}{\sigma_{毛细管}}$ $= \dfrac{0.0549 - 0.0548R_{w/c} - 0.000590T + 0.000289H_R}{0.0733 - 0.0809R_{w/c} + 0.000813T - 0.000304H_R}$	1.03	1.18	12.7	C	C
Fiber length-temperature-humidity	$K_{w/c-T-H_R} = \dfrac{f_塑}{\sigma_{毛细管}}$ $= \dfrac{0.0549 - 0.0548R_{w/c} - 0.000590T + 0.000289H_R}{0.0733 - 0.0809R_{w/c} + 0.000813T - 0.000304H_R}$	1.89	1.8	4.76	Not	Not
Fiber content-temperature—humidity	$K_{w/c-T-H_R} = \dfrac{f_塑}{\sigma_{毛细管}}$ $= \dfrac{0.0549 - 0.0548R_{w/c} - 0.000590T + 0.000289H_R}{0.0733 - 0.0809R_{w/c} + 0.000813T - 0.000304H_R}$	1.34	1.25	6.71	C	C

5. 抗裂指数关于六元影响因素的本构方程

根据收缩开裂抗裂指数 K 的定义，在得到了塑性毛细管收缩应力以及塑性抗拉强度的六元线性回归方程之后，就可以按式（4-35）的形式构建灰砂比、水灰比、纤维长度、纤维掺量、环境温度以及湿度对砂浆塑性收缩开裂六元本构方程：

$$K_{w/cc/sL_f\text{-}V_f-H_R} = \frac{f_{塑}}{\sigma_{毛细管}}$$

$$= \frac{0.0763 - 0.0347R_{w/c} - 0.00196R_{c/s} - 0.00343V_f + 0.0007074L_f - 0.00117T + 0.000142H_R}{0.0768 - 0.113R_{w/c} - 0.00195R_{c/s} + 0.00521V_f - 0.000584L_f + 0.00118T - 0.000221H_R}$$

$$(4\text{-}36)$$

在试验中取水灰比 $R_{w/c}$ 0.48、灰砂比 $R_{c/s}$ 1.2、纤维长度 L_f 9mm、纤维掺量 V_f 0.7kg/m³、环境温度 T 21℃以及湿度 H_R 69％对方程（4-36）进行验证，得到理论 K_E 为 1.65，根据判断水泥砂浆开裂的分段判据 1.38＜1.65＜1.72，水泥砂浆应该以一定概率开裂，试验得到的 K_T 为 1.64，试件不开裂，六元方程得到了很好的验证。

至此，本文通过研究水泥砂浆塑性抗拉强度以及塑性毛细管收缩应力，建立水泥砂浆收缩开裂本构方程的思路，得到了从一元因素、二元因素到三元因素，最后到六元因素本构方程并得到了试验的验证；实现了如果给定试验范围内的因素，就能预测水泥砂浆塑性收缩开裂与否，具体做法即先通过本构方程计算得到理论抗裂指数，然后与开裂分段判据进行比对，判断该材料是否会开裂。

4.5.1.6 水泥基材料塑性收缩开裂本构方程中不可量化因素的处理方法

课题组经过前期探索，研究了灰砂比、水灰比、纤维长度、纤维掺量、环境温度以及湿度对砂浆塑性收缩开裂的影响规律，在此基础上建立了以灰砂比、水灰比、纤维长度、纤维掺量、环境温度以及湿度对砂浆塑性收缩开裂六元本构方程：

$$K_{w/cc/sL_f\text{-}V_f-T-H_R} = \frac{f_{塑}}{\sigma_{毛细管}}$$

$$= \frac{0.0763 - 0.0347R_{w/c} - 0.00196R_{c/s} - 0.00343V_f + 0.0007074L_f - 0.00117T + 0.000142H_R}{0.0768 - 0.113R_{w/c} - 0.00195R_{c/s} + 0.00521V_f - 0.000584L_f + 0.00118T - 0.000221H_R}$$

$$(4\text{-}37)$$

其中，$R_{w/c}$ 为水灰比，$R_{c/s}$ 为灰砂比，L_f 为纤维长度，V_f 为纤维掺量，T 为环境温度以及 H_R 为湿度，水泥砂浆开裂的分段判据 1.38＜1.65＜1.72。

然而该方程只考虑了灰砂比、水灰比、纤维长度、纤维掺量、环境温度以及湿度等可量化因素，而水泥品种、集料品种、纤维品种等不可量化因素没有加以考虑，而这些影响因素对砂浆塑性收缩开裂行为具有一定影响作用，有必要加以研究。为此课题组设计了处理办法，将不可量化因素影响物质等量的替换，分别将测出的抗裂指数与根据课题组前期建立的本构方程算出的抗裂指数进行比较，若差异小于 10％～20％则认为该因素能纳入前期本构方程体系并将其加入，否则对该因素另行建立方程。通过这一办法研究不同水泥品种、集料品种、纤维品种能否纳入前期建立的本构方程。

1. 探索硅酸盐水泥能否纳入塑性收缩开裂本构方程

采用塑性收缩开裂测试方法，以硅酸盐水泥（强度等级为 52.5 级，详细参数见 4.1.2.1 列出的相应水泥品种数据，下同）替换普硅水泥，水灰比 0.5，灰砂比 1 的配合比进行试验，所得结果见表 4.59。

表 4-59　硅酸盐水泥塑性收缩试验数据

时间 (min)	温度 (℃)	湿度 (%)	平板重量 (g)	左拉力 (N)	右拉力 (N)	八字模拉力 (g)
0	17	38	1906.9	0.5	0.5	1484.9
110	18.5	42	1862.2	5	2.5	2500.3
150	19	42	1849.3	11	8.5	2730.5
160	19	46	1846.7	12	9.5	2978.6
170	18.5	48	1844.7	12.5	11	2850.6
180	18.5	48	1841.7	13	11.5	3124.6
190	19	50	1839.1	14	13	
					平均值	2765

同样配比重复试验，所得结果见表 4.60。

表 4.60　硅酸盐水泥塑性收缩试验数据

时间 (min)	温度 (℃)	湿度 (%)	平板重量 (g)	左拉力 (N)	右拉力 (N)	八字模拉力 (g)
0	19	40	2110.4	0.5	0.5	2963.2
120	21	44	2045.5	2	2.5	2972.7
150	20.5	44	2033.3	5.5	6	2950.3
180	20.5	44	2021.6	9	10	2573.4
195	20.5	44	2016.5	9.5	10.5	3540.5
210	20.5	42	2009.2	11	11.5	
225	20.5	42	2004.1	12	13	
					平均值	2864.9

试件开裂时的形貌如图 4.113 所示。

图 4-113　硅酸盐水泥塑性收缩两次试验照片

由以上试验结果可进行分析处理：

第一次试验中塑性抗拉强度为 0.0542MPa，毛细管收缩应力为 0.045MPa，其实际抗裂指数 K_T 为 1.204；重复试验中塑性抗拉强度为 0.0562MPa 毛细管收缩应力为 0.0417MPa，其实际抗裂指数 K_T 为 1.35。两次试验实际抗裂指数相对误差为 10.68%，平均值为 1.28。通过本构方程计算得到的理论值 K_E 为 1.38，相对误差为 7.54%，可以认为，硅酸盐水泥能够纳入前期已建立的本构方程。

2. 探索铝酸盐水泥能否纳入塑性收缩开裂本构方程

采用塑性收缩开裂测试方法，以铝酸盐水泥替换普硅水泥，水灰比为 0.5，灰砂比为 1 的配合比进行试验，所得结果见表 4.61。

表 4.61　铝酸盐水泥塑性收缩试验数据

时间 (min)	温度 (℃)	湿度 (%)	左拉力 (N)	右拉力 (N)	八字模拉力 (g)
0	21	46	0	0	486.3
30	22	52	0.5	1	1078.5
60	23	48	1	2	778.5
				平均值	781.1

同样配比重复试验，所得结果见表 4.62。

表 4.62　铝酸盐水泥塑性收缩试验数据

时间 (min)	温度 (℃)	湿度 (%)	左拉力 (N)	右拉力 (N)	八字模拉力 (g)
0	22.5	44	0	0	1081.6
30	23	48	2	2	714.6
45	23.5	50	2.5	2	820.9
				平均值	872.4

试件开裂时的形貌如图 4.114 所示。

图 4.114　铝酸盐水泥塑性收缩形貌

由以上试验结果可进行分析处理：

第一次塑性抗拉强度为 0.0131MPa，毛细管收缩应力为 0.005MPa，其实际抗裂指数 K_T 为 2.62；重复试验中塑性抗拉强度为 0.01683MPa，毛细管收缩应力为 0.0075MPa，其实际抗裂指数 K_T 为 2.24。两次试验实际抗裂指数相对误差 14.5%，平均值 2.43。通过本构方程计算得到的理论值 K_E 为 1.38，相对误差为 76.09%，可以认为，铝酸盐水泥不可纳入前期课题组建立的本构方程，需要另行建立。

3. 探索硫铝酸盐水泥能否纳入塑性收缩开裂本构方程

采用塑性收缩开裂测试方法，以硫铝酸盐水泥替换普硅水泥，水灰比为 0.5，灰砂比为 1 的配合比进行试验，所得结果见表 4.63。

表 4.63　硫铝酸盐水泥塑性收缩试验数据

时间 (min)	温度 (℃)	湿度 (%)	左拉力 (N)	右拉力 (N)	八字模拉力 (g)
0	21.5	55	0	0	1545.5
30	21.5	55	1	1	1931.3
				平均值	1738.4

同样配比重复试验，所得结果见表 4.64。

表 4.64　硫铝酸盐水泥塑性收缩试验数据

时间 (min)	温度 (℃)	湿度 (%)	左拉力 (N)	右拉力 (N)	八字模拉力 (g)
0	21	51	0	0	2789.4
30	22	52	0.6	1	2008.6
				平均值	2399.0

试件开裂时的形貌如图 4.115 所示。

由以上试验结果可进行分析处理：

第一次塑性抗拉强度为 0.0315MPa，毛细管收缩应力为 0.0033MPa，其实际抗裂指数 K_T 为 9.54；重复试验中塑性抗拉强度为 0.0318MPa，毛细管收缩应力为 0.0027MPa，其实际抗裂指数 K_T 为 11.78。两次试验实际抗裂指数相对误差 20.94%，平均值 10.69。通过本构方程计算得到的理论值 K_E 为 1.38，相对误差 674.74%，可以认为，硫铝酸盐水泥不可纳入前期课题组建立的本构方程，需要另行建立。

4. 探索复合水泥能否纳入塑性收缩开裂本构方程

采用塑性收缩开裂测试方法，以复合水泥替换普硅水泥，水灰比为 0.5，灰砂比为 1 的配合比进行试验，所得结果见表 4.65。

图 4.115 硫铝酸盐水泥塑性收缩形貌

表 4.65 复合水泥塑性收缩试验数据

时间 (min)	温度 (℃)	湿度 (%)	平板重量 (g)	左拉力 (N)	右拉力 (N)	八字模拉力 (g)
0	22.5	56	2048.5	0	0	1178.2
150	22.5	53	1975.8	0	0	850.2
180	22.5	53	1968.3	4	1.5	1960.4
195	22.5	53	1963.1	5.5	3.5	2250.4
210	22.5	53	1959.1	6	4	1422.2
					平均值	1387.48

同样配比重复试验，所得结果见表 4.66。

表 4.66 复合水泥塑性收缩试验数据

时间 (min)	温度 (℃)	湿度 (%)	平板重量 (g)	左拉力 (N)	右拉力 (N)	八字模拉力 (g)
0	21.5	54	1888.4	0	0	1110.3
140	22.5	53	1832	0.5	0.5	1105.4
170	22.5	54	1822	1.7	1.9	911.4
200	22.5	53	1813	4.4	4.5	2640.3
210	22.5	52	1809	4.9	5	692.3
					平均值	823.58

试件开裂时的形貌如图 4.116 所示。

由以上试验结果可进行分析处理：

第一次塑性抗拉强度为 0.0272MPa，毛细管收缩应力为 0.0167MPa，其实际抗裂指数 K_T 为 1.63；重复试验中塑性抗拉强度为 0.0161MPa，毛细管收缩应力为 0.0165MPa，其实际抗裂指数 K_T 为 0.98。两次试验实际抗裂指数相对误差为 40.04%，平均值为 1.31。通过本构方程计算得到的理论值 K_E 为 1.38，

图 4.116　复合水泥塑性收缩形貌

相对误差 5.43％，可以认为，复合水泥可以纳入已经建立的本构方程中。

5. 探索机制砂纳入塑性收缩开裂本构方程

采用塑性收缩开裂测试方法，以机制砂代替普通黄砂，水灰比为 0.5，灰砂比为 1 的配合比进行试验，所得结果见表 4.67。

表 4.67　机制砂水泥砂浆塑性收缩试验数据

时间 (min)	温度 (℃)	湿度 (%)	平板重量 (g)	左拉力 (N)	右拉力 (N)	八字模拉力 (g)
0	21.4	58	603.5	0	0	1667.8
70	21.4	59.5	595.4	0.3	0	1695.8
100	22	51	592.8	1.1	0.5	2144.9
130	22.1	52	590.2	4.6	4.8	1930.37
					平均值	1859.7

同样配比重复试验，所得结果见表 4.68。

表 4.68　机制砂水泥砂浆塑性收缩试验数据

时间 (min)	温度 (℃)	湿度 (%)	平板重量 (g)	左拉力 (N)	右拉力 (N)	八字模拉力 (g)
0	23	60	597.6	0	0	1509.8
90	22.5	51	590.3	0.5	0.3	1720.7
120	22.5	52	588	2.6	3.9	1643
150	22.5	51	585.3	5.5	7.9	1528.3
170	22.5	51	584.1	10.1	11.2	1632.7
					平均值	1579.82

试件开裂时的形貌如图 4.117 所示。

图 4.117　机制砂水泥砂浆塑性收缩形貌

由以上试验结果可进行分析处理：

第一次塑性抗拉强度为 0.0378MPa，毛细管收缩应力为 0.0370MPa，其实际抗裂指数 K_T 为 1.02；重复试验中塑性抗拉强度为 0.0310MPa，毛细管收缩应力为 0.0355MPa，其实际抗裂指数 K_T 为 0.87。两次试验实际抗裂指数相对误差 14.70%，平均值 0.95。通过本构方程计算得到的理论值 K_E 为 1.38，相对误差为 31.34%。由于采用的机制砂其粒度分布和替换的黄砂可能有所不同，而相对误差为 31.34%，没有非常大，故不排除其能纳入已经建立的本构方程中，有待改善条件，进一步验证。

6. 探索 PVA 纤维能否纳入塑性收缩开裂本构方程

采用塑性收缩开裂测试方法，以 PVA 加入到普通水泥，水灰比为 0.5，灰砂比为 1 的配合比进行试验，纤维掺量 0.9kg/m³，所得结果见表 4.69。

表 4.69　PVA 水泥塑性收缩试验数据

时间 (min)	温度 (℃)	湿度 (%)	平板重量 (g)	左拉力 (N)	右拉力 (N)	八字模拉力 (g)
0	23	52	1906.9	0	0	3639.8
120	23.5	54	1862.2	4	4.5	2104.3
150	22.5	54	1849.3	4.7	9.8	2363.4
160	23	54	1846.7	5	10.1	2405.9
180	23	54	1841.5	8.9	12.9	2287.4
					平均值	2631.33

同样配比重复试验，所得结果见表 4.70。

表 4.70　PVA 水泥塑性收缩试验数据

时间 (min)	温度 (℃)	湿度 (%)	平板重量 (g)	左拉力 (N)	右拉力 (N)	八字模拉力 (g)
0	23	54	1965.3	0	0	3247.1
120	23.5	54	1909.7	1.5	2	2004.6
140	23	54	1904.6	4	4.5	2781
160	23.5	54	1896.5	5.4	9.2	2869.4
180	23	53	1889.6	9.8	12.3	2711.2
					平均值	2902.18

试件开裂时的形貌如图 4.118 所示。

图 4.118　PVA 水泥塑性收缩形貌

　　由以上试验结果可进行分析处理：

　　第一次塑性抗拉强度为 0.0516MPa，毛细管收缩应力为 0.0373MPa，其实际抗裂指数 K_T 为 1.38；重复试验中塑性抗拉强度为 0.0569MPa，毛细管收缩应力为 0.0377MPa，其实际抗裂指数 K_T 为 1.51。两次试验实际抗裂指数相对误差为 8.53%，平均值 1.45。通过本构方程计算得到的理论值 K_E 为 1.38，相对误差 4.54%，可以认为，PVA 纤维可以纳入已经建立的本构方程中。

4.5.2　复合水泥浆体的体积变形及其作用机理

4.5.2.1　化学收缩

　　图 4.119 表明硅酸盐水泥、参比水泥及 BBCFF、BCF 水泥 3h 以前的化学收缩相差不大，但其 3h 以后的化学收缩差别较大。硅酸盐水泥的化学收缩主要发生在 3h～1d，而参比水泥、BCF 及 BBCFF 水泥的化学收缩主要发生在 6h～7d，但 28d 时，BCF 及 BBCFF 水泥的 28d 化学收缩值并不低于硅酸盐水泥的，且远高于参比水泥的化学收缩值，说明水化中、后期低熟料用量、高性能复合水泥浆体中水化产物数量持续增加，28d 后水化产物数量接近硅酸盐水泥的，且远高于

参比水泥浆体中的水化产物数量。

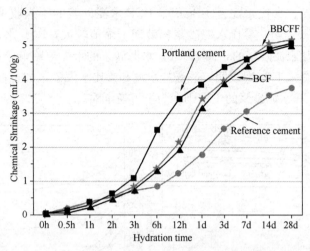

图 4.119　硅酸盐水泥、参比水泥及 BBCFF、BCF 水泥的化学收缩

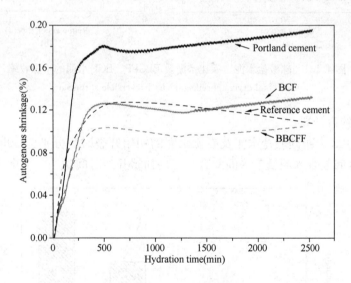

图 4.120　硅酸盐水泥、参比水泥及 BBCFF、BCF 水泥的自收缩

4.5.2.2　自收缩

　　硅酸盐水泥、参比水泥及 BBCFF、BCF 水泥标准稠度浆体的自收缩如图 4.120 所示。BCF 及 BBCFF 水泥浆体的自收缩变化规律与参比水泥浆体的相似，但远低于硅酸盐水泥浆体的。这可归结于 BBCFF、BCF 水泥具有较低的初始孔隙率，水化早期生成的少量水化产物即可使浆体结构形成并逐渐致密化，硬化浆体抵抗变形的能力增强。

4.5.2.3 干燥收缩

硅酸盐水泥、参比水泥及 BBCFF、BCF 水泥砂浆的干燥收缩如图 5-15 所示。图 4.121(a)表明，参比水泥砂浆各龄期干缩值较大，BCF 水泥砂浆的干缩值略高于硅酸盐水泥砂浆的，而 BBCFF 水泥砂浆的干缩值略低于硅酸盐水泥砂浆的收缩值。图 4.121(b)表明，硅酸盐水泥和参比水泥砂浆的可逆干缩值较大，而 BBCFF、BCF 水泥砂浆的干缩则多为不可逆干缩。

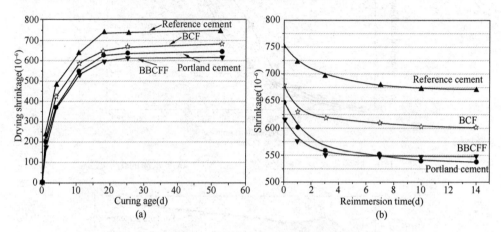

图 4.121　硅酸盐水泥、参比水泥及 BBCFF、BCF 水泥的干燥收缩

(a) Total drying shrinkage；(b) Irreversible shrinkage

4.5.2.4 约束开裂

图 4.122 表明硅酸盐水泥及参比水泥的初始开裂时间分别为 50h 和 60h 左右，而五区间复合水泥及三区间复合水泥的初始开裂时间达 70~80h，说明本文

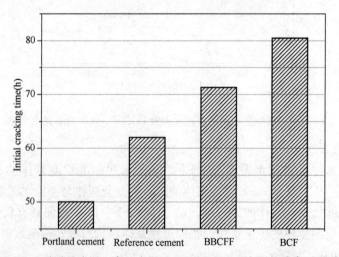

图 4.122　硅酸盐水泥、参比水泥及 BBCFF、BCF 水泥的约束开裂时间

制备复合水泥的方法不仅能够大幅度提高复合水泥的强度等性能，还可改善复合水泥浆体的抗开裂性能。

由图 4.123 可以看出，不同水泥浆体的裂纹宽度也存在较大差异。硅酸盐水泥与参比水泥的裂缝宽度均较大，且仅存在一条裂纹，说明浆体中应力较为集中。BBCFF 水泥浆体的裂缝非常细小，且存在 3～4 条的裂缝，说明低熟料用量、高性能复合水泥浆体收缩应力分布较为分散，且复合水泥浆体结构较为均匀、密实（孔隙率较低，孔隙细化，Ca（OH）$_2$ 含量较少，辅助性胶凝材料颗粒与水化产物间粘接良好），从而改善了复合水泥浆体的抗开裂性能。

图 4.123　硅酸盐水泥、参比水泥及 BBCFF 水泥的约束开裂照片

(a) Portland cement paste；(b) Reference cement paste；(c) BBCFF cement paste

4.5.3　复合水泥浆体体积变形的影响因素

水泥浆体体积变形的根源在于胶凝材料水化引起的化学收缩和水分蒸发引起的干燥收缩。由于胶凝材料的固有活性不同，其水化速率和生成的水化产物差别较大，因此各胶凝材料的化学收缩也应存在较大差别。本节从水化产物性质和浆体孔隙分布角度，研究了复合水泥浆体体积变形的影响因素，以期揭示低熟料用量、高性能复合水泥体积稳定性能良好的机理。

4.5.3.1　胶凝材料种类与胶凝材料浆体化学收缩的关系

各粒度区间胶凝材料（水泥熟料-水体系、矿渣-10％CaO-0.2mol/L NaOH 溶液体系和钢渣-0.2mol/L NaOH 溶液体系）的化学收缩如图 4.124 所示。细粒

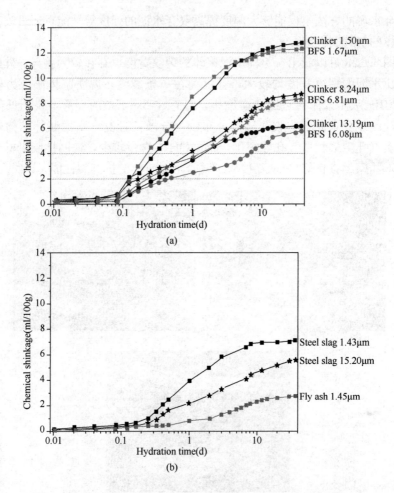

图 4.124　不同粒度区间水泥熟料与辅助性胶凝材料的化学收缩
(a) Cement clinker and BFS；(b) Steel slag and fly ash

度区间矿渣（$D_{50}=1.50\mu m$）的化学收缩值与相同粒度区间水泥的没有明显差别，但当矿渣粒径较大（$>10\mu m$）时，早期化学收缩值低于相同粒度区间水泥熟料的化学收缩值，但后期收缩值相差不大。这说明矿渣的活性虽远低于水泥熟料的，但其各龄期化学收缩值并不低。与矿渣相比，钢渣和粉煤灰的化学收缩值均很低。例如，$D_{50}=1.45\mu m$ 区间粉煤灰的 28d 化学收缩值仅为相同粒度区间矿渣的 1/6 左右，且其水化早期的化学收缩几乎可以忽略。

4.5.3.2　水化程度与胶凝材料浆体化学收缩的关系

水化程度对硅酸盐水泥和矿渣浆体化学收缩的影响如图 4.125 所示。由图可见，随水化程度的增加，水泥熟料和矿渣浆体的化学收缩逐渐增加。当水化程度较小时（主要生成外部水化产物），两者呈较好的线性关系；当水化程度较大时

（主要生成内部水化产物），化学收缩增加幅度变大。在相同水化程度下，粗粒度区间胶凝材料的化学收缩高于细粒度区间胶凝材料的。其原因在于：相同水化程度下，粗粒度区间胶凝材料的水化产物中内部水化产物所占比重较高，因此，与外部水化产物相比，内部水化产物引起的化学收缩较大。此外，在相同水化程度下，矿渣的化学收缩明显高于水泥熟料的化学收缩，这与Bentz等人得出的结论一致。

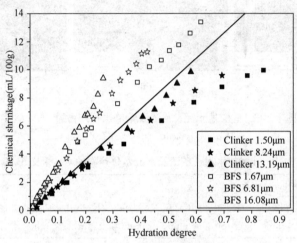

图 4.125　水化程度对水泥熟料和矿渣化学收缩的影响

4.5.3.3　水化产物组成、形貌与胶凝材料浆体化学收缩的关系

众多研究表明，水化过程中自由水转化成化学结合水或强吸附水，是化学收缩的根本原因。因此，水化产物结合水越多，引起的化学收缩也就越大。Richardson和Taylor等人的研究表明，与高钙硅比水化产物相比，低钙硅比水化产物化学结合水量较大，引起的化学收缩较大。内部水化产物（主要为高密度（HD）C-S-H 凝胶）的结合水多为化学结合水和强吸附水，而外部水化产物（多为低密度（LD）C-S-H 凝胶）的结合水多为层间吸附水和弱结合水，因此，外部水化产物引起的化学收缩较小。

图 4.126 表明，硅酸盐水泥水化产物较密实，而矿渣水化产物呈絮状，钢渣的水化产物介于两者之间。Fonseca 等人证明絮状水化产物具有良好"柔韧性"，能够改善水泥浆体抗开裂性能。表 4.71 表明水泥熟料水化产物的钙硅比为1.1～1.8，铝硅比为 0.2～0.4；矿渣水化产物的钙硅比为 0.8～1.2，铝硅比为 0.4～0.55，且水化产物中含有较多 K^+、Na^+；而钢渣水化产物的钙硅比为 1.3～1.8，铝硅比为 0.15～0.3。可见矿渣水化生成了大量 C-A-S-H 凝胶，该凝胶具有良好的力学性能和耐久性，从而改善了复合水泥浆体的性能。由于水化产物中 Al^{3+} 替代部分 Si^{4+}，为保证 C-A-S-H 凝胶的电荷平衡，K^+、Na^+ 进入水化产物

层间（表 4.71），C-A-S-H 凝胶层间结合力增强，使水化产物抵抗变形的能力增强。

(a)   (b)   (c)

图 4.126 硅酸盐水泥、矿渣及钢渣水化产物的 SEM 照片

(a) Portland cement；(b) BFS；(c) Steel slag

表 4.71 硅酸盐水泥、矿渣及钢渣水化产物的 Ca/Si 及 Al/Si 比

Material Area	Portland cement			BFS			Steel slag		
	Ca/Si ratio	Al/Si ratio	(K+Na) /Si	Ca/Si ratio	Al/Si ratio	(K+Na) /Si	Ca/Si ratio	Al/Si ratio	(K+Na) /Si
1	1.24	0.32	0.13	1.07	0.42	0.17	1.52	0.24	0.15
2	1.66	0.40	—	1.16	0.49	0.22	1.29	0.15	0.16
3	1.46	0.34	0.06	1.09	0.43	0.29	1.48	0.25	—
4	1.71	0.39	—	1.01	0.40	0.29	1.74	0.27	0.17
5	1.45	0.22	0.07	0.97	0.44	0.27	1.81	0.19	0.11
6	1.42	0.31	—	1.06	0.45	0.24	1.49	0.15	—
7	1.79	0.26	—	1.17	0.45	0.25	1.74	0.26	0.09
8	1.82	0.29	—	0.96	0.44	0.26	1.61	0.18	0.12
9	1.61	0.35	0.09	1.26	0.53	0.27	1.69	0.13	—
10	1.63	0.22	—	0.92	0.43	0.24	1.77	0.29	0.09
11	1.71	0.31	—	1.13	0.51	0.26	1.58	0.21	—
12	1.59	0.38	—	1.15	0.47	0.21	1.72	0.17	0.07
13	1.47	0.24	—	1.21	0.56	0.23	1.75	0.24	—

Note：—，undetected.

4.5.3.4 孔分布与水泥浆体体积变形的关系

水泥浆体的干燥收缩与其孔结构密切相关，具体与大孔数量（控制水分蒸发速率）和毛细管孔数量（控制毛细管应力）相关。表 4.72 表明参比水泥浆体各龄期孔隙率均较高，水化 28d 后浆体中 100nm 以上的有害大孔数量仍较多。大孔中水分散失较快，浆体内部相对湿度较低，导致参比水泥浆体干缩速

率和干缩值均较大。BCF 及 BBCFF 水泥浆体中 100nm 以上的有害大孔数量显著减少，孔隙多以 100nm 以下的毛细管孔形式存在。毛细管孔虽对硬化浆体强度的影响较小，但其是毛细管应力的主要来源，此时水泥浆体的干缩主要取决水分散失速率。水化 28d 后，BCF 水泥浆体孔隙率略高于硅酸盐水泥的孔隙，使其干缩值略大于硅酸盐水泥的干缩。与硅酸盐水泥浆体相比，BBCFF 水泥浆体孔隙率较低且孔隙细化，因此其干缩值略小于硅酸盐水泥浆体的干缩值。

表 4.72 BCF、BBCFF、硅酸盐水泥及参比水泥浆体的孔隙率和孔分布

Cement	Curing age (d)	Porosity (%)	Modal pore diameter (nm)	Pore size distribution (%)				
				<10 nm	10~50 nm	50~100 nm	100~1000 nm	>1000 nm
Portland cement	1	34.38	1310	0.7	1.2	6.3	23.4	68.4
	3	26.24	744	1.7	6.5	10.8	49.6	31.4
	28	19.09	73	7.4	25.1	49.4	13.8	4.3
Reference cement	1	37.84	1544	0.1	0.6	2.5	12.8	83.9
	3	34.16	1125	0.9	7.1	33.4	58.2	
	28	28.74	216	2.2	7.3	24.9	42.2	23.4
BCF	1	35.62	1375	0.1	0.6	2.2	19.5	71.6
	3	27.29	816	1.9	6.7	14.2	49.3	27.9
	28	20.36	81	8.8	32.5	38.4	9.7	6.8
BBCFF	1	36.01	1325	0.3	1.2	9.6	19.7	68.6
	3	26.23	786	2.3	7.7	17.2	46.9	25.9
	28	19.22	74	10.8	35.5	39.5	8.9	5.3

4.5.4 低熟料用量、高性能复合水泥的耐久性

硅酸盐水泥、参比水泥及 BBCFF、BCF 水泥砂浆的应力-应变曲线如图 4.127 所示，水泥砂浆的断裂能见表 4.73。参比水泥和硅酸盐水泥砂浆断裂能分别为 49.51N/m 和 65.03N/m，而三区间复合水泥和五区间复合水泥砂浆的断裂能高达 75.04N/m 和 81.22N/m。五区间复合水泥的强度与硅酸盐水泥较为接近，但其断裂能更大，说明五区间复合水泥的韧性更好。

表 4.73 BBCFF、BCF 水泥、硅酸盐水泥及参比水泥砂浆的断裂能

Cement	Reference cement	Portland cement	BCF	BBCFF
Fracture energy (N/m)	49.51	65.03	75.04	82.6

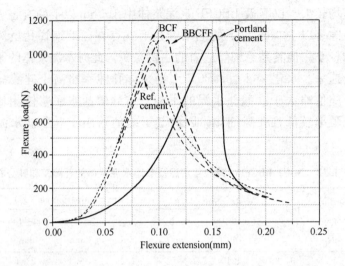

图 4.127　BBCFF、BCF 水泥、硅酸盐水泥及参比水泥砂浆试件的应力-应变曲线

表 4.74 表明 BCF 及 BBCFF 水泥砂浆早期和后期抗硫酸盐侵蚀性能均较好，其原因在于浆体结构较为密实且易腐蚀相（$Ca(OH)_2$ 及水化铝酸盐）含量较少。而参比水泥砂浆后期抗硫酸盐侵蚀性能较差。表 4.75 说明，与硅酸盐水泥相比，BCF 水泥砂浆抗碳化性能较差，但明显优于参比水泥的；BBCFF 水泥砂浆抗碳化性能接近硅酸盐水泥砂浆的抗碳化性能。参比水泥砂浆抗碳化性能最差，14d 渗透深度为 25mm 左右。

表 4.74　不同水泥砂浆试件在 5%Na₂SO₄ 溶液中的抗蚀系数

Sample	28 days coefficient		90 days coefficient		180 days coefficient	
	Compressive	Flexural	Compressive	Flexural	Compressive	Flexural
Portland cement	1.05	1.10	1.05	1.11	0.99	1.16
Reference cement	1.01	1.00	0.95	0.98	0.89	0.93
BCF	1.06	1.01	1.05	1.18	1.05	1.08
BBCFF	1.11	1.06	1.08	1.12	1.08	1.05

表 4.75　不同水泥砂浆试件在 (20±1)℃、20% CO₂ 浓度环境中的碳化深度

Sample	Carbonation depth（mm）			
	3 d	7 d	14 d	28 d
Portland cement	8.04	11.17	13.88	17.2
Reference cement	9.50	14.88	24.86	penetrated
BCF	9.06	12.77	17.67	25.0
BBCFF	8.52	11.76	14.05	17.84

4.5.5　低熟料用量、高性能复合水泥体积稳定性改善机理

水泥基材料的体积变形可分为两类：一类是水化反应引起的体积收缩（可称之为内因），水化产物的组成、结构和形貌是影响该部分收缩的主要因素，水化产物结合水越多，引起的收缩越大。另一类是由于水分蒸发引起的体积收缩（可称之为外因），该部分收缩主要受水分蒸发速率、浆体孔分布和水化产物性质的影响。Jennings 认为水泥浆体的干燥收缩主要是 LD C-S-H 凝胶和毛细孔失水造成的，而 HD C-S-H 凝胶基本不发生收缩。

本章试验结果表明，低熟料用量、高性能复合水泥浆体自收缩和早期化学收缩较低，但后期化学收缩和干燥收缩与硅酸盐水泥的没有明显差别，该复合水泥还具有良好的抗开裂性能和耐久性，其体积稳定性改善机理可归结为：

（1）由于细颗粒含量较高，低熟料用量、高性能复合水泥的水化产物中外部水化产物含量较高。与内部水化产物相比，外部水化产物对水泥浆体孔隙填充能力较强，且引起的化学收缩较小（结合水多为弱结合水）。浆体中 $Ca(OH)_2$ 与矿渣反应，生成大量 C-A-S-H 凝胶，该水化产物具有良好的耐久性能。另一方面，为保证水化产物电荷平衡，大量 K^+、Na^+ 进入水化产物层间，使水化产物层间结合力增强，从而改善了水化产物抵抗体积变形的能力。

（2）低熟料用量、高性能复合水泥各组分合理、有序水化，浆体结构较为均匀、密实。由于低熟料用量、高性能复合水泥浆体具有较高的初始堆积密度，水化早期（24h 内），少量水泥熟料水化，即可使浆体结构逐渐形成；水化后期，矿渣与 $Ca(OH)_2$ 反应生成的大量水化产物填充于浆体孔隙中，使浆体结构较为均匀、密实。复合水泥浆体水化放热较为温和且放热量较小，浆体内部应力较小且分布均匀，从而提高了复合水泥浆体抗开裂性能和耐久性。复合水泥浆体有害大孔含量较少，使其内部水分散失速率较小，干燥收缩应力也较小。浆体薄弱区（孔隙和 $Ca(OH)_2$）较少，未水化颗粒与水化产物粘结良好，硬化浆体强度较高，使其抵抗体积变形的能力较强。

4.6　复合水泥工业化推广及混凝土试验研究

4.6.1　试验原料

4.6.1.1　水泥

按照级配复合水泥的配制方法，长治卓越水泥有限公司将部分矿渣单独粉磨，部分矿渣与熟料及其他辅助性胶凝材料混合粉磨，然后掺入不同比例的矿渣微粉制备成复合水泥。试验中采用的水泥为长治卓越水泥有限公司生产的 P·C32.5 和 P·C42.5 强度等级的复合水泥、参比水泥（自行配制）和级配复合水泥（BCF），其组成见表 4.76。

表 4.76　试验所用复合水泥的组成（%）

	水泥熟料	粒化高炉矿渣	粉煤灰	石灰石	石膏
长治 P·C 32.5	37	34	13	12	4
长治 P·C 42.5	61	16	8	10	5
参比水泥	25	36	39	—	3（外掺）
复合水泥（BCF）	25	36	39	—	3（外掺）

　　试验所用参比水泥采用黄埔二级粉煤灰、S95 矿渣微粉、粤秀 P·Ⅱ 42.5 水泥分别按照 39%∶36%∶25% 的比例并外掺 3% 的二水石膏混合均匀而成。这三种原料的粒径分布如图 4.128 所示。

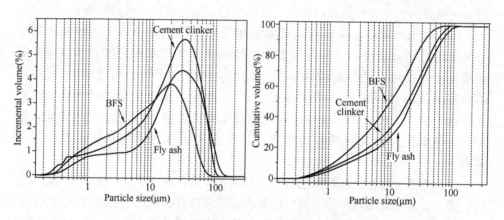

图 4.128　参比水泥用原材料的颗粒分布

　　级配复合水泥由 8~24μm 硅酸盐水泥熟料、济钢超细矿渣（<10μm）、>30μm 黄埔二级粉煤灰按照 25%∶36%∶39% 比例混合均匀制得（外掺 3% 的二水石膏），原料的颗粒分布如图 4.129 所示。原材料的化学组成与基本性能见表

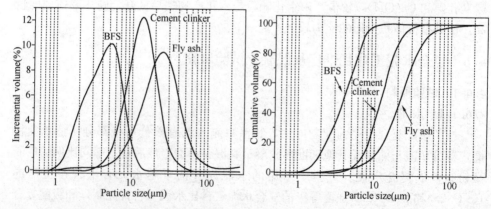

图 4.129　级配复合水泥原材料的颗粒分布

4.77 和表 4.78。四种水泥的基本物理性能见表 4.79。

表 4.77 原材料的化学组成（%）

样品	SiO$_2$	Al$_2$O$_3$	Fe$_2$O$_3$	CaO	MgO	K$_2$O	Na$_2$O	SO$_3$	TiO$_2$	LOI	其他
粉煤灰	46.35	26.65	6.01	5.107	1.53	1.038	0.49	1.03	—	4.37	0.32
S95 矿渣	35.56	12.18	0.95	35.70	11.52	0.44	0.10	0.08	0.55	−0.55	2.37
超细矿渣	35.36	13.82	0.41	38.38	9.61	0.32	0.18	0.64	0.43	−0.67	1.52

表 4.78 原材料的物理性能

样品	密度（g/cm³）	比表面积（m²/kg）	SO$_3$ 含量（%）	28d 活性指数（%）
粉煤灰	2.46	289	1.03	68
S95 矿渣	2.86	451	0.08	98
超细矿渣	2.90	606	0.64	124

表 4.79 试验所用水泥的基本物理性能

水泥	密度（g/cm³）	比表面积（cm²/g）	标准稠度	初凝时间（min）	终凝时间（min）	抗压强度（MPa） 3d	抗压强度（MPa） 28d	抗折强度（MPa） 3d	抗折强度（MPa） 28d
长治 P·C32.5 水泥	2.86	365	0.285	221	263	14.5	42.1	3.8	9.9
长治 P·C42.5 水泥	3.01	353	0.271	185	235	23.8	50.3	5.7	9.8
参比水泥	2.72	400	0.306	205	273	9.9	32.2	2.9	8.0
复合水泥	2.71	514	0.282	150	205	30.4	50.6	6.7	9.9

4.6.1.2 细骨料

试验用砂为阳江核电站用机制砂。机制砂的筛分结果、物理性能见表 4.80 和表 4.81。

表 4.80 试验用砂的颗粒级配

筛孔尺寸（mm）	<0.16	0.16～0.32	0.32～0.63	0.63～1.25	1.25～2.5	2.5～5	5～10
分计筛余（%）	9.2	10.3	18.1	28.6	18.4	13.5	1.9

表 4.81 砂子物理性能

含泥量（%）	表观密度（kg/m³）	堆积密度（kg/m³）	空隙率（%）	细度模数
3.0	2618	1516	42.1	2.79

4.6.1.3 粗骨料

试验采用三种骨料，其中粒径范围分别为 5～16mm、5～20mm 和 16～31.5mm 的粗骨料，骨料取自阳江核电站。试验用粗骨料的筛分结果、物理性能见表 4.82。

表 4.82　粗骨料级配表

筛孔尺寸	分计筛余（%）							
（mm）	<2.5	2.5～5	5～10	10～16	16～20	20～25	25～31.5	>31.5
5～16	1.5	3.5	58.7	36.3	—	—	—	—
5～20	0.7	0.4	14.6	54.3	22.6	7.4	—	—
16～31.5	—	—	0.21	6.06	17.33	72.99	2.74	0.49

4.6.1.4 外加剂

试验选用了西卡公司生产的聚羧酸减水剂，基本性能指标见表 4.83。

表 4.83　减水剂的基本参数

品牌	减水率（%）	固含量（%）	Cl^- 含量（%）	SO_3 含量（%）
西卡 3350	31	21	0.01	0.18

4.6.2 混凝土配合比设计

设计了 C30、C40、C60 等级的混凝土配合比，见表 4.9。分别采用长治 P·C32.5 水泥、长治 P·C42.5 水泥、参比水泥、复合水泥四种水泥进行试验。保持胶凝材料用量，骨料，砂率，水灰比不变，通过调整减水剂掺量达到基本相同的工作性能（坍落度 15cm±2cm）。

表 4.84　混凝土的配合比

混凝土等级	胶凝材料（kg）	水（kg）	机制砂（kg）	碎石（kg）		水胶比	砂率（%）
				5～16mm	16～31.5mm		
C30	340	153	820	434.8	652.2	0.45	43
C40	440	160	756	417.6	626.4	0.36	42
C60	530	169.6	714.1	986.3（5～20 石子）		0.32	42

4.6.3 新拌混凝土性能

由图 4.130 可得出，长治 32.5、42.5 复合水泥配制的混凝土砂浆黏度较低，触变性较小。参比水泥混凝土砂浆的黏度有所增大，触变性也有所增大。级配复合水泥制备的混凝土砂浆黏度最大，其触变性也最大，这主要因为级配复合水泥含有大量的细颗粒，导致其黏度显著增加。在混凝土成型过程中，级配复合水泥混凝土具有良好的黏聚性，抗离析和泌水能力非常好。

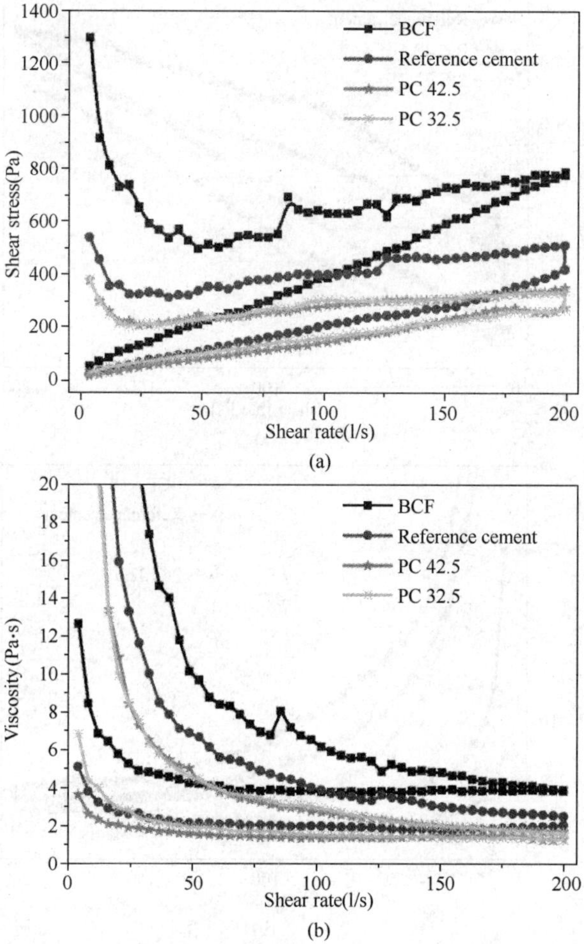

图 4.130 C30 混凝土砂浆的流变性能

(a) Shear stress Vs Shear rate; (b) Viscosity Vs Shear rate

图 4.131 表明 C40 等级混凝土砂浆的流变性能变化趋势与 C30 等级混凝土的基本一致，但其黏度和触变性均较大，这可归结为 C40 混凝土的水灰比较小的缘故。

4.6.4　混凝土的力学性能

从图 4.132 可以看出复合水泥配制的混凝土早期强度增长非常快，3d 强度超过了 P·C32.5 水泥以及参比水泥配制的混凝土的 28d 强度，非常接近 P·C42.5水泥的 28d 强度。3d 强度达到了 28d 强度的 80%，后期强度增长则相对较缓慢，参比水泥和 P·C32.5 水泥制备的混凝土早期强度发展较慢，但 28d 强度都达到了 C30 混凝土的强度要求，3d 强度占 28d 强度的 50%左右，强度增

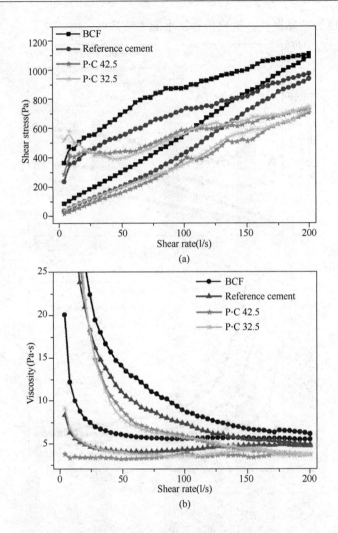

图 4.131　C40 混凝土的砂浆流变性能
（a）Shear stress Vs Shear rate；（b）Viscosity Vs Shear rate

长比较平缓。

如图 4.133 中所示，在 C40 强度等级混凝土中，参比水泥混凝土的 28d 强度达不到 40MPa，各龄期强度都低于其他混凝土。复合水泥制备的混凝土的 3d 强度达到 38.5MPa，达到 28d 强度的 58.5％，早期强度高，强度发展快，7d 强度增长到 82.3％，后期强度也高，28d 强度远远超过 C40 混凝土的标准强度，已达到 C50 混凝土标准。

从图 4.134 中可以得出与 C30、C40 等级混凝土强度变化规律相类似的结论。而对比图 4.132、图 4.133 可以发现，随着强度等级的提高，混凝土各龄期

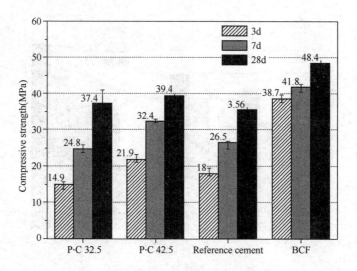

图 4.132　C30 等级混凝土抗压强度

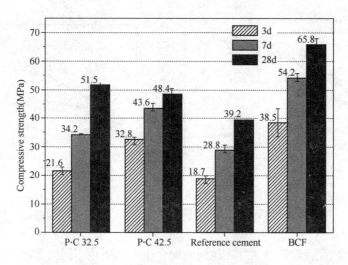

图 4.133　C40 等级混凝土抗压强度

的强度也随之增大，复合水泥混凝土的强度优势就越明显，三个等级配比中，复合水泥制备的混凝土的强度都远高于相对应等级的强度要求。

4.6.5　混凝土的体积稳定性

从图 4.135 中可以看出，混凝土试块前 3d 水泥水化迅速，自收缩均比较大。复合水泥制备的混凝土的早期及后期自收缩均比较大，说明复合水泥的水化速度快，水化程度高，而参比水泥早期自收缩大，但后期收缩小，总收缩最小。

从图 4.136 中可以看出，复合水泥制备的混凝土的干燥收缩是最小的，由于

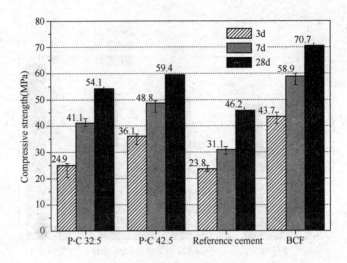

图 4.134　C60 强度等级混凝土抗压强度

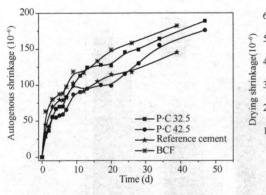

图 4.135　C40 等级混凝土自收缩

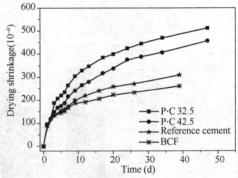

图 4.136　C40 等级混凝土干燥收缩

影响干燥收缩的因素有很多，在相同的配合比下，则是不同的水泥水化填充能力不一致，导致最终浆体孔隙率及孔径分布不一致。复合水泥制备的混凝土干缩小说明了浆体孔隙率低，孔径分布合理。

4.6.6　混凝土的耐久性能

4.6.6.1　混凝土绝热温升

从图 4.137 可得，长治 42.5 水泥制备的混凝土温升值最高为 36.6℃，长治32.5 水泥的温升值最小为 23.67℃，复合水泥混凝土的温升值为 31℃，温升速度相当快，一天时间就到达最高值，后期增长较低，说明复合水泥早期水化快，放热大。参比水泥混凝土温升值较低，为 28.51℃，温升速度比较缓慢，在 61h时达到最高值，说明参比水泥水化较慢，放热较缓慢。

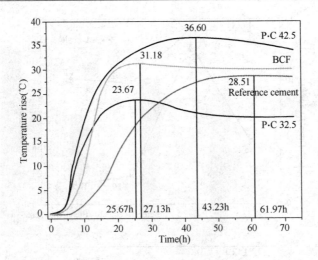

图 4.137　C40 混凝土绝热温升

4.6.6.2　真空吸水率与氯离子渗透系数

由图 4.138 (a)可得，在 C30 混凝土中，参比水泥和复合水泥因为总孔隙率小，所以混凝土结构更密实，能够有效的抗氯离子渗透。而复合水泥虽然总孔隙率比参比水泥要大，但是氯离子渗透系数却比参比水泥的要小，这说明孔隙率并不唯一决定氯离子渗透的大小，也即是说两者之间并不是正比关系。由图 4.138(b)可得，C40 混凝土的氯离子渗透系数比 C30 混凝土要小得多，这是因为强度等级的提高，意味着胶凝材料用量增大，水灰比减小，使水泥砂浆堆积更紧密，混凝土结构也随之更密实，渗透系数就减小。同时也可以发现孔隙率和氯离子渗透系数之间并没有很明显的关联。参比水泥和复合水泥的氯离子渗透系数都小于 2.5，属于抗氯离子渗透等级极其高。

4.6.6.3　毛细吸水性能

图 4.139 表明大部分吸水在一天之内，复合水泥单位面积吸水量最低。其次为参比水泥，最大的为长治 42.5 水泥。对比前面混凝土氯离子渗透系数值可以发现，混凝土的单位面积吸水量的大小与氯离子渗透系数相关，渗透系数越大，吸水量越大，反之，渗透系数越小，则吸水量越小。同时，对比总孔隙率可以发现，吸水量和孔隙率无明显关联性。图 4.140 为前一个小时混凝土试块的单位面积吸水量与时间开根号之后的关系，可以发现二者存在很好的线性关系。长治 42.5 水泥的斜率值最大，斜率可以表征试块吸水的速率，这说明复合水泥混凝土吸水速率最慢。长治 42.5 水泥混凝土吸水最快。

4.6.6.4　混凝土抗碳化性能

从图 4.141 中可得，参比水泥制备的混凝土抗碳化性能最差，其次是长治 32.5 水泥混凝土。复合水泥混凝土的抗碳化性能明显优于参比水泥混凝土，长治 42.5 水泥混凝土抗碳化性能最好。

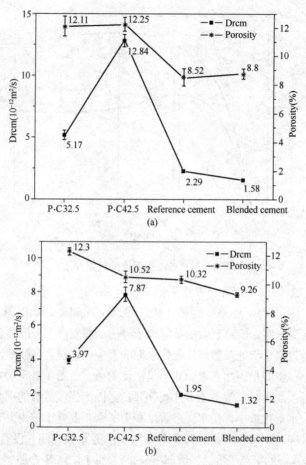

(a)

(b)

图 4.138　氯离子渗透系数与孔隙率之间的关系

(a) C30；(b) C40

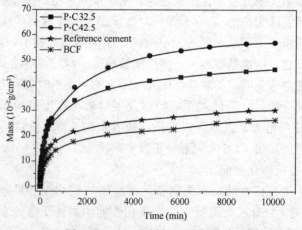

图 4.139　C40 混凝土毛细吸水率

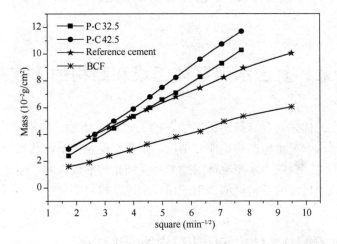

图 4.140　混凝土吸水率与时间的关系

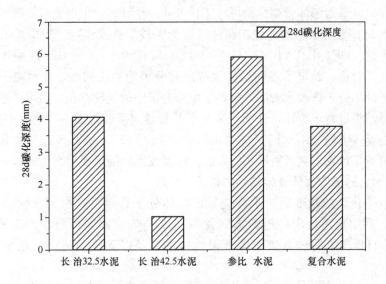

图 4.141　C40 混凝土碳化深度

第五章 复合水泥浆体组成和结构的演变规律

围绕"水泥优化复合与结构稳定性"的关键科学问题，应用现代分析方法，研究纳微观层次水泥水化产物组成和结构，阐明水泥浆体结构及其与水泥基材料体积稳定性的关系。阐明水泥浆体纳微米尺度结构的形成机制，建立基于性能的水泥浆体纳微米尺度的结构模型，用于指导水泥基材料的设计与应用，提高水泥的使用效能。

5.1 C-S-H 凝胶分子结构和团簇结构的理论计算

利用量子化学中的密度泛函理论（DFT/B3LYP/6－311＋G**）对 C-S-H 凝胶分子的硅氧四面体骨架结构进行了设计和理论计算，根据能量最低原理分析得出 C-S-H 凝胶分子中的硅氧四面体主要为无枝单链或单环。利用量子化学密度泛函方法（DFT/B3LYP/6-31G**）对 Ca/Si 比为 1：1 的 C-S-H 凝胶分子几何构型进行分析，确定了不同结构组成凝胶分子的稳定构型，并预测了 C-S-H 凝胶分子的单分子体积和密度，确认了凝胶分子中的氢键存在，采用红外光谱数据对计算结果进行了验证，证明了氢原子的数目对凝胶性质的影响。采用 ADF 程序中的反应力场（ReaxFF）方法，对 Ca/Si 比为 1：1 的 C-S-H 凝胶分子的堆积结构进行了计算，在紧密堆积时，C-S-H 凝胶团簇的密度为 2.2～2.3cm^3/g。

5.1.1 水合硅氧四面体骨架结构的确认

从理论化学的角度预测水合硅氧四面体分子骨架及其稳定几何结构优化和比较，利用物理化学的过渡态理论探讨水合硅氧四面体分子的形成机理，确认C-S-H凝胶中的硅氧四面体骨架结构主要是以无枝单链和无枝单环结构存在。

试验研究中通常利用 $[SiO_4]^{4-}$ 四面体阴离子聚合状态的测定和分析为预测凝胶状态的 C-S-H 的结构和性质提供至关重要的信息。硅酸盐中的 $[SiO_4]^{4-}$ 四面体可以聚合成不同的状态，在未水化之前是孤立的 $[SiO_4]^{4-}$ 四面体结构，水化开始时形成硅酸 H_4SiO_4 或 $Si(OH)_4$，当液相中的 pH 值较大时，硅酸上 H 离子很活泼，可能发生分子间的缩聚反应：

$(OH)_3-Si-OH + HO-Si-(OH)_3 \longrightarrow (OH)_3-Si-O-Si-(OH)_3 + H_2O$

反应可继续进行，直到形成较大的分子。在聚合结构中，由于硅氧四面体之间通过 Si-O-Si 来结合，所以通常人们利用结合度 Q 值来区别硅氧四面体结构的特征，此处命名与两个四面体相连的氧原子为桥氧原子（Ob），所以四面体单体可以表示为 Q0，而上述反应后的二聚体可以表示为 2Q11，即二聚体为 2Q，每一个四面体只有一个桥氧键，以此类推可以得出无枝单链的三聚体为 3Q121。

基于上述缩聚反应原理，以一定的试验结果为参考，考虑硅氧四面体间可能的相互作用设计不同骨架结构硅氧四面体团簇分子作为凝胶分子的基本骨架结构，利用量子化学密度泛函方法（DFT/B3LYP/6−311＋G**）在理论上对水化后的硅氧四面体之间可能缩聚的反应过程及其可形成的几何构型进行一系列的理论计算和分析，进而为更深入地研究 C-S-H 凝胶的结构和性质提供一定的理论支持。已经完成了聚合度 2～5 的各种可能组成异构体构型优化。Ayuela 等人利用密度泛函方法对硅氧四面体的链状结构和链长等做了一定的理论预测，很好地解释和说明了试验研究中硅氧四面体骨架的幻数特征，但其研究中并没有涉及硅氧四面体聚合物支链结构和骨架形成机理的理论分析。

两个水化硅氧四面体之间可能脱水形成对应的二聚体，根据分子的组成可形成分别失去 1～3 个分子水的三种结构，如图 5.1 所示。

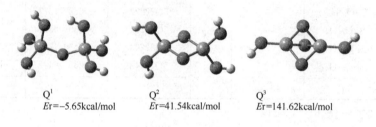

Q^1　　　　　　　Q^2　　　　　　　Q^3
$Er=-5.65kcal/mol$　$Er=41.54kcal/mol$　$Er=141.62kcal/mol$

图 5.1　二聚体

从对应的反应热可以预测硅氧四面体单体间比较易形成单氧桥键的二聚体的团簇分子，而三桥键的结构不稳定，对应的反应过渡态机理分析可以进一步验证这一结论。

以二聚体的结构为参考并结合凝胶试验中主要以 Q1，Q2 硅原子为基础，在进行较大的硅氧四面体团簇设计时只考虑两个硅氧四面体之间失去两个水分子的基础上进行其他团簇的缩水聚合，得到簇合物的组成和结构特征及其能量比较见表 5.1。从反应热比较各种异构体的稳定性可在理论上初步预测在试验中参与凝胶反应的硅氧四面体团簇主要具有 Q1 和 Q2 结构，这一结论和相关的[29]Si NMR 试验研究结果相吻合。可预测 C-S-H 凝胶中的硅氧骨架结构为无枝单链和无枝单环结构，以此为基础设计硅氧四面体团簇的脱水数目从 $n-1$ 到 $2n-2$，一共可形成 n 种分子组成结构。

在表 5.1 中，对应无枝单链和单环结构稳定性与聚合单元的变化趋势可以预测随着聚合单元数目的增加，对应的聚合物分子更加趋于稳定，结合表 5.2 中的几何构型及其微观结构的分析可以确认，其主要原因是水和四面体单元间形成的较强氢键作用促使团簇分子的稳定性增加。

表 5.1 脱水作用形成硅氧四面体聚合物的结构及其稳定性

基元数	分子式	脱水数	异构体数	最稳定结构特征	最低能量*（a.u）	反应热（kcal/mol）
1	$Si(OH)_4$	0	1	1Q0	−592.8040	—
2	$Si_2O_7H_6$	1	1	2Q11	−1109.2309	−5.65
	$Si_2O_6H_4$	2	1	2Q22	−1032.7696	41.54
3	$Si_3O_{10}H_8$	2	1	3Q121	−1625.6567	−10.60
	$Si_3O9_{H_6}$	3	2	3Q222	−1549.2459	4.89
	$Si_3O_8H_4$	4	1	3Q242	−1472.7310	85.72
4	$Si_4O_{13}H_{10}$	3	2	4Q1221	−2142.0979	−25.23
	$Si_4O_{12}H_8$	4	5	4Q2222	−2065.6877	−10.10
	$Si_4O_{11}H_6$	6	3	4Q2224	−1989.2085	48.32
	$Si_4O_{10}H_4$	6	1	4Q2442	−1912.6918	130.27
5	$Si_5O_{16}H_{12}$	4	3	5Q12221	−2658.5523	−48.13
	$Si_5O_{15}H_{10}$	5	7	5Q22222	−2582.1377	−30.25
	$Si_5O_{14}H_8$	6	11	5Q22224	−2505.6877	9.85
	$Si_5O_{13}H_6$	7	4	3Q22244	−2429.1723	90.99
	$Si_5O_{12}H_4$	8	1	5Q24442	−2352.6472	178.21
n	n	$n-1 \sim 2n-2$				

* 水分子的能量为 −76.3861a.u

归纳总结各种异构体结构特征（表 5.2）得出脱水数目与结构特征之间的关系为脱去 $n-1$ 分子水可形成无枝单链的稳定结构，而在脱去 n 分子水的各异构体中，无枝单环结构为最稳定结构。而对应硅氧四面体之间最多可脱去 $2n-2$ 分子水。

表 5.2 水合硅氧四面体聚合物的稳定异构体结构和硅原子键连特征

脱水	2	3	4	5	n
$n-1$					$2Q^1(n-2)Q^2$
n					nQ^2
$n+1$					$(n-1)Q^21Q^4$

续表

脱水	2	3	4	5	n
$n+2$			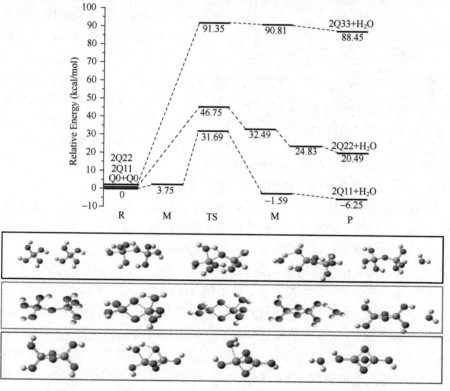		$(n-2)Q^2 2Q^4$
$2n-2$					$2Q^2(n-2)Q^4$

首先利用过渡态理论进行了水化的硅氧四面体脱水成二聚体反应过程微观机理的密度泛函理论计算（DFT/B3LYP/6－311＋G**），如图 5.2 的反应势垒可以得出：两个单体的水合硅氧四面体分子之间可以通过缩去一、二、三分子水而形成单氧桥、双氧桥和三氧桥键(Si-O)的二聚体分子。从对应的能量变化和反应势垒可以预测两个单体水合硅氧四面体(Q0)容易经过一个较低的势垒缩去一个水分子而形成相对稳定单氧原子桥键连的二聚体(2Q11)；而进一步的脱水形成(2Q22)需要较高的势垒，并且得到的二聚体的稳定性明显低于单氧桥二聚体，

图 5.2　二聚体 Q1、Q2 和 Q3 缩聚反应机理的过渡态能量示意图

由此可以预测在试验条件下形成的双氧桥二聚体的稳定性很低，很容易水解形成的相对稳定的单氧桥的二聚体；同理可得对应的三氧桥键结构（2Q33）结构则极其不稳定。

由此计算结果可在理论上进一步证明在实际的 C-S-H 凝胶中不易存在三氧桥键的硅氧二聚体骨架结构，在一定条件下的双氧桥结构可能存在，但不稳定。

通过单体硅氧四面体与二聚体（2Q11）和三聚体（3Q121）单链分子的进一步缩合过程的计算分析聚合物链增长过程的微观反应机理。从对应能量比较相对的稳定性可以得出缩聚反应可以得到相对稳定的长链聚合物骨架分子，同时比较能垒的变化可以预测聚合物链长有利于这种缩合反应的发生。但是随着聚合物链的增长，可发生缩聚的位点增加，以 3Q121 为例，分子中可发生缩水的羟基有两种，一来自于端基的四面体基元，另一在链中的四面体结构中，可以预测三聚体以上的无枝单链的进一步增长可能出现异构化形成单枝或多枝结构。但从能垒和相对能量的稳定性分析可得无枝单链的反应能垒较低，且结构更稳定。由此可以预测长链的缩聚反应主要以生成无枝单链的聚合物为主。

由过渡态的反应机理得出在水合硅氧四面体分子聚合和缩水过程中的决速步骤为四面体之间通过硅、氧、氢、氧形成的四元环过渡态，从其结构分析得出具体的结合方式为：当二者接近时，一个单体的羟基氢原子受到另一个单体氧原子较强的负电荷吸引而形成了较强的氢键作用后，使得对应的单体氧原子富集更多的负电荷，并随着 H-O 距离变短而使 Si-O 在一定距离内实现一个亲核反应过程，可以看出此反应是一个四面体中的 H 原子亲电

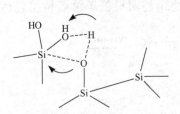

图 5.3　四面体中的 H 原子亲电和对应 O 原子亲核的协同反应过程

和对应 O 原子亲核的协同反应过程（图 5.3）。

5.1.2　C-S-H 分子几何结构和稳定性的量子化学计算

以无枝单链和无枝单环的水和硅氧四面体为骨架结构，在理论上预测 C-S-H 分子的组成和结构，并通过理论计算比较几何异构体的稳定性。提出了单骨架结构的分子可通过缩聚或聚合反应形成多骨架结构的反应机理。

本研究利用了化学物质微观粒子研究的最可靠和有效的量子化学方法，以硅、钙、氧和氢原子之间能够形成有效的化合物分子的化合价理论为基础，通过量子化学计算预测 C-S-H 分子的稳定结构。在相应的试验研究中，测量得到硅酸钙凝胶的钙硅比 C：S 的范围是 0.8～2.0，本研究选取钙硅比 1：1 为例，以无枝单链的硅氧四面体结构为分子的基本骨架，对 C-S-H 分子的组成结构在电子层面上进行理论预测和分析。如图 5.4 以单体硅氧四面体分子为例，可以形成两种 C-S-H 凝胶结构分别为失去 0 分子和 1 分子水。

$$Si(OH)_4 + Ca^{2+} \longrightarrow CaSiO_4H_2 + H_2O$$
$$Si(OH)_4 + Ca^{2+} \longrightarrow CaSiO_5H_4$$

图 5.4 硅氧四面体与钙结合

在硅氧四面体聚合物骨架构型的基础上以 C∶S＝1∶1 引入钙原子，并用氢原子数目来饱和分子中的正负电荷。利用量子化学密度泛函方法(B3LYP/6—31G)进行分子几何构型的优化来确定不同结构组成 C-S-H 分子稳定构型。在表 5.3 中的数据 C-S-H 凝胶分子的组成特征。Manzano 等曾用从头算的 HF 方法，基于 tobermorite 的 jennite 晶体结构对 C-S-H 凝胶分子的理论研究，但其模型中明显没有充分考虑凝胶分子中氢元素的成分和作用。

表 5.3 C-S-H 凝胶分子的组成和热力学最稳定结构特征参数

	基元	分子式	C∶S∶H*	最低能量(a.u)	反应热(kcal/m)
无枝单链	2	$Ca_2Si_2O_9H_6$	2∶2∶6	−2615.0040	−89.67
		$Ca_2Si_2O_8H_4$	2∶2∶4	−2538.5080	−20.71
		$Ca_2Si_2O_7H_2$	2∶2∶2	−2462.0601	18.07
	3	$Ca_3Si_3O_{13}H_8$	3∶3∶8	−3884.3713	−169.99
		$Ca_3Si_3O_{12}H_6$	3∶3∶6	−3807.8576	−89.92
		$Ca_3Si_3O_{11}H_4$	3∶3∶4	−3731.4196	−56.35
		$Ca_3Si_3O_{10}H_2$	3∶3∶2	−3654.9764	−20.51
	4	$Ca_4Si_4O_{17}H_{10}$	4∶4∶10	−5153.7070	−218.81
		$Ca_4Si_4O_{16}H_8$	4∶4∶8	−5077.2554	−177.71
		$Ca_4Si_4O_{15}H_6$	4∶4∶6	−5000.7585	−108.18
		$Ca_4Si_4O_{14}H_4$	4∶4∶4	−4924.3127	−70.72
		$Ca_4Si_4O_{13}H_2$	4∶4∶2	−4847.8184	−2.82
	5	$Ca_5Si_5O_{21}H_{12}$	5∶5∶12	−6423.0632	−273.22
		$Ca_5Si_5O_{20}H_{10}$	5∶5∶10	−6346.5963	−222.51
		$Ca_5Si_5O_{19}H_8$	5∶5∶8	−6270.1084	−158.63
		$Ca_5Si_5O_{18}H_6$	5∶5∶6	−6193.7092	−150.41
		$Ca_5Si_5O_{17}H_4$	5∶5∶4	−6117.1635	−50.26
		$Ca_5Si_5O_{16}H_2$	5∶5∶2	−6040.6450	32.82

* C∶S∶H 在本文中代表凝胶分子中钙、硅、氢原子的个数比。

考虑各种可能的相互作用位点，可能得到丰富的 C-S-H 凝胶团簇分子异构体，即使是重原子骨架固定，可结合的氢原子也同样存在多种异构，总结分析各种异构体之间的稳定性得出团簇以形成小体积紧密结构为稳定构型。以硅氧四面体团簇分子与对应聚合度相当的氢氧化钙脱水反应模拟 C-S-H 凝胶团簇生成，可以预测无枝单环的脱水反应主要为放热过程，反应热的数值随着脱水数目的增加而逐渐降低，说明 C-S-H 团簇的进一步脱水是一个吸热过程，并且相对的数值变化与团簇的组成相关；无枝单环硅氧四面体团簇分子的脱水过程相对比较存在一个明显的放热到吸热过程的转变，对应基元数的反应热明显比无枝单链的变低，且对个别团簇分子的脱水变化发生明显的反应热转变（5：5：6 与 4：4：4），初步推测此变化是由于随着脱水反应的进行，C-S-H 凝胶分子的骨架变化，形成了有效的氢键和较强的静电耦合等有利于分子稳定性的化学作用。从表 5.4 中的数据总结可以得出，团簇的组成（分子量）、骨架结构（硅氧四面体团簇的构型）和团簇中含有的氢原子数目是凝胶分子形成的重要因素，可以预测在团簇的结构和稳定性的考察中以 C：S：H 为参数的重要性。

表 5.4 C：S＝5：5 的凝胶团簇最稳定异构体的优化几何构型及物理参数

组成特征	分子式	几何结构	分子量 (g/mol)	体积 (cm³/mol)	半径 (Å)	密度 (g/cm³)
	Q^{12}-552	$Ca_5Si_5O_{16}H_2$	579.621	291.316	5.71	1.98966
	Q^{12}-554	$Ca_5Si_5O_{17}H_4$	597.632	300.761	6.13	1.98707
无枝单链	Q^{12}-556	$Ca_5Si_5O_{18}H_6$	615.642	240.284	5.52	2.56214
	Q^{12}-558	$Ca_5Si_5O_{19}H_8$	633.653	305.075	5.81	2.07704
	Q^{12}-5510	$Ca_5Si_5O_{20}H_{10}$	651.664	322.467	5.85	2.02087
	Q^{12}-5512	$Ca_5Si_5O_{21}H_{12}$	669.674	328.666	5.81	2.03755

从密度和体积的结果可以总结分析出 C-S-H 凝胶分子组成中氢原子数目对体积和密度的影响存在两个方面的作用,一是贫水(氢原子少)凝胶分子的形成主要是重原子的成键作用,一般密度较大。随着氢原子数目的增多,相当于引入一定量的水分子,可预测(根据前面机理的分析推测)凝胶中部分钙、氧原子之间的作用减弱,使得团簇分子的体积变大密度减小。但这种变化会随着水分子的继续加入而发生变化,促使团簇的体积逐渐变小而密度增大,用 C-S-H 凝胶分子微观结构中的氢键作用来解释这一现象的原因是:增加的水分子在团簇中与原来的氧原子间产生了较强的氢键作用,促使分子中的原子间距离变小,密度变大,但如果形成的氢键作用趋于饱和,骨架的舒展和氢原子的引入将使团簇的密度减小,由此可以预测在实际过程中可以通过调节团簇中水的含量来控制凝胶的密度。图 5.5 给出了聚合度 $n=5$ 的 C-S-H 团簇密度变化示意图,从图中的数据可以预测当 C∶S∶H=5∶5∶6(单链骨架结构)和 C∶S∶H=5∶5∶4(单环骨架结构)时,凝胶应具有相对较大的密度。

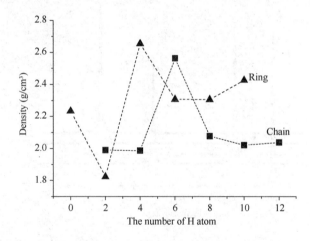

图 5.5 五元团簇分子(5∶5∶n)密度随所含氢原子
数目的变化关系示意图

在图 5.6 中可以看出在氢原子数目为 2、4 和 6 时,无枝单链五元团簇的骨架结构主要呈现收缩趋势,从 6、8 到 10,硅氧四面体骨架有一定的舒展趋势,但是当达到 12 时,骨架结构发生了明显的舒展而是聚合物链拉伸变长。

从对应结构的红外光谱分析进一步证实了氢键作用的影响,由此可以预测氢键对团簇结构的影响。由图 5.7 五元单链团簇分子(5∶5∶n)的红外振动光谱得出,在凝胶分子中 O-H⋯O 的氢键振动主要分布在 $2600 \sim 3500 \mathrm{cm}^{-1}$ 范围内,相应的振动模式分析区别结构中的氢键贡献,可以确定团簇分子 $Q^{12}556$ 拥有三重强的氢键振动。该结果与文献(图 5.8)中的结果一致。

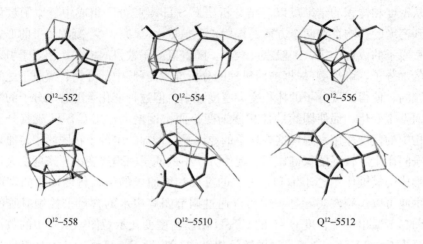

Q^{12}–552　　　　　Q^{12}–554　　　　　Q^{12}–556

Q^{12}–558　　　　　Q^{12}–5510　　　　　Q^{12}–5512

图 5.6　无枝单链五元凝胶团簇分子的硅氧四面体特征骨架结构示意图

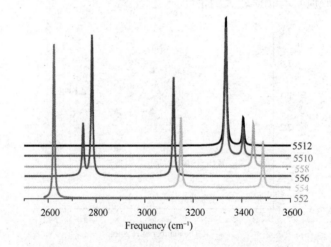

图 5.7　无枝单链五元凝胶团簇分子的氢键红外振动光谱

5.1.3　C-S-H 凝胶团簇的设计与模拟

利用反应力场的分子反应动力学方法，在考虑 C-S-H 分子间的化学键与非化学键作用的前提下，模拟了 C-S-H 分子堆积形成纳米尺寸凝胶团簇的动力学过程，提出纳米尺度的 C-S-H 凝胶胶团的形成是一个复杂的物理和化学过程。

在相应的试验结果分析中，人们确定 C-S-H 凝胶团簇分子单元主要以 Q1 和 Q2 为基本结构特征的硅氧四面体聚合物骨架结构形成，且聚合度一般可能达到 5，并且得到的凝胶胶团为没有固定结构的无定型的非晶体。由此可预测主要可有两方面因素能够直接影响纳米量级的 C-S-H 凝胶胶团的结构和性质：其一是 C-S-H 凝胶分子结构及其性质，另一因素为凝胶分子间的可能作用。依据相关的试验事实，结合前面 C-S-H 凝胶分子结构分析，我们可以预测 C-S-H 凝胶分子

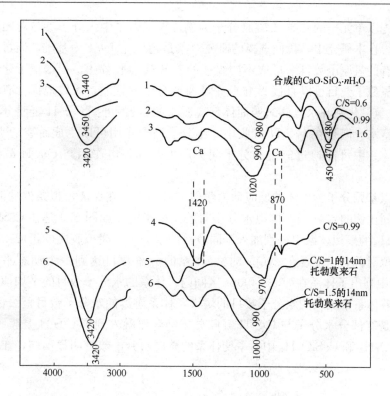

图 5.8　水化硅酸钙(CaO·SiO₂·nH₂O)的红外振动光谱

(摘自《无机非金属材料图谱手册》. 杨南如编著)

发生进一步的作用才能得到试验中纳米尺度凝胶胶团。所以在此部分的研究中，我们设计和模拟 C-S-H 凝胶分子间的可能作用和纳米尺寸凝胶团簇的形成机理。

从量子化学的角度对 C-S-H 凝胶分子的成分、结构和形成机理的分析，可以清楚地描写微观尺度凝胶分子团簇的性质和结构，但很难直接用于描写纳米尺度凝胶的界观结构和形成特征。在前面小分子团簇研究结果的基础上，利用 ADF 程序中的反应力场方法(REAXFF)，对纳米尺度的团簇结构的形成及其可能反应机理和性质进行了理论模拟，得到的初步结果在一定程度上可用于解释试验过程和凝胶分子的收缩和二次水化等特征。此方法与其他分子动力学模拟研究的主要区别和特点是在采用特征的分子力场来保证分子之间的有效作用基础上，进一步考虑了分子间可能的氢键作用和化学反应过程，包含 Si-O-Ca-H 的特征力场，此方法已经较好地用于研究一些硅酸盐相关的体系。

在 C-S-H 凝胶分子的反应动力学模拟中，分别以量化计算得到的分子为基本单元，在室温 298K，一个大气压下，1 立方埃分子反应力场中，在保证分子间的距离为 0.25nm，整体密度约为 0.2g/mL，分别加入 100 个分子进行动力学模拟(步长=0.25fs)。

　　首先以单元硅的 C-S-H 凝胶分子为例，模拟体系中水分子参与对团簇性质的影响。在本研究中，我们选择的研究对象是钙硅比 1∶1 为基础，通过调节分子中含有的氢原子数目来形成不同组成的 C-S-H 凝胶胶团，根据量子化学研究确定了氢原子数目可以直接影响 C-S-H 凝胶分子的性质，所以根据含有的氢原子数目（氢氧化钙和水合硅氧四面体反应脱水的数目）可把 C-S-H 凝胶分子分成贫水和富水。但是在 C-S-H 凝胶中，小分子缩聚作用可以生成游离的水分子，并且在体系中可能通过氢键和分子间作用力及其静电作用与 C-S-H 凝胶分子结合。

　　在以基元分子为单体的反应动力学研究基础上，在保证模拟条件的前提下，加入不同比例的水分子，模拟水分子对胶团的影响。如图 5.9 是在 $CaSiO_4H_2$、$CaSiO_5H_4$ 的模拟体系中分别加入不同数目的水分子，模拟胶团的组成。体系在整个模拟时间内（大概在 200ps 时），体系的分子数目达到一个动态平衡，在图 5.10 中列出了体系在 300～400ps 区间内，体系的水分子数目的平均值，可以看出随着体系中加入的水分子数目的增大，体系游离的水分子数目呈线性递增，但明显是有部分水分子与 C-S-H 凝胶分子结合而融入到了 C-S-H 凝胶胶团中。在 $CaSiO_4H_2$ 和 $CaSiO_5H_4$ 中，平衡体系的游离水分子数目明显不同，在单组分

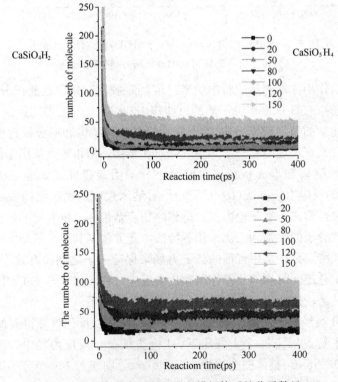

图 5.9　单元水化硅酸钙分子模拟体系的分子数目

体系的稳定态下，$CaSiO_5H_4$ 的平衡胶团比 $CaSiO_4H_2$ 的水分子数明显增大，说明在凝胶形成过程中，富水的 $CaSiO_5H_4$ 更容易发生量化预测的缩聚反应。

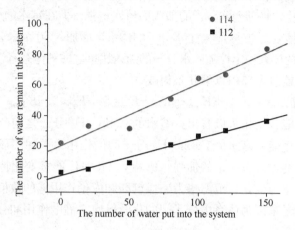

图 5.10　在 $300{\sim}400ps$ 模拟区间内体系游离水分子的平均数

在反应立场的模拟中，体系的能量变化如图 5.11 和图 5.12 所示，可以看出 $CaSiO_5H_4$ 比 $CaSiO_4H_2$ 更快达到能量的平衡态，$CaSiO_5H_4$ 在 100ps 内，而

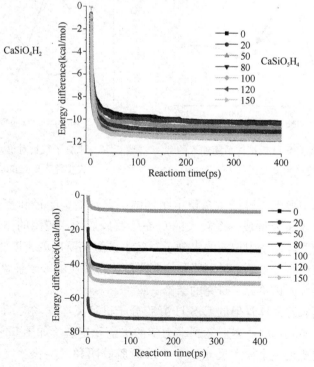

图 5.11　单元 C-S-H 凝胶分子模拟体系的能量变化

CaSiO$_4$H$_2$需要约 200ps，与体系初始的能量相比，富水的 CaSiO$_5$H$_4$ 可形成更稳定的凝胶体系。比较各自体系水分子对能量的影响，可以看出，在 CaSiO$_4$H$_2$ 的模拟体系中，体系的稳定性随着水分子的加入而依次增强。但在富水的 CaSiO$_5$H$_4$ 的体系中，最稳定的体系是加入了 20 个水分子的体系，而加入 50 个水分子的体系的稳定性最弱，其他的体系稳定性随着水分子的加入比单硅酸钙体系有一定的增强。

模拟体系的能量主要由以下几项组成：

$$E_{system} = E_{bond} + E_{atom} + E_{hb} + E_{Coulomb} + E_{vdwaals} + E_{charge} \tag{5-1}$$

结合体系的能量变化可以看出，贫水的 CaSiO$_4$H$_2$ 分子之间产生更大的成键作用能和库伦作用能，富水的 CaSiO$_5$H$_4$ 分子间的作用力更加明显，二者的氢键作用随着水分子的加入有一定的加强。影响 CaSiO$_5$H$_4$ 能量变化特征的因素主要是分子间的范德华力变化。范德华力、成键能和库伦作用能的数值优势证明了模拟体系的主要能量来源为体系中分子间的化学反应、静电作用和分子间作用力促使了凝胶胶团的形成。

图 5.13 为水分子数目对单元 C-S-H 凝胶模拟体系密度的影响。

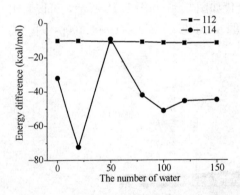
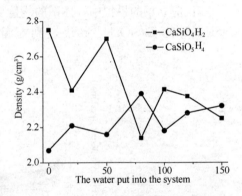

图 5.12　单元 C-S-H 模拟体系随加入的　　　图 5.13　水分子数目对单元 C-S-H 凝胶
水分子数目的总能量变化(300～400ps)　　　　　　模拟体系密度的影响

在表 5.5 中列出了模拟体系稳定结构的团簇形貌、半径和密度。总体得出 C-S-H 凝胶分子主要形成一个较大的 C-S-H 凝胶胶团，胶团的体积和密度与加入的水分子有关，体系中加入的水分子对贫水硅酸钙凝胶的密度影响较为明显。可以预测凝胶中水分子的含量可能是调制凝胶物理性质的一个重要因素，这一点与量子化学的硅酸钙单分子研究的结论一致。

对不同硅氧四面体骨架的 C-S-H 凝胶分子进行反应立场的动力学模拟分析得出，体系在 400ps 内基本上达到动力学的平衡稳定态。如图 5.14 所示，体系产生的分子主要是一个较大尺寸的 C-S-H 凝胶胶团和发生化学反应产生的水分子等小分子以及分散的较小的分子团簇。

表 5.5　单元水化硅酸钙模拟体系的物理性质

水分子	112			114		
	半径 (nm)	密度 (g/cm³)		半径 (nm)	密度 (g/cm³)	
0	1.432	2.75		1.289	2.07	
20	1.509	2.41		1.462	2.21	
50	1.471	2.70		1.650	2.16	
80	1.610	2.14		1.571	2.39	
100	1.559	2.42		1.644	2.18	
120	1.580	2.38		1.595	2.28	
150	1.626	2.19		1.606	2.32	

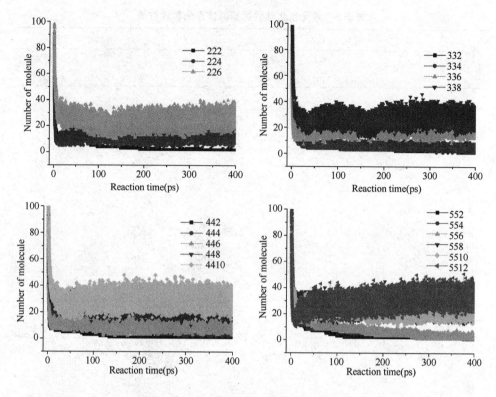

图 5.14　C-S-H 凝胶模拟体系分子数目变化

在图 5.15 中给出了 300～400ps 的反应过程中，体系的水分子的平均数，基本上是随着 C-S-H 凝胶分子中的氢原子含量的增高而线性增加，进一步证明了凝胶体系的缩聚化学反应时胶团形成的一个主要过程。

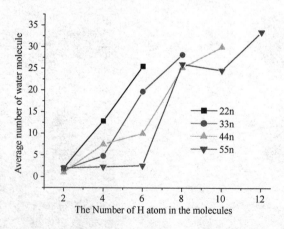

图 5.15　C-S-H 凝胶模拟体系的水分子数目（300～400ps）

从团簇形成过程的能量分析，首先得出 C-S-H 凝胶分子的氢原子含量(n 值)的大小直接影响凝胶体系的稳定性。如图 5.16 中所示的各种组成结构的 C-S-H 凝胶胶团的能量变化值，除了四元硅氧骨架结构的体系外，最稳定的体系是贫水的两个氢原子的分子团簇。但随着基元分子的骨架不同，C-S-H 凝胶胶团的稳定性顺序各不相同。在图 5.16 中可以看出各种基元结构的团簇稳定性。相对来说，基元分子的硅氧四面体骨架越大，体系相对较稳定。基元分子的氢原子含量越大一般来说，团簇体系的稳定性相对较小。但对于四元和五元硅氧四面体骨架架构的分子形成团簇时，有明显的特征组成的稳定结构。如 552 比其他体系的两个氢原子的体系能量减低了约 2 倍。同时 444 和 558 的特征体系能量都与其他体系有非常明显的能量稳定性。

具体能量组成和贡献可以看出，此系列模拟体系的能量主要贡献来源与基元模拟体系不同。体系的稳定性因素主要是能量包括了键能、库仑能和原子间作用能。对于特征能量稳定性的 552 体系的突出的能量来源较大的成键能，可以预测此体系的基元分子间发生加强的键合作用。444 和 558 体系中具有突出的分子间的范德华力和电荷作用能。C-S-H 凝胶模拟体系的总能量变化如图 5.17 所示。

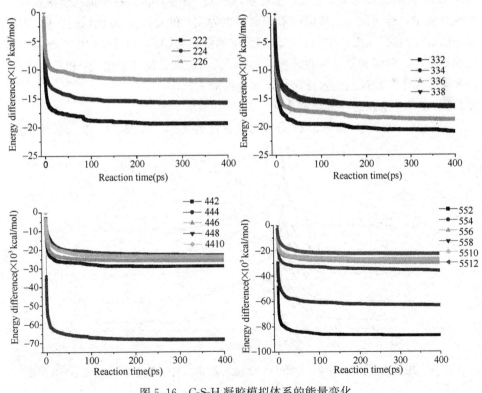

图 5.16 C-S-H 凝胶模拟体系的能量变化

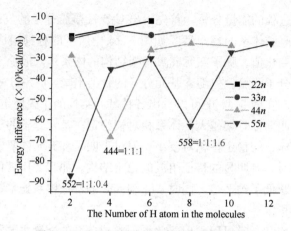

图 5.17　C-S-H 凝胶模拟体系的总能量变化

5.2　复合水泥浆体中熟料和辅助性胶凝材料水化的 NMR 表征

采用核磁共振技术研究了复合水泥中水泥熟料、硅灰和粉煤灰的反应进程，测定了 C-S-H 凝胶的硅氧四面体结构特征和链长。结果表明，水泥熟料水化先生成 Q1，然后有部分 Q2 生成，水泥浆体中 Q1 含量较多。在模拟孔溶液和复合水泥浆体中，硅灰反应生成的硅氧四面体也为 Q1 和 Q2，C/S 比低时，Q2 占主导，C/S 比高时，Q1 占主导，硅氧四面体的链长为 $(3.4 \sim 4.7) \times 10^{-1}$ nm。在模拟孔溶液中，粉煤灰早期水化缓慢，28d 以后可以大量反应生成 Q1 和 Q2；在复合水泥浆体中，粉煤灰的水化缓慢，主要形成 Q2。

5.2.1　波特兰水泥熟料的早期水化

图 5.18、图 5.19 和图 5.20 分别为水灰比为 0.24、0.28、0.32 和 0.36 的波

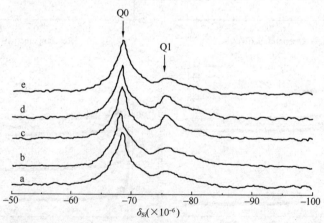

图 5.18　1d 时水灰比为 0.24、0.28、0.32 和 0.36 的波特兰水泥浆体的 ^{29}Si NMR 图谱
a 0.24，b 0.28，c 0.32，d 0.36，e 0.40

特兰水泥浆体 1d、3d 和 7d 时的[29]Si MAS NMR 图谱。

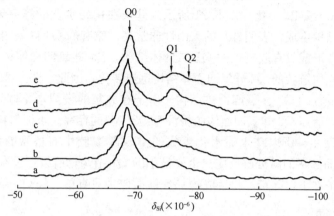

图 5.19　3d 时水灰比为 0.24、0.28、0.32 和 0.36 的波特兰水泥浆体的[29]Si NMR 图谱
a 0.24, b 0.28, c 0.32, d 0.36, e 0.40

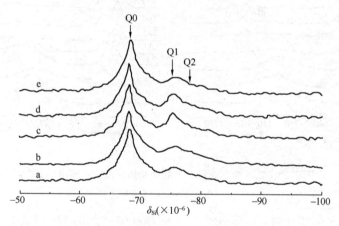

图 5.20　7d 时水灰比为 0.24、0.28、0.32 和 0.36 的波特兰水泥浆体的[29]Si NMR 图谱
a 0.24, b 0.28, c 0.32, d 0.36, e 0.40

5.2.2　模拟孔溶液中硅灰的水化

按照 C/S 比为 0.9、1.2、1.5 和 1.8 的要求,将硅灰置于 pH=13 的饱和 Ca(OH)$_2$ 溶液中进行模拟水化,保证水化温度为 20℃条件并连续搅拌,使硅灰充分水化反应,按照不同龄期取样并中止水化,对水化 1d～90d 不同龄期的样品进行[29]Si NMR 分析和计算。

NMR 试验:准确称量 0.15～0.17g 的样品装入 4mm 核磁固体样品管,使用瑞士 Bruker 公司 AVANCE 400(SB)核磁共振谱仪,4mm/15KHz 固体[15]N～[31]P探头进行[29]Si MAS 试验。[29]Si 核磁试验谱宽 sw =50000Hz,中心频率 79.5MHz,脉冲 P1=4.50μs,脉冲能量 PL1=2.00dB,弛豫时间 D1=1.5s。

在 C/S 比为 0.9 和 1.8 条件下硅灰模拟水化过程中，硅灰中硅氧四面体结构的[29]Si MAS NMR 变化如图 5.21 所示。硅灰在初始水化的第一天，即有 Q1 硅氧四面体结构生成，表明硅灰的火山性非常高，原有的 Q4 硅氧四面体结构迅速与碱反应，形成具有胶凝性的 Q1 二聚体结构，Q1 硅氧四面体结构具有聚合活性，它产生向链状的 Q2 硅氧四面体结构迅速转化，因此，图中显示在水化 3d 时即出现了链状的 Q2 硅氧四面体结构。由于在硅灰的模拟水化体系中没有 Al 元素的存在，所以 Q2 硅氧四面体结构没有 Q2(Al) 的存在。水泥熟料中有 Q0 硅氧四面体的存在，所以在水泥水化生成的 C-S-H 凝胶中有桥状的硅氧四面体 Q2B 存在，而硅灰的碱分解反应只生成最小的 Q1 结构，所以在没有 Q0 硅氧四面体存在的条件下，硅灰水化生成的 C-S-H 凝胶中只有单一的 Q2 硅氧四面体结构存在形式。

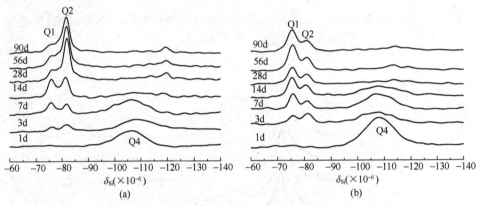

图 5.21　C/S 为 0.9 和 1.8 的硅灰体系的[29]Si NMR 谱图
(a) 0.9 C/S；(b) 1.8 C/S

在模拟水化 28d 时，C/S 比为 0.9 的样品中硅灰的 Q4 硅氧四面体结构消失，反映出在 CH 低的条件下硅灰在水化 28d 时完成火山灰的反应。随着 C/S 比的升高，由于反应体系中活性 SiO_2 的浓度相对降低，导致高 C/S 比体系的火山灰反应延长，在达到模拟水化 56d 时，水化样品中硅灰的 Q4 硅氧四面体结构消失。硅灰经过火山灰的反应后，生成 Q1 和单一的 Q2 硅氧四面体结构。

在 C/S 比为 0.9、1.2、1.5 和 1.8 的硅灰模拟水化过程中，Q1、Q2 和 Q4 硅氧四面体结构的变化如图 5.22 所示。对于四种 C/S 比，硅灰中的 Q4 硅氧四面体结构随着水化时间的延长，均呈现下降趋势，并分别在水化 28d 和水化 56d 时达到反应完全。当硅灰反应结束后，Q1 和 Q2 硅氧结构间达到动态平衡，这种 cohesive gel structure Q1 和 Q2 硅氧四面体结构间的共存和平衡，与水泥水化形成的 C-S-H 凝胶中的硅氧四面体结构相同，补充了 C-S-H 凝胶中的 Q1 和 Q2 硅氧四面体有效成分。

图 5.22 为硅灰－CH 体系中 Q1、Q2 和 Q4 的变化规律。随着 C/S 值的升高，C-S-H 凝胶中的桥氧数目减少，硅氧四面体链变短。从固体[29]Si MAS NMR 得到的 Q1 和 Q2 值，可以计算出 C-S-H 凝胶中硅氧四面体链的长度，如图 5.22 所示，是从链构成的角度直接对链长的表征。图 5.23 显示，当 C/S 值为 0.9 时，水化 3d 至 90d 间的平均链长为 4.68，在 90d 达到 Q1 和 Q2 硅氧四面体结构平衡时链长为 4.93。当 C/S 值增大为 1.2、1.5 和 1.8 时，水化 3d 至 90d 间的平均链长分别为 3.84，3.47 和 3.38，90d 平衡时的链长分别为 4.48，2.85 和 2.59，表明在低 C/S 值时形成 $Ca_5Si_6O_{16}(OH)_2 \cdot 8H_2O$ 产物，在 C/S 值高于 1.33 时形成 $Ca_8H_4Si_6O_{18}(OH)_8 \cdot 6H_2O$ 产物。

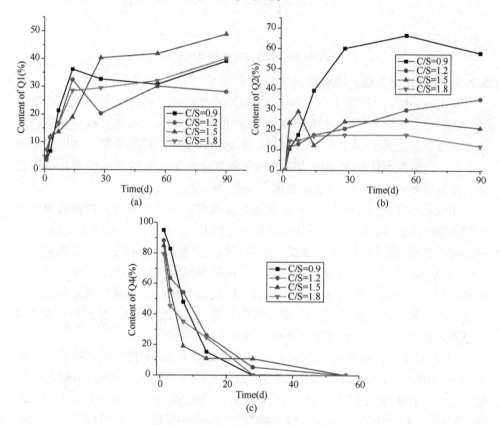

图 5.22　硅灰-CH 体系 Q1、Q2 和 Q4 的变化
(a) Q1；(b) Q2；(c) Q4

硅灰的非晶态硅氧结构在水化 1d 时成为 Q1 硅氧结构，在水化 3d 时形成 Q2 硅氧结构，当硅灰反应结束后，Q1 和 Q2 硅氧结构间达到动态平衡，Q2 硅氧结构的增加有益于增进硅灰复合水泥强度。从硅氧结构变化证实了随着 C/S 比的增大，C-S-H 中的硅氧四面体聚合链长明显降低。

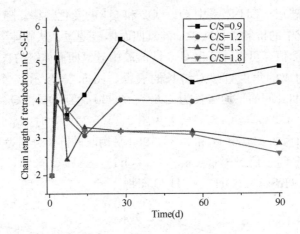

图 5.23　硅灰-模拟孔溶液体系的硅氧四面体链长变化

5.2.3　复合水泥中硅灰的水化

在 P·I 水泥中添加 10％、20％ 和 30％ 的硅灰组成硅灰－水泥复合胶凝体系，设定水灰比为 0.28、0.32 和 0.36，采用固体核磁共振技术，结合浆体抗压强度的变化，从 P·I 水泥的硅氧四面体水化结构变化、硅灰在模拟水泥水化碱度条件下硅氧四面体的水化结构变化和硅灰复合水泥硅氧四面体的水化结构变化，定量地阐述硅灰在复合水泥水化进程中的行为。

用试验小磨(ϕ500mm×500mm)制备水泥试样。熟料与石膏共同粉磨至比表面积 343m^2/kg。将水泥与不同比例的硅灰按照 W/C 为 0.28、0.32 和 0.36 的比值经过干混再湿混均匀，采用水泥胶砂搅拌机充分搅拌，搅拌结束，将物料放入 40mm×40mm×160mm 水泥胶砂模具中，用济南试验机厂生产的 YE25000A 试验机进行加压操作，15MPa 下保压 5min，以防止受压的试块弹性恢复引起拉伸裂缝。成型好的试体在(20±1)℃湿空气中预养 24h，然后再在(20±1)℃水中养护至预定龄期后分别测定抗压强度和结构变化。

NMR 试验：准确称量 0.15~0.17g 的样品装入 4mm 核磁固体样品管，使用瑞士 Bruker 公司 AVANCE400(SB)核磁共振谱仪，4mm/15KHz 固体 ^{15}N~^{31}P 探头进行 ^{29}Si 和 ^{27}Al 的 MAS 试验。^{29}Si 核磁试验谱宽 sw＝50000Hz，中心频率 79.5MHz，脉冲 P1＝4.50μs，脉冲能量 PL1＝2.00dB，弛豫时间 D1＝1.5s。^{27}Al核磁试验谱宽 sw ＝ 41666.7Hz，^{27}Al 中心频率 104.3MHz，脉冲 P1＝0.75μs，脉冲能量 PL1＝2.00dB，弛豫时间 D1＝0.5s。

在复合浆体的水化过程中，硅灰中无定型二氧化硅形式 Q^4 结构的减少如图 5.24 所示。以各比例复合浆体中初始的 Q^4 结构含量为比较，硅灰的反应率计算如下：

$$硅灰的反应率 = \left(1 - \frac{Q_i^4}{Q_0^4}\right) \times 100\% \tag{5-2}$$

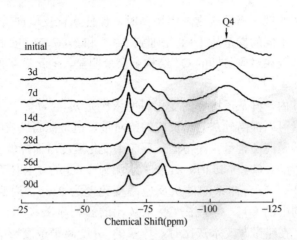

图 5.24 硅酸盐水泥-硅灰水泥浆体的^{29}Si NMR 图

硅灰在不同水灰比和不同水化龄期的反应率如图 5.25 所示。当硅灰在复合水泥中的比例提高时，恰如提高了进行水化反应过程中反应物的浓度，依照化学

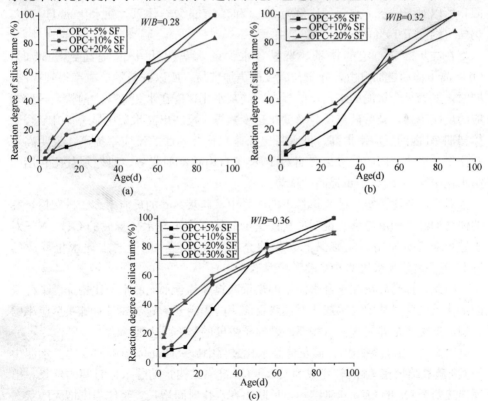

图 5.25 W/B 为 0.28、0.32 和 0.36 的硅酸盐水泥-硅灰水泥浆体中的硅灰反应程度

(a) W/B=0.28；(b) W/B=0.32；(c)W/B=0.36

反应平衡的基本原理，当反应物浓度提高时，促使水化反应向着产物方向移动。因此，当硅灰：水泥的掺量从 $1:9$ 增加到 $2:8$ 和 $3:7$ 时，在相同的水灰比的条件下，虽然硅灰在对应龄期的 Q4 结构剩余量明显，但是硅灰的反应率绝对值提高。

在水化 90d 内，硅灰反应率的变化斜率依次是 $k_{1:9} > k_{2:8} > k_{3:7}$ 系列，说明增加硅灰的掺量可以提高硅灰与碱反应的绝对量，但是提高硅灰的掺量相对降低了复合浆体中的碱离子含量，使得硅灰反应率变化速度反而降低了。当水灰比从 $W/C=0.28$ 变为 $W/C=0.36$ 时，硅灰：水泥为 $1:9$ 的复合体系硅灰反应率变化差是 0.53，$2:8$ 复合体系的硅灰反应率变化差为 0.25，说明水泥含量高的 $1:9$ 复合体系的中的 OH$^-$ 离子浓度受水灰比的影响显著；OH$^-$ 离子浓度小的 $2:8$ 复合体系，在略微改变水灰比时，体系的 OH$^-$ 离子浓度影响小，因此对硅灰反应率变化的影响也小，再证明 $2:8$ 复合体系中硅灰的反应率在硅灰掺量的增加时得到提高，但是反应率的变化速度降低了。

另外，复合浆体中硅灰掺量提高后，由于水泥水化释放出的氢氧化钙量有限，所以对于硅灰：水泥的比例为 $2:8$ 和 $3:7$ 的复合体系，在水化 90d 时硅灰仍然有约大于 10% 的剩余。

在硅灰掺量一定的体系，当复合水泥的水灰比从 0.28 提高到 0.36 时，OH$^-$ 离子移动更加自由，硅灰与碱反应更加容易，所以硅灰的反应率得到提高。同时，随着复合水泥的水灰比的提高，硅灰水化速度在水化 28d 之前快，导致对应的反应率高，其后硅灰反应率变化速度减缓，反映出高水灰比显著提升复合浆体初期 7d 内的反应率提高，低水灰比加速水化 28d 后的反应率提高，说明高水灰比复合浆体利用的是水化初期 OH$^-$ 离子自由移动的优势，而低水灰比利用的是水化中期 OH$^-$ 离子量提高的优势。

对于水灰比一定、硅灰掺量少的体系中，硅灰 90d 的反应率高于硅灰掺量高的体系的硅灰的反应率，说明硅灰掺量少的体系中水泥水化释放的 OH$^-$ 离子对于硅灰来说更充裕，能够保证硅灰的充分水化反应，也说明水泥水化释放的 OH$^-$ 离子是硅灰水化率的关键影响因素。

因此，提高硅灰在复合水泥中的掺量和提高复合水泥的水灰比均降低了硅灰的水化反应率，其中，水灰比对硅灰反应率的影响弱于硅灰掺量对硅灰反应率的影响，这主要是硅灰水化所需要的碱离子浓度的影响是主要因素。

图 5.26 为硅酸盐水泥-硅灰体系水化过程中硅氧四面体结构的变化。水泥中的 Q0 硅氧结构在 3d 时转变成为 Q1 和 Q2 硅氧结构，随着水化时间的延长，出现连接两个 Q2 的 Q2p 硅氧结构，反映出在水化时间增长，浆体强度增大的状态下，硅氧四面体结构链长增加，硅氧四面体趋向于 Q1 和 Q2 和 Q2p 结构共存的稳定态结构。

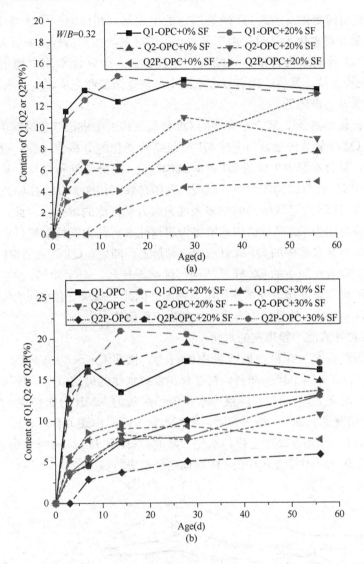

图 5.26 硅酸盐水泥-硅灰浆体中硅氧四面体的变化情况

(a)W/B=0.32；(b) W/B=0.36

硅灰掺量为 20% 和 30% 的复合水泥中的 Q1 硅氧结构与对应的纯硅酸盐水泥中的 Q1 硅氧结构比较，Q1 硅氧结构的差值经历了从水化初期 3d 到水化龄期 14d 的一个增长峰值，然后到达水化龄期 56d 时差值逐渐趋于很小数值，这归结于两个原因：其一，在水化起始阶段，复合水泥中的硅灰火山灰特性还没有充分发挥出来，仅仅靠复合水泥中的纯水泥发挥胶凝作用，但是这部分熟料的胶凝作用被硅灰的掺入而受到阻碍，所以在 14d 前复合水泥中的 Q1 硅氧结构没有达到纯水泥可以释放的 Q1 量。其二，是硅灰复合水泥中的 Q1 硅氧结构在这一阶段向 Q2 硅氧结构变化，加速 Q2 硅氧结构的生成量，相应减少了体系中的 Q1 硅氧结构含量。在水化 14d 时，由于复合水泥中硅灰火山灰特性的充分发挥，复合水泥中的 Q1 硅氧结构含量达到峰值，并且明显高于复合水泥中纯水泥释放的 Q1 硅氧结构含量，其后，随着复合水泥中硅灰逐渐消耗完毕，复合水泥中的 Q1 硅氧结构含量逐渐降低。

在水化起始的 3d，复合水泥中的 Q2 硅氧结构的生成量就超越其中纯水泥可能生成的 Q2 硅氧结构量，与上述 Q1 硅氧结构变化的分析作比较，说明在水化初始阶段，复合水泥中生成的 Q1 硅氧结构是向 Q2 硅氧结构变化，从而增加了胶凝体系中 Q2 硅氧结构的含量，胶凝体系中硅氧结构在 360d 内以 Q2 为主要存在形式，并且以 Q2 硅氧结构的增多表现为对力学性能的增强。因此，复合水泥的力学强度将因为 Q2 硅氧结构的增多为超越纯水泥的力学性能提供可能。在水化 14d 时，复合水泥中的 Q1 硅氧结构达到最大，随后，Q1 硅氧结构向 Q2 硅氧结构转变，复合水泥中的 Q2 硅氧结构与纯水泥比较，有了阶梯式的明显提高，复合水泥的抗压强度接近纯水泥的抗压强度。因此，硅灰复合水泥力学性能的提高是胶凝体系中 Q2 硅氧结构含量增加的决定性作用。

5.2.4　模拟孔溶液中粉煤灰的水化

为了研究粉煤灰在自由碱溶液中的行为，按照 Ca/Si 为 0.9∶1、1.2∶1、1.5∶1 和 1.8∶1 四个比例配料，粉煤灰在模拟水化的碱溶液中，连续搅拌使其充分反应。图 5.27 为模拟孔溶液中水化的粉煤灰的 NMR 分析结果，粉煤灰中 Q4 的变化情况见表 5.6。结果表明，模拟水化 28d 时出现 Q1 和 Q2 结构，并且粉煤灰中的 Q4 结构在减少。模拟水化 56d 时，Q1 和 Q2 结构的含量增加明显，到达模拟水化 90d 时粉煤灰中的 Q4 结构已经消失。

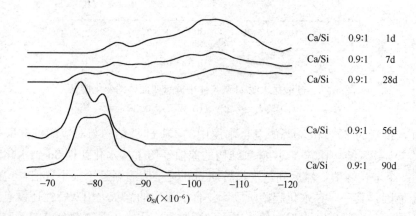

图 5.27　1d、7d、28d、56d 和 90d 时浸泡在模拟孔溶液中的粉煤灰的 ^{29}Si NMR 图谱

表 5.6　Ca/Si 为 0.9∶1 的样品中 Q4 的变化率

No	龄期(d)	Q4 含量(%)
1	1	100
2	7	92
3	28	67
4	56	62
5	90	0

5.2.5　复合水泥中粉煤灰的水化

复合水泥中的外掺料的水化反应率是表征和评估外掺料火山灰活性和在复合浆体中发挥作用的重要指标。以往的研究采用化学分析法测定粉煤灰的水化反应率，本书采用^{29}Si NMR 表征硅灰在复合水泥浆体环境中的水化反应率，提出了硅灰水化反应率的计算公式。和硅灰的结构不同，粉煤灰中以玻璃体和莫来石成分为主，玻璃体含量远低于硅灰，所以粉煤灰中的无序态 Q4 成分的信号弱于硅灰中无序态 Q4 成分的信号；再者，粉煤灰中由于铁的含量高于硅灰，所以在粉煤灰复合水泥的核磁试验中，由铁磁性物质引起的样品的 T_1 变短，粉煤灰复合水泥的谱线变宽，灵敏度下降，所以难以利用粉煤灰中的无序态 Q4 结构成分作为探测粉煤灰水化反应的探针。

由于粉煤灰的火山灰活性远远低于硅灰，所以粉煤灰在模拟水化过程中只产生如图 5.28 所示的 Q2 结构成分。在水化早期，粉煤灰产生的 Q2 结构成分的量不多，不会对水泥成分水化产生的 Q2 结构成分产生复杂的和明显的影响，因此，对于粉煤灰复合水泥建议采用 Q2 结构的变化作为粉煤灰水化反应分析的探针。

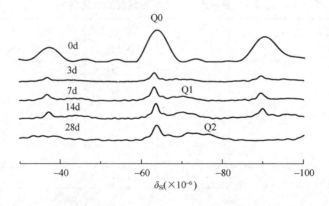

图 5.28　水胶比为 0.28、掺 30％粉煤灰水泥浆体的^{29}Si NMR 图谱

与此仪器方法相比，常规的化学分析法对粉煤灰复合水泥中粉煤灰的反应率

进行分析的试验步骤长，反应的步骤多，引入误差的机会增加，而且试验耗时。核磁共振试验避免了繁琐的分析试验步骤，减少了引入误差的机会，提供了简洁明了的仪器分析手段。

粉煤灰复合水泥的^{29}Si NMR 图谱显示：浆体水化过程中 Q2 硅氧结构变化是最显著的，因为 Q2 硅氧结构的增加是胶凝体系强度增加的主要原因。将粉煤灰复合水泥在不同龄期的 Q2 硅氧结构成分扣除其中的波特兰水泥在该龄期条件下的 Q2 硅氧结构成分，即可以得到复合水泥中粉煤灰生成的 Q2 硅氧结构量，即：

$$\delta_{F.A} = [(Q2)_{b.c} - (Q2)_c \times p_c] \times 100\% \tag{5-3}$$

式中，$\delta_{F.A}$为粉煤灰反应程度；$Q2_{b.c}$为复合水泥浆体中 Q2 硅氧四面体的含量；$Q2_c$为同龄期波特兰水泥浆体中 Q2 硅氧四面体的含量；p_c为复合水泥中波特兰水泥的含量。

按照该计算公式，试验中采用盐酸溶解粉煤灰反应率方法检测了数种复合水泥的样品，测试结果列于表 5.7。结果表明，其一，粉煤灰在复合水泥中的反应率低，在水化初期的 28d 内，粉煤灰的水化率在 7%～8% 以内，与硅灰在水化 28d 内达到百分之几十的反应率差异很大，反映出粉煤灰较为惰性的火山灰活性；其二，随着粉煤灰掺量的增加，粉煤灰提供的硅成分含量增加，而由水泥水化生成的 OH⁻ 离子的浓度却在降低，因此在下列水化反应中的反应速率由化学反应活性相对高的 OH⁻ 离子的浓度决定，所以粉煤灰的水化反应率表现出降低的趋势；其三，表 5.7 得到的粉煤灰水化反应率与文献 1、文献 2 报道的粉煤灰水化反应率的趋势和范围相似，证明采用核磁共振通过粉煤灰中硅氧结构变化测定的粉煤灰反应率的方法可靠，具有可比性。

表 5.7　复合水泥浆体中粉煤灰的水化情况

No	粉煤灰掺量（%）	W/B	Time（d）	Q2ᵦ/（质量分数%）	Q2c（质量分数%）	ΔQ2（质量分数%）
1			0	0.58		
2			3	1.01	2.74	1.7
3	20	0.28	7	1.36	2.82	1.5
4			14	1.40	3.74	2.3
5			28	2.21	3.71	1.5
6			3	1.54	2.78	1.2
7	20	0.32		1.73	3.72	2.0
8			14	2.90	5.35	2.5
9			28	3.35	6.93	3.6

No	粉煤灰掺量（%）	W/B	Time（d）	$Q2_b/$（质量分数%）	$Q2_c$（质量分数%）	$\Delta Q2$（质量分数%）
10			3	1.75	4.00	2.3
11	20	0.36	7	2.31	6.26	4.0
12			14	3.57	7.96	4.4
13			28	3.58	7.30	3.7
14			0	1.44	—	—
15	30	0.28	3	2.03	2.39	0.36
16			7	2.25	2.46	0.21
17			14	2.75	3.27	0.52
18			28	2.61	3.25	0.64
19			3	1.70	2.43	0.73
20	30	0.32	7	2.49	3.26	0.78
21			14	3.85	4.68	0.83
22			28	5.19	6.06	0.87
23			3	2.65	3.50	0.85
24	30	0.36	7	3.71	5.48	1.77
25			14	5.68	6.97	1.29
26			28	4.61	6.39	1.78
27			0	3.45	—	—
28	40	0.28	3	1.37	2.05	0.61
29			7	1.73	2.11	0.70
30			28	2.46	2.78	0.80
31			3	1.17	2.08	0.91
32	40	0.32	7	2.17	2.79	0.93
33			28	4.19	5.20	1.01
34			3	1.31	3.00	1.69
35	40	0.36	7	2.23	4.70	2.47
36			28	2.57	5.49	2.92

5.3　复合水泥浆体中 C-S-H 凝胶的纳微米表征

采用场发射电镜和原子力显微镜对 C-S-H 凝胶进行了观察。基于纳米压痕技术建立了一套复合水泥浆体微观力学性能（弹性模量、纳米硬度、徐变、界面强度等）表征与评价的方法；探明了 C-S-H 凝胶的纳米硬度尺寸效应，并建立了纳米硬度尺寸效应模型，揭示了未水化水泥颗粒与水化产物界面的尺度范围及其细观力学特性。研究结果表明，高活性掺合料（硅灰）二次水化生成的 C-S-H 凝胶本质上是"低钙硅比的低密度 C-S-H 凝胶"；低活性掺合料（粉煤灰）二次水化生成的 C-S-H 凝胶为"高密度 C-S-H 凝胶"。

5.3.1 高分辨场发射扫描电镜和 AFM 分析

采用 FESEM 观察到的水泥浆体水化数小时及 10 天龄期的 C-S-H 凝胶的形貌。从图 5.29 中可以明显看出，水化龄期对形成的 C-S-H 凝胶结构具有决定性的影响。水化反应早期形成的 C-S-H 凝胶结构［图 5.29（a）］疏松，存在大量的凝胶孔和毛细孔。"最小结构单元"为柱状或准球状颗粒，粒径大约 20～50nm。这些颗粒分布在凝胶状的"溶液"中，且按照特定的方式堆积在一起，形成凝絮状的结构；水化反应后期形成的 C-S-H 凝胶结构致密［图 5.29（b）］，存在的孔隙以凝胶孔为主，其"最小结构单元"为粒径为 20～40nm 的球状颗粒。

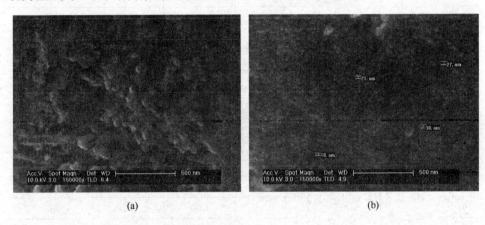

(a)　　　　　　　　　　　　　　　　　(b)

图 5.29　不同水化龄期净浆试样（$W/C=0.4$）的场发射电镜（FESEM）图片
(a) 6.5h；(b) 10d

从图 5.30 所示的 AFM 可看出在水泥浆体中 C-S-H 凝胶颗粒是由准球形颗粒组成，颗粒的尺寸大小约为 50～300nm，这与 Jennings 等提出的 C-S-H 凝胶堆积结构模型非常相似。

5.3.2 纳米压痕下 C-S-H（LD 低密度 C-S-H 和 HD C-S-H）分布情况表征

将每个试件所得的折合模量数值按照一定的置信度区间大小进行划分，统计各个区间内数值的出现频率，并作出频率分布图，如图 5.31 所示。

将折合模量按照其在未水化水泥颗粒四周排布的位置作出分布等高线图，如图 5.32 所示。图中根据折合模量的大小和分布位置分成不同颜色的色块，最中心区域为未水化的水泥颗粒。横纵栅格间距均为 $5\mu m$。

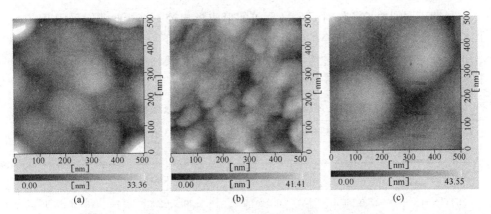

图 5.30　不同养护龄期的 C-S-H 凝胶 AFM 形貌（水灰比为 0.40）

（a）标准养护 2d；（b）标准养护 28d；（c）标准养护 90d

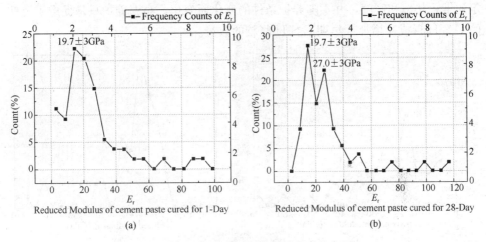

图 5.31　水泥净浆的折合模量频率分布图

（a）1d；（b）28d

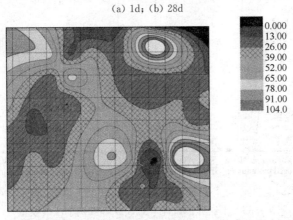

图 5.32　水泥净浆水化 60d 折合模量等高线图

早期不同的养护条件对 C-S-H 凝胶的形成影响较大，故此我们采用 $W/C=$ 0.4 的样品，分别对标准养护 28d 和先在 60℃ 环境下（相对湿度 100%）养护 2d，再标准养护至 28d 两种情况下的 C-S-H 凝胶生长情况进行了压痕对比试验研究，结果如表 5.8 和图 5.33 所示。

表 5.8　不同养护条件下 C-S-H 凝胶的压痕模量

物质	标准养护		60℃养护 2d，再标准养护 26d	
	2d	28d	2d	28d
LD C-S-H	18.2±2.4	23.0±2.6	23.0±2.7	24.7±2.7
HD C-S-H	27.0±3.6	30.0±2.6	30.9±2.6	33.4±2.4

数据显示，压痕模量是 C-S-H 凝胶的内在性质，两种 C-S-H 凝胶各有其特定的堆积状态和密度，并不随养护条件的变化而变化，高温养护只是促进了早期的 C-S-H 形成，增加了早期 C-S-H 凝胶的数量。

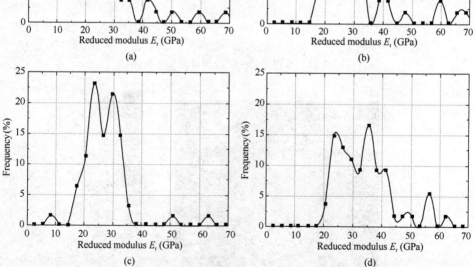

图 5.33　不同养护条件下 C-S-H 凝胶纳米压痕模量

（a) 2d at 20℃；(b) 2d at 60℃；(c) 28d at 20℃；(d) 2d at 60℃ and 26d at 20℃

采用与水泥净浆试样相同的参数设置，对掺10％粉煤灰复合试样进行纳米压痕测试。为了专注于二次水化产物，将测试点围绕粉煤灰颗粒进行排布。根据统计分析后，其E_r的频率分布曲线如图5.34所示。

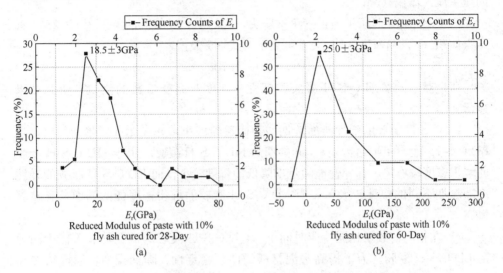

图 5.34　掺10％粉煤灰水泥浆体的折合模量频率分布图

(a) 28d；(b) 60d

从图5.34中可以看出，对于水化28d的复合试样，其折合模量呈单峰分布模式，中心峰值约为（18.5±3.0）GPa，与水泥净浆试样水化1d的结果类似（LD C-S-H）；而水化60d的复合试样，折合模量仍然呈单峰分布模式，其中心峰值约为（26.0±3.0）GPa，与水泥净浆试样水化28d的结果类似（HD C-S-H），说明二次水化反应生成的C-S-H凝胶有可能与一次水化反应生成的C-S-H是同一种物质，只是二次水化反应的速度要远远慢于一次水化反应。另外有一点不同的是，一次水化反应早期生成的LD C-S-H到后期依然存在，且相对含量几乎恒定；而二次水化反应前期的产物在水化60d折合模量频率分布曲线上反映不出，这可能是由于反应空间的限制，倾向于形成HD C-S-H，而早期水化产物相对含量太少，被后期水化产物覆盖掉；也可能是早期生成的LD C-S-H到反应后期全部转变为HD C-S-H。

5.3.3　C-S-H凝胶的弹塑性及蠕变

纳米压痕下的蠕变表征方法与宏观试验条件下（如：混凝土轴向压缩徐变）的徐变计算方法不同，因为后者在试验中横截面的变化是被忽略的，而在纳米压痕试验中由于采用的Berkovich压头是正三角锥体，在保持最大载荷的徐变试验中，随着压痕深度的增加，其压头接触面积是变化的。鉴于此，采用压头压入的体积变化量来表征纳米压痕蠕变，计算方法如式（5-4）：

$$C_{IT} = V_2 - V_1 \qquad (5-4)$$

式中，V_1 表示开始保持最大载荷时的压头压入体积（nm^3）；V_2 表示持荷结束时的压头压入体积（nm^3）。

由于 Berkovich 压头为正三角锥压头，它的中心线与面的夹角为 65.27°，其压入体积（V）与深度（h）关系可表示为式（5-5）：

$$V(h) = 8.1873h^3 \qquad (5-5)$$

通过对不同龄期 C-S-H 凝胶弹塑性、硬度及蠕变参数的测试，研究结果显示：

1）C-S-H 凝胶的弹性能随龄期增长而逐渐减小，并在 28d 后趋于稳定，且 LD C-S-H 凝胶的弹性能均高于同龄期的 HD C-S-H 凝胶。由于 HD C-S-H 凝胶的堆积密度较稳定，其弹性能随龄期降低的幅度较小，而 LD C-S-H 凝胶的弹性能随龄期下降的幅度较大，表明 LD C-S-H 凝胶的堆积密度随龄期增长有显著提高。

2）在相同荷载及相同持荷时间下，HD C-S-H 凝胶的蠕变均显著低于同龄期 LD C-S-H 凝胶。为了提高水泥材料的体积稳定性、降低蠕变，应设法提高 C-S-H 凝胶中 HD C-S-H 的体积含量。

蠕变的函数表达是选择一个与试验结果最吻合的蠕变函数，该函数除了能符合相对短期的蠕变试验结果，还要能满足预测长期蠕变的要求。目前常用的数学表达式有：对数函数表达式、幂函数表达式、双曲线函数表达式和指数函数表达式等。

对数函数表达式法是分析蠕变较常用的方法，也是美国垦务局建议在混凝土工程中模拟基本徐变的方法，因此本文也使用对数函数法进行数学拟合。

对数函数法蠕变的表达式为公式（5-6）：

$$f(t) = A \times Ln(t) + B \qquad (5-6)$$

式中，B 值为持荷开始时（$t=0$）的压痕深度，因此公式（3）的实质是求 A 值。

不同龄期、水灰比和养护条件下 C-S-H 凝胶的对数蠕变函数的 A 值回归结果见表 5.9 和表 5.10，典型的 LD C-S-H 凝胶和 HD C-S-H 凝胶对数函数蠕变曲线见图 5.35。

表 5.9　标准养护条件下 28d C-S-H 凝胶蠕变对数函数表达式 A 值

W/C	LD C-S-H	HD C-S-H	LD∶HD
0.26	8.55	6.78	1.26
0.40	9.33	8.62	1.08

注：表内各值为各测试点持荷 180s 数据的平均值。

表5.10　加温（60℃）养护条件下 C-S-H 凝胶蠕变对数函数表达式 A 值

W/C	龄期	LD C-S-H	HD C-S-H	LD：HD
0.26	2d	4.60	5.40	0.85
	28d	3.80	4.73	0.80
0.40	2d	7.81	5.47	1.43
	28d	8.98	5.77	1.56

注：表内各值为各测试点持荷180s数据的平均值。

　　从表5.9、表5.10和图5.35中可以看出，C-S-H凝胶的对数蠕变函数可以较好地拟合压痕蠕变曲线的后段，但对压痕蠕变曲线前三分之一部分的拟合不够理想，因此可能会高估压痕蠕变值。LD C-S-H凝胶较HD C-S-H凝胶表现出更好的变形性能，且蠕变曲线更平缓，可以推断，HD C-S-H凝胶更容易造成水泥基材料的脆性断裂。

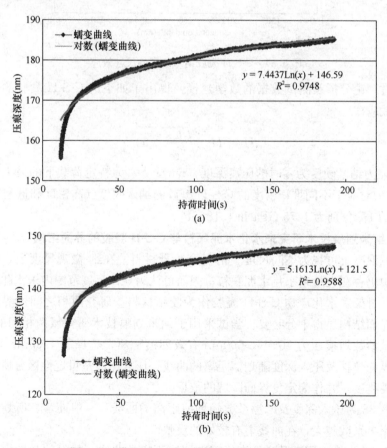

图5.35　典型的 C-S-H 凝胶的对数函数蠕变曲线

（a）典型 LD C-S-H 蠕变曲线及其对数拟合曲线；（b）典型 HD C-S-H 蠕变曲线及其对数拟合曲线

5.3.4　C-S-H 凝胶纳米硬度的尺寸效应

针对不同龄期不同空间位置的高密度和低密度 C-S-H 凝胶的纳米压痕测试结果显示，纳米硬度与压痕深度密切相关，并随压痕深度的增加纳米硬度逐渐减小，如图 5.36 所示。

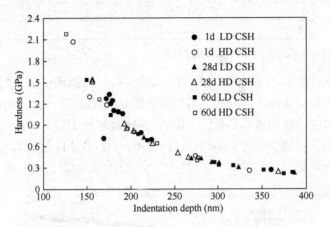

图 5.36　C-S-H 凝胶纳米硬度的尺寸效应

通过理论分析及测试数据的数学建模，提出了如下的 C-S-H 凝胶的纳米硬度尺寸效应律：

$$H = H_s \sqrt{\frac{h_0}{h_{\max}} - 1} \tag{5-7}$$

式中，h_0 为纳米硬度为零时的压痕深度（nm）；$h_{\max}$ 为特定荷载下的最大压痕深度；H_s 为对应于不同堆积密度的 C-S-H 凝胶的纳米硬度（高密度和低密度 C-S-H 凝胶的 H_s 分别为 1.75 GPa 和 1.18 GPa）。

5.3.5　纳米划痕技术研究未水化水泥颗粒与 C-S-H 凝胶的界面结构

水泥混凝土可视为不同尺度上的复合胶凝材料。在细-微观尺度上，由于水泥浆体中仍存在大量未水化水泥颗粒，因而可认为在该尺度范围内未水化水泥作为微集料骨架，水化产物 C-S-H 凝胶作为胶结材料。研究两相之间的界面结合状态及界面结构显得十分必要。尝试采用了纳米划痕技术研究该两相间的界面，选取测试参数划痕压力 10mN，$500\mu m$ 有效划痕距离，选择了 $450\mu m$。图 5.37 为压头纵向位移及压入深度随划擦距离的曲线，压入深浅量可定性区分所划过材料的坚硬程度，并作为定位界面区域的依据。

图 5.38 为压入深度及摩擦系数随划痕距离的曲线，一般而言，所划过材料越软，摩擦系数越大，在曲线上有较好的反映。

图 5.39 为压入深度及弹性恢复率随划擦距离的曲线，材料的弹性恢复率越高，在一定荷载下材料所发生的塑性变形甚至破坏越小，亦对应更高的硬度及弹

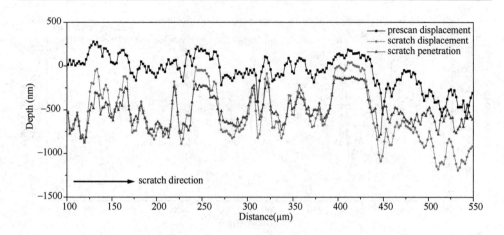

图 5.37 压头位移及压入深度 vs. 划痕距离

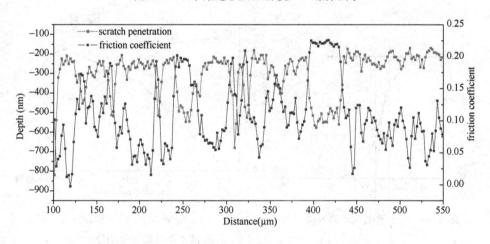

图 5.38 压入深度及摩擦系数 vs. 划痕距离

性模量。

由于界面总是围绕未水化水泥颗粒出现,因此首先根据压入深度(0～－200nm)判断水泥熟料颗粒的位置,而处于其两侧且压入深度值变化速率最快的区域可初步确定为水泥颗粒/水化产物界面区,随后通过该区域相应的摩擦系数以及弹性变形比率曲线进行进一步对比验证,若摩擦系数或弹性变形曲线未发现有与压入深度相对应的变化,则排除此处为界面区。在确定界面位置之后,需进一步确定相应位置的界面宽度。一般而言,界面区的压入深度变化曲线均如图 5.40 所示。通过借鉴差热分析曲线中外延始点的概念,以界面区曲线斜率最大的点处作切线,其与两侧物相压入深度曲线变化平缓的外延伸段的交点,即为该物相区与界面过渡区的转变点,如图 5.40 中的 1、2 点所示,而此两点间在划痕距离方向投影的间距即为界面宽度。

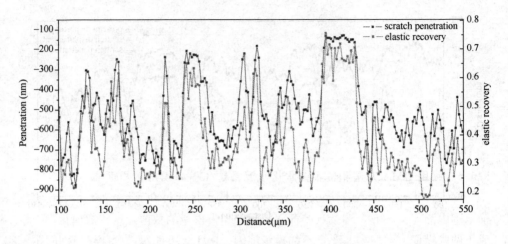

图 5.39　压入深度及弹性恢复率 vs. 划痕距离

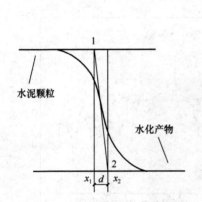

图 5.40　确定界面宽度的方法

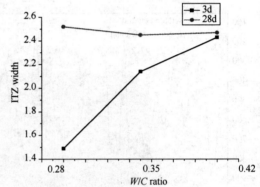

图 5.41　龄期 3d、28d 下界面宽度
随水灰比的变化趋势

　　由该方法对所有样品所存在的界面进行分析，所得各水灰比及龄期对应样品界面宽度的计算结果见表 5.11，图 5.41 为两种不同龄期下对应界面宽度随水灰比的变化关系。可见随龄期增长，界面宽度增大。同时，3d 龄期时随着水灰比增大，界面宽度亦增大；而 28d 龄期的界面宽度却与水灰比关系不大。推测认为界面宽度主要取决于水泥颗粒周边的内部水化产物，随着龄期和水化比的增长，界面宽度值将趋于某一固定值。

　　从上面的比较结果可以看出，随着龄期的增长，水泥样品的平均界面宽度在不断地增加；而在龄期较短的时候，水灰比的不同将导致材料平均界面宽度的不同，具体来说，就是水灰比的降低将促进在龄期较短的时候水泥净浆能够生成出界面宽度较宽的界面，而在充分硬化之后，水泥净浆的水泥颗粒与水化产物凝胶界面的宽度将趋向于一个固定值。

表 5.11 界面宽度计算结果 (m)

	#1 (0.28~3d)	#2 (0.28~28d)	#3 (0.35~3d)	#4 (0.35~28d)	#5 (0.42~3d)	#6 (0.42~28d)
界面 1	1.58	2.5	2.93	1.84	2.15	2.25
界面 2	1.32	2.72	1.62	2.38	2.51	3.16
界面 3	1.23	2.73	2.07	3.67	1.99	1.98
界面 4	1.82	2.11	1.94	1.91	3.05	2.50
平均值	1.49	2.52	2.14	2.45	2.43	2.47

5.3.6 采用 DMA 方法测试了未水化水泥颗粒/C-S-H 凝胶的界面

DMA（Dynamic Mechanical Analysis）技术是通过在 $30~\mu m \times 30~\mu m$ 的扫描范围内测定 56536 个测试点的存储模量和损失模量的数值，这些数值相当于组成了两张纵横方向均为 256 个点的模量地图。由于该方法每两个测试点的间距仅为约 120nm，因此可以较清楚地发现出未水化水泥颗粒/C-S-H 凝胶的界面，以及该界面的力学性质。测试结果如图 5.42 所示。

试验结果显示：（1）DMA 技术不仅可以区分水化产物和未水化水泥颗粒，

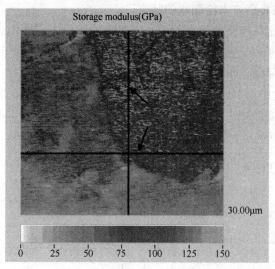

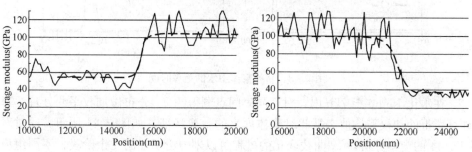

图 5.42 $W/C=0.4$，28d 水泥净浆 DMA 测试结果

473

还同时提供了测试区域的力学指标；（2）未水化水泥颗粒与水化产物的界面过渡区约为 $2\mu m$；（3）界面区的力学性质介于水泥颗粒和 C-S-H 凝胶之间。

5.4 复合水泥浆体中水的状态和孔隙结构表征

采用低场核磁共振技术研究了水泥浆体中水的存在状态和孔结构的演变规律。结果表明，在较低水灰比（如 0.3）的硬化浆体中，可蒸发水从早期 1d 开始即主要以凝胶水的状态存在，而较大水灰比（如 0.4 以上）在早期（1～3d内）主要以毛细水状态存在。这种不同水灰比浆体中可蒸发水存在状态和相对含量的对比，有助于深入理解诸如早期自干燥收缩等性能的机理。

压汞法中的最几孔径变化与弛豫时间法中的最几弛豫时间变化基本吻合，都是随着水灰比的增大而增大，随着龄期变化减小。弛豫时间法能测得较小的凝胶孔和毛细孔，而压汞法难以测到小于 6nm 的凝胶孔。通过带入不同的表面弛豫对衰减曲线进行求解，得到转换系数为 10nm/ms，以此可获得较好的弛豫时间分布图和较小的反演误差。

5.4.1 低场核磁共振技术检测水的状态

以不同水灰比和掺高效减水剂的水泥浆体为对象，用低场核磁共振技术探测了浆体中水的质子纵向弛豫时间（T_1）在早期阶段（15min 至 72h）的变化特征，并研究了这种变化与水泥水化过程的关系。

图 5.43 左图中 0.28 和 0.35 分别表示水灰比为 0.28 和 0.35 的水泥浆体，0.35SP 表示掺加高效减水剂的水泥浆体；右图中，0.35C、0.35F10 和 0.35S10 表示水泥浆体、掺 10％硅灰的水泥浆体和掺 10％矿粉的水泥浆体，水胶比均为 0.35。

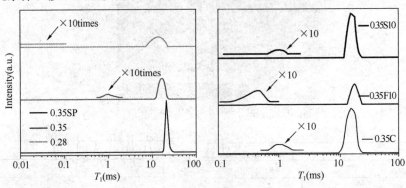

图 5.43　新拌浆体中水的弛豫时间

在水化 15min 至 72h 内，对不同时间点测得的 T_1 分布做加权平均处理，以计算所得的加权平均值表征此时浆体内水的弛豫特征，如图 5.44 所示。通过对图 5.44 的观察分析，T_1 曲线变化的过程可以划分为明显的 4 个阶段，不同组成的浆体在各个浆体内也呈现出不同的特点。

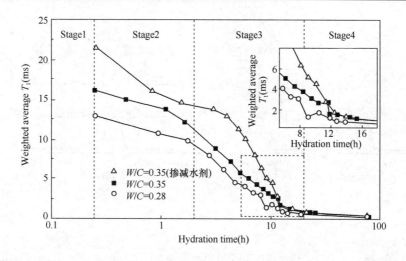

图 5.44　T1 加权平均值随水化时间的变化

初始期（Stage 1）～0.0～0.25h

水化 15min 时，对应于 0.28，0.35，0.35SP 试样中水的 T_1 已分别降至 13.14ms，16.20ms，21.68ms。显然，类似于 T_1 分布的情形水灰比小的浆体内水的平均弛豫短，而高效减水剂的分散作用延长了弛豫。

诱导期（Stage 2）～ 0.25～2h

对于掺高效减水剂的试样而言，由于减水剂延缓水化的功能，造成诱导期比未加高效减水剂的浆体延长至 4 小时左右。

加速期（Stage 3）～2～20h

对于单位质量的浆体而言，由于低水灰比浆体内固相含量比水灰比大的浆体要高且颗粒间距要小，因此微结构越紧密孔结构越细化，固相表面的影响越强，因而在相同的水化时间，水灰比 0.28 的试样其 T_1 要比 0.35 的要低。在同样水灰比的条件下，由于高效减水剂对颗粒的分散作用和延缓水化作用，0.35 试样的 T_1 又比 0.35SP 要低。

稳定期（Stage 4）～20～72h

T_1 加权平均值的变化趋于平缓。此时浆体已经凝结，微结构已经初步形成。水化至 72h，0.28、0.35 和 0.35SP 试样的 T_1 分别为 0.31ms、0.42ms 和 0.44ms，由此可见对水灰比相同的浆体，水化至 72h 时高效减水剂对 T_1 差别的影响已缩小至 0.02ms，而不同水灰比浆体之间仍然相差 0.11ms。

水的状态演变

从图 5.45 可以看出，初始水灰比对弛豫时间分布的影响主要体现在早期。水与水泥粉体混合后，水填充在水泥颗粒的空隙中，单位体积内总空隙量和孔隙大小随水灰比的增大而增大。

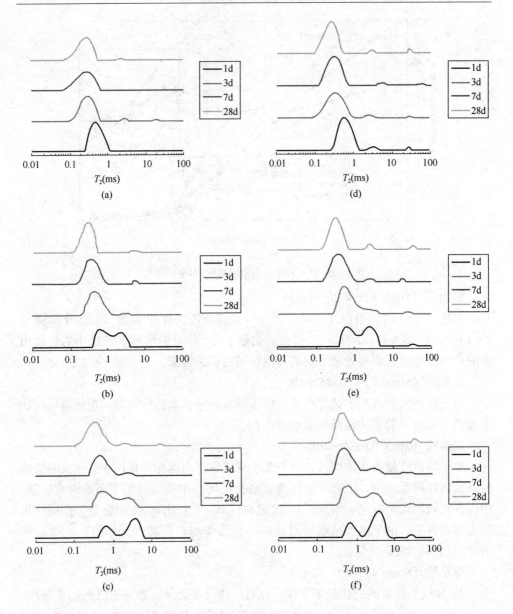

图 5.45 水泥浆体 T_2 分布（S—密封养护，W—水养护）

(a) sample S03；(b) sample S04；(c) sample S05；

(d) sample W03；(e) sample W04；(f) sample W05

图 5.46 结果显示，随龄期的增长，凝胶水的相对含量呈上升趋势，在 28d 时均超过 80%，尤其是密闭养护超过 95% 以上；毛细水的相对含量呈下降趋势，在 28d 时均已降至 20% 以下。值得注意的是，对于初始水灰比 0.3 的试样，从 1d 龄期开始，无论是密闭养护还是饱水养护凝胶水的相对含量就已超过 80%，

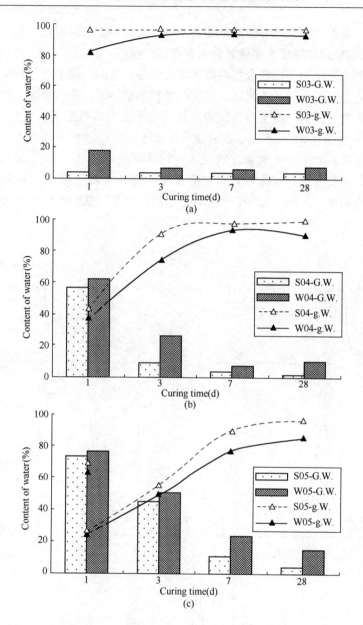

图 5.46　水泥浆体凝胶水化毛细水量的变化

（a）Initial $W/C=0.3$；（b）Initial $W/C=0.4$；（c）Initial $W/C=0.5$

而对于水灰比 0.4 和 0.5 的试样，在 1d 龄期时，毛细水量所占比例甚至超过凝胶水。这种现象说明在较低水灰比（如 0.3）的硬化浆体中，可蒸发水从早期 1d 开始即主要以凝胶水的状态存在，而较大水灰比（如 0.4 以上）在早期（1～3d 内）主要以毛细水状态存在。这种不同水灰比浆体中可蒸发水存在状态和相对含量的对比，有助于深入理解诸如早期自干燥收缩等性能的机理。

5.4.2 低场核磁共振技术研究复合水泥浆体孔结构

对不同水灰比和不同掺合料种类的复合水泥在不同龄期下进行弛豫时间测孔法，然后再进行压汞测孔法测试，对比两者的测试结果，分析异同，联合两种方法，得到两种方法的转换系数。试验一共有 5 个系列的数据进行比较，分别是：(a) 7d 水灰比为 0.3、0.4 和 0.5 的纯水泥浆体；(b) 7d 同水灰比不同掺合料的复合水泥浆体；(c) 0.4 水灰比的纯水泥浆体随龄期变化；(d) 0.4 水灰比掺 30％粉煤灰的复合水泥浆体随龄期变化和 (e) 0.4 水灰比掺 10％硅灰的复合水泥浆体随龄期变化。图 5.47 所示是 MIP 的测试结果，从图中可以看出：同龄期

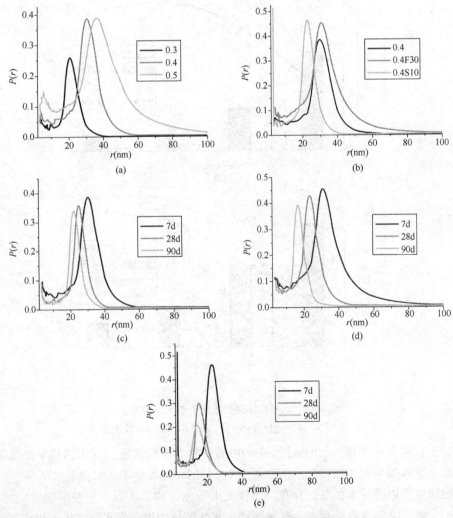

图 5.47 基于 MIP 的复合水泥浆体孔径分布

下，最几孔径会随着水灰比的减小而减小；同龄期下，同水灰比，由于水泥和粉煤灰颗粒相差不大，最几孔径相差也不大，而硅粉由于尺寸很小能够填补小孔，最几孔径是最小的；不论是纯水泥还是复合水泥，最几孔径都是减小的，不过由于化学性质不同，变化最快的是具有活性成分的硅粉，粉煤灰变化最平缓。

图 5.48 是核磁共振弛豫时间测孔法的测试结果。整体上看，弛豫时间的分布图是双峰分布，弛豫时间的变化规律和孔径变化规律是一致的，因而，压汞法和弛豫法存在内在联系。

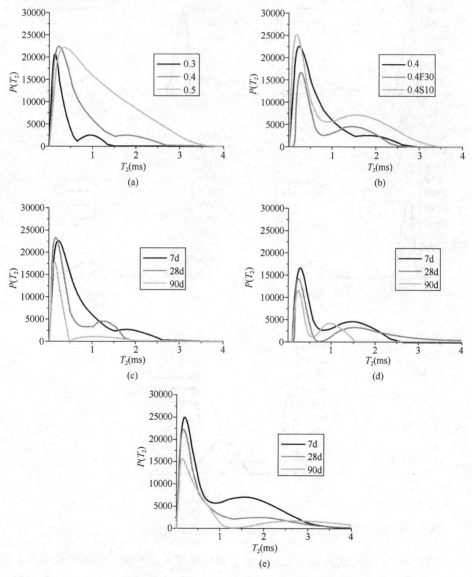

图 5.48　基于核磁共振技术的复合水泥浆体的弛豫时间分布

　　图 5.49 是改进的双组分反演结果，可以看到数据呈现明显的双峰分布，而变化规律与前面基本是一致。改进方式是，假设只有 2 个弛豫时间，其中一个是毛细孔，另外一个是凝胶孔，用已知的压汞数据乘以转化系数后代入衰减曲线求解，通过调节转化值，寻找最佳反演结果。最终确定转换系数是 10nm/ms。

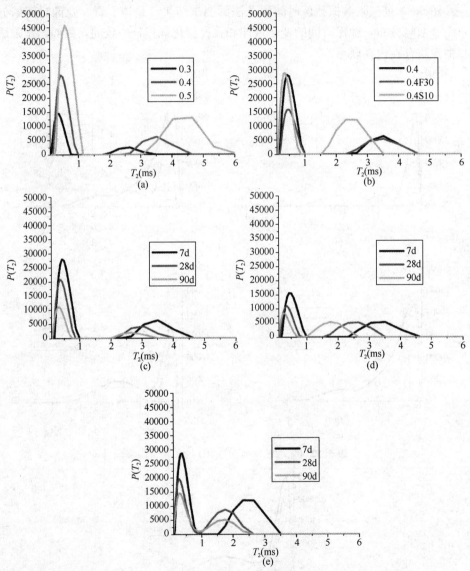

图 5.49　改进的双组分反演结果

　　对比两种方法的试验结果可以看出：两组测试方法的曲线都是双峰分布；压汞法中的最几孔径变化与弛豫时间法中的最几弛豫时间变化基本吻合，都是随着水灰比的增大而增大，随着龄期变化减小。弛豫时间法能测得较小的凝胶孔和毛细孔，而压汞法难以测到小于 6nm 的凝胶孔。通过带入不同的表面弛豫对衰减曲线进行求解。得到转换系数为 10nm/ms，以此可获得较好的弛豫时间分布图和较小的反演误差。

5.4.3 基于平衡干燥法孔结构研究

采用饱和盐溶液法，在平衡干燥条件下，研究复合水泥基材料中可蒸发水的吸附与解吸附行为与规律。通过制备薄试样并调控不同的相对湿度，在达到平衡时测量试样的失重变化，建立水的散失量－湿度之间的定量关系，对认识水泥基材料中的孔径分布以及水的迁入和迁出对体积变形的影响提供依据。

为了减少吸附解吸附试验中水泥水化对试验过程的影响，本试验选取了已经在（20±0.1）℃水养护 1 年的小试样。制成约 1mm 厚，10mm 直径的薄片状试样。每种配比 3 个试样。

将试样放入密闭容器内，容器内装有饱和盐溶液，试样在容器内进行解吸附和随后的吸附过程（相对湿度逐步变化）。该容器放置在一个温度设定为（20±0.1）℃的温控箱中，±0.1℃的温度稳定性，可以保证相对湿度精度为 0.1%。整个试验过程中，容器内的气压都等于大气压力。

每隔固定的时间间隔（2d），将样品取出，迅速用电子天平称量每个样品的质量，天平的精度为 0.0001g。以前后 2 次的质量差小于或等于 0.0002g 时认定为样品达到平衡干燥状态。在测得样品在不同相对湿度下达到平衡时的质量损失后，可以绘制成随相对湿度变化的曲线。

选择 RH＝7% 条件下平衡时的质量为干燥状态的质量，然后合理选择每个样品在各个 RH 条件下平衡时的质量，与干燥状态质量的差值同干燥状态质量之比就是含水量，然后求出平均值。得出的数据如表 5.12 和表 5.13 所示。

表 5.12 含水量（%）与 RH 的关系（脱附）

RH（%）	试样编号					
	1	2	3	4	5	6
85	6.28	9.57	12.42	10.14	12.55	13.43
60	5.12	8.16	7.69	8.78	9.51	11.29
43	4.11	5.98	5.20	7.08	7.76	8.36
23	1.35	1.40	1.08	1.81	1.88	1.98
7	0	0	0	0	0	0

表 5.13 含水量（%）与 RH 的关系（吸附）

RH（%）	试样编号					
	1	2	3	4	5	6
23	0.80	0.95	1.22	1.09	1.53	1.28
43	1.68	2.39	2.55	2.68	2.90	3.49
60	2.39	3.58	4.65	3.78	4.31	5.10
85	4.48	7.24	9.52	7.85	8.93	9.09

选取试样 1、2、3 作为比较对象，它们不添加掺合料，水灰比分别为 0.3，0.4，0.5。水灰比对可蒸发水吸附与解吸附行为的影响见图 5.50。

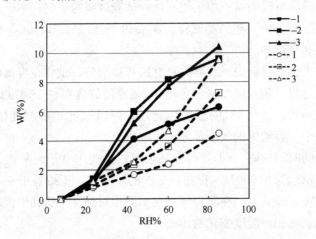

图 5.50 水灰比不同的试样之间的比较

—1，—2，—3 表示解吸附过程；1，2，3 表示吸附过程

从图 5.50 中可以观察到，解吸附过程所有样品的曲线都随着 RH 的逐渐减小而呈下降趋势，较好地反映了样品含水量随相对湿度降低而减小的情况。大部分曲线在 43%～20%RH 范围内出现了显著下降，曲线斜率显著变大，说明在这个湿度范围内样品失水明显。根据物理化学中的 Kelvin 方程，结合毛细管凝聚与吸附理论，可知 RH 与孔径 r 之间存在对应关系，RH 越大 r 就越大，即对于一定的相对湿度只有满足一定孔径大小的孔内的水才能蒸发。在 RH>40% 时，水泥石的解吸附主要是毛细管中失水。可能在样品中，对应于 43%～20% RH 范围的孔径范围所包含的孔的数量相对较多，或是在这些孔里的吸附水的数量较多，所以使得此湿度范围内失水明显。当相对湿度低于 20% 时，部分结合水及层间水也开始蒸发，孔的影响变小，曲线基本上重合。

单独看每个试样的解吸附和随后吸附过程，不难发现在同一 RH 条件下，吸附等温线与脱附等温线不相重合，脱附曲线高于吸附曲线，形成所谓"吸附—

脱附回路"。从图中可以看出，解吸附过程 RH＝85％时，含水量试样 3＞试样 2＞试样 1，即水灰比越大其含水量大，其 $r<6.62$nm 的孔数量也就越大。

对比图 5.50 中－1，－2，－3 曲线，可以看出三条曲线基本上是－2 在－1 上方，－3 在－2 上方，说明在整个解吸附过程中水灰比大的样品失水比例也较大；同样观察 1，2，3 曲线，从上往下依次为 3，2，1，说明在吸附过程中水灰比大的样品吸水比例也较大。

根据 RH 与孔径的关系，得出各阶段水泥石的失水量与所占总水量的百分比，见表 5.14。

表 5.14　不同水灰比试样在不同孔径范围内的含水量

RH 范围	对应孔径（nm）	试样 1（%）		试样 2（%）		试样 3（%）	
		失水量	百分比	失水量	百分比	失水量	百分比
85%～60%	2.11～6.62	1.16	18.5	1.40	14.7	2.73	26.2
60%～43%	1.27～2.11	1.10	16.1	2.18	22.8	2.49	23.9
43%～20%	0.73～1.27	2.75	43.8	4.58	47.9	4.11	39.5
20%～7%	0.40～0.73	1.35	21.6	1.40	14.6	1.08	10.4
总值	0.40～6.62	6.28	100	9.57	100	10.42	100

表 5.14 中数据可以看出，随着水灰比的增加，$r<6.22$nm 的孔数量在增加。在相对湿度 40％～85％范围内，随着水灰比的增加，对应孔也变多。但是，在相对湿度 7％～40％范围内，0.4 水灰比的水泥石对应孔最多，其次是 0.5 水灰比，最后是 0.3 水灰比。随着水灰比的减小，水泥石中的孔径分布向小孔方向移动。

5.4.4　水泥基材料的干燥收缩模型

由毛细孔理论可知，水泥基材料的干燥收缩主要来源于孔结构失水产生的收缩压。同时，徐变对收缩变形也产生严重的影响。因此，总收缩变形主要源于毛细孔的收缩压和徐变的共同作用，总的收缩变形量可以表达如式（5-8）所示：

$$\varepsilon_t = \varepsilon_{sh} + \varepsilon_{cr} \tag{5-8}$$

式中，ε_t 是整体的变形应变；ε_{sh} 是孔的收缩压产生的变形；ε_{cr} 是徐变产生的变形。

徐变主要是 C-S-H 凝胶的贡献，可通过 C-S-H 凝胶所受应力以及由此产生的徐变度进行计算，如式（5-9）所示：

$$\varepsilon_{cr} = \sigma\phi = \varepsilon_{sh}E_c\phi \tag{5-9}$$

式中，ϕ 是徐变度，指单位应力所产生的应变，反映了徐变的程度。

由于水泥基材料的 E_c 是随着龄期和强度变化而不断发生变化的参数，因此一般通过对无孔下净浆的模量 E_g 和不同龄期下的孔隙率来估测水泥基材料的弹

性模量 E_c，因此根据 Mindess 的公式，E_c 可以用式（5-10）来表示：

$$E_c = E_g \ (1-P)^3 \tag{5-10}$$

式中，E_g 是无孔下净浆的模量；P 是试样的孔隙率。

由此，根据毛细孔收缩压理论和徐变的影响，得到水泥基材料的干燥收缩模型为：

$$\varepsilon_t = \frac{\gamma S_{void}}{E_g \ (1-P)^3 V_c} \ \left[1+\phi E_g \ (1-P)^3\right] \tag{5-11}$$

式中，γ 为水的表面张力，S_{void} 为失水孔表面积，V_c 为水泥基材料试样体积。

5.5 复合水泥浆体的结构模型

系统地建立了一套定量表征复合胶凝体系组成的测试方法，并建立了归一化方法，提出了复合水泥浆体的结构模型，为复合胶凝体系的强度设计、预测和评价提供了理论依据。

5.5.1 测试方法

（1）非蒸发水量法和 XRD-Rietveld 法用于测定复合胶凝体系水泥水化程度。

（2）EDTA-NaOH-TEA 溶液和苦味酸甲醇溶液用于硅灰-粉煤灰-水泥复合胶凝体系的测定，并通过改进溶解操作对其测试的结果的可重复性或潜在的正确性进行分析。

（3）通过对比水泥-硅灰-粉煤灰体系（PC-SF-FA）和水泥-硅灰-石英粉（细度同粉煤灰）体系（PC-SF-Q）的选择性溶解结果，提出三元体系分离 SF 和 FA 水化程度的方法。

（4）结合 XRD-Rietveld 和 ^{27}Al MAS NMR 用于复合胶凝体系钙矾石和单硫型相定量分析。

5.5.2 原材料与配合比

胶凝材料：水泥熟料、粉煤灰（比表面积为 312m²/kg）、硅灰和二水石膏（Gypsum）。

石英粉和石英砂：分析纯，烧失量≤0.15％，由国药集团化学试剂有限公司提供；通过在石英粉中添加适量磨细并筛分的石英砂，使得石英粉的比表面积为 315m²/kg。

水泥：将磨细后的水泥熟料与二水石膏按质量比 95％：5％均匀混合。

水：去离子水。减水剂：萘系减水剂。

用于 XRD-Rietveld 标定的内标准物为氧化铝（α-Al₂O₃）。

用于选择性溶解的化学试剂：无水乙醇（CH₃CH₂OH）、氢氧化钠（NaOH）、碳酸钠（Na₂CO₃）、乙二胺四乙酸二钠（Na₂〔EDTA〕）、三乙醇胺

$[(HOCH_2CH_2)_3N]$、甲醇（CH_3OH）、苦味酸（$C_6H_3N_3O_7$，2，4，6-三硝苯酚）等试剂均为分析纯，由国药集团化学试剂有限公司提供。

水化样品编号及配合比见表5.15所示。对胶凝体系C、CSF和CSFA中各组分不同龄期的质量含量进行测定或计算，然后将其结果进行归一化处理，最后将两体系中各组分归一化后的质量含量（下文均简称为含量）的演变情况分别绘制于图5.51、图5.52和图5.53中。

表5.15 水化样品的编号与配合比 单位：（质量百分比，%）

样品编号	配合比（水固比0.3，OPC+SF+FA/Q＝100g，称重精确至0.0001g）				
	水泥/C	硅灰/SF	粉煤灰/FA	石英/Q	减水剂（外掺）
C	100				0.3
C-1SF or CSF	90	10			0.3
C-2FA	80		20		0.3
C-2Q	80			20	0.3
C-4FA	60		40		0.2
C-4Q	60			40	0.2
C-1SF-2FA or CSFA or CSFA	70	10	20		0.3
C-1SF-2Q	70	10		20	0.3
C-1SF-4FA	50	10	40	0	0.25
C-1SF-4Q	50	10	0	40	0.25

在分离 PC-SF-FA 三元胶凝体系中粉煤灰和硅灰反应程度的基础上，可构建胶空比与复合胶凝组分水化程度的关系，进而建立抗压强度与胶空比的关系以及预测复合水泥浆体孔隙率。

PC-SF-FA 三元复合胶凝体系胶空比的模型，如式（5-12）所示。

$$X_{PC\text{-}SF\text{-}FA}=\frac{0.67\alpha_C f_C+2.5\upsilon_{SF}\alpha_{SF} f_{SF}+2.5\upsilon_{FA}\alpha_{FA} f_{FA}}{\upsilon_C\alpha_C f_C+\upsilon_{SF}\alpha_{SF} f_{SF}+\upsilon_{FA}\alpha_{FA} f_{FA}+W/B} \tag{5-12}$$

式中，$X_{PC\text{-}SF\text{-}FA}$ 为 PC-SF-FA 三元胶凝体系的胶空比（%）；W/B 为 PC-SF-FA 三元胶凝体系的水胶比。

将 $\upsilon_{SF}＝0.46cm^3/g$ 和 $\upsilon_{FA}＝0.43cm^3/g$ 代入（5-12）式可得，

$$X_{PC\text{-}SF\text{-}FA}=\frac{0.67\alpha_C f_C+1.15\alpha_{SF} f_{SF}+1.08\alpha_{FA} f_{FA}}{0.32\alpha_C f_C+0.46\alpha_{SF} f_{SF}+0.43\alpha_{FA} f_{FA}+W/B} \tag{5-13}$$

5.5.3 胶空比与抗压强度的关系

采用对数函数模型见式（5-14）。

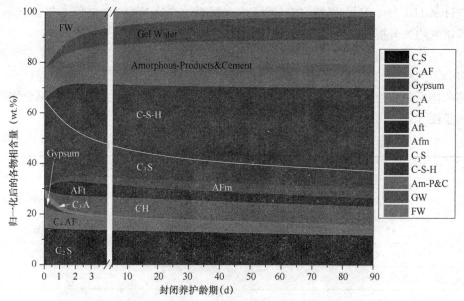

图 5.51 PC 水化胶凝体系中各组分含量演变图

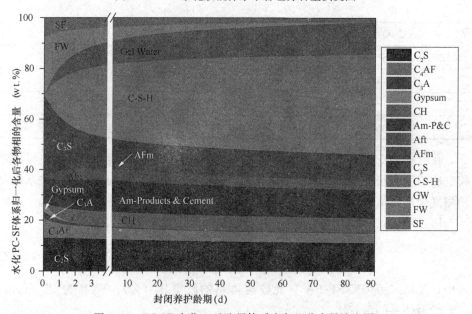

图 5.52 PC-SF 水化二元胶凝体系中各组分含量演变图

$$y = A \cdot e^{Bx} \qquad (5\text{-}14)$$

发现胶凝体系抗压强度与胶空比的非线性相关性比其与压汞测试的体系孔隙率的非线性相关性要好；采用这一模型建立 PC-SCMs（包含 PC 体系、PC-SF 体系、PC-FA 体系和 PC-SF-FA 体系）抗压强度与胶空比之间的关系，并评价辅助性胶凝材料对这一关系的影响。

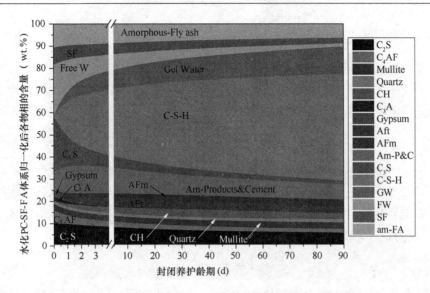

图 5.53 PC-SF-FA 水化三元胶凝体系中各组分含量演变图

5.5.4 复合胶凝体系胶空比与孔隙率的关系

由胶空比的定义可知胶空比反映的是复合胶凝体系可利用空间的填充性,而复合胶凝体系中饱和凝胶和系统可利用空间都是随着水化龄期(即体系水化程度)而演变的变量,因此有可能存在复合胶凝体系胶空比相同而孔隙率不同的现象,为此,需要明确复合胶凝体系胶空比与孔隙率的关系,需要推导复合胶凝体系水化程度和孔隙率的关系,并根据已测定的复合胶凝体系胶凝组分的水化/反应程度,计算出复合胶凝体系的孔隙率和胶空比,据此进行数据拟合,以确定二者之间的关系,并为探讨胶空比与抗压强度之间的演变关系做辅助评价。

5.5.5 复合胶凝体系水化程度与孔隙率的关系

文献推导出了水泥净浆(即一元胶凝体系)孔隙率与水化程度之间的关系式(5-15)。

$$P_{PC}=\frac{v_{Sys,ini}-v_{SG}-v_{C,un}}{V_{Sys,ini}}=\frac{W/C+v_{C}\alpha_{C}-v_{SG}\alpha_{C}}{W/C+v_{C}} \tag{5-15}$$

将其拓展到三元胶凝体系,其表达式见式(5-16)。

$$P_{PC\text{-}SF\text{-}FA}=\frac{W/B+v_{C}\alpha_{C}f_{C}+v_{SF}\alpha_{SF}f_{SF}+v_{FA}\alpha_{FA}f_{FA}-v_{SG}\alpha_{C}f_{C}-2.5v_{SF}\alpha_{SF}f_{SE}-2.5v_{FA}\alpha_{FA}f_{FA}}{W/B+v_{C}f_{C}+v_{SF}f_{SF}+v_{FA}f_{FA}}$$

$$\tag{5-16}$$

将 $v_{C}=0.32cm^{3}/g$、$v_{SF}=0.46cm^{3}/g$、$v_{FA}=0.43cm^{3}/g$ 和 $v_{SG}=0.67cm^{3}/g$ 代入式(5-16)可得,PC-SF-FA 三元复合胶凝体系各组分水化/反应程度与孔隙率的关系式见式(5-17)。

$$P_{\text{PC-SF-FA}} = \frac{W/B - 0.35\alpha_C f_C - 0.69\alpha_{SF} f_{SE} - 0.645\alpha_{FA} f_{EA}}{W/B + 0.32 f_C + 0.46 f_{SF} + 0.43 f_{FA}} \tag{5-17}$$

复合胶凝体系胶空比与孔隙率的关系

对于一元胶凝体系，即水泥净浆，可推导出一元胶凝体系胶空比与孔隙率的关系式（5-18）。

$$P_{\text{PC}} = \frac{1 - X_{\text{PC}}}{2.067 - 0.987 X_{\text{PC}}} \tag{5-18}$$

由式(5-18)可知，对于一元胶凝体系，其胶空比和孔隙率并非呈线性关系。

对于二元或三元复合胶凝体系，很难根据其胶空比或孔隙率与水化程度的关系，来推导其胶空比与孔隙率之间的关系，但可以推断其关系式类似于式（5-18），应为式（5-19）。

$$P = \frac{1 - X}{a + b \cdot X} \tag{5-19}$$

式中，P 和 X 分别为复合胶凝体系（一元、二元或三元）的孔隙率和胶空比；a 和 b 为系数，可以由拟合确定。

5.6 低水胶比下各种辅助性胶凝材料对水泥浆体干缩性能的影响规律

通过改变复合水泥初时配比、水泥浆体的预养时间、矿渣微粉反玻璃化等方式对干缩前组成结构进行调控设计，系统研究了组成结构对干缩性能影响。发现影响水泥浆体干燥收缩最主要的因素是 3～20nm 范围孔。这个范围内孔体积越大，收缩越大。未水化颗粒和 CH 等约束相通过改变基体弹性模量而影响收缩，但影响甚微。C-S-H 作为收缩相，其本质还是孔的问题。由于LD C-S-H 相对 HD C-S-H而言，具有更开放的孔结构，当相对降低一定的程度时，C-S-H 团簇之间形成凹液面引起毛细管张力而导致收缩。因此，想要降低收缩就要让其生成的更多是 HD C-S-H 或者是在 C-S-H 团簇之间结合起约束作用的刚性粒子。适当降低水灰比，延长养护时间，掺加纳米级碳酸钙等措施可以起到部分作用。

图 5.54 为掺加几种典型辅助性胶凝材料的水泥浆体的干缩曲线。样品水胶比 0.28，成型标养 1d 后拆模，再水养 2d 后在相对湿度 50％左右环境下干燥。从图中可以看出掺加矿粉及粉煤灰后水泥浆体收缩降低，掺量越大，收缩越小。而硅灰增大水泥浆体收缩，掺量越大，收缩越大。硅灰与粉煤灰复合也是随硅灰量增大收缩越大。矿物掺合料的活性是辅助性胶凝材料重要特征量，它通过二次水化反应及反应物的填充作用而对水泥浆体组成结构造成影响。不同辅助性胶凝材料对收缩性能影响不一样，文献中报道的不一致是否就是由于采用辅助性胶凝材料不同活性不同所导致的呢？为此，本专题首次提出利用矿渣的反玻璃化研究辅助性胶凝材料活性对复合水泥浆体收缩性能的影响。具体

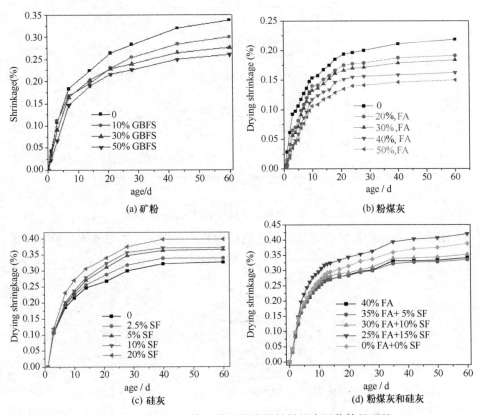

图 5.54 掺加不同掺量辅助性胶凝材料的水泥浆体的干缩

的做法是让矿渣微粉在高温退火处理条件下晶化，从而在基本保持细度不变的情况下达到失活效果。

　　图 5.55 为矿粉处理前后的 XRD 谱图。矿粉热处理后生成大量钙铝黄长石，玻璃体含量降低。玻璃体含量高低是决定矿渣微粉活性的重要方面。玻璃体含量低意味着活性也低。图 5.56 为掺入 50％处理矿粉和未处理矿粉在不同干燥龄期的抗压强度，为便于比较，纯水泥浆体和掺 50％粉煤灰的样品也显示在图中。从图中可以看出，掺入辅助性胶凝材料后抗压强度在不同干燥龄期均下降，矿粉反玻璃化后抗压强度下降更为明显。

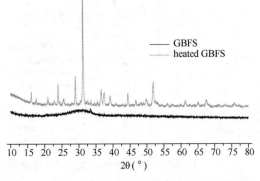

图 5.55 矿渣微粉反玻璃化处理前后 X 射线谱图

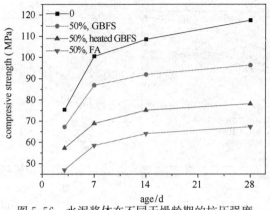

图 5.56　水泥浆体在不同干燥龄期的抗压强度

图 5.57 显示的矿粉经过反玻璃化后处理和未处理复合水泥浆体的干缩曲线。

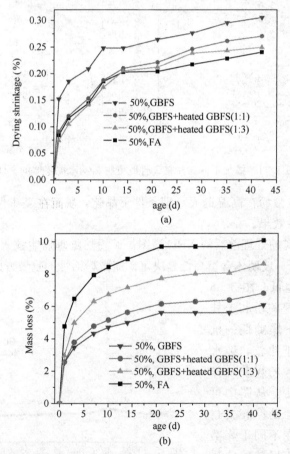

(a)

(b)

图 5.57　几种复合水泥浆体的干缩和干燥过程中的质量损失

(a) 干缩；(b) 失水量

从图中可以看出，掺入矿渣微粉后收缩降低，矿粉经过反玻璃化后处理降低更为明显。这一趋势与干燥过程中水分损失正好相反 [图 5.57 (b)]。显然，从力学性能角度是不能对复合水泥浆体收缩随掺处理矿粉增大收缩降低做出合理解释的。换句话说，力学强度的高低并不是干燥收缩的决定因素。从水分损失速率来看，粉煤灰失水最快，但收缩最小。矿渣未处理的失水最慢，但收缩最大。可见，水分损失快慢也并非干燥收缩的决定因素。从图 5.58 热重测量结果来看，纯水泥浆体比掺辅助性胶凝材料水泥浆体的氢氧化钙 CH 要高，但收缩却更大，可见 CH 对浆体收缩的约束作用也不是主要的。

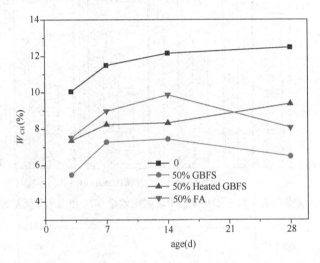

图 5.58　几种水泥浆体中 CH 随干燥龄期的变化曲线

那么辅助性胶凝材料的活性究竟是如何影响收缩的？活性高意味着二次水化反应进行得越充分，生成的 C-S-H 量越多，孔隙率越低。C-S-H 作为水泥浆体中收缩相，其含量的变化可能是关键因素。C-S-H 含量目前为止还没有很好的手段分析。Jennings 等人提出测量水泥浆体在相对湿度 11％下的平衡吸附水蒸气量来大体上反映 C-S-H 的凝胶含量。本专题也采用此方法对上述水泥浆体进行了测量。图 5.59 为在 105℃干燥后再在相对湿度 11％下单位干水泥浆体平衡吸附水蒸气量。从图中可以看出同干燥龄期下纯水泥浆体吸附水量最大，玻璃化处理矿粉复合水泥浆体最小。我们对不同水泥浆体在 7d（相当于干燥 4d）的平衡吸附水蒸气量与其 28d 的干燥收缩进行了如图 5.60 的处理，发现随吸附水量增加收缩也增大。那么是否意味着随 C-S-H 增大收缩就增大，对此进行了进一步研究。

图 5.61～图 5.64 为几种掺不同矿物掺合料水泥浆体经过不同水养时间后的干燥收缩曲线。干燥前预养护时间越长，收缩越小，对掺辅助性胶凝材料更

为明显。随着养护时间的延长，水化越充分，生成的 C-S-H 量越大。若前面提到的 C-S-H 含量越高收缩越大是正确的话，那么将与不同预养时间的结果相矛盾。可见，C-S-H 可能还不是水泥浆体的收缩的关键参数。我们进行的孔结构研究表明孔结构才是决定收缩的关键参数。C-S-H 含量的变化通过影响孔结构反映出来。

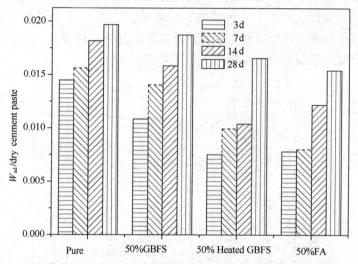

图 5.59　水泥浆体在不同干燥龄期的等温吸附水量（3d 相当于干燥初始的样品）

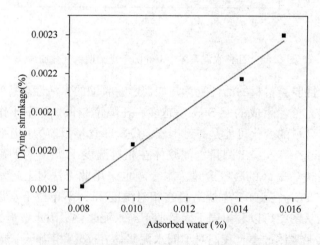

图 5.60　水泥浆体在 28d 的干燥收缩与 7d 的等温吸附水量关系曲线

图 5.65～图 5.70 为几种水泥浆体孔结构的测量结果。从图 5.65 和图 5.66 的累积孔径分布曲线可以看出，粉煤灰复合水泥浆体孔隙率最大，而未处理矿粉复合水泥浆体孔隙率最低，处理矿粉的水泥浆体接近于粉煤灰水泥浆体。从图 5.67 和图 5.68 的孔径微分分布曲线可以看出，可以看出玻璃化处理的矿粉复合

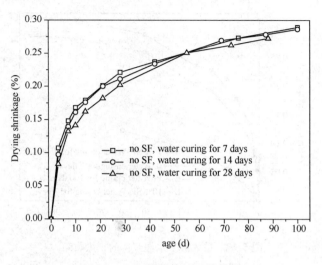

图 5.61 OPC 浆体的干燥收缩

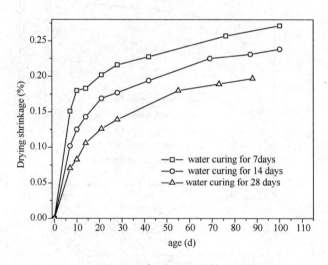

图 5.62 掺入 10％硅灰水泥浆体的干燥收缩

水泥浆体在 3～20nm 范围内孔要比未处理的含量小。图 5.69 和图 5.70 显示的硅灰掺量为 0％和 10％样品经不同水养时间后的孔径分布图。对于纯水泥浆体水养 7d 后，孔径变化不是很明显，特别是 10nm 以下孔体积，而掺加硅灰的样品，随水养时间延长这部分孔体积明显减小。从表 5.16 的总孔体积也能发现纯水泥浆体，水养 7d 后总孔体积几乎未变，而掺加硅灰的样品总孔体积却减小。这可能是硅灰与水化产物发生二次反应进一步填充的结果。二次水化反应的程度通过体系中 CH 含量反映出来。表 5.16 为热重分析结果，从表中可以看出，掺硅灰的样品在对应龄期 CH 含量要比纯水泥浆体低，考虑到复合水泥浆体中水泥质量减

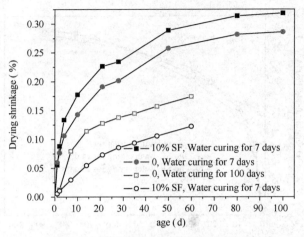

图 5.63　掺入硅灰水泥浆体的干燥收缩

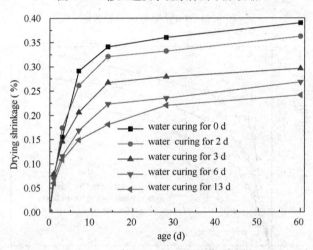

图 5.64　掺 50％粉煤灰的水泥浆体的干燥收缩

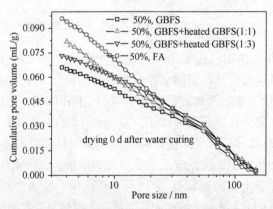

图 5.65　几种水泥浆体在干燥初始的孔径累积分布

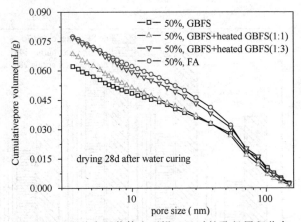

图 5.66　几种水泥浆体在干燥 28d 时的孔径累积分布

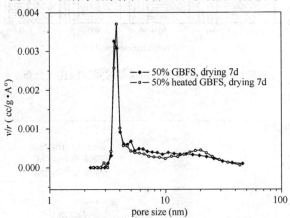

图 5.67　反玻璃化和未处理矿粉的复合水泥浆体在干燥 7d 时孔径分布

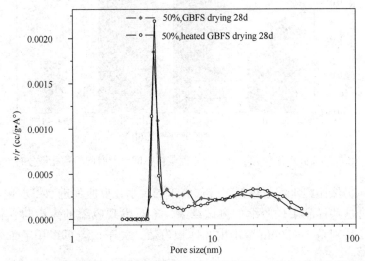

图 5.68　反玻璃化和未处理矿粉的复合水泥浆体在干燥 28d 时孔径分布

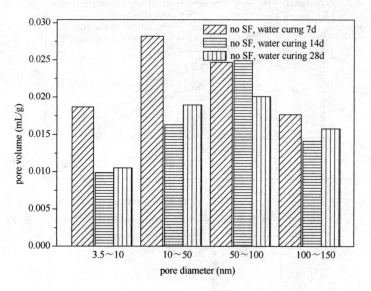

图 5.69　纯水泥浆体不同水养时间后的孔径分布

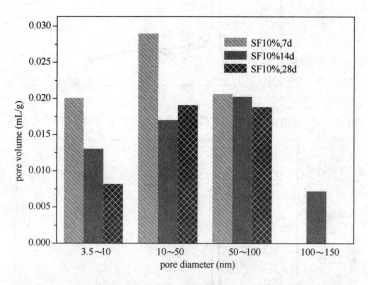

图 5.70　硅灰掺量为 10%复合水泥浆体不同水养时间后的孔径分布

少的影响，仍然比纯水泥浆体低（硅灰由于二次水化反应促进水泥水化生成更多
CH）。结合这些样品干燥收缩的测试结果，不难发现收缩的大小与孔径分布符合
得较好，特别是 3～20nm 范围内孔体积份数。关于这点可以用毛细管张力理
论得以解释。

表 5.16 掺 0%和 10%硅灰的水泥浆体不同水养时间后的总孔体积（氮气吸附）

水养时间 （d）	总的孔体积（mL/g），不掺硅灰	总的孔体积（mL/g），掺 10%硅灰
7	0.0892	0.06975
14	0.06522	0.05756
28	0.6536	0.04618

毛细管张力理论认为，由于干燥毛细管内部的水面下降，弯液面的曲率半径变大，从而导致表面张力不断增大。这种不断增大的表面张力对毛细管管壁产生压应力被广泛认为是干燥收缩（包括自收缩）的驱动力。这种毛细管张力与弯液面半径（最大弯液面，即毛细孔半径）成反比关系，符合 Laplace 方程：

$$P_{cap} = -2\gamma\cos\theta/r \tag{5-20}$$

式中，P_{cap} 为毛细管压力；θ 为水对毛细管的润湿角，设定水对毛细管润湿，取 $\theta=0°$；γ 为水的表面张力，20℃为 $72.75\times10^{-3} N\cdot m^{-1}$；$r$ 为孔隙水的曲率半径，最大弯液面时等于毛细孔半径，当水处于凹液面时，r 取负值。将毛细管半径 r 用毛细管直径 d 表示，则有：

$$P_{cap} = -4\gamma/d \tag{5-21}$$

当毛细管上方的蒸气压低于毛细管水的饱和蒸气压时，水即蒸发，产生毛细管张力。反之，高于毛细管水的饱和蒸气压时则凝聚。毛细孔中水的饱和蒸气压可用 Kelvin 公式描述：

$$P/P_0 = \exp\left[(\gamma V_m/RT)\times(4/d)\right] \tag{5-22}$$

式中，P_0 为平面水的饱和蒸气压力，20℃为 $2.3388\times10^{-3} MPa$；P 为毛细管水的饱和蒸气压力（MPa）；R 为气体常数；T 为温度；V_m 为水的摩尔体积；γ 为同公式（5-20）；d 为同式（5-21）

把有关数值代入式（5-22），则有：

$$P/P_0 = \exp(2.149\times10^{-9}/d) \tag{5-23}$$

根据公式（5-21）和（5-23）可计算出在不同湿度下，对应的孔径所产生的毛细管张力和相应的饱和蒸气压，如图 5.71 所示。

当进行干燥收缩试验时，环境的相对湿度控制在 50%，此时水泥浆体中 3nm 以上孔隙中的自由水会脱去；当环境的相对湿度为 80%时（对应于低水胶比水泥浆体的自收缩状态），约 8nm 以上孔隙中的自由水会脱去；当环境的相对湿度为 85%时（对应于较高水胶比水泥浆体的自收缩状态），约 13nm 以上孔隙中的自由水会脱去；当环境的相对湿度为 95%时（对应于湿空气养护状

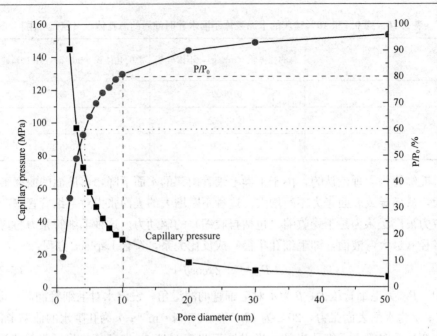

图 5.71　水泥浆体中孔隙直径与毛细管压力和孔隙水蒸气压间的关系

态），约 40nm 以上孔隙中的自由水会脱去；200nm 以上孔隙水的蒸气压为平面水饱和蒸气压的 99%，即与普通的水蒸发一样，产生的毛细管张力较小。当环境相对湿度为 50%、80%、85%、95% 和 99% 时，孔隙水凹液面产生的最大压力分别为 97、36、15、7 和 1.5MPa。可见对干燥收缩影响较大的孔为 3～20nm 的孔。

延长水养时间，毛细管张力作用明显的 3.5～10nm 的孔体积减小，同时总孔隙率降低，特别是对掺加硅灰的样品。干燥前养护时间不同，致使在干燥过程中其失水的难易程度不一样，因此，表现出收缩大小也就有差异。水养时间越长，失水越困难，收缩越小。辅助性胶凝材料活性不同，二次水化反应生成的 C-S-H 和消耗的 CH 不同，活性高的生成的 C-S-H 含量大，由于其填充效应导致毛细孔细化，毛细管张力增大，收缩随之增大。

5.7　复合水泥浆体性能的调控

5.7.1　初始堆积结构的调控

采用不同压力压制水泥试块的方法调控水泥初始堆积孔结构，可设计不同的初始堆积孔隙率，制备低水灰比水泥浆体。图 5.72、图 5.73 为不用压力压制成具有不同初始孔隙率（水灰比）的水泥试块在水中养护不同龄期的化学结合水量及抗压强度。可见，随水化龄期的增加，水泥浆体结合水量在增加，3d 内化学

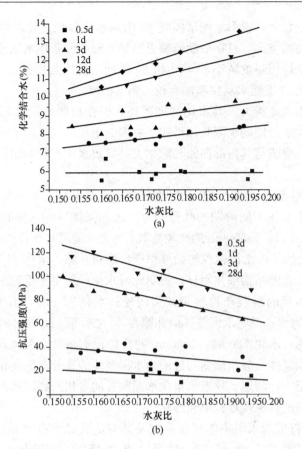

图 5.72 硅酸盐水泥浆体的化学结合水与抗压强度（水泥比表面积 300m²/kg）

（a）化学结合水；（b）抗压强度

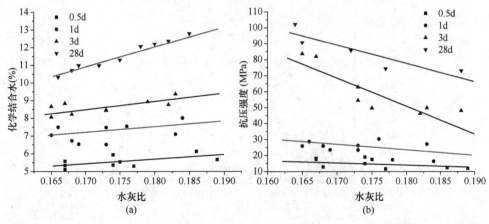

图 5.73 矿粉复合水泥浆体化学结合水与抗压强度（30％矿粉，矿粉水泥比表面积为 300m²/kg）

（a）化学结合水；（b）抗压强度

结合水增加幅度显著，说明水泥浆体在 3d 内的水化较快。化学结合水随水泥浆体水灰比的增加而增大，且在后期增幅更明显。随水泥浆体水灰比的增加，水泥浆体在相同龄期抗压强度减小，0.5d 和 1d 龄期时抗压强度减小的趋势不明显，3d 和 28d 时抗压强度随水灰比增加有较大幅度的减小。

水泥浆体水灰比越大，其水化程度越高，但在相同龄期其相应的强度却越低，说明尽管高水灰比的水泥浆体形成了更多的水化产物，但水化产物对其强度的贡献率较低。可能与其内部初始孔隙率大，导致水化产物对粗孔隙的填充效率较低有关。

图 5.74、图 5.75 和图 5.76 分别为硅酸盐水泥浆体、矿粉复合水泥浆体和粉煤灰水泥浆体水化不同龄期的孔径分布。水泥浆体（0d）堆积孔隙基本呈正态分布，水化 1d 时，>500nm 的孔隙基本上消失，最可几孔径<100nm，可能是由于水化产物充填了由水泥颗粒初始堆积产生的粗孔隙；水化 3d 时，>200nm 的孔隙基本消失，孔隙结构细化明显，说明此时水化产物迅速填充水泥颗粒初始堆积的孔隙，但生成的凝胶产物堆积较为疏松；水化 12d 时，消失的孔隙很少，<50nm 的孔隙增加，说明水泥浆体的孔隙在 3d 之后至 12d 的时间内基本以孔隙结构的细化为主；水化 28d 时，>50nm 的孔隙没有细化，但<50nm 的孔隙在减少。复合水泥浆体孔分布演变与硅酸盐水泥浆体的孔分布演变相似，矿粉复合水泥浆体水化至一定龄期，靠近未水化水泥颗粒的水化产物层孔隙易细化，距离未水化水泥颗粒的孔隙较难被填充细化。

表 5.17 是硅酸盐水泥浆体抗压强度及其对应孔径和孔含量随龄期的变化。从表 5.17 可以看出，0d 至 1d，最可几孔半径减小 1054nm，抗压强度为

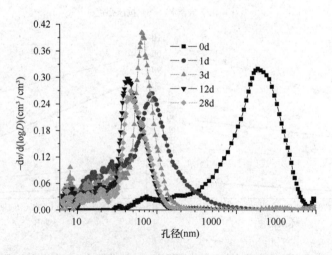

图 5.74　水养护硅酸盐水泥浆体孔结构演变
（w/c＝0.155，水泥比表面积 300m²/kg，初始孔隙率 32%）

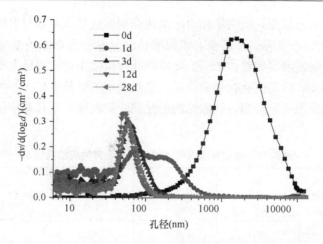

图 5.75　矿粉复合水泥浆体孔结构演变
（30%矿粉，w/c＝0.175，初始孔隙率 37%）

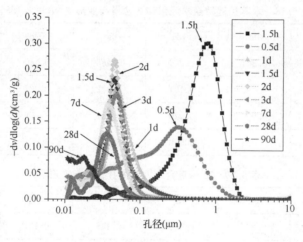

图 5.76　不同龄期粉煤灰复合水泥浆体的孔径分布
（30%Fa，w/c＝0.186，初始孔隙率 43.7%）

38MPa；1d 至 3d，最可几孔半径减小 8nm，抗压强度增加 62MPa；3d 至 28d，最可几孔半径减小 6nm，抗压强度增加 25MPa。水泥浆体水化 0d 至 28d 的过程中，孔隙持续减小，但孔隙的减小量并不与强度的增加量呈等幅增长关系，其原因可能与随着龄期的增长水化产物对影响浆体强度的粗孔填充效率低有关。但是，水养护水泥浆体 1d 至 3d 龄期、3d 至 12d 龄期和 12d 至 28d 龄期孔含量减小量与变形增加量基本相同（表5.18）。说明水泥浆体水化至一定龄期，孔隙结构细化到一定程度，其孔隙的减小量和变形的增加量数值上相近，孔隙减小量与水化产物的生成量及水泥浆体结构的填充密切相关。水泥浆体水化后期，伴随水泥浆体孔隙的致密填充，出现了相对于水化产物生成量（或相对水化龄期）的较大变形。如表 5.19 所示，矿粉复合水泥浆体孔含量和变形的关系与硅酸盐水泥浆体类似。矿粉复合水泥浆体 1d 和 3d 龄期孔含量减小量要明显大于其变形增加量，而 12d 和 28d 龄期时孔含量减小量与变形的增加量基本相同。可见，矿粉复合水泥浆体水化至一定龄期，孔隙结构细化到一定程度，其孔减小量和变形的增加量相当。

表 5.17　硅酸盐水泥浆体抗压强度及其对应的孔径

龄　　期	0d	1d	3d	28d
抗压强度（MPa）	0	38	100	125
最可几孔直径（nm）	2191	83	67	56
孔含量（cm³/g）	0.155	0.090	0.074	0.053

表 5.18　水养护硅酸盐水泥浆体孔含量与变形（w/c＝0.155）

孔含量与变形	0d	1d	3d	12d	28d
孔含量（mL/mL）	0.304	0.200	0.168	0.140	0.125
孔含量减小（mL/mL）	—	0.104	0.032	0.028	0.015
变形（mL/mL）	0.000	0.020	0.051	0.079	0.091
变形增加（mL/mL）	—	0.020	0.031	0.028	0.011

表 5.19　矿粉复合水泥浆体孔含量与变形

孔含量与变形	0d	1d	3d	12d	28d
孔含量（mL/mL）	0.367	0.237	0.146	0.131	0.111
孔含量减小（mL/mL）	—	0.129	0.091	0.015	0.020
变形增加（mL/mL）	—	0.030	0.028	0.017	0.015

　　图 5.77、图 5.78 分别为硅酸盐水泥浆体、矿粉复合水泥水化不同龄期的 BSEM 图。0.5d 时，水泥颗粒反应程度较低，存在大量的较大孔隙；1d 时大部分孔隙被水化产物覆盖。与硅酸盐水泥浆体相比，掺有矿粉的复合水泥浆体相同龄期水化产物填充的较为疏松；3d 时较大孔隙基本消失，240d 可以观察到明显的矿粉水化反应环。

　　图 5.79 为硅酸盐水泥浆体水化 0～3d 的激光显微图像。未水化前，A 处位置的孔洞直径约为 $7\mu m$，深度为 $6\mu m$。随着水化进行，水化产物逐渐填充孔洞。水化 1d、3d 时，部分孔洞已完全被水化产物填充，但仍有较粗孔洞没有填充。

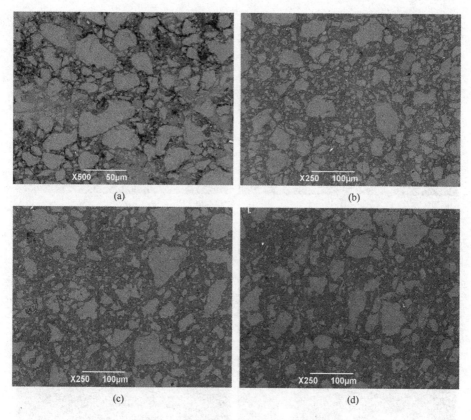

图 5.77 硅酸盐水泥浆体 BSEM 分析

(a) 0.5d; (b) 1d; (c) 3d; (d) 28d

说明硅酸盐水泥浆体水化至一定龄期后,远离未水化水泥颗粒处水化产物堆积孔隙很难被有效填充。

改变辅助性胶凝材料和水泥熟料的颗粒级配也可改变复合水泥的初始堆积结构,进而调控复合水泥的性能。图 5.80(a)为掺 30% 平均粒径为 15.1μm、19.0μm、25.1μm、28.0μm、35.7μm 和 42.0μm 的 6 种细度粉煤灰配制的复合水泥浆体(分别标识为 E1、E2、E3、E4、E5 和 E6,水泥的平均粒径为 10.5μm)的初始孔隙率。随着粉煤灰细度的增加,粉煤灰复合水泥浆体的初始孔隙率先增加后减小。粉煤灰平均粒径在 15.8μm 时,孔隙率值最大。粉煤灰水泥的平均粒径由 15.8μm 向 22.3μm 变化时,初始孔隙率的值逐渐减小。粉煤灰与硅酸盐水泥之间存在最佳颗粒级配,使粉煤灰水泥堆积孔隙最小。如图 5.80(b)所示,粉煤灰复合水泥浆体在 3d 龄期内化学结合水含量增长较大,7d 后增长较慢,但仍有增加。粉煤灰细度对各龄期复合水泥浆体化学结合水含量的影响不明显,说明粉煤灰细度可能并未对水泥水化的进程产生明显的影响。

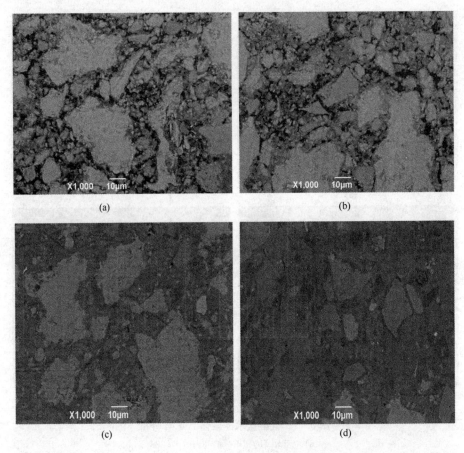

图 5.78　矿粉复合水泥浆体 BSEM 图

(a) 0d；(b) 0.5d；(c) 3d；(d) 240d

如图 5.80 (c)所示，粉煤灰复合水泥浆体在 3d 龄期内抗压强度增长较大，7d 后复合水泥浆体的抗压强度的增长较慢。随着粉煤灰细度变细，复合水泥浆体的抗压强度，早期随着细度增加，抗压强度增加；7d 后抗压强度的变化趋势不明显，增长缓慢。

图 5.81 (a) 为分别由平均粒径为 $9.1\mu m$、$11.5\mu m$、$18.1\mu m$、$23.2\mu m$、$28.3\mu m$ 和 $37.3\mu m$ 的水泥熟料和 30％平均粒径为 $15.1\mu m$ 的粉煤灰制备的复合水泥浆体（分别标识为 F1、F2、F3、F4、F5 和 F6）的初始孔隙率。随着硅酸盐水泥细度的变小，粉煤灰复合水泥浆体的初始孔隙率逐渐变大。当水泥细度为 $9.1\mu m$，孔隙率最大为 34.4％。硅酸盐水泥细度增加，粉煤灰复合水泥浆体的初始孔隙率增加，但所得孔隙率的变化范围不大。图 5.81 (b) 为不同细度水泥与 30％粉煤灰配制粉煤灰复合水泥的抗压强度。可见，相同龄期时，水泥细度越小，复合水泥浆体强度越高。

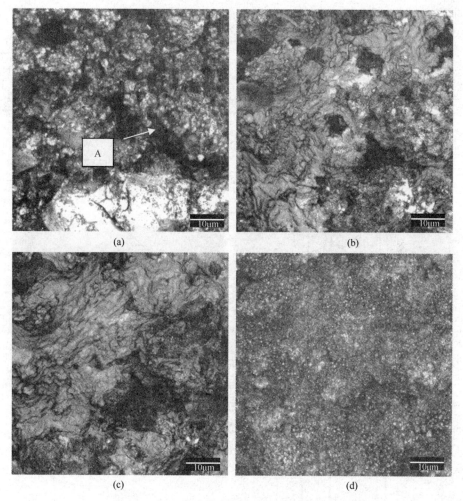

图 5.79　硅酸盐水泥浆体水化 3d 内的激光共聚焦图像（×4000 倍）
(a) 0h；(b) 8h；(c) 1d；(d) 3d

　　综上所述，复合水泥浆体水化过程中，水泥快速水化生成水化产物填充复合水泥浆体中的粗孔隙，随着龄期的增长，在未水化颗粒继续水化过程中，由于水化产物的包裹及其对水化离子扩散的阻挡，水化产物在靠近未水化颗粒的附近区域形成，并填充前期水化产物形成的孔隙，而对远离未水化颗粒区域较粗孔隙的填充有限。初始孔结构影响到水泥水化产物的填充效率，堆积紧密的初始结构具有较小的孔隙率，使得水泥水化产物有效填充对浆体抗压强度产生显著影响的＞200nm 的粗孔隙，从而使其早期强度快速发展。在后期，先期形成未能填充的粗孔隙难以细化，但靠近未水化水泥颗粒区域的＜50nm 的细孔由于水泥水化的进行而继续被填充，同时产生收缩。从水泥高效利用角度，减小水泥粒径，单

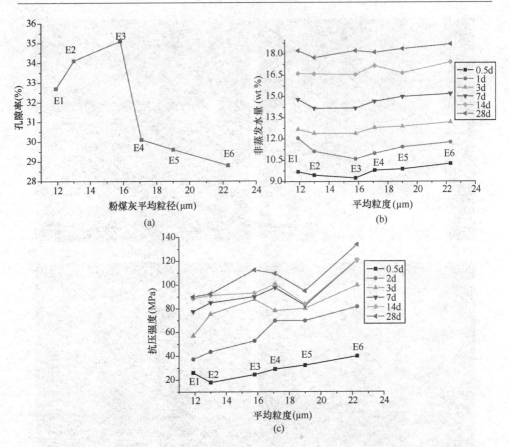

图 5.80　不同细度粉煤灰配制的复合水泥浆体的初始孔隙率、化学结合水及抗压强度
(a) 初始孔隙率；(b) 化学结合水；(c) 抗压强度

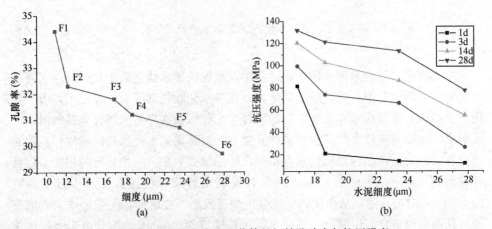

图 5.81　粉煤灰复合水泥浆体的初始孔隙率与抗压强度
(a) 初始堆积孔隙率；(b) 抗压强度

位质量水泥的颗粒数量增加，提供更多水化产物，有效填充于辅助性胶凝材料堆积的骨架孔隙中，胶结辅助性胶凝材料，既能在较短时间达到设计强度，又能实现较小变形。

5.7.2 熟料和辅助性胶凝材料颗粒尺寸匹配

通过调控复合水泥中熟料、粉煤灰等组分的颗粒粒径及其配比来实现初始堆积结构及水化产物堆积结构的设计，充分发挥水泥的水化效率及其胶结性能以及矿粉和粉煤灰的辅助胶凝性能，优化匹配水泥和辅助胶凝材料的水化作用，实现复合水泥的高强和少收缩。

采用球磨机制备勃式比表面积为 280m²/kg、370m²/kg、440m²/kg、580m²/kg 和 670m²/kg 硅酸盐水泥的体积平均粒径分别为 31μm、22μm、19μm、15μm 和 10μm，五种硅酸盐水泥的编号分别为 C31、C22、C19、C15 和 C10。矿粉为梅山钢铁公司 S95 矿粉，比表面积为 356m²/kg，体积平均粒径为 24μm，编号为 S24；采用振动球磨机粉磨矿粉 120min 得比表面积为 710m²/kg、体积平均粒径为 10μm 的矿粉，编号为 S10。粉煤灰为南京华能电厂一级粉煤灰，比表面积为 326m²/kg，体积平均粒径为 23μm，粉煤灰编号为 F23；采用振动球磨机粉磨粉煤灰 120min 得体积平均粒径为 7μm 细粉煤灰，编号为 F7。

图 5.82、图 5.83 分别为掺 40% 和 60% 矿粉的复合水泥浆体不同龄期的抗压强度和自收缩曲线。C_{22} 表示水泥体积平均粒径为 22μm，$C_{31}S_{24-4}$ 表示由体积平均粒径为 31μm 的水泥和 40% 体积平均粒径为 24μm 的矿粉配制的复合水泥；其他代号含义依此类推。可见，与粗水泥配制的矿粉复合水泥相比，细水泥配制矿粉复合水泥具有更高的早期强度。$C_{10}S_{24-4}$ 水泥浆体的 3d 强度分别比 $C_{31}S_{24-4}$ 和 $C_{22}S_{24-4}$ 水泥浆体高 10.8MPa 和 8.2MPa，$C_{10}S_{24-4}$ 水泥浆体的 7d 强度接近 C_{22} 水泥浆体，28d 时比 C_{22} 水泥浆体高出 6.8MPa，60d 后 $C_{10}S_{24-4}$ 水泥浆体的强

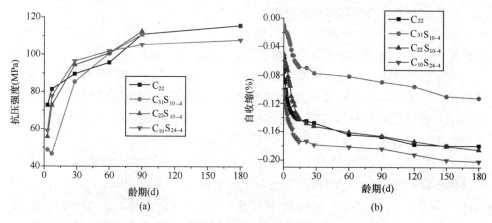

图 5.82 掺 40% 矿粉复合水泥浆体的抗压强度与自收缩

（a）抗压强度；（b）自收缩

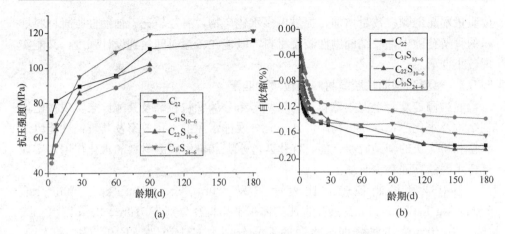

图 5.83　掺 60％矿粉复合水泥浆体的抗压强度

(a) 抗压强度；(b) 自收缩

度仍有增长的趋势，不过增长程度非常有限。由图 5.83（a）可见，$C_{10}S_{24-6}$ 水泥浆体的 3d 强度分别比 $C_{31}S_{24-6}$ 和 $C_{22}S_{24-6}$ 水泥浆体高 12.4MPa 和 13.2MPa，28d 时 $C_{10}S_{24-6}$ 水泥浆体的强度超过 C_{22} 水泥浆体，到 60d 后 $C_{10}S_{24-6}$ 水泥浆体的强度仍有较大的增长趋势。水泥细度的增大使复合水泥浆体的自收缩增大，增加矿粉掺量可以减少矿粉复合水泥体系的自收缩，当矿粉掺量达 60％时，其自收缩与 C_{22} 硅酸盐水泥浆体收缩相当，但其强度高于硅酸盐水泥浆体。矿粉在水泥浆体中的水化比水泥慢，在相同水胶比条件下，矿粉替代部分水泥，增大了有效水胶比，矿粉在一定程度上降低了复合体系内部的早期自干燥速率，显著降低早期自收缩。随着水化龄期的延长，矿粉发生二次火山灰反应，增加了水泥内部自干燥程度，但此时水泥浆体已有较高的弹性模量和较低的徐变系数，因此在相同自干燥程度下的自收缩同早期相比更小。

　　图 5.84、图 5.85 分别为掺 20％和 40％粉煤灰复合水泥浆体的抗压强度与自收缩曲线。在相同粉煤灰掺量的情况下，随着硅酸盐水泥细度的增加，粉煤灰复合水泥的强度逐渐增加，早期强度增加尤为明显。浆体结构的形成依赖于水化反应的产物，$0 \sim 10\mu m$ 的硅酸盐水泥颗粒水化活性高，能在早期生成数量较多较多的 C-S-H 凝胶；粉煤灰的水化活性较低，在复合水泥体系中主要起到骨架填充作用。由图 5.85（a）可见，$C_{10}F_{23-4}$ 水泥浆体的 3d 强度分别比 $C_{31}F_{23-4}$ 水泥浆体和 $C_{22}F_{23-4}$ 水泥浆体高 15.7MPa 和 13.8MPa，在 60d 龄期时 $C_{10}F_{23-4}$ 水泥浆体的强度接近 C_{22} 水泥浆体。$C_{10}F_{23-2}$ 水泥浆体的 3d 强度比 $C_{31}F_{23-2}$ 水泥浆体高出 36％；$C_{10}F_{23-4}$ 水泥浆体的 3d 强度比 $C_{31}F_{23-4}$ 水泥浆体高出 41.1％。由图 5.84（b）和图 5.85（b）可见，在相同粉煤灰掺量下，随着硅酸盐水泥细度的增加，粉煤灰复合水泥浆体的自收缩逐渐的增大。在硅酸盐水泥细度相同的情况

下，增加粉煤灰的掺量可减少粉煤灰水泥浆体的自收缩。当粉煤灰掺量为40％时可显著抑制水泥浆体的自收缩。

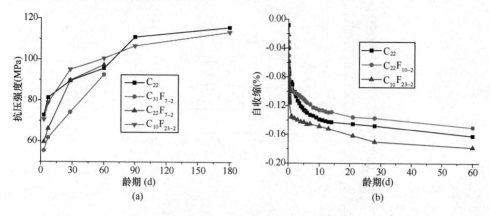

图 5.84 掺 20％粉煤灰复合水泥浆体的抗压强度与自收缩
（a）抗压强度；（b）自收缩

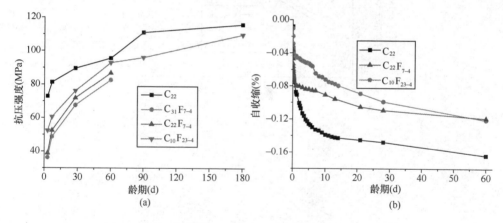

图 5.85 掺 40％粉煤灰复合水泥浆体的抗压强度与自收缩
（a）抗压强度；（b）自收缩

图 5.86 为矿粉复合水泥和粉煤灰复合水泥在不同水化龄期的化学结合水量。硅酸盐水泥细度显著影响了复合水泥各龄期的化学结合水量，提高硅酸盐水泥细度在一定程度上提高了复合水泥的水化程度，特别是对早期复合水泥水化程度的提高尤为明显。60d时，硅酸盐水泥细度对掺60％矿粉的复合水泥化学结合水量的影响不明显［图 5.86（b）］。

图 5.87、图 5.88分别是矿粉复合水泥和粉煤灰复合水泥浆体在不同水化龄期的背散射电子图像。3d时 $C_{10}S_{24-6}$ 水泥浆体中未水化的水泥颗粒明显地小于和少于 $C_{31}S_{24-6}$ 水泥浆体［图 5.87(a)、(b)］。90d时在 $C_{10}S_{24-6}$ 水泥浆体中已经很少能观

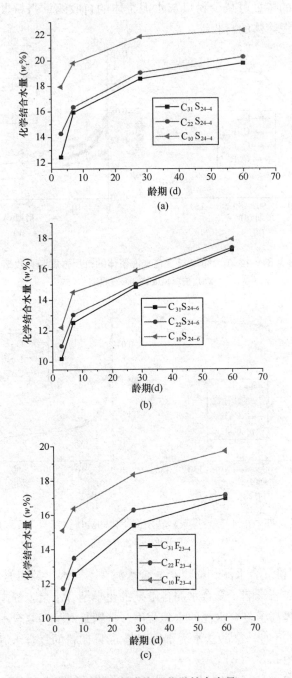

图 5.86　复合水泥化学结合水量

（a）40％矿粉；（b）60％矿粉；（c）40％粉煤灰

察到未水化的水泥颗粒，而 $C_{31}S_{24-6}$ 在 90d 龄期时仍有较多的未水化的颗粒 [图 5.16(c)、(d)]。水化 90d 时，$C_{10}F_{23-4}$ 中未水化水泥颗粒显著少于 $C_{31}F_{23-4}$ [图 5.88]。可见，随着复合水泥体系中水泥细度的增加有利于其快速水化，使其在早期产生较高强度，且在后期细水泥的水化更充分，有助于高效利用水泥熟料。

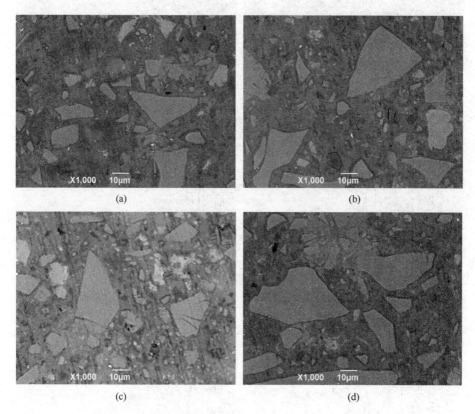

(a)   (b)

(c)   (d)

图 5.87 掺 60％矿粉配制复合水泥浆体 BSEM 图

(a) $C_{31}S_{24-6}$，3d 龄期；(b) $C_{10}S_{24-6}$，3d 龄期；(c) $C_{31}S_{24-6}$，90d 龄期；(d) $C_{10}S_{24-6}$，90d 龄期

 图 5.89 是掺 60％矿粉复合水泥浆体及掺 40％粉煤灰复合水泥浆体不同龄期的孔径分布。细硅酸盐水泥显著细化了矿粉掺量复合水泥浆体的孔结构，特别是 3d 龄期时，细水泥对浆体孔结构细化更为显著。随着水化龄期的增长，矿粉复合水泥浆体中＜100nm 的孔含量明显地减少，＞100nm 的孔含量下降不明显，致使矿粉复合水泥浆体后期抗压强度增幅变慢，即使水化体中仍有水泥待水化，因为细孔更易细化，对强度影响较大的孔很难细化，使得水化硬化体增加强度有限。对于掺 40％粉煤灰复合水泥浆体，$C_{10}F_{23-4}$ 水泥浆体各龄期的孔隙率均小于 $C_{22}F_{23-4}$ 水泥浆体，且 $C_{10}F_{23-4}$ 水泥浆体中＜50nm 孔含量远高于 $C_{22}F_{23-4}$ 水泥浆

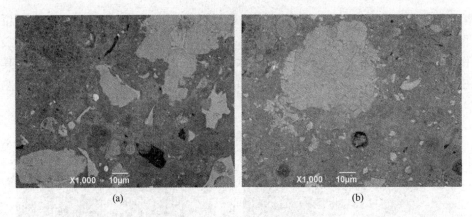

图 5.88　40％粉煤灰复合水泥 90d 时 BSEM 分析

(a) $C_{31}F_{23-4}$；(b) $C_{10}F_{23-4}$

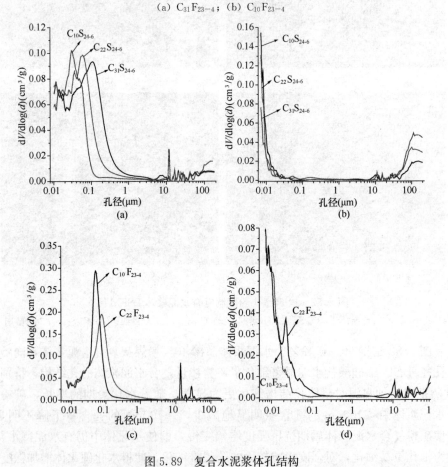

图 5.89　复合水泥浆体孔结构

(a) 60％矿粉，3d 龄期；(b) 60％矿粉，90d 龄期；

(c) 40％粉煤灰，3d 龄期 (d) 40％粉煤灰，90d 龄期

体，细硅酸盐水泥对粉煤灰复合水泥浆体孔隙的细化比较明显［图5.89（c）］。细硅酸盐水泥可在早期迅速降低粉煤灰复合水泥浆体的孔隙率和大于100nm的孔含量。随着水化龄期的增长，$C_{10}F_{23-4}$水泥浆体中＞100nm的孔含量减少不明显［图5.89（d）］。

5.7.3　低活性辅助性胶凝材料表面改性

对惰性辅助性胶凝材料（粉煤灰、砂岩粉）表面增钙改性，增强复合水泥浆体中辅助性胶凝材料颗粒与水泥水化产物基体的界面结构，提高复合水泥浆体的强度，减少复合水泥浆体的自收缩。

采用电石渣（Carbideslag, CS）对Ⅲ级粉煤灰进行低温煅烧表面改性。称取5％、10％电石渣与Ⅲ级粉煤灰在混料机进行混合，在850℃煅烧、保温1h。图5.90（a）为经电石渣改性后粉煤灰的XRD图。可见，与未改性Ⅲ级粉煤灰

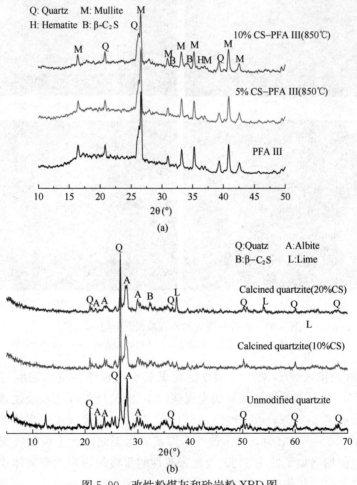

(a)

(b)

图5.90　改性粉煤灰和砂岩粉XRD图

（a）改性粉煤灰；（b）改性砂岩粉

相比，经煅烧改性后，出现了 $\beta-C_2S$（PDF 卡片号为 33-0302）衍射峰，未见有明显 CaO 衍射峰。说明Ⅲ级粉煤灰中玻璃体中具有潜在活性的 SiO_2 和电石渣中 $Ca(OH)_2$ 和 $CaCO_3$ 分解的 CaO 发生固相反应生成水硬性矿物 $\beta-C_2S$。图 5.90（b）为采用 10％和 20％电石渣经 850℃煅烧改性砂岩粉的 XRD 图。由图可见，经改性的砂岩粉表面形成了 $\beta-C_2S$。由于上述产物的形成，改性粉煤灰及砂岩粉表面更为粗糙（图 5.91），且改性粉煤灰在水中养护时能够形成水化产物（图 5.92）。

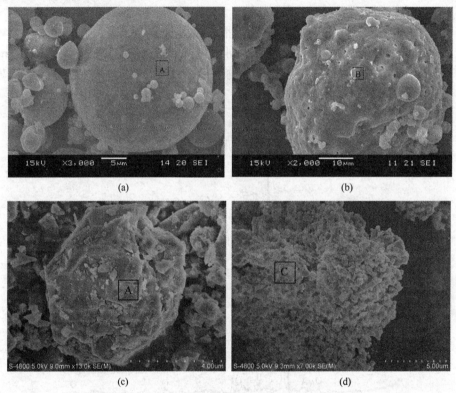

图 5.91　改性粉煤灰和砂岩粉表面形貌（SEM）
(a) 未改性粉煤灰；(b) 改性粉煤灰；(c) 未改性砂岩粉；(d) 改性砂岩粉

图 5.93 为掺入 30％未改性和改性粉煤灰水泥浆体的抗压强度与自收缩曲线。掺 30％经电石渣改性粉煤灰的水泥浆体 1d 的抗压强度比未改性Ⅲ级粉煤灰水泥浆体增加了 14.7％；3d 增加了 15.1％，与Ⅰ级粉煤灰水泥浆体的抗压强度相比增加了 6.2％。90d 时，掺入改性粉煤灰的水泥浆体比Ⅰ级粉煤灰水泥浆体的抗压强度值均增加了约 4.5％，而比未改性的Ⅲ级粉煤灰水泥浆体均增加了约 10.8％。结果表明与未改性粉煤灰水泥相比，改性粉煤灰提高了水泥浆体的早期强度和后期强度，甚至超过了优质Ⅰ级粉煤灰水泥浆体。掺 30％的电石渣改性

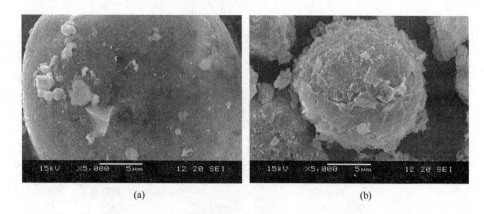

(a) (b)

图 5.92 20℃水中养护 28d 的未改性和改性粉煤灰表面形貌

(a) 未改性粉煤灰；(b) 改性粉煤灰

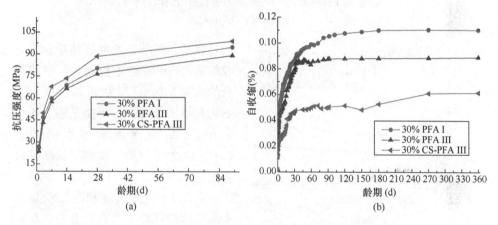

(a) (b)

图 5.93 掺改性和未改性粉煤灰的水泥浆体的抗压强度与自收缩

(a) 抗压强度；(b) 自收缩

粉煤灰水泥浆体 28d 自收缩比掺未改性Ⅲ级粉煤灰水泥浆体减少了 40.8%，90d 自收缩减少了 42.8%。图 5.94 为掺 20%未改性和改性砂岩粉复合水泥浆体的抗压强度和自收缩曲线。可见，改性后复合水泥浆体的抗压强度得到提高，且其自收缩减少。

图 5.95 为掺 30%粉煤灰水泥浆体的单位强度自收缩曲线。掺入粉煤灰的水泥浆体比硅酸盐水泥浆体的单位强度自收缩都相应减小，且粉煤灰掺量越大，单位强度自收缩越小。粉煤灰掺量相同时，掺电石渣改性粉煤灰水泥浆体的单位强度自收缩比掺Ⅰ级、Ⅲ级粉煤灰水泥浆体小。30%改性粉煤灰掺量时水泥浆体单位强度自收缩值为 $5.8 \sim 7.4 \mu \varepsilon / MPa$，小于掺未改性Ⅲ级粉煤灰和Ⅰ级粉煤灰水泥浆体的单位强度自收缩值 9.8 和 $12.0 \mu \varepsilon / MPa$，有利于提高水泥基材料中的粉煤灰用量。说明在达到同强度时，掺入表面改性粉煤灰能够有效地降低水泥浆体

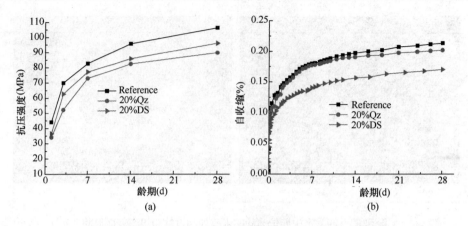

图 5.94　掺 20％煅烧改性砂岩水泥浆体的抗压强度和自收缩

（Qz—未改性砂岩，DS—掺 10％电石渣煅烧改性砂岩）

（a）抗压强度；（b）自收缩

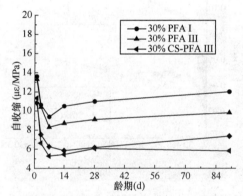

图 5.95　掺 30％粉煤灰水泥浆体的
单位强度自收缩曲线

的自收缩。硅酸盐水泥浆体单位强度收缩值在 7d 后趋于稳定外，掺粉煤灰的水泥浆体在 7d 后单位强度自收缩均有增加趋势。这可能是因为粉煤灰在 7d 后与水泥浆体水化产物 $Ca(OH)_2$ 发生反应，使得单位强度自收缩趋于增加。

表 5.20 为未改性和改性粉煤灰水泥浆体的孔隙率及孔径分布。与Ⅲ级粉煤灰水泥浆体相比，掺入改性粉煤灰的水泥浆体相应龄期的总孔隙率均降低；掺入电石渣改性粉煤灰的水泥浆体在 1d 龄期 50～500nm 孔隙率降低了 19.1％，这有利于提高改性粉煤灰水泥浆体的早期强度。改性粉煤灰和Ⅲ级粉煤灰均使小于 10nm 的凝胶孔隙率有所增加，这说明改性粉煤灰与Ⅲ级粉煤灰均能够改善水泥浆体的孔隙结构，使得大孔减少而微孔增加。

表 5.20　未改性和改性粉煤灰水泥浆体的孔隙率

样品	龄期（d）	总孔隙率（%）	毛细孔孔隙率（%）			凝胶孔孔隙率/%
			>500nm	50～500nm	10～50nm	6～10nm
30％PFAⅢ	1	28.84	2.44	15.16	9.59	1.65
	7	22.89	2.18	6.10	12.62	1.97

续表

样品	龄期 (d)	总孔隙率 （%）	毛细孔孔隙率（%）			凝胶孔孔隙率/%
			>500nm	50~500nm	10~50nm	6~10nm
30%PFAⅢ	28	20.70	2.03	3.61	12.85	2.20
	90	18.63	1.87	3.03	11.67	2.06
30%CS-PFAⅢ	1	27.23	2.33	12.27	10.99	1.64
	7	22.38	2.11	6.32	11.97	1.99
	28	19.58	1.86	4.49	11.04	2.19
	90	16.77	1.68	3.45	9.70	1.94

图 5.96 为掺未改性和改性粉煤灰、砂岩粉的复合水泥浆体的水化产物形貌。如图 5.96(a)、(c)所示，未改性Ⅲ级粉煤灰及砂岩粉颗粒表面边缘清晰锐利，表面附着物极少，表明其与水泥水化产物的界面的粘结较差。[图 5.96(b)、(d)]

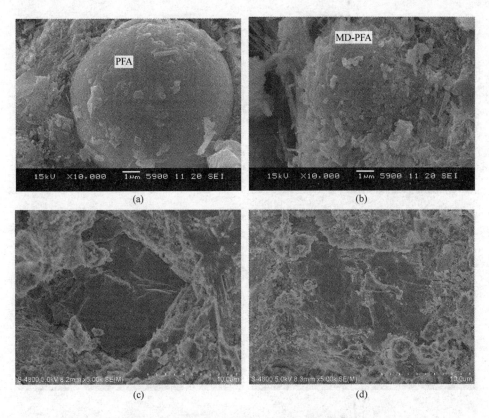

图 5.96　掺未改性和改性的级粉煤灰、砂岩粉水泥浆体 SEM 照片

(a) 掺 30%未改性粉煤灰，28d 龄期；(b) 掺 30%改性粉煤灰，28d 龄期；
(c) 掺 20%未改性砂岩粉，3d 龄期；(d) 掺 20%改性砂岩粉，3d 龄期所示，经改性后粉煤灰和砂岩粉颗粒表面均产生明显的附着物，颗粒边缘与水泥水化浆体界面较为模糊，这表明改性粉煤灰已经明显产生水化。经改性后，粉煤灰、砂岩粉颗粒表面反应生成了水硬性矿物 $\beta-C_2S$，水化反应形成较致密的水化产物，有效改善了粉煤灰、砂岩粉颗粒表面与熟料水化产物的界面结构。

图 5.97(a)为未改性Ⅲ级粉煤灰和改性粉煤灰水泥浆体养护 28d 的背散射电子像。未改性Ⅲ级粉煤灰水泥浆体中粉煤灰颗粒与水泥基体的界面结构清晰锐利，界面粘结较为疏松，界面过渡区有较多的孔隙存在，这表明未改性Ⅲ级粉煤灰的水化程度较低，与水泥浆体的结合较差。而从图 5.97(b)可看出，掺电石渣改性粉煤灰的水泥浆体中改性粉煤灰与熟料产物界面较为模糊，这表明两者粘结紧密，界面区致密。这一方面是由于改性后的粉煤灰活性较高，积极参与水化，形成较多的水化产物，提高了界面的密实程度，改善界面区的薄弱结构区域。90d 时，掺入改性粉煤灰的水泥浆体界面过渡区密实度提高[图 5.97(c)、(d)]。

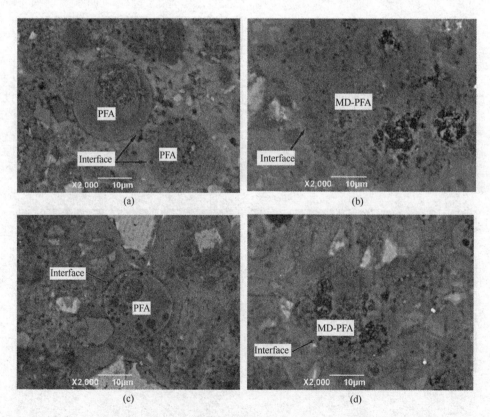

图 5.97　掺未改性和改性粉煤灰的水泥浆体背散射电子像

（a）未改性粉煤灰（28d 龄期）；（b）改性粉煤灰（28d 龄期）；（c）未改性粉煤灰（90d 龄期）；
（d）改性粉煤灰（90d 龄期）

表 5.21 为粉煤灰水泥浆体 3d 龄期时水化产物界面过渡区的弹性模量和纳米压痕硬度。从表 5.21 可知,掺电石渣和白云石改性的粉煤灰水泥浆体界面均高于未改性Ⅲ级粉煤灰水泥浆体界面的弹性模量和压痕硬度,表明掺改性粉煤灰在早期提高了界面过渡区的密实度,使界面过渡区的微观力学性能得到明显改善。改性粉煤灰颗粒经表面改性后能有效提高粉煤灰颗粒表面的胶凝性,其水化产物使粉煤灰颗粒表面与水泥水化产物界面的粘结力增加,进而更好地发挥粉煤灰弹性模量,更加有效地降低水泥浆体的早期自收缩。因此,改性粉煤灰颗粒与熟料水化产物界面微力学性能的提高是改性粉煤灰、有效提高水泥浆体早期强度并且抑制水泥浆体自收缩的主要原因。

表 5.21 界面过渡区的弹性模量和纳米压痕硬度

样品	弹性模量 (GPa)	纳米压痕硬度 (GPa)
未改性粉煤灰	37.51	1.44
电石渣改性粉煤灰	52.48	2.74

5.7.4 掺加偏高岭土调控

通过对辅助性胶凝材料组成的改变调控复合水泥组成、结构及性能,设计偏高岭土 MK 与粉煤灰 FA(或矿渣 SL)复合部分取代硅酸盐水泥形成三元胶凝体系,减少复合水泥浆体的干燥收缩。

图 5.98 是不同配比胶凝材料三个龄期抗压强度的试验结果。和硅酸盐水泥浆体相比,掺加 50%FA(F50)使浆体各龄期强度均大幅降低。MK 或是 SF 部分取代 FA 后,浆体强度均有不同幅度的提高。MK、SF 掺量在 5% 至 15% 范围内,两者掺量越大,浆体的强度越高。MK 和 SF 相比,MK 的增强效应略优于 SF。

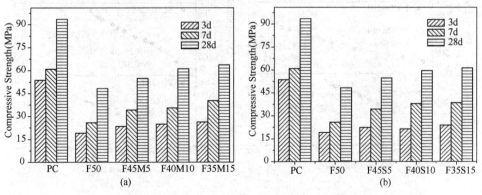

图 5.98 MK、SF 三元胶凝体系抗压强度

(a) MK-FA-PC;(b) SF-FA-PC

设计偏高岭土 MK 与粉煤灰 FA（或矿渣 SL）复合部分取代硅酸盐水泥形成三元胶凝体系。图 5.99、图 5.100 和图 5.101 分别为 MK-FA 与 MK-SL 复合水泥体系的干燥收缩、收缩-失重及孔尺寸分布曲线。由图可见，影响复合水泥浆体收缩的关键因素，不仅是失水量和孔隙率，更重要的是所失水的来源。20nm 以下孔径的失水显著影响收缩大小，浆体成熟度提高有利于减小干燥收缩。

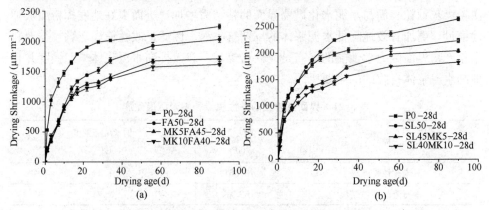

图 5.99　预养护 28d 的复合水泥浆体的干燥收缩曲线（20℃、55％RH）

(a) MK-FA 体系；(b) MK-SL 体系

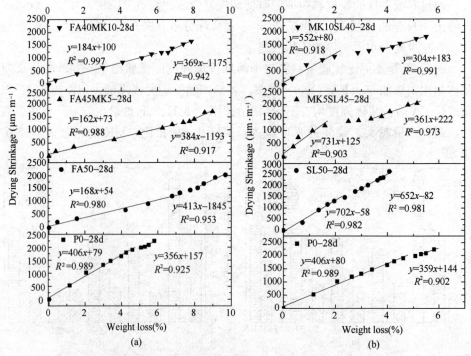

图 5.100　预养护 28d 复合水泥浆体的干缩-失重关系（20℃、55％RH）

(a) MK-FA 体系；(b) MK-SL 体系

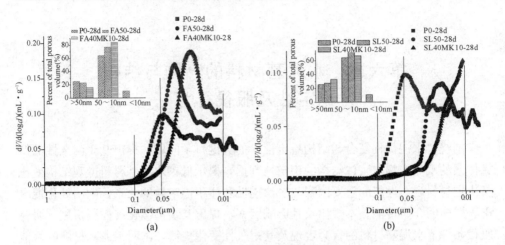

图 5.101 预养护 28d 复合水泥浆体的孔径分布曲线

(a) MK-FA 体系；(b) MK-SL 体系

第六章 水泥基材料的产物与结构稳定性及服役行为

围绕"水泥优化复合与结构稳定性"的关键科学问题，提出基于耐久性的低钙体系的水化产物与浆体结构的稳定性判据，揭示低钙水泥基材料微观结构变化与决定材料耐久性能的重要因素——渗透性和体积稳定性的关系，阐明硬化混凝土表层内的介质传输基本规律及其影响因素，提出其结构优化与控制机制。研究服役条件下水泥基材料的行为表现及其耐久性变化规律，阐明水泥基材料的性能劣化机理，建立基于混凝土耐久性的材料组成设计和寿命预测的理论与方法，建立混凝土寿命预测模型。

6.1 水泥基材料水化产物和浆体微观结构稳定性

研究揭示了含有大量矿物掺和料的复合胶凝材料的水化硬化机理，探讨了水化产物和硬化浆体结构的变化对于复合胶凝材料的力学行为与耐久性能的影响，提出了基于耐久性的低钙复合胶凝材料体系的水化产物与浆体结构的稳定性判据。

6.1.1 水泥-粉煤灰复合胶凝材料水化性能与浆体微观结构

6.1.1.1 配合比和试样制备

试验所用水泥-粉煤灰复合胶凝材料净浆的配合比如表6.1所示。

表 6.1 水泥-粉煤灰复合胶凝材料净浆配合比

样品编号	水胶比	胶凝材料组成（质量分数%）	
		水泥	粉煤灰
A0		100	0
A1		80	20
A2	0.3	65	35
A3		50	50
A4		35	65
B0		100	0
B1		80	20
B2	0.4	65	35
B3		50	50
B4		35	65

按照表 6.1 所示配合比，成型净浆试样放于 5mL 离心管中，然后密封并送入标养室（温度（20±1）℃，相对湿度大于 90％）进行养护，至规定龄期（1d、3d、7d、28d、90d、180d、360d）时，破碎试样，取中间碎块浸泡于无水乙醇中，中止水化。对部分试样（A0、A2、A4、B0、B2、B4）同时还采取早期高温养护的模式，具体做法是：将成型密封后的净浆试样直接放入（65±2）℃的烘箱中养护 7d（如测试龄期未到 7d，则直接取出测试），再置于标准养护室中养护至规定龄期。

6.1.1.2　水化产物与微观结构

由于混凝土的性能经常依赖于胶凝材料浆体的性能，因而有关硬化胶凝材料浆体组成与结构的知识对于混凝土结构-性能关系的建立十分关键。众所周知，纯水泥硬化浆体是由 C-S-H 凝胶、$Ca(OH)_2$、AFt/AFm、未反应的水泥、孔及孔中的溶液组成的固-液-气多相非均质体系。这是一个具有时变性的复杂系统，随着养护龄期的延长，其中的水化产物与微观结构将会处于一种相对稳定的状态。如果其中掺入不同比例的粉煤灰或者同时采取早期高温养护，那么这种状态是否还会延续，水化产物与微观结构的稳定性是否还能保持，这将是本课题研究和探寻的重点。

（1）水化产物

可以借助 XRD 来表征水化产物中晶态物相种类和含量的变化。在两种不同养护制度下，复合胶凝材料水化产物 XRD 图谱分别如图 6.1（a）～（d）和图 6.2（a）～（d）所示。图中各符号的解释如下：CH 为 $Ca(OH)_2$，M 为莫来石，Q 为低温型石英，A 为 C_3S，B 为 C_2S，C 为 $CaCO_3$。

从图 6.1 四幅图中可以看出，通过 XRD 测试得出的 A0 样品中主要有 $Ca(OH)_2$、在磨细过程中碳化产生的 $CaCO_3$ 和未水化的熟料相（C_3S 和 C_2S），C-S-H 凝胶由于是非晶态物质，因此不能通过 XRD 试验测出。掺有粉煤灰的 A2 和 A4 样品中主要有莫来石和低温型石英，其他与 A0 样品基本相同。再将图 6.2 与图 6.1 进行对比，可以发现早期高温养护对于晶相水化产物种类并无改变，只是各衍射峰的强度有所不同，特别是莫来石、低温型石英以及被碳化的碳酸钙的衍射峰都与常温养护时无太大区别。

随着养护龄期的延长，标准养护下纯水泥浆体中 $Ca(OH)_2$ 含量有所提高，未水化的熟料相含量减少，但 360d 时仍有不少，纯水泥浆体中未水化的熟料相含量明显高于掺有粉煤灰的浆体，这也与上述中复合胶凝材料中水泥水化程度的结论相吻合。图 6.2(d)中熟料相的衍射峰依然存在表明早期高温养护并不能使复合胶凝材料中的水泥完全水化，特别是对于 A0 样品；相反，与图 6.1(d)相比，A0 样品早期高温养护后的水泥的水化程度在 360d 时还落后于标准养护时。

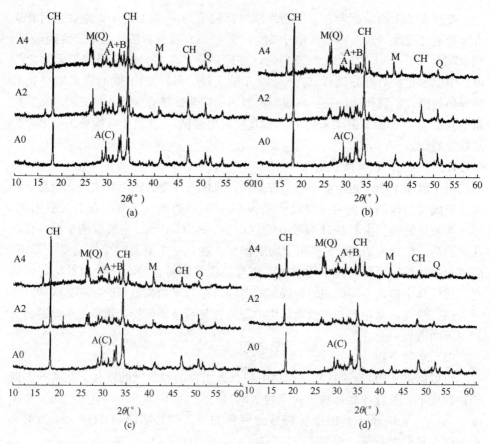

图 6.1　标准养护时复合胶凝材料水化产物 XRD 图谱

(a)3d；(b)28d；(c)90d；(d)360d

　　粉煤灰的掺入并不对水泥水化产物的种类产生太大影响，但会影响到主要水化产物 Ca(OH)$_2$ 生成的总量(主峰相对强度随粉煤灰掺入有明显降低)，不过直到 360d，掺有粉煤灰的浆体中 Ca(OH)$_2$ 的峰仍能被探测，即便是掺量达到 65%，这也证明了标准养护时浆体中火山灰反应并不能耗尽水泥水化产生的所有 Ca(OH)$_2$，不会产生"贫钙"。对比图 6.1 和图 6.2，可以发现早期养护温度提升所带来的变化最为明显的还是 Ca(OH)$_2$ 的衍射峰，无论是在哪个龄期，都低于标准养护时，说明浆体在经过早期高温养护后，其中的 Ca(OH)$_2$ 含量有了很大程度的降低，这也说明早期高温养护很好地促进了粉煤灰的火山灰反应，体系中的 Ca(OH)$_2$ 逐渐被消耗。这与粉煤灰的反应程度的结论也刚好吻合。特别是对于粉煤灰掺量为 65% 的 A4 样品，Ca(OH)$_2$ 的衍射峰的强度已经很弱，这或许与 A4 样品中水泥的比例较少有关。那么，在这种"少钙"或者接近"贫钙"的状态下，浆体微结构又会发生什么改变，将在下节中继续研究。

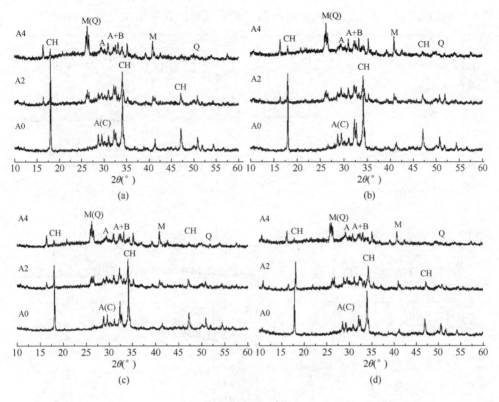

图 6.2　早期高温养护时复合胶凝材料水化产物 XRD 图谱

(a)3d；(b)28d；(c)90d；(d)360d

（2）孔结构

水泥-粉煤灰复合胶凝材料硬化浆体的孔隙率结果如图 6.3 和图 6.4 所示，这可以直观地描述粉煤灰掺量对浆体孔结构的影响，从图 6.3 中可以看出，掺有 35％的 A2 样品，随着养护龄期的延长，孔隙率降低的速率远远超过纯水泥浆体 A0 和粉煤灰掺量为 65％的 A4。360d 时，A0 和 A2 孔隙率之间的差距已经很小，可以预测随着龄期的进一步增长，A2 样品的孔隙率完全有可能低于 A0 样品，这也说明粉煤灰掺量适宜样品的致密程度完全可以与纯水泥浆体相媲美。从图 6.4 中可以看出，早期高温养护对于复合胶凝材料浆体结构的改善更多体现在浆体微结构发展的早期（3d），与标准养护时相比，A0 和 A2 样品 3d 的孔隙率降低最为显著。不过，早期高温养护对后期孔隙率的发展并无益处，除 A2 样品外，A0 和 A4 样品的孔隙率变化曲线都很平缓，360d 时的孔隙率相对于 3d 时只是略微降低，养护温度的提升并没有对后期孔隙率的减少带来贡献。这可能是因为纯水泥浆体试样经过高温养护后浆体已经变得很致密，并无太多继续减小孔隙率的空间；而粉煤灰掺量过大时浆体初始的孔隙率就已经很大，体系中胶凝性物质与其他两组相比太少，因此经过高温养护后试样的孔隙率也并无太多减少。

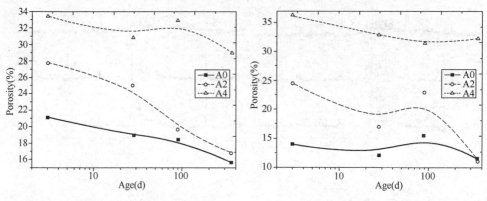

图 6.3　标准养护复合胶凝材料孔隙率　　图 6.4　高温养护复合胶凝材料孔隙率图

压汞微分曲线图可以大致反映硬化浆体的孔径分布，结果如图 6.5 和图 6.6

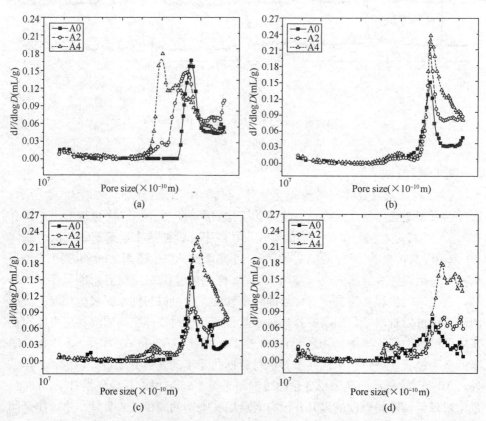

图 6.5　标准养护时复合胶凝材料硬化浆体孔径分布微分曲线

（a）3d；（b）28d；（c）90d；（d）360d

所示。图中曲线上的峰值所对应的孔径称为最可几孔径，即出现几率最大的孔径。图中最可几孔径对应的峰越靠左，表明该样品的最可几孔径值越大。

从图 6.5 中不难发现，3d 时，A4、A2、A0 样品的最可几孔径值依次为 230nm、45nm、30nm，粉煤灰的掺入使得最可几孔径值增大，而且掺量越大，增幅越大，粉煤灰对于浆体早期孔结构的影响有害。但到了 28d 时，三组样品的最可几孔径却变得几乎相同，均在 20～30nm 之间，90d 和 360d 的结果更是如此，特别是粉煤灰掺量高达 65% 的 A4 样品，90d 和 360d 的最可几孔径值还低于纯水泥浆体，结合图 6.3 中孔隙率的变化规律结果，可以认为 A4 样品的总孔隙率尽管很高，但大多都是一些对结构无害的小孔，在不遭受外界侵蚀介质的破坏时，浆体的微观结构仍可处于稳定的状态。

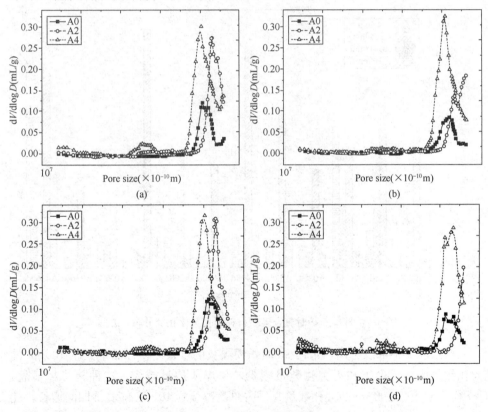

图 6.6 早期高温养护时复合胶凝材料硬化浆体孔径分布微分曲线
(a) 3d；(b) 28d；(c) 90d；(d) 360d

经过早期高温养护后，从 3d 起，A4、A2、A0 三组样品的最可几孔径值几乎都在 100nm 左右变化，直至 360d 时，各组样品的最可几孔径值也都变化不大，这是与标准养护时的规律不同的，表明高温养护对于浆体孔径的细化作用从早期（3d）就开始显现出来，而后期则变化不大。每个龄期时，A2 样品的最可几孔径值均略低于 A0 样品，证明在养护温度提升时，粉煤灰的适量掺入可以使得浆体的最可几孔径值早期就能超过纯水泥试样。对于 A4 样品，尽管养护温度提升对于孔隙率的减少程度很小，但是却细化了孔径，最可几孔径值与其余两组样品几乎能保持在同一数量级上。

Mehta 按照孔径大小将混凝土中的孔大体分为 4 个等级：小于 4.5nm、4.5～50nm、50～100nm、大于 100nm，并且认为大于 100nm 的孔为有害孔，影响混凝土的强度和渗透性，而小于 100nm 的孔仅为少害和无害孔。按照这 4 个等级的划分，图 6.7 和图 6.8 分别给出了不同养护制度下硬化水泥浆体的孔径分布直方图，这对于确定粉煤灰对于硬化浆体孔径分布的影响更加直观。

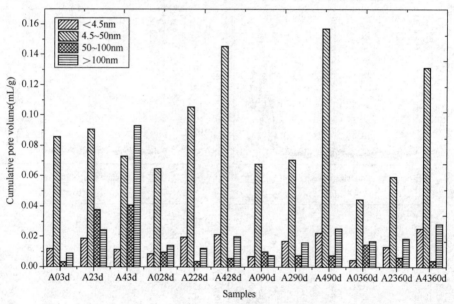

图 6.7　标准养护时复合胶凝材料硬化浆体孔径分布直方图

从图 6.7 中可以看出，水化 3d 时，粉煤灰的掺入使得样品中大于 100nm 的大孔数量增多，少害和无害孔数量减少，粉煤灰掺量越大，这种趋势越显著，A4 样品中大于 100nm 的大孔数量几乎占总孔数量的 40%。随着龄期的增长，孔径逐步得到细化，到水化 360d 时，各样品中最可几孔径的分布主要集中在4.5～50nm，特别是 A4 样品，大于 100nm 的大孔数量较之 3d 时大幅度降低，结合图 6.3 中的数据亦可看出，粉煤灰掺量即使高达 65%，复合胶凝材料硬化浆体孔结构也会随着龄期的增长得到很好的改善，即使总孔隙率降低不多，但是孔径得到细化，无害和少害孔增多，浆体结构朝着对耐久性有利的方向发展。早期养护温度提升后，各组样品硬化浆体中孔都能得到细化，特别是对于 A4 样品，在早期（3d），浆体中大部分的孔基本都是小于 50nm 的，这与标准养护时这时期有一半以上的孔还是大于 50nm 不同，随着龄期的发展，早期养护温度的提升对于孔径分布的影响并不大，各组样品之间的规律也与标准养护时相同。

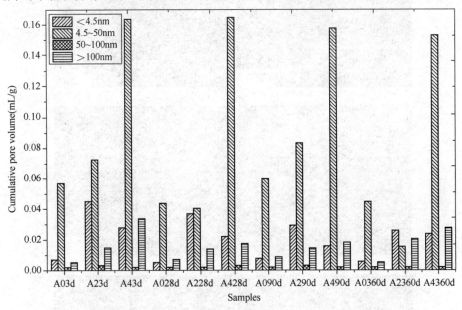

图 6.8　早期高温养护下复合胶凝材料硬化浆体孔径分布直方图

（3）微观形貌与 C-S-H 凝胶钙硅比

对硬化浆体新鲜断口微观形貌进行观测可以更加直观地了解浆体微结构的形成过程。标准养护时复合胶凝材料微观形貌的 SEM 照片分别如图 6.9～图 6.11 所示。

可以看出，3d 时，硬化纯水泥浆体中已出现大量水化产物，C-S-H 凝胶与 $Ca(OH)_2$ 相互搭接迅速形成较为稳定的微结构；而掺有粉煤灰的硬化浆体中，由于体系中水泥的总量下降，导致水化产物数量明显少于硬化纯水泥浆体，而且多呈絮状，相互搭接差，粉煤灰球形颗粒旁的水化产物更少，粉煤灰几乎未参与反应，体系的反应程度明显不及硬化纯水泥浆体。此时掺有粉煤灰的复合胶凝材料硬化浆体结构是较为疏松的，因此这个阶段也是一个易遭受外界破坏而导致微结构失稳的时期。

随着龄期的延长，所有样品硬化浆体的微观结构都逐渐变得密实，A0 中的 C-S-H 凝胶与 $Ca(OH)_2$ 交错生长，没有明显的薄弱环节；A2 和 A4 样品，相比于 3d 时的疏松结构，其微结构也已致密许多，体系中已出现大量的水化产物，孔隙在逐渐被填充，小的粉煤灰颗粒里的铝硅玻璃体已经开始与水泥的水化产物进行反应，颗粒表面出现"蚀刻"现象。但是大的粉煤灰球形颗粒表面仍然光滑无

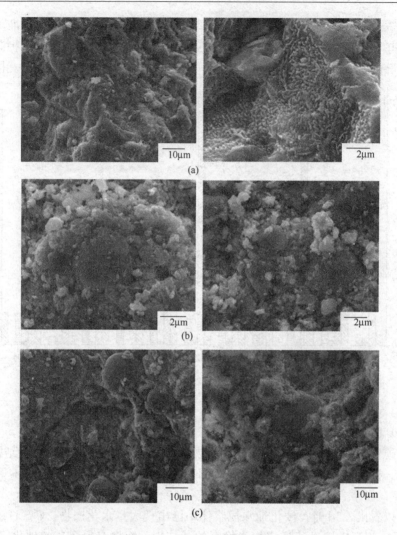

图 6.9　标准养护下水化 3d 时复合胶凝材料硬化浆体 SEM 图
(a) A0；(b) A2；(c) A4

物，尚无出现反应的迹象，粉煤灰的火山灰反应还没有充分进行，这与粉煤灰反应程度的结果相吻合。

90d 时，A0 样品中絮状和纤维状的 C-S-H 凝胶与六方板状的 $Ca(OH)_2$ 已互为一体，结构更加紧凑密实；掺有粉煤灰的硬化浆体中，粉煤灰颗粒表面也覆盖了更多水化产物，特别是大的粉煤灰颗粒，也出现了火山灰反应的迹象，在孔中还能观测到针棒状的 AFt 存在，结构较 3d 和 28d 时更加致密和稳定。

360d 时，A0 样品的微观结构已经发展到一个较为成熟和稳定的阶段，体系中叠层生长的 $Ca(OH)_2$ 晶体择优取向更为明显。掺有粉煤灰的 A2 和 A4 样品中

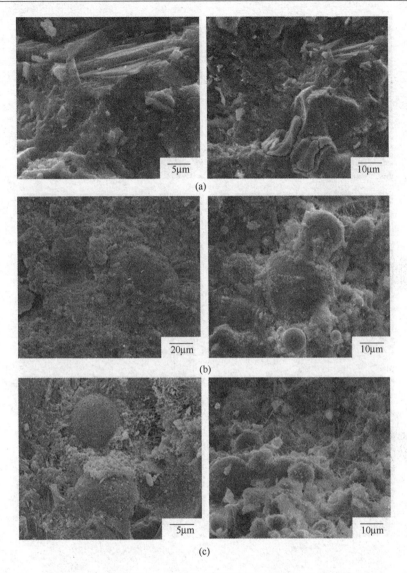

图 6.10　标准养护下水化 90d 时复合胶凝材料硬化浆体 SEM 图

(a) A0；(b) A2；(c) A4

粉煤灰的火山灰反应已经进行到一个较为充分的阶段，絮状的水化产物紧紧包围并依附着粉煤灰颗粒，体系中片状的 $Ca(OH)_2$ 晶体依然存在，即使在粉煤灰掺量达到 65％时，被显著"蚀刻"的粉煤灰颗粒周围仍然簇拥着大量叠层生长的 $Ca(OH)_2$ 晶体。这说明即使粉煤灰的火山灰反应已经比较明显，但对 $Ca(OH)_2$ 的消耗量仍然很小，掺粉煤灰的复合胶凝材料硬化浆体中仍有足够的 $Ca(OH)_2$ 量来维持体系的碱度在较高水平，使其微观结构处于稳定的状态。

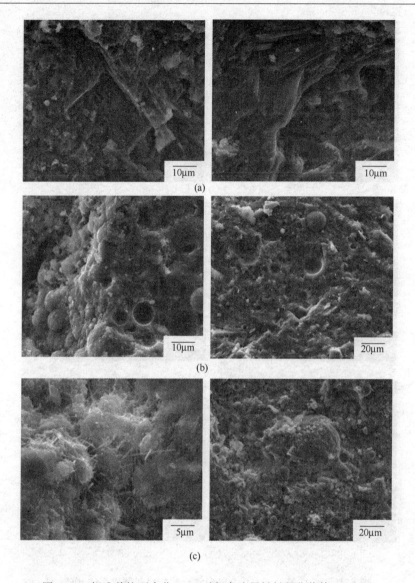

图 6.11　标准养护下水化 360d 时复合胶凝材料硬化浆体 SEM 图

(a) A0；(b) A2；(c) A4

　　早期高温养护下复合胶凝材料各龄期微观形貌的 SEM 照片分别如图 6.12～图 6.14 所示。对比标准养护下和早期高温养护下复合胶凝材料的显微形貌，很显然，最大的区别出现在 3d 时(图 6.8 和图 6.12)，此时早期高温养护下各组浆体的致密程度明显高于标准养护下的浆体致密程度，无定形的 C-S-H 凝胶与 Ca(OH)$_2$ 相互搭接与交错并紧紧包裹着未反应的熟料颗粒，使得水化产物之间以及水化产物与未反应的熟料颗粒之间的间距与空隙都逐渐变小，浆体结构相比于

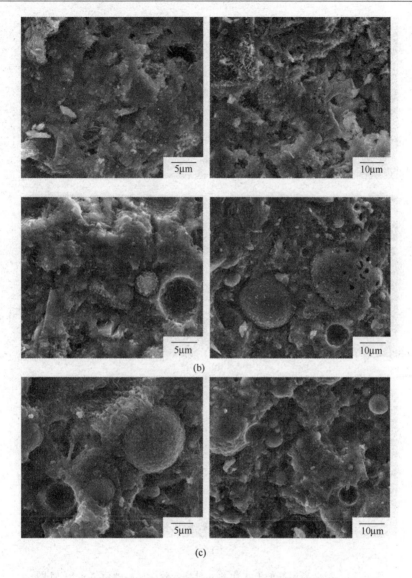

图 6.12　早期高温养护下水化 3d 时复合胶凝材料硬化浆体 SEM 图

(a) A0；(b) A2；(c) A4

标准养护下致密许多。特别是 A2 和 A4 样品，粉煤灰颗粒表面的玻璃体逐渐被火山灰反应所消耗，新生成的网络状凝胶紧紧裹覆在颗粒表面，并与周围的水化产物形成良好的接合，看不出明显的薄弱界面，这些都是在标准养护下 3d 时的样品中不会出现的，这更加证明了早期的高温养护有利于早龄期硬化水泥浆体结构迅速致密，并促进浆体结构朝着稳定的方向发展。

随着龄期的延长，所有样品硬化浆体更加密实，但是早期高温养护下样品的

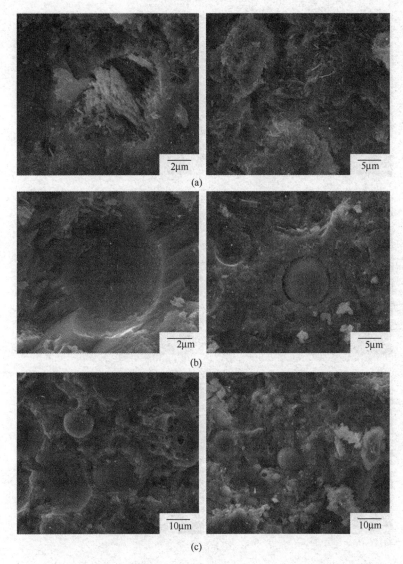

图 6.13　早期高温养护下水化 90d 时复合胶凝材料硬化浆体 SEM 图

(a) A0；(b) A2；(c) A4

显微形貌差异却不如标准养护下那么明显，特别是 28d 后，A0 样品的微观形貌变化基本不大；A2 和 A4 样品中由于粉煤灰的火山灰反应继续发生，浆体的形貌会相比于早龄期时更为致密，但是结构的密实速率却远比不上标准养护下的样品。

另外，在前面图 6.2 早期高温养护下复合胶凝材料水化产物 XRD 图谱中看出 $Ca(OH)_2$ 的衍射峰已经很低，这或许让人们为"少钙"后的浆体结构稳定性担

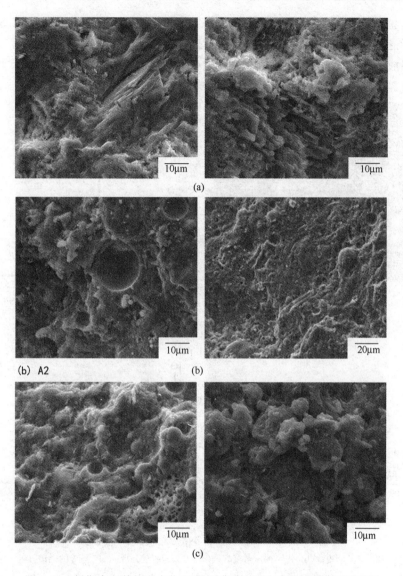

图 6.14　早期高温养护下水化 360d 时复合胶凝材料硬化浆体 SEM 图
(a) A0；(b) A2；(c) A4

忧，事实不然，尽管 Ca(OH)$_2$ 的衍射峰很低，但是 360d 时，各组样品，特别是掺有粉煤灰的 A2 和 A4 样品的 SEM 图中，叠层板状生长的 Ca(OH)$_2$ 六方晶体仍然存在，而且与 C-S-H 凝胶及未反应的熟料和粉煤灰颗粒较好的融合在一起，并且由于 Ca(OH)$_2$ 总量的减少，使得浆体的强度薄弱环节减少，反而会促使结构更加耐久和稳定。

C-S-H 凝胶是硬化水泥浆体中最重要的组成部分，同时也是在化学组成及各层次形貌等各方面最为复杂的水化产物。对复合胶凝材料硬化浆体中 C-S-H 凝胶进行能谱测试分析以及对其 Ca/Si 进行半定量计算将对探讨粉煤灰对于 C-S-H 凝胶组成变化的影响很有帮助。图 6.15 和图 6.16 分别为标准养护时纯水泥浆体与掺有粉煤灰的水泥浆体中 C-S-H 凝胶典型的能谱测试图。

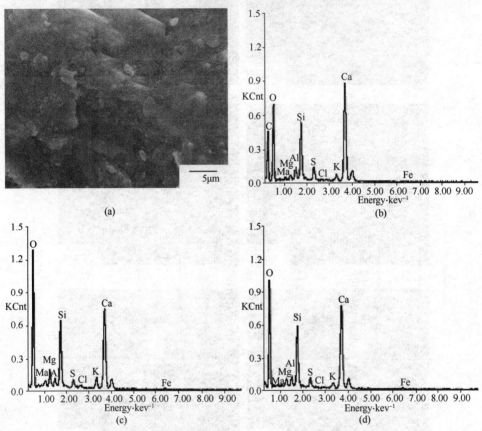

图 6.15　A0 水化 28d 的显微形貌及能谱测试分析

（a）显微形貌；（b）点 1 的能谱分析；（c）点 2 的能谱分析；（d）点 3 的能谱分析

　　图 6.15 和图 6.16 中显微形貌图上的"1"，"2"，"3"点只是众多能谱测试点种的几个，这里只是挑出做专门介绍。通过图 6.15 和 6.16 可以看出，纯水泥水化生成的 C-S-H 凝胶基本上由 Ca、Si、O 元素组成，少量的 Al 与 S 元素也在其中，这表明 C-S-H 凝胶是与 Al 相的水化产物（C-A-H，C-A-S-H 等）以及 AFt/AFm 交错混合生长的；掺入粉煤灰后，Ca 与 Si 元素峰值的差距缩小，Al 相含量略有增加。另外，一价碱金属离子（Na^+ 与 K^+）也被探测到，证明C-S-H凝胶还具备一定的"持碱"能力。

　　一般情况下，可将水泥水化生成的 C-S-H 凝胶分为内部局部化学反应形成

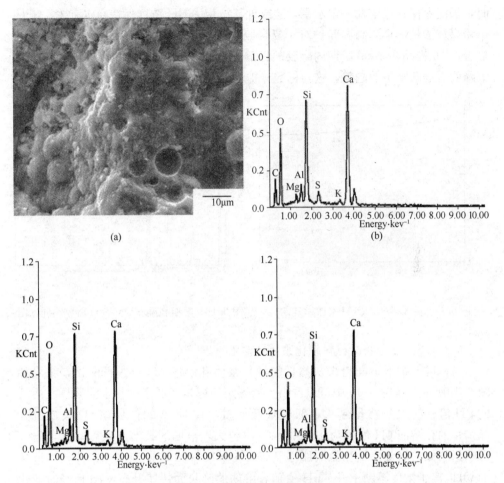

图 6.16　A2 水化 360d 的显微形貌及能谱测试分析

（a）显微形貌；（b）点 1 的能谱分析；（c）点 2 的能谱分析；（d）点 3 的能谱分析

的 C-S-H 凝胶（I_p）和外部溶解-沉淀反应形成的 C-S-H 凝胶（O_p），它们各自的 Ca/Si 值略有不同，但本文并不加以区分，而是采取随机打点的方式进行统计分析，这样测算出的 Ca/Si 值仍然可以用作相对评定掺入粉煤灰后 C-S-H 凝胶的组成变化。图 6.17 和图 6.18 分别为两种养护制度下，复合胶凝材料水化产物 C-S-H 凝胶中 Ca/Si 比变化规律图。

从图 6.17 和图 6.18 中可以看出，标准养护时，360d 龄期内，A0 样品 C-S-H 凝胶的 Ca/Si 约在 2.1～2.3 变化，随龄期延长略微有下降的趋势；而掺有粉煤灰的样品中，C-S-H 凝胶 Ca/Si 明显偏小，大致在 1.2～2.0 变化，粉煤灰掺量越大，C-S-H 凝胶 Ca/Si 降低越多。A2 和 A4 的曲线上，早期（28d 前）Ca/Si 的降低趋势尤为明显，降幅约为 20%，28d 后 Ca/Si 变化较小，直至 360d

时，仍能保持并稳定在一定水平，这或许与液相中 CH 浓度保持稳定有关。相对于粉煤灰掺量，早期高温养护对于复合胶凝材料 C-S-H 凝胶钙硅比的影响并不显著，A0 样品在 360d 龄期内凝胶的钙硅比变化不大，A2 和 A4 曲线出现早期下降而后逐渐平缓的趋势，这与标准养护时的规律一致。

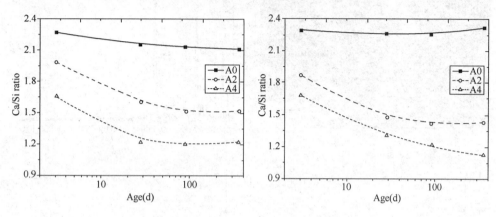

图 6.17　标准养护 C-S-H 凝胶钙硅比　　　图 6.18　早期高温养护 C-S-H 凝胶钙硅比图

6.1.1.3　复合胶凝材料硬化浆体孔溶液碱度

对标准养护下不同粉煤灰掺量的硬化浆体孔溶液 pH 值进行测试，结果如图 6.19 所示。从图 6.19 中可以看出，粉煤灰的掺入降低了硬化水泥浆体孔溶液的 pH 值。粉煤灰掺量越大，碱度降低越多，1d 时 A4 样品（粉煤灰掺量为 65%）的孔溶液 pH 值仅为 12.2；水胶比越大，早期的孔溶液碱度略高，但其影响远不如粉煤灰掺量和龄期那样显著。在早期（7d 前）纯水泥浆体孔溶液中的 OH^- 离子浓度不断上升，pH 值随着龄期的延长而快速升高，7d 后经时变化曲线趋于平缓，pH 值基本达到稳定，维持在 13.3 左右。而掺有粉煤灰的水泥水化开始后，一价碱金属离子迅速溶解于孔溶液中，在此后的一个阶段（3d）内，尽管有少部分被 C-S-H 凝胶所吸附，但早期的孔溶液碱度几乎不会降低，A1 和 A2 试样甚至还有略微的增加，pH 值趋于稳定；在这个短暂的稳定区后，由于粉煤灰与 $Ca(OH)_2$ 之间的火山灰反应逐渐生成了大量低钙硅比的 C-S-H 凝胶，而此种凝胶已被证明具有比纯水泥水化生成的高钙硅比的 C-S-H 凝胶更强的固碱能力，因此碱度随龄期延长逐渐降低；到 90d 后，pH 值经时变化曲线再次变得平缓，并无继续降低的趋向，即使是粉煤灰掺量为 65% 的 A4 和 B4 样品，尽管初始的液相碱度较之纯水泥浆体有着明显的降低，但水化较长龄期（>90d）后，pH 值也能维持在 12 以上，并保持稳定。这种现象可能与碱金属离子被固化完毕以及 C-S-H 凝胶固碱能力的极限有关。

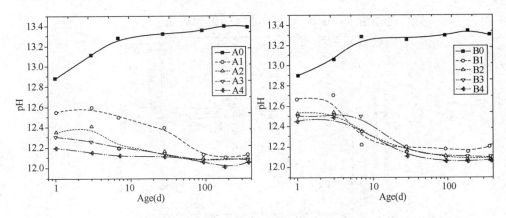

图 6.19　标准养护下复合胶凝材料硬化浆体孔溶液 pH 值

图 6.20 为早期高温养护下部分复合胶凝材料硬化浆体孔溶液 pH 值。由图 6.20可知，随龄期的延长，各组孔溶液 pH 值变化不大，几乎在 1d 时就达到稳定；水胶比对于复合胶凝材料硬化浆体孔溶液 pH 值的影响很小；相比而言，粉煤灰掺量的影响较为显著，规律与标准养护时一致：掺量越大，孔溶液 pH 值越小，特别是粉煤灰掺量为 65％的 A4 和 B4 样品，孔溶液 pH 值略高于 12。

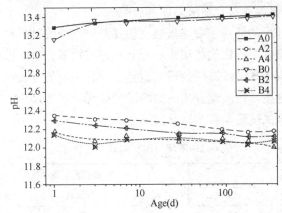

图 6.20　早期高温养护下复合胶凝材料硬化浆体孔溶液 pH 值

为了更加直观地反映早期高温养护对浆体孔溶液碱度的影响规律，可以借助式（6-1）中早期高温养护下浆体孔溶液 pH 值变化率 Φ_{pH} 来表示。

$$\Phi_{pH}=\frac{pH_{HT}-pH_{NT}}{pH_{NT}}\times100\%　　　　（6-1）$$

其中，pH_{HT} 为早期高温养护下浆体孔溶液 pH 值，pH_{NT} 为标准养护下浆体孔溶液 pH 值。Φ_{pH} 值大于 0，代表该龄期时早期高温养护增大了浆体孔溶液 pH

值，小于 0 则反之。由式（6-1）计算出的 Φ_{pH} 值如图 6.21 所示。

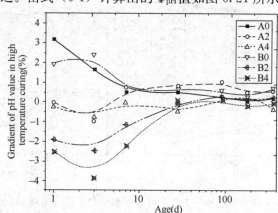

图 6.21　早期高温养护下复合胶凝材料硬化浆体孔溶液 pH 值变化率

从图 6.21 中可以看出，早期高温养护对于复合胶凝材料硬化浆体孔溶液 pH 值的影响并不明显，Φ_{pH} 值仅在 $-4\%\sim4\%$ 变化，Φ_{pH} 值的绝对值随龄期逐渐减小，各样品 7d 前的 Φ_{pH} 值大于此后各龄期的 Φ_{pH} 值，最后逐渐趋近于 0。

6.1.1.4　胶凝材料体系对孔溶液碱度的影响

前面的研究针对的体系主要是指掺有粉煤灰的复合胶凝材料，而在实际混凝土中，往往也会掺入不同比例的矿渣粉和硅灰等矿物掺合料，因此针对不同胶凝材料体系时硬化浆体孔溶液碱度的研究也是十分有必要的。表 6.2 显示了不同胶凝材料体系的配合比，按此配合比成型净浆，标准养护 1d，3d，7d，28d，90d，然后利用取出溶出法试验参数测试孔溶液 pH 值。

表 6.2　不同胶凝材料体系配合比

样品编号	水胶比	胶凝材料组成（质量分数%）			
		水泥	粉煤灰	矿渣粉	硅灰
S1		80	0	20	0
S2		65	0	35	0
S3		50	0	50	0
S4		35	0	65	0
FS1	0.3	50	25	25	0
FS2		35	32.5	32.5	0
FSS1		50	0	42	8
FSS2		50	42	0	8
FSS3		50	21	21	8

表 6.3　不同胶凝材料体系与养护龄期时硬化浆体孔溶液 pH 值

样品编号	养护龄期（d）				
	1	3	7	28	90
S1	12.75	12.87	12.72	12.72	12.70
S2	12.73	12.83	12.66	12.63	12.60
S3	12.72	12.78	12.59	12.60	12.57
S4	12.51	12.63	12.53	12.47	12.47
FS1	12.68	12.76	12.59	12.59	12.57
FS2	12.59	12.70	12.54	12.45	12.43
FSS1	12.59	12.78	12.58	12.50	12.46
FSS2	12.60	12.81	12.59	12.44	12.42
FSS3	12.55	12.71	12.58	12.46	12.43

　　表 6.3 显示了不同胶凝材料体系与不同养护龄期时硬化浆体孔溶液 pH 值。将表 6.3 中数据与图 6.19 结合起来分析，可以看出各组样品在 3d 前的孔溶液 pH 值会出现略微增加的趋势，这与含有粉煤灰的浆体相似，而后缓慢降低，90d 时基本达到稳定，此时各组样品的孔溶液 pH 值均在 12 以上；矿渣粉的掺入尽管也降低了孔溶液 pH 值，且随掺量增大而减小，但是在同一掺量下，含有矿渣粉的浆体孔溶液碱度要高于含有粉煤灰浆体的碱度；相比于单掺矿渣粉，掺合料复掺以及硅灰的掺入均会略微降低碱度，但幅度都不大。

　　为了更清晰地研究当矿物掺合料掺量相同时，不同胶凝材料体系对浆体孔溶液碱度的影响，特将矿物掺合料分别为 50％和 65％时的样品孔溶液 pH 值分别作图，结果如图 6.22 和 6.23 所示。

　　从图 6.22 和图 6.23 中可以看出，当矿物掺合料处于等掺量状态时，除水泥

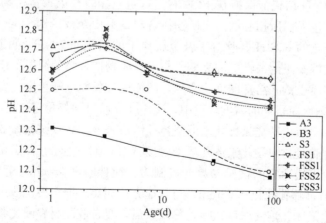

图 6.22　矿物掺合料为 50％时浆体孔溶液 pH 值

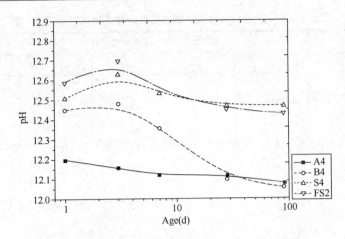

图 6.23 矿物掺合料为 65% 时浆体孔溶液 pH 值

一粉煤灰体系较低外,其余胶凝材料体系的孔溶液 pH 值变化不大,而且随龄期的变化规律也基本一致。

通常,硬化水泥浆体孔溶液碱度(pH 值)可由式(6-2)和(6-3)表示:

$$2\ [Ca^{2+}]\ +\ [K^+]\ +\ [Na^+]\ =\ [OH^-] \tag{6-2}$$

$$pH=14+\log\ (\gamma\ [OH^-]) \tag{6-3}$$

式(6-2)中 γ 为 $[OH^-]$ 的活性指数,当孔溶液中 $[OH^-]>0.1mol/L$ 时,γ 约为 0.7。

当温度在 0~90℃时,饱和 $Ca(OH)_2$ 的浓度通常在 0.011~0.025mol/L 范围内变化,按照式(6-3)计算,饱和 $Ca(OH)_2$ 溶液的 pH 值为 11.89~12.24。由于仅需少量固相 $Ca(OH)_2$ 就能保持硬化水泥浆体孔溶液中的 Ca^{2+} 浓度处于饱和状态,因此,即使长龄期时孔溶液中 K^+ 和 Na^+ 被 C-S-H 凝胶完全固化和吸附,那么孔溶液的 pH 值仍能保持在 12 左右。这也意味着在大掺量矿物掺合料混凝土中,不会发生人们所担心的由于矿物掺合料的火山灰反应对于 $Ca(OH)_2$ 的消耗以及低钙硅比的 C-S-H 凝胶对于碱金属离子的固化而带来的液相碱度持续下降,从而造成混凝土耐久性能的衰变。与不掺矿物掺合料的混凝土相同,掺有矿物掺合料的混凝土的孔溶液碱度均会随着龄期的延长而逐渐稳定,保持在 pH 值大于 12 的状态。在这样的碱度环境中,C-S-H 凝胶可保持稳定。

本节对取出溶出法测试硬化水泥浆体孔溶液碱度的各项试验参数进行了探索研究,对复合胶凝材料硬化浆体孔溶液碱度(pH 值)进行了表征和评价。结果表明:取出溶出法适宜的试验参数与机制为:搅拌时间 30min,静置时间 12h,水固比 10,通过筛孔孔径 0.08mm,与其他方法相比,取出溶出法可以用来评价胶凝材料硬化浆体孔溶液碱度;掺入粉煤灰后,复合胶凝材料硬化浆体孔溶液碱度有所降低,并随龄期延长缓慢下降,到 360d 时基本达到稳定,所有样品的碱度都能维持在 12 以上，早期养护温度的提升会对早期浆体孔溶液碱度造成略微影响，但总体变化不大，样品的碱度也都较为稳定，能保持在 12 以上。结合前面的结论，可以更清楚明确地认为在这两种养护方式下，复合胶凝材料水化产物与浆体的微观结构是较为稳定的，尽管有时粉煤灰的掺量高达 65%。

6.1.2 水泥-矿渣复合胶凝材料水化性能与浆体微观结构

6.1.2.1 水化产物

可以利用 XRD 方法来表征水化试样中未水化颗粒和水化产物的晶态物相种类及其含量的变化情况。在常温养护条件下，不同龄期时水泥-矿渣复合胶凝材料硬化浆体的 XRD 图谱如图 6.24(a)～(d)所示。

水泥和矿渣的水化产物中最主要是 C-S-H 凝胶，但 C-S-H 凝胶属于非晶态，通过 XRD 不能表征出。从图 6.24(a)可以看出，龄期 3d 时，除 C-S-H 凝胶外，纯水泥试样的主要水化产物为 $Ca(OH)_2$，XRD 图谱中还有 $CaCO_3$ 的衍射峰，其为水化产物 $Ca(OH)_2$ 被空气中的 CO_2 碳化而成。3d 龄期时，在纯水泥试样中

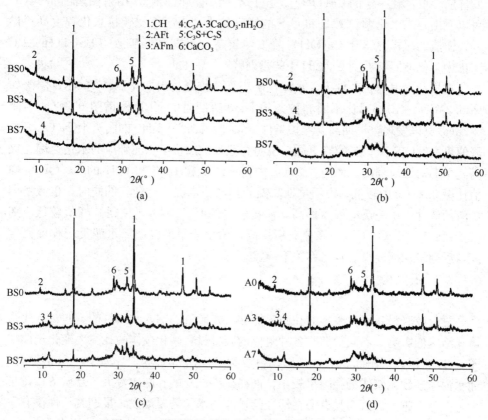

图 6.24 常温养护复合胶凝材料水化产物 XRD 图谱

(a) 龄期 3d；(b) 龄期 28d；(c) 龄期 1a；(d) 龄期 2a

可以看到较强的 AFt 的峰，表明早期生成大量的 AFt。在图谱中仍然能够看到 C_3S 和 C_2S 的峰，表明试样中存在较大的未水化的水泥熟料颗粒 C_3S 和 C_2S。而掺矿渣试样的 XRD 图谱显示，$Ca(OH)_2$ 的衍射峰降低，且矿渣掺量越大，$Ca(OH)_2$ 衍射峰降低越多。但即使是矿渣掺量 70% 的 BS7 试样，3d 龄期时其 $Ca(OH)_2$ 的衍射峰仍较高。矿渣早期活性低，其掺入后，增加的水泥的水灰比，起到了稀释效应，使得水泥分散更加均匀，早期增加了水泥的反应程度；矿渣早期的低活性也没有消耗大量 $Ca(OH)_2$，所以 BS7 试样的衍射峰 3d 时依然较高。掺矿渣试样中 AFt 峰降低，但矿渣掺量较大的试样中出现 $C_3A \cdot 3CaCO_3 \cdot nH_2O$，其为矿渣水化反应产物之一。

随着龄期的延长，至 28d 时，水化程度提高较多，纯水泥试样中 $Ca(OH)_2$ 的衍射峰更高，而 AFt 的衍射峰降低，部分转化成 AFm。此龄期时，掺矿渣试样的 $Ca(OH)_2$ 峰并没有像纯水泥试样的规律一样提高，而是变化不明显。早期矿渣的稀释效应使得复合胶凝材料中水泥的水化程度较高，且随后矿渣被激发，发挥活性要消耗一定的 $Ca(OH)_2$。至长龄期 1a、2a 时，从衍射图谱图 6.24(d) 可以看出，未水化颗粒 C_3S 和 C_2S 的峰已较小，表明水泥颗粒水化程度高；掺 30% 矿渣的试样 BS3 中 $Ca(OH)_2$ 峰依然较高，而掺 70% 矿渣的 BS7 试样 XRD 图谱中，仍然能够看到 $Ca(OH)_2$ 的衍射峰。

在早期高温养护条件下，水泥—矿渣复合胶凝材料水化试样的 XRD 图谱如图 6.25(a)～(d)。对比不同养护条件下 3d 龄期时的 XRD 图谱图 6.24(a) 与图 6.25(a) 可以发现，早期高温养护条件下，纯水泥试样 BH0 的图谱中 $Ca(OH)_2$ 的峰值更高，C_3S 和 C_2S 的峰更低，说明高温养护加快了水泥颗粒的水化速率，提高其早期的反应程度。而图 6.24(a) 中掺矿渣试样 BH3 和 BH7 的 $Ca(OH)_2$ 峰值比图 6.24(a) 中较低，说明早期高温养护加快水泥水化速率的同时，也激发了矿渣的活性，矿渣反应程度提高，消耗较多的 $Ca(OH)_2$，使得其峰值较低。随着龄期的增长，$Ca(OH)_2$ 峰值有所提高，但由于早期高温下水泥反应程度已较高，后期增加幅度没有常温养护下的显著。

6.1.2.2 孔结构

(1) 孔隙率

复合胶凝材料硬化浆体的孔隙率能够反映矿渣的掺入和掺量的不同对硬化浆体孔结构的影响。不同龄期时各种组成的胶凝材料硬化浆体的孔隙率变化规律如图 6.26 所示。从图 6.26(a)、(b) 均可以看出，在 20℃ 养护环境中，3d 龄期时，纯水泥净浆硬化浆体的孔隙率较小，而掺矿渣试样的孔隙率较大，且矿渣掺量越大，孔隙率越大。因为具有潜在活性的矿渣的水化需要激发，早期其活性没有发挥，反应程度较低，所以孔隙率较高。随着龄期的延长，矿渣活性逐渐被激发，至 28d 龄期时，掺 30% 矿渣试样 AS3、BS3 的孔隙率已大幅降低，低于纯水泥

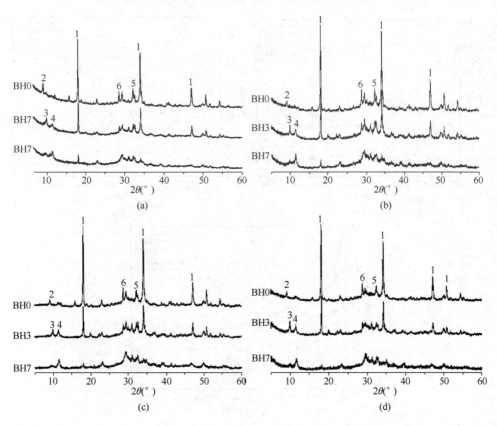

图 6.25　早期高温养护复合胶凝材料水化产物 XRD 图谱

(a) 龄期 3d；(b) 龄期 28d；(c) 龄期 1a；(d) 龄期 2a

试样。而掺 70％矿渣的试样 AS7、BS7，孔隙率也有所降低。水泥的水化速率快，后期反应程度提高有限，28d 至 90d 时纯水泥试样的孔隙率降低较少。而此时掺矿渣试样的孔隙率继续大幅降低，特别是掺 70％矿渣试样，孔隙率已降至最低。在大掺量矿渣复合胶凝材料试样中，当矿渣的活性充分发挥后，生成的水化产物能够更加有效的填充浆体内部孔隙。掺少量矿渣时，水化 28d 内，矿渣即被充分激发，发挥活性，填充孔隙；矿渣掺量大时，矿渣被充分激发的时间延迟，28d 后，才充分发挥出活性。水化 1a 时，两种水胶比的复合胶凝材料硬化浆体的孔隙率大小顺序一致，均是掺 70％矿渣试样的最小，纯水泥试样的孔隙率最大。

　　1a 龄期时，纯水泥试样中水泥颗粒的水化程度已较高，其后水泥水化程度继续提高非常有限，所以从图 6.26(a)、(b)可以看出，1a 龄期后，纯水泥试样的孔隙率降低非常少，特别是水胶比较小的 AS 组。而掺矿渣试样的孔隙率仍然会有一定程度的降低，说明 1a 龄期后，矿渣会继续水化，水化产物填充孔隙，

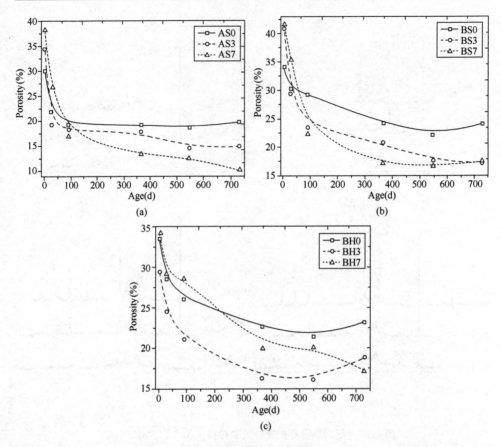

图 6.26　复合胶凝材料硬化浆体孔隙率
(a) AS 组；(b) BS 组；(c) BH 组

降低了浆体的孔隙率。对比图 6.26(a) 与图 6.26(b) 可以看出，在不同的龄期，水胶比较小的 AS 组试样的孔隙率均低于水胶比较大的 BS 组的孔隙率。水胶比越低，成型的浆体中水占据的体积越小，水化硬化浆体中孔隙率越低。图 6.26(c) 为早期高温养护条件下各龄期各种组成的胶凝材料硬化浆体的孔隙率变化规律。3d 龄期时，与图 6.26(b) 相比，BH0 的孔隙率稍低于 BS0，BH3、BH7 的孔隙率降低较多，特别是 BH3 的孔隙率已低于 BH0，说明适当的高温养护加快了水泥的水化速率，但不会使其硬化浆体结构疏松；高温养护大大提高了矿渣的反应程度，其水化产物沉积在水泥水化生成的初期浆体结构中，使浆体致密。7d 后，试样转移至常温条件下养护，各试样中胶凝材料缓慢地继续水化，孔隙率随之降低。水化 1a 时，掺 70% 矿渣的 BH3 的孔隙率也低于纯水泥试样。

(2) 孔径分布

孔径分布能够更好地反映硬化浆体的结构特点。Mehta 等根据孔径大小将水化水泥浆体中的孔分为 4 个等级：＜4.5nm、4.5～50nm、50～100nm 和＞100nm，并且认为＞50nm 的毛细孔对强度和渗透性等特性的影响更大，而＜50nm 的孔为微观孔，主要影响干缩和徐变。按照这个孔径划分等级，不同龄期硬化浆体的孔径分布如图 6.27 所示。

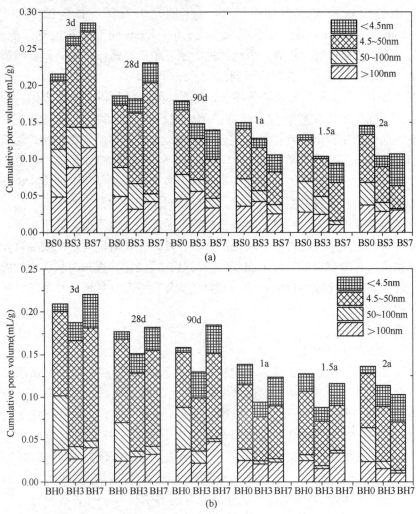

图 6.27 复合胶凝材料硬化浆体孔径分布
（a）常温养护；（b）早期高温养护

图 6.27(a)为常温养护条件下硬化浆体的孔径分布。3d 龄期时，矿渣的掺入使得试样中＞100nm 的大孔数量增加，矿渣掺量越大，这种趋势越显著，BS3 试样中＞100nm 的大孔含量几乎占总孔隙量的 50％。此时矿渣还没有充分水化，

不能有效地填充毛细孔，大孔较多。至 28d 龄期时，掺矿渣试样中＞100nm 的大孔大幅减少，50～100nm 的孔略有减少，＜4.5nm 的凝胶孔有所增加，而纯水泥试样中＞100nm 的大孔变化不大，掺矿渣试样的大孔含量已小于纯水泥试样。可见，随着龄期的增加，矿渣活性逐渐被激发，生成的水化物填充原来由水占据的大毛细孔，使大孔减少；而水化产物内部的凝胶孔增加。随着龄期的继续延长，矿渣持续反应生成的水化产物继续填充大孔隙。掺矿渣的试样中，50～100nm 和＞100nm 的大孔继续减少，4.5～50nm 的毛细孔也有降低趋势，＜4.5nm 的凝胶孔有增大趋势。由此可见，随着龄期的延长，矿渣复合胶凝材料浆体的孔隙率降低显著，孔径也得到细化。

图 6.27(b) 为早期高温养护条件下硬化浆体的孔径分布。3d 龄期时，掺矿渣试样中＞100nm 的大孔数量与常温养护的相比，减少较多，说明高温养护激发了矿渣的活性，使其早期就得以较充分的水化，生成更多的水化产物，填充毛细孔。而＜4.5nm 的凝胶孔有所增加，也说明生成的水化产物增加。随着龄期的延长，大孔有减少的趋势，但降低的幅度远没有常温养护条件下的大。说明早期高温养护加快了胶凝材料的水化速率，但后期对孔径结构没有改善。

测定结果显示：无论是早期还是长龄期，矿渣的反应程度远低于水泥，矿渣复合胶凝材料的反应程度也低于水泥的反应程度；但长龄期时，矿渣复合胶凝材料硬化浆体的孔隙率却低于纯水泥浆体，而且孔径细化，这与一般认为的胶凝材料反应程度越高，孔隙率越低相悖。需要观测复合胶凝材料硬化浆体的微观形貌来进行解释。

6.1.2.3　微观结构

(1) 浆体微观形貌

利用 SEM 观测的 3d 龄期时各试样的微观形貌如图 6.28 所示。从图中可以看出，常温养护条件下，纯水泥试样 BS0 在 3d 时的水化产物已较丰满，能够观测到叠片状的 $Ca(OH)_2$ 和大量的絮状的 C-S-H 凝胶，在较大的空间里生长有针棒状的钙矾石。掺矿渣复合胶凝材料浆体试样 BS3 和 BS7 中，虽有些水化产物在孔隙中生长或覆盖在未水化颗粒表面，但水化产物不饱满，存在较多的孔隙，且胶凝材料颗粒清晰可辨，有些未水化颗粒表面光滑，颗粒之间的粘结不够紧密，特别是矿渣掺量 70% 的 BS7 试样，光滑的多楞状未水化矿渣颗粒能够大量观测到，说明 3d 时大掺量矿渣复合体系中，矿渣反应程度较低。高温养护条件下 [图 6.28(d)、(e)、(f)]，各试样中水化产物丰富，堆积紧密，特别是掺矿渣的试样，与常温养护的相比，矿渣颗粒本身水化程度较高，矿渣颗粒与周围水化产物粘结紧密，显著提高了浆体密实程度。即使矿渣掺量较大的 BH7 试样中，矿渣颗粒周围水化产物也非常多，能够分辨出是属于矿渣反应的水化产物。可见，高温养护可加速水泥水化，更好的激发了矿渣的活性，提高早期矿渣的反应程度。

图 6.28　3d 龄期时复合胶凝材料硬化浆体的微观形貌
(a) BS0；(b) BS3；(c) BS7；(d) BH0；(e) BH3；(f) BH7

　　随着龄期的延长，28d 和 90d 时各试样的微观形貌如图 6.29 和 6.30 所示。从各图中常温养护条件下的微观形貌可以看出，随着龄期增长，矿渣逐渐被激发，矿渣的反应程度提高，矿渣颗粒周围的水化产物丰富，且粘结紧密，浆体密实，孔隙较少。矿渣掺量为 30% 的试样中，能够观测到大量的片状的 $Ca(OH)_2$，

图 6.29　28d 龄期时复合胶凝材料硬化浆体的微观形貌
(a) BS0；(b) BS3；(c) BS7；(d) BH0；(e) BH3；(f) BH7

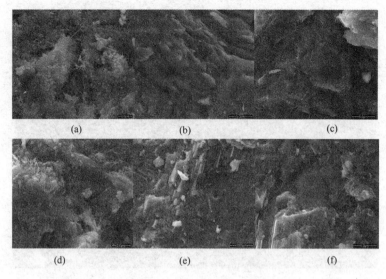

图 6.30　90d 龄期时复合胶凝材料硬化浆体的微观形貌

(a) BS0；(b) BS3；(c) BS7；(d) BH0；(e) BH3；(f) BH7

说明矿渣水化没有消耗大量的 Ca(OH)$_2$，浆体中仍然有大量的 Ca(OH)$_2$ 存在；矿渣掺量 70% 的试样中，也能够发现少量 Ca(OH)$_2$。

至长龄期 1.5a 时各试样的微观形貌如图 6.31 所示。从图 6.31(a)、(b)、(c)可以看出，常温养护条件下，至 1.5a 龄期时，各试样均非常密实，水化产物丰富，很好地填充孔隙，即使矿渣掺量 70% 的 BS7 试样，也可看出，矿渣的反应程度较高，与周围水化产物结合紧密。早期高温养护的试样在 1.5a 龄期时的浆体微

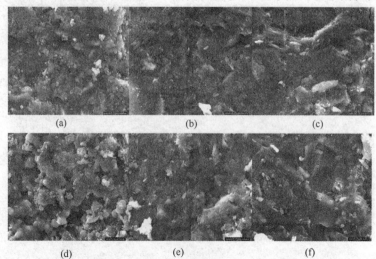

图 6.31　1.5a 龄期时复合胶凝材料硬化浆体的微观形貌

(a) BS0；(b) BS3；(c) BS7；(d) BH0；(e) BH3；(f) BH7

观形貌如图 6.31(d)、(e)、(f)所示。图 6.31(d)显示，早期的高温养护，反而使后期 BH0 硬化浆体不够密实，孔隙较大。因为在早期高温条件下，水泥快速水化，水化产物来不及往外扩散，覆盖在未水化颗粒表面，阻碍了其后期继续水化，而掺矿渣复合胶凝材料浆体更加密实。矿渣本身的活性较小，即使在高温激发下，水化程度仍低于水泥熟料，早期的高温养护没有在未水化矿渣颗粒表面形成厚的水化物层，所以对矿渣后期水化没有较大的阻碍。

从图 6.28(a)可以看出，常温养护条件下 3d 龄期时，BS0 试样的水化产物已较丰满，堆积密实，因而硬化浆体的孔隙率较低；在试样 BS3 和 BS7 微观形貌图中，虽有些水化产物在孔隙中生长或覆盖在未水化颗粒表面，但水化产物不饱满，没有很好的填充孔隙，所以导致孔隙率较大，且大孔较多。因此，长龄期矿渣复合胶凝材料浆体的孔隙率大幅下降，孔径细化，甚至低于纯水泥试样的孔隙率。早期高温养护的纯水泥试样在 1.5a 龄期时的浆体微观形貌如图 6.29(d)显示，早期的高温养护，反而使后期 BH0 硬化浆体不够密实，所以孔隙率较大，大孔较多。而掺矿渣试样的微观形貌显示浆体结构密实，孔隙较少，所以孔隙率较低。

（2）C-S-H 凝胶的微观形貌

水泥和矿渣最主要的水化产物均为 C-S-H 凝胶，只是化学组成有所不同。图 6.32(a)、(b)为利用 TEM 观察常温养护条件下 90d、1a 龄期时纯水泥试样 BS0 中水化产物 C-S-H 凝胶的微观形貌，可以清晰地看出其均呈纤维状。图 6.32(c)为常温养护条件下 90d 龄期时 BS0 试样中针棒状的水化产物和层状水化产物，经 EDX 对其分别进行元素分析，结果针棒状的为 AFt，其长度为 $1 \sim 2\mu m$；右侧中上方层状产物为 $Ca(OH)_2$ 晶体，在观察角度下其为侧立向，因此呈叠片状。掺 70% 矿渣复合胶凝材料硬化浆体 BS7 中，除了含有单向分布的纤维状的 C-S-H 凝胶，还有大量的三维分布的箔片状的 C-S-H 凝胶。图 6.33(a)、(b)为常温养护条件下龄期 90d、1a 时试样 BS7 中的 C-S-H 凝胶，可以看出其呈无定向分布的箔片状。经 EDX 分析，显示其 Ca/Si 比较小，为矿

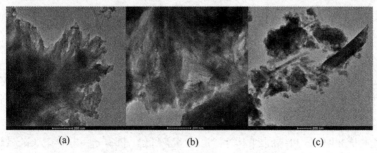

(a)　　　　　　　　(b)　　　　　　　　(c)

图 6.32　BS0 试样水化产物在 TEM 下的形貌

(a) 90d 龄期 C-S-H；(b) 1a 龄期 C-S-H；(c) 90d 龄期 AFt 和 CH

渣水化生成的 C-S-H 凝胶。图 6.33(c)为 BS7 试样中富含 Al、Mg 的 C-S-H 凝胶形貌，其中有板状物存在。

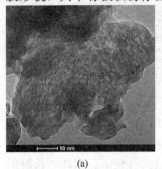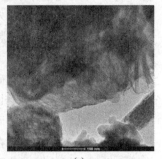

(a)   (b)   (c)

图 6.33 BS7 试样水化产物在 TEM 下的形貌
(a) 90d 龄期 C-S-H；(b) 1a 龄期 C-S-H；(c) 1a 龄期富含 Al、Mg 凝胶

纤维状的 C-S-H 凝胶单向分布，不能很好地填充孔隙，使浆体中含有较粗大的相互连通的孔；而箔片状的 C-S-H 凝胶三维分布，能够更好的阻断孔隙，使浆体中孔隙不能很好地连通，也更有效的填充空间，使浆体的孔隙较细，凝胶自身也更加密实。所以到水化后期，即使 BS0 的水化程度高，但其主要水化产物 C-S-H 凝胶呈纤维状，导致孔隙率较高；掺矿渣试样的水化程度较低，但其 C-S-H 凝胶呈箔片状，更好的隔断和填充了孔隙，使得孔隙率反而较低，且孔径细化。能够较好的解释 6.1.2.2 部分孔隙率变化的规律和孔径分布的特征。

6.1.2.4 C-S-H 凝胶 Ca/Si 比

扫描电镜附带的 EDS 分析的作用范围大约为 $1\mu m^3$，分析时可能同时包含多个物相的信息。为了减小误差，在进行 EDS 分析时，首先选择典型的 C-S-H 凝胶进行分析，根据所得结果评价所选区域是否为 C-S-H 凝胶。对于同一试样，选择 30 个区域进行 EDS 分析，对所得结果进行平均。用 SEM 观测得到的硬化浆体微观形貌如图 6.34 所示，其中标记出用附带的 EDS 对 C-S-H 凝胶进行定点分析的一个位置。纯水泥试样元素分析典型结果如图 6.35 所示，主要的组成元素为 Ca 和 Si，从元素构成可以确认水化产物为 C-S-H 凝胶。掺矿渣试样元素分析典型结果如图 6.36 所示，除了主要的组成元素为 Ca 和 Si 之外，其中还有一定的 Al 含量，这是因为矿渣中含 Al 较多，矿渣反应生成一定数量的 C-A-S-H 凝胶。

常温养护和早期高温养护条件下 BS 组各试样不同龄期测试的 C-S-H 凝胶的 Ca/Si 比如图 6.37 所示。从图 6.37 中可以看出，纯水泥试样中 C-S-H 凝胶的 Ca/Si 比较高；而在水泥-矿渣复合胶凝材料中，由于矿渣中 Ca 含量低于水泥，矿渣水化生成的 C-S-H 凝胶的 Ca/Si 比也较低，掺矿渣试样中 C-S-H 凝胶的 Ca/Si 比较低，矿渣掺量越大，C-S-H 凝胶的 Ca/Si 比降低越多，矿渣掺量 70% 的 BS3、BH3 试样的 Ca/Si 比远低于纯水泥试样和矿渣掺量 30% 试样中 C-S-H

图 6.34　EDS 定点分析位置

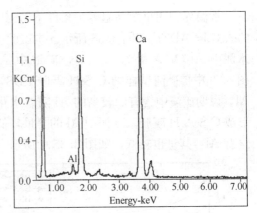

图 6.35　纯水泥试样中 C-S-H 凝胶 EDS 分析结果

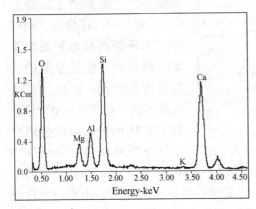

图 6.36　掺矿渣试样 C-S-H 凝胶 EDS 分析结果

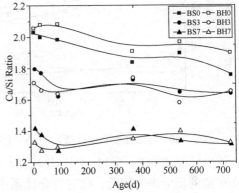

图 6.37　各试样 C-S-H 凝胶的 Ca/Si 比

凝胶的 Ca/Si 比。对于掺矿渣复合胶凝材料试样，常温养护下的 B 组试样，3～28d时，C-S-H 凝胶的 Ca/Si 比降低幅度较少，28～90d 时，C-S-H 凝胶的 Ca/Si 比降低较多；而对于早期高温养护的 BH 组试样的 Ca/Si 比呈现相反的趋势，3～28d时 C-S-H 凝胶 Ca/Si 比降低较多，28～90d 时反而降低较少。对比 BS 与 BH 组试样中掺矿渣复合胶凝材料试样的 Ca/Si 比，还可以看出，3d 和 28d 时，B 组试样的 Ca/Si 比均高于相同矿渣掺量 BH 组试样的 Ca/Si 比。因为早期高温养护下，3d 至 28d 时，从图 6.28 和 6.29 可以看出，BH 组试样矿渣的反应程度高于 BS 组，而矿渣生成的 C-S-H 凝胶 Ca/Si 比低于水泥水化生成的 C-S-H 凝胶 Ca/Si 比，BH 组试样矿渣水化生成了更多的低 Ca/Si 比 C-S-H 凝胶；至 90d 时，B 组试样中矿渣的反应程度继续提高，与 BH 组试样中矿渣反应程度接近，因此 BS 组试样 C-S-H 凝胶的 Ca/Si 比与 C 组 C-S-H 凝胶的 Ca/Si 比接近甚至更低。

常温养护和早期高温养护条件下 BS 组各试样不同龄期测试的 C-S-H 凝胶的 Ca/（Si＋Al）比如图 6.38 所示。本试验所用矿渣中 Al₂O₃ 含量为 14.36％，而水泥中 Al₂O₃ 含量为 4.59％，矿渣中 Al₂O₃ 含量远高于水泥中的含量。从图 6.36 中掺矿渣试样的 C-S-H 凝胶 EDS 分析结果可以看出，其中含有较多的 Al，说明矿渣中含有的较高的 Al 随着水化的进展会进入生成的 C-S-H 凝胶中，形成 C-S-A-H 凝胶。水泥中 Al 的含量较低，其水化生成的 C-S-H 凝胶中，即使含有 Al，其量也较低，如图 6.35 中所示。

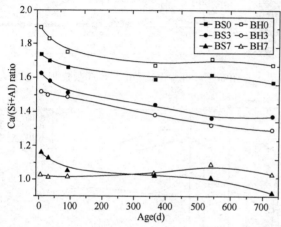

图 6.38　各试样中 C-S-H 凝胶的 Ca/（Si＋Al）比

从图 6.38 中可以看出，对于同等矿渣掺量试样，早龄期时高温养护条件下 C-S-H 凝胶的 Ca/（Si＋Al）比均相对较小，常温养护下试样的 Ca/（Si＋Al）比较高。同样是因为早期高温养护激发了矿渣的活性，使其早期的反应程度就较高，矿渣反应生成较多的 Ca/（Si＋Al）比低的 C-S-H 凝胶，因此使得整个复合胶凝材料浆体试样中 C-S-H 凝胶的 Ca/（Si＋Al）比较低。常温养护条件下，早龄期时掺矿渣试样中矿渣的反应程度较低，此时复合体系中生成的 C-S-H 凝胶主要是由水泥水化而成，因而其 Ca/（Si＋Al）比早期高温养护试样的要高。随着龄期的增加，常温养护条件下复合体系中的矿渣逐渐被水泥水化产生的碱性环境激发，矿渣的反应程度提高较多，生成含 Al 较多的低 Ca/（Si＋Al）比的 C-S-H 凝胶，整个复合体系中 C-S-H 凝胶的 Ca/（Si＋Al）比也有较大幅度的降低。

6.1.3　软水溶蚀作用下复合胶凝材料浆体微观结构变化

6.1.3.1　配合比

用于软水溶蚀试样的水泥-粉煤灰复合胶凝材料净浆配合比如表 6.4 所示，水泥-矿渣复合胶凝材料净浆配合比如表 6.5 所示。

表 6.4　水泥-粉煤灰净浆配合比

编号	w/b	质量分数（％）	
		水泥	粉煤灰
E0		100	0
E1		80	20
E2	0.35	60	40
E3		35	65

表 6.5　水泥-矿渣净浆配合比

编号	w/b	质量分数（%）	
		水泥	矿渣
F0		100	0
F3	0.5	70	30
F7		30	70

6.1.3.2　水泥-粉煤灰浆体溶蚀试验结果

（1）质量损失

经常软水溶蚀作用后，水泥-粉煤灰复合胶凝材料硬化浆体试样如图 6.39 所示，从图中可以看出浆体表面水化产物有一定程度的溶蚀。图 6.40 所示为不同粉煤灰掺量的水泥-粉煤灰硬化浆体在不同溶蚀龄期的质量损失率。由于软水中不含钙离子，硬化胶凝材料浆体在遭受软水接触后，含钙产物有水解或溶解的趋势，且流动的软水提高持续溶解的条件，即有水化产物被溶蚀，硬化浆体质量就会降低。随溶蚀龄期的延长，质量损失量逐渐增大。

从图 6.40 可以看出，从养护结束开始溶蚀到溶蚀龄期 28d 时，除粉煤灰掺量 65% 的 E3 试样质量损失外，其他试样的质量均有所增加，且随着粉煤灰掺量的增加，质量增加率越小。这是因为在溶蚀初期，硬化浆体中仍含有一定量的未水化水泥颗粒，其与水反应继续水化，而短期的溶蚀使浆体质量损失尚小，小于水泥水化吸收水的质量，表现出质量增加。且掺粉煤灰后，早期粉煤灰的稀释作用，增大了水泥的水灰比，水泥水化较快，至溶蚀时未水化水泥相对较少，粉煤灰的火山灰反应消耗一定的 $Ca(OH)_2$，也促进了水泥的水化程度，所以随着粉煤灰的掺入和掺量的增加，溶蚀 28d 时质量增加越少。且粉煤灰掺量越大，溶蚀前浆体的孔隙率越大。粉煤灰掺量 65% 的 E3 试样的孔隙率最大，浆体不够密实，短期溶蚀也会造成质量损失。

至溶蚀龄期 90d 时，除纯水泥硬化浆体试样 E0 外，其他试样均表现出质量损失，而 E0 相对于溶蚀 28d 时也表现出质量损失。说明随着溶蚀龄期的延长，溶蚀导致的质量损失已超过未水化颗粒继续水化带来的质量增加。随着溶蚀龄期的继续增加，各试样均出现质量损失。至溶蚀 1000d 时，纵观整个溶蚀龄期，纯水泥浆体表现出了较好的抗软水溶蚀能力，累计质量损失较其他试样小。粉煤灰掺量分别为 20% 和 40% 的试样 E1、E2，质量损失率接近，虽然比纯水泥浆体要高，但相对也较小，粉煤灰掺量达 65% 的试样 E3，质量损失率最大。因为粉煤灰的活性相对水泥较低，粉煤灰掺量的增加，降低了总体胶凝材料的水化程度，硬化浆体的密实度也降低，导致溶蚀增加。而本文试验采用的水胶比较低，硬化浆体比较密实，质量损失率相对较小。

试样 E1 中的粉煤灰掺量相当于普通硅酸盐水泥的最大混合材掺量，而试样 E2 相当于已含有 20％粉煤灰的普通硅酸盐水泥再掺加 25％的粉煤灰。本文试验采用的水胶比较低，在观察的溶蚀时间内，相当于普通硅酸盐水泥和普通硅酸盐水泥再掺加 25％的矿物掺合料的复合胶凝材料的抗软水溶蚀性令人满意。试样 E3 相当于已含有 20％粉煤灰的普通硅酸盐水泥再掺加 56.25％的粉煤灰，其抗软水溶蚀性下降较多。因此，在实际工程使用时，为了增加粉煤灰用量，可采用降低水胶比等措施来提高其密实性，从而提高其抗软水溶蚀性。

图 6.39　软水溶蚀后试样图片

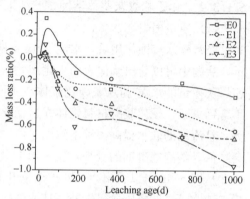

图 6.40　软水溶蚀下浆体质量损失率

（2）孔隙结构

利用压汞法测得不同溶蚀龄期时水泥－粉煤灰硬化浆体孔隙率如图 6.41 所示。从图中可以看出，粉煤灰的掺入增加了硬化浆体的孔隙率，而且掺量越大，孔隙率越大。同样是因为粉煤灰的活性较低，掺入后减少了水泥的含量，胶凝材料总体水化程度低，密实性较差。遭受短期 28d 溶蚀后，各组试样的孔隙率均有降低的趋势，与图 6.40 中质量变化规律一致。可能是因为未水化水泥颗粒继续水化及粉煤灰的火山灰反应，水化产物填充孔隙；而短期溶蚀使水化产物溶解还较少，导致孔隙率降低。随溶蚀龄期的延长，部分水化产物不断溶解，孔隙率由降低逐渐增加。纯水泥浆体在溶蚀 1000d 后孔隙率与未溶蚀时略有增加，因为其较高的密实度，表现出较强的抗软水溶蚀性。硬化浆体的密实程度是影响溶蚀性的重要因素，孔隙率大，密实度差，使得水分能渗透到浆体内部，溶解可溶水化产物。掺粉煤灰硬化浆体溶蚀 1000d 后的孔隙率均有所增加，粉煤灰掺量较大且孔隙率较大的试样 E2、E3 增加稍多。

图 6.42 为不同溶蚀龄期硬化浆体不同孔径的累积进汞量，可以反应硬化浆体中的孔径分布。Mehta 按照孔径大小将硬化浆体中的孔大体分为 4 个等级：$<4.5nm$、$4.5\sim50nm$、$50\sim100nm$、$>100nm$，并且认为 $>100nm$ 的孔为有害孔，影响硬化浆体的强度和渗透性，$<100nm$ 的孔仅为少害孔，而 $<4.5nm$ 的孔为凝胶孔。

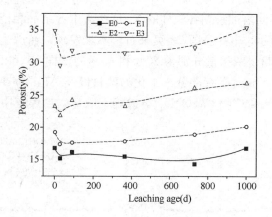

图 6.41　软水溶蚀下浆体孔隙率变化

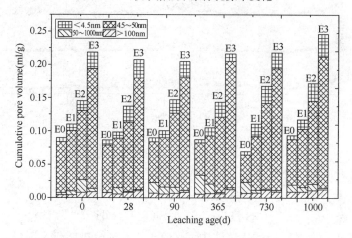

图 6.42　软水溶蚀后硬化浆体的孔径分布

从图 6.42 可以看出，在养护结束开始溶蚀时，各试样硬化浆体的孔隙主要是 4.5～50nm 的微孔和<4.5nm 凝胶孔。而短期溶蚀 28d 后，<4.5nm 的凝胶孔增多，4.5～50nm 的微孔稍有减少，说明胶凝材料继续水化，生成更多的凝胶填充毛细孔。随着溶蚀龄期继续增加，至 1000d 时，可发现最可几孔径移至 4.5～50nm 的微孔。说明经过长期溶蚀，硬化浆体中可溶性的水化产物被溶解，填充 4.5～50nm 微孔的部分产物被水带走，导致微孔量增加，是硬化浆体溶蚀后影响最大的孔径分布。50～100nm 和>100nm 的少害孔和有害孔也稍有增加，但所占比例仍较小，对硬化浆体的强度和渗透性影响不大。而有文中采用较大的水胶比，溶蚀后使得>100nm 的有害孔增加较多，抗溶蚀性差。说明胶凝材料充分的养护和较小的水胶比可使硬化浆体更好的抵抗溶蚀破坏。

（3）水化产物及 CH 含量

图 6.43 显示了不同粉煤灰掺量的硬化水泥浆体溶蚀龄期 1000d 的 XRD 试验

分析。通过对比不同溶蚀龄期各试样的 XRD 图谱中各结晶相衍射峰值强度，试验结果如表 6.6 所示，其中 M 代表莫来石。不难发现，在遭受溶蚀之后，纯水泥净浆试样 E0 和粉煤灰掺量分别为 20％和 40％的试样 E1 和 E2 的水化产物中 CH 含量仍然较多，同时尚有部分未水化的熟料以及 AFm 存在。而粉煤灰掺量 65％的试样 E3 的水化产物 Ca(OH)$_2$ 衍射峰不明显，粉煤灰中所含有的莫来石峰较为明显。

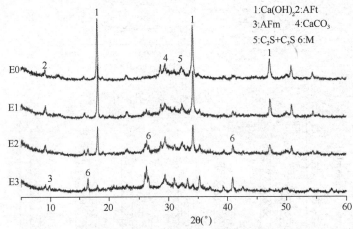

图 6.43　溶蚀 1000d 时硬化浆体 XRD 图谱

胶凝材料硬化浆体在遭受软水溶蚀破坏时主要会发生以下 2 个化学反应：

$$Ca(OH)_2 \rightarrow Ca^{2+} + 2OH^- \tag{6-4}$$

$$C\text{-}S\text{-}H \rightarrow Ca^{2+} + SiO_2 + 2OH^- \tag{6-5}$$

而且通常认为只有当硬化浆体中 Ca(OH)$_2$ 大部分被溶解后，C-S-H 凝胶才会开始溶蚀分解。亦即只要还能探测到一定量的 Ca(OH)$_2$ 的存在，式（6-5）发生反应的程度就很小。因此，虽然不能用 XRD 确认 C-S-H 凝胶的存在，但可得知在较长的溶蚀时间内，各样品中的 C-S-H 凝胶是稳定存在的。

软水溶蚀 1000d 后，在纯水泥浆体和粉煤灰掺量较少的 E1、E2 试样中，仍然有较强的 Ca(OH)$_2$ 衍射峰，说明经过长期的软水溶蚀，仍然有较多的 Ca(OH)$_2$ 存在。而粉煤灰掺量达 65％的 E3 试样中，Ca(OH)$_2$ 的衍射峰非常弱。且经过长期溶蚀后，各试样中均发现有 CaCO$_3$ 的较弱的衍射峰，说明硬化浆体中有少量的 Ca(OH)$_2$ 被溶于水中的 CO$_2$ 碳化。

表 6.6　浆体溶蚀后 XRD 试验结果

编号	溶蚀龄期	CH	Clinker	AFt	AFm	CaCO$_3$	M
	0	±	⊥	—	□	—	—
E0	1a	±	□	□	□	—	—
	3a	±	□	□	□	—	—

续表

编号	溶蚀龄期	CH	Clinker	AFt	AFm	CaCO₃	M
	0	±	□	—	□	—	—
E1	1a	±	—	□	—	□	—
	3a	±	—	□	—	□	—
	0	⊥	—	—	□	—	—
E2	1a	⊥	—	□	—	—	□
	3a	⊥	—	□	—	—	□
	0	□	—	—	□	—	—
E3	1a	—	—	□	□	□	⊥
	3a	—	—	□	□	□	⊥

注：±—强；⊥—中；□—弱；—无

图 6.44 为利用 TG 方法测试的溶蚀 2a 后 E3 试样的热重曲线，从其中微分曲线可以看出，在大约 $400\sim500\,^\circ\mathrm{C}$ 的 $Ca(OH)_2$ 的分解处没有发现放热峰，说明在试样中 $Ca(OH)_2$ 已不存在。而在 $900\sim1000\,^\circ\mathrm{C}$ 时出现的峰是 $CaCO_3$ 分解的放热峰。此时出现的 $CaCO_3$ 是由于试样在长期的溶蚀过程中，试样中 $Ca(OH)_2$ 被溶于水中的 CO_2 碳化而成，并不是在 TG 试验过程中 $Ca(OH)_2$ 被碳化而形成，因为在 TG 试验中，采用了 N_2 作为保护气体，防止 $Ca(OH)_2$ 被碳化。图 6.45 为计算不同粉煤灰掺量各溶蚀龄期时硬化浆体中 $Ca(OH)_2$ 的含量。溶蚀初期纯水泥净浆试样 E0 中 $Ca(OH)_2$ 含量有所增加，是因为未水化水泥颗粒继续水化的结果，与前述质量变化与孔隙结构变化规律一致，而后有所降低，说明溶蚀不断地发生，但溶蚀量非常小。其余三个试样中由于粉煤灰的掺入减少了复合胶凝

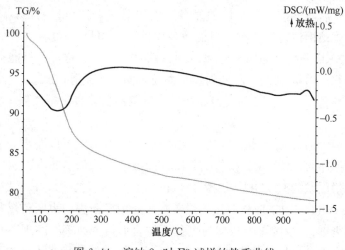

图 6.44 溶蚀 2a 时 E3 试样的热重曲线

材料中水泥熟料的比例，降低了 $Ca(OH)_2$ 的生成总量，且有粉煤灰的火山灰反应消耗部分 $Ca(OH)_2$，以及经过溶蚀后，$Ca(OH)_2$ 含量进一步下降。粉煤灰掺量较少的 E1 和 E2 试样中 $Ca(OH)_2$ 含量减少趋势变得平缓。可以预见在更长的溶蚀龄期，本试验中粉煤灰掺量较少的试样硬化浆体并不会因为溶蚀而使得 $Ca(OH)_2$ 严重缺失直至耗尽，能够保持足够的碱度，因此 C-S-H 凝胶发生溶蚀分解的可能性很小。经过长期溶蚀后，粉煤灰掺量达 65% 的 E3 试样，$Ca(OH)_2$ 的含量已非常低，甚至在有的试样中没有测试到 $Ca(OH)_2$ 的存在，前面 XRD 图谱也显示出 $Ca(OH)_2$ 的衍射峰非常微弱。可能会导致 C-S-H 凝胶发生溶蚀分解。

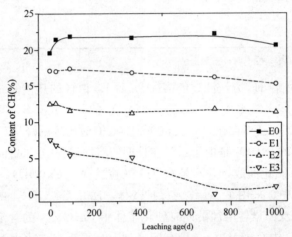

图 6.45　硬化浆体中 CH 含量随溶蚀时间的变化

（4）显微形貌

养护 90d 后溶蚀前硬化浆体的显微形貌如图 6.46。可以看出，溶蚀前，纯水泥硬化浆体结构致密，含有大量的叠片状的 $Ca(OH)_2$，也有少量的针棒状的水化产物，XRD 分析其为 AFm。掺 20% 粉煤灰的 E1 试样，仍然能够观测到大量的层状的 $Ca(OH)_2$，而球状的粉煤灰颗粒表面依然光滑；E2、E3 试样中大量的球状粉煤灰颗粒，表面光滑，没有严重的蚀刻现象，表明粉煤灰还没有发生火山灰反应。

溶蚀 1000d 后硬化浆体的显微形貌如图 6.47 所示。可以看出，经过长期溶蚀后，纯水泥净浆试样 E0 和掺粉煤灰试样的微观形貌仍然非常致密。纯水泥试样中存在大量层状的 $Ca(OH)_2$；掺 20% 和 40% 粉煤灰的 E1、E2 试样中，也可发现大量 $Ca(OH)_2$。E1 取样时，粉煤灰颗粒从中部断裂，表明粉煤灰颗粒与周围胶凝粘结紧密。E2 试样中球型粉煤灰颗粒表面被"蚀刻"的现象显著，表现出粉煤灰的火山灰活性。粉煤灰掺量达 65% 的 E3 试样硬化浆体显微形貌中显示

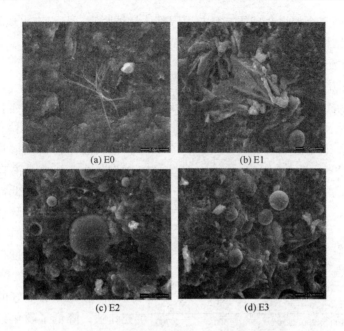

(a) E0　　　　　　　(b) E1

(c) E2　　　　　　　(d) E3

图 6.46　溶蚀前硬化浆体的微观形貌

(a) E0；(b) E1；(c) E2；(d) E3

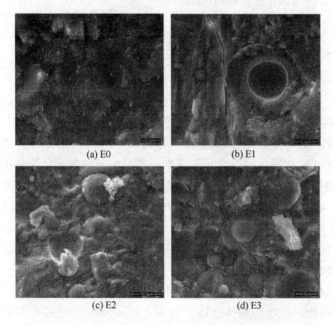

(a) E0　　　　　　　(b) E1

(c) E2　　　　　　　(d) E3

图 6.47　溶蚀 1000d 后硬化浆体的微观形貌

(a) E0；(b) E1；(c) E2；(d) E3

出大小不一的多个粉煤灰球体，且与周围浆体粘结紧密，且没有出现凝胶的分解产物，浆体结构保持稳定。

6.1.3.3 水泥-矿渣浆体溶蚀试验结果

（1）孔隙结构

利用压汞法测得不同溶蚀龄期水泥-矿渣复合胶凝材料硬化浆体孔隙率变化如图6.48所示。从图6.48中可以看出，养护90d后，矿渣的掺入降低了硬化浆体的孔隙率，而且掺量越大，孔隙率越小。矿渣是潜在活性胶凝性材料，早期活性低，后期被水泥水化产生的碱性环境激发，发挥出较好的活性，但其反应程度低于水泥的反应程度，但矿渣水化生成的三维分布的箔片状的C-S-H凝胶，能够更好的隔断和填充孔隙，降低了硬化浆体的孔隙率。遭受短期90d溶蚀后，各组试样的孔隙率均有降低的趋势。可能是因为未水化水泥和矿渣颗

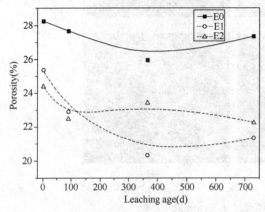

图6.48 软水溶蚀作用下浆体孔隙率变化

粒继续水化，水化产物填充孔隙；而短期溶蚀使水化产物溶解还较少，导致孔隙率降低。随溶蚀龄期的延长，部分水化产物不断溶解，孔隙率由降低逐渐增加。纯水泥浆体在溶蚀1a后孔隙率有增大的趋势，到溶蚀2a龄期时，孔隙率大于溶蚀1a龄期时，但仍然小于未溶蚀浆体的孔隙率。因为其较高的密实度，表现出较强的抗软水溶蚀性。硬化浆体的密实程度是影响溶蚀性的重要因素，孔隙率小，密实度好，使得水分难于渗透到浆体内部，溶解可溶水化产物。养护90d后，矿渣充分发挥其潜在的活性，使掺矿渣复合胶凝材料硬化浆体的孔隙率低于纯水泥试样的孔隙率，浆体的密实度更好。掺矿渣硬化浆体的孔隙率经溶蚀后呈降低的趋势，掺30%矿渣的试样溶蚀2a时，孔隙率稍有增加，但增加幅度很小，没有发生明显的溶蚀破坏。与水泥-粉煤灰复合胶凝材料相比，水泥-矿渣复合胶凝材料浆体的抗软水溶蚀作用更强，长期溶蚀后，浆体孔隙率没有发生明显的增大趋势。

不同溶蚀龄期水泥-矿渣复合胶凝材料硬化浆体孔径分布如图6.49所示。从图6.49可以看出，纯水泥浆体溶蚀90d后，<4.5nm的凝胶孔有所增加，说明凝胶颗粒继续水化，生成了更多的凝胶；4.5~50nm的微孔也有所增加，表明浆体表面遭受一定的溶蚀，少量水化产物溶蚀掉，导致微孔的增加。随着溶蚀龄期的增加，到2a长龄期，50~100nm的少害孔增加较多，表明浆体遭受长期的

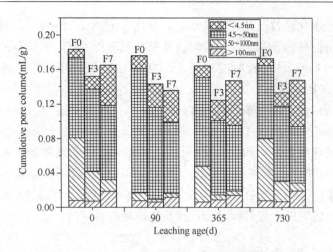

图 6.49　软水溶蚀作用下浆体孔径分布

软水溶蚀，会造成稍微的破坏，但程度较低。根据掺矿渣浆体的孔径分布可以看出，随着溶蚀龄期的增长，<4.5nm 的凝胶逐渐增加，4.5～50nm 的微孔有所减少，说明矿渣后期仍然有较多的颗粒继续水化，生成更多的凝胶，填充微孔；但 50～100nm 和>100nm 的大孔并没有明显增加，甚至有所减少，说明掺矿渣后，浆体更加密实、孔隙率更低的复合胶凝材料硬化浆体能够更好的抵抗长期的软水溶蚀，不会造成溶蚀破坏和水化产物的分解。

（2）水化产物及 CH 含量

图 6.50 为掺矿渣复合胶凝材料硬化水泥浆体溶蚀龄期 2a 的 XRD 试验分析。通过对比不同溶蚀龄期各试样的 XRD 图谱中各结晶相衍射峰值强度，试验结果如表 6.7 所示。可以发现，在遭受溶蚀之后，纯水泥净浆试样 F0 和矿渣掺量为 30% 试样 F3 的水化产物中 $Ca(OH)_2$ 衍射峰仍然较强，矿渣掺量 70% 的 F7 试样中水泥的质量分数较低，水泥水化产生的 $Ca(OH)_2$ 较少，再加上矿渣反应消耗掉少量的 $Ca(OH)_2$，试样中 $Ca(OH)_2$ 的含量降低较多，XRD 图谱中显示依然有一定强度的 $Ca(OH)_2$ 的衍射峰。经过长期的软水溶蚀及同时水中的养护，试样中未水化的熟料已较少，其衍射峰较弱。各试样中均出现一定强度的 $CaCO_3$ 的衍射峰，是因为试样中的 $Ca(OH)_2$ 被溶于水中的 CO_2 碳化而成。另外，在掺矿渣的试样中还出现 CACH（$C_3A \cdot 3CaCO_3 \cdot nH_2O$），是矿渣的水化产物之一。

掺矿渣复合胶凝材料硬化浆体中 $Ca(OH)_2$ 含量随溶蚀时间的变化如图 6.51 所示。从图中可以看出，纯水泥试样在短期溶蚀下，$Ca(OH)_2$ 没有减少反而稍有增加，可能是因为试样在常温养护 90d 后，置入水中，未水化颗粒继续水化产生更多的 $Ca(OH)_2$，而短期溶蚀并没有溶蚀掉较多的 $Ca(OH)_2$，所以 $Ca(OH)_2$ 有增加的现象出现。随着溶蚀龄期的延长，试样中 $Ca(OH)_2$ 有降低的趋势。是因为试样中未水化颗粒已几乎完全水化，从图 6.50XRD 图谱可以看出，其中未水化熟料的衍射峰已非常弱，没有再继续产生更多的 CH，而长期的溶蚀作用使得试样表面的 $Ca(OH)_2$ 有所溶蚀掉，$Ca(OH)_2$ 含量有所减少。掺矿渣试样中 $Ca(OH)_2$ 的含量随溶蚀龄期的增加，一直呈减少的趋势，但减少的幅度非常小。一方面，后期矿渣反应会消耗少量的 $Ca(OH)_2$，导致试样中 $Ca(OH)_2$ 含量降低，另一方面长期的溶蚀作用也会溶蚀掉些许 $Ca(OH)_2$。但掺矿渣试样的孔隙率比纯水泥试样的更低，如图 6.48 所示，掺矿渣试样浆体更加致密，水化产物包括 $Ca(OH)_2$ 更不易被溶蚀掉，所以其 $Ca(OH)_2$ 含量降低趋势非常弱。矿渣掺量达 70％ 的试样 F7 中在软水溶蚀 2a 后，其 $Ca(OH)_2$ 含量仍然有 8％ 左右，能够保证浆体的碱度，保持凝胶和其他水化产物的稳定性。

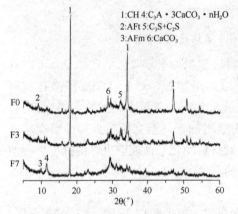

图 6.50　溶蚀 2a 时硬化浆体 XRD 图谱

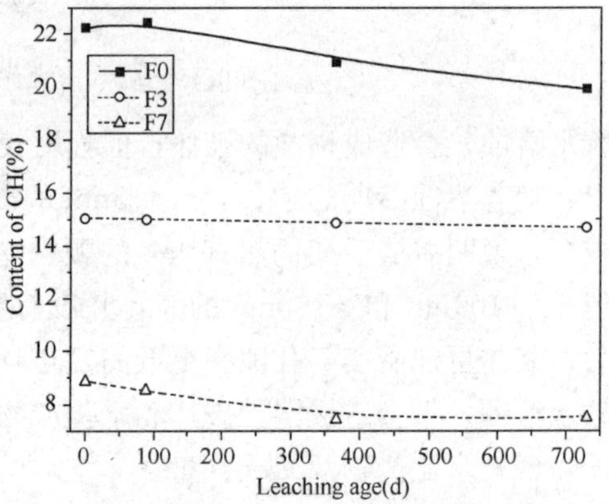

图 6.51　硬化浆体中 CH 含量随溶蚀时间的变化

表 6.7　浆体溶蚀后 XRD 试验结果

编号	溶蚀龄期	CH	Clinker	AFt	AFm	CaCO₃	CACH
F0	0	±	⊥	—	□	—	—
	90d	±	□	□	—	□	—
	1a	±	□	□	—	□	—
	3a	±	—	□	—	□	—
F3	0	±	□	□	—	□	□
	90d	±	□	□	—	□	□
	1a	±	□	□	—	□	□
	3a	±	—	□	—	□	□
F7	0	⊥	□	□	—	□	□
	90d	⊥	□	□	—	□	□
	1a	□	□	□	—	□	□
	3a	⊥	—	□	—	□	□

注：±—强；⊥—中；□—弱；—无

（3）显微形貌

养护 90d 后溶蚀前掺矿渣复合胶凝材料硬化浆体的显微形貌如图 6.52。可以看出，溶蚀前，纯水泥浆体结构致密，含有层状的 $Ca(OH)_2$，在浆体空隙中有少量的针棒状的水化产物 AFm。掺矿渣试样，矿渣颗粒与周围浆体粘结紧密。溶蚀 2a 后硬化浆体的显微形貌如图 6.53 所示。可以看出，经过长期溶蚀后，纯水泥净浆试样和掺矿渣试样的微观形貌仍然非常致密。纯水泥试样中存在大量层状的 $Ca(OH)_2$；掺 30% 矿渣的试样 F3 中，也可发现大量 $Ca(OH)_2$。掺 70% 矿渣试样 F7 中，可以看出矿渣颗粒与浆体结合紧密，从颗粒灰度可以判断矿渣有较大程度的反应。经过长期溶蚀，各试样仍较致密，没有出现凝胶的分解产物，浆体结构保持稳定。

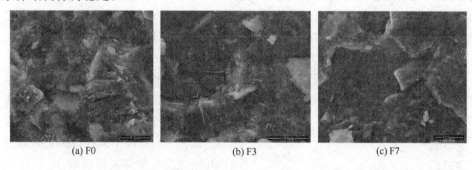

(a) F0　　　　　　　(b) F3　　　　　　　(c) F7

图 6.52　溶蚀前硬化浆体的微观形貌

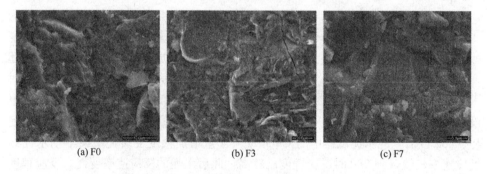

(a) F0　　　　　　　(b) F3　　　　　　　(c) F7

图 6.53　溶蚀 2a 后硬化浆体的微观形貌

6.1.4　复合胶凝材料浆体中 $Ca(OH)_2$ 含量与稳定性

在现代水泥和混凝土的配制过程中，通常会掺入矿物掺合料。矿物掺合料的合理利用，一方面能够改善水泥和混凝土的性能，另一方面还可以节约水泥熟料、充分利用工业废渣，具有经济效应和环境效应，其中粉煤灰和矿渣是目前利用最广泛和用量最大的矿物掺合料。矿物掺合料的大量使用，具有上述优点，但同时也会带来一些问题和隐患。如在水泥或混凝土的配制中大量掺入矿物掺合料，会降低复合胶凝材料中水泥熟料的质量分数，进而减少了复合胶凝材料体系中由水泥熟料水化生成的 Ca(OH)₂ 量。再加上后期粉煤灰的火山灰反应、矿渣反应也会消耗少量 Ca(OH)₂。那么会不会导致掺有矿物掺合料的复合胶凝材料浆体中缺少 Ca(OH)₂，降低了体系中的碱度环境，从而使得其他水化产物如凝胶等分解，引起浆体结构的稳定性问题？抑或粉煤灰或矿渣的掺量达到多少后，会造成复合体系中的 Ca(OH)₂ 大幅度降低，给浆体结构稳定带来安全隐患。

6.1.4.1 水泥-粉煤灰复合体系中 Ca(OH)₂ 含量

不同粉煤灰掺量的水泥-粉煤灰复合胶凝材料浆体在各龄期时体系中 Ca(OH)₂ 含量如图 6.54 所示。从图 6.54 可以看出，随着粉煤灰的掺入和掺量的增加，体系中的 Ca(OH)₂ 量逐渐减少。因为粉煤灰的掺入，降低了复合体系中水泥熟料的质量分数，进而由水泥水化生成的 Ca(OH)₂ 量会降低。纯水泥试样 B0 随着龄期的增长，水泥的反应程度逐渐增加，其中 Ca(OH)₂ 的含量也逐渐增大，且早期水泥的反应速率较快，早期体系中 Ca(OH)₂ 的含量增加幅度较大，后期水泥的反应速率缓慢，Ca(OH)₂ 的增加量也较小。

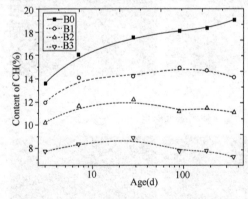

图 6.54　水泥-粉煤灰复合体系中 CH 含量

对于掺粉煤灰的复合体系，早龄期 3～28d 时 Ca(OH)₂ 的含量逐渐增加，28d 以后，粉煤灰掺量较大的试样 B2、B3 中 Ca(OH)₂ 的含量开始减少；粉煤灰掺量较小的 B1 试样，Ca(OH)₂ 含量在 90d 后也开始降低。出现这种现象的原因是因为在早期，复合体系中水泥熟料快速反应，生成 Ca(OH)₂，而粉煤灰还没有发生大量的火山灰反应，28d 时粉煤灰的反应程度在 5% 左右，所以没有消耗较多的 Ca(OH)₂，复合体系中 Ca(OH)₂ 含量在 28d 前呈逐渐增大的趋势。28d 以后，纯水泥试样中的 Ca(OH)₂ 含量增加幅度变缓，说明早期水泥的反应速率较快，到 28d 时反应程度已较高，此后水泥的反应速率变慢，反应程度提高程度不多。在复合体系中，由于粉煤灰的掺入以及其早期的惰性作用，实际上增大了水泥的水灰比，起到了"稀释效应"以及为水泥水化产物提供沉淀地点的"成核效应"，由此增大复合体系中水泥的反应程度，即复合体系中水泥熟料的反应程度会高于同龄期纯水泥试样中水泥的反应程度。可以得出在复合体系中，28d 以后，由水泥水化生成的 Ca(OH)₂ 的量增加幅度已较小，而 28d 以后，粉煤灰的反应程度大幅提高，发生大量的火山灰反应，消耗较多的 Ca(OH)₂，所以 28d 以后复合体系中 Ca(OH)₂ 含量有降低的趋势。对于 B1 试样，其粉煤灰掺量较小，仅为 20%，其中水泥的质量分数较高，为 80%。B1 试样复合体系中较高的水泥质量分数，使得 28d 后仍有一定量的 $Ca(OH)_2$ 生成，而较小的粉煤灰掺量，即使开始发生火山灰反应，对 $Ca(OH)_2$ 的消耗还较小，所以 B1 试样 28d 后 $Ca(OH)_2$ 的含量仍有增加，但 90d 后，$Ca(OH)_2$ 含量也开始降低的趋势。

对于化学组成和矿物组成相同的同一种水泥，在水泥可以完全水化的前提下，单位质量水泥水化生成的 $Ca(OH)_2$ 量理论上是相同的。由于矿物掺合料的掺入，复合胶凝材料中水泥的质量分数减少，复合体系中水泥水化生成的 $Ca(OH)_2$ 量会降低。矿物掺合料的种类不同、掺量不同时，复合体系中生成的 $Ca(OH)_2$ 量和消耗的 $Ca(OH)_2$ 量也有所不同。为考察矿物掺合料种

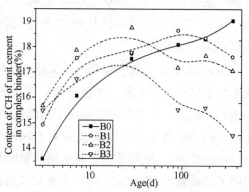

图 6.55　复合体系中单位质量水泥对应 CH 量

类、掺量对水泥水化的影响，按式（6-6）对复合体系中单位质量水泥对应的不同龄期时 $Ca(OH)_2$ 的含量进行计算。

$$W_{CH,\beta} = \frac{W_{CH}}{\beta} \tag{6-6}$$

式中，$W_{CH,\beta}$ 为复合胶凝材料浆体中单位质量水泥对应的 $Ca(OH)_2$ 量；W_{CH} 为复合浆体中 $Ca(OH)_2$ 含量；β 为水泥质量分数。

根据图 6.54 中水泥-粉煤灰复合胶凝材料浆体中不同龄期时 $Ca(OH)_2$ 的含量以及式（6-6），计算出不同粉煤灰掺量的复合胶凝材料体系中 $W_{CH,\beta}$ 如图 6.55 中所示。从图 6.55 可以看出，在龄期 3d 时，各个不同粉煤灰掺量的复合胶凝材料浆体中单位质量水泥对应的 $Ca(OH)_2$ 含量 $W_{CH,\beta}$ 远大于纯水泥试样中单位质量水泥生成的 $Ca(OH)_2$ 量。原因可能就是上述的"稀释效应"和"成核效应"，再加上此时粉煤灰的火山灰反应还极其微弱，还没有消耗 $Ca(OH)_2$。随着龄期的延长，到 7d 时，纯水泥试样 B0 中单位质量水泥生成的 $Ca(OH)_2$ 量与复合体系中的 $W_{CH,\beta}$ 差距逐渐减少，28d 时，与 B1 和 B3 的 $W_{CH,\beta}$ 已非常接近。说明早期粉煤灰的"稀释效应"和"成核效应"比较显著，复合体系中水泥的反应速率快，反应程度较高。随着龄期的延长，纯水泥试样中水泥的反应程度也已较高，此时粉煤灰的"稀释效应"和"成核效应"作用已不明显。所以纯水泥试样中的 $Ca(OH)_2$ 量与复合体系的 $W_{CH,\beta}$ 量差距减少甚至非常接近。到 90d 时，除粉煤灰掺量较小的 B1 试样，粉煤灰掺量较大的 B2 和 B3 试样的 $W_{CH,\beta}$ 已低于纯水泥试样中 $Ca(OH)_2$ 量。表明到后期时，复合体系中水泥的反应程度已与纯水泥试样

中水泥的反应程度接近，不再像早期时比纯水泥试样的反应程度高出很多；而且粉煤灰的火山灰反应程度已提高较高，消耗较多的水泥水化生成的 $Ca(OH)_2$。两方面的共同效应，导致后期复合体系中 $W_{CH,\beta}$ 低于纯水泥试样中的 $Ca(OH)_2$。且到长龄期 360d 时，粉煤灰掺量达 50% 的 B3 试样的 $W_{CH,\beta}$ 远低于纯水泥试样的 $Ca(OH)_2$ 以及 B1、B2 试样中的 $W_{CH,\beta}$ 说明粉煤灰掺量较大时，对体系中的 $Ca(OH)_2$ 量消耗较大。

图 6.55 显示了复合胶凝材料浆体中单位质量水泥所对应的 $Ca(OH)_2$ 量，其既考虑了复合体系中水泥质量分数，又包含了粉煤灰的火山灰反应对 $Ca(OH)_2$ 的消耗，能够反映出不同龄期由于粉煤灰的掺入，对复合体系中水泥反应速率的影响，以及粉煤灰的火山灰反应对 $Ca(OH)_2$ 的消耗多少。早期由于粉煤灰的"稀释效应"和"成核效应"对不同龄期时复合体系中水泥反应程度的提高而增加的单位质量水泥的 $Ca(OH)_2$ 生成量或后期由于粉煤灰的火山灰反应而消耗的 $Ca(OH)_2$ 的量可以用式（6-7）来表示。

$$W_{CH,\delta} = W_{CH,\beta} - W_{CH} \tag{6-7}$$

早期由于粉煤灰的活性非常弱，假定没有发生火山灰反应；而后期认为复合体系中水泥的反应程度与纯水泥试样中水泥的反应程度相同。因为粉煤灰的"稀释效应"和"成核效应"统称为"提高效应"，在后期已不明显，复合体系中水泥的反应程度与纯水泥试样中水泥的反应程度已接近，所以此假定误差不大。但后期粉煤灰的火山灰反应消耗水泥的反应产物之一 $Ca(OH)_2$，会促使水泥的反应程度稍有提高，所以后期粉煤灰对 $Ca(OH)_2$ 的消耗 $W_{CH\delta}$ 会稍有偏低。根据式（6-7）计算得出的不同龄期的 $W_{CH,\delta}$ 如图 6.56 所示。

从图 6.56 可以看出，28d 之前，各不同粉煤灰掺量复合体系试样中，$Ca(OH)_2$ 增耗量均呈正值，说明此龄期前粉煤灰的作用以提高复合体系中水泥的反应程度为主，而粉煤灰的火山灰反应较弱，消耗的 $Ca(OH)_2$ 量较小。而且还可以看出，$Ca(OH)_2$ 的增耗量呈下降趋势，即说明越早龄期，粉煤灰提高复合体系中水泥的反应程度越明显，随着龄期的增长，此提高效应越低。28d 以后，水泥的反应程度较高，粉煤灰的"提高效应"已不明显，而粉煤灰掺量较大的试样中，粉煤灰的火山灰反应开始消化较多的 $Ca(OH)_2$，$Ca(OH)_2$ 的增耗量呈现负值。到长龄期 360d 时，可以看出，各个掺粉煤灰复合体系中，$Ca(OH)_2$ 增耗量均为负值，说明粉煤灰的火山灰反应剧烈，消化大量的 $Ca(OH)_2$。其中粉煤灰掺量为 20% 的 B1 试样和掺量为 35% 的 B2 试样中，$Ca(OH)_2$ 的消耗量相对较小，而粉煤灰掺量达 50% 的 B3 试样中，$Ca(OH)_2$ 的消耗量显著增大。

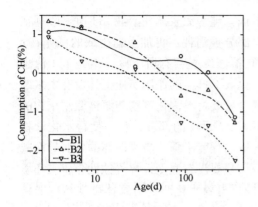 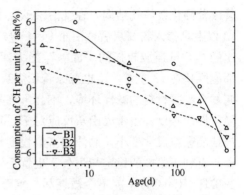

图 6.56　复合体系中 CH 增加或消耗量　　图 6.57　单位质量粉煤灰掺量消耗 CH 量

图 6.56 反映出不同粉煤灰掺量时，复合体系中早期 $Ca(OH)_2$ 的增加和后期 $Ca(OH)_2$ 的消耗情况。而单位质量粉煤灰掺量对 $Ca(OH)_2$ 的消耗如何，可以通过式（6-8）计算得出。

$$W_{CH,f} = \frac{W_{CH,\delta}}{f} \qquad (6-8)$$

式中，$W_{CH,f}$ 为复合体系中单位质量粉煤灰掺量对 $Ca(OH)_2$ 的消耗量；f 为复合体系中粉煤灰的掺量。

根据图 6.56 复合体系中 $Ca(OH)_2$ 的消耗量及式（6-8）计算出的 $W_{CH,f}$ 绘出图 6.57。从图 6.57 可以看出，由于粉煤灰的"提高效应"，早期粉煤灰还没有发生火山灰反应，不会消耗 $Ca(OH)_2$，反而使体系中 $W_{CH,f}$ 有所提高。长龄期时粉煤灰发挥其火山灰效应，消耗较多的 $Ca(OH)_2$，可以根据图 6.57 中后期各试样的 $W_{CH,f}$ 来判断单位质量粉煤灰掺量消耗的 $Ca(OH)_2$ 量。从图 6.57 中 360d 时各不同粉煤灰掺量的 $W_{CH,f}$ 发现，单位质量粉煤灰掺量消耗的 CH 量为 5% 左右。而且随着龄期的增加，粉煤灰可能还会继续发生火山灰反应，继续消耗体系中的 $Ca(OH)_2$。本试验中纯水泥试样 360d 时 $Ca(OH)_2$ 的含量为 19.03%，此时水泥的反应程度已非常高，那么水泥完全水化生成的 $Ca(OH)_2$ 量为 20% 左右。由式（6-9）可以计算出粉煤灰掺量为 f 时，长龄期时复合体系中 $Ca(OH)_2$ 的含量。

$$W_{CH,\infty} = 20\%(1-f) - 5\%f \qquad (6-9)$$

随着粉煤灰掺量的增加以及采取早期高温的措施，使得水泥－粉煤灰复合胶凝材料硬化浆体中 $Ca(OH)_2$ 的含量变少，这主要归因于胶凝材料中水泥所占比例的下降导致 $Ca(OH)_2$ 生成量的减少以及火山灰反应对于 $Ca(OH)_2$ 的消耗，特别是标准养护时，前者将占据主导。

对于水泥-粉煤灰复合胶凝材料浆体，根据第 6.1.3 章的系列试验表明，掺入粉煤灰的硬化浆体孔结构没有出现明显的劣化，掺量适宜（35%）时，还能显著改善硬化浆体孔结构。在孔溶液碱度方面，纯水泥浆体孔溶液 pH 值一般都在 13 以上，掺入粉煤灰后，由于 Ca(OH)$_2$ 部分被消耗，再加上新生成的低 Ca/Si 比的 C-S-H 凝胶较强的"固碱"能力，孔溶液碱度会有所下降，但是 pH 值也都能维持在 12 左右，这也意味着粉煤灰与 Ca(OH)$_2$ 的作用实质上并没有太多改变复合胶凝材料的碱性环境，不会影响复合胶凝材料水化产物与浆体微观结构的稳定性。相反，由于火山灰反应对于层状 Ca(OH)$_2$ 的部分消耗，使得水化产物与结晶颗粒尺寸变小，晶体的富集程度与取向程度下降，遭受破坏的薄弱界面减少，有利于浆体的稳定与耐久。也就是说，只要没有遭受外界侵蚀性介质与环境的破坏，Ca(OH)$_2$ 就不会被耗尽，复合胶凝材料水化产物与浆体微观结构的稳定性不会受到影响。

从图 6.54 可知粉煤灰掺量达 50％时，360d 时复合体系中 Ca(OH)$_2$ 的含量在 7％以上。但是，如果粉煤灰的掺量再增大，复合体系中水泥的质量分数减少，粉煤灰消耗的 Ca(OH)$_2$ 增加，两者的叠加效应，使得复合体系中 Ca(OH)$_2$ 的量降低较多。根据式（6-9）可计算出，若粉煤灰掺量达 60％时，复合体系中 Ca(OH)$_2$ 的量仅为 5％，浆体的碱性环境降低，很难保证水化产物和浆体结构的稳定。在遭受软水溶蚀破坏时，粉煤灰掺量为 65％的硬化浆体中 Ca(OH)$_2$ 几乎为零，在水胶比较低，浆体结构密实的情况，才没有遭到严重的溶蚀。所以水泥-粉煤灰复合胶凝材料中，为了保证浆体结构的稳定性，粉煤灰的掺量不宜超过 50％。

6.1.4.2　水泥-矿渣复合体系中 Ca(OH)$_2$ 含量

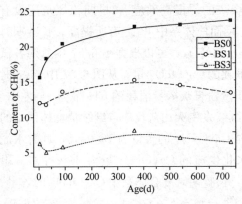

图 6.58　水泥-矿渣复合体系中 CH 含量

水泥-矿渣复合胶凝材料浆体在不同龄期时 Ca(OH)$_2$ 含量如图 6.58 所示。从图 6.58 可以看出，对于掺矿渣的复合试样，由于体系中水泥质量分数减少，在各水化龄期，硬化浆体中的 Ca(OH)$_2$ 含量均低于纯水泥试样中的 Ca(OH)$_2$ 含量，而且矿渣掺量越大，复合体系中 Ca(OH)$_2$ 含量降低越多。但各不同龄期时，试样中 Ca(OH)$_2$ 含量变化规律也有所不同。

3d 龄期后至 28d 时，掺矿渣试样中的 Ca(OH)$_2$ 含量均有降低的趋势。是因为在 3d 龄期时，矿渣的活性还没有被激发；3d 后，复合体系中由于水泥水化产生的碱性环境逐渐激发矿渣的活性，矿渣玻璃体开始解聚并开始大量反应。在矿渣最初的解聚和反应过程中，可能是发生火山灰反应而消耗由水泥水化产生的 Ca(OH)$_2$，所以复合体系中 Ca(OH)$_2$ 的含量有所减少。从龄期 28d 至 90d，掺矿渣的复合体系中 Ca(OH)$_2$ 含量与 3～28d 龄期的规律不同，不再是减少反而有所增加。矿渣本身化学组成中含有大量的 CaO，随着矿渣玻璃体被碱性环境中 OH$^-$ 的极性作用解聚，逐渐释放出大量的 Ca^{2+}，这可以有效弥补因为矿渣的火山灰反应而消耗的 Ca(OH)$_2$，使得复合体系中的 Ca(OH)$_2$ 有稍许增加的趋势。

根据式（6-6）计算的水泥-矿渣复合体系中单位质量水泥对应的不同龄期时 Ca(OH)$_2$ 如图 6.59 所示。从图 6.59 可以看出，3d 龄期时，复合体系中单位质量水泥对应的 Ca(OH)$_2$ 高于纯水泥试样的，而且矿渣掺量较大的 BS7 试样中，单位质量水泥对应的 Ca(OH)$_2$ 更大。在早期，与粉煤灰的"稀释效应"和"成核效应"相同，水泥-矿渣复合体系中，矿渣的掺入也提高了水泥的

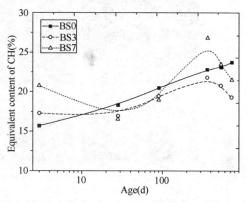

图 6.59　水泥-矿渣复合体系中 CH 相对含量

反应程度，而且早期矿渣还没有开始大量消耗 Ca(OH)$_2$，矿渣的掺量越大，此增加效应越显著。随着龄期的延长，矿渣的活性开始发挥，与粉煤灰相比，矿渣的活性发挥更早。28d 时，复合体系中单位质量水泥对应的 Ca(OH)$_2$ 已低于纯水泥试样的。说明矿渣已发挥活性，发生了火山灰反应，消耗了 Ca(OH)$_2$，生成 C-S-H 凝胶。但矿渣本身含有大量的 CaO，虽然矿渣的反应程度远高于粉煤灰的反应程度，但矿渣反应消耗的 Ca(OH)$_2$ 低于粉煤灰。且粉煤灰的活性发挥，完全是火山灰反应，而矿渣早期消耗 Ca(OH)$_2$，后期矿渣玻璃体分解后，不再消耗 Ca(OH)$_2$，且由于其自身大量 CaO 的释放，会弥补早期体系中消耗的 Ca(OH)$_2$。后期复合体系中，单位质量水泥对应的 Ca(OH)$_2$ 量有所回升。

可知，矿渣掺量达 70% 时，2a 龄期时，复合体系中 Ca(OH)$_2$ 的含量仍然在 6% 以上，能够满足浆体中的碱性环境，保证浆体结构的稳定性，因此，水泥-矿渣复合胶凝材料中，矿渣的掺量最高可达到 70% 左右。若复合体系中矿渣掺量再增大，虽然矿渣反应不会消耗大量的 Ca(OH)$_2$，但由于复合体系中水泥的质量分数过低，复合水化浆体中 Ca(OH)$_2$ 的含量也会降低较多；且根据第 6.1.4 章中测试的水泥-矿渣复合胶凝材料浆体孔溶液的碱度可知，孔溶液的 pH 值随着矿渣掺量增加而降低，可能会不能满足浆体结构稳定所需的碱度环境。

6.1.5　超高层建筑大体积底板高层中固体工业废渣的利用

本课题提出的含有大量辅助性胶凝材料的复合水泥基材料的水化硬化机理和影响复合胶凝材料水化产物和硬化浆体结构的长期稳定性的判据丰富了胶凝材料

化学的基础理论体系，促进了矿物掺合料的广泛使用，提高了固体工业废渣的利用率。本课题的理论研究成果已成功应用于多个超高层建筑物建设工程（图6.60），施工质量优良，取得了良好的经济、环境和社会效益。

图6.60 项目成果用于深圳平安金融中心等超高层建筑大体积底板高层

6.2 水泥基材料孔结构表征与传输机制

本课题通过对裂纹几何特征研究发现了力学损伤引起的裂纹密度与连通度的相关性，简化了描述裂纹网络几何形态的参数；在考虑裂纹有限连通的条件下发展了现有的复合材料的夹杂理论，建立了基于有效介质理论的带微裂纹材料的渗透性理论模型。

6.2.1 水泥基材料孔隙（裂隙）结构研究

6.2.1.1 粉煤灰-硅酸盐水泥体系孔隙结构研究

（1）材料

研究采用硅酸盐基准水泥和粉煤灰的胶凝材料体系，采用的粉煤灰掺量为0%，20%，40%，60%，不同掺量采用2种水胶比分别为0.3和0.5。表6.8和表6.9分别表示了基准水泥和粉煤灰的化学组成。

表6.8 基准水泥和粉煤灰化学组成

Chemical composition/physical properties	Cement	Fly-ash
Silica（SiO_2%）	22.93	57.60
Alumina（Al_2O_3，%）	4.29	21.90
Iron oxide（Fe_2O_3，%）	2.89	2.70
Calcium oxide（CaO，%）	66.23	7.80
Magnesium oxide（MgO，%）	1.92	1.68
Sulfur trioxide（SO3，%）	0.35	0.41
Sodium oxide（Na_2O（eq），%）	0.70	1.05

Chemical composition/physical properties	Cement	Fly-ash
Free calcum oxide（CaO（f），%）	0.64	—
Chloride（Cl，%）	0.006	—
Loss on ignition（LOl，%）	1.70	7.05
Density（g/mL）	3.12	2.06
Specific area（m²/kg）	343	355

表 6.9　OPC-FA 胶凝体系孔隙结构研究配合比

Paste	w/b	Sample	Cement (kg/m³)	Fly-ash (kg/m³)	Water (kg/m³)	$f_{\rm f}$
Paste Ⅰ	0.5	PI0	1218	0	609	0%
		PIFI	937	234	588	20%
		PIF2	677	451	559	40%
		PIF3	435	650	543	60%
Paste Ⅱ	0.3	PⅡ0	1612	0	484	0%
		PⅡF1	1224	306	459	20%
		FⅡF2	874	583	437	40%
		FⅡF3	556	834	417	60%

（2）试验方法和过程

课题采用压汞（MIP）、氮吸附（NAD）、氦比重（Helium pycnometry）和重量法来测定复合水泥浆体的孔隙结构的主要表征参数；同时使用热重（TGA）和选择溶解法来确定粉煤灰的反应程度。

浆体成型在直径 10mm 的玻璃管，3d 拆模后放入水中养护；分别在龄期 7d、28d、90d 将试件取出，压碎至 1～2mm 颗粒，并且进行抽真空处理来终止其水化进程。然后，对试样的处理方法根据试验的不同而不同。对于 MIP/NAD，试样进行液氮冷冻干燥处理；对于重量法，试样真空饱水后在丙酮中交换 7d，然后在烘箱低温干燥 24h；对于选择溶解、热重和氦比重法，将试样真空饱水、1050℃烘干 24h 后磨粉（$d95\%=80\mu m$）。

（3）研究结果

① 孔隙率

研究得到对试样不同处理方法后的孔隙率测量的结果，如图 6.61 所示。通过比较，105℃的烘箱干燥的干燥效率比其他的试验方法高。

② 孔隙分布

MIP 测试的孔隙分布如图 6.62 所示。FA-OPC 体系的孔隙分布随龄期和 w/b 比有很大变化。相应的孔隙尺寸的分析见表 6.10。

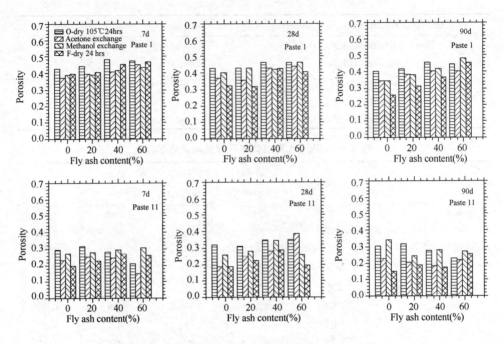

图 6.61　OPC-FA 浆体不同试件方法后的孔隙率

（Zeng etal. Cementand Concrete Research 42（2012）：194-204.）

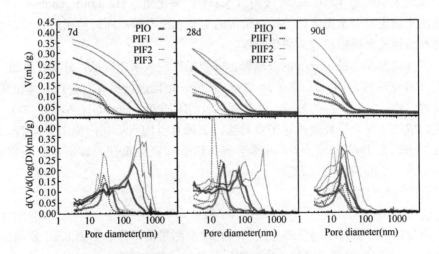

图 6.62　OPC-FA 浆体 MIP 测试的孔隙分布

（Zeng etal. Cement Concrete Res 42（2012）：194-204.）

表 6.10 OPC-FA 胶凝体系 MIP 孔隙尺寸 (7d, (28d), [90])

Samples	Critical radius r_C(nm)	Surface median radius r_m^s(nm)	Volume median radius r_m^v(nm)	Average radius r_a(nm)
PI0	75(38.5)[105]	4.25(2.75)[3]	31.2(18.5)[11]	12.7(8.35)[6.25]
PIF1	113(31.2)[10.5]	10.2(3.2)[3.55]	50.3(14.8)[10.9]	19.4(7.25)[6.45]
PIF2	142(60.4)[10.5]	4.3(3.2)[3.9]	80.3(21.5)[10.7]	16.7(8.15)[6.65]
PIF3	277(215)[16.2]	4.3(3.6)[3.7]	112.5(42.2)[12.7]	19.6(10.9)[7.25]
PII0	13.2(13.2)[8.55]	5.4(5.3)[4]	11.8(13.45)[10]	10.2(8.65)[7.1]
PIIF1	13.2(10.5)[13.2]	4.8(3.4)[3.8]	11.8(11)[9.85]	9.2(6.4)[6.5]
PIIF2	13.2(6.1)[8.55]	5.2(3.85)[4.2]	14.2(6.95)[8.05]	8.8(5.3)[5.95]
PIIF3	8.55(6.1)[6.1]	6.7(4.4)[4.45]	13.9(7.8)[6.75]	9.9(6.05)[5.7]

NAD 方法同样可以表征孔隙结构的尺寸，但是由于孔隙发生凝聚的尺寸在 60～100nm 以内，因此 NAD 方法测量得到的孔隙尺寸分布适于 60nm 以下尺寸的表征。图 6.63 表示了 MIP/NAD 方法在＜100nm 孔隙尺寸区间的比较（浆体龄期为 90d）。MIP 和 NAD 在 2～20nm 区间的分布特征一致；MIP 孔隙分布强度高于 NAD，原因是 MIP 和 NAD 的测量原理不同；NAD 分布明显突出了在 2nm 和 20nm 的双峰分布特征。

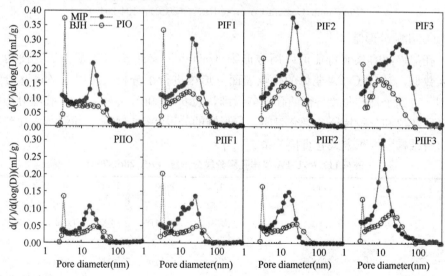

图 6.63 OPC-FA 浆体 MIP/NAD 表征孔隙尺寸

(Zeng etal. Cement Concrete Res 42(2012)：194-204.)

③ 特征表面积

孔隙的特征表面积从 NAD 测量数据得到，见图 6.64。特征表面积可从 BET、BJH 和单层吸附的 Langmuir 模型计算得到。

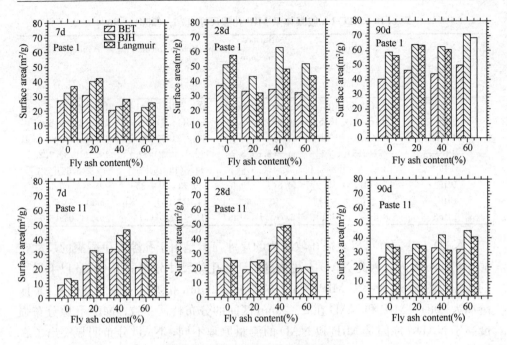

图 6.64　OPC-FA 浆体特征表面积

(Zeng etal. Cement Concrete Res 42(2012)：194-204.)

④ 孔隙分形维

　　孔隙表面的几何特征可以用分形维(fractaldimension)来表征。研究使用了压汞数据，对 OPC-FA 浆体的孔隙表面分形维进行了分析，使用了 Zhang 分形模型，得到了具有分段特征的孔隙分形维，表 6.11 和图 6.65 给出了孔隙分形维的分段数值和分段特征。研究表明，分形维的分段特征与水泥和粉煤灰水化产物的自身结构、堆积方式有直接关系。

表 6.11　OPC-FA 浆体孔隙分段分形维 (7d, 28d, 90d)

samples		P1-0	PI-F1	PI-F2	PI-F3	PII-0	PII-FI	PII-F2	PII-F3
Reglon1	D_z	2.487	2.499	2.493	2.557	2.454	2.528	2.582	2.556
		(2.521)	(2.543)	(2.540)	(2.581)	(2.287)	(2.438)	(2.166)	(2.262)
		(2.702)	(2.622)	(2.628)	(2.581)	(2.727)	(2.620)	(2.260)	(2.424)
	Pore range	>1600nm	>1600nm	>2556nm	>2556nm	>1320nm	>660nm	>7060nm	>5640nm
		(>900nm)	(>9220nm)	(>11332nm)	(>11076nm)	(>180nm)	(>456nm)	(>64nm)	(6>76nm)
		(>95nm)	(>120nm)	>(183nm)	(>1321nm)	(>62nm)	(>62nm)	(>50nm)	(>427nm)
Reglon II	D_z	−(−)[−]	−(−)[−]	−(−)[−]	−(−)[−]	−(−)[−]	−(−)[−]	−(−)[−]	−(−)[−]
		150-1600nm	350-1600nm	540-2556nm	480-2556nm	50-1320nm	26-660nm	26-7060nm	64-5640nm
		(76-900nm)	(120-9220nm)	(226-11332nm)	(470-11076nm)	(26-180nm)	(26-546nm)	(14-32nm)	(16-76nm)
	Pore range	[26-95nm]	[26-120nm]	[32-183nm]	[140-1321nm]	[21-62nm]	[21-62nm]	[17-50nm]	[21-47nm]

续表

samples		PI-0	PI-F1	PI-F2	PI-F3	PII-0	PII-FI	PII-F2	PII-F3
RegIonⅢ	D_z	2.695	2.684	2.667	2.600	2.560	2.438	2.464	2.585
		(2.735)	(2.782)	(2.767)	(2.723)	(2.412)	(2.538)	(2.493)	(2.567)
		[2.682]	[2.629]	[2.644]	[2.697]	[2.526]	[2.619]	[2.519]	[2.656]
	Pore range	<150nm	<350nm	<540nm	<480nm	<50nm	<26nm	<26nm	<64nm
		(<76nm)	(<120nm)	(<226nm)	(<470nm)	(<26nm)	(<26nm)	(<14nm)	(<16nm)
		[<26nm]	[<26nm]	[<32nm]	[<40nm]	[<21nm]	[<21nm]	[<17nm]	[<21nm]

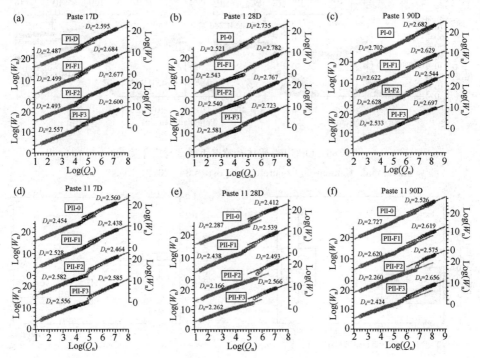

图 6.65　OPC-FA 浆体孔隙分形维

(Zeng etal. applied Surface Science 257（2010）：762-768)

⑤ 孔隙表面与连通特性

研究利用 MIP 退汞残余来确定孔隙表面对进汞和退汞接触角的不同，以及对孔隙连通程度的表征。图 6.66 给出了退汞残余表征的不同孔隙尺寸下的孔隙连通程度，图 6.67 给出了 OPC-FA 浆体孔隙表面在进汞和退汞中与汞的接触角发生的变化（使用接触角滞回系数表示）。

⑥ 试样制备的孔隙干燥程度

研究进行中得到了水泥浆样品在不同的干燥制度下孔隙程度的数据，经分析可以部分表征失水孔隙结构。参考目前普遍使用的高密度（HD-）CSH 和低密

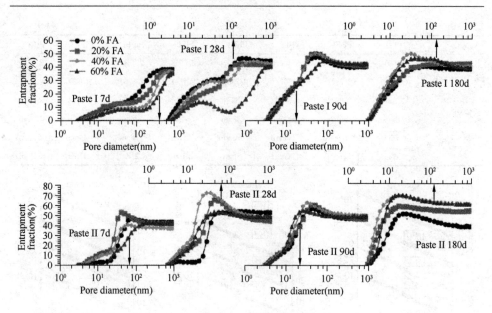

图 6.66　OPC-FA 浆体孔隙退汞残余与尺寸关系

（Zeng etal. Cement & Concrete Composites 34（2012）1053 – 1060）

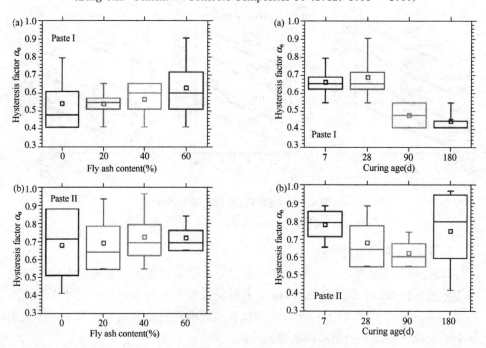

图 6.67　OPC-FA 浆体孔隙分形维

（Zeng etal. Cement & Concrete Composites 34（2012）1053-1060）

度（LD-）CSH 模型，结合相应的水泥浆体水化程度的数据，研究计算了在 105℃ 烘干干燥（O-dry）和（液氮）低温干燥（F-dry）的失水孔隙结构，如图 6.68 所示；相应的 CSH 结构总失水率和 LD-CSH 结构失水率在图 6.69 表示（Zeng etal. drying Technology，31：67～71，2013）。

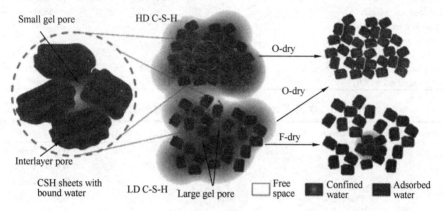

图 6.68　不同干燥制度下 CSH 结构失水机理

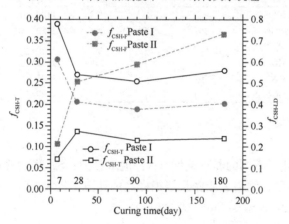

图 6.69　水泥浆体干燥程度

（f_{CSH-T} 表示 CSH 总体失水率，f_{CSH-LD} 表示 LD-CSH 失水率）

6.2.1.2　矿渣-硅酸盐水泥体系孔隙结构研究

（1）材料

研究采用硅酸盐水泥和高炉粒化矿渣的复合胶凝体系，矿渣掺量分别为 0% 和 70%，不同掺量采用 3 种水胶比分别为 0.3，0.4 和 0.5。表 6.12 给出了水泥 和矿渣的化学成分；表 6.13 给出了水泥基材料试件的配合比，其中 P 组为水泥 净浆，M 组为砂浆。

表 6.12　水泥和矿渣的化学成分

Chemical composition	Cement	GGBS
Silica（SiO_2，%）	22.93	32.86
Alumina（Al_2O_3，%）	4.29	16.38
Iron oxide（Fe_2O_3，%）	2.89	0.97
Calcium oxide（CaO，%）	66.23	36.31
Magnesium oxide（MgO，%）	1.92	9.37
Sulfur trioxide（SO_3，%）	0.35	2.28
Sodium oxide（Na_2O（eq），%）	0.70	—
Free calcium oxide（CaO（f），%）	0.64	0.018
Los son ignition（LOI，%）	1.70	0.86

表 6.13　水泥-矿渣（OPC-Slag）水泥基材料配合比（1L）

Material	w/b	Specimen	Cement (g)	GGBS (g)	Water (g)	Sand (g)	Curing scheme
	0.3	PNN/S-30	1619	0	486	—	Water/Sealed
	0.3	PGN/S-30	465	1084	465	—	Water/Sealed
Paste	0.4	PNN/S-40	1394	0	558	—	Water/Sealed
	0.4	PGN/S-40	403	939	537	—	Water/Sealed
	0.5	PNN/S-50	1223	0	612	—	Water/Sealed
	0.5	PGN/S-50	355	827	592	—	Water/Sealed
	0.3	MSS/S-30	932	0	278	1129	Water/Sealed
	0.3	MGN/S-30	267	623	267	1129	Water/Sealed
Mortar	0.4	MNN/S-40	799	0	320	1129	Water/Sealed
	0.4	MGN/S-40	231	540	308	1129	Water/Sealed
	0.5	MNN/S-50	702	0	351	1129	Water/Sealed
	0.5	MGN/S-50	204	475	337	1129	Water/Sealed

（3）研究结果

① 孔隙率

图 6.70 描述了不同的养护条件（N：饱水养护；S：密封养护）下净浆和砂浆试样的总孔隙率，结果表明密封养护样品的孔隙率较大（Li etal. Construction and Building Materials，submitted，2013）。

② 特征表面积

图 6.71 描述了不同的养护条件（N：饱水养护；S：密封养护）下净浆和砂浆试样的特征表面积，结果表明密封养护会增大 OPC 材料组（PN，MN）的特征表面积，但是会减少 OPC-Slag 组的特征表面积。

③ 孔隙分布

图 6.72 的孔隙分布数据表明，密封养护会使材料产生明显的双峰分布，对于饱水养护试样，在 100～1000nm 区间出现的分布峰为密封试件特有。经分析，该区间的分布峰是由于密封养护引发的孔隙自干燥作用。

如果将孔隙尺寸分为＜10nm（RI），10～100nm（RII）和 100～1000nm（RIII）三个分布区间，图 6.73 给出了三个区间的孔隙分布的相对强度。

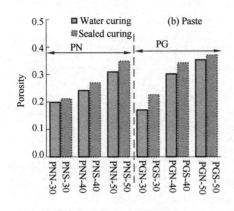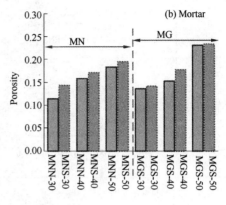

图 6.70　OPC-Slag 材料总孔隙率

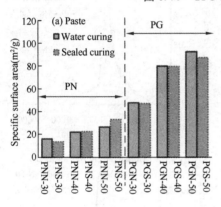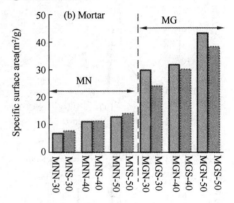

图 6.71　OPC-Slag 材料特征表面积

④ 孔隙曲折度

通过退汞残余来分析孔隙结构的曲折度，结果见图 6.74 使用文献中的 CPSM 模型可计算孔隙的曲折度，图 6.75 给出了计算曲折度与孔隙率之间的关系。

⑤ 孔隙分形维

同样使用文献针对压汞过程的孔隙分形维的 Zhang 模型，计算了 OPC-Slag 材料组的孔隙分形维（Zeng etal. applied Surface Science，2013）。孔隙分形维呈现明显的分段特征，图 6.76 表示了孔隙分形维分段与水化产物结构与堆积的关系，图 6.77 表示了各种材料孔隙分形维的不同分段特征，图 6.78 给出了微孔隙段（micro-fractal）的分形维数值，表明胶凝材料引入矿渣增大孔隙分形维，密封养护也能增大孔隙分形维。

⑥ 密封养护作用

通过密封养护和饱水养护材料的孔隙结构与特征的分析，可以看出总体上密封养护引气的孔隙自干燥效果在毛细孔隙层次上造成联通效应，而对水化产物的

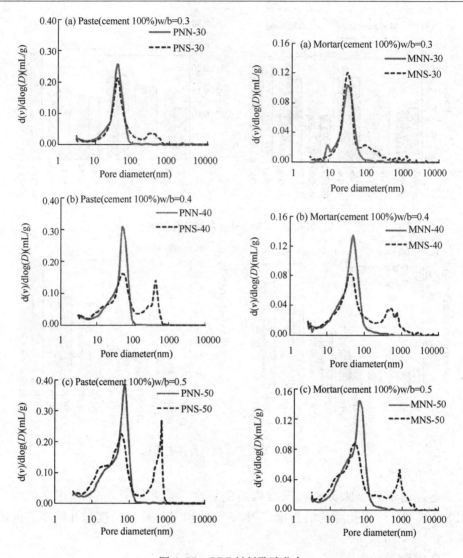

图 6.72　OPC 材料孔隙分布

纳米结构有压密的效果如图 6.79 所示。

6.2.1.3　混凝土裂隙结构研究

（1）材料

课题选取两个有代表性的中等强度结构混凝土来进行轴压荷载损伤情况下，研究材料中形成的裂纹形态和裂隙结构的几何特征，以及裂隙结构对混凝土材料的传输性质的影响。本节介绍裂隙结构几何形态方面的研究。表 6.14 给出了两种结构混凝土，普通混凝土和掺有粉煤灰的高性能混凝土的配合比（Zhou etal. Materials and Structures，（2012）45：381 - 392）。

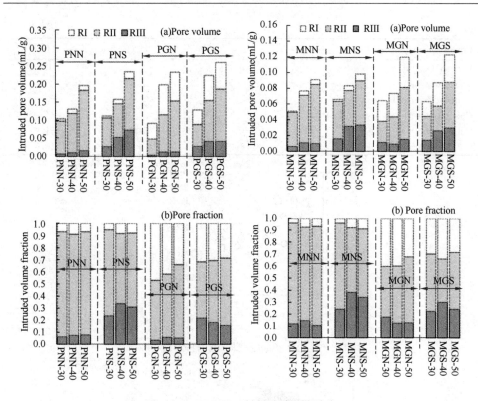

图 6.73 OPC-Slag 材料孔隙区间分布

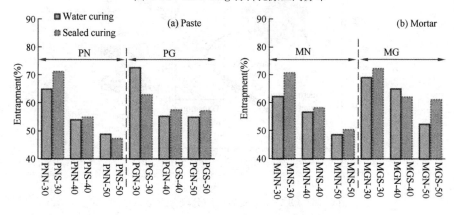

图 6.74 OPC-Slag 材料退汞残余量

表 6.14 裂隙结构研究普通混凝土（OPC）和高性能混凝土（HPC）配合比

Proportioning/property	OPC	HPC
Crushed coarse aggregate，5~20mm（kg/m³）	1038	1074
River sand，0~5mm（kg/m³）	692	703
Cement PI 52.5（kg/m³）	400	280

Proportioning/property	OPC	HPC
Fly ash（kg/m³）	—	120
Water（kg/m³）	220	200
Water to cement/binder ratio（—）	0.55	0.50
Cubic strength at 28 days（MPa）	50.0	44.4
Cubic strength at 56 days（MPa）	54.5	51.9
Cubic strength at 96 days（MPa）	—	56.6

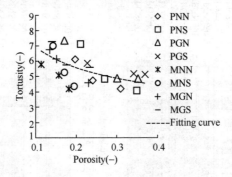

图 6.75　OPC-Slag 材料孔隙曲折度与孔隙率

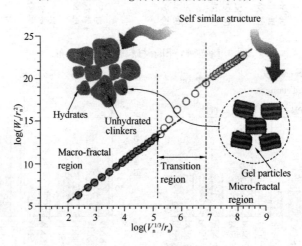

图 6.76　OPC-Slag 材料孔隙分段分形维原理图

（2）试验方法和过程

课题将两种混凝土材料成型在直径 150mm，高 400mm 的圆柱模中（共浇注了 20 根圆柱），3d 龄期脱模，在标准养护条件下养护至 90d；在力学加载之前在 20℃和相对湿度 65% 环境中静置 30d，然后进行轴向循环加载，将圆柱试件加载至指定的损伤等级，损伤由圆柱试件的残余应变来界定。试件加载完毕后，在中部切出圆饼试件进行裂缝形态的观测。图 6.80 给出了试件试验过程加载示意图

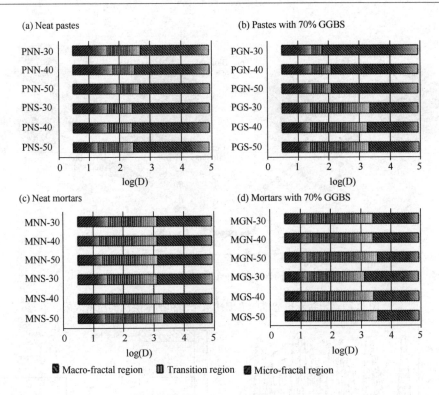

图 6.77 OPC-Slag 材料孔隙分段分形维

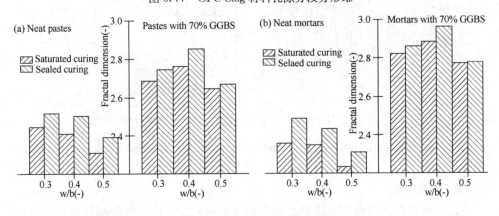

图 6.78 OPC-Slag 材料微孔分形维

和试件处理示意图。

　　试件裂纹的观测主要经历了圆饼试件表面染色、树脂固定、抛光和裂纹形态的观测以及几何形态分析几部分。本研究使用了 XHX-600E 高景深数字显微镜进行表面裂纹形态观测,其观测精度为 $20\mu m$,图 6.81 显示了观测到的典型的过渡区裂纹和砂浆基体裂纹的形态。

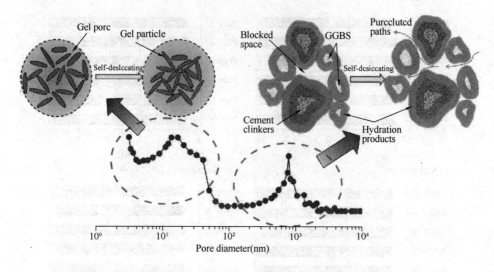

图 6.79　密封养护造成的毛细孔隙压缩和纳米层次的压密效果

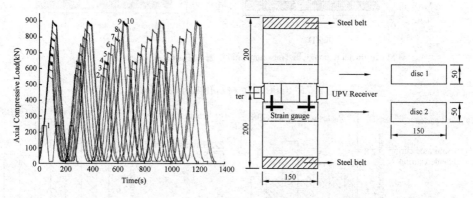

图 6.80　OPC/HPC 轴压损伤试验和试件处理过程

（3）研究结果（Zhou etal. Cemen tand Concrete Research 42（2012）1261-1272）

① 裂纹形貌

研究通过高景深数字显微镜结合高精度平板扫描仪的方法将圆饼试件表面的裂隙进行几何形态的分析；同时在测试完毕后将圆饼试件沿径向切开，进行第三维的几何形态的分析。图 6.82 展示了得到的典型裂纹几何形态。

② 裂纹密度

裂纹密度用长度密度 L_s 和面积密度 ρ 来表示。长度密度是裂纹的累积长度和试件表面积之比，面积密度是裂纹半长平方累加与表面积之比。表 6.15 和表 6.16分别表示了不同损伤状态下试件表面的裂纹密度。

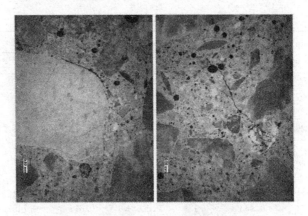

图 6.81　OPC/HPC 典型裂纹几何形态

（左：OPC1 残余应变为 129μ；右：HPC-1 残余变形为 74μ）

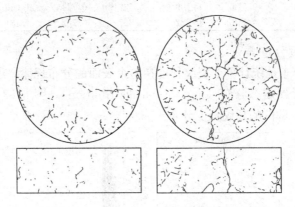

图 6.82　OPC/HPC 典型裂纹几何形态

（左：OPC1 残余应变为 129μ；右：HPC-1 残余变形为 74μ）

表 6.15　OPC 裂纹几何形态表征（部分）

Specimen	strain ξ_{33}	T-section $\overline{L}_s$	$\overline{\rho}T$	$\overline{\phi}$	$\overline{\omega}$	$\overline{\mu}$	$\overline{\sigma}$
OPC1	−129	0.031	0.049	0.341	0.781	1.151	0.681
		0.012	0.012	0.338	0.604	0.854	0.540
OPC2	−218	0.017	0.025	0.484	0.575	1.043	0.739
		0.009	0.010	0.231	0.748	1.039	0.591
OPC3	−425	0.010	0.016	0.213	0.483	0.948	0.818
		0.024	0.042	0.553	0.574	1.286	0.671
OPC4	−467	0.018	0.020	0.247	0.741	0.890	0.691
		0.014	0.026	0.513	0.649	1.028	0.704
OPC5	−479	0.034	0.058	0.283	0.583	1.268	0.717
		0.011	0.013	0.297	0.536	1.059	0.641
OPC6	−643	0.017	0.021	0.0302	0.747	0.875	0.713
		0.029	0.046	0.381	0.572	1.156	0.673
OPC7	−702	0.028	0.035	0.059	0.709	0.833	0.677
		0.029	0.026	0.119	0.813	0.682	0.580

表 6.16　HPC 裂纹几何形态表征（部分）

Specimen	strain ξ_{33}	T-section $\overline{L}_s$	$\overline{\rho}T$	$\overline{\phi}$	$\overline{\omega}$	$\overline{\mu}$	$\overline{\sigma}$
HVFC1	−74	0.101	0.401	0.903	0.171	0.700	0.774
HVFC2	−107	0.101	0.170	0.575	0.767	1.210	0.737
		0.061	0.087	0.454	0.826	0.956	0.756
HVFC3	−229	0.106	0.483	0.932	0.585	0.918	0.845
		0.084	0.108	0.551	0.779	0.716	0.769
HVFC4	−233	0.070	0.093	0.507	0.808	0.821	0.766
		0.112	0.180	0.772	0.739	1.007	0.800
HVFC5	−311	0.130	0.556	0.923	0.455	0.944	0.825
		0.133	0.179	0.684	0.614	0.745	0.759
HVFC6	−461	0.089	0.150	0.753	0.710	0.818	0.786
		0.114	0.173	0.741	0.841	0.733	0.841
HVFC7	−566	0.076	0.109	0.522	0.771	1.008	0.742
		0.118	0.222	0.827	0.702	1.181	0.779

③ 裂纹长度分布

裂纹长度分布是统计单个裂纹长度在整个表面的分布规律，经分析圆饼表面裂纹长度服从对数正态分布（log-normal distribution）。图 6.83 表示了得到了 OPC1 和 HPC-1 试件的裂纹长度分布。

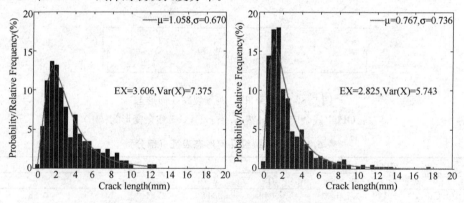

图 6.83　OPC1/HPC-1 裂纹长度分布

④ 裂纹方向

裂纹方向统计裂纹在各个方向的数量比例，研究使用裂缝投影长度来确定各个方向的裂纹数量。图 6.84 显示了 OPC 较为均匀的方向分布（左）和 HPC 较为定向的裂纹方向分布。

⑤ 裂纹连通性

裂纹连通性统计有连通关系的裂纹在整个裂纹中的数量，研究用连通裂纹覆盖的面积比来表示，具体数值见表 6.15 和表 6.16。

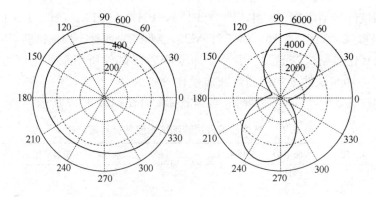

图 6.84　OPC1/HPC-1 裂纹方向分布

⑥ 相关性分析

研究进一步分析了各个几何表征之间的相关性。所有材料和所有测量表面的结果汇总后，最重要的发现是裂纹的密度和连通性存在着单一的关系，如图 6.85 所示。

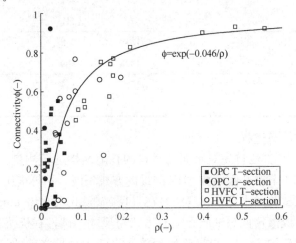

图 6.85　裂纹连通度和密度的单一关系

6.2.2　水泥基孔隙材料基本传输机制研究

6.2.2.1　气体渗透过程研究

气体在水泥基孔隙材料的迁移过程是诸多耐久性现象的基础；根据孔隙饱和度和孔隙尺寸的不同，气体可以通过孔隙凝聚、表面扩散、黏性流动等多种形式进行；这里进行宏观性质的研究，即认为这些微观的气体迁移过程总体上在一定的压力区间服从达西定律。研究通过对特定材料的气体渗透性研究，来探讨气体在水泥基材料中表观渗透系数以及和试件含水状态以及孔隙结构的关系。

（1）材料

所用试件包括净浆（8组，P10，P1F1，P1F2，P1F3，P20，P2F1，P2F2，P2F3）及砂浆（4组，M10，M1F2，M20，M2F2）两种，根据试验需求采用了不同的水灰比及粉煤灰含量。其中，净浆和砂浆试件所用水灰比均为0.30和0.50两种，净浆试件掺加的粉煤灰质量比分别为0，20%，40%和60%，砂浆试件掺加粉煤灰为0和40%两种；各组具体配合比如表6.17所示。

表6.17　气体渗透性试验测试水泥基材料配合比

试件	水灰比	水泥（g）	粉煤灰（g）	砂（g）	水（g）	粉煤灰比例（质量分数%）
P10		1218	0	0	609	0
P1F1		957	234	0	596	20
P1F2	0.5	677	451	0	559	40
P1F3		435	650	0	543	60
P20		1612	0	0	484	0
P2F1		1224	306	0	459	20
P2F2	0.3	874	583	0	437	40
P2F3		556	834	0	417	60
M10		599	0	1348	299	0
M1F2	0.5	347	232	1303	289	40
M20		680	0	1530	204	0
M2F2	0.3	393	262	1478	197	40

（2）试验方法与过程

研究使用MIP方法首先对水泥基材料的孔隙结构进行测量。试样的制备与养护方式与6.2.1节中孔隙结构MIP测量的方式相同，不再重述。

用于透气性试验的水泥基材料浇筑在直径150mm，高400mm的钢模中，从而保证试件能形成渗透性测试所必须的形状与尺寸。试件在浇筑3d拆模，然后全部放入水池中养护240d。在浇筑后到放入水池中养护之前的这段时间里，试件的暴露表面用保鲜膜覆盖以避免水分流失引起干缩损伤。透气性测量采用Cem Bureau方法，将达到龄期的试件使用岩石切割机进行切割，标准试件尺寸为直径150mm、厚度50mm。得到的标准试件称重后放入60℃低温烘箱进行长期干燥（约120d），直到试件的质量不再变化（每星期质量减少率在0.1%以内）。图6.86显示了不同试件的干燥过程的质量减少过程。

（3）研究结果

① 孔隙结构测试结果

对净浆和砂浆的孔隙结构的测试结果分别见图6.87和图6.88，孔隙结构的表征参数见表6.18。

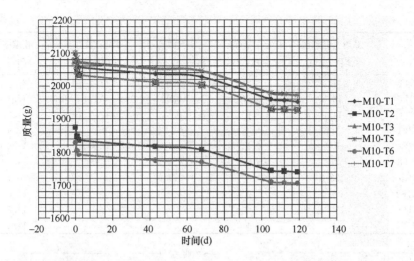

图 6.86　气体渗透性试验试件质量变化（M10 组）

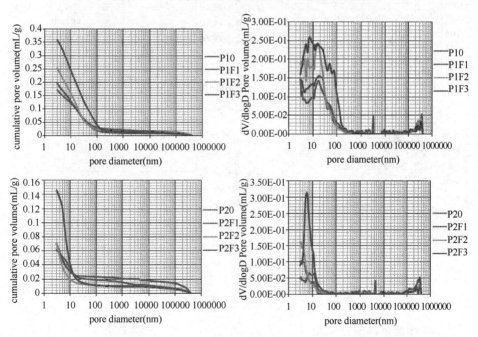

图 6.87　净浆孔隙结构测试结果

表 6.18　净浆和砂浆孔隙结构基本表征参数

组号	平均孔隙直径 （体积，nm）	平均孔隙直径 （表面积，nm）	平均孔隙直径 （4V/A，nm）	临界直径 （nm）	孔隙率 （%）
P10	19.9	5.6	12.1	17.1	27.8
P1F1	16.9	5.8	10.9	17.1	28.8

续表

组号	平均孔隙直径 （体积，nm）	平均孔隙直径 （表面积，nm）	平均孔隙直径 （4V/A，nm）	临界直径 （nm）	孔隙率 （%）
P1F2	14.5	5.8	10.0	17.1	36.1
P1F3	18.8	6.3	12.0	7.2	47.1
P20	11.9	5.7	10.3	11.0	11.8
P2F1	8.0	4.3	7.9	4.0	22.4
P2F2	5.4	4.1	6.0	3.3	13.4
P2F3	7.2	5.8	7.2	6.0	24.0
M10	183.8	12.6	41.3	—	10.4
M1F2	25.2	6.2	14.4	—	14.6
M20	109.6	13.4	35.8	—	14.7
M2F2	24.4	6.4	15.5	—	11.4

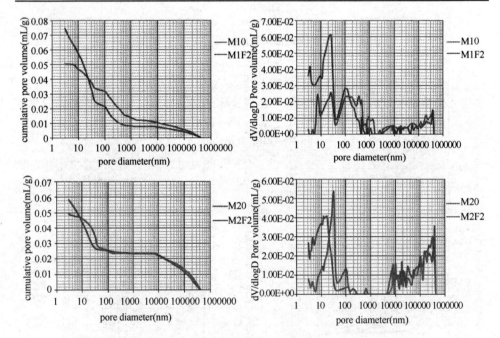

图 6.88　砂浆孔隙结构测试结果

② 气体渗透性测试结果

对干燥的砂浆和净浆试件进行透气性测试，图 6.89 给出了砂浆试件的渗透性结果回归的曲线，结果表明在不同进气压力下的测试结果符合稳流特征，回归结果可靠，但是在圆柱不同高度切出的试件存在材料结构的不均一，造成底部的透气性较小、顶部的透气性较大。

净浆试件在长期烘干的过程中产生了开裂情况，其大部分测试结果显示在进口压力作用下气体呈紊流状态；按照紊流状态方程进行回归后，仍然可得到气体

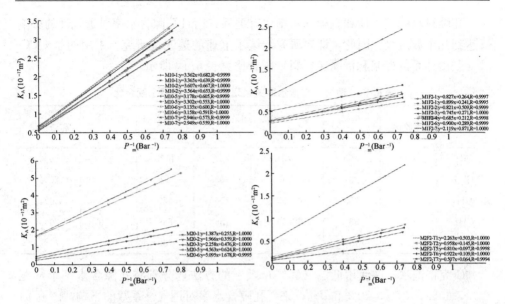

图 6.89　砂浆透气性测试结果回归

渗透，但是其主要反映裂缝的影响，净浆基体的透气性贡献不明显，因此数据不在此列出。

③ 孔隙结构与气体渗透性的关系

气体渗透性在孔隙完全干燥的情况下和孔隙结构有直接关系。研究使用砂浆材料的孔隙测试数据和透气性测试结果进行了相关关系分析。研究发现，透气性系数和孔隙平均半径平方与孔隙率的乘积呈正比，比例系数为 0.2，见图 6.90。

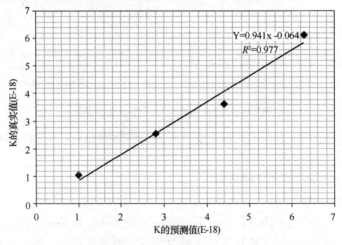

图 6.90　砂浆透气性与孔隙结构关系

④ 气体渗透性与含水状态的关系

孔隙材料的透气性和孔隙含水率也有关系，而且孔隙含水率对透气性的影响可达到几个数量级。因此，课题研究继续了上述的透气性研究。采用的是 OPC-Slag 胶凝体系的砂浆和混凝土材料，配合比见表 6.19 所示。

表 6.19　透气性与含水率关系研究砂浆和混凝土配合比

编号	水胶比	水泥 (kg/m³)	矿渣/硅粉 (kg/m³)	水 (kg/m³)	砂 (kg/m³)	石 (kg/m³)	矿渣掺量
MH	0.28	550	275/91.6	257	1129	—	30%
MⅡ-70	0.4	231	540	308	1129	—	70%
CH	0.28	335	168/55.9	156	689	1033	30%
CHf	0.28	335	168/55.9	156	689	1033	30%
CⅡ-70	0.4	137	320	183	689	1033	70%

研究将饱水试件使用低温（60℃）烘干的方法，分别将孔隙含水率干燥至 80%，60%，40%，20% 和 0%，来看孔隙含水率对透气性系数的影响，图 6.91 和图 6.92 分别表示了 MⅡ-70，CⅡ-70，MH，CH 材料组孔隙含水率对透气性系数的影响。

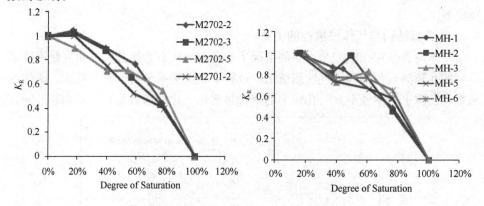

图 6.91　砂浆透气性与孔隙含水率关系

从上述研究可以看出，孔隙含水率对透气性影响显著，不同的材料显示出不同的影响规律。

6.2.2.2　水分传输基本规律研究

（1）理论问题

在水泥基材料耐久性过程中，水分的传输是其他过程的基础问题；同时耐久性过程的最不利作用往往是外部对材料表面的干湿交替作用。因此，研究以在干湿作用下的材料水分迁移过程为基本研究过程，从理论和试验角度探讨水泥基材料空隙中水分（气相＋液相）的迁移过程问题。研究的主要结果发表见（Li and

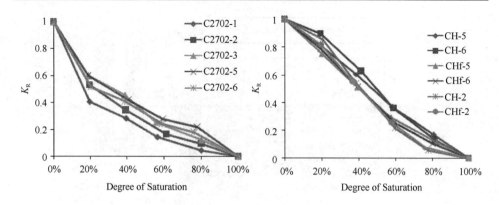

图 6.92　混凝土透气性与孔隙含水率关系

Li，Journal ofapplied Mechanics，MARCH 2013，Vol. 80 / 020904-1)。

　　研究建立了水分迁移的多相传输模型，并考虑了在材料表面干燥和湿润过程中涉及的物理过程不同，采用不同的表观扩散系数来表达水分的传输过程。

　　水分迁移方程：
$$\frac{\partial \theta}{\partial t} = \nabla \cdot D(\theta)(\nabla \theta) \tag{6-10}$$

　　干燥过程：
$$D(\theta) = -\frac{1}{\rho_l \phi}\Big(K_s K_r(\theta) + D_v \frac{M_w \rho_v}{\rho_l RT}\Big)\frac{\partial p_c}{\partial \theta} \tag{6-11}$$

　　湿润过程：
$$D_w(\theta) = D_w^0 \exp(n_w \theta) \tag{6-12}$$

　　（2）材料与试验

　　为验证上述的水分传输模型，研究采用结构混凝土材料（配合比见表 6.20），分别测定了混凝土材料干燥过程和湿润过程的基本材料性质；然后制作了混凝土试件，在试件表面施加了干湿交替过程，测量试件内部的湿度场的变化；并使用建立的模型计算了材料内部的湿度场，与试验测量数据进行了比较。图 6.93 是混凝土试件进行干湿交替研究的试验装置示意图。

表 6.20　干湿交替研究混凝土配合比

Proportioning/Property	CO	CH
Water to cement ratio w/c	0.67	0.40
Cement PO42.5 （kg/m³）	297	437
Water （kg/m³）	199	175
Corase aggregates （5～20mm）（kg/m³）	1125	1055
Fine aggregates （<5mm）（kg/m³）	749	702
Cubic compressive strength at 28d （MPa） 30.9	57.1	

　　（3）研究结果

　　① 基本性质测量

　　干燥/湿润过程基本性质测试和干湿交替理论模型基本参数见图 6.94 和表 6.21 所示。

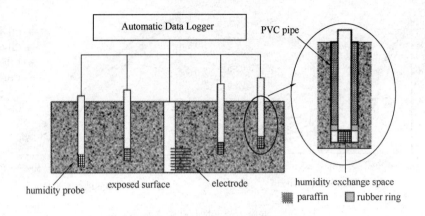

图 6.93　干湿交替试验装置

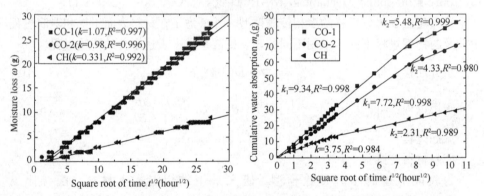

图 6.94　干燥/湿润过程基本性质测试

表 6.21　干湿交替理论模型基本参数

Parameter	CO	CH
Saturate diffusivity，D_s（$10^{-11}\,m^2/s$）	67	6.1
Saturate permeability，K_s（$10^{-16}\,s$）	790	7.2
Sorptivity，S_0（$10^{-6}\,m/s^{1/2}$）	14.25	4.68
Wetting diffusivity，D_w^0（$10^{-11}\,m^2/s$）	6.36	0.93

② 干湿交替过程

干湿交替过程的试验结果和使用上述的基本参数计算的湿度场图 6.95 中表示。表明研究提出的水分迁移模型能够有效地计算干湿交替作用下水分在水泥基空隙材料中的迁移过程。

6.2.2.3　水泥基孔隙材料水分传输基本性质

从孔隙材料的水分多相传输理论可以看到，决定水分迁移快慢的是两个材料的基本水分特性：孔隙压力与孔隙含水率的关系（决定干燥过程的传输速率），以及材料表面的吸水率（决定湿润过程的传输速率）。前者使用等温吸附曲线的

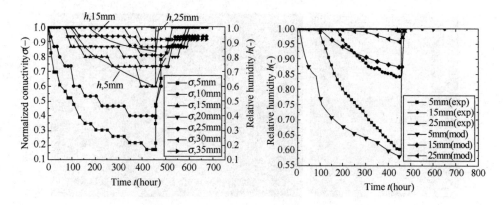

图 6.95　干湿交替试验结果和理论模拟结果

方法研究，后者使用表面吸水率的方法进行研究。

（1）材料

研究使用 OPC-Slag 胶凝体系的水泥基材料，基本材料配合比见表 6.22。

表 6.22　等温吸附曲线研究 OPC-Slag 配合比

编号	水胶比	水泥 （kg/m³）	矿渣 （kg/m³）	水 （kg/m³）	砂 （kg/m³）	石 （kg/m³）	矿渣掺量 （%）
PⅠ-70	0.3	465	1084	465	0	0	70
MⅠ-70	0.3	267	623	267	1129	0	70
CⅠ-70	0.3	158	369	158	689	1033	70
PⅡ-70	0.4	402	938	538	0	0	70
MⅡ-70	0.4	231	540	308	1129	0	70
CⅡ-70	0.4	137	320	183	689	1033	70
PⅢ-70	0.5	355	827	592	0	0	70
MⅢ-70	0.5	204	475	340	1129	0	70
CⅢ-70	0.5	121	283	203	689	1033	70

（2）试验方法

将净浆材料成型为硬币形状的薄片（厚度 2～3mm），砂浆成型为 40mm×40mm×160mm 试件，将混凝土成型为 100mm×100mm×300mm 试件；养护到 90d 龄期后切成厚度为 5mm 左右的薄片。对于进行吸附过程的试件，低温 60℃烘干至恒重；对于脱附试件进行真空饱水处理。然后采用过饱和盐溶液方法，分别制作 6 个湿度水平；每种材料和湿度水平吸附和脱附各取 3 个试件进入相应的湿度环境；静置直到湿度平衡。通过称量平衡后材料试样的质量来确定湿度环境对应的孔隙含水率。图 6.96 是制造的湿度箱和湿度平衡的试件；整个湿度平衡过程置于 20℃的恒温条件下进行。

（3）等温吸附研究结果

① 等温吸附曲线

图 6.96　等温吸附曲线测量的湿度平衡装置与试件

上述材料的等温吸附曲线汇总见图 6.97。从图中可以看出等温吸附曲线在吸附过程和脱附过程中存在明显的滞回现象，和水泥基材料本身孔隙的复杂结构有关。

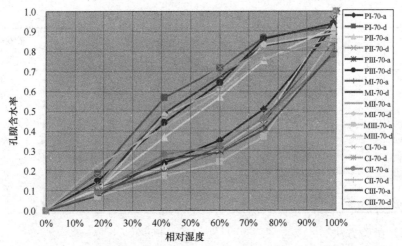

图 6.97　等温吸附曲线测量结果

② 等温吸附基本参数

等温吸附曲线（相对湿度-孔隙含水率曲线）可以通过开尔文方程转换为水分特征曲线（孔隙毛细压力和孔隙含水率的关系），使用 Van Gnuchten 回归曲线的水分特征曲线为：

$$p_c(\theta) = \alpha(\theta^{-\beta} - 1)^{1-1/\beta} \tag{6-13}$$

其中的参数 α，β 描述了特征曲线的形状。研究分析了各种材料的孔隙结构的表征参数与两个特征曲线参数的关系。表 6.23 给出了所有材料的水分特征曲线的双参数数值，图 6.98 给出了参数与材料总孔隙率的关系。

表 6.23　水分特征曲线参数

Material	Adsoprtion		Desorption	
	α (MPa)	β	α (MPa)	β
PⅠ-70	28.93	1.92	73.64	1.72
PⅡ-70	23.58	2.00	76.40	1.66
PⅢ-70	20.17	2.02	63.79	1.70
MⅠ-70	23.28	1.96	63.68	1.66
MⅡ-70	24.40	1.89	63.37	1.59
MⅢ-70	20.20	1.98	54.80	1.67
CⅠ-70	31.49	1.81	62.98	1.66
CⅡ-70	30.03	1.85	40.76	2.22
CⅢ-70	28.41	1.81	55.08	1.89

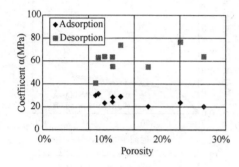 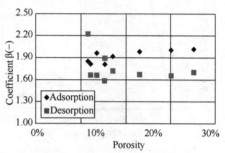

图 6.98　水分特征曲线参数与材料孔隙率关系

（4）表面吸水率研究结果

研究使用同一系列的 OPC-Slag 材料，使用 ASTM C1585-2011 的试验方法对干燥状态的圆饼试件进行了单面吸水试验，图 6.99 和图 6.100 表示了砂浆和混凝土的吸水速率结果。

6.2.2.4　裂隙对基本传输性质的影响

裂纹的几何形状与分布对孔隙材料的传输性质有根本性的影响；研究从细观力学理论和试验两个方面研究了裂纹几何形态对孔隙材料传输性质的影响。理论研究部分发表于（Zhou etal. Mechanics of Materials，43（2011）969 - 978），试验部分发表于（Zhou etal. Materials and Structures，（2012）45：381 - 392；Zhou etal. Cement and Concrete Research，42（2012）1261 - 1272）。

（1）理论研究

理论上，课题研究裂纹的存在对孔隙材料渗透性的影响，对于裂纹的几何特征主要考虑裂纹的密度和连通度的影响。

① IDD 模型的推导

研究借助细观力学有效介质理论（EMT）进行有裂纹夹杂的孔隙材料渗透

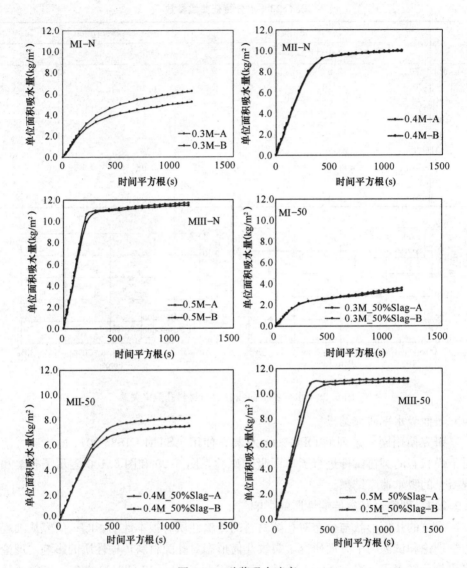

图 6.99　砂浆吸水速率

性的影响，其中引入了考虑裂纹夹杂的理论稀疏解。最终，得到对平行裂纹和平均乱向分布裂纹的理论表达为：

平行：
$$\frac{S_1}{S_0} = \frac{1 + \pi(1 - \gamma_D)\rho_2}{1 - \pi\gamma_D\rho_2} \tag{6-14}$$

乱向：
$$\frac{S_1}{S_0} = \frac{1 + \frac{\pi}{2}(1 - \gamma_D)\rho_2}{1 - \frac{\pi}{2}\gamma_D\rho_2} \tag{6-15}$$

　　研究提出了连通系数来修正上述只能应用于相互隔离的裂纹的情况，得到理

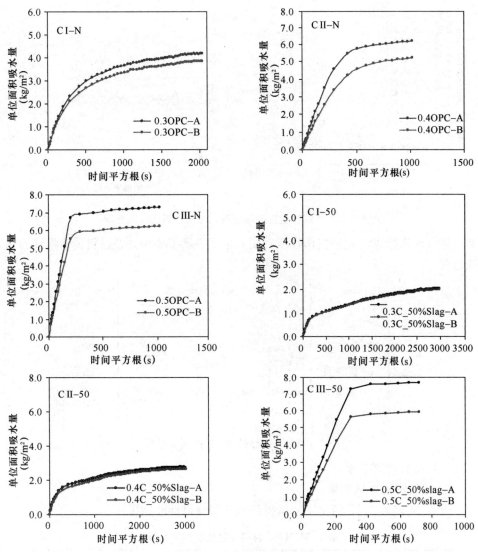

图 6.100 混凝土吸水速率

论解为：

$$\frac{S}{S_0} = 1 + \frac{\frac{\pi}{2}\rho'_2}{1 - \frac{\pi}{2}\gamma'_D\rho'_2} \qquad (6\text{-}16)$$

通过有限元数值进行了理论解和数值结果的比较，图 6.101 表示了裂纹密度、连通度对孔隙材料渗透系数的影响。

（2）材料与试验

研究使用 6.2.1.3 的材料与试件，分别测试了含有裂纹试件的吸水率、电导

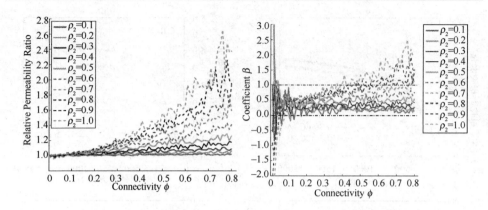

图 6.101 裂纹密度、连通度对孔隙材料渗透性的影响

率、透气性系数以及超声损伤程度。图 6.102 表示了各种开裂材料传输性能的测试过程。

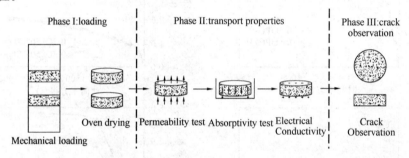

图 6.102 开裂材料试件性能测试过程

（3）试验研究结果

① 开裂性能测试结果

表 6.24 和表 6.25 给出了测试得到的开裂材料性能结果。

表 6.24 OPC 材料开裂性能测试结果

Specimen	ε_{ij}^{r} (10^{-6})		D	ϕ（%）	GPI	S $(kg/m^2/min^{0.5})$	R（Ω）
	Axial	Lateral					
OPC0	0	0	0	11.85	16.349	0.111	—
				11.97	16.215	0.123	—
OPC1	−129	101	0.009	12.58	15.609	0.118	175
				11.99	16.404	0.114	184
OPC2	−218	85	0.035	11.91	16.010	0.131	175
				11.94	16.141	0.129	198
OPC3	−425	123	0.056	11.41	15.978	0.106	205
				12.09	15.403	0.112	175
OPC4	−467	166	0.041	12.58	15.996	0.138	138
				12.84	15.896	0.140	139

续表

Specimen	ε_{ij}^{τ} (10^{-6})		D	ϕ (%)	GPI	S (kg/m^2/min$^{0.5}$)	R (Ω)
	Axial	Lateral					
OPC5	-479	292	0.069	12.33	15.616	0.148	143
				12.08	16.284	0.124	143
OPC6	-643	128	0.091	12.22	16.177	0.139	186
				12.51	15.470	0.154	154
OPC7	-702	607	0.101	11.48	15.452	0.115	143
				11.70	15.968	0.126	150

表 6.25　HPC 材料开裂性能测试结果

Specimen	ε_{ij}^{τ} (10^{-6})		D	ϕ (%)	GPI	s (kg/m^2/min$^{0.5}$)	R (Ω)
	Axial	Latera					
HPC0	0	0	0	12.79	15.754	0.123	487
				11.39	15.897	0.111	475
HPC1	-74	553	0.232	12.32	14.176	0.149	436
HPC2	-107	66	0.062	11.92	15.521	0.131	450
				11.86	15.734	0.109	462
HPC3	-229	633	0.127	12.34	15.647	0.114	410
				13.12	14.161	0.196	375
HPC4	-233	45	0.059	11.86	15.000	0.147	450
				12.2	15.843	0.121	462
HPC5	-311	1249	0.262	12.71	15.628	0.121	410
				13.61	12.953	0.236	318
HPC6	-461	1277	0.260	12.44	14.672	0.143	436
				13.19	13.151	0.271	410
HPC7	-566	263	0.374	12.62	14.358	0.152	385
				11.83	15.273	0.126	436

② 有效孔隙率与裂纹密度关系（图 6.103）

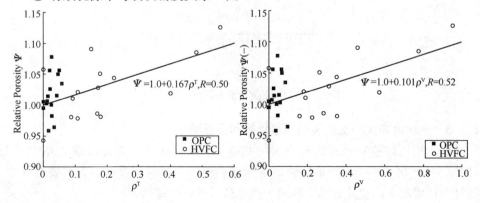

图 6.103　有效孔隙率与裂纹密度关系

③ 吸水率与电导率和裂纹密度关系（图 6.104）

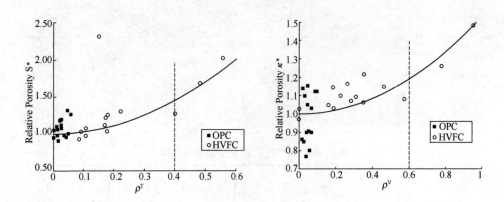

图 6.104　吸水率与电导和裂纹密度关系

④ 气体渗透率与裂纹密度关系（图 6.105）

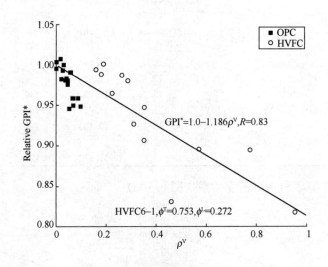

图 6.105　气体渗透率和裂纹密度关系

6.2.3　港珠海澳大桥工程现场质量检验和质量验收

在介质传输控制理论研究成果的基础上，本课题为"港珠海澳大桥工程"（图 6.106）制定了现场质量检验基本标准和现场质量验收准则、为"放射性废物处置用混凝土高整体容器"的耐久性进行了设计与评估。

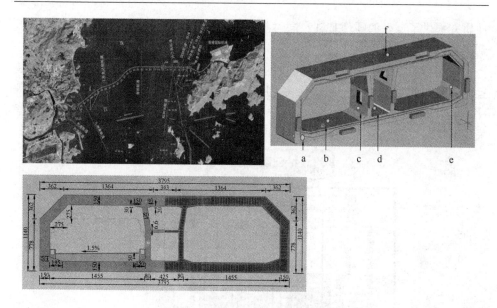

图 6.106 项目成果用于港珠澳大桥工程

6.3 环境条件作用下混凝土的服役性能及寿命预测研究

国内外学者对单一因素下钢筋混凝土耐久性能的劣化机理进行了大量的研究，而实际上，钢筋混凝土的劣化是一个物理、化学、电化学和机械作用相互耦合的过程，单一因素的耐久性研究很难全面反映服役混凝土性能的退化本质。近年来，针对多因素耦合作用的研究工作正在被重视和逐步开展，并取得了一些初步的进展。本课题的研究目的是通过模拟实际工程中钢筋混凝土遭受的多重因素，探索多因素耦合作用下钢筋混凝土的性能退化规律、评价方法和测试设备，建立寿命预测模型。

6.3.1 多因素耦合作用下混凝土耐久性评价试验设备和试验方法的研究

开发了多因素耦合作用下混凝土耐久性评估的系列试验设备，攻克了变温条件下外部荷载难以精确控制和补偿的难题，实现了温度、应力、应变和电阻率信号的实时连续采集。

研发了多因素耦合作用下混凝土耐久性评价试验设备和试验方法，能够模拟开展路面、桥面、梁等混凝土构件工程实际情况，开展在弯拉应力、盐侵蚀、冻融循环等因素任意耦合作用下的性能劣化评价。

针对（冻融循环＋氯盐侵蚀＋弯拉荷载）耦合作用，开发了第二代多因素耦合作用下混凝土耐久性能测试设备。设备采用闭环控制系统和智能加载系统，能够精确施加外部荷载，并提供可靠的荷载补偿；能实时连续地采集试件损伤参数的（温度、压力、应变和电阻率）时变规律，为多因素作用下钢筋混凝土的耐久性研究提供了良好的硬件基础。同时新设备减轻了劳动强度，实现了从加载装置到试验设备的跨越。

本项目对该装置进行了持续的改进，吸收了现有多因素作用下混凝土加载装置的优点，研究开发了第二代多因素耦合作用下混凝土耐久性试验设备（图 6.107）。新设备包括三部分：（1）应力加载装置；（2）冻融单元；（3）数据采集系统（应变、荷载、温度、电阻率等）。

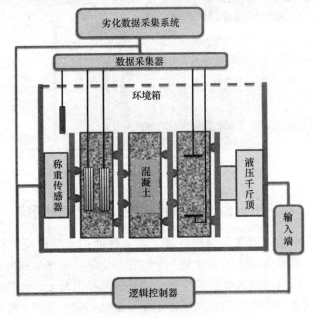

图 6.107　第二代多因素耦合混凝土耐久性试验装置示意图

设备的改进需要综合考虑多参量的数据自动采集，在满足设计功能的条件下对加载装置进行外形设计，加载装置自身的稳定性和耐久性，加载装置量程范围、荷载恒定保持，使之能与整个系统的其他组件能够具有良好的兼容性，涉及电子、自动化、机械制造、材料科学等学科知识。

第二代设备在保留第一代设备优点的基础上，在以下方面具有重大突破：（1）将自动化控制科学中的闭环控制理论应用于荷载的精确控制和补偿，消除了因温度、结晶、应力松弛等原因导致的外加荷载损失，保证了试样所受荷载的稳定性，实现了侵蚀环境下荷载的精确控制，提高了试验精度；（2）计算证明试件自身的重力作用对外加荷载的影响可以忽略，本项目创造性地将试件垂直摆放（图 6.108），此举不但能够同时多组混凝土试件进行耐久性对比试验，还大大提高了试验效率，减小了试验结果的离散性；（3）机械制造中特殊的防水和密封技术，实现了严酷条件下混凝土多种损伤参数的在线监测，所设计的多参量信号变送器系统可以得到混凝土损伤参数（应变、电阻率、温湿度）的时变规律，为揭示多因素下混凝土耐久性破坏机理提供了有力支持和保障；（4）改进的试验装置可以实现混凝土工程中经常遇到的三种主要破坏因素（冻融循环、氯盐侵蚀和外部弯拉荷载）的所有耦合，即冻融循环、氯盐侵蚀和外部弯拉荷载及三者的任意组合，表6.26列出了该装置可以实现的单一因素（SDF），双因素（DDF）和三因素（MDF）组合。

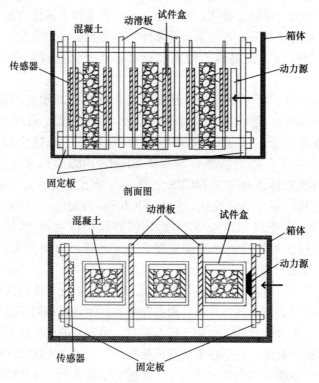

图6.108 第二代装置中试件立放在冻融箱中示意图

表6.26 第二代试验装置可以进行的耐久性破坏组合形式

分类	破坏因素组合
单一因素（SDF）	冻融循环破坏
	外部弯拉荷载
	氯离子侵蚀
	冻融循环破坏＋外部弯拉荷载
双因素（DDF）	冻融循环破坏＋氯离子侵蚀
	氯离子侵蚀＋外部弯拉荷载
三因素（MDF）	冻融循环破坏＋外部弯拉荷载＋氯离子侵蚀

6.3.2 多因素耦合作用下路用低坍落度混凝土性能衰减规律研究

课题通过试验研究获得了大量多因素耦合作用下混凝土基体的应变参数数据，据此分析获得了基体的残余应变、表观冻胀系数等表征混凝土冻融内部损伤的信息；根据残余应变发展规律，发现了混凝土快速劣化的临界残余应变点，揭示了微裂纹的萌生和扩展是混凝土内部损伤的主要原因。

冻融过程中混凝土基体产生了不可逆的残余应变，且残余应变随着冻融循环次数的增加而增大至混凝土破坏；残余应变与冻融条件下基体内部孔隙结构及裂纹的产生与扩展直接相关，可用来表征基体的损伤程度；用应变—温度曲线得出的表观冻胀系数可以表征混凝土的密实程度，其变化量可以作为基体损伤的量度。

微裂纹萌生和不断扩展是导致混凝土残余应变逐渐增大的原因，应变监测表明混凝土的破坏是一个累积损伤的过程；应变-温度曲线具有明显的滞回，发现了临界残余应变点。研究中发现对于引气混凝土以及水胶比为0.39的混凝土，存在初始临界残余应变 SICRS 和临界残余应变 SCRS 两个临界点。在初始临界残余应变 SICRS 之前，混凝土基本不受影响，外部环境作用对混凝土基本不会造成损伤，超过 SICRS 后混凝土开始遭受轻微损伤直至达到临界残余应变点 SCRS。在未达到临界残余应变点 SCRS 之前，混凝土存在轻微的损伤，超过临界残余应变 SCRS 之后，质量损失明显增大、相对动弹性模量迅速下降。

首次获得了弯拉荷载、冻融循环对混凝土中钢筋电化学参数的影响规律，发现外加荷载明显增大钢筋腐蚀几率，而孔隙结冰封闭显著抑制钢筋锈蚀。

首次测定了在多因素耦合作用下钢筋混凝土中钢筋的锈蚀速率，表征了在此环境下钢筋的锈蚀状态。在不施加荷载的情况下，经过 200 次冻融循环和氯盐侵蚀的耦合作用，钢筋并不会进入活化态；在施加了 0.3 和 0.4 倍的初始弯拉应力后，经过 100 次快速冻融循环后，阳极反应过程阻力变小，反应朝易于腐蚀的方向进行，荷载的存在明显增大了钢筋发生锈蚀的风险。

冻融循环的降温过程，钢筋锈蚀速率降低，降温导致孔隙溶液结冰造成孔隙封闭后，抑制钢筋锈蚀的效果更佳显著。

6.3.2.1 混凝土原材料及配合比

（1）主要原材料

试验中所采用的钢渣粉（SS）来自河北滦县，矿渣粉（BFS）来自唐龙矿渣厂，水泥为混凝土外加剂检测专用的基准水泥（RC），强度等级为 P·I42.5，来自北京兴发水泥有限公司。BFS、SS 和 RC 的比表面积分别为 $449m^2/kg$、$486m^2/kg$、$341m^2/kg$，相应的体积密度分别为 $2.78g/cm^3$、$3.21g/cm^3$、$3.10g/cm^3$，材料的化学组成见表 6.27。

表 6.27 钢渣、矿渣、水泥的化学组成（%）

表 6.27 钢渣、矿渣、水泥的化学组成（%）

化学组成	水泥	钢渣	矿渣
SiO_2	21.57	17.36	32.86
Al_2O_3	4.45	6.98	16.38
Fe_2O_3	2.76	18.96	0.97
CaO	63.90	40.33	36.31
MgO	1.88	5.90	9.37
SO_3	2.57	0.59	2.28
NaO_2 eq	0.57	—	—
Loss	1.51	5.00	0.86
f-CaO	0.60	0.55	0.018
Cl—	0.008	0.024	0.023

（2）混凝土配合比

本试验所用配合比是中国建筑材料科学研究总院承担完成的"十一五"课题所研发并在多个路面工程中使用的混凝土配合比，具体参数详见表 6.28。

表 6.28 混凝土配合比（kg/m^3）

水泥	水	钢渣粉	矿渣粉	细骨料	粗骨料	萘系减水剂
264.6	147.4	37.8	75.6	694	1180	2.4

该配合比配制的钢渣矿渣混凝土 28d 抗折强度为 6.8MPa，坍落度为 3cm，适宜于滑模摊铺施工。

6.3.2.2 多因素耦合作用下路用低坍落度混凝土的劣化行为

通过系统试验，获得了多因素耦合作用下路用低坍落度钢筋混凝土中基体的劣化规律和钢筋的锈蚀行为。

（1）多因素耦合作用下混凝土基体的劣化

混凝土是保护钢筋的重要屏障，混凝土基体由表及里的剥落将加快外界有害离子的侵入和混凝土保护层失效，从而导致钢筋的腐蚀，直至钢筋混凝土结构的破坏。研究混凝土基体的劣化机理，及时判断基体的劣化状态并采取相应的防护措施，可有效预防钢筋混凝土的破坏。除采用质量损失和动弹性模量这两个国标要求的参数外，还采用了超声波检测了混凝土的损伤状况。

①混凝土基体的质量损失和动弹性模量损失

钢渣矿渣钢筋混凝土在遭受冻融循环与氯盐溶液侵蚀双因素作用下，试件的质量损失可以用指数函数进行描述（式 6-17），外部弯拉荷载、冻融循环、氯盐溶液三因素共同作用下，混凝土的质量损失超过 5%，相对动弹模量仍在 80% 以上（图 6.109 和图 6.110），相对动弹模量的降低总是滞后于试件的质量损失，可见三因素作用下盐冻循环导致的混凝土质量损失是造成混凝土破坏的主要因素。施加低应力比时，混凝土的破坏受盐冻循环导致的质量损失控制。但施加高应力比时，外加应力引起的混凝土断裂是主要的破坏形态，这时混凝土的破坏受外部弯拉荷载控制。高应力比对混凝土的动弹性模量有一定的影响，相同冻融条件下，随着应力比的增大，相对动弹性模量的降低速度增大。

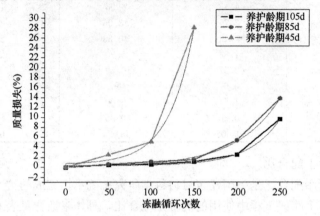

图 6.109　冻融循环与氯盐耦合作用下不同养护龄期
混凝土质量损失的发展规律

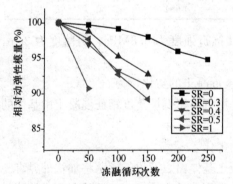

图 6.110　不同应变力条件下混凝土基
体相对动弹性模量随冻融循环次数的关系

$$Y = y_0 + A_1 e^{\frac{x}{r_1}} \qquad (6\text{-}17)$$

迷流、盐冻与外部荷载四因素作用下混凝土的质量损失与三因素下有很大不同，混凝土的质量在四因素下总是先增加后减小，在质量损失还未达到 5%、相对动弹模量仍在 60% 以上时，混凝土基体已经开裂，见图 6.111。可见，在 50 次循环内质量损失和动弹性模量未达到破坏标准时，四因素作用下钢筋的锈蚀产物已经导致混凝土基体出现顺筋裂纹，因此四因素作用下混凝土基体的破坏受钢筋锈蚀程度控制。

②混凝土基体的超声波参数变化

超声波可以用来定性判定混凝土的劣化，混凝土在经过破坏因素（盐冻循环）作用后，从超声波的特征参数表现为，声时增大，声速和波幅降低，周期变长，波形由原来的尖锐变的平坦，见图 6.112 和图 6.113。

③混凝土基体的应变分析

在单因素和三因素两种不同作用条件下，钢筋混凝土的应变变化规律不同。在单因素作用下，钢筋的变形遵循热胀冷缩的基本物理原理，冻结过程中应变不

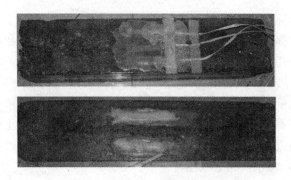

图 6.111　迷流-荷载-盐冻 50 循环后混凝土基体的顺筋开裂

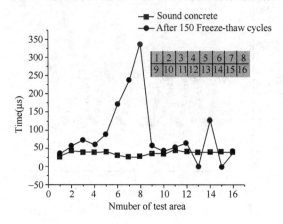

图 6.112　经过 150 次冻融循环后混凝土不同测区的声时情况

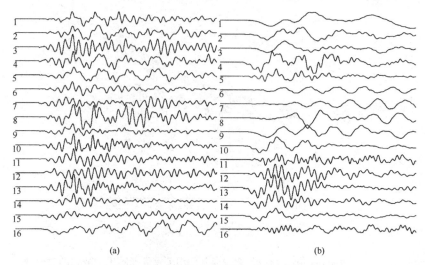

(a)　　　　　　　　　　　　(b)

图 6.113　同一测区冻融前后的超声波波形图变化情况

（a）28d 养护结束；（b）50 次盐冻循环后

断减小，融解时应变持续增大；随着冻融循环次数的增加，钢筋的累积不可逆损伤在逐渐增大，在融解和冻结循环过程中遭受破坏的程度是一致的；混凝土基体则是热缩冷胀，在冻结时应变增大，融解时应变减小，因钢筋的增强作用，随着盐冻循环次数的增加，在较短的冻融时间内不易观察到明显的混凝土累积损伤，见图 6.114。在冻融循环、氯盐侵蚀和外加荷载作用下，钢筋和混凝土基体均发现了明显的累积不可逆损伤，随着盐冻循环次数的增加，混凝土的应变基线不断上移，混凝土的内部损伤逐渐增大，并且混凝土基体的累积不可逆损伤大于钢筋相应的累积损伤，如图 6.115 所示。

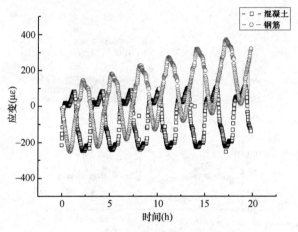

图 6.114　冻融循环单因素作用下钢筋混凝土 22h 内的应变变化

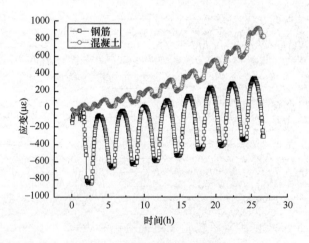

图 6.115　冻融循环、氯盐荷载与弯拉荷载作用下钢筋混凝土 25h 内的应变变化

　　振弦式应变计在长期测试的可靠性方面优于电阻式应变计，本项目利用振弦式应变计得到混凝土残余应变结果如图 6.116 所示，通过振弦式应变计得到的残余应变和传统参数的关系图如图 6.117。

　　电阻式应变计的研究结果证明：饱盐混凝土基体的变形呈现非线性，温度-应变曲线有回滞现象。每次冻融循环都有不可逆的残余应变产生，且残余应变随着水胶比和冻融循环次数的增大而逐渐增大，基体的劣化是一个累积损伤的破坏过程；残余应变与冻融作用下基体内裂纹的萌生和扩展密切相关，可以用来表征饱盐基体的损伤程度；干冻条件下，干燥基体呈线性收缩变形，基体损伤程度很小，且利用应变-温度曲线得到的降温阶段基体表观冻胀系数有下降趋势。

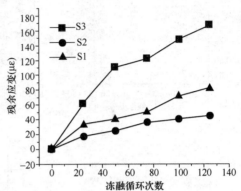

图 6.116　三种不同试件在
125 个冻融循环内的残余应变
(a) w/c=0.6；(b) w/c=0.39，引气；
(c) w/c=0.39

　　通过振弦式应变计得到了混凝土基体的长期残余应变。通过分析残余应变和传统参数的关系发现了高水胶比试件的加速破坏临界点，引气混凝土和高强混凝土的破坏起始点。混凝土的破坏过程存在两个临界残余应变，即初始临界残余应变和临界残余应变。

　　混凝土的初始临界残余应变 SICRS 和临界残余应变 SCRS 均是不依赖于外界环境的材料性质。对于服役的混凝土结构，可以将确定的环境作用转化为相应的残余应变 SARS，通过将 SARS 与 SICRS 和 SCRS 的比较，可以确定混凝土的免疫期和抗冻性，并能够对服役混凝土进行在线监测和耐久性能评估。

　　④冻融和氯盐侵蚀作用下混凝土孔隙结构演变

　　利用平板扫描法这种经济而又迅速的孔隙结构表征方法，对冻融循环和氯盐侵蚀作用后混凝土的孔隙结构进行了研究，对平均裂纹数量、平均裂纹长度、孔隙分形维数、孔隙圆形度和目标孔隙面积百分比进行了统计分析；并讨论了冻融循环和氯盐侵蚀作用后混凝土的渗透性。取得的研究结果如下：

　　下图中 R-39 和 C-39 试件的水灰比均为 0.39，R-39 的胶凝材料中没有使用矿物掺和料，而 C-39 的胶凝材料则是由钢渣矿渣 1∶2 的比例取代了 30% 的水泥所组成。可以看出，混凝土内平均裂纹数量和长度随冻融循环的进行而不断增加，100 个循环后平均裂纹数量能达到 0.5～0.7 个，平均裂纹长度能达到 7～12μm（图 6.118）。目标孔隙面积百分比随着冻融循环次数的增加而逐渐增

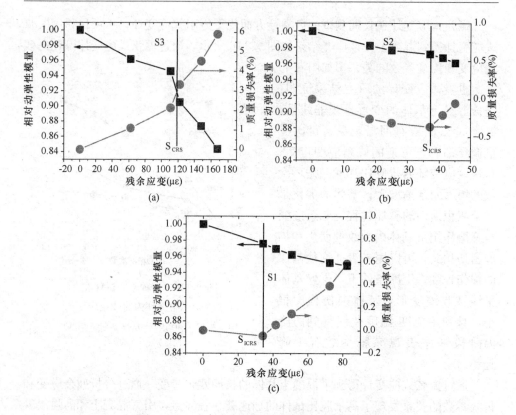

图 6.117 残余应变和不同试件传统参数的关系

大（图 6.119），因结冰量逐渐增加裂纹在逐渐扩展，而冻融循环导致孔隙表面发生类似于表面剥蚀的破坏使气孔逐渐扩张；混凝土内部孔结构全面劣化，孔隙剖面的分形维数介于 1.09～1.14 之间（图 6.120），圆形度平均从 1.6 增加到 2左右，孔隙的分形维数、圆形度和目标孔隙面积百分比均增大，孔隙粗糙度增加且越来越偏离正圆形，混凝土损伤程度显著增大。

冻融循环和氯盐侵蚀后混凝土的氯离子渗透系数研究证明，对于不同类型的混凝土冻融循环与氯盐作用均能增大其氯离子扩散系数，而适量的矿物掺和料或低水胶比能减缓冻融循环和氯盐侵蚀作用下混凝土渗透性的增大速率。

（2）多因素下钢筋混凝土中钢筋的腐蚀行为

①钢筋的脱钝时间评估

在冻融循环、氯盐侵蚀和弯拉荷载耦合作用下，施加 0.3 应力比的钢筋混凝土，其钢筋的钝化态保持了 80 多个循环，而施加 0.4 应力比的试件，25 个循环后钢筋已接近脱钝，比承受 0.3 应力比时少了 50 多个循环，高应力比缩短了钢筋脱钝的时间，增大了钢筋发生锈蚀的风险，见图 6.121。在冻融循环、氯盐侵蚀和弯拉荷载耦合作用下，经过 100 次冻融循环后，承受不同应力比试件中的钢

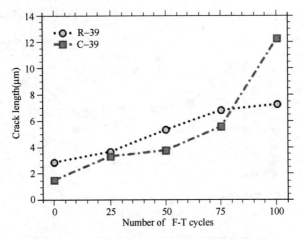

图 6.118 裂纹长度和冻融循环次数的关系

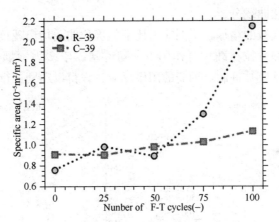

图 6.119 目标孔隙面积百分比和冻融循环次数的关系

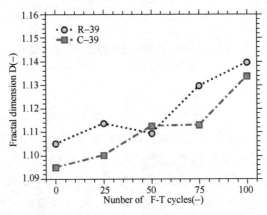

图 6.120 分形维数和冻融循环次数的关系

筋自腐蚀电位均低于−275mV（SCE），这表明此时钢筋钝化膜破裂，已经由钝化态转变为活化态。

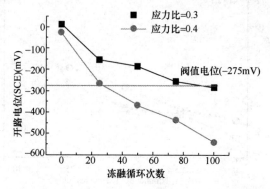

图 6.121　钢筋的开路电位随冻融循环次数的变化

②钢筋的极化曲线分析

随冻融循环次数的增加，不同应力比下的极化曲线均出现负移，表明在冻融循环、氯盐侵蚀和弯拉荷载耦合作用下，随着暴露于多因素耦合作用时间的延长，钢筋的阴极反应被抑制，钢筋的阳极反应过程得以顺利进行，见图 6.122。

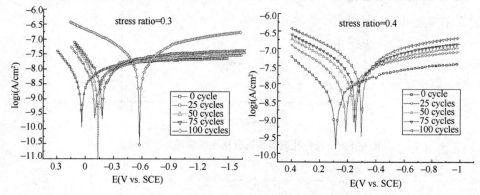

图 6.122　钢筋极化曲线随冻融循环次数的变化

（a）应力比＝0.3；（b）应力比＝0.4

③腐蚀风险

图 6.123（a）、（b）是钢筋腐蚀速率及腐蚀电流密度（icorr）随冻融循环次数的变化情况。作为一个热力学参数，自腐蚀电位给出的是与腐蚀相关的定性结果，而腐蚀电流密度和腐蚀速率则能定量反映钢筋锈蚀程度。从图 6.123（a）可以看出，在 75 个循环内，钢筋的 icorr 保持在 $0.2\mu A/cm^2$ 以下，超过 75 个循环后，钢筋的 icorr 急剧上升到 $0.96\mu A/cm^2$，这与自腐蚀电位的结果相吻合，当钢筋钝化膜破裂后其 icorr 迅速增加。已有研究表明，icorr 可分为四个档次

[图 6.123（a）]，当 icorr 低于 $0.2\mu A/cm^2$ 以下时，钢筋没有腐蚀预期，钢筋锈蚀一般不会发生；当 $0.2\mu A/cm^2 < icorr < 1.0\mu A/cm^2$ 时，钢筋将在 10～15 年内开始发生锈蚀。

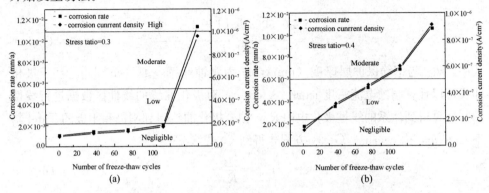

图 6.123　腐蚀速率与腐蚀电流密度随冻融循环次数的变化情况

④剩余寿命评估

a. 钢筋服役寿命的界定

在冻融循环-氯盐侵蚀-外加荷载作用下，基于钢筋锈蚀的钢筋混凝土服役寿命可以分为两个阶段：第一阶段，钢筋在混凝土的高碱性环境中形成钝化膜，钢筋保持钝化状态，从混凝土硬化后到钢筋脱钝之间的服役寿命可定义为钝化态寿命 Spassivation-depassivation，简写为 Spa-depa；第二阶段，钢筋脱钝后开始逐渐锈蚀，当钢筋的锈蚀产物导致混凝土产生开裂时，认为钢筋混凝土的服役寿命达到终点，第二阶段的服役寿命定义为 Sdepassivation-crack，简写为 Sdepa-c。钢筋混凝土中钢筋的服役寿命 Stotal＝Spa－depa＋Sdepa－c。

b. 钢筋脱钝时间的确定

虽然外界侵蚀环境和耦合形式众多，脱钝时间均可通过钢筋的自腐蚀电位值进行评估，根据 ASTM C 876 规定，当自腐蚀电位低于－350mV（CSE 硫酸铜电极）或－270mV（SCE 饱和甘汞电极）时，钢筋脱钝的概率在 90% 以上。利用常见的开路电位法即可准确测定钢筋的脱钝时间 t_p，同时可见 t_p 决定了钢筋混凝土的第一阶段服役寿命 Spa-depa。

若暴露于氯盐和其他因素耦合环境下，钢筋的脱钝时间还可由氯离子扩散系数 D_{app}、混凝土表面的氯盐浓度 C_s、保护层厚度 d_c、钢筋脱钝的氯盐阈值 C_{th} 进行确定，即 Spa-depa 满足式（6-18）：

$$S_{pa\text{-}depa} = \frac{d_c^2}{4D_{app}\left[erf^{-1}\left(1 - \dfrac{C_{th}}{C_s}\right)\right]} \tag{6-18}$$

c. 锈蚀开裂时间的确定

对于第二阶段服役寿命 Sdepa-c 可根据 Morinaga 经验公式进行预测，见式（6-19）。

$$S_{\text{depa-c}} = \frac{0.602 d_{\text{steel}} \left(1 + 2\dfrac{d_{\text{c}}}{d_{\text{steel}}}\right)}{I_{\text{c}}} \tag{6-19}$$

式中，d_{steel} 为钢筋保护层厚度（mm），I_{c} 为腐蚀速率 $[g/(cm^2 d)]$。基于极化曲线可以计算腐蚀电流密度 icorr（A/cm^2）：对极化曲线的线性区数据进行线性回归计算得到体系的线性极化电阻 R_{p}，拟合极化曲线得到阴极和阳极的 Tafel 斜率 b_{a} 和 b_{c}，由 Stern–Geary 方程式得到 i_{corr} 式（6-20）。

$$i_{\text{corr}} = \frac{B}{R_{\text{p}}} \tag{6-20}$$

B 的计算来自极化曲线得到阴极和阳极的 Tafel 斜率 b_{a} 和 b_{c}，即式（6-21）：

$$B = \frac{b_{\text{a}} \times b_{\text{c}}}{2.303 \times (b_{\text{a}} + b_{\text{c}})} \tag{6-21}$$

由 icorr 和材料的密度以及化学当量即可得到腐蚀速率 I_{c}，通常材料密度和化学当量为定值。对于钢筋，腐蚀速率 I_{c} 与腐蚀电流密度的关系为：$I_{\text{c}} = 11.73 \times$ icorr。因此，通过开路电位和极化曲线测量，能够确定钢筋的第一阶段寿命 Spa-depa 和第二阶段寿命 Sdepa-c。

d. 剩余寿命评估

因钢筋混凝土中钢筋的服役寿命 Stotal＝Spa－depa＋Sdepa－c，钢筋混凝土中钢筋的剩余寿命可定义为 Sremaining＝ Spa－depa＋Sdepa－c－Sactualage。根据本项目的试验条件，经过 100 次冻融循环、氯盐侵蚀和弯拉荷载后，将由极化曲线和开路电位得到的数据代入式 2.4.2－3 和式 2.4.2-4 可得到，Spa－depa＝15年、Sdepa－c＝788d，若 Sactualage＝28d，则钢筋混凝土中钢筋的剩余寿命为 Sremaining 为 17 年。

综上所述，钢筋混凝土在冻融循环、氯盐溶液侵蚀和外部弯拉荷载的耦合作用下，钢筋的自腐蚀电位不断下降。由于在试验室的盐冻过程中，氧的扩散速率缓慢，导致氧化还原反应的基本条件无法完全得到满足，因为反应的速度缓慢，钢筋的腐蚀电流密度不足以引起钢筋锈蚀而造成钢筋混凝土破坏。在实际环境中，冻结的混凝土不会发生钢筋锈蚀破坏；外加弯拉荷载和氯盐的存在使得混凝土中钢筋的自腐蚀电位负移，这两者的耦合作用会增大钢筋发生锈蚀的几率。在（冻融循环＋3.5％氯盐溶液侵蚀＋外加弯拉荷载）三因素耦合作用下，高应力比缩短了钢筋脱钝的时间，增大了钢筋发生锈蚀的风险。脱钝后钢筋的极化曲线整体负移，阴极反应被抑制，阳极反应的阻力变小，反应朝易于腐蚀的方向进行。

6.3.3 多因素耦合作用下泵送大坍落度混凝土性能衰减规律研究

以常用的掺有粉煤灰和矿渣粉的混凝土（FA-BFS 混凝土）为研究对象，模拟了实际工程中混凝土遭受的多重因素，探索了多因素耦合作用下混凝土的性能退化规律和评价方法；采用粘贴式应变计监测了混凝土基体的变形，研究了基体的残余应变和冷冻过程表观冻胀系数的变化。

6.3.3.1 混凝土原材料及配合比

（1）原材料

原材料的具体参数如下：

第一批：水泥 I 为外加剂检测专用的基准水泥（RC），强度等级为 42.5；使用的砂为河砂，细度模数为 2.8；碎石采用连续级配，粒径分别为 5~10mm 和 10~20mm，按质量比 4:6 混合均匀；减水剂（WR）为聚羧酸型高效减水剂，固含量为 40%。

第二批：水泥 II 为强度等级为 42.5 的硅酸盐水泥，体积密度为 3.10g/cm³，比表面积为 327m²/kg；使用的砂为涿州中砂，细度模数为 2.6，含泥量为 2.1%；碎石采用三河碎石，连续粒级，最大粒径为 20mm；减水剂（WR）为山西黄腾生产的 HT-HPC 聚羧酸型高效减水剂（标准型），减水率为 29.0%。

两批试验中采用的粉煤灰为天津隆科振兴厂的 I 级粉煤灰；矿渣粉为三河兴达厂 S95 级矿渣粉，密度为 2.89g/cm³，比表面积为 439m²/kg。

（2）混凝土配合比

试验中，采用前述两批原材料，制备了两批不同配合比的混凝土。第一批混凝土（CI）采用水胶比为 0.60、0.45 和 0.35，设计强度为 C20、C30 和 C50；第二批混凝土（CII）采用北京某商品混凝土搅拌站实际生产所用的配合比，采用的水胶比分别为 0.46 和 0.32，设计强度分别为 C30 和 C50；两批混凝土的配合比见表 6.29，物理性能见表 6.30。

表 6.29 混凝土的配合比（kg/m³）

编号	水胶比	水泥	粉煤灰	矿渣粉	水	细骨料	粗骨料	减水剂
CI-20	0.60	150	90	60	180	833	1018	1.5
CI-30	0.45	240	80	80	180	780	1080	2.0
CI-50	0.35	299	92	69	161	706	1154	2.3
CII-30	0.46	225	79	66	170	817	1040	4.45
CII-50	0.32	350	85	65	160	702	1053	8.5

表 6.30 混凝土的物理性能

编号	抗压强度（MPa）	抗折强度（MPa）	坍落度（mm）	含气量（%）
CI-20	32.0	3.63	195	4.7
CI-30	46.5	4.98	180	3.8

续表

编号	抗压强度（MPa）	抗折强度（MPa）	坍落度（mm）	含气量（%）
CⅠ-50	65.0	6.49	180	3.4
CⅡ-30	44.3	4.94	200	3.7
CⅡ-50	63.6	6.39	200	3.8

6.3.3.2　多因素耦合作用下泵送大坍落度混凝土的劣化行为

选取质量损失率、相对动弹性模量等冻融损伤参数，抗折强度和抗压强度等力学性能参数，以及氯离子渗透深度、氯离子扩散系数等渗透性参数，结合孔结构及内部裂纹的演变规律，分析了氯盐侵蚀和冻融损伤的相互影响，以及外部弯拉荷载对混凝土耐久性能的影响。利用粘贴式应变片测量了泵送大坍落度混凝土在双因素下的变形，以及三因素下不同应力状态区的变形，研究了混凝土基体的劣化过程，分析了残余应变及应变随温度的变化规律。

（1）冻融循环-氯盐侵蚀作用下混凝土的劣化行为

在 FTC-CL 双因素作用下，冻融循环与氯盐侵蚀二者相互作用、相互影响，加剧了混凝土的劣化。一方面，盐溶液的加入影响了冻融循环过程中混凝土基体孔隙溶液的迁移，影响混凝土的饱水程度，加速了冻融损伤。另一方面，冻融循环使得混凝土内部孔隙结构发生变化，微裂纹的产生和发展为氯离子侵蚀提供了可用通道，加速了氯盐的侵蚀。

①质量损失与动弹性模量变化

FA-BFS 混凝土在遭受冻融循环与氯盐侵蚀双因素作用下，试件的质量损失符合指数型增长，相对动弹性模量逐渐降低，但相比之下，质量损失更敏感，见图 6.124。

②力学性能变化

混凝土的抗压强度和抗折强度均随着冻融循环的进行逐渐下降，经过 200 次盐冻循环，抗压强度下降至原来的 82%，抗折强度下降至原来的 86%。在盐冻作用下，经过 200 次冻融循环混凝土的力学性能仍然高于其设计强度，通过比较可以发现力学性能的劣化也不如质量损失率敏感，见图 6.125。

③渗透性参数的变化

在 FTC-Cl 双因素作用下，氯离子渗透深度与冻融循环次数基本呈正相关增长，经过 200 冻融冻融循环作用后，氯离子渗透深度达 11mm，见图 6.126。

根据氯离子扩散系数与混凝土渗透性评价的对应关系可以看出，经过 150 次盐冻循环，CⅡ-30 混凝土由低渗透性变成中渗透性，而 CⅡ-50 混凝土经过 300 次冻融循环后仍属于低渗性。同时，对比 CⅡ-30 混凝土与 CⅡ-50 混凝土氯离子扩散系数（图 6.127）可以发现，强度等级越低的混凝土在盐冻中氯离子扩散系数增长越快。这可能是由于强度等级低的混凝土，基体的密实程度较差，内部孔

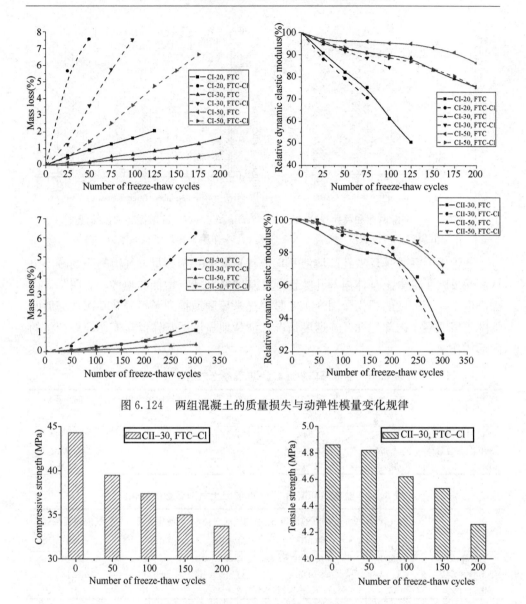

图 6.124　两组混凝土的质量损失与动弹性模量变化规律

图 6.125　CⅡ-30 混凝土的抗压和抗折强度随冻融随冻融循环次数的变化

隙结构也较不完善，经过盐冻循环后产生了较多的微裂纹，表现为抗渗性的显著下降。

④孔隙结构的变化

经过 FTC-CL 作用，混凝土孔结构产生了一定程度的扩张，总空气含量、平均气泡面积、平均气泡直径均增大，气泡比表面积减小，气泡间距系数减小，见表 6.31 和表 6.32。

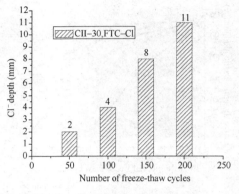
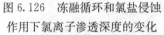
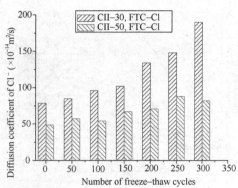

图 6.126　冻融循环和氯盐侵蚀
作用下氯离子渗透深度的变化

图 6.127　冻融循环和氯盐侵蚀
作用下氯离子扩散系数的变化

　　气泡间距系数是反映孔隙溶液平均流程长度的一个参量，气泡间距的减小也从侧面反映了混凝土基体内部孔隙连通度随冻融循环有增加的趋势，表明基体内部产生了一定程度的损伤，图 6.128 是用光学显微镜拍到了经过 300 次盐冻后两强度等级混凝土内部气孔及连通度情况，清楚地显示了基体经盐冻循环后产生的内部损伤。

表 6.31　盐冻循环前后 CⅡ-30 混凝土气泡参数的变化

CⅡ-30	空气含量（%）	平均气泡面积（mm²）	平均气泡直径（μm）	气泡比表面积（μm²/μm³）	气泡间距系数（μm）
冻融前	3.276	0.042	231.249	0.021	327.049
300 次冻融后	4.664	0.044	236.691	0.021	285.972
增量（%）	42.4	4.8	2.4	—23	—12.6

表 6.32　盐冻循环前后 CⅡ-50 混凝土气泡参数的变化

CⅡ-50	空气含量（%）	平均气泡面积（mm²）	平均气泡直径（μm）	气泡比表面积（μm²/μm³）	气泡间距系数（μm）
冻融前	3.399	0.033	204.980	0.024	285.214
300 次冻融后	4.620	0.035	211.100	0.023	256.143
增量（%）	35.9	6.1	3.0	—2.9	—10.2

　　⑤混凝土基体的应变及残余应变
　　混凝土基体的损伤是一个累积的劣化过程，残余应变与冻融条件下基体内部孔隙结构及裂纹的产生与扩展直接相关，可以用来表征基体的损伤程度。
　　双因素作用下，混凝土基体的变形呈现非线性变化，应变—温度曲线存在滞回现象。冻融过程中混凝土基体产生了不可逆的残余应变，且残余应变随着冻融循环次数的增加而增大至混凝土破坏；强度等级越高，混凝土内残余应变增长越缓慢，混凝土抵抗冻融破坏的能力越强，见图 6.129～图 6.131。

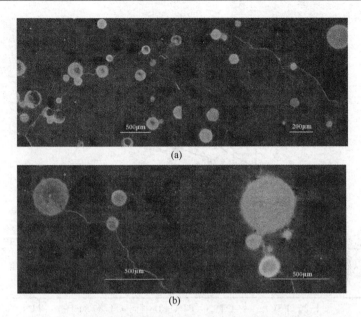

图 6.128　300 次盐冻循环后混凝土内部气孔及连通度 C Ⅱ -30

(a) C Ⅱ -30；(b) C Ⅱ -50

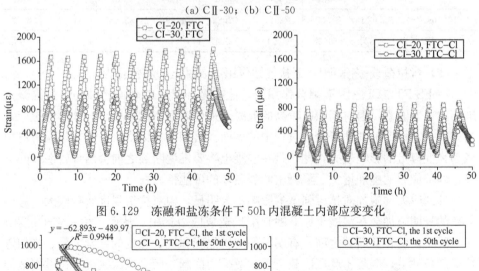

图 6.129　冻融和盐冻条件下 50h 内混凝土内部应变变化

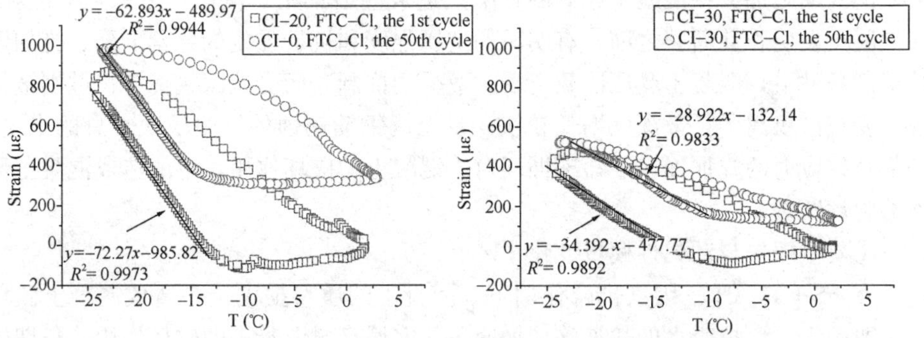

图 6.130　第 1 次和第 50 次循环内混凝土内部应变随温度变化情况

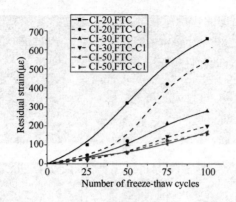

图 6.131　残余应变随冻融循环次数的关系

利用应变-温度曲线得出的表观冻胀系数还可以反应基体的密实程度，其变化量也可以用来表征混凝土冻融条件下的内部损伤，见表 6.33。

表 6.33　冻结过程混凝土的表观冻胀系数值及变化

	CⅠ-20 (FTC)		CⅠ-20 (FT C-Cl)		CⅠ-30 (FTC)		CⅠ-30 (FTC−Cl)	
	1st	50th	1st	50th	1st	50th	1st	50th
αf $(10^{-6}℃^{-1})$	98.62	88.80	72.27	62.89	44.99	36.55	34.39	28.92
$\Delta \alpha f$ $(10^{-6}℃^{-1})$	−9.82	−9.38	−8.44	−5.47				

(2) 弯拉荷载-冻融循环-氯盐侵蚀作用下混凝土的劣化行为

在 FS-FTC-Cl 三因素耦合作用下，盐冻循环导致的表面剥蚀仍然是混凝土破坏的主要因素，但对于强度较高的混凝土来说表面剥蚀量很小；外部弯拉应力的施加一定程度上加速了盐冻过程中的表面剥落和内部损伤，外部弯拉应力对相对动弹性模量的影响较大，尤其是在混凝土将要发生断裂之前会出现较明显的下降；外部应力的施加增大了混凝土断裂破坏的可能性。

外部应力的施加对抗压强度的影响不太明显，但对抗折强度影响较大。弯拉荷载的长期施加会在混凝土原有的缺陷处造成应力集中，从而产生一定的破坏；在混凝土发生脆性断裂之前，有明显的抗压强度和抗折强度的急剧下降。施加弯拉荷载条件下，混凝土受压区氯离子扩散受到抑制，而受拉区氯离子扩散则被加强，受拉区氯离子扩散深度增长较快，受拉区钢筋锈蚀的风险较大。总的来说，外部弯拉应力的施加加速了盐冻循环对于混凝土的破坏作用，可能造成混凝土最终的脆性断裂。

①质量损失与动弹性模量变化

在 FS-FTC-Cl 三因素耦合作用下，混凝土的质量损失仍是造成混凝土破坏的主要因素。弯拉应力的长期施加加速了盐冻循环对混凝土的破坏作用，长期施加的应力增大了混凝土断裂的可能性。

当施加 0.35 应力比的弯拉荷载时，CⅡ-30 混凝土在 175 次循环内发生了断裂，CⅡ-50 混凝土在 225 次循环内发生了断裂。在断裂之前，可以发现质量损失率增长较快，而相对动弹性模量变化并不明显，见图 6.132。

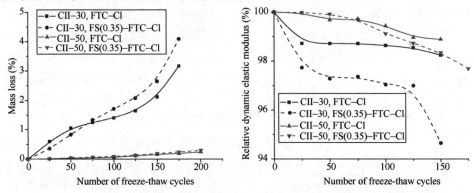

图 6.132　双因素和三因素下混凝土的质量损失率和相对动弹性模量变化

②力学性能参数的变化

混凝土的抗压强度和抗折强度均随着冻融循环的进行逐渐下降，经过 200 次盐冻循环，抗压强度下降至原来的 82%，抗折强度下降至原来的 86%；当施加 0.35 应力比的弯拉荷载时，经过 200 次循环抗压强度下降至原来的 78%，抗折强度下降至 72%。外部应力的施加对抗压强度的影响不太明显，但对抗折强度影响较大，弯拉荷载的长期施加会在混凝土原有的缺陷处造成应力集中，从而产生一定的破坏；在混凝土发生断裂之前，有明显的抗压强度和抗折强度的急剧下降，见图 6.133。

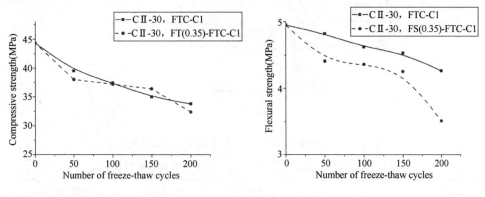

图 6.133　双因素和三因素下混凝土的抗折强度和抗压强度变化

③渗透性参数的变化

在 FS-FTC-Cl 三因素作用下，受拉区和受压区的氯离子渗透深度与冻融循环次数基本均呈正相关增长，经过 200 冻融冻融循环作用后，受拉区和受压区氯离子渗透深度分别达 22mm 和 7mm，受拉区明显大于受压区，见图 6.134。施加弯拉荷载条件下，混凝土受压区氯离子扩散受到抑制，而受拉区氯离子扩散则被加强，受拉区氯离子扩散深度增长较快，受拉区钢筋锈蚀的风险较大。

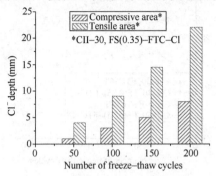

图 6.134　三因素作用下混凝土
受压区和受拉区的
氯离子渗透深度变化

④混凝土基体的应变及残余应变

在三因素条件下，混凝土内部受压区和受拉区的变形也呈现出非线性变化，见图 6.135，两个不同受力区域的残余应变均呈现 S 型增长，见图 6.136。但是由于四点弯曲加载方式限制了混凝土的自由形变，测得的应变值均较小。

由于弯拉应力对形变的限制作用，通过应变-温度曲线得出的表观冻胀系数及其变化量也不明显。但是，从残余应变的变化来看，受拉区的残余应变增长较快，表明应力的施加加速了混凝土微结构的劣化，对于受力条件下混凝土结构来说，受拉区是劣化较严重的区域，实际工程中应更多地关注受拉区的结构变化，见表 6.34。

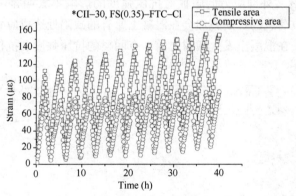

图 6.135　三因素作用下 CⅡ-30 混凝土应变随时间变化

表 6.34　拟合得出的 CⅡ-30 混凝土的表观冻胀系数值及变化

	受拉区 αf $(10^{-6}/℃)$	累计变化量 (%)	受压区 αf $(10^{-6}/℃)$	累计变化量 (%)
1st	4.60	—	3.87	—
25th	4.37	5.0	3.71	4.1
50th	4.00	13.0	3.39	12.4

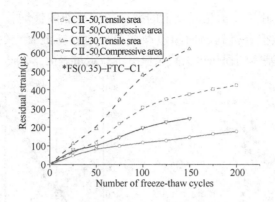

图 6.136　三因素作用下 CⅡ-30 和 CⅡ-50 混凝土残余应变变化

6.3.4　建立基于经验的混凝土结构寿命预测模型

提出了基于应变和残余应变的混凝土损伤和寿命预测模型，界定了混凝土冻融损伤阶段，将冻融损伤进行了力学等效转化，结合无损监测判断工程混凝土损伤状态及剩余寿命评估。

采用实际工程混凝土配合比配制的混凝土开展应力耦合作用下的混凝土劣化性能研究，采用超声波、电化学、应变等无损手段研究了钢筋混凝土材料在多因素耦合作用下的性能退化规律，从不同侧面反映了在多因素耦合作用下混凝土基体和钢筋的声学、电化学和机械性能特征，多方位表征了混凝土的劣化行为和规律。确定了弯拉应力、盐侵蚀、冻融循环等多因素耦合作用下混凝土耐久性破坏的主导因素，明确了不同条件下混凝土的劣化形式以及劣化过程的敏感性参数，明确了多因素耦合作用下各单一因素对混凝土劣化过程的影响。

提出表征水泥基材料性能劣化的经验公式，并建立基于经验的混凝土损伤物理模型、数学模型和力学分析模型，得到的结论具有实际指导意义。基于应变，建立了混凝土冻融破坏物理损伤模型、多因素破坏的物理损伤模型、多因素耦合作用下混凝土损伤数学模型及多因素耦合作用下混凝土力学损伤模型。

物理模型将混凝土劣化过程分为微裂纹出现、微裂纹导通和微裂纹加密三个阶段。通过残余应变可以界定混凝土的冻融损伤阶段。阐明了水分在冻融过程中的迁移路径和状态；建议处于加速期内快速劣化的混凝土应进行修复。混凝土损伤数学模型发现了残余应变的变化符合阻滞模型，用残余应变表示损伤度，建立了混凝土损伤与冻融循环次数的关系模型。力学损伤模型巧妙地把冻融过程和盐冻过程产生的冻融作用进行力学等效转换，建立了冻融次数与应变的关系模型，工程中可以根据应变值来推定出多因素耦合作用下混凝土的损伤程度和剩余寿命。

6.3.4.1　建立了基于应变的冻融损伤模型

（1）混凝土冻融破坏的物理损伤模型

在冻融循环作用下，饱盐混凝土的残余应变呈非线性增长（图 6.137），利用 Bolztmann 函数拟合得到的回归模型能更好地表征混凝土的残余变形过程，$R_2 = 0.983$，证明基体的损伤可由残余应变进行定量表征。

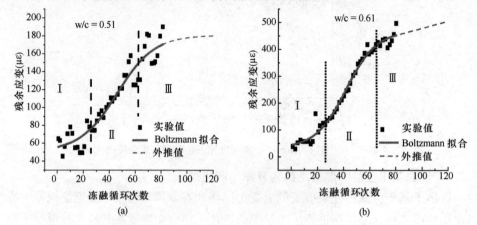

图 6.137　不同水胶比饱盐试件的残余应变与冻融循环次数的关系曲线

根据残余应变变化速率的不同，并结合电阻率和孔隙结构试验结果，建立了混凝土冻融破坏的物理损伤模型。模型把混凝土基体的破坏过程可以分为三个阶段：

诱导期内饱水度不断增加，但基体的质量损失并不明显（图 6.138）。

加速期残余应变迅速增大，基体内部裂纹密度增加，损伤程度由饱水度控制（图 6.139）。

稳定增长期则是长裂纹逐渐连通，浆体和骨料持续剥落的过程（图 6.140）。

（2）混凝土多因素作用的物理损伤模型

基于大量试验基础，建立了混凝土在（冻融循环 FTC＋氯盐侵蚀 Cl）双因素和（冻融循环 FTC＋氯盐侵蚀 Cl＋弯拉应力 FS）三因素耦合条件作用下的物理损伤模型。

前文叙述了 FTC-Cl 双因素作用下，以及 FS-FTC-Cl 三因素作用下，不同设计强度等级混凝土应变的发展规律，分析了混凝土冻融条件下残余应变的发展规律，得出了可以用残余应变来评估混凝土内部冻融损伤的结论。以 CⅡ-30 混凝土为例，图 6.141 为 CⅡ-30 混凝土在 FTC、FTC-Cl 和 FS-FTC-Cl 作用下，内部应变（FS-FTC-Cl 时取受拉区）的变化规律图，符合 Boltzmann 函数规律。

上图中残余应变 ε_r 与冻融循环次数 x 的关系均可以用 Boltzmann 函数模型表述：

$$\varepsilon_r = \frac{A_1 - A_2}{1 + e^{(x - x_0)/dx}} + A_2 \tag{6-22}$$

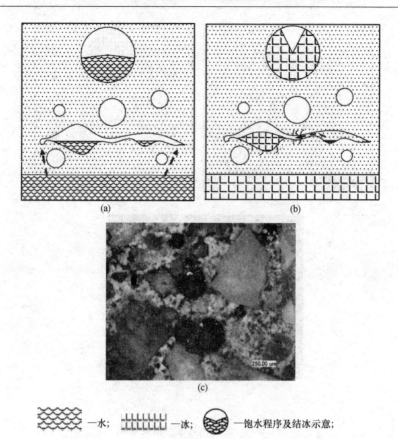

图 6.138　冻融循环破坏的诱导期

具体见式（6-23）～至式（6-25）：

冻融单因素：

$$\varepsilon_{r1} = \frac{-7.834 - 308.907}{1 + e^{(x-61.053)/17.386}} + 308.907 \tag{6-23}$$

冻融循环＋氯盐侵蚀双因素：

$$\varepsilon_{r2} = \frac{-2.206 - 223.193}{1 + e^{(x-65.194)/16.638}} + 223.193 \tag{6-24}$$

（冻融循环＋氯盐侵蚀＋弯拉应力）三因素：

$$\varepsilon_{r3} = \frac{-95.454 - 682.454}{1 + e^{(x-65.529)/35.084}} + 682.454 \tag{6-25}$$

在 Boltzmann 函数曲线（图 6.142）的基础上，结合动弹性模量的变化以及强度损失的三段式变化，可以预测在混凝土即将发生破坏时残余应变也会出现相

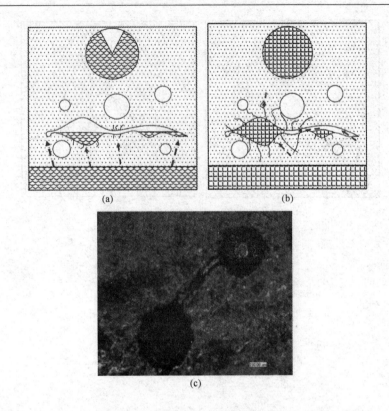

图 6.139　冻融循环破坏的加速期

(a) 饱水度开始增大；(b) 裂纹扩展；(c) 50 次冻融循环和氯盐侵蚀作用后混凝土的光学照片

应的大幅增长，可以在平台期后加入虚线的快速增长部分［图 6.142（b）］；再加上［图 6.142（a）］中符合残余应变特征的第一象限部分，就构成了完整的残余应变三阶段变化物理关系模型。

　　第一阶段，混凝土的变形增长速率较快。根据混凝土本身性质的差别，试验室加速冻融的条件下，这一阶段持续的时间占据的总寿命比例有所不同。第一阶段混凝土基体较密实，冻融作用使得混凝土内部开始出现微裂纹，使较致密的基体产生较大的体积变形，同时伴随混凝土内部微裂纹的产生基体内部饱水度也会随之增加。这一阶段，混凝土内开始产生微裂纹，产生变形的动力主要来源于孔内溶液的结冰膨胀。

　　第二阶段，混凝土的变形处于稳定增长的趋势，但增长速率比第一阶段慢，基本呈现出低速的线性增长。主要的原因是由于第一阶段内部损伤的积累，导致混凝土内部孔隙结构发生了变化，部分裂纹开始连通使得混凝土内部具有"墨水瓶"形状的孤立气孔变少；另一方面，经过第一阶段的损伤积累，混凝土基体相

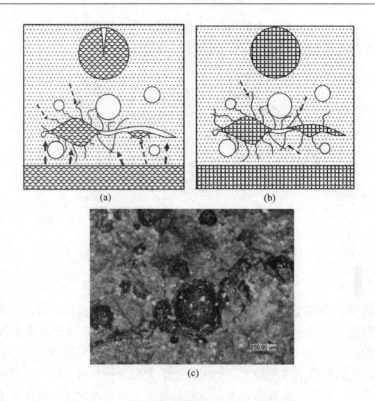

图 6.140 冻融循环破坏的稳定增长期

（a）毛细孔达到饱和；（b）裂纹扩展并逐渐连通

（c）150 次冻融循环和氯盐侵蚀作用后混凝土的光学照片

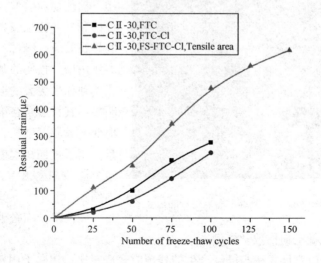

图 6.141 C30 混凝土在不同条件下残余应变变化

对较疏松，对于内部冻融应力的反应较不敏感。这一阶段，混凝土内部微裂纹开始导通，产生变形的主要动力可能是内部水分的迁移。

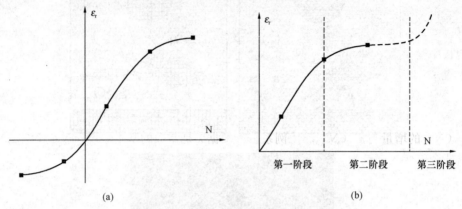

图 6.142　残余应变与冻融循环次数的关系

第三阶段，整体变形又突然加剧，是因为基体相对较疏松，前两阶段的积累损伤使得混凝土内部裂纹连通程度增加（如图 6.143），必然导致饱水程度的大增。这一阶段，相对较疏松的混凝土基体吸收了较多的外界溶液，达到临界饱水度，从而产生破坏性的冻融应力，造成应变的大幅增长。这一阶段，混凝土内部裂纹密度增加，孔隙连通程度较大，疏松的饱水基体在冻融应力的作用下产生破坏性的大幅变形。

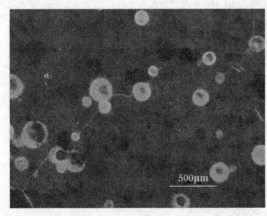

图 6.143　冻融循环后混凝土内部裂纹的连通

综上所述，混凝土多因素作用下损伤物理模型，考虑了氯盐侵蚀和外加弯拉应力对冻融损伤的累积效应，经过一定的外加应力作用后，损伤的基体必然产生比单独冻融更大的形变，甚至是断裂，其特点是在第三阶段出现应变的大幅度增长。混凝土多因素作用下损伤物理模型能够反映整个服役过程中混凝土的内部损伤。

（3）基于冻融破坏的多因素耦合作用下混凝土损伤数学模型

基于残余应变增长率与已经产生的残余应变成正比，建立了用残余应变表示损伤度的多因素耦合作用下混凝土损伤数学模型。

①模型的建立

a. 无阻滞情况下残余应变发展规律

由于残余应变随着冻融循环的进行是不断产生的，因此残余应变的产生可以看作是连续的。通常情况下，对于残余应变连续函数，假设残余应变的增长率是常数，即单位冻融循环次数内残余应变的增长与已经产生的残余应变成正比。

记冻融循环 N 次后残余应变为 $\varepsilon_r(N)$，且 $\varepsilon_r(N)$ 是连续、可微函数，另记 $N=1$ 时的残余应变为初始残余应变 ε_r0，残余应变增长率为 λ，λ 是单位时间 $\varepsilon_r(N)$ 的增量与 $\varepsilon_r(N)$ 的比例系数。根据 λ 是常数的基本假设，N 到 $N+\Delta N$ 内残余应变的增量为：

$$\varepsilon_r = (N+\Delta N) - \varepsilon_r(N) = \lambda\varepsilon_r(N)\Delta N \tag{6-26}$$

即：

$$\frac{d\varepsilon_r}{dN} = \lambda\varepsilon_r(N) \tag{6-27}$$

对上式积分后得：

$$\varepsilon_r(N) = \varepsilon_{r0}e^{\lambda N} \tag{6-28}$$

表明残余应变按指数规律无限增长（$\lambda > 0$）。

b. 阻滞情况下残余应变发展规律

根据之前的分析，混凝土的损伤是分为三个阶段的，如图 6.144，由于第三阶段混凝土突发性的破坏持续时间较短，可以忽略。对前个两阶段进行分析可知，残余应变的变化实际上符合阻滞模型，其变化速率先增大后减小。

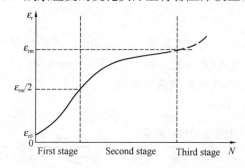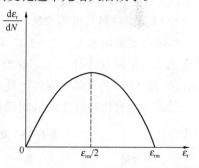

图 6.144　残余应变与冻融循环次数的关系　　图 6.145　残余应变变化速率假设

假设残余应变变化速率如图 6.145 所示那样符合正态分布，引入 $\varepsilon_r m$ 为残余应变变化第二阶段的最大值，即 $\varepsilon_r(N) = \varepsilon_r m$ 时残余应变增长速率为 0，残余应变增长速率函数 $\lambda(\varepsilon_r)$ 可以表达为：

$$\lambda(\varepsilon_r) = \lambda\left(1 - \frac{\varepsilon_r}{\varepsilon_{rm}}\right) \tag{6-29}$$

将上式代入到式（6-27）中可得：

$$\frac{\mathrm{d}\varepsilon_r}{\mathrm{d}N} = \lambda\left(1 - \frac{\varepsilon_r}{\varepsilon_{rm}}\right)\varepsilon_r(N) \tag{6-30}$$

对上式积分可得：

$$\varepsilon_r(N) = \frac{\varepsilon_m}{1 + \left(\dfrac{\varepsilon_{rm}}{\varepsilon_{r0}} - 1\right)e^{-\lambda N}} \tag{6-31}$$

设损伤度为 ρ，则：

$$\rho = \frac{\varepsilon_r(N)}{\varepsilon_m} = \frac{1}{1 + \left(\dfrac{\varepsilon_{rm}}{\varepsilon_{r0}} - 1\right)e^{-\lambda N}} \tag{6-32}$$

由于冻融过程中混凝土内部所产生的冻融应力实际上并不是一个恒定的循环应力，因此残余应变的变化速率并不像图 6.145 那样完全符合正态分布，所以引入 k 对损伤模型进行修正，可得：

$$\rho = \frac{\varepsilon_r(N)}{\varepsilon_{rm}} = \frac{1}{1 + \left(k\dfrac{\varepsilon_{rm}}{\varepsilon_{r0}}\right)e^{-\lambda N}} \tag{6-33}$$

②模型中参数及变量的确定

式（6-33）中，有参数 $\dfrac{\varepsilon_{rm}}{\varepsilon_{r0}}$，修正系数 k 和残余应变变化速率 λ 需要确定。k 和 λ 可根据试验结果进行拟合得到；而 $\dfrac{\varepsilon_{rm}}{\varepsilon_{r0}}$ 对于每一个固定配合比的混凝土都为一个固定值，因此可以直接通过试验获得。

a. 试验原材料与试验方法

本项目试验用水泥为 P·I 42.5 水泥，体积密度为 3.10g/cm³。河砂细度模数为 2.8，含泥量小于 1％。碎石采用连续级配，粒径为 5～10mm 和 10～20mm，按 4：6 的重量比混凝土使用。引气剂为三萜皂苷类。

混凝土配合比与性能测试如表 6.35 所示。

表 6.35 混凝土配合比与性能测试

编号	水泥 (kg/m³)	w/c	砂 (kg/m³)	石 (kg/m³)	引气剂 (％)	坍落度 (mm)	含气量 (％)	28d 抗压 (MPa)
A	330	0.5	733	1120	—	25	2.5	40.7
B1	330	0.6	733	1120		60	2.8	34.2
B2-1	330	0.6	733	1120	0.01	105	4.5	27.4
C	330	0.65	733	1120		75	3.2	30.1

试验方法与前文 6.3.2.1 描述的方法一致，测试应变采用振弦式应变计。

b. 试验结果与模型参数的确定

所得$\frac{\varepsilon_{rm}}{\varepsilon_{r0}}$试验结果如表 6.36 所示。另选取本项目 6.2.3 中混凝土试件 S3，以

及 6.4.3 中混凝土试件 CI-20-Cl、CI-30-Cl 等的试验结果，建立$\frac{\varepsilon_m}{\varepsilon_{r0}}$与水胶比 $x1$、

含气量 $x2$、混合材掺量 $x3$、氯化钠溶液浓度 $x4$ 之间的关系，用这些因素与$\frac{\varepsilon_{rm}}{\varepsilon_{r0}}$

建立关系式是因为它们对混凝土的冻融影响相对较大，得到：

$$\varepsilon_{rm}/\varepsilon_{r0} = 252.424 - 342.076x_1 - 12.949x_2 + 3.979x_3 - 47.003x_1^2$$
$$+ 6.785x_2^2 - 0.082x_3^2 - 2.288x_4^2 \tag{6-34}$$

利用式（6-34）可以求得各试件的$\frac{\varepsilon_{rm}}{\varepsilon_{r0}}$值，然后见表 6.36。

表 6.36　各配比混凝土的试验结果

试验编号	w/b $x1$	含气量（%） $x2$	混合材掺量（%） $x3$	氯化钠溶液浓度（%） $x4$	$\varepsilon_m/\varepsilon_{r0}$
A	0.5	2.5	0	0	79.64
B1	0.6	2.8	0	0	47.27
C	0.65	3.2	0	0	38.23
B2-1	0.6	4.5	0	3.5	81.37
S3	0.6	2.9	30	3.5	67.50
CI-20-Cl	0.6	4.7	50	3.5	85.71
CI-20	0.6	4.7	50	0	113.75
CI-30-Cl	0.45	3.8	40	3.5	138.00
CI-50-Cl	0.35	3.4	35	3.5	172.40

③ 模型的验证

用所得损伤模型分别对冻融循环作用下试件 A、B1 的损伤度和盐冻作用下试件 B2-1 的损伤度进行拟合，如图 6.146 和图 6.147 所示。

由图 6.146 和图 6.147 可知，冻融损伤模型与试验数据的拟合相关系数 R^2 均在 0.95 左右，说明拟合程度较好，该损伤模型能够较好地反映冻融过程中混凝土的损伤程度，并且该模型同时适

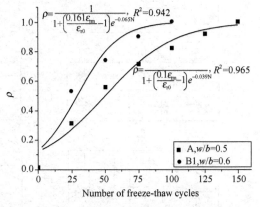

图 6.146　冻融作用下混凝土试件 A 与 B1 损伤度拟合

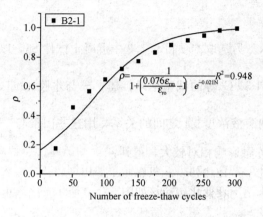

$$\rho = \cfrac{1}{1+\left(\cfrac{0.076\varepsilon_{rm}}{\varepsilon_{ro}}-1\right)}e^{-0.021N} \quad R^2=0.948$$

图 6.147　盐冻融作用下混凝土
试件 B2-1 损伤度拟合

用于冻融单因素和盐冻双因素作用下混凝土的冻融损伤。

6.3.4.2　建立了多因素耦合作用下混凝土力学损伤模型

包含冻融循环的多因素耦合作用下混凝土力学损伤模型，必须要考虑到冻融应力带来的混凝土力学参数的变化。在现有力学损伤模型的基础上，建立符合多因素耦合特点的寿命预测模型。

（1）冻融应力的宏观物理分析

众所周知，混凝土是由水泥浆体和骨料组成的多孔材料，当混凝土内部的水分受冻结冰后，体积膨胀 9%，由此产生冻融应力，当冻融应力超过混凝土所能承受的抗拉强度后混凝土内部就会产生微裂纹和应变变化。长期受冻融循环影响的混凝土会导致其内部微裂纹连通，并造成内部损伤。

图 6.148 所示为混凝土一个水平截面上的冻融应力学分析图解，在混凝土的内部有很多的孔隙，在物理学上我们可以将每一个孔隙看作一个质点［图 6.148a］，在冻融过程中每一个质点所受的冻融应力方向是朝向四面八方的［图 6.148（b）］，所有的冻融应力都可以分解成竖直和水平方向［图 6.148（c）］，由于要分析的是水平方向上的力，所以忽略掉竖直方向上的力［图 6.148（d）］。混凝土之所以产生应变，大都是因为内部的孔隙大小在发生变化，与密实的混凝

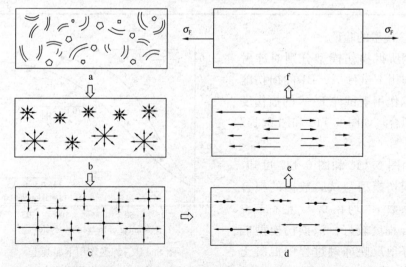

图 6.148　混凝土截面水平方向上的冻融应力学分析

土基体关系不大，因此可将混凝土中的所有孔隙看作一个整体，然后根据雨水法则，无论冻融应力的位置如何变化，它们对混凝土内部孔隙这个整体的损伤是等效的，因此冻融应力可被移动到混凝土截面的两侧［图 6.148（e）］，由此截面考虑到整个混凝土，冻融应力可被假设为在混凝土的两端施加了水平方向上的拉应力［图 6.148（f）］。

（2）最大冻融应力与弯拉应力的耦合

对于一个冻融过程中的混凝土来说，每一次冻融循环包括冻和融两个阶段，所以冻融应力可被看做一个等幅循环的疲劳拉应力，可以简单地用锯齿状图形表示，如图 6.149 所示。理论上混凝土的应变变化也应该如图 6.150 所示，实际上很多学者发现应变的变化也确实如此，ε_{mi} 代表第 i 次循环测得的应变最大值，随着冻融循环次数的增加，ε_{mi} 逐渐增大，$\varepsilon_{min,0}$ 的初始值为 0。

对混凝土施加一个恒定的四点弯拉应力，其拉应力区和压应力区所受的力应如图 6.151 所示。四点弯拉应力耦合最大冻融作用力时刻混凝土拉应力区和压应力区所受应力应如 6.162 所示。

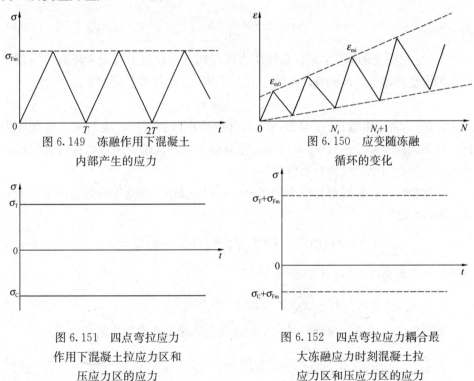

图 6.149　冻融作用下混凝土
内部产生的应力

图 6.150　应变随冻融
循环的变化

图 6.151　四点弯拉应力
作用下混凝土拉应力区和
压应力区的应力

图 6.152　四点弯拉应力耦合最
大冻融应力时刻混凝土拉
应力区和压应力区的应力

（3）模型的建立

为建立多因素耦合作用下混凝土的损伤模型，我们对 Alliche 和 Francois 根据 Bernouilli 假设提出的基于三点弯拉应力的疲劳损伤模型进行修正，使其适用于多因素。如图 6.153 所示，此时刻四点弯拉应力与最大冻融应力耦合，混凝土的压应力区在上，拉应力区在下，假设只考虑拉应力区出现损伤，在竖直方向上混凝土截面的任意点位置用 ζ 表示：

$$\zeta = \frac{z}{h-k} \tag{6-35}$$

式中，h 为混凝土的竖直高度；k 表示等效压应力线与混凝土底缘之间的距离，它与四点弯拉应力及最大冻融应力的大小有关；z 从混凝土等效压应力线沿直线向上计算。混凝土的中性轴用 ζ_n 表示，中性轴初始值 $\zeta_n = 0.5$，随着冻融循环的进行，中性轴位置逐渐上移，可以表示为 $\zeta_n > 0.5$。四点弯拉应力与最大冻融应力耦合的时刻，竖直方向上的应力和力矩平衡方程分别如下：

$$\int_0^1 \sigma_{T+Fm}(\zeta) b(h-k) \mathrm{d}\zeta = 0 \tag{6-36}$$

$$\int_0^1 \sigma_{T+Fm}(\zeta) b(h-k)^2 \mathrm{d}\zeta = M \tag{6-37}$$

而

$$M = -\frac{Eb(h-k)^2}{6} \varepsilon'_{Tm0} \tag{6-38}$$

式中，b 为混凝土的厚度；ε'_{Tm0} 是拉应力区在四点弯拉应力与最大冻融应力耦合时刻的应变初始值（$N=0$），由图 6.153 可得 ε'_{Tm0} 的计算公式如下：

$$\varepsilon'_{Tm0} = |\varepsilon_{Cm0}| = K_1 \varepsilon_{Tm0} \tag{6-39}$$

式中，K_1 为待定常数；ε_{Tm0} 是混凝土试件底缘在四点弯拉应力与最大冻融应力耦合时刻的应变初始值（$N=0$）；ε_{Cm0} 是混凝土试件顶端在四点弯拉应力与最大冻融应力耦合时刻的应变初始值（$N=0$）。

出现损伤后，根据有效应力定义 $\bar{\sigma} = \sigma/(1-D)$ 及应变等价性假定 $\bar{\sigma} = E\varepsilon$，式（6-36）化作：

$$\int_0^n b(h-k)E\varepsilon(\zeta)[1-D(\zeta)]\mathrm{d}\zeta + \int_{\zeta_n}^1 b(h-k)E\varepsilon(\zeta)d\zeta = 0 \tag{6-40}$$

式中，D 为损伤度。假设损伤演变率为

$$\frac{\mathrm{d}D}{\mathrm{d}N} = K_2\varepsilon(\chi) = K_2\varepsilon'_{Tm}\chi \tag{6-41}$$

根据以上公式进行推导，最终得到应变与冻融循环次数之间的关系：

$$\frac{24}{13}\left(\frac{\Delta\varepsilon_{Tm}}{\Delta N}\right)_0 \frac{N}{\varepsilon_{Tm0}} = -\frac{9}{2}\ln 2\zeta_n - \frac{63}{4\zeta_n} + \frac{69}{8\zeta_n^2} - \frac{2}{\zeta_n^2} + 13 \tag{6-42}$$

由于在建立模型之前对混凝土冻融过程做了很多假设，例如假设冻融循环作用力是一个交变的等幅循环拉应力，实际上每次循环产生的最大冻融应力并不相等，需要引入系数对上式进行修正：

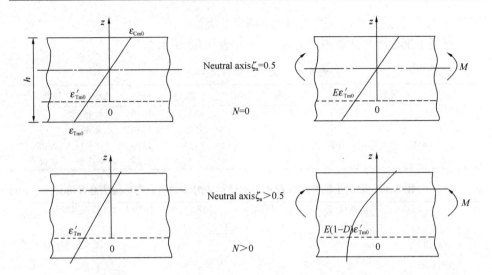

图 6.153　四点弯拉应力与最大冻融应力耦合时刻应力与应变随冻融循环次数的变化

$$\frac{24}{13}k_\varepsilon k_\sigma k_u \left(\frac{\Delta\varepsilon_{Tm}}{\Delta N}\right)\frac{N}{\varepsilon_{Tm0}} = -\frac{9}{2}\ln 2\zeta_n - \frac{63}{4\zeta_n} + \frac{69}{8\zeta_n^2} - \frac{2}{\zeta_n^3} + 13 \tag{6-43}$$

$$\frac{1}{3}D'_m = \frac{1}{\zeta_n} - \frac{1}{2\zeta_n^2} \tag{6-44}$$

$$D'_m = K_1 D_m \tag{6-45}$$

$$K_1 = \left|\frac{\varepsilon_{Cm0}}{\varepsilon_{Tm0}}\right| \tag{6-46}$$

k_ε 是待定常数，对应变进行修正；k_σ 是对冻融应力的修正；k_u 是对其他未考虑到因素的修正；$\left(\dfrac{\Delta\varepsilon_{Tm}}{\Delta N}\right)$ 是 ε_{Tm} 的初始变化速率，且它的取值应从试验结果当中的变化稳定段取值；D_m 代表混凝土试件底缘的最大损伤度；D'_m 代表等效压应力线的最大损伤度；如果 D_m 的值给定，D'_m 即可求出，然后求出 ζ_n。通常弯拉应力作用下的混凝土会在拉应力区的底缘发生脆性断裂，因此 D_m 值通常取 1。$\left(\dfrac{\Delta\varepsilon_{Tm}}{\Delta N}\right)_0$、$\varepsilon_{Tm0}$ 和 ε_{Cm0} 均可通过试验获得。最后，我们可通过式（6-43）求出混凝土损坏时的冻融循环次数。

（4）模型中待定常数的确定

对建立的混凝土损伤模型的常数进行了试验研究，通过系统试验确定了式（6-43）中的 k_ε、k_σ、k_u。

①试验原材料与试验方法

水泥为 P.I 42.5 水泥，体积密度为 3.10g/cm^3。河砂细度模数为 2.8，含泥量小于 1%。碎石采用连续级配，粒径分别为 5～10mm 和 10～20mm，并按照重量比 4：6 混凝土均匀，引气剂为三萜皂苷类。

混凝土配合比与性能测试如表 6.37 和表 6.38 所示。

表 6.37　混凝土配合比（kg/m³）

编号	水泥	水	粉煤灰	矿渣	砂	石	减水剂	引气剂（%）
Cao's C30	225	170	79	66	817	1040	4.45	—
Cao's C50	350	160	85	65	702	1053	8.5	—
BⅠ	330	198	—	—	733	1120		0.033
BⅡ	330	198	—	—	733	1120		0.033

表 6.38　混凝土的物理性能和冻融过程中加载的四点弯拉应力水平

编号	坍落度（mm）	引气剂（%）	28d 抗压强度（MPa）	28d 抗折强度（MPa）	应力比
Cao's C30	200	3.7	44.3	4.94	0.35
Cao's C50	200	3.8	63.6	6.39	0.35
BⅠ	105	4.5	27.4	3.25	0.35
BⅡ	105	4.5	27.4	3.25	0.5

试验方法与前文 6.3.2.1 描述的方法一致，测试应变采用电阻式应变计，电阻式应变计平行于混凝土的受拉面和受压面，埋入混凝土 0.5cm 处，如图 6.154 所示。

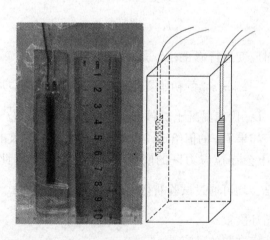

图 6.154　电阻式应变计与埋入混凝土的方式图解

② 试验结果与模型待定系数的确定

表 6.39 所示为各混凝土试件应变试验结果、待定系数的计算值以及冻融循环次数测量值与计算值的对比。

表 6.39　混凝土的最大冻融循环次数测量值与计算值的对比

NO.	ε_{Tm0} ($\mu\varepsilon$)	ε_{Cm0} ($\mu\varepsilon$)	$\left(\dfrac{\Delta\varepsilon_{Tm}}{\Delta N}\right)_0$ (10^{-6})	NF 测量值	NF 在式 (2.4.7-20) 中的计算值	$k_\varepsilon k_u k_\sigma$	NF 在式 (2.4.7-25) 中的计算值
Cao's C30	113.2	75.2	0.73	175	40	0.229	160
Cao's C50	84.7	61.0	0.44	225	59	0.262	236
BⅠ	68.1	54.5	0.40	225	57	0.253	228
BⅡ	73.9	50.4	0.52	175	43	0.246	172

由表 6.39 可知各个混凝土的修正系数 $k_\varepsilon k_u k_\sigma$ 的值都在 0.25 附近，统一取 $k_\varepsilon k_u k_\sigma = 0.25$ 代入到式（6-43）后可得：

$$\frac{6}{13}\left(\frac{\Delta\varepsilon_{Tm}}{\Delta N}\right)_0\frac{N}{\varepsilon_{Tm0}}=-\frac{9}{2}\ln\zeta_n-\frac{63}{4\zeta_n}+\frac{69}{8\zeta_n^2}-\frac{2}{\zeta_n^2}+13 \tag{6-47}$$

利用该模型计算所得混凝土的最大冻融循环次数与实际测量值相差不大，说明该模型的预测相对较准确。此外，由于应变值能够同时反映盐溶液对混凝土的损伤，因此该模型除适用于（弯拉应力＋冻融循环）双因素作用之外，也适用于（弯拉应力＋盐冻）三因素作用。

中国建材工业出版社
China Building Materials Press

我们提供

图书出版、图书广告宣传、企业/个人定向出版、设计业务、企业内刊等外包、代选代购图书、团体用书、会议、培训，其他深度合作等优质高效服务。

编辑部
010-88385207

宣传推广
010-68361706

出版咨询
010-68343948

图书销售
010-88386906

设计业务
010-68361706

邮箱：jccbs-zbs@163.com　　网址：www.jccbs.com.cn

发展出版传媒　服务经济建设

传播科技进步　满足社会需求

（版权专有，盗版必究。未经出版者预先书面许可，不得以任何方式复制或抄袭本书的任何部分。举报电话：010-68343948）